수학교사와 대수학

박 승 안

freechal.com의 서비스 종료로 이 책의 본문에 대한 해설과 중요 연습문제의 모범답안, 보충문제 및 그 풀이는 http://kms.webhard.co.kr 에서 다운 받을 수 있습니다.
(아이디 : kyungmoon / 패스워드 : kyungmoon)

KM 경문사

머 리 말

수학교육에는 수학교육의 방법론과 평가에 대한 전문적인 지식과 경험이 필요할 뿐만 아니라 수학교과 내용을 보다 높은 견지에서 내려다 볼 수 있는 안목을 가지고 학습 지도 내용을 재구성할 수 있는 능력을 가지는 것이 절대적으로 필요하다고 생각한다. 중등학교 교육과정의 개발과 심의, 학업 평가 그리고 교과서 집필에 참여했을 때와 수학영재 교육 담당 교사와의 만남에서도 수학교육에 대한 철학과 방법론에 대한 지식 못지 않게 교과 내용에 대한 올바른 지식과 이해가 대단히 중요하다는 것을 인식하게 되었다. 이러한 의미에서 수학교사를 위한 연수회와 수학영재 교육을 위한 강습회에서 현대수학의 흐름과 동향을 폭넓게 알려 줄 필요가 있다고 생각한다.

이 책은 중학교와 고등학교, 과학고등학교에 재직 중인 수학교사 또는 교육대학원생을 위하여 중등학교 수학 교과과정과 학부 과정의 전공과목의 내용을 중심으로 중등학교 수학에서 상당한 비중을 차지하고 있는 대수학에 대한 이론과 응용을 통합적으로 소개하여 교과 내용을 보다 높은 견지에서 이해하고 활용할 수 있도록 도움을 주고 학구열에 충만한 수학교사에게 현대수학을 이해하게 하고 또 수학에 대한 끊임없는 관심을 가지게 하여 수학교사로서의 긍지를 가지고 학생을 지도할 수 있게 하고, 또 수학영재 교육에 도움이 되는 자료를 제공하여 우리나라 수학교육에 보탬이 되게 하기 위한 책이다.

이 책의 내용은 본인의 저서를 토대로 하여 중등학교 수학의 교과 내용과 관련이 있는 내용을 선정하였으며, 통일된 체제를 갖추도록 순서를 정하여 총 13 개의 장으로 나누어 내용을 전개하였다.

제 1 장에서는, 집합, 동치관계와 동치류, 전체집합, 멱집합의 대수적 성질, 사상, 일대일 대응에 관한 사항을 논하고 자연수와 정수, 정수에 관한 Peano의 공리계, 유리수와 실수, 실수의 완비성 공리, 복소수에 대하여 논하고 집합의 농도에 대하여 간단히 논한다.

제 2 장에서는, 정수의 최대공약수, 최소공배수, 素數, 정수의 소인수분해, 정수를 나타내는 여러 가지 방법을 소개하고, 또 합동식과 연립일차합동식, Fermat 의 정리와 Euler 의 정리, 실수의 소수 표현, RSA 암호체계에 대하여 간단히 논한다.

제 3 장에서는, 유한집합의 원소의 개수, 일대일 사상, 일대일 대응, 비둘기집의 원리, 순열과 조합, 중복순열과 중복조합, 특수한 순열, 양의 정수의 분할에 대하여 논한다.

제 4 장에서는, 행렬과 행렬에 관한 연산, 행렬의 기본 변형, 연립일차방정식과 Gauss-Jordan 소거법, 행렬식의 성질, 선형계획법, 최대문제의 심플렉스 따블로를 이용한 해법, 게임과 결정적 게임에 대하여 논한다.

제 5 장에서는 군, 환, 정역, 체, 정역의 분수체, 벡터공간, 벡터공간의 기저와 차원, 다원환, 유클리드 공간, Boole 다원환과 Boole 환 등 여러 가지 유형의 대수적 체계의 정의와 그 기본 성질을 간단히 논한다.

군과 환의 구조, 확대체에 관한 Galois 이론은 다루지 아니 한다.

제 6 장에서는, 단항이데알 정역의 성질, 체 위의 다항식환, 다항식의 소인수분해, 기약다항식에 대하여 간단히 논하고 기약다항식과 확대체, 체의 표수, Galois 체에 대하여 논한다.

제 7 장에서는, 무한수열, 점화식과 점화수열, 동차 선형점화수열, 순환수열과 주기, 형식적 멱급수, 무한수열의 생성함수, 최대주기수열, 최소다항식과 선형복잡도, 선형점화수열과 선형 Shift Resister 에 대하여 간단히 논한다.

제 8 장에서는, 삼차다항식의 판별식, 삼차다항식과 사차다항식의 근의 공식, 특수한 유형의 다항식의 근을 구하는 방법에 대하여 논하고, 유한 확대체와 대수적 확대체, 대수적 폐포, 대수적 수체, 대수적 폐체에 대하여 간단히 논하며 작도문제에 대하여 논한다.

제 9 장에서는, 선형사상과 선형변환, 체 F 위의 벡터공간 V 의 선형변환 다원환 $\mathrm{End}_F(V)$ 에 대하여 논하고, 선형변환과 행렬의 고유치와 고유벡터, 고유다항식, 최소다항식에 대하여 간단히 논한다.

제 10 장에서는, 유클리드 공간의 직교정규기저, Gram-Schmidt 의 직교화 과정, 직교행렬, 직교변환, 유클리드 평면 위의 변환에 대하여 간단히 논하고, 이차형식의 특성, 이차곡선과 이차곡면의 분류 문제에 대하여 논한다.

제 11 장에서는, 선형부호, 이진부호, 생성행렬과 홀짝 검사행렬, Hamming 거리와 Hamming 무게, 부호의 복호와 오류 수정, 이진 Hamming 부호에 대하여 간단히 논한다.

제 12 장에서는, 아핀평면, 사영평면, 체 위의 아핀평면, 체 위의 사영평면, 아핀평면과 사영평면과의 관계에 대하여 간단히 논하고 타원곡선과 관련하여 정의되는 덧셈군의 특성과 이에 관한 보기를 논한다.

제 13 장에서는, 그래프와 인접행렬, Euler 회로와 Hamilton 순환로, 수형도, 평면그래프와 정다면체, 색칠하기에 대하여 간단히 설명한다.

이 책의 연습문제는 본문의 내용을 보완하기 위하여 제시된 문제이며 이들 연습문제에 대한 상세한 풀이와 본문과 관련이 있는 논제의 해설을

www.freechal.com/parksahn

의 자료실에 올려놓았다. 그리고, 수학자에 대한 약력은

www.gap-system.org/~history/Mathematicians

에서 찾아 볼 수 있다. 현대대수학의 주요 논제인 군과 환의 구조, Galois 이론에 대해서는 다음 참고문헌을 참조하기 바란다.

김응태 · 박승안, 현대대수학, 제 8 판, 경문사, 2011

이 책은 2003 년에 출간된 '대수학과 그 응용, 제 2 판' 의 내용과 체제를 바꾸어 완전히 새로 집필하였으며 본문과 그림은 모두 호글 97 을 이용하여 저자가 직접 입력하였고 원고 그대로를 인쇄하여 책으로 엮었다.

금년 가을 학기에 서울대학교 대학원 수학교육과에서 이 책을 교재로 하여 강의할 수 있도록 원고 작성을 끝낸 데 대해 대단히 기쁘게 생각한다.

2011 년 7 월

박 승 안

차 례

제 9 장 선형사상과 선형변환

제 10 장 유클리드 공간

제 11 장 선형부호

제 12 장 아핀평면과 사영평면

제 13 장 그래프

제 1 장

집합과 수체계

이 장에서는, 집합과 사상, 동치관계와 동치류, 일대일 대응, 전체집합과 멱집합에 대하여 논하고 자연수와 정수의 성질, 수학적 귀납법, 정수에 관한 Peano의 공리계, 유리수, 실수, 실수의 완비성 공리, 복소수, 대수학의 기본 정리, 집합의 농도에 대하여 논한다.

§1.1 집합과 사상

집합 A에 대하여 x가 A의 원소(element)일 때 이 사실을 $x \in A$ 또는 $A \ni x$ 로 나타내고, 또 x가 A의 원소가 아닐 때 이 사실을 $x \notin A$ 또는 $A \not\ni x$ 로 나타낸다.

두 집합 A, B에 대하여 A의 모든 원소가 B에 속할 때, A를 B의 부분집합(subset)이라 하고 이 사실을

$$A \subseteq B \quad \text{또는} \quad B \supseteq A$$

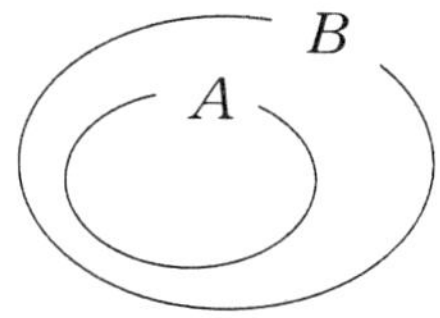

$A \subseteq B$

로 나타낸다. 또, $A \subseteq B$ 인 동시에 $B \subseteq A$ 일 때, A와 B는 서로 같다고 하고 이 사실을 $A = B$ 로 나타낸다. 그리고, $A \subseteq B$이지만 $A \neq B$일 때, A를 B의 진부분집합(proper subset) 이라 하고 이 사실을 $A \subsetneq B$ 또는 $B \supsetneq A$로 나타낸다.

집합 사이의 포함관계를 나타낼 때에는 위와 같은 그림을 이용하면 편리하다. 이러한 그림을 Venn 다이어그램(diagram) 또는 Venn-Euler 다이어그램이라고 한다.

집합 A가 유한집합(finite set)일 때, A에 속해 있는 원소 전체의 개수를 $|A|$로 나타낸다. 공집합(empty set)은 $\varnothing$로 나타내고 공집합도 유한집합으로 생각하기로 한다. 그리고, 모든 집합 A에 대하여 $\varnothing \subseteq A$이다.

두 조건 p, q에 대하여 조건문 'p이면, q이다.' 가 참일 때 이 사실을

$$p \Longrightarrow q$$

로 나타내고 이 경우에 p를 q이기 위한 충분조건이라 하고 q를 p이기 위한 필요조건이라고 한다. 또, 두 조건 p, q에 대하여 $p \Longrightarrow q$ 인 동시에 $q \Longrightarrow p$ 일 때, 이 사실을

$$p \Longleftrightarrow q$$

로 나타내고 'p일 때 그리고 이때에만 q이다(p if and only if q)' 이라고 한다. 그리고, $p \Longleftrightarrow q$ 일 때, p를 q의 (q이기 위한) 필요충분조건이라 하고 두 조건 p, q는 서로 **同値**(equivalent)라고 한다.

어떤 조건 p를 만족시키는 원소 x 전체의 집합을

$$\{x \mid p(x)\}$$

로 나타내고, 또 집합 A의 원소 중에서 조건 p를 만족시키는 원소 전체의 집합을

$$\{x \in A \mid p(x)\} \quad 또는 \quad \{x \mid x \in A,\ p(x)\}$$

로 나타낸다. 두 집합 A, B에 대하여 $A \cup B$, $A \cap B$, $A - B$를 각각 A, B의 합집합(union), 교집합(intersection), 차집합(difference)이라고 한다. 즉,

$$A \cup B = \{x \mid x \in A \text{ 또는 } x \in B\},$$
$$A \cap B = \{x \mid x \in A,\ x \in B\},$$
$$A - B = \{x \in A \mid x \notin B\}$$

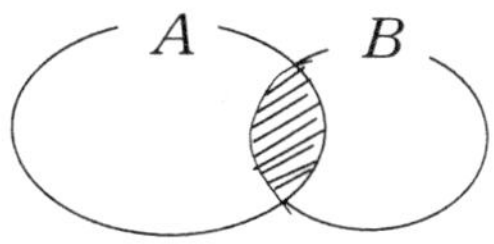

$A \cup B,\ A \cap B$

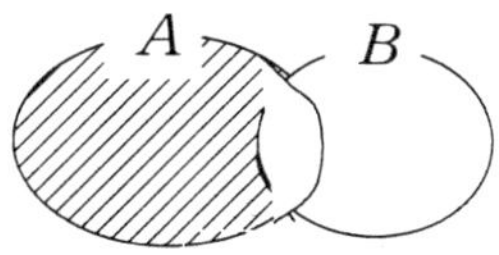

$A - B$

특히, $A \cap B = \varnothing$일 때, A와 B는 **서로 소**(disjoint)라고 한다.

정의에 의하여 다음 정리가 성립한다.

정리 1.1.1 집합 A, B, C에 대하여 다음이 성립한다.

(1) $A \cup B = B \cup A, \qquad A \cap B = B \cap A$

(2) $(A \cup B) \cup C = A \cup (B \cup C), \quad (A \cap B) \cap C = A \cap (B \cap C)$

(3) $A \cup A = A, \qquad A \cap A = A$

(4) $A \cup \varnothing = A, \qquad A \cap \varnothing = \varnothing$

(5) $A \cap (B \cup C) = (A \cap B) \cup (A \cap C)$

(6) $A \cup (B \cap C) = (A \cup B) \cap (A \cup C)$

공집합이 아닌 집합 A, B에서 원소 $a \in A$, $b \in B$를 택하여 이들 원소를 이 순서대로 늘어놓아 괄호로 묶어놓은 (a, b)를 **순서쌍**(ordered pair)이라고 하며, 이와 같은 순서쌍 전체의 집합을 $A \times B$로 나타내고 이것을 A와 B의 **곱집합** 또는 **데카르트 곱**(Cartesian product)이라고 한다. 즉,

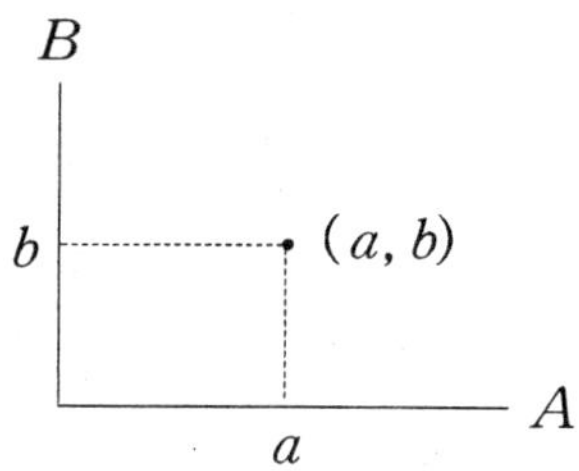

$$A \times B = \{(a, b) \mid a \in A,\ b \in B\}$$
$$(a, b) = (c, d) \Leftrightarrow a = c,\ b = d$$

여기서, Cartesian은 '데카르트(Descartes) 의' 라는 뜻이다. 일반적으로, $A_1, \cdots, A_n$이 공집합이 아닌 집합일 때, 원소 $a_1 \in A_1, \cdots, a_n \in A_n$을 택하여 이들 원소를 이 순서대로 늘어놓아 괄호로 묶어놓은 $(a_1, \cdots, a_n)$을 **순서 n조**(ordered n-tuple)라고 하며, 이와 같은 순서 n조 전체로 이루어진 집합을 $A_1 \times \cdots \times A_n$으로 나타내고 이 집합을 $A_1, \cdots, A_n$의 **곱집합** 또는 **데카르트 곱**이라고 한다. 즉,

$$A_1 \times \cdots \times A_n = \{(a_1, \cdots, a_n) \mid a_1 \in A_1, \cdots, a_n \in A_n\}$$

$$(a_1, \cdots, a_n) = (b_1, \cdots, b_n) \Leftrightarrow a_1 = b_1, \cdots, a_n = b_n$$

정의 1.1.2 집합 $A(\neq \varnothing)$ 위에 정의된 관계 $\sim$가 다음의 세 조건을 만족시킬 때, $\sim$를 A 위의 **同値관계**(equivalence relation)라고 한다.

E.1 : $a \sim a$ (반사적, reflexive)

E.2 : $a \sim b \Longrightarrow b \sim a$ (대칭적, symmetric)

E.3 : $a \sim b,\ b \sim c \Longrightarrow a \sim c$ (추이적, transitive)

그리고, A 위에 동치관계 $\sim$가 정의되어 있을 때, 두 원소 $a, b \in A$에 대하여 $a \sim b$인 경우에 a와 b는 서로 **동치인**(equivalent) 원소라고 한다.

또, 원소 a와 동치인 원소 전체의 집합을 a를 포함한 **동치류**(equivalence class) 또는 a에 의하여 결정된 동치류라고 한다. 실제로, 원소 a를 포함하는 동치류는 $\overline{a} = \{x \in A \mid x \sim a\} = \{x \in A \mid a \sim x\}$이다.

정리 1.1.3 집합 A 위에 동치관계 $\sim$가 정의되어 있을 때, 이 동치관계에 관한 동치류 전체의 집합에서 다음이 성립한다.

(1) $\overline{a} = \overline{b} \Longleftrightarrow a \sim b$

(2) $a \in \overline{b} \Longleftrightarrow \overline{a} = \overline{b}, \quad b \in \overline{a} \Longleftrightarrow \overline{a} = \overline{b}$

(3) 각 원소 $a \in A$에 대하여 $a \in \overline{a}$이고, 또 임의의 원소 $a, b \in A$에 대하여 다음 중에서 하나 그리고 단 하나가 성립한다.

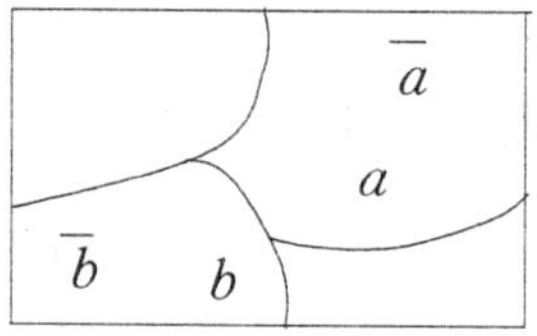

(i) $\overline{a} \cap \overline{b} = \varnothing$ (ii) $\overline{a} = \overline{b}$

증명 (1) 먼저 E.1에 의하여 $a \sim a$ 이므로 $a \in \overline{a}$ 이다.

따라서 $\overline{a} = \overline{b}$ 이면, $a \in \overline{a} = \overline{b}$ 이므로 $a \sim b$ 이다.

역으로, $a \sim b$ 라고 하자. 이 때, 임의의 $x \in \overline{a}$ 에 대하여 $x \sim a$ 이고 또 $a \sim b$ 이므로 E.3에 의하여 $x \sim b$ 즉 $x \in \overline{b}$ 이다 그러므로 $\overline{a} \subseteq \overline{b}$ 이다.

한편, E.2에 의하여 $b \sim a$ 이므로, 위의 증명에서 a 와 b 의 역할을 바꾸어 생각하면 $\overline{b} \subseteq \overline{a}$ 를 얻는다. 이 두 결과에 의하여 $\overline{a} = \overline{b}$ 이다.

(2) 먼저 $a \in \overline{b}$ 이면, $a \sim b$ 이므로 (1)에 의하여 $\overline{a} = \overline{b}$ 이다.

역으로, $\overline{a} = \overline{b}$ 이면, $a \in \overline{a} = \overline{b}$ 이므로 $a \in \overline{b}$ 이다.

마찬가지로, $\overline{a} = \overline{b} \Longleftrightarrow b \in \overline{a}$ 이다.

(3) 각 $a \in A$ 에 대하여 $a \sim a$ 이므로 $a \in \overline{a}$ 이다. 그리고, $\overline{a} \cap \overline{b} \neq \varnothing$ 이라 가정하고 $c \in \overline{a} \cap \overline{b}$ 이라고 하면, $c \in \overline{a}$, $c \in \overline{b}$ 이므로 (2)에 의하여 $\overline{a} = \overline{c}$, $\overline{b} = \overline{c}$ 이고 따라서 $\overline{a} = \overline{b}$ 이다. 그러므로 (3)이 성립한다.

함수 $f : A \longrightarrow B$ 를 흔히 A 에서 B 로의 **寫像**(map, mapping)이라 하고, 원소 $x \in A$ 에 대응하는 B 의 원소 $f(x)$ 를 f 에 의한 x 의 **상**(image)이라고 한다. 또, A 의 부분집합 X 에 대하여

$$f(X) = \{f(x) \mid x \in X\}$$

를 f 에 의한 X 의 **상**이라고 하며, 특히 $f(A)$ 를 f 의 **상**(image) 또는 **치역**(range)이라 하고 이것을 $\operatorname{im} f$ 로 나타낸다. 즉,

$$\operatorname{im} f = f(A) = \{f(x) \mid x \in A\}$$

그리고, 사상

$$f|_X : X \longrightarrow B, \quad f|_X(x) = f(x)$$

를 f 의 X 로의 **축소사상**(축소함수, restriction)이라고 한다.

두 사상

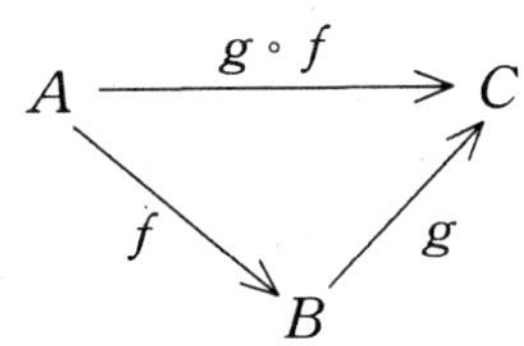

$$f : A \longrightarrow B, \qquad g : B \longrightarrow C$$

에 대하여 사상

$$g \circ f : A \longrightarrow C, \ (g \circ f)(x) = g(f(x))$$

를 f 와 g 의 **합성사상**(합성함수, composite)이라고 한다. 그리고, 사상

$$1_A : A \longrightarrow A,\ 1_A(x) = x$$

를 A 위의 **항등사상**(항등함수, identity map)이라고 한다.

두 사상 $f : A \longrightarrow B$, $g : A \longrightarrow B$에서 모든 원소 $x \in A$에 대하여 $f(x) = g(x)$일 때, 이 사실을 $f = g$로 나타낸다.

정리 1.1.4 사상 $f : A \longrightarrow B$, $g : B \longrightarrow C$, $h : C \longrightarrow D$에 대하여 다음이 성립한다.

(1) $f \circ 1_A = f$, $1_B \circ f = f$ (2) $(h \circ g) \circ f = h \circ (g \circ f)$

정의 1.1.5 사상 $f : A \longrightarrow B$에서, 임의의 원소 $x_1, x_2 \in A$에 대하여

$$x_1 \neq x_2 \Longrightarrow f(x_1) \neq f(x_2)$$

즉 $$f(x_1) = f(x_2) \Longrightarrow x_1 = x_2$$

일 때 f를 **일대일 사상**(one-to-one map, injective map, injection)이라 하고, $\mathrm{im} f = B$일 때 f를 A에서 B **위로의 사상**(onto map, surjective map, surjection)이라고 한다. 그리고, $f : A \longrightarrow B$가 일대일 사상인 동시에 위로의 사상일 때, f를 **일대일 대응**(one-to-one correspondence)이라고 한다.

정리 1.1.6 사상 $f : A \longrightarrow B$, $g : B \longrightarrow C$에 대하여 다음이 성립한다.

(1) f와 g가 모두 위로의 사상이면, $g \circ f : A \longrightarrow C$는 위로의 사상이다.

(2) f와 g가 모두 일대일 사상이면, $g \circ f : A \longrightarrow C$는 일대일 사상이다.

특히, f와 g가 모두 일대일 대응이면, $g \circ f : A \longrightarrow C$는 일대일 대응이다.

증명 (1) 두 사상 f, g가 모두 사상이면,

$$(g \circ f)(A) = g(f(A)) = g(B) = C$$

이므로 $g \circ f$는 위로의 사상이다.

(2) 두 사상 f, g가 모두 일대일 사상이면,

$$\begin{aligned}(g \circ f)(x_1) = (g \circ f)(x_2) &\Longrightarrow g(f(x_1)) = g(f(x_2)) \\ &\Longrightarrow f(x_1) = f(x_2) \Longrightarrow x_1 = x_2\end{aligned}$$

이므로 $g \circ f$는 일대일 사상이다.

정리 1.1.7 사상 $f : A \longrightarrow B$, $g : B \longrightarrow C$에 대하여 다음이 성립한다.

(1) $g \circ f : A \longrightarrow C$ 가 위로의 사상이면, g 는 위로의 사상이다.

(2) $g \circ f : A \longrightarrow C$ 가 일대일 사상이면, f 는 일대일 사상이다.

특히, 사상 $f : A \longrightarrow B$, $g : B \longrightarrow A$ 에 대하여 $g \circ f = 1_A$, $f \circ g = 1_B$ 이면, f 와 g는 일대일 대응이다.

증명 (1) 합성사상 $g \circ f$ 가 위로의 사상이면, $g(f(A)) = C$이고 또 $f(A) \subseteq B$ 이므로 $C = g(f(A)) \subseteq g(B)$ 이고 따라서 $g(B) = C$ 이므로 g 는 위로의 사상이다.

(2) $g \circ f : A \longrightarrow C$ 가 일대일 사상이면, 두 원소 $x_1, x_2 \in A$ 에 대하여

$$\begin{aligned} f(x_1) = f(x_2) &\Longrightarrow g(f(x_1)) = g(f(x_2)) \\ &\Longrightarrow (g \circ f)(x_1) = (g \circ f)(x_2) \Longrightarrow x_1 = x_2 \end{aligned}$$

이므로, f 는 일대일 사상이다.

정리 1.1.8 사상 $f : A \longrightarrow B$ 가 일대일 대응이면,

$$g \circ f = 1_A, \quad f \circ g = 1_B$$

인 사상 $g : B \longrightarrow A$ 가 단 하나 존재한다.

이러한 사상 g를 사상 f 의 **역사상**(역함수, inverse) 이라 하고 이것을 f^{-1} 로 나타낸다.

$$f^{-1} \circ f = 1_A, \quad f \circ f^{-1} = 1_B$$

$$f^{-1}(y) = x \Longleftrightarrow f(x) = y$$

증명 사상 $f : A \longrightarrow B$ 가 일대일 대응이라고 하자. 이 때, 각 $y \in B$ 에 대하여 $y = f(x)$ 인 원소 $x \in A$ 가 존재하고 또 이러한 원소 x 는 단 하나뿐이다. 그러므로 사상 $g : B \longrightarrow A$ 를 다음과 같이 정의할 수 있다.

$$g(y) = x \Longleftrightarrow f(x) = y \quad (y \in B)$$

이와 같이 정의하면, 임의의 $x \in A$ 와 $y \in B$ 에 대하여

$$(g \circ f)(x) = g(f(x)) = x, \quad (f \circ g)(y) = f(g(y)) = y$$

이므로 $g \circ f = 1_A$, $f \circ g = 1_B$ 이다.

또, 사상 $g' : B \longrightarrow A$ 에 대하여 $g' \circ f = 1_A$, $f \circ g' = 1_B$ 이면,

$$g' = 1_A \circ g' = (g \circ f) \circ g' = g \circ (f \circ g') = g \circ 1_B = g$$

이므로 $g \circ f = 1_A$, $f \circ g = 1_B$ 인 사상 g 는 단 하나뿐이다.

정리 1.1.9 일대일 대응에 대하여 다음이 성립한다.

(1) 항등사상 $1_A : A \longrightarrow A$ 는 일대일 대응이고 $(1_A)^{-1} = 1_A$ 이다.

(2) 사상 $f : A \longrightarrow B$ 가 일대일 대응이면, f 의 역사상 $f^{-1} : B \longrightarrow A$ 는 일대일 대응이고 $(f^{-1})^{-1} = f$ 이다.

(3) 사상 $f : A \longrightarrow B$, $g : B \longrightarrow C$ 가 모두 일대일 대응이면, 합성사상 $g \circ f : A \longrightarrow C$ 는 일대일 대응이고 또 $(g \circ f)^{-1} = f^{-1} \circ g^{-1}$ 이다.

증명 (1) 분명히 (1) 이 성립한다.

(2) 사상 $f : A \longrightarrow B$ 가 일대일 대응이면, $f^{-1} \circ f = 1_A$, $f \circ f^{-1} = 1_B$ 이므로 $f^{-1} : B \longrightarrow A$ 는 일대일 대응이고 $(f^{-1})^{-1} = f$ 이다.

(3) 두 사상 $f : A \longrightarrow B$, $g : B \longrightarrow C$ 가 모두 일대일 대응이면, $g \circ f$ 는 일대일 대응이다(정리 1.1.6). 그리고

$$\begin{aligned}(f^{-1} \circ g^{-1}) \circ (g \circ f) &= f^{-1} \circ (g^{-1} \circ g) \circ f \\ &= f^{-1} \circ 1_B \circ f = f^{-1} \circ f = 1_A\end{aligned}$$

이고 마찬가지로 $(g \circ f) \circ (f^{-1} \circ g^{-1}) = 1_C$ 이다.

따라서 $(g \circ f)^{-1} = f^{-1} \circ g^{-1}$ 이다.

집합 $A\ (\neq \varnothing)$ 에서 각 순서쌍 $(x, y) \in A \times A$ 에 대하여 A 의 단 한 개의 원소 z 를 대응시키는 함수

$$f : A \times A \longrightarrow A, \quad f(x, y) = z$$

를 집합 A 위의 **이항연산**(binary operation) 또는 간단히 **연산**이라고 한다.

또, $f(x, y)$ 를 x, y 의 합(sum), 곱(product) 또는 합성(composite)이라고 하며 $f(x, y) = z$ 이라는 사실을 $\circ$ 와 같은 기호를 사용하여 $x \circ y = z$ 로 나타낸다. 연산 기호로는 $+$, $\cdot$, $\circ$, $*$, $\vee$, $\wedge$, $\cup$, $\cap$ 등이 쓰인다.

그리고, f 대신에 $\circ$ 를 A 위의 연산이라고 하며

'A 위에 연산 $\circ$이 **정의되어 있다**(defined)'

고 한다. 이항연산을 나타내는 기호로서는 $\circ$, $*$, $+$, $\times$, $\cdot$ 등이 쓰인다.

집합 A 위에 연산 $\circ$이 정의되어 있고 B가 A의 부분집합일 때, 임의의

$$a, b \in B \implies a \circ b \in B$$

인 경우에 'B는 연산 $\circ$ 에 관하여 **닫혀 있다**(closed)' 고 한다.

한 집합 U의 부분집합과 이들 부분집합에 대한 연산을 논할 때에는 U를 **전체집합**(universal set)이라고 한다. 또한,, 전체집합 U의 모든 부분집합으로 이루어진 집합을 U의 **멱집합**(power set)이라 하고 이 집합을 $\mathscr{P}(U)$로 나타낸다. 또, U의 부분집합 A에 대하여

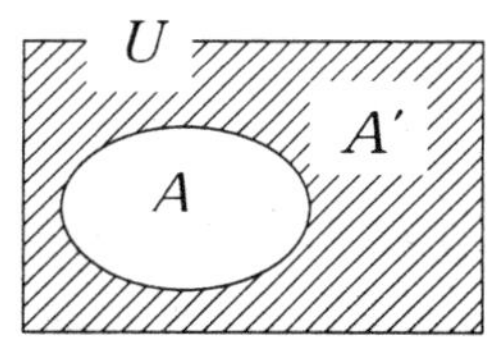

$$A' = \{x \in U \mid x \notin A\}$$

를 A의 **여집합**(complement)이라 하고 A'을 A^c 또는 $\overline{A}$로 나타기도 한다.

정리 1.1.10 집합 U의 멱집합 $\mathscr{P}(U)$ 위에는 두 이항연산 $\cup, \cap$이 정의되어 있고, 또 임의의 $A, B, C \in \mathscr{P}(U)$ 에 대하여 다음이 성립한다.

(1) $(A \cup B) \cup C = A \cup (B \cup C)$,
$(A \cap B) \cap C = A \cap (B \cap C)$ (결합법칙)

(2) $A \cup B = B \cup A$, $A \cap B = B \cap A$ (교환법칙)

(3) $A \cup (A \cap B) = A$, $A \cap (A \cup B) = A$ (흡수법칙)

(4) $A \cap (B \cup C) = (A \cap B) \cup (A \cap C)$,
$A \cup (B \cap C) = (A \cup B) \cap (A \cup C)$ (분배법칙)

(5) $A \cup \varnothing = \varnothing \cup A = A$, $A \cap U = U \cap A = A$
$A \cup U = U \cup A = U$, $A \cap \varnothing = \varnothing \cap A = \varnothing$

(6) $A \cup A' = A' \cup A = U$, $A \cap A' = A' \cap A = \varnothing$

(7) $(A')' = A$, $\varnothing' = U$, $U' = \varnothing$

(8) $A \cup A = A$, $A \cap A = A$

(9) $A \cup (A' \cap B) = A \cup B$, $A \cap (A' \cup B) = A \cap B$

(10) $(A \cup B)' = A' \cap B'$, $(A \cap B)' = A' \cup B'$
(De Morgan 의 법칙)

증명 정리 1.1.1 과 정의에 의하여 (1) ~ (8) 이 성립한다.

(9) $A \cup (A' \cap B) = (A \cup A') \cap (A \cup B) = U \cap (A \cup B) = A \cup B$,

$A \cap (A' \cup B) = (A \cap A') \cup (A \cap B) = \varnothing \cup (A \cap B) = A \cap B$

(10) 원소 $x \in U$에 대하여

$$\begin{aligned} x \in (A \cup B)' &\Longleftrightarrow x \notin A \cup B \\ &\Longleftrightarrow x \notin A \text{ 이고 } x \notin B \\ &\Longleftrightarrow x \in A' \text{ 이고 } x \in B' \\ &\Longleftrightarrow x \in A' \cap B' \end{aligned}$$

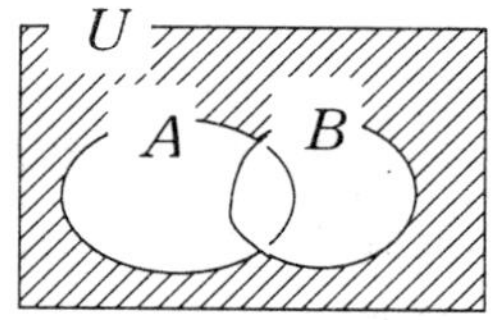

$(A \cup B)' = A' \cap B'$

이므로 $(A \cup B)' = A' \cap B'$ 이다.

마찬가지로, $(A \cap B)' = A' \cup B'$ 이다.

위의 정리가 성립한다는 의미에서 $\mathscr{P}(U)$ 를 두 이항연산 $\cup$, $\cap$ 에 관한 **Boole 다원환**(Boolean algebra)이라고 한다(§5.7 참조).

집합 U 에 관한 명제에서 $\cup$ 과 $\cap$ 을 서로 바꾸어 놓고 $\varnothing$ 와 U를 서로 바꾸어 놓은 명제를 본래의 명제의 **쌍대명제**(dual proposition)라고 한다. 정리 1.1.10 에서 각 조건의 두 명제는 서로 쌍대명제이다. 따라서 $\mathscr{P}(U)$ 에 관한 명제가 참인 경우에 이 명제를 증명에서 $\cup$, $\cap$, $\varnothing$, U 대신에 각각 $\cap$, $\cup$, U, $\varnothing$ 로 바꾸어 놓으면 쌍대명제에 대한 증명을 얻으므로 쌍대명제도 참이다. 이러한 사실을 **쌍대성의 원리**(principle of duality)라고 한다.

정리 1.1.11 집합 U 의 멱집합 $\mathscr{P}(U)$ 에서 다음 등식이 성립한다.

(1) $(A' \cup B) \cap (A \cup B') = (A \cap B) \cup (A' \cap B')$,

$(A' \cap B) \cup (A \cap B') = (A \cup B) \cap (A' \cup B')$

(2) $(A \cup B) \cup (A' \cap C) = A \cup B \cup C$,

$(A \cap B) \cap (A' \cup C) = A \cap B \cap C$

증명 다음과 같이 (1), (2) 의 첫째 등식이 성립한다.

$$\begin{aligned} &(A' \cup B) \cap (A \cup B') \\ &= [(A' \cup B) \cap A] \cup [(A' \cup B) \cap B'] && \text{정리 1.1.10 (4)} \\ &= [A \cap (A' \cup B)] \cup [B' \cap ((B')' \cup A')] && \text{정리 1.1.10 (2), (7)} \\ &= (A \cap B) \cup (B' \cap A') = (A \cap B) \cup (A' \cap B') && \text{정리 1.1.10 (9), (2)} \end{aligned}$$

$$\begin{aligned}
&(A \cup B) \cup (A' \cap C) \\
&= [A \cup (A' \cap C)] \cup B && \text{정리 1.1.10 (2)} \\
&= (A \cup C) \cup B = A \cup (C \cup B) && \text{정리 1.1.10 (9), (1)} \\
&= A \cup (B \cup C) = A \cup B \cup C && \text{정리 1.1.10 (2)}
\end{aligned}$$

그리고, 쌍대성의 원리에 의하여 (1), (2) 의 둘째 등식이 성립한다.

정의 1.1.12 집합 U의 두 부분집합 A, B에 대하여

$$A \oplus B = (A \cap B') \cup (A' \cap B)$$

를 A, B의 **대칭 차집합**(symmetric difference)이라 하고, $A \oplus B$를 $A \triangle B$로 나타내기도 한다.

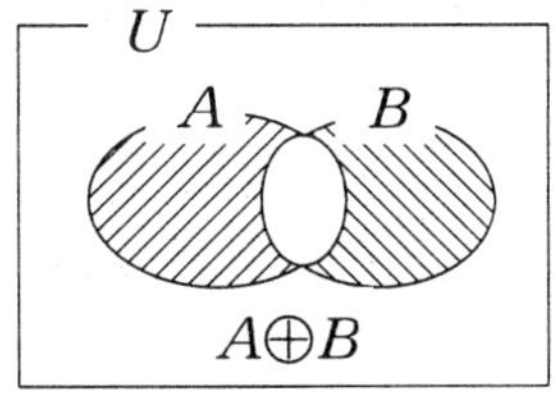

다음 정리가 성립함을 증명할 수 있다(문제 4 참조).

정리 1.1.13 집합 U의 멱집합 $\mathscr{P}(U)$ 위에 두 연산 $\oplus$, $\cdot$ 를

$$A \oplus B = (A \cap B') \cup (A' \cap B), \quad A \cdot B = A \cap B$$

으로 정의할 때, $A, B, C \in \mathscr{P}(U)$ 에 대하여 다음이 성립한다.

$$\begin{aligned}
&(A \oplus B) \oplus C = A \oplus (B \oplus C), && (A \cdot B) \cdot C = A \cdot (B \cdot C) \\
&A \oplus B = B \oplus A, && A \cdot B = B \cdot A \\
&A \oplus \varnothing = \varnothing \oplus A = A, && A \cdot U = U \cdot A = A, \\
&A \oplus A = \varnothing, && A \cdot A = A \\
&A \cdot (B \oplus C) = (A \cdot B) \oplus (A \cdot C)
\end{aligned}$$

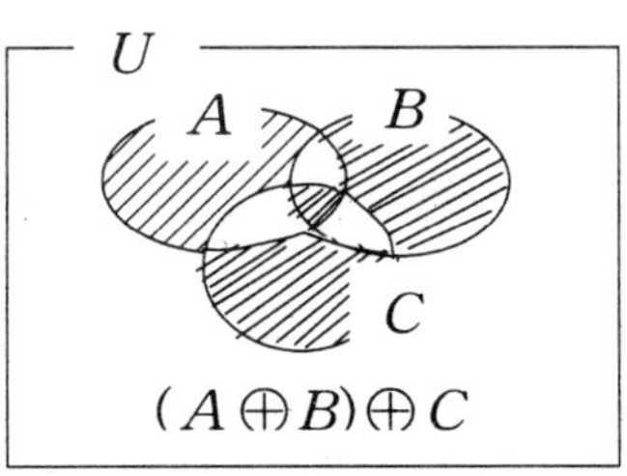

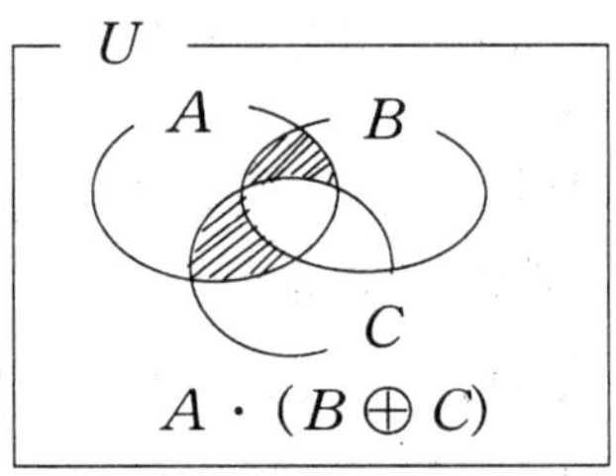

위의 정리가 성립한다는 의미에서 $\mathscr{P}(U)$를 연산 $\oplus$, $\cdot$ 에 관한 **Boole 환**(Boolean ring)이라고 한다(§5.6 참조).

연습문제 (1.1)

1. 집합 U의 부분집합 A, B, C에 대하여 다음이 성립하는지 판정하여라.
   (1) $A \subseteq B,\ B \subseteq C$이면, $A \subseteq C$이다.
   (2) $A \subseteq B,\ B \subseteq A$이면, $A = B$이다.
   (3) $A \subseteq B$일 때 그리고 이때에만 $A \cap B = A$이다.
   (4) $A \subseteq B$일 때 그리고 이때에만 $A \cup B = B$이다.
   (5) $A \cup B = A \cup C$이면, $B = C$이다.
   (6) $A \cap B = A \cap C$이면, $B = C$이다.

2. 집합 U의 멱집합 $\mathscr{P}(U)$에서 다음 명제의 쌍대명제를 말하여라.
   (1) $A \cup B = \varnothing$ 이면, $A = \varnothing$ 이고 $B = \varnothing$ 이다.
   (2) $B \subseteq A$ 일 때 그리고 이때에만 $A \cap B' = \varnothing$ 이다.
   (3) $A \cap B' = \varnothing$, $B \cap C' = \varnothing$ 이면, $A \cap C' = \varnothing$ 이다.
   (4) $A \cup B = U$, $A \cap B = \varnothing$ 이면, $B = A'$ 이다.

3. 정리 1.1.10을 이용하여 집합 U의 멱집합 $\mathscr{P}(U)$에서 다음 명제가 성립함을 증명하여라.
   (1) $A \cup B = A \cup C,\ A \cap B = A \cap C$이면, $B = C$이다.
   (2) $(A \cup B) \cap (A \cup B') = A,\ \ (A \cap B) \cup (A \cap B') = A$
   (3) $A \cup (B \cap (A \cup C)) = (A \cup B) \cap (A \cup C)$
   $A \cap (B \cup (A \cap C)) = (A \cap B) \cup (A \cap C)$

4. 정리 1.1.13 을 증명하여라.

5. Ven 다이어그램을 이용하여 집합 U의 두 부분집합 A, B에 대하여 다음이 성립함을 확인하여라.
   (1) $A \oplus B = (A - B) \cup (B - A)$
   (2) $A \oplus B = (A \cup B) \cap (A \cap B)' = (A \cup B) - (A \cap B)$
   (3) $A \cup B = (A \oplus B) \cup (A \cap B)$

§1.2 자연수와 정수

정수 전체의 집합 $\mathbb{Z} = \{\cdots, -2, -1, 0, 1, 2, 3 \cdots\}$ 위에는 덧셈과 곱셈이 정의되어 있고 또 다음 정리가 성립한다.

정리 1.2.1 정수 전체의 집합 $\mathbb{Z}$ 위에는 덧셈과 곱셈이 정의되어 있고, 또 임의의 $a, b, c \in \mathbb{Z}$ 에 대하여 다음이 성립한다.

A.1 : $(a+b)+c = a+(b+c)$ (덧셈에 관한 결합법칙)

A.2 : $a+b = b+a$ (덧셈에 관한 교환법칙)

A.3 : 특정한 원소 $0 \in \mathbb{Z}$ 이 존재하여, 모든 원소 $a \in \mathbb{Z}$ 에 대하여 등식 $a+0 = 0+a = a$ 가 성립한다.
여기서, 0 을 $\mathbb{Z}$의 덧셈에 관한 항등원이라고 한다.

A.4 : 각 $a \in \mathbb{Z}$ 에 대하여 $a+(-a) = (-a)+a = 0$ 인 $-a \in \mathbb{Z}$ 가 존재한다. 여기서 $-a$ 를 a 의 덧셈에 관한 역원이라고 한다.

M.1 : $(ab)c = a(bc)$ (곱셈에 관한 결합법칙)

M.2 : $ab = ba$ (곱셈에 관한 교환법칙)

M.3 : 특정한 원소 $1 \in \mathbb{Z}$ 이 존재하여, 모든 원소 $a \in \mathbb{Z}$ 에 대하여 등식 $a1 = 1a = a$ 가 성립한다(1 은 곱셈에 관한 항등원).

M.4 : $ab = 0$ 이면, $a = 0$ 또는 $b = 0$ 이다.
그리고, $ab = ac$, $a \neq 0$ 이면, $b = c$ 이다. (消約법칙)

D : $a(b+c) = ab+ac$, $(a+b)c = ac+bc$ (분배법칙)

집합 $\mathbb{Z}$ 위에는 순서(order)가 정의되어 있다. 실제로, 집합 $\mathbb{Z}$ 에는 다음에 소개할 성질 O.1, O.2, O.3 를 만족시키는 부분집합 $\mathbb{N}$ 이 존재한다.

O.1 (三一律, trichotomy) 각 정수 $a \in \mathbb{Z}$ 에 대하여 다음 중 하나 그리고 단 하나만이 성립한다

(i) $a \in \mathbb{N}$ (ii) $a = 0$ (iii) $-a \in \mathbb{N}$

O.2 $a, b \in \mathbb{N} \Longrightarrow a+b \in \mathbb{N}$, $ab \in \mathbb{N}$

두 정수 a, b 에 대하여 $b - a \in \mathbb{N}$ 일 때, 이 사실을 $a < b$ 또는 $b > a$ 로 나타내기로 하면 O.1, O.2 에 의하여 다음이 성립한다.

(1) 각 정수 $a \in \mathbb{Z}$ 에 대하여 다음 중 하나 그리고 단 하나가 성립한다.

(i) $a > 0$ (ii) $a = 0$ (iii) $a < 0$

(2) $a > 0$, $b > 0$ 이면, $a + b > 0$, $ab > 0$ 이다.

특히, $a > 0$ 일 때 정수 a 를 **양의 정수**(positivie integer) 또는 **자연수**(natural number)라 하고 $a < 0$ 일 때 a 를 **음의 정수**(negative integer)라고 한다. 따라서 N 은 양의 정수(자연수) 전체의 집합이다

앞으로, '$a \leq b$' 와 '$a \geq b$' 는 각각 다음이 성립함을 뜻한다고 하자.

'$a < b$ 또는 $a = b$', '$a > b$ 또는 $a = b$'

O.3 (정수의 整列性, Well-ordering property) 양의 정수 전체의 집합 N 의 각 부분집합 $S\ (\neq \varnothing)$ 에 대하여 S 에는 最小元 l 이 단 하나 존재한다. 즉, $\varnothing \neq S \subseteq \mathbb{N}$ 일 때, 모든 원소 $s \in S$ 에 대하여 $l \leq s$ 인 원소 $l \in S$ 이 단 하나 존재한다.

정수 전체의 집합 $\mathbb{Z}$ 에서 A.1 ~ A.4, M.1 ~ M.4, D 와 O.1, O.2 를 인정할 때, 기본 성질 O.3 는 다음 성질과 동치이다.

I (수학적 귀납법의 원리, Principle of mathematical induction) 양의 정수 전체의 집합 N의 부분집합 S 가 다음 두 조건을 만족시킨다고 하자.

(i) $1 \in S$ (ii) $n \in S \Longrightarrow n+1 \in S$

이 때, $S = \mathbb{N}$ 이다.

수학적 귀납법의 원리 I 에 의하여 다음 정리가 성립한다.

정리 1.2.2 (수학적 귀납법) 양의 정수 n 에 관한 명제 $p(n)$ 에 대하여 다음 두 조건이 성립한다고 하자.

(i) $p(1)$ 은 참이다. (ii) $p(n)$ 이 참이면 $p(n+1)$ 도 참이다.

이 때, 모든 양의 정수 n 에 대하여 $p(n)$ 은 참이다.

정수 전체의 집합 $\mathbb{Z}$ 에서 A.1 ~ A.4, M.1 ~ M.4, D 와 O.1, O.2 를 인정한다면, 다음 두 성질 I′, I″ 은 각각 I 와 동치이다.

I′ (제 2 의 수학적 귀납법의 원리) 양의 정수 전체의 집합 $\mathbb{N}$ 의 부분집합 S 에 대하여 다음 두 조건이 성립한다고 하자.

(i) $1 \in S$

(ii) $n > 1$ 일 때, $1 \leq k < n$ 인 정수 k 가 모두 S 에 속하면 $n \in S$ 이다.

이 때, $S = \mathbb{N}$ 이다.

I″ 특정한 정수 c 에 대하여 $C = \{a \in \mathbb{Z} \mid a \geq c\}$ 이라 하고, C 의 부분집합 S 에 대하여 다음 두 조건이 성립한다고 하자.

(i) $c \in S$

(ii) $n \geq c$ 인 정수 n 에 대하여 $n \in S \Longrightarrow n+1 \in S$ 이다.

이 때, $S = C$ 이다.

앞의 성질 I′, I″ 을 이용하여 다음 두 정리를 증명할 수 있다.

정리 1.2.3 (제 2 수학적 귀납법) 양의 정수 n 에 관한 명제 $p(n)$ 에 대하여 다음 두 조건이 성립한다고 하자.

(i) $p(1)$ 은 참이다.

(ii) $n > 1$ 일 때, $1 \leq k < n$ 인 모든 정수 k 에 대하여 $p(k)$ 가 참이면 $p(n)$ 도 참이다.

이 때, 모든 양의 정수 n 에 대하여 $p(n)$ 은 참이다.

정리 1.2.4 정수 n 에 관한 명제 $p(n)$ 에 대하여 다음이 성립한다고 하자.

(i) 특정한 정수 c 에 대하여 $p(c)$ 는 참이다.

(ii) $n \geq c$ 인 정수 n 에 대하여 $p(n)$ 가 참이면 $p(n+1)$ 도 참이다.

이 때, $n \geq c$ 인 모든 정수 n 에 대하여 $p(n)$ 은 참이다.

수학적 귀납법으로 증명할 때에는 정리 1.2.2 와 정리 1.2.3 또는 정리 1.2.4 를 이용하여 증명한다. 다음 등식은 정리 1.2.2 를 이용하여 증명할 수 있다.

$$\sum_{k=1}^{n} k = \frac{n(n+1)}{2}, \qquad \sum_{k=1}^{n} (2k-1) = n^2,$$

$$\sum_{k=1}^{n} k^2 = \frac{n(n+1)(2n+1)}{6}, \qquad \sum_{k=1}^{n} k^3 = \left(\frac{n(n+1)}{2}\right)^2$$

이와 같이 등식을 증명할 때, 정리 1.2.2 를 이용하여 증명하는 것이 편리할 때가 많다. 그러나, 다음 문제의 경우는 다르다.

보기 1.2.1 12 이상인 정수는 모두 두 합성수의 합으로 나타낼 수 있다.

실제로, $12 = 4 + 8 = 6 + 6$, $13 = 4 + 9$ 이다.
따라서 정수 $k\ (\geq 0)$ 에 대하여 다음 두 등식이 성립한다.

$$12 + 2k = 4 + (8 + 2k) = 4 + 2(4 + k)$$

$$12 + (2k + 1) = 13 + 2k = 4 + 9 + 2k = 2(2 + k) + 9$$

그러므로 12 이상인 정수는 모두 두 합성수의 합으로 나타낼 수 있다.

보기 1.2.2 주어진 정사각형은 2, 3, 5 개의 작은 정사각형으로 분할될 수 없으나, 그 밖의 개수의 작은 정사각형으로는 분할될 수 있다.

실제로, 이 정사각형은 다음과 그림에서 보는 바와 같이 4, 6, 7, 8, 9 개의 작은 정사각형으로 분할된다.

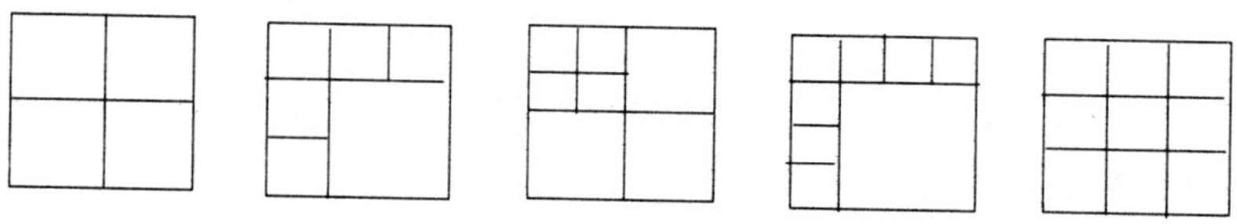

특히, 7 의 경우에 4 개의 작은 정사각형이 $7 = 4+3$ 개의 작은 정사각형으로 분할되듯이, m 개의 정사각형은 $m+3$ 개의 정사각형으로 분할된다.

그런데, 주어진 정사각형은 4 개, 6 개, 8 개의 작은 정사각형으로 분할되므로 모든 음이 아닌 정수 k 에 대하여 주어진 정사각형은 $4 + 3k$ 개, $6 + 3k$ 개, $8 + 3k$ 개의 정사각형으로 분할된다.

따라서 주어진 정사각형은 2, 3, 5 개의 작은 정사각형으로 분할될 수 없으나, 그 밖의 개수의 작은 정사각형으로는 분할된다.

보기 1.2.3 한 평면 위에 n개의 직선이 있어 어느 두 직선도 서로 평행하지 않고 또 어느 세 직선도 한 점을 지나지 않을 때, 이러한 직선에 의하여 평면은 몇 개의 부분으로 나뉘어지는지 알아보자.

구하는 부분의 개수를 $f(n)$ 이라고 하자. 먼저 $f(1) = 2$ 이다.

이제 $n \geq 2$ 일 때, n 개의 직선 중의 $n-1$ 개의 직선에 의하여 평면은 $f(n-1)$ 개의 부분으로 나뉘어지고 나머지 한 개의 직선을 새로 첨가하면, 이 직선은 $n-1$ 개의 직선에 의하여 n 개의 부분(선분 또는 반직선)으로 나뉘어지며 이것은 새로 나뉘어질 평면의 부분의 한 경계가 된다.

따라서 나뉘어질 평면의 부분은 $f(n-1)$ 개에서 n 개가 더 늘어나므로 $f(n) = f(n-1) + n$ 이므로 다음이 성립한다.

$$\begin{aligned} f(n) &= f(n-2) + (n-1) + n \\ &= f(1) + 2 + \cdots + (n-1) + n \\ &= 1 + 1 + 2 + \cdots + (n-1) + n \\ &= 1 + \frac{n(n+1)}{2} = \frac{n^2+n+2}{2} \end{aligned}$$

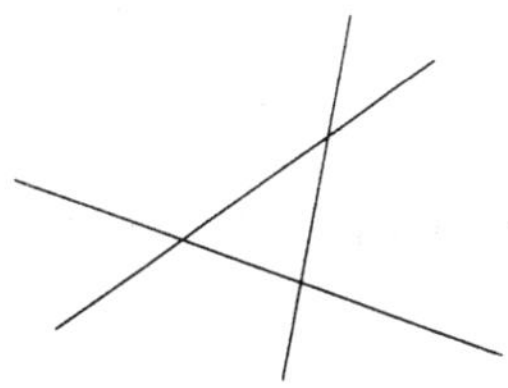

보기 1.2.4 모든 양의 정수 n에 대하여 다음이 성립함을 밝혀 보자.

$$f(n) = \sum_{k=1}^{n} \frac{1}{n+k} = \frac{1}{n+1} + \frac{1}{n+2} + \cdots + \frac{1}{2n} < \frac{3}{4}$$

먼저

$$\begin{aligned} f(n+1) = \sum_{k=1}^{n+1} \frac{1}{n+1+k} &= f(n) - \frac{1}{n+1} + \frac{1}{2n+1} + \frac{1}{2n+2} \\ &= f(n) + \frac{1}{2n+1} - \frac{1}{2n+2} > f(n) \end{aligned}$$

이지만 이 부등식을 이용해서는 주어진 부등식을 증명할 수 없다.

한편, 양의 정수 n에 대하여 $f(n) \leq \frac{3}{4} - \frac{1}{4n}$ 이라고 가정하면,

$$\begin{aligned} f(n+1) &= f(n) + \frac{1}{2n+1} - \frac{1}{2n+2} \\ &\leq \frac{3}{4} - \frac{1}{4n} + \frac{1}{2n+1} - \frac{1}{2n+2} \leq \frac{3}{4} - \frac{1}{4n+4} \end{aligned}$$

임을 알 수 있고 또 $n = 1$ 일 때 $f(1) = \frac{1}{2} = \frac{3}{4} - \frac{1}{4}$ 이다.

따라서 모든 양의 정수 n에 대하여 $f(n) \leq \frac{3}{4} - \frac{1}{4n} < \frac{3}{4}$ 이다.

자연수 전체의 집합 N 은 Peano 의 公理系(system of axioms)를 써서 정의할 수 있으며, 이에 관한 이론은 데데킨트(J. W. R. Dedekind, 1831 ~ 1916)와 페아노(Giuseppe Peano, 1858 ~ 1932)에 의하여 완성되었다.

여기서는 Peano 의 공리계로부터 출발하여 앞에서 논한 정리를 증명한다.

정의 1.2.5 (Peano 의 공리계) 자연수 전체의 집합 N 은 다음 네 조건을 만족시키는 집합이다.

(i) $1 \in \mathrm{N}$

(ii) 집합 N 위에 일대일 사상 $\mathrm{N} \longrightarrow \mathrm{N}$, $x \longmapsto x^+$ 가 정의되어 있다. 즉,

$$x \neq y \Longrightarrow x^+ \neq y^+, \qquad x^+ = y^+ \Longrightarrow x = y$$

(iii) 모든 원소 $x \in \mathrm{N}$ 에 대하여 $x^+ \neq 1$ 이다.

(iv) (수학적 귀납법 공리) 집합 N의 부분집합 S에 대하여 다음 두 조건이 성립한다고 가정하자.

(a) $1 \in S$ (b) $x \in S$ 이면, $x^+ \in S$ 이다.

이 때, $S = \mathrm{N}$ 이다.

위의 (ii) 의 사상을 **後者사상**(successor map)이라 하고 x^+ 를 x 의 **후자**(immediate successor)라고 한다. 위의 정의에서

$$1^+ = 2, \ 2^+ = 3, \ 3^+ = 4, \ 4^+ = 5, \ \cdots$$

이라고 하면 $\mathrm{N} = \{1, 2, 3, 4, 5, \cdots\}$ 이다.

일반적인 공리계의 특성에 대해서는 '해설 102' 를 참조하기 바란다.

정리 1.2.6 임의의 원소 $x \in \mathrm{N}$ 에 대하여 다음 중에서 하나 그리고 단 하나가 성립한다.

(1) $x = 1$

(2) 적당한 원소 $v \in \mathrm{N}$ 에 대하여 $x = v^+$ 이다.

증명 정리를 만족시키는 원소 $x \in \mathrm{N}$ 전체의 집합을 S 라고 하자.

먼저 정의 1.2.5 (iii) 에 의하여 모든 $v \in \mathrm{N}$ 에 대하여 $v^+ \neq 1$ 이므로 1 은 조건 (1) 만을 만족시키므로 $1 \in S$ 이다. 이제 $x \in S$ 이라고 하자.

이 때, $x = 1$ 이면, 정의 1.2.5 (iii) 에 의하여 $x^+ \neq 1$ 이지만 $x^+ = 1^+$ 이고 $1 \in \mathrm{N}$ 이므로 x^+ 는 조건 (2) 만을 만족시키고 따라서 $x^+ \in S$ 이다.

그리고, $x \neq 1$ 이면, 적당한 원소 $v \in \mathrm{N}$ 에 대하여 $x = v^+$ 이고 이때 $x^+ = (v^+)^+$, $v^+ \in \mathrm{N}$ 이지만, 정의 1.2.5 (iii) 에 의하여 $x^+ \neq 1$ 이므로 x^+ 는 조건 (2) 만을 만족시키고 따라서 $x^+ \in S$ 이다.

그러므로 정의 1.2.5 (iv) 에 의하여 $S = \mathrm{N}$ 이다.

따라서 모든 $x \in \mathrm{N}$ 에 대하여 정리가 성립한다.

정의 1.2.7 집합 N 의 임의의 두 원소 x, y 에 대하여 합 $x + y$ 를 다음과 같이 귀납적으로 정의한다.

(i) $x + 1 = x^+$ (ii) $x + y^+ = (x + y)^+$

수학적 귀납법 공리에 의하여 집합 N 위의 덧셈 + 은 잘 정의된다 (well-defined). 그리고, 다음 정리가 성립한다.

정리 1.2.8 집합 N 위의 덧셈 + 에 관하여 다음이 성립한다.

A.1 : $(x + y) + z = x + (y + z)$ (결합법칙)

A.2 : $x + y = y + x$ (교환법칙)

A.3 : $x + z = y + z$ 이면, $x = y$ 이다. (소약법칙)

증명 (1) A.1 의 증명

이제 $x, y \in \mathrm{N}$ 이라고 하자. 먼저 $z = 1$ 일 때, 정의에 의하여

$$(x + y) + 1 = (x + y)^+ = x + y^+ = x + (y + 1)$$

이므로, $z = 1$ 일 때 A.1 은 성립한다.

이제 $x, y, z \in \mathrm{N}$ 에 대하여 등식 $(x + y) + z = x + (y + z)$ 가 성립한다고 가정하자. 이 때, 정의에 의하여

$$\begin{aligned}(x + y) + z^+ &= \{(x + y) + z\}^+ = \{(x + (y + z)\}^+ \\ &= x + (y + z)^+ = x + (y + z^+)\end{aligned}$$

이므로 z^+ 에 대해서도 A.1 은 성립한다.

따라서 모든 원소 $x, y, z \in \mathrm{N}$ 에 대하여 A.1 은 성립한다.

(2) A.2 의 증명

먼저 모든 원소 $x \in \mathbb{N}$ 에 대하여 $x+1 = 1+x$ 임을 증명한다.

분명히 위의 등식은 $x = 1$ 일 때 성립한다.

이제 $x \in \mathbb{N}$ 에 대하여 $x+1 = 1+x$ 이라고 가정하면, 정의와 A.1 에 의하여 다음이 성립한다.

$$x^+ + 1 = (x+1)+1 = (1+x)+1 = 1+(x+1) = 1+x^+$$

따라서 모든 원소 $x \in \mathbb{N}$ 에 대하여 $x+1 = 1+x$ 임을 증명한다.

다음에 임의의 원소 $x, y \in \mathbb{N}$ 에 대하여 등식 $x+y = y+x$ 가 성립함을 증명한다. 위의 결과에 의하여 $y = 1$ 일 때 이 등식은 성립한다.

그리고, $x+y = y+x$ 이라고 가정하면, A.1 에 의하여 다음이 성립한다.

$$\begin{aligned} x+y^+ &= (x+y)^+ = (y+x)^+ = y+x^+ \\ &= y+(x+1) = y+(1+x) = (y+1)+x = y^+ + x \end{aligned}$$

따라서 모든 원소 $x, y \in \mathbb{N}$ 에 대하여 $x+y = y+x$ 이다.

(3) A.3 의 증명

먼저 원소 $x, y \in \mathbb{N}$ 에 대하여 $x+1 = y+1$ 이면, $x^+ = y^+$ 이고 따라서 정의 1.2.5 (ii) 에 의하여 $x = y$ 이다.

이제 원소 $x, y, z \in \mathbb{N}$ 에 대하여 A.3 가 성립한다고 가정하자. 이 때, $x+z^+ = y+z^+$ 이면, 정의 1.2.7 (ii) 에 의하여 $(x+z)^+ = (y+z)^+$ 이므로 정의 1.2.5 (ii) 에 의하여 $x+z = y+z$ 이고 따라서 가정에 의하여 $x = y$ 이다. 그러므로 모든 원소 $x, y, z \in \mathbb{N}$ 에 대하여 A.3 가 성립한다.

정리 1.2.9 모든 원소 $x, y \in \mathbb{N}$ 에 대하여 $x \neq x+y$ 이다.

증명 정의 1.2.5 (iii) 에 의하여 $1 \neq y^+ = y+1 = 1+y$ 이므로, $x = 1$ 일 때 $x \neq x+y$ 이다. 또, $x, y \in \mathbb{N}$ 에 대하여 $x \neq x+y$ 이라고 가정하면, $x^+ \neq x^+ + y$ 이다. 실제로, $x^+ = x^+ + y$ 이면, A.2 와 정의 1.2.7 에 의하여

$$x^+ = x^+ + y = y+x^+ = (y+x)^+ = (x+y)^+$$

이므로 $x = x+y$ 로 되어 모순이 생긴다.

따라서 모든 원소 $x, y \in \mathbb{N}$ 에 대하여 $x \neq x+y$ 이다.

정리 1.2.10 임의의 원소 $x, y \in \mathbb{N}$ 에 대하여 다음 중에서 하나 그리고 단 하나가 성립한다.

(1) $x = y$

(2) 적당한 원소 $u \in \mathbb{N}$ 에 대하여 $x = y + u$ 이다.

(3) 적당한 원소 $v \in \mathbb{N}$ 에 대하여 $y = x + v$ 이다.

증명 먼저 (1), (2), (3) 중에서 하나가 성립함을 증명한다.
정리 1.2.6 에 의하여 다음 중에서 하나 그리고 단 하나가 성립한다.

(a) $y = 1$

(b) 적당한 원소 $v \in \mathbb{N}$ 에 대하여 $y = v^+ = v+1 = 1 + v$ 이다.

그러므로 $x = 1$ 일 때 정리는 성립한다.
이제 원소 $x, y \in \mathbb{N}$ 에 대하여 (1), (2), (3) 중에서 하나가 성립한다고 가정하면, x^+ 와 y 에 대하여 다음 결과를 얻는다.

① $x = y$ 이면, $x^+ = y^+ = y+1$ 이므로 (ii) 가 성립한다.

② 적당한 원소 $u \in \mathbb{N}$ 에 대하여 $x = y + u$ 이라고 하자.
이 때, $x^+ = (y+u)^+ = y + u^+$ 이므로 (ii) 가 성립한다.

③ 적당한 원소 $v \in \mathbb{N}$ 에 대하여 $y = x + v$ 이라고 하자.
이 때, $v = 1$ 이면, $y = x + v = x + 1 = x^+$ 이므로 (i) 가 성립한다.
한편, $v \neq 1$ 이면, 정리 1.2.6 에 의하여 $v = w^+$ 인 $w \in \mathbb{N}$ 가 존재하고 이때

$$\begin{aligned} y = x + v = x + w^+ &= x + (w+1) \\ &= (x+1) + w = x^+ + w \end{aligned}$$

이므로 (iii) 가 성립한다. 따라서 모든 원소 $x, y \in \mathbb{N}$ 에 대하여 (1), (2), (3) 중에서 하나가 성립한다.

그런데, (1) 과 (2) 가 동시에 성립하면, $x = y = x + u$ 로 되어 정리 1.2.9 에 모순된다. 그리고, (1) 과 (3) 이 동시에 성립하면, 정리 1.2.9 에 모순된다.
또, (2) 와 (3) 이 동시에 성립하면,

$$x = y + u = (x + v) + u = x + (v + u)$$

로 되어 정리 1.2.9 에 모순된다.
따라서 (1), (2), (3) 중에서 하나 그리고 단 하나가 증명한다.

정의 1.2.11 집합 N 의 임의의 두 원소 x, y에 대하여 곱 $x \cdot y$를 다음과 같이 귀납적으로 정의한다.

(i) $x \cdot 1 = x$ (ii) $x \cdot y^+ = x \cdot y + x$

위의 정의와 귀납법 공리에 의하여 집합 N 위의 곱셈 · 은 잘 정의된다.

정리 1.2.12 집합 N 위의 곱셈 · 에 관하여 다음이 성립한다.

M.1 : $(x \cdot y) \cdot z = x \cdot (y \cdot z)$ (결합법칙)

M.2 : $x \cdot y = y \cdot x$ (교환법칙)

M.3 : $x \cdot z = y \cdot z$ 이면, $x = y$ 이다. (소약법칙)

D : $x \cdot (y+z) = x \cdot y + x \cdot z$, $(x+y) \cdot z = x \cdot z + y \cdot z$ (분배법칙)

증명 이 정리는 D, M.2, M.1, M.3 의 순으로 증명한다.

(1) D 의 증명

임의의 $x, y \in$ N 에 대하여

$$x \cdot (y+1) = x \cdot y^+ = x \cdot y + x = x \cdot y + x \cdot 1$$

이므로 $z = 1$ 일 때 D 의 첫째 등식이 성립한다.

다음에 $x, y, z \in$ N 에 대하여 $x \cdot (y+z) = x \cdot y + x \cdot z$ 이라고 가정하면, 정의 1.2.7, 정의 1.2.11 과 A.3 에 의하여

$$\begin{aligned} x \cdot (y+z^+) &= x \cdot (y+z)^+ = x \cdot (y+z) + x \\ &= (x \cdot y + x \cdot z) + x \\ &= x \cdot y + (x \cdot z + x) = x \cdot y + x \cdot z^+ \end{aligned}$$

이므로 z^+ 에 대해서도 D 의 첫째 등식은 성립한다.

따라서 모든 $x, y, z \in$ N 에 대하여 D 의 첫째 등식은 성립한다.
마찬가지 방법으로, D 의 둘째 등식이 성립함을 증명할 수 있다.

(2) M.2 의 증명

분명히 정의 1.2.11 에 의하여 $1 \cdot 1 = 1$ 이다.

그리고, 원소 $x \in$ N 에 대하여 $1 \cdot x = x$ 이라고 가정하면, 정의 1.2,11 과 정의 1.2.7 에 의하여 $1 \cdot x^+ = 1 \cdot x + 1 = x + 1 = x^+$ 이다.

따라서 모든 원소 $x \in \mathrm{N}$ 에 대하여 $1 \cdot x = x \cdot 1$ 이다.

이제 $x, y \in \mathrm{N}$ 이라고 하면, 위의 결과에 의하여 $x \cdot 1 = 1 \cdot x$ 이다. 또, $x \cdot y = y \cdot x$ 이라고 가정하면, 정의 1.2.11 과 D 에 의하여 다음이 성립한다.

$$\begin{aligned} x \cdot y^{+} &= x \cdot y + x = y \cdot x + x \\ &= y \cdot x + 1 \cdot x = (y+1) \cdot x = y^{+} \cdot x \end{aligned}$$

따라서 모든 원소 $x, y \in \mathrm{N}$ 에 대하여 $x \cdot y = y \cdot x$ 이다.

(3) M.1 의 증명

먼저 $x, y \in \mathrm{N}$ 이라고 할 때, 정의 1.2.11 에 의하여 다음이 성립한다.

$$(x \cdot y) \cdot 1 = x \cdot y = x \cdot (y \cdot 1)$$

그리고, 원소 $x, y, z \in \mathrm{N}$ 에 대하여 $(x \cdot y) \cdot z = x \cdot (y \cdot z)$ 이라고 가정하면, 정의 1.2.7, D, 정의 1.2.11 에 의하여

$$\begin{aligned} (x \cdot y) \cdot z^{+} &= (x \cdot y) \cdot (z+1) = (x \cdot y) \cdot z + (x \cdot y) \cdot 1 \\ &= x \cdot (y \cdot z) + x \cdot y = x \cdot (y \cdot z + y) \\ &= x \cdot (y \cdot z + y \cdot 1) = x \cdot \{y \cdot (z+1)\} = x \cdot (y \cdot z^{+}) \end{aligned}$$

따라서 모든 원소 $x, y, z \in \mathrm{N}$ 에 대하여 M.1 이 성립한다.

(3) M.3 의 증명

원소 $x, y, z \in \mathrm{N}$ 이에 대하여 $x \cdot z = y \cdot z$ 일 때, $x \neq y$ 이라고 가정하자. 이 때, 정리 1.2.10 에 의하여 $x = y + u$ 인 원소 $u \in \mathrm{N}$ 가 존재하거나 또는 $y = x + v$ 인 원소 $v \in \mathrm{N}$ 가 존재한다. 그런데, 첫째 경우에

$$x \cdot z = (y + u) \cdot z = y \cdot z + u \cdot z$$

이므로 정리 1.2.10 에 모순되고, 또 둘째 경우에

$$y \cdot z = (x + v) \cdot z = x \cdot z + v \cdot z$$

으로 되어 정리 1.2.10 에 모순된다. 따라서 $x = y$ 이다.

정의 1.2.13 원소 $x, y \in \mathrm{N}$ 에 대하여 $y = x + u$ 인 원소 $u \in \mathrm{N}$ 가 존재할 때, 이 사실을 $x < y$ 로 나타낸다.

그리고, $x = y$ 또는 $x < y$ 일 때, 이 사실을 $x \leq y$ 로 나타낸다.

정리 1.2.14 임의의 원소 $x, y, z \in \mathrm{N}$ 에 대하여 다음이 성립한다.

(1) 다음 중에서 하나 그리고 단 하나가 성립한다

(i) $x < y$ (ii) $x = y$ (iii) $y < x$

(2) $x < y$, $y < z$ 이면, $x < z$ 이다.

(3) $x < y$ 이면, $x+z < y+z$, $x \cdot z < y \cdot z$ 이다.

증명 (1) 정리 1.2.10 과 정의 1.2.13 에 의하여 (1) 이 성립한다.

(2) $x < y$, $y < z$ 이면, 정의 1.2.13 에 의하여 $y = x+u$, $z = y+v$ 인 원소 $u, v \in \mathrm{N}$ 가 존재하고 이때

$$z = y+v = (x+u)+v = x+(u+v)$$

이고 $u+v \in \mathrm{N}$ 이다. 따라서 $x < y$, $y < z$ 이면, $x < z$ 이다.

(3) $x < y$ 이면, $y = x+u$ 인 원소 $u \in \mathrm{N}$ 가 존재하고, 이때

$$\begin{aligned} y+z &= (x+u)+z = x+(u+z) \\ &= x+(z+u) = (x+z)+u, \\ y \cdot z &= (x+u) \cdot z = x \cdot z + z \cdot u \end{aligned}$$

이고 또 $u \in \mathrm{N}$, $z \cdot u \in \mathrm{N}$ 이다.

따라서 $x < y$ 이면, $x+z < y+z$, $x \cdot z < y \cdot z$ 이다.

정리 1.2.15 집합 N 에서 다음이 성립한다.

(1) 모든 원소 $x \in \mathrm{N}$ 에 대하여 $1 \le x$ 이다.

(2) $y \le x$ 일 때 그리고 이때에만 $y < x^+$ 이다.

(3) $x < y$ 일 때 그리고 이때에만 $x^+ \le y$ 이다.

(4) 모든 원소 $x \in \mathrm{N}$ 에 대하여 $x < x^+$ 이다.

증명 (1) 원소 $x \in \mathrm{N}$ 에 대하여 $x < 1$ 이라고 가정하자.

이 때, $1 = x+u$ 인 원소 $u \in \mathrm{N}$ 가 존재하고, 또 정리 1.2.6 에 의하여 $u = 1$ 이거나 또는 $u = v^+$ 인 원소 $v \in \mathrm{N}$ 가 존재한다.

한편, $u = 1$ 이면, $1 = x+u = x+1 = x^+$ 로 되어 정의 1.2.5 에 모순되고, $u = v^+$ 이면 $1 = x+u = x+v^+ = (x+v)^+$ 로 되어 정의 1.2.5 에 모순된다. 따라서 모든 원소 $x \in \mathrm{N}$ 에 대하여 $1 \le x$ 이다.

(2) 먼저 $y \leq x$ 이라고 하자. 이 때, $y = x$ 또는 $y < x$ 이다.

그런데 $y = x$ 이면, $x^+ = y^+ = y + 1$ 이므로 $y < x^+$ 이다.

그리고, $y < x$ 이면, $x = y + u$ 인 원소 $u \in \mathbb{N}$ 가 존재하고 이때

$$x^+ = (y+u)^+ = y + u^+$$

이므로 $y < x^+$ 이다. 따라서 $y \leq x$ 이면, $y < x^+$ 이다.

역으로, $y < x^+$ 이라고 하자.

이 때, $x^+ = y + v$ 인 원소 $v \in \mathbb{N}$ 가 존재한다. 그런데, $v = 1$ 이면, $x^+ = y + v = y + 1 = y^+$ 이므로 $y = x$ 이다.

한편, $v \neq 1$ 이면, 정리 1.2.6 에 의하여 $v = w^+$ 인 $w \in \mathbb{N}$ 가 존재하고

$$x^+ = y + v = y + w^+ = (y+w)^+$$

이므로 $x = y + w$ 이고 따라서 $y < x$ 이다.

(3) 위의 (2) 와 정리 1.2.14 에 의하여 (3) 이 성립한다.

(4) 분명히 $x \leq x$ 이므로 (2) 에 의하여 $x < x^+$ 이다.

정리 1.2.16 (정수의 整列性) 집합 $\mathbb{N}$ 의 부분집합 $S\,(\neq \varnothing)$ 에는 가장 작은 원소 l 이 존재한다. 즉, $\varnothing \subsetneq S \subseteq \mathbb{N}$ 일 때, 모든 $s \in S$ 에 대하여 $l \leq s$ 인 원소 $l \in S$ 이 존재한다.

증명 집합 $\mathbb{N}$ 의 부분집합 T 를 다음과 같이 정하자.

$$T = \{x \in \mathbb{N} \mid \text{모든 원소 } s \in S \text{ 에 대하여 } x \leq s\}$$

이 때, 정리 1.2.15 에 의하여 $1 \in T \neq \varnothing$ 이고, 각 원소 $s \in S$ 에 대하여 $s < s^+$ 이므로 $s^+ \notin T$ 이다. 따라서 $T \subsetneq \mathbb{N}$ 이므로 정의 1.2.5 (iv) 에 의하여 $l \in T,\ l^+ \notin T$ 인 원소 l 이 존재한다. 이제 l 이 S 에 속하는 가장 작은 원소임을 밝히기로 한다.

먼저 $l \in T$ 이므로, 모든 원소 $s \in S$ 에 대하여 $l \leq s$ 이다.

그런데, $l \notin S$ 이라고 가정하면, 모든 원소 $s \in S$ 에 대하여 $l < s$ 이므로, 정리 1.2.15 에 의하여 모든 $s \in S$ 에 대하여 $l^+ \leq s$ 이고 따라서 $l^+ \in T$ 로 되어 모순이 생긴다. 그러므로 $l \in S$ 이다.

§1.3 유리수와 실수

두 정수 $a, b \ (b \neq 0)$ 에 대하여

$$u = \frac{a}{b}$$

와 같은 분수(fraction)의 꼴로 나타내어지는 수를 유리수(rational number)라 하고, 유리수 전체의 집합을 $\mathbb{Q}$ 로 나타낸다. 즉,

$$\mathbb{Q} = \{ \frac{a}{b} \mid a, b \in \mathbb{Z}, \ b \neq 0 \}$$

그리고 유리수 전체의 집합 $\mathbb{Q}$ 에서 상등관계 및 덧셈과 곱셈을 다음과 같이 정의한다(§5.4 참조).

$$\frac{a}{b} = \frac{c}{d} \Longleftrightarrow ad = bc$$

$$\frac{a}{b} + \frac{c}{d} = \frac{ad + bc}{bd}, \quad \frac{a}{b} \cdot \frac{c}{d} = \frac{ac}{bd}$$

정의에 의하여 다음이 성립한다.

$$\frac{1}{2} = \frac{2}{4} = \frac{3}{6} = \cdots, \qquad 2 = \frac{2}{1} = \frac{4}{2} = \frac{6}{3} = \cdots,$$

$$\frac{3}{5} + \frac{1}{4} = \frac{12+5}{5 \cdot 4} = \frac{17}{20}, \quad -\frac{3}{5} = \frac{-3}{5} = \frac{3}{-5}$$

각 정수 a 는 $a = \frac{a}{1}$ 과 같이 분수의 꼴로 나타낼 수 있으므로, 정수는 유리수이기도 하다. 즉, $\mathbb{Z} \subset \mathbb{Q}$ 이다.

유리수와 무리수(irrational number)를 통틀어 실수(real number)라 하고 실수 전체의 집합을 $\mathbb{R}$ 로 나타낸다.

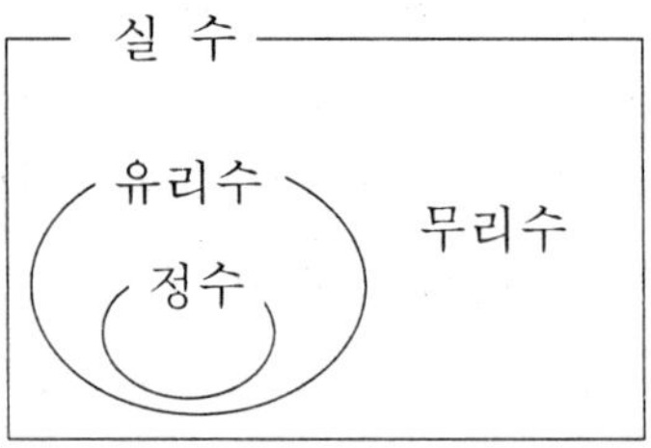

실수 전체의 집합 $\mathbb{R}$ 와 유리수 전체 집합 $\mathbb{Q}$ 는 덧셈과 곱셈에 관하여 다음 정의의 조건을 만족시킨다.

정의 1.3.1 집합 $F\ (\neq \emptyset)$ 위에 덧셈과 곱셈이 정의되어 있고, 또 임의의 원소 $a, b, c \in F$ 에 대하여 다음이 성립할 때, F 를 **體**(field)라고 한다.

A.1 : $(a+b)+c = a+(b+c)$ (덧셈에 관한 결합법칙)

A.2 : $a+b = b+a$ (덧셈에 관한 교환법칙)

A.3 : 특정한 원소 $0 \in F$ 이 존재하여, 모든 원소 $a \in F$ 에 대하여 등식 $a+0 = 0+a = a$ 가 성립한다(0 은 덧셈에 관한 항등원).

A.4 : 각 원소 $a \in F$ 에 대하여 $a+(-a) = (-a)+a = 0$ 인 원소 $-a \in F$ 가 존재한다($-a$ 를 a 의 덧셈에 관한 역원이라고 한다).

M.1 : $(ab)c = a(bc)$ (곱셈에 관한 결합법칙)

M.2 : $ab = ba$ (곱셈에 관한 교환법칙)

M.3 : 특정한 원소 $1 \in F,\ 1 \neq 0$ 이 존재하여, 모든 원소 $a \in F$ 에 대하여 등식 $a1 = 1a = a$ 가 성립한다(1 은 곱셈에 관한 항등원).

M.4 : 각 원소 $a \in F,\ a \neq 0$ 에 대하여 $aa^{-1} = a^{-1}a = 1$ 인 원소 $a^{-1} \in F$ 가 존재한다(a^{-1} 를 a 의 곱셈에 관한 역원이라고 한다).

D : $a(b+c) = ab+ac,\quad (a+b)c = ac+bc$ (분배법칙)

체 F 위에서의 뺄셈과 나눗셈은 각각 다음과 같이 정의된다.

$$a-b = a+(-b), \qquad a \div b = \frac{a}{b} = ab^{-1} \quad (b \neq 0)$$

유리수 전체의 집합 $\mathbb{Q}$ 와 실수 전체의 집합 $\mathbb{R}$ 는 덧셈과 곱셈에 관하여 체를 이룬다. 이러한 의미에서, $\mathbb{Q}$ 와 $\mathbb{R}$ 를 각각 **유리수體**(rational number field), **실수體**(real number field) 라고 한다.

실수 전체의 집합 $\mathbb{R}$ 에는 다음에 소개할 성질 O.1′, O.2′, O.3′ 을 만족시키는 부분집합 P 가 존재한다.

O.1′ (三一律, trichotomy) 각 실수 $a \in \mathbb{R}$ 에 대하여 다음 중 하나 그리고 단 하나만이 성립한다

(i) $a \in P$ (ii) $a = 0$ (iii) $-a \in P$

O.2′ $a, b \in P \implies a+b \in P,\ ab \in P$

앞의 두 성질이 성립한다는 의미에서 $\mathbb{R}$를 **순서體**(ordered fieled) 라고 한다.

실수 a에 대하여 $a \in P$일 때 a를 **양의 실수**라 하고 $-a \in P$일 때 a를 **음의 실수**라고 한다. 그리고, 두 실수 a, b에 대하여 $b - a \in P$인 것을 $a < b$ 또는 $b > a$로 나타내면 다음이 성립한다.

정리 1.3.2 실수 전체의 집합 $\mathbb{R}$에서 다음이 성립한다.

(1) 임의의 a, b에 대하여 다음 중에서 하나 그리고 단 하나가 성립한다.

(i) $a > 0$ (ii) $a = 0$ (iii) $a < 0$

(2) $a < b \Leftrightarrow a - b > 0$, $0 < a \Leftrightarrow -a < 0$

(3) $a > 0$, $b > 0$이면 $a + b > 0$, $ab > 0$이다.

(4) $a \neq 0$이면, $0 < a^2$이다.

(5) $a < b$, $b < c$이면 $a < c$이다.

(6) $a < b$이면, 임의의 c에 대하여 $a + c < b + c$이다.

(7) $a < b$일 때, $c > 0$이면 $ac < bc$이고 또 $c < 0$이면 $bc < ac$이다.

실수 a의 **절대값**(absolute value) $|a|$는 다음과 같이 정의된 실수이다.

$$|a| = \begin{cases} a & (0 < a \text{ 일 때}) \\ 0 & (a = 0 \text{ 일 때}) \\ -a & (a < 0 \text{ 일 때}) \end{cases}$$

앞으로, '$a \leq b$'와 '$a \geq b$'는 각각 다음이 성립함을 뜻한다고 하자.

'$a < b$ 또는 $a = b$', '$a > b$ 또는 $a = b$'

실수 전체의 집합 $\mathbb{R}$의 부분집합 $S\,(\neq \varnothing)$에서 모든 $x \in S$에 대하여 $x \leq b$인 실수 b가 존재할 때, b를 S의 **上界**(upper bound)라 하고 S는 **위로 有界**(bounded above)라고 한다. 또, 다음 두 조건을 만족시키는 실수 u를 S의 **上限**(supremum) 또는 **最小上界**(least upper bound)라 하고 이것을 $\sup S$ 또는 $\operatorname{lub} S$로 나타낸다.

(i) u는 S의 上界이다.

(ii) S의 모든 上界 b에 대하여, $u \leq b$이다.

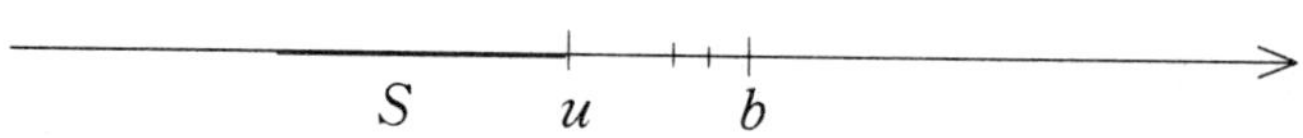

또한, 모든 $x \in S$ 에 대하여 $c \leq x$ 인 실수 c 가 존재할 때, c 를 S 의 **下界**(lower bound)라 하고 S 는 **아래로 유계**(bounded below) 라고 한다.

그리고, 다음 두 조건을 만족시키는 실수 l 을 S 의 **下限**(infimum) 또는 **最大下界**(greatest lower bound)라 하고 이것을 $\inf S$ 또는 $\operatorname{glb} S$ 로 나타낸다.

(i) l 은 S 의 下界이다.

(ii) S 의 모든 下界 c 에 대하여 $c \leq l$ 이다.

O.3′ (**실수의 完備性 공리**, axiom of completeness) 실수체 $\mathbb{R}$ 의 부분집합 $S\ (\neq \varnothing)$ 가 위로 유계이면, S 의 上限이 존재한다.

실수체 $\mathbb{R}$ 는 정리 1.3.1 과 O.1′, O.2′, O.3′ 에 의하여 완전히 결정된다. 그리고 이로부터 다음 정리가 성립함을 증명할 수 있다.

정리 1.3.3 실수체 $\mathbb{R}$ 의 부분 집합 $S\ (\neq \varnothing)$ 가 아래로 유계이면, S 의 下限이 존재한다.

실수 전체의 집합 $\mathbb{R}$ 는 數直線(좌표직선, coordinate line) 위의 점 전체의 집합과 일대일로 대응한다. 여기서 점 A 가 실수 a 에 대응하는 경우에 a 를 점 A 의 좌표(coordinate)라고 한다.

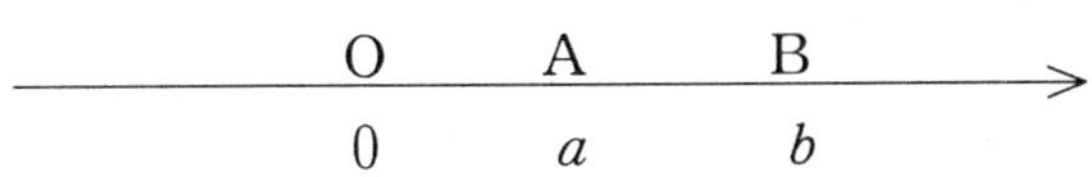

정리 1.3.4 (아르키메데스의 공리, axiom of Archimedes) 임의의 두 양의 실수 a, b 에 대하여 $a < nb$ 인 자연수 n 이 존재한다.

정리 1.3.5 임의의 실수 a 에 대하여 $a < n$ 인 자연수 n 이 존재한다.

또, 임의의 양의 실수 $a > 0$ 에 대하여 $\dfrac{1}{n} < a$ 인 자연수 n 이 존재한다.

정리 1.3.6 실수로 이루어진 단조증가수열 $a_1, a_2, a_3, \cdots, a_n, \cdots$ 과 단조감소수열 $b_1, b_2, b_3, \cdots, b_n, \cdots$ 에 대하여

$$a_1 \leq a_2 \leq \cdots \leq a_n \leq \cdots \leq b_n \leq \cdots \leq b_2 \leq b_1$$

일 때, $b_n - a_n$ 이 한없이 작아지면 실수 $\xi = \lim_{n \to \infty} a_n = \lim_{n \to \infty} b_n$ 이 존재하고 또 모든 n 에 대하여 $a_n < \xi < b_n$ 이다.

임의의 실수 ξ 에 대하여 ξ에 수렴하는 유리수로 이루어진 단조증가수열 $u_1, u_2, \cdots, u_n, \cdots$ 이 존재하고 ξ에 수렴하는 유리수로 이루어진 단조감소수열 $v_1, v_2, \cdots, v_n, \cdots$ 이 존재하므로, ξ 에 한없이 가까운 유리수인 근사값 즉 **유리 근사값**(rational approximation) 을 택할 수 있다.

정리 1.3.7 (유리수의 稠密性, density) 유리수 전체의 집합 $\mathbb{Q}$는 실수 전체의 집합 $\mathbb{R}$ 안에서 **조밀하다**(dense). 즉, 임의의 두 실수 a, b 에 대하여 $a < b$ 이면, $a < r < b$ 인 유리수 r 가 존재한다.

양의 실수는 다음과 같이 분류된다.

양의 유리수 : 유한소수 또는 순환소수의 꼴로 나타내어지는 수

양의 무리수 : 순환하지 않는 무한소수의 꼴로 나타내어지는 수

그리고, 양의 유리수는 모두 순환소수의 꼴로도 나타내어진다.

실수를 소수의 꼴로 나타내는 방법에 대해서는 §2.7 를 참조하기 바란다.
유리수에서 실수로 옮겨가는 데에는 칸토어(Georg Cantor, 1845 ~ 1918) 와 데데킨트(Dedekind, 1831 ~ 1916) 의 공로가 대단히 크다.

실수 전체의 집합 $\mathbb{R}$ 를 공리론적으로 논하는 데에는 이른바 Dedekind 의 切斷(cut, Schnidt) 의 개념과 순서집합의 개념이 이용된다.

실수 전체의 집합 $\mathbb{R}$ 에 관한 공리론적 접근 방법에 대해서는 [9], [10] 을 참조하기 바란다.

§1.4 복소수

실수체 $\mathbb{R}$ 안에서 이차방정식 $x^2+1=0$ 의 근이 존재하지 않는다. 이제

$$i^2+1=0 \quad \text{즉} \quad i^2=-1$$

인 새로운 수 i 를 도입하여

$$a+bi \qquad (a,\ b\in\mathbb{R})$$

와 같은 꼴의 수를 복소수라 하고 이러한 복소수 전체의 집합을 $\mathbb{C}$ 로 나타내자. 그리고 복소수 전체의 집합 $\mathbb{C}=\{a+bi \mid a, b\in\mathbb{R}\}$ 위에 상등관계와 덧셈 및 곱셈을 다음과 같이 정의한다.

$$a+bi=c+di \Longleftrightarrow a=c,\ \ b=d$$
$$(a+bi)+(c+di)=(a+c)+(b+d)i,$$
$$(a+bi)(c+di)=(ac-bd)+(ad+bc)i$$

복소수 $\alpha=a+bi$ 에 대하여 다음과 같이 정한 $\overline{\alpha}$, $N(\alpha)$, $|\alpha|$ 를 각각 α 의 **켤레복소수**, **노름**(독일어, Norm), **절대값**(absolute value)이라고 한다.

$$\overline{\alpha}=a-bi,$$
$$N(\alpha)=\alpha\overline{\alpha}=a^2+b^2,$$
$$|\alpha|=\sqrt{N(\alpha)}=\sqrt{a^2+b^2}$$

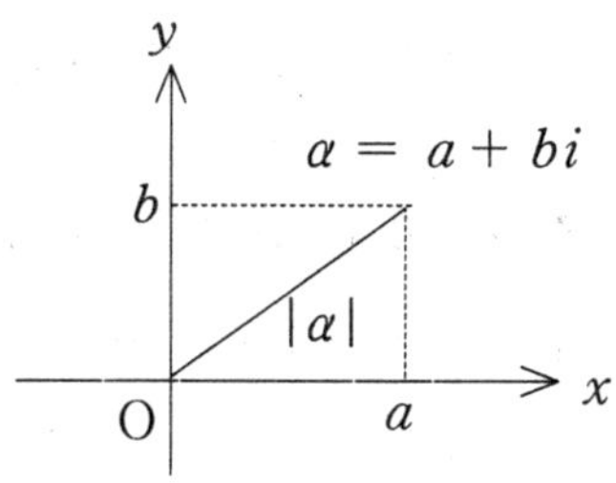

이 때, $\alpha, \beta\in\mathbb{C}$ 에 대하여 다음이 성립한다.

(1) $N(\alpha)=0 \Longleftrightarrow a=b=0 \Longleftrightarrow \alpha=0$

(2) $\alpha=\overline{\alpha} \Longleftrightarrow \alpha\in\mathbb{R}$

(3) $\overline{\alpha+\beta}=\overline{\alpha}+\overline{\beta}, \qquad \overline{\alpha\beta}=\overline{\alpha}\,\overline{\beta}$

(4) $N(\alpha\beta)=\alpha\beta\overline{\alpha\beta}=\alpha\beta\overline{\alpha}\,\overline{\beta}=(\alpha\overline{\alpha})(\beta\overline{\beta})=N(\alpha)N(\beta)$

특히, $\alpha=a+bi\neq 0$ 일 때, $\alpha^{-1}=\dfrac{\overline{\alpha}}{N(\alpha)}=\dfrac{a}{a^2+b^2}+\dfrac{-b}{a^2+b^2}\,i$ 이다.

그러므로 복소수 전체의 집합 $\mathbb{C}$ 는 덧셈과 곱셈에 관하여 체를 이룬다. (정의 1.3.1 참조). 이러한 의미에서 $\mathbb{C}$ 를 **복소수體**(complex number field) 라고 한다.

정리 1.4.1 두 실수 θ, ϕ에 대하여 다음이 성립한다.

(1) $\sin(-\theta) = -\sin\theta, \quad \cos(-\theta) = \cos\theta$

(2) $\sin(\theta+\phi) = \sin\theta\cos\phi + \cos\theta\sin\phi,$

$\cos(\theta+\phi) = \cos\theta\cos\phi - \sin\theta\sin\phi$

(3) $\sin^2\theta + \cos^2\theta = 1, \quad \sin 2\theta = 2\sin\theta\cos\theta,$

$\cos 2\theta = 2\cos^2\theta - 1 = 1 - 2\sin^2\theta$

(4) $\cos 3\theta = 4\cos^3\theta - 3\cos\theta, \quad \sin 3\theta = 3\sin\theta - 4\sin^3\theta$

위의 정리에서 (4) 의 첫째 등식은 다음과 같이 증명한다.

$$\begin{aligned}\cos 3\theta &= \cos(2\theta+\theta) = \cos 2\theta\cos\theta - \sin 2\theta\sin\theta \\ &= (2\cos^2\theta - 1)\cos\theta - 2(1-\cos^2\theta)\cos\theta \\ &= 4\cos^3\theta - 3\cos\theta\end{aligned}$$

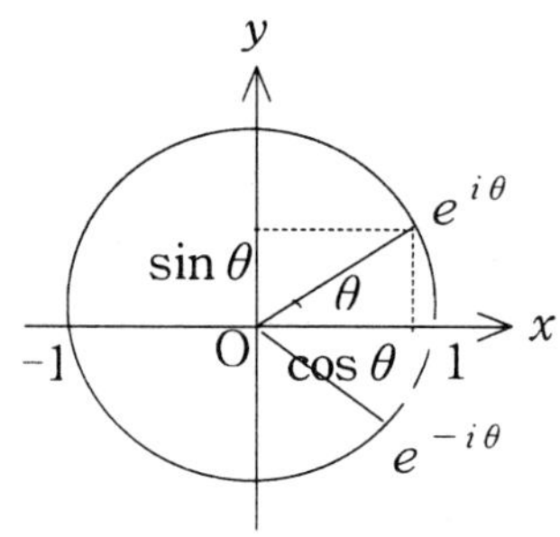

정의 1.4.2 임의의 실수 θ에 대하여 $e^{i\theta}$ 를

$$e^{i\theta} = \cos\theta + i\sin\theta$$

으로 정한다.

그리고, $e^{i\theta}$를 흔히 $\exp(i\theta)$ 로 나타낸다.

정리 1.4.3 두 실수 θ, ϕ에 대하여 다음이 성립한다.

(1) $e^{i\theta} = 1 \Longleftrightarrow \theta = 2\pi n \ (n \in \mathbb{Z})$

(2) $e^{i\theta} = e^{i\phi} \Longleftrightarrow \phi = \theta + 2\pi n \ (n \in \mathbb{Z})$

(3) $U = \{\alpha \in \mathbb{C} \mid |\alpha| = 1\}$이라고 하면, U는 다음과 같다.

$$U = \{e^{\theta i} \mid \theta \in \mathbb{R}\} = \{e^{\theta i} \mid 0 \le \theta < 2\pi\}$$

(4) $(\cos\theta + i\sin\theta)(\cos\phi + i\sin\phi) = \cos(\theta+\phi) + i\sin(\theta+\phi)$

$(\cos\theta + i\sin\theta)^{-1} = \cos(-\theta) + i\sin(-\theta) = \cos\theta - i\sin\theta$

(5) $e^{i\theta}e^{i\phi} = e^{i(\theta+\phi)}, \quad (e^{i\theta})^{-1} = e^{-i\theta} = \overline{e^{i\theta}}$

(6) (De Moivre 의 정리) 임의의 정수 n에 대하여 다음이 성립한다.

$$(\cos\theta + i\sin\theta)^n = \cos n\theta + i\sin n\theta \quad \text{즉} \quad (e^{i\theta})^n = e^{in\theta}$$

증명 정의의 의하여 (1), (2), (3) 이 성립함을 알 수 있다.
정리 1.4.1 에 의하여

$$
\begin{aligned}
&(\cos\theta + i\sin\theta)(\cos\phi + i\sin\phi)\\
&= (\cos\theta\cos\phi - \sin\theta\sin\phi) + i(\cos\theta\sin\phi + \sin\theta\cos\phi)\\
&= \cos(\theta+\phi) + i\sin(\theta+\phi)
\end{aligned}
$$

이고 또

$$(\cos\theta + i\sin\theta)(\cos(-\theta) + i\sin(-\theta)) = \cos 0 + i\sin 0 = 1$$

이므로 (4) 가 성립한다. 그리고, (4) 에 의하여 (5, (6) 이 성립한다.

독일의 수학자 가우스(Carl Friedrich Gauss, 1777 – 1855) 는 1799 년에 다음 정리의 증명을 완성하였다. 이 정리는 예를 들어 복소함수론에서 논하는 리비유(Liouville) 의 정리를 이용하여 이 정리를 증명할 수 있다.

정리 1.4.4 (대수학의 기본 정리, Gauss 의 정리) 복소수체 $\mathbb{C}$ 는 대수적 폐체이다. 즉, 복소수체 $\mathbb{C}$ 위의 n 차의 다항식 $f(x)$ 는 복소수체 $\mathbb{C}$ 위에서

$$f(x) = a(x-u_1)\cdots(x-u_n)$$

와 같이 일차다항식의 곱으로 인수분해되고, 따라서 $f(x)$ 는 복소수체 $\mathbb{C}$ 안에서 중복을 허락하여 n 개의 근 $u_1, \cdots, u_n$ 을 가진다.

정리 1.4.5 양의 정수 n 에 대하여 $\zeta = e^{\frac{2\pi i}{n}} = \cos\dfrac{2\pi}{n} + i\sin\dfrac{2\pi}{n}$ 이라고 할 때, 임의의 정수 k, j 에 대하여 다음이 성립한다.

$$
\begin{aligned}
&\zeta^k = \cos\frac{2k\pi}{n} + i\sin\frac{2k\pi}{n}, \quad \zeta^{-k} = \overline{\zeta}^k\\
&\zeta^k = 1 \Leftrightarrow n \mid k,\\
&\zeta^k = \zeta^j \Leftrightarrow n \mid (k-j)\\
&\qquad\quad \Leftrightarrow k \equiv j \pmod n\\
&(\zeta^k)^n = (\zeta^n)^k = 1^k = 1,
\end{aligned}
$$

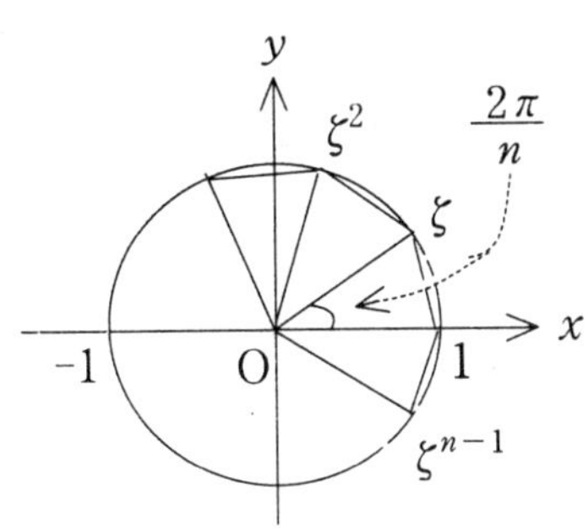

그리고, 복소수체 $\mathbb{C}$ 안에서 n 차의 방정식 $x^n = 1$ 은 서로 다른 n 개의 근 $1, \zeta, \zeta^2, \cdots, \zeta^{n-1}$ 을 가진다.

증명 정리 1.4.3에 의하여 정리의 앞 부분이 성립한다.

또, 임의의 정수 k에 대하여 $(\zeta^k)^n = (\zeta^n)^k = 1^k = 1$ 이므로 방정식 $x^n = 1$은 서로 다른 n개의 근 $1, \zeta, \zeta^2, \cdots, \zeta^{n-1}$을 가진다(정리 1.4.4).

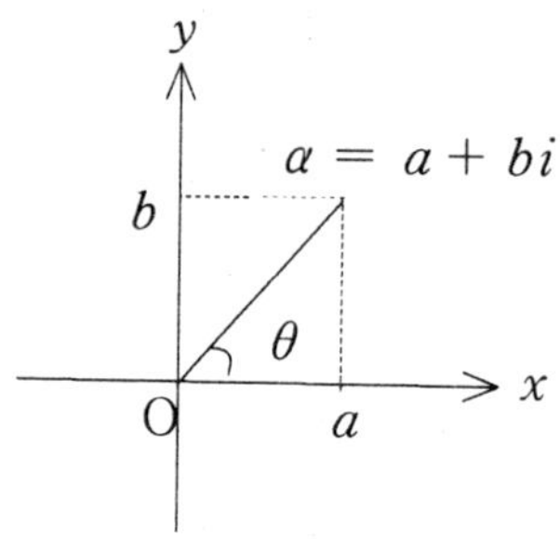

복소수 $\alpha = a + bi \neq 0$에 대하여

$$\alpha = \sqrt{a^2+b^2}\left(\frac{a}{\sqrt{a^2+b^2}} + \frac{b}{\sqrt{a^2+b^2}}\, i\right)$$

이고 여기서

$$\frac{a}{\sqrt{a^2+b^2}} = \cos\theta, \quad \frac{b}{\sqrt{a^2+b^2}} = \sin\theta$$

인 실수 θ가 존재하고 다음이 성립한다.

$$\alpha = |\alpha|(\cos\theta + i\sin\theta)$$

복소수 $\alpha\ (\neq 0)$를 위와 같이 나타낸 것을 α의 **극형식**이라고 한다.

양의 실수 a와 정수 $n\ (\geq 2)$에 대하여 $u^n = a$인 양의 실수 u가 단 하나 존재한다. 이러한 양의 실수 u를 $\sqrt[n]{a}$로 나타낸다.

정리 1.4.6 정수 $n\ (\geq 2)$에 대하여 $\zeta = \cos\frac{2\pi}{n} + i\sin\frac{2\pi}{n}$이라고 하면 다음이 성립한다.

(1) $\alpha = |\alpha|(\cos\theta + i\sin\theta) \neq 0$일 때, 방정식 $x^n = \alpha$는 복소수체 $\mathbb{C}$ 안에서 다음과 같은 서로 다른 n개의 근을 가진다.

$$\sqrt[n]{|\alpha|}\left(\cos\frac{\theta}{n} + i\sin\frac{\theta}{n}\right)\zeta^k \qquad (0 \leq k \leq n-1)$$

(2) 양의 실수 a에 대하여 방정식 $x^n = a$는 복소수체 $\mathbb{C}$ 안에서 서로 다른 n개의 근

$$\sqrt[n]{a}\,\zeta^k \qquad (0 \leq k \leq n-1)$$

을 가지며 방정식 $x^n = -a$는 복소수체 $\mathbb{C}$ 안에서 서로 다른 n개의 근

$$\sqrt[n]{a}\left(\cos\frac{\pi}{n} + i\sin\frac{\pi}{n}\right)\zeta^k \qquad (0 \leq k \leq n-1)$$

을 가진다.

증명 임의의 정수 k에 대하여

$$\left(\sqrt[n]{|\alpha|} \left(\cos \frac{\theta}{n} + i \sin \frac{\theta}{n} \right) \zeta^k \right)^n = |\alpha| (\cos\theta + i \sin\theta) = \alpha$$

이고, 또 두 정수 k, j에 대하여

$$\zeta^k = \zeta^j \iff k \equiv j \pmod{n}$$

이므로 (1) 이 성립한다. 그리고, 양의 실수 a에 대하여

$$a = a(\cos 0 + i \sin 0), \quad -a = a(\cos \pi + i \sin \pi)$$

이므로 (1) 에 의하여 (2) 가 성립한다.

앞의 정리에서 복소수 $\alpha\,(\neq 0)$에 대하여 방정식 $x^n = \alpha$의 n개의 근을 α의 **n 제곱근**이라고 하며 특히 $n = 2$인 경우에 n 제곱근을 간단히 **제곱근**이라고 한다. 그리고, $n = 2, 3, \cdots$에 대한 α의 n 제곱근을 통틀어 α의 **거듭제곱근**(radical)이라고 한다.

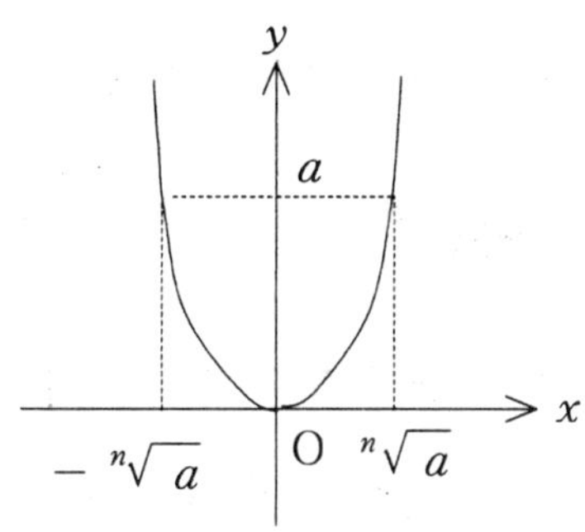

양의 실수 a에 대하여 a의 양의 실수인 n 제곱근은 단 하나 존재하며 이것을 $\sqrt[n]{a}$로 나타낸다.

그리고, n이 홀수일 때, 양의 실수 a에 대하여 $-a$의 실수인 n 제곱근이 단 하나 존재하며 이것을 $\sqrt[n]{-a}$로 나타내고 이때 $\sqrt[n]{-a} = -\sqrt[n]{a}$이다.

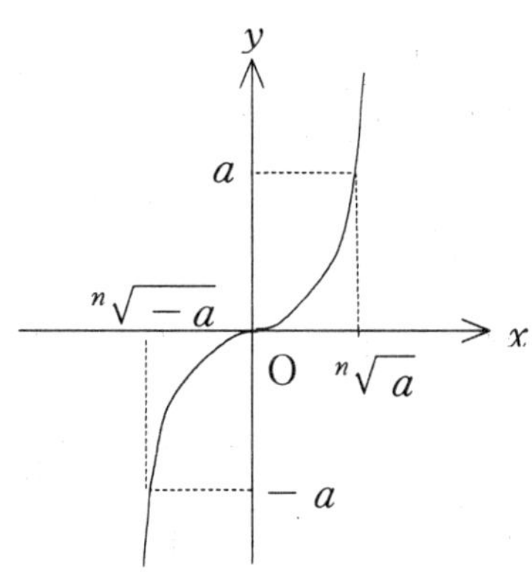

특히, 양의 실수 a에 대하여

$$\sqrt{a}, \quad \sqrt{-1}, \quad \sqrt{-a}$$

를 다음과 같이 정한다.

$$\sqrt{a} = \sqrt[2]{a}, \quad \sqrt{-1} = i,$$
$$\sqrt{-a} = \sqrt{a}\sqrt{-1} = \sqrt{a}\, i$$

보기 1.4.1 양의 실수 a에 대하여, 방정식 $x^2 = a$는 서로 다른 두 근 $\pm\sqrt{a}$를 가지며 방정식 $x^2 = -a$는 서로 다른 두 근 $\pm\sqrt{a}\,i$를 가진다.

보기 1.4.2 양의 실수 a에 대하여 방정식 $x^3 = a$는 서로 다른 세 근

$$\sqrt[3]{a},\ \sqrt[3]{a}\,\omega,\ \sqrt[3]{a}\,\omega^2 \quad \left(\omega = \frac{-1+\sqrt{3}\,i}{2}\right)$$

을 가지며, 방정식 $x^3 = -a$는 서로 다른 세 근 $-\sqrt[3]{a},\ -\sqrt[3]{a}\,\omega,\ -\sqrt[3]{a}\,\omega^2$을 가진다.

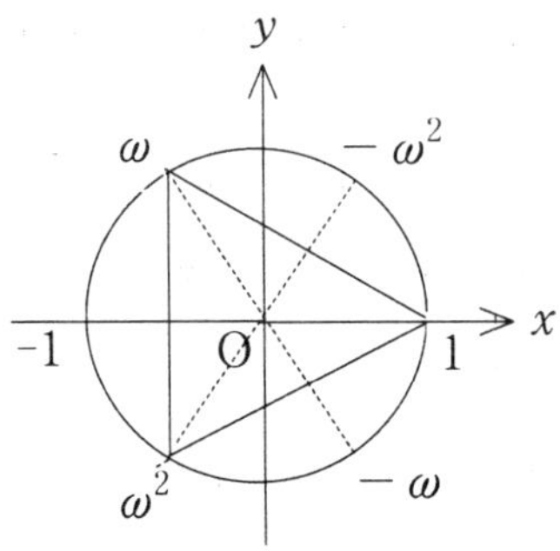

보기 1.4.3 양의 실수 a에 대하여 방정식 $x^4 = a$는 서로 다른 네 근

$$\pm\sqrt[4]{a}, \qquad \pm\sqrt[4]{a}\,i$$

를 가지며 방정식 $x^4 = -a$는 다음과 같은 서로 다른 네 근을 가진다.

$$\sqrt[4]{a}\left(\cos\frac{\pi}{4} + i\sin\frac{\pi}{4}\right)i^k \quad (0 \le k \le 3)$$

즉, $\pm\sqrt[4]{a}\,u,\ \pm\sqrt[4]{a}\,ui \quad \left(u = \dfrac{1+i}{\sqrt{2}}\right)$

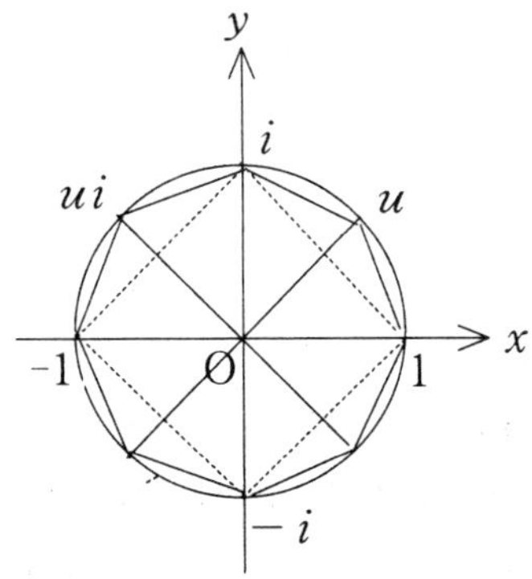

보기 1.4.4 복소수 i의 극형식은

$$i = 1\left(\cos\frac{\pi}{2} + i\sin\frac{\pi}{2}\right)$$

이므로 방정식 $x^2 = i$의 근 즉 i의 두 제곱근은 다음과 같다.

$$\pm\left(\cos\frac{\pi}{4} + i\sin\frac{\pi}{4}\right) \quad 즉 \quad \pm\frac{1+i}{\sqrt{2}}$$

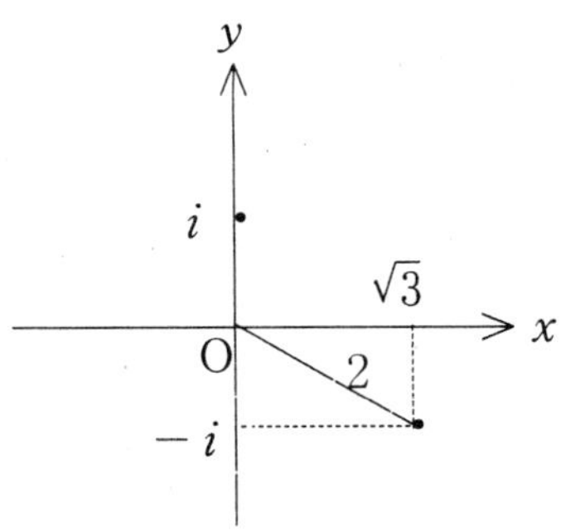

한편, 방정식 $x^3 = \sqrt{3} - i$에서

$$\sqrt{3} - i = 2\left(\cos\frac{-\pi}{6} + i\sin\frac{-\pi}{6}\right)$$

이므로, 이 방정식은 다음과 같은 서로 다른 세 근을 가진다.

$$\sqrt[3]{2}\left(\cos\frac{(12k-1)\pi}{18} + i\sin\frac{(12k-1)\pi}{18}\right) \qquad (0 \le k \le 2)$$

§1.5 집합의 농도

두 집합 사이에 일대일 대응이 존재하는 경우에 대하여 생각해 보자.

정의 1.5.1 두 집합 A, B 사이에 일대일 대응 $f : A \longrightarrow B$가 존재할 때, A와 B는 **對等하다**(equipotent)또는 **같은 濃度**(have the same cardinality)를 가지고 있다고 하고 이 사실을 $|A| = |B|$ 로 나타낸다.

그리고, 일대일 사상 $f : A \longrightarrow B$가 존재할 때, 이 사실을 $|A| \leq |B|$ 로 나타낸다. 또한, $|A| \leq |B|$ 이지만 $|A| = |B|$가 아닐 때, 이 사실을 $|A| < |B|$ 로 나타낸다.

위의 정의와 정리 1.1.9, 정리 1.1.6 에 의하여 다음 정리가 성립한다.

정리 1.5.2 세 집합 A, B, C에 대하여 다음이 성립한다.

(1) $|A| = |A|$
(2) $|A| = |B|$ 이면, $|B| = |A|$ 이다.
(3) $|A| = |B|, |B| = |C|$ 이면, $|A| = |C|$ 이다.
(4) $|A| = |B|$ 이면, $|A| \leq |B|$ 이다. 특히, $|A| \leq |A|$ 이다.
(5) $|A| = |B|, |B| \leq |C|$ 이면, $|A| \leq |C|$ 이다.
(6) $|A| \leq |B|, |B| = |C|$ 이면, $|A| \leq |C|$ 이다.
(7) $|A| \leq |B|, |B| \leq |C|$ 이면, $|A| \leq |C|$ 이다.

정리 1.5.3 세 집합 A, B, C, D에 대하여 $|A| = |C|, |B| = |D|$ 이면, $|A \times B| = |C \times D|$ 이다.

증명 두 사상 $f : A \longrightarrow C, g : B \longrightarrow D$가 일대일 대응일 때, 사상

$$\phi : A \times B \longrightarrow C \times D, \ \phi(a, b) = (f(a), g(b))$$

는 일대일 대응이다. 실제로,

$$\operatorname{im} \phi = \{(f(a), g(b)) \mid a \in A, b \in B\} = C \times D$$

이므로 ϕ는 위로의 사상이고, 또

$$\begin{aligned}\phi(a,b) = \phi(a',b') &\Longleftrightarrow (f(a),g(b)) = (f(a'),g(b')) \\ &\Longleftrightarrow f(a) = f(a'),\ g(b) = g(b') \\ &\Longleftrightarrow a = a',\ b = b' \\ &\Longleftrightarrow (a,b) = (a',b')\end{aligned}$$

이므로 ϕ는 일대일 사상이다.

보조정리 1.5.4 세 집합 A_1, A, B에 대하여 $A_1 \subseteq B \subseteq A$, $|A_1| = |A|$이면, $|A| = |B|$이다.

증명 가정에 의하여 $|A_1| = |A|$이므로 일대일 대응 $f : A \longrightarrow A_1$가 존재하고 $A_1 = f(A)$이다. 이제 두 집합열

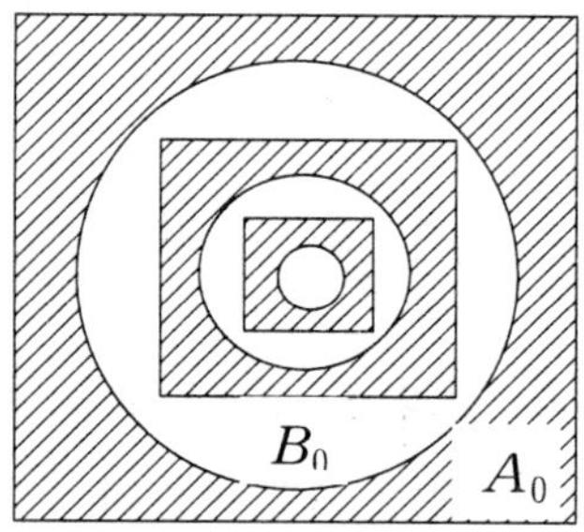

$$A_0,\ A_1,\ \cdots,\ A_n,\ \cdots,$$

$$B_0,\ B_1,\ \cdots,\ B_n,\ \cdots$$

을 다음과 같이 정의하자.

(i) $A_0 = A, \quad B_0 = B$

(ii) $A_{i+1} = f(A_i), \quad B_{i+1} = f(B_i) \quad (i \geq 0)$

이 때, 가정에 의하여 $A_1 \subseteq B_0 \subseteq A_0$이므로 (ii)를 이용하여 귀납적으로 모든 정수 $i\ (\geq 0)$에 대하여 $A_{i+1} \subseteq A_i$임을 밝힐 수 있다. 그리고,

$$C_i = A_i - B_i \ \ (i \geq 0), \quad C = \bigcup_{i=0}^{\infty} C_i, \quad D = A - C$$

이라고 하면, (ii)에 의하여 모든 $i\ (\geq 0)$에 대하여 $f(C_i) = C_{i+1}$이므로

$$f(C) = \bigcup_{i=1}^{\infty} C_i$$

임을 알 수 있다(그림에서 C와 D는 각각 빗금친 부분과 흰 부분 나타낸다).

그런데, $A = C \cup D$, $C \cup D = \varnothing$이므로 사상 $g : A \longrightarrow B$를

$$g(x) = \begin{cases} f(x) & (x \in C) \\ x & (x \in D) \end{cases}$$

으로 정의할 수 있다. 그런데, 축소사상 $g|_C : C \longrightarrow f(C)$는 일대일 대응이며 $g|_D : D \longrightarrow D$는 일대일 대응이고 또, 다음이 성립한다.

$$f(C) \cup D = B, \quad f(C) \cap D = \varnothing$$

따라서 $g : A \longrightarrow B$ 는 일대일 대응이므로 $|A| = |B|$ 이다.

정리 1.5.5 (Cantor-Bernstein 의 정리) 두 집합 A, B 에 대하여 일대일 사상 $f : A \longrightarrow B$, $g : B \longrightarrow A$ 가 존재하면, 일대일 대응 $h : A \longrightarrow B$ 가 존재한다. 따라서 $|A| \leq |B|$, $|B| \leq |A|$ 이면, $|A| = |B|$ 이다.

증명 가정에 의하여 $g : B \longrightarrow A$ 가 일대일 사상이므로

사상 $f : A \longrightarrow B$ 가 일대일 사상이면, 사상

$$g_1 : B \longrightarrow g(B), \quad g_1(x) = g(x)$$

는 일대일 대응이고 따라서 $|B| = |g(B)|$ 이다.

그리고, $g \circ f : A \longrightarrow A$ 는 일대일 사상이므로 다음이 성립한다.

$$g(f(A)) \subseteq g(B) \subseteq A, \quad |A| = |g(f(A))|$$

따라서 보조정리 1.5.4 에 의하여 $|g(B)| = |A|$ 이므로 $|A| = |B|$ 이다.

정의 1.5.6 집합 A 가 자연수 n 에 대하여 일대일 대응

$$f : \{1, \cdots, n\} \longrightarrow A$$

가 존재할 때, A 를 **유한집합**(finite set)이라 하고 이 사실을 $|A| = n$ 으로 나타내고 또 A 는 n 개의 원소로 이루어진 유한집합이라고 한다.

공집합 $\varnothing$ 는 0 개의 원소로 이루어진 유한집합으로 생각한다.

그리고, 유한집합이 아닌 집합을 **무한집합**(infinite set)이라고 한다.

정의 1.5.7 집합 A 가 양의 정수 전체의 집합 $\mathbb{N}$ 과 대등할 때, 즉 일대일 대응 $f : \mathbb{N} \longrightarrow A$ 가 존재하는 경우에 A 를 **可算집합**(countable set) 또는 **可付番집합**(enumerable set)이라고 한다. 그리고, A 가 가산집합이라는 사실을 $|A| = \aleph_0$ 로 나타내고, 또 $\aleph_0$ 을 A 의 **濃度**(cardinal number, cardinal, cardinality)라고 한다 .특히, $|\mathbb{N}| = \aleph_0$ 이다.

보기 1.5.1 양의 정수 전체의 집합 $\mathbb{N}$, 정수 전체의 집합 $\mathbb{Z}$ 와 유리수 전체의 집합 $\mathbb{Q}$ 는 가산집합이다. 즉, $|\mathbb{N}| = |\mathbb{Z}| = |\mathbb{Q}| = \aleph_0$ 이다.

실수의 소수 표현을 이용하면 다음 정리를 증명할 수 있다.

정리 1.5.8 (Cantor) 실수 전체의 집합 $\mathbb{R}$는 非 가산집합이다(uncountable).

다음 정리가 성립한다([10], p.91 참조).

정리 1.5.9 양의 정수 전체의 집합 $\mathbb{N}$의 멱집합을 $\mathscr{P}(\mathbb{N})$이라 하고 $\mathbb{N}$에서 $\{0, 1\}$으로의 사상 전체의 집합을 $2^{\mathbb{N}}$이라고 하면 다음이 성립한다.

$$|\mathscr{P}(\mathbb{N})| = |2^{\mathbb{N}}| = |\mathbb{R}|$$

정의 1.5.10 무한집합 A에 대하여 $|A| = |\mathbb{R}|$일 때, 이 사실을

$$|A| = \aleph \quad \text{또는} \quad |A| = 2^{\aleph_0}$$

로 나타내고 $\aleph$를 A의 **농도**(cardinal number, cardinal, cardinality)라고 한다.

보기 1.5.2 복소수 전체의 집합 $\mathbb{C}$에 대하여 사상

$$f : \mathbb{C} \longrightarrow \mathbb{R}\times\mathbb{R}, \quad f(a+bi) = (a, b)$$

는 일대일 대응이므로 $|\mathbb{C}| = |\mathbb{R}\times\mathbb{R}| = |\mathbb{R}| = \aleph$ 이다(문제 3 참조).

연습문제 (1.5)

1. 다음과 같은 집합 A 중에서 $|A| = |\mathbb{R}| = \aleph$인 것을 찾아라.

   (1) $A = \{x\in \mathbb{R} \mid 0 < x\}$ (2) $A = \{x\in \mathbb{R} \mid -1 < x < 1\}$

   (3) $A = \{x\in \mathbb{R} \mid 0 \leq x\}$ (4) $A = \{x\in \mathbb{R} \mid 0 \leq x \leq 1\}$

2. 양의 정수 전체의 집합 $\mathbb{N}$에 대하여 $|\mathbb{N}\times\mathbb{N}| = |\mathbb{N}| = \aleph_0$임을 밝혀라.

3. 실수 전체의 잡합 $\mathbb{R}$에 대하여 $|\mathbb{R}\times\mathbb{R}| = |\mathbb{R}| = \aleph$임을 밝혀라.

4. 양의 정수 전체의 집합 $\mathbb{N}$에 대하여 $|\mathbb{N}| < |\mathscr{P}(\mathbb{N})| = \aleph$ 임을 밝혀라.

제 2 장

정수와 합동식

이 장에서는, 약수, 배수, 최대공약수, 최소공배수, 素數, 정수의 소인수분해, Fermat 素數, Mersenne 素數, 정수의 표현 방법에 대하여 논하고, 또 합동식의 기본 성질, 일차합동식, 연립 일차 합동식, Fermat 의 정리와 Euler 의 정리, 법 m에 관한 정수의 位數와 법 m 에 관한 원시근에 대하여 논하며 실수를 소수의 꼴로 나타내는 방법과, 암호체계를 간단히 논한다.

정수의 성질은 여러 면에서 가장 기본이 된다. 이 장의 정리에 대한 상세한 증명에 대해서는

김응태 · 박승안, 정수론, 제 7 판, 경문사, 2007 년

을 참조하기 바란다.

§2.1 최대공약수와 최소공배수

이 절에서는, 정수의 성질에 대하여 논한다.

정리 2.1.1 정수 전체의 집합 $\mathbb{Z}$는 다음 성질을 가진다.

(1) 임의의 $a, b \in \mathbb{Z}$에 대하여 $|ab| = |a||b|$이다.

(2) (나눗셈 알고리즘, division algorithm) $a, b \in \mathbb{Z}$, $b \neq 0$에 대하여

$$a = bq + r, \quad 0 \leq r < |b|$$

인 정수 $q, r \in \mathbb{Z}$가 단 하나씩 존재한다.

이와 같은 두 정수 q, r를 각각 a를 b로 나누었을 때의 **몫**(quotient), **나머지**(remainder)라고 한다.

보기 2.1.1 $a = 43$, $b = 8$일 때, 다음이 성립한다.

$$\begin{aligned} a &= 43 = b \cdot 5 + 3, & q &= 5, & r &= 3 \\ -a &= -43 = b \cdot (-6) + 5, & q &= -6, & r &= 5 \\ a &= 43 = (-b) \cdot (-5) + 3, & q &= -5, & r &= 3 \end{aligned}$$

모든 정수는 $n = 2k$ 또는 $n = 2k+1$의 꼴로 나타낼 수 있다. 여기서 $2k$인 꼴의 정수를 짝수(even number)라 하고 또 $2k+1$인 꼴의 정수를 홀수(odd number)라고 한다.

정의 2.1.2 두 정수 a, b에 대하여

$$b = ac$$

인 정수 c가 존재할 때, a를 b의 **약수**(divisor) 또는 **인수**(factor)라 하고 b를 a의 **배수**(multiple)라고 하며 이 사실을 $a \mid b$로 나타낸다.

그리고, $a \mid b$일 때, a는 b를 나누어 떨어뜨린다 고 한다.

한편, $a \mid b$가 아닐 때, 이 사실을 $a \nmid b$로 나타낸다.

책에 따라서는 $a \mid b$를 정의할 때 $a \neq 0$임을 가정하기도 한다.

보기 2.1.2 정수 12 의 약수 전체는 ±1, ±2, ±3, ±4, ±6, ±12 이고, 또 12 의 배수 전체의 집합은 $\{0, \pm12, \pm24, \pm36, \cdots\}$ 이다.

정리 2.1.3 정수 a, b, c, d 에 대하여 다음이 성립한다.

(1) $a|b$ 이면, $a|(-b)$, $(-a)|b$, $(-a)|(-b)$ 이다.

(2) $a|a$, $1|a$, $a|0$

(3) $a|1$ 이면, $a=\pm1$ 이다.

(4) $a|b$, $b|a$ 이면, $b=\pm a$ 이다.

(5) $a|b$, $b|c$ 이면, $a|c$ 이다.

(6) $a|b$, $a|c$ 이면, 임의의 정수 x, y 에 대하여 $a|(bx+cy)$ 이다.

정의 2.1.4 실수 x 에 대하여, x 보다 작거나 같은 정수 중에서 가장 큰 정수를 x 의 **정수부분**(integral part)이라 하고 이것을 $[x]$ 로 나타낸다. 또, $\{\{x\}\} = x-[x]$ 를 x 의 **소수부분**(decimal part)이라고 한다. 즉,

$$x=[x]+\{\{x\}\}, \qquad [x]\in\mathbb{Z}, \quad 0\le\{\{x\}\}<1$$

흔히 $[x]$ 를 $\lfloor x \rfloor$ 로 나타내고 이것을 x 의 **최저한도**(floor)라 하며 함수

$$f : \mathbb{R}\longrightarrow\mathbb{R}, \ f(x)=[x]$$

를 **최대 정수 함수**(greatest integer function) 또는 **Gauss 함수**라고 한다.

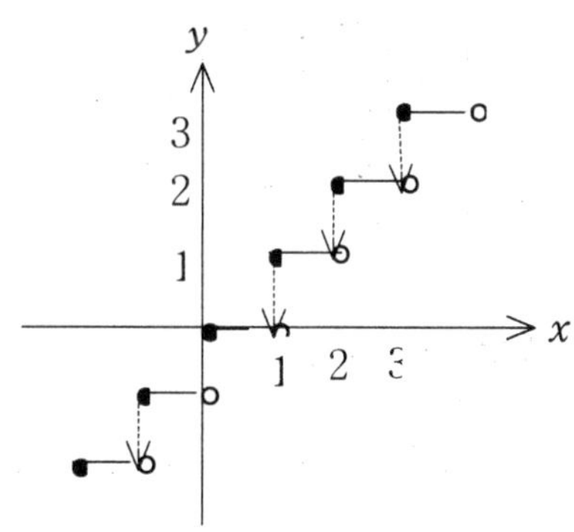

그리고, x 보다 크거나 같은 정수 중에서 가장 작은 정수를 $\lceil x \rceil$ 로 나타내고 이것을 x 의 **최고한도**(ceiling)라고 한다.

정의에 의하여 $[x]\le x<[x]+1$, $\lceil x \rceil-1<x\le\lceil x \rceil$ 이다.

특히, x 가 정수이면

$$[x]=x=\lceil x \rceil$$

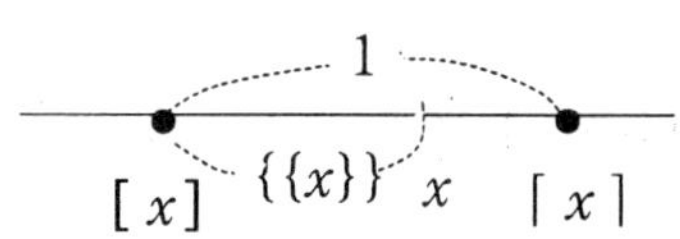

이고, x 가 정수가 아니면 다음이 성립한다.

$[x]<x<\lceil x \rceil$, $\lceil x \rceil=[x]+1$

정리 2.1.5 두 양의 정수 n, m에 대하여 $n \geq m$일 때, q와 r를

$$n = qm + r, \quad 0 \leq r < m$$

인 정수라고 하면 다음이 성립한다.

(1) $\left[\dfrac{n}{m}\right] = q, \quad \dfrac{n}{m} < \left[\dfrac{n}{m}\right] + 1, \quad \left\lceil \dfrac{n}{m} \right\rceil - 1 < \dfrac{n}{m}$

(2) $r = 0$ 이면 $\left\lceil \dfrac{n}{m} \right\rceil = q$ 이고, 또 $r \neq 0$ 이면 $\left\lceil \dfrac{n}{m} \right\rceil = q + 1$ 이다.

(3) $1, 2, \cdots, n$ 중에서 m의 배수인 정수의 개수는 q이다.

증명 가정에 의하여

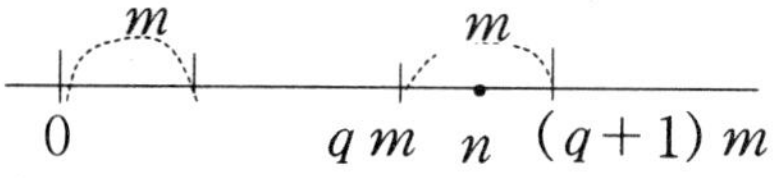

$$\frac{n}{m} = q + \frac{r}{m}, \quad 0 \leq \frac{r}{m} < 1$$

이므로 (1), (2)가 성립한다. 또, $qm \leq n < (q+1)m$ 이므로 $1, 2, \cdots, n$ 중에서 m의 배수인 것은 $m, 2m, \cdots, qm$ 뿐이므로 (3)이 성립한다.

정리 2.1.6 실수 x와 양의 정수 a, b에 대하여 다음이 성립한다.

(1) $\left[\dfrac{x}{b}\right] = \left[\dfrac{[x]}{b}\right]$

(2) $\left[\dfrac{x}{ab}\right] = \left[\dfrac{\left[\dfrac{x}{a}\right]}{b}\right], \quad \left[\dfrac{x}{b^2}\right] = \left[\dfrac{\left[\dfrac{x}{b}\right]}{b}\right]$

증명 (1) 이제 두 정수 q, r를 $[x] = bq + r, \ 0 \leq r < b$인 정수라고 하면, $\dfrac{[x]}{b} = q + \dfrac{r}{b}, \ 0 \leq \dfrac{r}{b} < 1$ 이므로 $\left[\dfrac{[x]}{b}\right] = q$ 이고 또

$$x = [x] + \{\{x\}\} = bq + r + \{\{x\}\},$$

$$0 \leq r + \{\{x\}\} \leq (b-1) + \{\{x\}\} < (b-1) + 1 = b$$

이므로 $\dfrac{x}{b} = q + \dfrac{r + \{\{x\}\}}{b}, \quad 0 \leq \dfrac{r + \{\{x\}\}}{b} < 1$ 이다.

따라서 $\left[\dfrac{x}{b}\right] = q = \left[\dfrac{[x]}{b}\right]$ 이다.

(2) 등식 (1)의 x 대신에 $\dfrac{x}{a}, \dfrac{x}{b}$를 대입하면, (2)의 두 등식을 얻는다.

보기 2.1.3 다음이 성립한다.

$$\left[\frac{100}{3}\right]=33, \quad \left[\frac{100}{3^2}\right]=\left[\frac{33}{3}\right]=11, \quad \left[\frac{100}{3^3}\right]=\left[\frac{11}{3}\right]=3$$

정의 2.1.7 정수 a 의 배수 전체의 집합을 $a\mathbb{Z}$ 로 나타낸다. 즉,

$$a\mathbb{Z}=\{0, \pm a, \pm 2a, \pm 3a, \cdots\}=(-a)\mathbb{Z}$$
$$1\mathbb{Z}=\mathbb{Z}=(-1)\mathbb{Z}, \quad 0\mathbb{Z}=\{0\}$$

정리 2.1.8 두 정수 a, b 에 대하여 다음이 성립한다.

(1) $b\mathbb{Z}\subseteq a\mathbb{Z} \Leftrightarrow a\mid b$

(2) $a\mathbb{Z}=b\mathbb{Z} \Leftrightarrow a\mid b,\ b\mid a \Leftrightarrow b=\pm a$

증명 (1) 먼저 $b\mathbb{Z}\subseteq a\mathbb{Z}$ 이면, $b\in b\mathbb{Z}\subseteq a\mathbb{Z}$ 이므로 $a\mid b$ 이다.

역으로, $a\mid b$ 이면, 적당한 정수 c 에 대하여 $b=ac$ 이고 이때 모든 정수 x 에 대하여

$$bx=a(cx)\in a\mathbb{Z}$$

이므로 $b\mathbb{Z}\subseteq a\mathbb{Z}$ 이다.

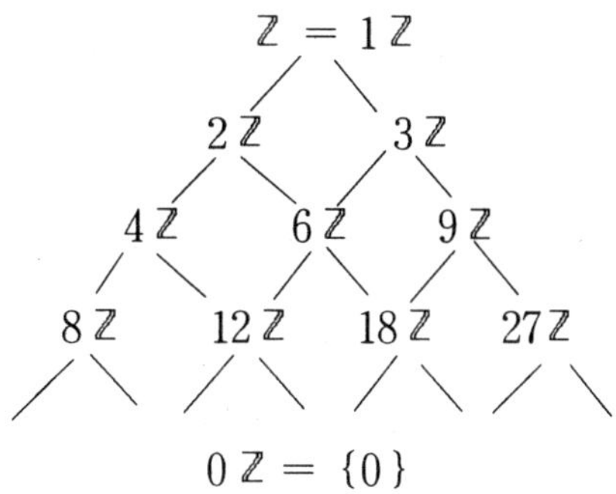

(2) 분명히 $a\mathbb{Z}=b\mathbb{Z} \Leftrightarrow a\mathbb{Z}\subseteq b\mathbb{Z},\ b\mathbb{Z}\subseteq a\mathbb{Z}$ 이므로 위의 (1) 에 의하여 (2) 가 성립한다.

다음 정리는 정수 전체의 집합 $\mathbb{Z}$ 의 특성를 말해 준다(정의 6.1.4 참조).

정리 2.1.9 각 정수 a 에 대하여 집합 $a\mathbb{Z}$ 는 덧셈과 뺄셈에 관하여 닫혀 있다. 역으로, $\mathbb{Z}$ 의 부분집합 $S\,(\neq \varnothing)$ 가 덧셈과 뺄셈에 관하여 닫혀 있으면, 다음과 같은 정수 m 이 단 하나 존재한다.

$$S=m\mathbb{Z}, \qquad m\geq 0$$

증명 임의의 두 정수 x, y 에 대하여 $ax\pm ay=a(x\pm y)\in a\mathbb{Z}$ 이므로 $a\mathbb{Z}$ 는 덧셈과 뺄셈에 관하여 닫혀 있다.

역으로, $\mathbb{Z}$ 의 부분집합 $S\ (\neq \varnothing)$ 가 덧셈과 뺄셈에 관하여 닫혀 있다고 하자. 이 때, 한 원소 $a \in S$ 를 택하면 $0 = a - a \in S$ 이므로 $\{0\} \subseteq S$ 이다.

먼저 $S = \{0\}$ 이면, $S = 0\mathbb{Z}$ 이다.

다음에 $\{0\} \subsetneq S$ 이라고 가정하자. 이 경우에 S 에는 0 이 아닌 정수 a 가 존재하고 이때 $-a = 0 - a \in S$ 이므로 S 에는 양의 정수가 존재한다. 그러므로 S 에 속하는 양의 정수 중에서 가장 작은 양의 정수 m 이 단 하나 존재한다(§1.2 의 O.3). 그리고 임의의 양의 정수 k 에 대하여

$$km = m + m + \cdots + m \in S, \quad (-k)m = 0 - km \in S$$

이고 $0m = 0 \in S$ 이므로 $m\mathbb{Z} \subseteq S$ 이다.

한편, 임의의 $a \in S$ 에 대하여 q, r 를 $a = qm + r,\ 0 \leq r < m$ 인 정수라고 하면, $a, qm \in S$ 이므로 $r = a - qm \in S$ 이고 m 의 最小性에 의하여 이것은 $r = 0$ 임을 뜻하므로 $a = qm \in m\mathbb{Z}$ 이다. 따라서 $S \subseteq m\mathbb{Z}$ 이다.

그러므로 이 경우에도 $S = m\mathbb{Z}$ 이다.

정의 2.1.10 두 정수 a, b 에 대하여

$$e \mid a, \quad e \mid b$$

인 정수 e 를 a, b 의 **공약수**(common divisor)라 하고 또

$$a \mid c, \quad b \mid c$$

인 정수 c 를 a, b 의 **공배수**(common multiple)라고 한다.

또, 다음 세 조건을 만족시키는 정수 d 를 a, b 의 **최대공약수**(greatest common divisor)라 하고, 이것을 (a, b) 또는 gcd $\{a, b\}$ 로 나타낸다.

(i) $d \geq 0$

(ii) $d \mid a,\ d \mid b$

(iii) 정수 e 에 대하여 $e \mid a,\ e \mid b$ 이면, $e \mid d$ 이다.

그리고, 다음 세 조건을 만족시키는 정수 l 을 a, b 의 **최소공배수**(least common multiple)라 하고, 이것을 $[a, b]$ 또는 lcm $\{a, b\}$ 로 나타낸다.

(i)′ $l \geq 0$

(ii)′ $a \mid l,\ b \mid l$

(iii)′ 정수 c 에 대하여 $a \mid c,\ b \mid c$ 이면, $l \mid c$ 이다.

두 정수 a, k에 대하여

$$k \mid a \Leftrightarrow k \mid (-a), \qquad a \mid k \Leftrightarrow (-a) \mid k$$

이므로 두 정수 a, b에 대하여 다음이 성립한다.

$$(a, b) = (b, a), \quad (a, -b) = (-a, b) = (-a, -b) = (a, b)$$

$$[a, b] = [b, a], \quad [a, -b] = [-a, b] = [-a, -b] = [a, b]$$

그리고, 정의에 의하여 다음 정리가 성립한다.

정리 2.1.11 두 정수 a, b에 대하여 $d = (a, b)$, $l = [a, b]$이라고 하면 다음이 성립한다.

(1) 정수 e에 대하여 $e|a$, $e|b$ 일 때 그리고 이때에만 $e|d$이다.

따라서 a, b의 공약수 전체의 집합은 d의 약수 전체의 집합과 일치한다.

(2) 정수 c에 대하여 $a|c$, $b|c$ 일 때 그리고 이때에만 $l|c$이다.

따라서 a, b의 공배수 전체의 집합은 l의 배수 전체의 집합과 일치한다.

양의 정수 a, b에 대하여 (a, b)는 a, b의 양의 공약수 중에서 가장 큰 공약수이고, $[a, b]$는 a, b의 양의 공배수 중에서 가장 작은 공배수이다.

정리 2.1.12 정수 a, b, k에 대하여 $a = bk + c$ 일 때 다음이 성립한다.

$$(a, b) = (c, b) \text{ 즉 } (a, b) = (a - bk, b)$$

증명 이제 $d = (a, b)$, $e = (c, b)$이라고 하자.
이 때, $d \mid a$, $d \mid b$이고 또 $c = a - bk$이므로 $d \mid c$, $d \mid b$이고, 따라서 $d \mid e$이다 마찬가지로, $e \mid c$, $e \mid b$이고 또 $a = bk + c$ 이므로 $e \mid a$, $e \mid b$이고 따라서 $e \mid d$이다. 그러므로 $d = e$이다.

보기 2.1.4 두 양의 정수 a, b에 대하여 $a = bq + r$, $0 \le r < b$일 때, 다음이 성립한다.

$$(a, b) = (a - b, b) = \cdots = (a - bq, b) = (r, b)$$

다음 정리에 대한 증명은 정리 6.1.8 의 증명을 참조하기 바란다.

정리 2.1.13 두 정수 a, b의 최대공약수 d와 최소공배수 l은 단 하나씩 존재하고 또 다음이 성립한다

(1) $S = a\mathbb{Z} + b\mathbb{Z} = \{ax + by \mid x, y \in \mathbb{Z}\}$이라고 하면, $S = d\mathbb{Z}$이고 또 적당한 정수 s, t에 대하여 $d = as + bt$ 이다.

(2) $a\mathbb{Z} \cap b\mathbb{Z} = l\mathbb{Z}$

정리 2.1.14 (유클리드의 알고리즘, Euclidean algorithm) 두 양의 정수 a, b에 대하여 $r_0 = a$, $r_1 = b$라 하고 $a_0, \cdots, a_m$, $r_2, \cdots, r_m, r_{m+1}$을 다음과 같은 정수라고 하자.

$$
\begin{aligned}
r_0 &= a_0 r_1 + r_2, & 0 < r_2 < r_1 \\
r_1 &= a_1 r_2 + r_3, & 0 < r_3 < r_2 \\
r_2 &= a_2 r_3 + r_4, & 0 < r_4 < r_3 \\
&\vdots & \vdots \\
r_{m-1} &= a_{m-1} r_m + r_{m+1}, & 0 < r_{m+1} < r_m \\
r_m &= a_m r_{m+1}
\end{aligned}
$$

a_0	r_0	r_1	a_1
	$a_0 r_1$	$a_1 r_2$	
	$\vdots$	$\vdots$	
a_{m-1}	r_{m-1}	r_m	a_m
	$a_{m-1} r_m$	$a_m r_{m+1}$	
	r_{m+1}	0	

이 때, $(a, b) = r_{m+1}$이다. 그리고,

$$
\begin{aligned}
s_0 &= 1,\ s_0 = 0, & s_i &= s_{i-2} - a_{i-2} s_{i-1} \\
t_0 &= 0,\ t_1 = 1, & t_i &= t_{i-2} - a_{i-2} t_{i-1}
\end{aligned}
\qquad (2 \le i \le m+1)
$$

이라고 하면 각 i $(0 \le i \le m+1)$에 대하여 $r_i = a s_i + b t_i$ 이다. 특히,

$$(a, b) = r_{m+1} = a s_{m+1} + b t_{m+1}$$

a_i	a_0	a_1	a_2	$\cdots$	a_{m-1}		
s_i	1	0	s_2	$\cdots$	s_{m-1}	s_m	s_{m+1}
t_i	0	1	t_2	$\cdots$	t_{m-1}	t_m	t_{m+1}

증명 정리 2.1.12 에 의하여 다음이 성립한다.

$$(a, b) = (r_0, r_1) = (r_1, r_2) = \cdots = (r_m, r_{m+1}) = r_{m+1}$$

그리고, 수학적 귀납법을 이용하여 모든 정수 i $(0 \le i \le m+1)$에 대하여 $r_i = a s_i + b t_i$임을 증명할 수 있다.

표를 이용하는 대신에 위의 식에서 아래로부터 위로 계산해 가면 r_{m+1}을 $r_{m+1} = as + bt$의 꼴로 나타낼 수 있다.

보기 2.1.5 두 정수 30, 8 에 대하여 다음이 성립한다.

$$(30, 8) = 2,$$
$$30 \cdot (-1) + 8 \cdot 4 = 2$$

다음과 같이 계산할 수도 있다.

$$\begin{aligned} 2 &= 8 - 6 = 8 - (30 - 24) \\ &= 8 - (30 - 8 \cdot 3) \\ &= 30 \cdot (-1) + 8 \cdot 4 \end{aligned}$$

3	30	8	1
	24	6	
3	6	2	
	6		
	0		

a_i	3	1		
s_i	1	0	1	-1
t_i	0	1	-3	4

정의 2.1.15 정수 a 와 b 의 최대공약수가 1 일 때, 즉 $(a, b) = 1$ 일 때, 두 정수 a, b 는 **서로 소**(relatively prime)라고 한다.

정리 2.1.16 두 정수 a, b 에 대하여 다음 두 조건은 서로 동치이다.

(1) $(a, b) = 1$

(2) 적당한 정수 s, t 에 대하여 $as + bt = 1$ 이다.

증명 먼저 $(a, b) = 1$ 이면, 정리 2.1.13 에 의하여 (2) 가 성립한다.
역으로, 조건 (2) 가 성립할 때, $d = (a, b)$ 이라고 하면 $d \mid a, d \mid b$ 이므로 $d \mid (as + bt)$ 이고 따라서 $d \mid 1$ 이므로 $d = 1$ 이다.

따름정리 2.1.17 두 정수 a, b 에 대하여 $d = (a, b) \geq 1$ 일 때, s 와 t 를 $d = as + bt$ 인 정수라고 하면, $(s, t) = 1$, $\left(\frac{a}{d}, \frac{b}{d}\right) = 1$ 이다.

정리 2.1.18 정수 $a, b, a_1, \cdots, a_n, m$ 에 대하여 다음이 성립한다.

$$(a, m) = (b, m) = 1 \Leftrightarrow (ab, m) = 1$$

증명 (1) 먼저 $(a, m) = (b, m) = 1$ 이면, 정리 2.1.16 에 의하여

$$as + mt = 1, \qquad bu + mv = 1$$

인 정수 s, t, u, v 가 존재하고 이때 $(as + mt)(bu + mv) = 1$ 즉

$$ab(su) + m(asv + but + mtv) = 1$$

이므로 $(ab, m) = 1$ 이다(정리 2.1.16).

또, $(ab, m) = 1$ 이면, $(ab)s + mt = 1$ 인 정수 s, t 가 존재하고 이때 $a(bs) + mt = 1$, $b(as) + mt = 1$ 이므로 $(a, m) = (b, m) = 1$ 이다.

따름정리 2.1.19 정수 a, b 와 양의 정수 m, n 에 대하여 다음이 성립한다.

$$(a, b) = 1 \iff (a^m, b^n) = 1$$

정리 2.1.20 정수 a, b, c 에 대하여 다음이 성립한다.

(1) $(a, b) = 1$ 일 때, $a|bc$ 이면 $a|c$ 이다.

(2) $(a, b) = 1$ 일 때, $a|c$, $b|c$ 이면 $ab|c$ 이다.

(3) $a > 0$, $b > 0$ 일 때, $d = (a, b)$ 이라 하고 또 $a = dr, b = ds$, $l = drs$ 이라고 하면 $l = [a, b]$ 이고 $dl = ab$ 이다.

증명 (1) 이제 $a|bc$ 이라고 하자. 가정에 의하여 $(a, b) = 1$ 이므로 $as + bt = 1$ 인 정수 s, t 가 존재하고, 이때

$$a(cs) + (bc)t = c, \qquad a|a, \quad a|bc$$

이므로 $a|c$ 이다.

(2) 이제 $a|c$, $b|c$ 이라고 하자. 가정에 의하여 $(a, b) = 1$ 이므로 적당한 정수 s, t 에 대하여 $as + bt = 1$ 이고, 이때

$$(ac)s + (bc)t = c, \quad ab|ac, \quad ab|bc]$$

이므로 $ab|c$ 이다.

(3) 먼저 $l = drs = as = br$ 이므로 $a|l$, $b|l$ 이다.

이제 정수 c 에 대하여 $a|c$, $b|c$ 이라고 하자. 이 때, $c = bt$ 이라고 하면, $a|bt$ 이므로 $dr|dst$ 즉 $r|st$ 이고 또 따름정리 2.1.17 에 의하여 $(r, s) = 1$ 이므로 (1) 에 의하여 $r|t$ 이고 따라서 $br|bt$ 즉 $l|c$ 이다.
그러므로 최소공배수의 정의에 의하여 $l = [a, b]$ 이고 $dl = ab$ 이다.

정수를 계수로 가지는 방정식의 해 중에서 각 미지수의 값이 모두 정수인 해를 이 방정식의 **정수해**(integral solution)라 하고, 또 이와 같은 정수해만을 생각하는 경우에 이 방정식을 **부정방정식**(indeterminate equation) 또는 **Diophantus 방정식**(Diophantine equation)이라고 한다.

그리고, 부정방정식의 해 중에서 각 미지수의 값이 모두 양의 정수인 해를 **양의 정수해**라고 한다.

정리 2.1.21 일차부정방정식 $ax + by = c$ 에서 $d = (a, b)$ 라고 할 때, 일차부정방정식 $ax + by = c$ 의 정수해가 존재하기 위한 필요충분조건은 $d \mid c$ 인 것이다. 그리고, $d \mid c$ 일 때, $x = x_0$, $y = y_0$ 를 $ax + by = c$ 의 한 정수해라고 하면, 이 일차부정방정식의 정수해 x, y 전체는 다음과 같다.

$$\begin{cases} x = x_0 + \dfrac{b}{d}\, t \\ y = y_0 - \dfrac{a}{d}\, t \end{cases} \qquad (t \in \mathbb{Z})$$

보기 2.1.6 일차방정식 $30x + 8y = 6$ 의 정수해를 구해 보자(보기 2.1.5).

먼저 $(30, 8) = 2$, $2 \mid 6$ 이므로 이 일차방정식의 정수해는 존재하고 또

$$30 \cdot (-1) + 8 \cdot 4 = 2, \quad 30 \cdot (-3) + 8 \cdot 12 = 6$$

이므로 $x = -3$, $y = 12$ 는 이 일차방정식의 한 정수해이다.

따라서 주어진 일차방정식의 정수해 전체는 다음과 같다.

$$\begin{cases} x = -3 + 4t \\ y = 12 - 15t \end{cases} \qquad (t \in \mathbb{Z})$$

정의 2.1.22 정수 $a_1, \cdots, a_n$ $(n \geq 2)$ 에 대하여

$$e \mid a_i \quad (1 \leq i \leq n) \qquad [\, a_i \mid c \quad (1 \leq i \leq n)]$$

인 정수 e 를 [c 를] $a_1, \cdots, a_n$ 의 **공약수** [**공배수**]라고 한다.

그리고, 다음 세 조건을 만족시키는 정수 d 를 [l 을] $a_1, \cdots, a_n$ 의 **최대공약수**[**최소공배수**]라 하고 d 를 $(a_1, \cdots, a_n)$ 또는 $\gcd\{a_1, \cdots, a_n\}$ 으로 나타내고 l 을 $[a_1, \cdots, a_n]$ 또는 $\operatorname{lcm}\{a_1, \cdots, a_n\}$ 으로 나타낸다.

(i) $d \geq 0$ (i)′ $l \geq 0$

(ii) $d \mid a_i$ $(1 \leq i \leq n)$ (ii)′ $a_i \mid l$ $(1 \leq i \leq n)$

(iii) 정수 e 에 대하여 (iii)′ 정수 c 에 대하여

$e \mid a_i$ $(1 \leq i \leq n) \Rightarrow e \mid d$ $a_i \mid c$ $(1 \leq i \leq n) \Rightarrow l \mid c$

정리 2.1.23 정수 $a_1, a_2, \cdots, a_n$ $(n \geq 3)$ 에 대하여 다음이 성립한다.

$$(a_1, a_2, \cdots, a_{n-1}, a_n) = ((a_1, a_2, \cdots, a_{n-1}), a_n),$$
$$[a_1, a_2, \cdots, a_{n-1}, a_n] = [[a_1, a_2, \cdots, a_{n-1}], a_n]$$

또, $d = (a_1, \cdots, a_n)$, $l = [a_1, \cdots, a_n]$ 이라고 하면 다음이 성립한다.

(1) 정수 e에 대하여 $e \mid a_1, \cdots, e \mid a_n$ 일 때 그리고 이때에만 $e \mid d$ 이다.

(2) 정수 c에 대하여 $a_1 \mid c, \cdots, a_n \mid c$ 일 때 그리고 이때에만 $l \mid c$ 이다.

정리 2.1.24 정수 $a_1, \cdots, a_n$ $(n \geq 2)$ 의 최대공약수 d 와 최소공배수 l 은 단 하나 존재하고 또 다음이 성립한다.

(1) $S = \{a_1x_1 + \cdots + a_nx_n \mid x_1, \cdots, x_n \in \mathbb{Z}\}$ 이라고 하면, $S = d\mathbb{Z}$ 이다. 그리고, 적당한 정수 $s_1, \cdots, s_n$ 에 대하여 $d = a_1s_1 + \cdots + a_ns_n$ 이다.

(2) $a_1\mathbb{Z} \cap \cdots \cap a_n\mathbb{Z} = l\mathbb{Z}$

연습문제 (2.1)

1. 정수 a, b, c에 대하여 다음이 성립하는지를 판정하여라.

   (1) $a \mid bc$ 이면, $a \mid b$ 또는 $a \mid c$ 이다.

   (2) $a \mid c$, $b \mid c$ 이면, $(a+b) \mid c$ 이다.

   (3) $a \mid c$, $b \mid c$ 이면, $ab \mid c$ 이다.

2. 모든 정수 n (≥ 2) 에 대하여 $\dfrac{1}{1!} + \dfrac{1}{2!} + \cdots + \dfrac{1}{(n-1)!} + \dfrac{1}{n!}$ 은 정수가 아님을 밝혀라.

3. 유클리드의 알고리즘을 이용하여 최대공약수 $(78, 32)$ 를 구하고, 또 다음 등식을 만족시키는 정수 s, t를 한 벌 씩 구하여라.

   (1) $(78, 32) = 78s + 32t$ (2) $(78, -32) = 78s + (-32)t$

4. 양의 정수 a, b, c에 대하여 다음이 성립함을 증명하여라.

$$(ac, bc) = (a, b)c, \qquad [ac, bc] = [a, b]c$$

§2.2 素數와 소인수분해

이 절에서는, 素數와 정수의 소인수분해에 대하여 논한다.

정의 2.2.1 정수 p (≥ 2) 의 약수가 ± 1, $\pm p$ 뿐일 때, p를 **素數**(prime number, prime)라고 한다. 그리고, 정수 a (≥ 2) 가 素數가 아닐 때, 즉

$$a = de, \qquad 1 < d \leq e < a$$

인 정수 d, e가 존재할 때, a를 **합성수**(composite number)라고 한다.

정수 2, 3, 5, 7, 11, 13, 17, 19, 23, 29 은 모두 素數이고, 짝수인 素數는 2 뿐이다. 그리고 다음 정리가 성립한다.

정리 2.2.2 정수 p가 素數일 때, 두 정수 a, b에 대하여 $p|ab$이면, $p|a$ 또는 $p|b$이다.

증명 素數 p에 대하여 $p|ab$일 때, $p \nmid a$이라고 하면 $(a, p) = 1$이므로 정리 2.1.20 에 의하여 $p|b$이다.

따름정리 2.2.3 素數 p와 정수 $a_1, \cdots, a_n, a$에 대하여 다음이 성립한다.

(1) $p|a_1 \cdots a_n$이면, 적당한 i $(1 \leq i \leq n)$ 에 대하여 $p|a_i$ 이다.

(2) 양의 정수 n에 대하여 $p|a^n$ 이면, $p|a$이다.

정리 2.2.4 정수 a (≥ 2) 에 대하여 a의 소인수(素數인 인수)가 적어도 하나 존재한다.

素數와 관련된 사항에 대해서는 다음 사이트를 참조하기 바란다.

www.utm.edu/research/primes, www.mersenne.org

다음 정리는 유클리드의 '기하학 원론' 에 실려 있으며, 여러 가지 방법으로 이 정리를 증명할 수 있다.

정리 2.2.5 (유클리드) 素數는 무한히 많다.

증명 유한 개의 素數 $p_1, p_2, \cdots, p_n$ 만이 존재한다고 가정하자. 이 때,

$$N = p_1 p_2 \cdots p_n + 1$$

이라고 하면, $N \geq 2$ 이므로 N의 소인수 p가 존재한다(정리 2.2.4). 그런데, p는 $p_1, p_2, \cdots, p_n$ 중의 어느 하나와 같으므로 $p \mid N$, $p \mid p_1 p_2 \cdots p_n$ 이고 따라서 $p \mid (N - p_1 p_2 \cdots p_n)$ 즉 $p \mid 1$ 로 되어 모순이 생긴다.

그러므로 素數는 무한히 많다.

보기 2.2.1 다음 정수는 모두 素數이다.

$$2 + 1 = 3, \quad 2 \cdot 3 + 1 = 7, \quad 2 \cdot 3 \cdot 5 + 1 = 31,$$

$$2 \cdot 3 \cdot 5 \cdot 7 + 1 = 211, \quad 2 \cdot 3 \cdot 5 \cdot 7 \cdot 11 + 1 = 2311$$

한편, 다음과 같이 $2 \cdot 3 \cdot 5 \cdot 7 \cdot 11 \cdot 13 + 1$ 은 素數가 아님을 알 수 있다.

$$2 \cdot 3 \cdot 5 \cdot 7 \cdot 11 \cdot 13 + 1 = 30031 = 59 \cdot 509$$

素數는 어떤 공식을 이용하여 구할 수 있는 것이 아니라, 일종의 체(sieve)로 걸러내어 구하며 오늘날 여러 가지 체가 개발되어 있다.

이러한 체 중에서 널리 알려진 체는 B.C 200 년경에 고대 그리스 수학자 에라토스테네스(Eratosthenes)가 고안해낸 체이며 이는 다음 정리에 그 근거를 두고 있다.

정리 2.2.6 양의 정수 n이 합성수이면, n의 소인수 중에 $p \leq [\sqrt{n}]$ 인 소인수 p가 존재한다.

보기 2.2.2 이제 50 이하인 素數를 모두 구해보자.

먼저 $7^2 < 50 < 8^2$ 이므로 $[\sqrt{50}] = 7$ 이고 따라서 $\sqrt{50}$ 이하인 素數는 2, 3, 5, 7 뿐이므로 50 이하인 양의 정수 중에서 합성수인 것은 2, 3, 5, 7 중의 어느 素數의 배수이다. 그런데, 다음 표에서와 같이 $2, 3, 4, \cdots, 49, 50$ 중에서 2, 3, 5, 7 의 배수인 것을 차례로 지워나가면, 50 이하인 素數가

$$2,\ 3,\ 5,\ 7,\ 11,\ 13,\ 17,\ 19,\ 23,\ 29,\ 31,\ 37,\ 41,\ 43,\ 47$$

뿐임을 알 수 있다.

	2	3	~~4~~	5	~~6~~	7	~~8~~	~~9~~	~~10~~
11	~~12~~	13	~~14~~	~~15~~	~~16~~	17	~~18~~	19	~~20~~
~~21~~	~~22~~	23	~~24~~	~~25~~	~~26~~	~~27~~	~~28~~	29	~~30~~
31	~~32~~	~~33~~	~~34~~	~~35~~	~~36~~	37	~~38~~	~~39~~	~~40~~
41	~~42~~	43	~~44~~	~~45~~	~~46~~	47	~~48~~	~~49~~	~~50~~

마찬가지 방법으로, 120 이하인 素數 전체는 다음과 같음을 알 수 있다.

$$2,\ 3,\ 5,\ 7,\ 11,\ 13,\ 17,\ 19,\ 23,\ 29,\ 31,\ 37,\ 41,\ 43,\ 47,\ 53,$$
$$59,\ 61,\ 67,\ 71,\ 73,\ 79,\ 83,\ 89,\ 97,\ 101,\ 103,\ 107,\ 109,\ 113$$

보기 2.2.3 정수 $2^7 - 1 = 127$ 은 素數이다.

실제로, $11^2 < 127 < 12^2$ 이므로 $[\sqrt{127}\,] = 11$ 이고, 따라서 127 이 합성수이면, 그 소인수는 2, 3, 5, 7, 11 중에서 찾을 수 있다. 그러나,

$$127 = 2 \cdot 63 + 1, \quad 127 = 3 \cdot 42 + 1, \quad 127 = 5 \cdot 25 + 2,$$
$$127 = 7 \cdot 18 + 1, \quad 127 = 11 \cdot 11 + 6$$

이므로 이들 素數는 모두 127 의 약수가 아니다. 따라서 127 은 素數이다.

보기 2.2.4 임의의 양의 정수 n 에 대하여 n 개의 연이은 합성수가 존재한다. 실제로, n 개의 연이은 정수

$$(n+1)!+2,\ (n+1)!+3,\ \cdots,\ (n+1)!+(n+1)$$

을 생각하면, $2 \le k \le n+1$ 인 정수 k 에 대하여 $k \mid (n+1)!$, $k \mid k$ 이므로 $(n+1)! + k$ 는 k 의 배수이다.

정수 $n\ (\ge 2)$ 이 유한 개의 素數 $p_1, p_2, \cdots, p_k$ 의 곱

$$n = p_1 p_2 \cdots p_k$$

으로 나타내어질 때, n 은 **소인수분해된다**고 하고 이 등식을 n 의 **소인수분해**(prime factorization)라고 한다.

정리 2.2.7 (유일 인수분해 정리, Unique Factorization Theorem)

정수 $n\ (\geq 2)$ 은 유한 개의 素數 $p_1, p_2, \cdots, p_s$ 의 곱 $n = p_1 p_2 \cdots p_s$ 의 꼴로 소인수분해되며, n 의 소인수분해는 본질적으로 단 한 가지뿐이다. 즉,

$$n = p_1 \cdots p_s, \qquad n = q_1 \cdots q_t$$

를 n 의 소인수분해라고 하면, $s = t$ 이고 $p_1, p_2, \cdots, p_s$ 와 $q_1, q_2, \cdots, q_t$ 는 그 순서만이 다르다.

정의 2.2.8 정수 $n\ (\geq 2)$ 의 서로 다른 소인수 전체가 $p_1, \cdots, p_r$ 일 때, n 을

$$n = p_1^{\ e_1} \cdots p_r^{\ e_r} \qquad (e_1 \geq 1, \cdots, e_r \geq 1)$$

의 꼴로 나타낸 것을 n 의 **표준분해**(standard decomposition) 라고 한다.

정리 2.2.9 양의 정수 중에서 $4k+3$ 의 꼴인 素數는 무한히 많다.

증명 이제 $4k+3$ 의 꼴인 素數가 유한 개만 존재한다고 가정하고, 또 $q_1, q_2, \cdots, q_s$ 를 이와 같은 꼴의 素數 전체라고 하자. 그리고, 정수

$$N = 4\,q_1 q_2 \cdots q_s - 1 \quad 즉 \quad N = 4\,(q_1 q_2 \cdots q_s - 1) + 3$$

를 생각하고 $N = p_1^{\ e_1} p_2^{\ e_2} \cdots p_r^{\ e_r}$ 를 N 의 표준분해라고 하자.

이 때, N 은 홀수이므로 N 의 소인수 $p_1, p_2, \cdots, p_r$ 는 모두 홀수이고 따라서 이들 소인수는 $4k+1$ 또는 $4k+3$ 의 꼴이다.

한편, 두 정수 m, n 에 대하여

$$(4\,m+1)(4\,n+1) = 4(4\,mn + m + n) + 1$$

이므로 $4k+1$ 의 꼴의 정수의 곱은 역시 $4k+1$ 의 꼴이다.

그런데, N 은 $4k+3$ 의 꼴이므로 N 의 소인수 $p_1, p_2, \cdots, p_r$ 중에서 적어도 한 소인수 p_i 는 $4k+3$ 의 꼴이고 따라서 $p_i | 4\,q_1 q_2 \cdots q_s$, $p_i | N$ 이므로 $p_i | 1$ 로 되어 모순이 생긴다.

그러므로 $4k+3$ 의 꼴인 素數는 무한히 많다.

다음 정리는 프랑스의 수학자인 디리끌레(G.L. Dirichlet, 1805 ~ 1859) 가 증명한 정리로서 그 증명은 생략하기로 한다.

정리 2.2.10 (Dirichlet 의 정리) 서로 소인 두 양의 정수 a, b에 대하여

$$ak + b \qquad (k \text{ 는 음이 아닌 정수})$$

의 꼴인 素數는 무한히 많다.

정의 2.2.11 정수 전체의 집합 $\mathbb{Z}$ 에서 한 정수의 제곱인 정수를 **제곱수** (square)라 하고, 특히 한 정수 $a\ (\geq 2)$ 의 제곱인 정수 a^2 을 **완전제곱수** (perfect square) 라고 한다.

정리 2.2.12 정수 $n\ (\geq 2)$ 의 계승 $n! = 1 \cdot 2 \cdot \cdots \cdot n$ 과 素數 p에 대하여 $p^e \mid n!$, $p^e \nmid n!$ 인 e 를 $E(p, n)$ 으로 나타내면 다음이 성립한다.

(1) 素數 p에 대하여 $E(p, n)$ 은 다음과 같다.

$$E(p, n) = \sum_{k=1}^{\infty} \left[\frac{n}{p^k}\right] = \left[\frac{n}{p}\right] + \left[\frac{n}{p^2}\right] + \left[\frac{n}{p^3}\right] + \cdots$$

(2) $p_1, \cdots, p_t$ 를 n 보다 크지 않은 素數 전체라고 할 때, $n!$ 의 소인수 전체는 $p_1, \cdots, p_t$ 이고 $n!$ 의 표준분해는 다음과 같다.

$$n! = p_1^{e_1} \cdots p_t^{e_t}, \qquad e_i = E(p_i, n) \quad (1 \leq i \leq t)$$

보기 2.2.5 정수 $10! = 1 \cdot 2 \cdot \cdots \cdot 10$ 의 표준분해를 구해 보자.

정수 10 보다 크지 않은 素數는 2, 3, 5, 7 뿐이고 또 다음이 성립한다.

$$\left[\frac{10}{2}\right] = 5, \quad \left[\frac{10}{2^2}\right] = \left[\frac{5}{2}\right] = 2, \quad \left[\frac{10}{2^3}\right] = \left[\frac{2}{2}\right] = 1,$$

$$E(2, 10) = 5 + 2 + 1 = 8$$

$$\left[\frac{10}{3}\right] = 3, \quad \left[\frac{10}{3^2}\right] = \left[\frac{3}{3}\right] = 1, \quad E(3, 10) = 3 + 1 = 4$$

$$\left[\frac{10}{5}\right] = 2, \quad \left[\frac{10}{7}\right] = 1 \qquad E(5, 10) = 2, \ E(7, 10) = 1$$

따라서 $10!$ 의 표준분해는 $10! = 2^8 \cdot 3^4 \cdot 5^2 \cdot 7$ 이다.

보기 2.2.6 곱 100 ! 의 끝 자리에는 꼭 24 개의 0 이 있다. 실제로,

$$\left[\frac{100}{2}\right]=50,\quad \left[\frac{50}{2}\right]=25,\quad \left[\frac{25}{2}\right]=12,\quad \left[\frac{12}{2}\right]=6,$$

$$\left[\frac{6}{2}\right]=3,\quad \left[\frac{3}{2}\right]=1,\quad \left[\frac{100}{5}\right]=20,\quad \left[\frac{20}{5}\right]=4$$

$$E(2,\,100)=50+25+12+6+3+1=97,\qquad 2^{97}\,\|\,100\,!$$

$$E(5,\,100)=20+4=24,\qquad 5^{24}\,\|\,100\,!$$

이므로 $2^{24}\cdot 5^{24}\mid 100\,!$ 이다. 따라서 $10^{24}\mid 100\,!$, $10^{25}\nmid 100\,!$ 이다.

정리 2.2.13 두 양의 정수 a, b 가 서로 다른 素數 $p_1, p_2, \cdots, p_t$ 에 대하여

$$a=p_1^{k_1}p_2^{k_2}\cdots p_t^{k_t},\qquad b=p_1^{s_1}p_2^{s_2}\cdots p_t^{s_t}\qquad (k_i\geq 0,\ s_i\geq 0)$$

일 때, $m_i=\min\{k_i, s_i\}$, $n_i=\max\{k_i, s_i\}$ $(1\leq i\leq t)$ 이라고 하면 다음이 성립한다. 여기서, min 과 max 는 각각 최소값, 최대값을 뜻한다.

$$(a,\,b)=p_1^{m_1}p_2^{m_2}\cdots p_t^{m_t},\qquad [a,\,b]=p_1^{n_1}p_2^{n_1}\cdots p_t^{n_t}$$

$$(a,\,b)\,[a,\,b]=ab$$

보기 2.2.7 $720=2^4\cdot 3^2\cdot 5$, $4725=3^3\cdot 5^2\cdot 7$ 이므로 이 두 정수를

$$720=2^4\cdot 3^2\cdot 5\cdot 7^0,\qquad 4725=2^0\cdot 3^3\cdot 5^2\cdot 7$$

과 같이 나타낼 수 있으므로 다음이 성립한다.

$$d=(720,\,4725)=2^0\cdot 3^2\cdot 5^1\cdot 7^0=45$$

$$l=[720,\,4725]=2^4\cdot 3^3\cdot 5^2\cdot 7=75600$$

$$d\,l=2^4\cdot 3^5\cdot 5^3\cdot 7=720\cdot 4725$$

두 양의 정수의 소인수분해를 알고 있을 때 위의 정리를 이용하여 그 최대공약수를 구할 수 있으나, 상당히 큰 양의 정수를 소인수분해하는 일은 대단히 어려우며 오늘날 여러 가지 인수분해 알고리즘이 개발되어 있다., 이 중에 타원곡선을 이용한 알고리즘이 널리 이용되며 인수분해 과정에서 두 정수의 최대공약수를 구하는 과정을 거치게 된다(§ 12.3, '해설 1203' 참조).

정리 2.2.14 양의 정수 m에 대하여 정수 2^m+1이 素數일 때, m은 $m = 2^n$ $(n \geq 0)$과 같은 꼴이다.

증명 양의 정수 m은 $m = 2^n k$ $(n \geq 0,$ k는 홀수)의 꼴로 나타낼 수 있고, 이때 다음이 성립한다.

$$2^m + 1 = (2^{2^n} + 1)\{2^{2^n(k-1)} - 2^{2^n(k-2)} + \cdots - 2^{2^n} + 1\},$$

$$3 = 2^{2^0} + 1 \leq 2^{2^n} + 1 \leq 2^m + 1$$

따라서 $2^m + 1$이 素數이면, $2^m + 1 = 2^{2^n} + 1$이므로 $m = 2^n$이다.

정의 2.2.15 다음과 같은 꼴의 정수를 **페르마**(Fermat) **수**라고 한다.

$$F_n = 2^{2^n} + 1 \qquad\qquad (n \geq 0)$$

특히, F_n이 素數일 때 F_n을 **페르마 素數**(Fermat prime)라고 한다.

Fermat 素數는 2011년 현재 다음 다섯 개가 알려져 있다.

$$F_0 = 2^1 + 1 = 3, \quad F_1 = 2^2 + 1 = 5, \quad F_2 = 2^4 + 1 = 17,$$

$$F_3 = 2^8 + 1 = 257, \quad F_4 = 2^{16} + 1 = 65537$$

素數 p가 Fermat 素數일 때, 눈금 없는 자와 컴퍼스만을 이용하여 원에 내접하는 정 p각형을 작도할 수 있다(정리 8.4.13, 보기 8.4.4).

정리 2.2.16 정수 m (≥ 2)에 대하여 $2^m - 1$이 素數이면 m도 素數이다.

증명 정수 m (≥ 2)이 합성수이면, $m = de$, $1 < d \leq e < m$인 정수 d, e가 존재하고 이때

$$2^m - 1 = (2^d - 1)(2^{d(e-1)} + 2^{d(e-2)} + \cdots + 2^d + 1),$$

$$1 = 2^1 - 1 < 2^d - 1 < 2^m - 1$$

이므로 $2^m - 1$도 합성수이다.

따라서 $2^m - 1$이 素數이면, m은 素數이다.

정의 2.2.17 양의 정수 $M_m = 2^m - 1$ $(m \geq 2)$ 을 **메르센 數**(Mersenne number)라고 한다. 더욱이 $M_p = 2^p - 1$ (p 는 素數) 가 素數일 때, M_p 를 **메르센 素數**(Mersenne prime)라고 한다.

Mersenne 素數가 무한히 많은지는 아직까지 알려져 있지 않으며, 2011 년 7 월 현재 47 개의 Mersenne 素數가 발견되었다(연습문제 풀이 [참고] 참조).

정리 2.2.18 Fermat 수 $F_n = 2^{2^n} + 1$ 에 대하여 다음이 성립한다.

(1) $F_0 F_1 \cdots F_{n-1} = F_n - 2$ $\qquad (n \geq 1)$

(2) 서로 다른 두 양의 정수 m, n 에 대하여 F_m, F_n 은 서로 소이다.

증명 (1) 먼저 $F_0 = 3 = 5 - 2 = F_1 - 2$ 이므로, $n = 1$ 일 때 (1) 은 성립한다. 이제 $n = k \geq 1$ 일 때 (1) 이 성립한다고 가정하면,

$$F_0 F_1 \cdots F_{k-1} F_k = (F_k - 2) F_k = (2^{2^k} - 1)(2^{2^k} + 1)$$
$$= 2^{2^{k+1}} - 1 = F_{k+1} - 2$$

이므로 $n = k+1$ 일 때에도 (1) 은 성립한다.

그러므로 모든 양의 정수 n 에 대하여 (1) 이 성립한다.

(2) 이제 $n > m$ 이라 하고 $d = (F_m, F_n)$ 이라고 하자.

이 때, $d | F_m$, $d | F_n$ 이고 (1) 에 의하여

$$F_0 F_1 \cdots F_m \cdots F_{n-1} = F_n - 2$$

이므로 $d | 2$ 이다. 그런데, F_m 과 F_n 은 모두 홀수이므로 $d = 1$ 이다.

정리 2.2.19 정수 a (≥ 2) 와 양의 정수 m, n 에 대하여 다음이 성립한다.

(1) $(a^m - 1, a^n - 1) = a^{(m,n)} - 1$

(2) $(2^m - 1, 2^n - 1) = 2^{(m,n)} - 1$

(3) $(m, n) = 1$ 일 때 그리고 이때에만 $(M_m, M_n) = 1$ 이다.

증명 (1) 먼저 q, r를 $m = qn + r,\ 0 \leq r < n$인 정수라고 하면,

$$a^m - 1 = a^{qn} \cdot a^r - 1 = (a^{qn} - 1) \cdot a^r + a^r - 1$$
$$= (a^n - 1)(a^{n(q-1)} + \cdots + a^n + 1) \cdot a^r + a^r - 1$$

이므로, $a^m - 1$을 $a^n - 1$로 나누었을 때의 몫과 나머지는 다음과 같다.

$$A = a^{n(q-1)} + \cdots + a^n + 1, \quad R = a^r - 1$$

이제 $r_0 = m,\ r_1 = n$이라 하고 다음이 성립한다고 하자.

$$\begin{aligned}
r_0 &= a_0 r_1 + r_2, & 0 < r_2 < r_1 \\
r_1 &= a_1 r_2 + r_3, & 0 < r_3 < r_2 \\
&\vdots & \vdots \\
r_{k-1} &= a_{k-1} r_k + r_{k+1}, & 0 < r_{k+1} < r_k \\
r_k &= a_k r_{k+1}
\end{aligned}$$

이 때, $R_0 = a^m - 1,\ R_1 = a^n - 1$이라고 하면, 위의 결과에 의하여 다음과 같은 정수 $A_0, \cdots, A_k, R_2, \cdots, R_{k+1}$이 존재한다.

$$\begin{aligned}
R_0 &= A_0 R_1 + R_2, & R_2 = a^{r_2} - 1 \\
R_1 &= A_1 R_2 + R_3, & R_3 = a^{r_3} - 1 \\
&\vdots & \vdots \\
R_{k-1} &= A_{k-1} R_k + R_{k+1}, & R_{k+1} = a^{r_{k+1}} - 1 \\
R_k &= A_k R_{k+1}
\end{aligned}$$

이 때, 유클리드 알고리즘(정리 2.1.14) 에 의하여

$$(m, n) = r_{k+1}, \qquad (a^m - 1, a^n - 1) = R_{k+1}$$

이므로 $(a^m - 1, a^n - 1) = a^{(m,n)} - 1$ 이다.

(2), (3) 위의 (1) 에 의하여 (2), (3) 이 성립한다.

보기 2.2.8 세 정수 10, 13, 17 은 쌍마다 서로 소이므로 세 Mersenne 수

$$M_{10} = 2^{10} - 1, \quad M_{13} = 2^{13} - 1, \quad M_{17} = 2^{17} - 1$$

은 쌍마다 서로 소이다.

정리 2.2.20 양의 정수 m에 대하여 m의 양의 약수 전체의 개수와 m의 양의 약수 전체의 합을 각각 $\tau(m)$, $\sigma(m)$으로 나타내자.

이 때, 素數 p와 양의 정수 e에 대하여

$$\tau(p^e) = e+1, \qquad \sigma(p^e) = 1 + p + \cdots + p^e = \frac{p^{e+1}-1}{p-1}$$

이고, 정수 $m\ (\geq 2)$의 표준분해가 $m = p_1^{e_1} p_2^{e_2} \cdots p_r^{e_r}$일 때 $\tau(m)$과 $\sigma(m)$은 각각 다음과 같다.

$$\tau(m) = (e_1+1)(e_2+1)\cdots(e_r+1),$$

$$\begin{aligned}\sigma(m) &= (1+p_1+\cdots+p_1^{e_1})\cdots(1+p_r+\cdots+p_r^{e_r})\\ &= \frac{p_1^{e_1+1}-1}{p_1-1}\cdots\frac{p_r^{e_r+1}-1}{p_r-1}\end{aligned}$$

정의 2.2.21 양의 정수 m의 양의 약수 전체의 합이 $2m$과 같을 때, 즉

$$\sigma(m) = 2m$$

일 때, m을 **완전수**(perfect number)라고 한다.

예를 들면, $\sigma(6) = 1+2+3+6 = 2\cdot 6$이므로 6은 완전수이다.

홀수인 완전수는 아직까지 발견되지 않았다. 한편, 짝수인 완전수에 대해서는 다음이 정리가 성립한다.

정리 2.2.22 素數 p에 대하여 Mersenne 수 $M_p = 2^p - 1$가 素數일 때, $N_p = 2^{p-1}M_p$는 완전수이다.

그리고, 짝수인 완전수는 모두 이와 같은 꼴로 나타내어진다.

보기 2.2.9 다음 정수는 모두 완전수이다.

$$N_2 = 2(2^2-1) = 6, \qquad N_3 = 2^2(2^3-1) = 28$$

$$N_5 = 2^4(2^5-1) = 16\cdot 31, \qquad N_7 = 2^6(2^7-1) = 64\cdot 127$$

연습문제 (2.2)

1. 素數 $p\ (\geq 5)$ 에 대하여 $p+2$ 가 素數일 때, $p+(p+2)$ 는 12 의 배수임을 밝혀라.

2. 두 정수가 $3k+1$ 의 꼴이면, 이 두 정수의 곱도 $3k+1$ 의 꼴임을 증명하여라. 그리고, $3k+2$ 의 꼴인 素數가 무한히 많음을 증명하여라.

3. 정수 1000! 을 전개했을 때 끝자리에 꼭 249 개의 0 이 있음을 밝혀라.

4. 양의 정수 m 에 대하여 $R_m = \dfrac{10^m - 1}{9} = 11\cdots11$ (1 이 m 개) 이라고 할 때, R_m 이 素數이면 m 도 素數임을 밝혀라.

5. 양의 정수 m 에 대하여 $\sigma(m) < 2m$ 일 때 m 을 **부족수**(deficient number) 라고 한다. 다음이 성립함을 증명하여라.

   (1) 素數 p 와 양의 정수 k 에 대하여 $m = p^k$ 이면, m 은 부족수이다.

   (2) 서로 다른 홀수인 素數 p, q 와 양의 정수 a, b 에 대하여 $m = p^a q^b$ 이면, m 은 부족수이다.

6. 양의 정수 m 에 대하여 $\sigma(m) > 2m$ 일 때 m 을 **풍족수**(abundant number) 라고 한다. 다음이 성립함을 증명하여라.

   (1) $m = 18$ 이면, m 은 풍족수이다.

   (2) 정수 $k\ (\geq 2)$ 에 대하여 $m = 2^k \cdot 3$ 이면, m 은 풍족수이다.

   (3) $M_n = 2^n - 1$ 이 합성수일 때, $N_n = 2^{n-1} M_n$ 은 풍족수이다.

7. 서로 다른 두 양의 정수 m, n 에 대하여 $\sigma(m) = \sigma(n) = m + n$ 일 때, m 과 n 은 **우호적 쌍**(amicable pair)을 이룬다고 한다.

   두 정수 220, 284 와 1184, 1210 는 각각 우호적 쌍을 이룸을 확인하여라.

8.. 양의 정수 m 에 대하여 $\sigma(\sigma(m)) = 2m$ 일 때, m 을 **超완전수**(superperfect number) 라고 한다. 양의 정수 e 에 대하여 $2^{e+1} - 1$ 이 素數일 때, 2^e 은 초완전수임을 밝혀라.

§2.3 정수의 표현

이 절에서는, 양의 정수를 나타내는 몇 가지 표현 방법에 대하여 논한다. 정리 2.1.1을 이용하여 다음 정리를 증명할 수 있다.

정리 2.3.1 양의 정수 a와 정수 $b\ (\geq 2)$에 대하여 $b^m \leq a < b^{m+1}$인 정수 $m\ (\geq 0)$이 존재하고 이때 다음과 같은 정수 $r_0,\ r_1,\ \cdots,\ r_m$이 유일하게 결정된다.

$$a = r_m b^m + r_{m-1} b^{m-1} + \cdots + r_1 b + r_0$$

$$1 \leq r_m < b, \qquad 0 \leq r_i < b \quad (0 \leq i \leq m-1)$$

위의 등식을 a의 **b진법**에 관한 **전개식**이라고 하며, 이 전개식을

$$a = r_m r_{m-1} \cdots r_1 r_0\ _{(b)}$$

로 나타내고 b를 **밑수**(base)라고 한다.

$$\begin{array}{l}
b\,\underline{)\ a\qquad\qquad} \\
b\,\underline{)\ q_1\qquad\ } \cdots\cdots\cdots\ r_0 \\
b\,\underline{)\ q_2\qquad} \cdots\cdots\ r_1 \\
\quad\vdots \\
b\,\underline{)\ q_{m-1}\ } \cdots\ r_{m-2} \\
\quad\ \underline{r_m\ \cdots\ r_{m-1}}
\end{array}$$

특히, 양의 정수를 십진법(decimal notation)으로 나타낼 때에는 밑수 10 을 생략한다.

그리고, $b^m \leq a < b^{m+1}$인 경우에 a를 b진법으로 나타낼 때의 자리의 개수는 $m+1$이고, 또 $m \leq \log_b a < m+1$이므로 $[\log_b a] = m$이다.

진법은 수를 나타내는 방법에 지나지 않으므로, 예를 들어 이진법(binary notation)으로 나타낸 것을 '이진법의 수' 라고 말하는 것은 옳지 않다.

양의 실수를 b진법으로 나타내는 방법에 대해서는 §2.7에서 논한다.

보기 2.3.1 다음이 성립한다.

$$23 = 1\cdot 2^4 + 0\cdot 2^3 + 1\cdot 2^2 + 1\cdot 2^1 + 1$$

$$= 10111_{(2)}, \qquad 2^4 < 23 < 2^5$$

$$346 = 2\cdot 5^3 + 3\cdot 5^2 + 4\cdot 5^1 + 1 = 2341_{(5)}$$

$$\begin{array}{l}
2\,\underline{)\ 23} \\
2\,\underline{)\ 11}\quad \cdots\ 1 \\
2\,\underline{)\ \ 5}\quad \cdots\ 1 \\
2\,\underline{)\ \ 2}\quad \cdots\ 1 \\
\quad\ \underline{1\quad \cdots\ 0}
\end{array}$$

정리 2.3.2 양의 정수 a에 대하여 $m! \le a < (m+1)!$인 양의 정수 m이 존재하고, 이때 다음과 같은 정수 $c_1, \cdots, c_m$이 유일하게 결정된다

$$a = c_m m! + c_{m-1}(m-1)! + \cdots + c_2 2! + c_1 1!$$

$$1 \le c_m \le m, \qquad 0 \le c_i \le i \quad (0 \le i \le m-1)$$

위의 등식을 정수 a의 **칸토어 전개식**(Cantor expression)이라고 한다.

증명 무한수열 $1!, 2!, 3!, 4!, \cdots$은 단조 증가수열이므로 양의 정수 a에 대하여 $m! \le a < (m+1)!$인 양의 정수 m이 단 하나 존재한다.

한편, 나눗셈 알고리즘에 의하여

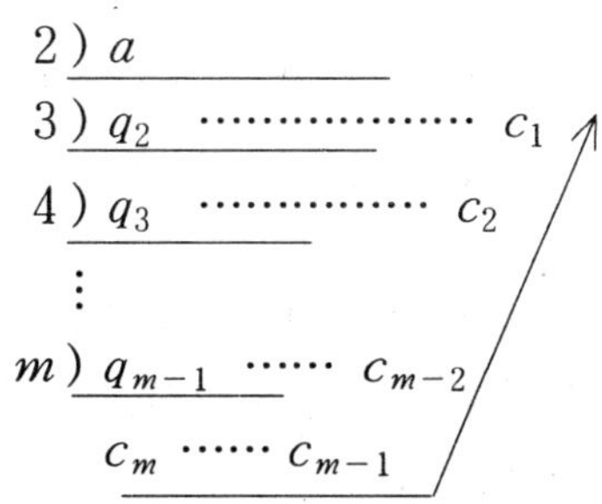

$$a = 2q_2 + c_1, \quad 0 \le c_1 \le 1$$

$$q_2 = 3q_3 + c_2, \quad 0 \le c_2 \le 2$$

$$q_3 = 4q_4 + c_3, \quad 0 \le c_3 \le 3$$

$$\vdots$$

$$q_{m-1} = mq_m + c_{m-1}, \ 0 \le c_{m-1} \le m-1$$

인 정수 $q_2, \cdots, q_m, c_1, \cdots, c_{m-1}$이 유일하게 결정되고 다음이 성립한다.

$$a = 3 \cdot 2q_3 + 2c_2 + c_1 = 4!q_4 + 3!c_3 + 2!c_2 + 1!c_1 = \cdots$$

$$= m!q_m + (m-1)!c_{m-1} + \cdots + 3!c_3 + 2!c_2 + c_1$$

한편,

$$(m-1)!(m-1) + \cdots + 3!3 + 2!2 + 1 = m! - 1$$

이므로

$$0 \le (m-1)!c_{m-1} + \cdots + 2!c_2 + c_1 \le m! - 1$$

이고 또 $m! \le a < (m+1)!$이므로 다음이 성립한다.

$$1 \le m!q_m < (m+1)! = (m+1)m! \text{ 즉 } 1 \le q_m \le m$$

따라서 $c_m = q_m$이라고 놓으면, $1 \le c_m \le m$이고 다음이 성립한다.

$$a = c_m m! + c_{m-1}(m-1)! + \cdots + c_2 2! + c_1 1!$$

$$1 \le c_m \le m, \qquad 0 \le c_i \le i \quad (0 \le i \le m-1)$$

보기 2.3.2 다음이 성립한다.

$$19 = 3 \cdot 3! + 0 \cdot 2! + 1 \cdot 1!,$$

$$119 = 4 \cdot 4! + 3 \cdot 3! + 2 \cdot 2! + 1 \cdot 1!$$

```
2 ) 19
3 )  9  …  1
     3  …  0
```

정의 2.3.3 다음과 같이 귀납적으로 정의된 양의 정수 f_n을 **피보나치 수** (Fibonacci number)라고 한다.

(i) $f_1 = 1, \ f_2 = 1$ (ii) $f_{n+2} = f_n + f_{n+1} \quad (n \geq 1)$

그리고 Fibonncci 수로 이루어진 무한수열

$$\{f_n\} : \ 1, 1, 2, 3, 5, 8, 13, 21, 34, 55, 89, 144, 233, 377, \cdots$$

을 **Fibonacci 수열**(Fibonacci sequence)이라고 한다.

이탈리아의 Fibonacci는 '토끼 문제'와 관련하여 Fibonacci 수를 논하였다. 이에 대한 자료는 인터넷에서 'Fibonacci number'를 검색하여 구할 수 있다.

Fibonacci 수열 $\{f_n\}$은 증가수열이므로 임의의 양의 정수 a에 대하여 $f_n \leq a < f_{n+1}$인 정수 n이 존재하고, 따라서 모든 양의 정수를 다음과 같이 연이어 있지 않은 Fibonacci 수들의 합으로 나타낼 수 있다.

$$5 = f_5, \quad 6 = 5 + 1 = f_5 + f_2, \quad 7 = 5 + 2 = f_5 + f_3,$$

$$8 = f_6, \quad 9 = 8 + 1 = f_6 + f_2, \quad 10 = 8 + 2 = f_6 + f_3$$

정리 2.3.4 Fibonacci 수열 $\{f_n\}$에 대하여 다음이 성립한다.

(1) $(f_n, f_{n+1}) = 1 \qquad (n \geq 1)$

(2) $\sum_{i=1}^{n} f_i = f_1 + f_2 + \cdots + f_n = f_{n+2} - 1 \qquad (n \geq 1)$

(3) $\sum_{i=1}^{n} f_{2i} = f_2 + f_4 + \cdots + f_{2n} = f_{2n+1} - 1 \qquad (n \geq 1)$

증명 (1) 먼저 $(f_1, f_2) = (1, 1) = 1$이므로 (1)은 $n = 1$일 때 성립한다. 이제 $n = k \geq 1$일 때, $(f_k, f_{k+1}) = 1$이라고 가정하면 정리 2.1.12에 의하여 $(f_{k+1}, f_{k+2}) = (f_{k+1}, f_k + f_{k+1}) = (f_{k+1}, f_k) = 1$이다.

따라서 모든 양의 정수 n에 대하여 $(f_n, f_{n+1}) = 1$ 이다.

(2) 먼저 $f_1 = 1 = 2-1 = f_3 - 1$ 이므로, $n = 1$ 일 때 (2) 는 성립한다.

그리고, $n = k \geq 1$ 일 때 (2) 가 성립한다고 가정하면,

$$\sum_{i=1}^{k+1} f_i = \sum_{i=1}^{k} f_i + f_{k+1} = f_{k+2} - 1 + f_{k+1} = f_{k+3} - 1 = f_{(k+1)+2} - 1$$

이므로 (2) 는 $n = k+1$ 일 때에도 성립한다.

그러므로 모든 양의 정수 n에 대하여 (2) 가 성립한다.

(3) 먼저 $f_2 = 1 = 2 - 1 = f_3 - 1$ 이므로, $n = 1$ 일 때 (3) 은 성립한다.

그리고 $n = k \geq 1$ 일 때 (3) 이 성립한다고 가정하면

$$\sum_{i=1}^{k+1} f_{2i} = \sum_{i=1}^{k} f_{2i} + f_{2(k+1)} = f_{2k+1} - 1 + f_{2k+2}$$
$$= f_{2k+3} - 1 = f_{2(k+1)+1} - 1$$

이므로 (3) 은 $n = k+1$ 일 때에도 성립한다.

그러므로 모든 양의 정수 n에 대하여 (3) 이 성립한다.

주어진 선분을 다음이 성립하도록 두 부분으로 나누는 것을 **황금분할** (golden section)이라 하고 그 비를 **황금비**(golden ratio)라고 한다.

$$\frac{\text{선분 전체의 길이}}{\text{긴 부분의 길이}} = \frac{\text{긴 부분의 길이}}{\text{짧은 부분의 길이}} = (\text{황금비})$$

선분의 길이와 긴 부분의 길이를 각각 l, a 이라 하고 또 황금비의 값을 g 이라고 하면, $g = \frac{l}{a} = \frac{a}{l-a}$ 이므로

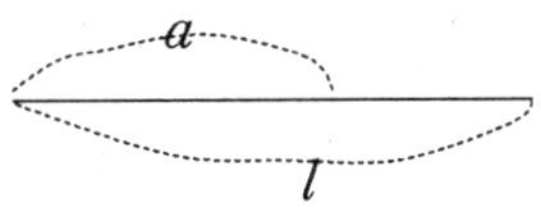

$$g = \frac{1}{\frac{l}{a} - 1} = \frac{1}{g-1}, \quad g^2 - g - 1 = 0$$

이고 따라서 $g = \frac{1+\sqrt{5}}{2} \fallingdotseq 1.618034$ 이다.

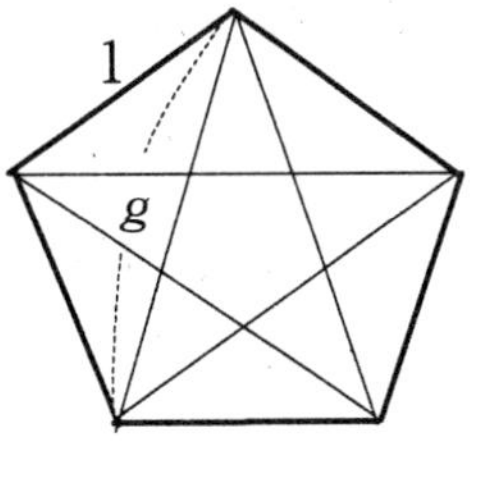

황금비는 예술적으로 가장 이상적인 비라고 여겨진다. 보통 크기의 책에서 가로의 길이와 세로의 길이의 비는 황금비이고, 한 변의 길이가 1 인 정오각형의 대각선의 길이는 g 이다.

연습문제 (2.3)

1. 정수 1, 2, 3, ⋯, 31 을 이진법으로 나타내어라. 그리고, 다섯 손가락을 써서 1 부터 31 까지의 정수를 나타내는 방법을 생각해 보아라.

2. 정수를 16 진법으로 나타낼 때에는 16 개의 기호 0, 1, ⋯, 9, A, B, ⋯, F 를 사용하는데, 여기서 A, B, ⋯, F 는 각각 10, 11, ⋯, 15 를 뜻한다.

   (1) $a = \mathrm{A0B2F}_{(16)}$ 일 때, a 를 10 진법으로 나타내어라.

   (2) $b = 10110111101_{(2)}$ 일 때, b 를 16 진법으로 나타내어라.

3. 양의 정수 a 와 정수 $b\ (\geq 2)$ 에 대하여 음 물음에 답하여라.

   (1) $a = r_m r_{m-1} \cdots r_1 r_{0\,(b)}$ 에서 $r_m = r_{m-1} = \cdots = r_1 = r_0 = b-1$ 일 때, $a = b^{m+1} - 1$ 임을 밝혀라.

   (2) 양의 정수 m 에 대하여 $\dfrac{b^m - 1}{b-1}$ 을 b 진법으로 나타내어라.

4. Fibonacci 수열 $\{f_n\}$ 에 대하여 다음이 성립함을 증명하여라.

   (1) $\displaystyle\sum_{i=1}^{n} {f_i}^2 = {f_1}^2 + {f_2}^2 + \cdots + {f_n}^2 = f_n f_{n+1}$ $\quad (n \geq 1)$

   (2) $\displaystyle\sum_{i=1}^{2n-1} f_i f_{i+1} = f_1 f_2 + f_2 f_3 + \cdots + f_{2n-1} f_{2n} = {f_{2n}}^2$ $\quad (n \geq 1)$

5. Fibonacci 수열 $\{f_n\}$ 에 대하여 다음이 성립함을 증명하여라.

   (1) $\begin{bmatrix} f_{n+1} & f_n \\ f_n & f_{n-1} \end{bmatrix} = \begin{bmatrix} 1 & 1 \\ 1 & 0 \end{bmatrix}^n$ $\quad (n \geq 2)$

   (2) $f_{n+1} f_{n-1} - {f_n}^2 = (-1)^n$ $\quad (n \geq 2)$

   (3) $f_{n+2} f_{n-1} - f_n f_{n+1} = (-1)^n$ $\quad (n \geq 2)$

   (4) ${f_{n+1}}^2 + {f_n}^2 = f_{2n+1}$ $\quad (n \geq 2)$

   (5) $f_{n+1} f_n - f_{n-1} f_{n-2} = f_{2n-1}$ $\quad (n \geq 3)$

§2.4 합 동

합동 개념은 19 세기 초에 독일의 수학자 가우스(Karl Friedrich Gauss, 1777 ~ 1855) 가 처음으로 도입한 개념이다.

정의 2.4.1 고정된 양의 정수 m에 대하여, 두 정수 a, b의 차가 m의 배수일 때, 즉 $m|(a-b)$ 일 때, a와 b는 **法**(modulus) m에 관하여 **합동**(congruent)이라 하고, 이 사실을 $a \equiv b \pmod{m}$ 으로 나타낸다. 즉,

$$a \equiv b \pmod{m} \iff m|(a-b)$$

또, $a \equiv b \pmod{m}$ 이 아닐 때, 이 사실을 $a \not\equiv b \pmod{m}$ 로 나타낸다. 합동 기호 $\equiv$ 가 들어 있는 식을 **합동식**이라고 한다.

정의에 의하여 다음이 성립한다.

$$a \equiv 0 \pmod{m} \iff m|a$$

$$a \equiv b \pmod{m} \iff a-b \equiv 0 \pmod{m}$$

시계에서는 시간을 가리키는 긴 바늘은 12 또는 24 를 법으로 하여 같은 시간을 나타내고, 또 달력에서는 7 을 법으로 하여 같은 요일이 되풀이된다.

보기 2.4.1 정수 a에 대하여 $a \equiv -a \pmod{2}$ 이다.
그리고, 다음이 성립한다.

$$7 \equiv 4 \pmod{3},\quad 6 \equiv 0 \pmod{3},\quad 5 \equiv -4 \pmod{3}$$

$$10 \equiv 6 \pmod{4},\quad 5 \equiv 1 \pmod{4},\quad 7 \equiv -1 \pmod{4}$$

정리 2.4.2 양의 정수 m에 대하여 합동관계 $a \equiv b \pmod{m}$ 은 동치관계이다(정의 1.1.2). 즉, 임의의 정수 a, b, c에 대하여 다음이 성립한다.

(1) $a \equiv a \pmod{m}$

(2) $a \equiv b \pmod{m}$ 이면, $b \equiv a \pmod{m}$ 이다.

(3) $a \equiv b \pmod{m}$, $b \equiv c \pmod{m}$ 이면, $a \equiv c \pmod{m}$ 이다.

정리 2.4.3 법 m에 대하여 $a \equiv b \pmod{m}$, $c \equiv d \pmod{m}$일 때, 다음이 성립한다.

(1) $a \pm c \equiv b \pm d \pmod{m}$, $ac \equiv bd \pmod{m}$

(2) $a \pm c \equiv b \pm c \pmod{m}$, $ac \equiv bc \pmod{m}$

정리 2.4.4 정수를 계수로 가지는 두 다항식

$$f(x) = a_0 + a_1 x + \cdots + a_n x^n, \quad g(x) = b_0 + b_1 x + \cdots + b_n x^n$$

에 대하여 다음이 성립한다.

(1) $a \equiv b \pmod{m}$ 이면 $f(a) \equiv f(b) \pmod{m}$ 이다.

(2) $a_0 \equiv b_0 \pmod{m}$, $a_1 \equiv b_1 \pmod{m}, \cdots, a_n \equiv b_n \pmod{m}$ 이면, $f(a) \equiv g(a) \pmod{m}$ 이다.

보기 2.4.2 다항식 $f(x) = 8x^3 - 3x^2 + 5$에 대하여 $21 \equiv 1 \pmod{4}$ 이므로 다음이 성립한다.

$$f(21) \equiv f(1) \equiv 8 - 3 + 5 \equiv 10 \equiv 2 \pmod{4}$$

정리 2.4.5 양의 정수 m과 임의의 정수 a에 대하여 a를 m으로 나누었을 때의 나머지를 r라고 하면 다음이 성립한다.

$$a \equiv r \pmod{m}, \quad 0 \leq r < m$$

그리고, 법 m에 관하여 $0, 1, \cdots, m-1$은 어느 둘도 합동이 아니다.

보기 2.4.3 $2^{32} \cdot 19^{41}$을 13으로 나누었을 때의 나머지는 5이다. 실제로,

$$2^2 \equiv 4, \ 2^4 \equiv 3, \quad 2^8 \equiv 3^2 \equiv 9, \ 2^{12} = 3 \cdot 9 \equiv 27 \equiv 1 \pmod{13}$$
$$2^{32} \equiv (2^{12})^2 \cdot 2^8 \equiv 1^2 \cdot 9 \equiv 9 \pmod{13}$$
$$19 \equiv 6, \ 19^2 \equiv 10, \ 19^3 \equiv 60 \equiv 8, \quad 19^5 \equiv 80 \equiv 2 \pmod{13}$$
$$19^6 \equiv 12 \equiv -1, \ 19^{12} \equiv (-1)^2 \equiv 1 \pmod{13}$$
$$19^{41} \equiv (19^{12})^3 \cdot 19^5 \equiv 1^3 \cdot 2 \equiv 2 \pmod{13}$$

이고, 따라서 $2^{32} \cdot 19^{41} \equiv 9 \cdot 2 \equiv 18 \equiv 5 \pmod{13}$ 이다.

정리 2.4.6 양의 정수 m 과 정수 a, b, c 에 대하여 다음이 성립한다.

(1) $(a, m) = 1$ 일 때, $ab \equiv 0 \pmod{m}$ 이면 $b \equiv 0 \pmod{m}$ 이다.

(2) $(a, m) = 1$ 일 때, $ab \equiv ac \pmod{m}$ 이면 $b \equiv c \pmod{m}$ 이다.

증명 (1) $ab \equiv 0 \pmod{m}$ 이면, $m \mid ab$ 이고 따라서 $(a, m) = 1$ 일 때 정리 2.1.20 에 의하여 $m \mid b$ 이므로 $b \equiv 0 \pmod{m}$ 이다.

(2) $ab \equiv ac \pmod{m}$ 이면, $a(b-c) \equiv 0 \pmod{m}$ 이므로 위의 (1) 에 의하여 $(a, m) = 1$일 때 $b - c \equiv 0 \pmod{m}$ 즉 $b \equiv c \pmod{m}$ 이다.

양의 정수 a 의 10 진법에 관한 전개식이 다음과 같다고 하자.

$$a = a_n 10^n + a_{n-1} 10^{n-1} + \cdots + a_1 10 + a_0$$

먼저 $2 \mid 10$, $5 \mid 10$ 이므로 양의 정수 k에 대하여 $2^k \mid 10^k$, $5^k \mid 10^k$ 이므로

$$10^k \equiv 0 \pmod{2^k},\ 10^{k+1} \equiv 0 \pmod{2^k},\ 10^{k+2} \equiv 0 \pmod{2^k},\ \cdots$$

$$10^k \equiv 0 \pmod{5^k},\ 10^{k+1} \equiv 0 \pmod{5^k},\ 10^{k+2} \equiv 0 \pmod{5^k},\ \cdots$$

이고 따라서 다음이 성립한다.

$$a \equiv a_{k-1} 10^{k-1} + \cdots + a_1 10 + a_0 \pmod{2^k} \qquad (1 \le k \le n)$$

$$a \equiv a_{k-1} 10^{k-1} + \cdots + a_1 10 + a_0 \pmod{5^k} \qquad (1 \le k \le n)$$

$$a \equiv a_0 \pmod{2}, \quad a \equiv a_1 10 + a_0 \pmod{2^2},$$

$$a \equiv a_0 \pmod{5}, \quad a \equiv a_1 10 + a_0 \pmod{5^2}$$

그리고, $10 \equiv 1 \pmod{3}$, $10 \equiv 1 \pmod{9}$, $10 \equiv -1 \pmod{11}$ 이므로 양의 정수 k에 대하여

$$10^k \equiv 1 \pmod{3},\ 10^k \equiv 1 \pmod{9},\ 10^k \equiv (-1)^k \pmod{11}$$

이고 따라서 다음이 성립한다.

$$a \equiv a_n + a_{n-1} + \cdots + a_1 + a_0 \pmod{3},$$

$$a \equiv a_n + a_{n-1} + \cdots + a_1 + a_0 \pmod{9},$$

$$a \equiv a_0 - a_1 + a_2 + \cdots + (-1)^n a_n \pmod{11}$$

보기 2.4.4 정수 $a = 56789316$ 에 대하여 다음이 성립한다.

$a \equiv 6 \equiv 0 \pmod{2}$, $a \equiv 16 \equiv 0 \pmod{2^2}$, $a \equiv 316 \equiv 4 \pmod{2^3}$

$a \equiv 6 \equiv 1 \pmod{5}$, $a \equiv 16 \pmod{5^2}$

보기 2.4.5 정수 $a = 26385$ 에 대하여 다음이 성립한다.

$$a \equiv 2+6+3+8+5 \equiv 24 \equiv 2+4 \equiv 6 \equiv 0 \pmod{3},$$

$$a \equiv 2+6+3+8+5 \equiv 24 \equiv 2+4 \equiv 6 \pmod{9},$$

$$a \equiv 5-8+3-6+2 \equiv -4 \equiv 7 \pmod{11}$$

책마다 국제 표준 도서 번호(ISBN, International Standard Book Number)가 써 있다. 원래 ISBN은 10 개의 숫자로 이루어져 있었으나 2007 년 1 월 1 일 이후에는 유럽 상품 번호(EAN) 에 맞추어 13 개의 숫자로 바뀌었다.

예를 들어, 10 개의 숫자로 이루어진

$$\text{ISBN } 89-7282-981-1$$

에서, 89 는 한국을 나타내고 7282 는 출판사를 나타내며 981 은 출판사가 이 책에 지정한 번호이며 끝자리의 1 은 다음과 같이 결정된다.

$$\begin{aligned} & 8\cdot1+9\cdot2+7\cdot3+2\cdot4+8\cdot5+2\cdot6+9\cdot7+8\cdot8+1\cdot9 \\ \equiv\ & 8+7-1+8+7+1-3-2-2 \\ \equiv\ & 3+5-7 \equiv 1 \pmod{11} \end{aligned}$$

일반적으로, 10 개의 숫자로 이루어진 ISBN $x_1 \cdots x_9 x_{10}$ 에서 $x_1, \cdots, x_9$ 는 $0, 1, \cdots, 9$ 중의 한 숫자이고 x_{10} 은

$$x_{10} \equiv \sum_{i=1}^{9} i x_i \pmod{11}, \qquad 0 \le x_{10} \le 10$$

와 같이 $x_1, \cdots, x_9$ 에 의하여 결정되는 정수이다. 따라서

$$\sum_{i=1}^{10} i x_i \equiv \sum_{i=1}^{9} i x_i - x_{10} \equiv 0 \pmod{11}$$

이고 x_{10} 은 $x_1, \cdots, x_9$ 에 오류가 있는지를 검사하는 기호(check digit)이다.

특히 $x_{10} = 10$ 인 경우에는 이것을 X 로 나타낸다.

예를 들어, ISBN 이 $3-540-19102-x_{10}$ 일 때,

$$x_{10} \equiv 3\cdot 1+5\cdot 2+4\cdot 3+0\cdot 4+1\cdot 5+9\cdot 6 \\ +1\cdot 7+0\cdot 8+2\cdot 9 \equiv 10 \pmod{11}$$

이므로 이 책의 ISBN 은 3−540−19102−X 이다.

ISBN 이 10 개의 숫자로 이루어진 경우에 한 자리의 숫자가 틀렸기나 두 자리의 숫자를 바꾼 경우에 이 사실을 감지해 낼 수 있다. 예를 들어, 어느 책의 ISBN $x_1 x_2 \cdots x_9 x_{10}$ 을 $y_1 y_2 \cdots y_9 y_{10}$ 으로 인쇄하는 과정에서 한 숫자 x_j $(1 \le j \le 10)$ 만을 y_j 로 잘못 인쇄하였다고 가정하자.

이 때, $-10 \le a \le 10$, $a \ne 0$ 인 정수 a 에 대하여 $y_j = x_j + a$ 이므로

$$\sum_{i=1}^{10} i y_i \equiv \sum_{i=1}^{10} i x_i + ja \equiv ja \not\equiv 0 \pmod{11}$$

이고, 따라서 $y_1 y_2 \cdots y_9 y_{10}$ 은 ISBN 이 아니다.

또, 어느 책의 ISBN $x_1 x_2 \cdots x_9 x_{10}$ 을 $y_1 y_2 \cdots y_9 y_{10}$ 으로 인쇄하는 과정에서 서로 다른 두 숫자 x_j, x_k $(1 \le j \ne k \le 10)$ 만을 서로 바꾸어 인쇄하였다고 가정하자. 이 때, $y_j = x_k$, $y_k = x_j$, $x_j \ne x_k$ 이므로

$$\begin{aligned} \sum_{i=1}^{10} i y_i &\equiv \sum_{i=1}^{10} i x_i - jx_j - kx_k + jy_j + ky_k \\ &\equiv -jx_j + jx_k - kx_k + kx_j \\ &\equiv (k-j)(x_j - x_k) \not\equiv 0 \pmod{11} \end{aligned}$$

이고, 따라서 $y_1 y_2 \cdots y_9 y_{10}$ 은 ISBN 이 아니다.

한편, 13 개의 숫자로 이루어진 ISBN $x_1 \cdots x_{12} x_{13}$ 에서 $x_1, \cdots, x_{12}, x_{13}$ 은 $0, 1, 2, \cdots, 9$ 중의 한 숫자이며 x_{13} 은 다음과 같이 $x_1 x_2 \cdots x_{12}$ 에 의하여 결정된다.

$$x_{13} \equiv -(x_1+3x_2+x_3+3x_4+x_5+3x_6 \\ +x_7+3x_8+x_9+3x_{10}+x_{11}+3x_{12}) \pmod{10}$$

따라서

$$x_1+3x_2+x_3+3x_4+x_5+3x_6+x_7+3x_8$$
$$+x_9+3x_{10}+x_{11}+3x_{12}+x_{13}\equiv 0 \pmod{10}$$

이고, x_{13} 은 $x_1, x_2, \cdots, x_{12}$ 중에 오류가 있는지를 검사하는 기호이다.

예를 들면,

ISBN 978－89－7282－981－2

에서 첫머리 부분인 978 은 국제상품코드관리협회가 배정한 번호이고 또 끝자리의 2 는 다음과 같이 결정된다.

$$-(9\cdot 1+7\cdot 3+8\cdot 1+8\cdot 3+9\cdot 1+7\cdot 3+2\cdot 1+8\cdot 3$$
$$+2\cdot 1+9\cdot 3+8\cdot 1+1\cdot 3)$$
$$\equiv -(9+1+8+4+9+1+2+4+2+7+8+3)$$
$$\equiv -(2+6+9+1)\equiv -8\equiv 2 \pmod{10}$$

우리나라 도서에는 ISBN 과 함께 부가 기호를 매긴다. 예를 들어, 부가기호 93410 은 단행본인 수학 도서임을 나타낸다.

제품에는 막대 부호(bar code)가 그려져 있고 또 각 막대 밑에 이에 해당하는 숫자가 써 있다. 이와 같은 막대 부호에는 13 자리의 숫자로 이루어진 표준형과 8 자리의 숫자로 이루 어진 단축형이 널리 쓰인다.

표준형인 제품 번호 $x_1\cdots x_{12}x_{13}$ 에서 각 x_i 는 $0, 1, \cdots, 9$ 중의 한 숫자이고 x_1x_2 는 이 제품의 제조국가를 나타내며(우리나라는 88), $x_3x_4x_5x_6x_7$ 은 제조회사, $x_8x_9x_{10}x_{11}x_{12}$ 는 제품명을 나타낸다.

그리고 x_{13} 은 다음과 같이 $x_1, x_2, \cdots, x_{12}$ 에 의하여 결정된다.

$$x_{13}\equiv -(x_1+3x_2+x_3+3x_4+x_5+3x_6$$
$$+x_7+3x_8+x_9+3x_{10}+x_{11}+3x_{12}) \pmod{10}$$

따라서

$$x_1+3x_2+x_3+3x_4+x_5+3x_6+x_7+3x_8$$
$$+x_9+3x_{10}+x_{11}+3x_{12}+x_{13}\equiv 0 \pmod{10}$$

이고, x_{13} 은 $x_1, \cdots, x_{11}, x_{12}$ 에 오류가 있는지를 검사하는 기호이다.

보기 2.4.6 제품의 막대 부호 $x_1 x_2 \cdots x_{12} x_{13}$ 가

$$8803996100110$$

인 경우 마지막 숫자 0 은 다음과 같이 결정된다.

$$x_{13} \equiv -(8 \cdot 1 + 8 \cdot 3 + 0 \cdot 1 + 3 \cdot 3 + 9 \cdot 1 + 9 \cdot 3 + 6 \cdot 1 + 1 \cdot 3 + 1 \cdot 1 + 1 \cdot 3) \equiv 0 \pmod{10}$$

연습문제 (2.4)

1. 다음 합동식이 성립하는지를 판정하여라.

   (1) $24 \equiv 12 \pmod 6$ (2) $15 \equiv 0 \pmod 5$ (3) $7 \equiv -7 \pmod 2$

2. Fermat 수 $F_n = 2^{2^n} + 1 \ (n \geq 2)$ 의 마지막 자리의 수가 7 임을 밝혀라.

3. Fermat 수 $F_5 = 2^{2^5} + 1$ 는 641 의 배수임을 밝혀라.

   그리고, Mersenne 수 $M_{80} = 2^{80} - 1$ 은 17 의 배수임을 밝혀라.

4. 모든 양의 정수 n 에 대하여 $2^{2^n} + 5 \equiv 0 \pmod 3$ 임을 밝혀라.

5. 합동식 $2^r \equiv 1 \pmod{11}$ 을 만족시키는 가장 작은 양의 정수 r 의 값을 구하고, 이 결과를 이용하여 $2^{200} + 1$ 을 11 로 나누었을 때의 나머지를 구하여라.

   그리고, $3^{603} - 1$ 은 13 의 배수임을 밝혀라.

6. 다음 ISBN 이 올바른 번호인지를 판정하여라.

   (1) ISBN 89-7282-770-2 (2) ISBN 978-89-6105-168-2

§2.5 합동식과 중국인의 나머지 정리

정수를 계수로 가지는 n 차의 다항식 $f(x) = a_n x^n + \cdots + a_1 x + a_0$ 에 대하여 $a_n \not\equiv 0 \pmod{m}$ 일 때, 합동식 $f(x) \equiv 0 \pmod{m}$ 을 ***n* 차의 합동식**(congruence) 이라고 한다.

주어진 합동식 $f(x) \equiv 0 \pmod{m}$ 과 한 정수 c 에 대하여

$$f(c) \equiv 0 \pmod{m}$$

일 때, $x \equiv c \pmod{m}$ 를 이 합동식의 **해**라고 하며, $x \equiv c \pmod{m}$ 는 법 m 에 관하여 c 와 합동인 정수 전체를 나타낸다.

합동식 $f(x) \equiv 0 \pmod{m}$ 의 해 $x \equiv c_1 \pmod{m}$, $x \equiv c_2 \pmod{m}$ 에 대하여 $c_1 \not\equiv c_2 \pmod{m}$ 일 때, 이 두 해는 서로 다르다고 생각한다. 또, $\mathbb{Z}_m = \{0, 1, \cdots, m-1\}$ 에 속하는 정수 중에서 합동식 $f(x) \equiv 0 \pmod{m}$ 을 만족시키는 정수 전체의 개수를 이 합동식의 해의 개수로 생각한다.

정리 2.5.1 일차합동식

$$ax \equiv b \pmod{m}, \quad (a,\ m) = 1$$

는 단 한 개의 해 $x \equiv c \pmod{m}$ 를 가진다.

보기 2.5.1 일차합동식 $7x \equiv 5 \pmod{31}$ 의 해를 구해 보자.

먼저 $(31, 7) = 1$ 이고, 또

$$31 \cdot (-2) + 7 \cdot 9 = 1,$$

$$31 \cdot (-10) + 7 \cdot 45 = 5$$

이므로

$$7 \cdot 45 \equiv 5 \pmod{31}$$

$$7 \cdot 14 \equiv 5 \pmod{31}$$

이고 따라서 일차합동식 $7x \equiv 5 \pmod{31}$ 의 해는 $x \equiv 14 \pmod{31}$ 이다.

4	31	7	2
	28	6	
3	3	1	
	3		
	0		

a_i	4	2		
s_i	1	0	1	-2
t_i	0	1	-4	9

정리 2.5.2 양의 정수 m, d 와 정수 a, b 에 대하여 다음이 성립한다.

(1) $d \mid m$ 일 때, $a \equiv b \pmod{m}$ 이면 $a \equiv b \pmod{d}$ 이다.

(2) $a \equiv b \pmod{m} \iff ad \equiv bd \pmod{md}$

(3) $d \mid a,\ d \mid b,\ d \mid m$ 일 때,

$$a \equiv b \pmod{m} \iff \frac{a}{d} \equiv \frac{b}{d} \pmod{\frac{m}{d}}$$

정리 2.5.3 일차합동식

$$ax \equiv b \pmod{m}, \quad a \not\equiv 0 \pmod{m}$$

에서 $d = (a, m)$ 이라고 하면, $d \mid b$ 일 때 그리고 이때에만 위의 합동식은 해를 가진다. 또, $d \mid b$ 일 때, 위의 일차합동식은 법 $\frac{m}{d}$ 에 관한 일차합동식

$$\frac{a}{d}x \equiv \frac{b}{d} \pmod{\frac{m}{d}}$$

과 동치이고, 또 $x \equiv c \pmod{\frac{m}{d}}$ 가 위의 일차합동식의 해이면 이 해는 법 m 에 관하여 다음과 같이 서로 다른 d 개의 해로 나타낼 수 있다.

$$x \equiv c + \frac{m}{d}t \pmod{m} \qquad (t = 0, 1, \cdots, d-1)$$

보기 2.5.2 일차합동식 $9x \equiv 6 \pmod{15}$ 에서 $(15, 9) = 3,\ 3 \mid 6$ 이므로 이 합동식은 해를 가지며 이 합동식은 합동식 $3x \equiv 2 \pmod{5}$ 과 동치이다.

1	15	9	1
	9	6	
2	6	3	
	6		
	0		

1	1		
1	0	1	-1
0	1	-1	2

한편, $15 \cdot (-1) + 9 \cdot 2 = 3$ 이므로

$$5 \cdot (-1) + 3 \cdot 2 = 1$$

$$5 \cdot (-2) + 3 \cdot 4 = 2$$

이고 따라서 $3 \cdot 4 \equiv 2 \pmod{5}$ 이다.

그러므로 일차합동식 $3x \equiv 2 \pmod{5}$ 의 해는 $x \equiv 4 \pmod{5}$ 이다.

따라서 일차합동식 $9x \equiv 6 \pmod{15}$ 의 해는 $x \equiv 4 \pmod{5}$ 이고, 이 해는 법 15 에 관하여 다음과 같이 3 개의 해로 나타낼 수 있다.

$$x \equiv 4 \pmod{15}, \quad x \equiv 9 \pmod{15}, \quad x \equiv 14 \pmod{15}$$

정리 2.5.4 양의 정수 m 과 정수 a, b 에 대하여 $a \equiv b \pmod{m}$ 이면, $(a, m) = (b, m)$ 이다.

정리 2.5.5 양의 정수 m 에 대하여 다음이 성립한다.

(1) $ab \equiv 1 \pmod{m}$ 이면, $(a, m) = (b, m) = 1$ 이다.

(2) $(a, m) = 1$ 이면, $ab \equiv 1 \pmod{m}$, $1 < b < m$ 인 정수 b 가 존재한다.

합동식 $f_1(x) \equiv 0 \pmod{m_1}, \cdots, f_n(x) \equiv 0 \pmod{m_n}$ 을 동시에 만족시키는 해를 구하는 경우에, 이들 합동식을 한 데 묶어

$$\begin{cases} f_1(x) \equiv 0 \pmod{m_1} \\ \quad\vdots \\ f_n(x) \equiv 0 \pmod{m_n} \end{cases}$$

으로 나타내고 이것을 **연립합동식**(system of congruences) 이라고 한다. 또, 이들 합동식을 동시에 만족시키는 해를 이 연립합동식의 **해**라고 한다.

정리 2.5.6 (중국인의 나머지 정리) 두 양의 정수 m_1, m_2 가 서로 소일 때 다음이 성립한다.

(1) 임의의 정수 u 를 m_1, m_2 로 나누었을 때의 나머지를 각각 r_1, r_2 이라고 하면 $u \equiv r_1 \pmod{m_1}$, $u \equiv r_2 \pmod{m_2}$ 이다.

(2) 임의의 두 정수 c_1, c_2 에 대하여 연립일차합동식

$$\begin{cases} x \equiv c_1 \pmod{m_1} \\ x \equiv c_2 \pmod{m_2} \end{cases}$$

는 법 $m_1 m_2$ 에 관하여 단 한 개의 해 $x \equiv u \pmod{m_1 m_2}$ 를 가진다.

증명 (1) 정리 2.4.5 에 의하여 (1) 이 성립한다.

(2) 두 양의 정수 m_1, m_2 가 서로 소이면, 유클리드의 알고리즘을 이용하여 $m_2 N_1 + m_1 N_2 = 1$ 인 정수 N_1, N_2 를 구할 수 있다. 이 때,

$$m_2 N_1 \equiv 1 \pmod{m_1}, \quad m_1 N_2 \equiv 1 \pmod{m_2}$$

이므로 임의의 두 정수 c_1, c_2에 대하여 $u = m_2 N_1 c_1 + m_1 N_2 c_2$ 이라고 놓으면 $u \equiv m_2 N_1 c_1 \equiv c_1 \pmod{m_1}$, $u \equiv m_1 N_2 c_2 \equiv c_2 \pmod{m_2}$ 이다. 그러므로 주어진 연립일차합동식의 두 합동식은 각각

$$x \equiv u \pmod{m_1}, \qquad x \equiv u \pmod{m_2}$$

으로 고쳐 쓸 수 있다. 그런데, $(m_1, m_2) = 1$ 이므로 위의 두 합동식은 $x \equiv u \pmod{m_1 m_2}$와 동치이다.

보기 2.5.3 다음 연립일차합동식의 해를 구해 보자

$$\begin{cases} x \equiv 2 \pmod{3} \\ x \equiv 1 \pmod{5} \end{cases}$$

먼저 $(5, 3) = 1$ 이고, $5 \cdot (-1) + 3 \cdot 2 = 1$ 이므로 구하는 해는 다음과 같다.

$$x \equiv 5 \cdot (-1) \cdot 2 + 3 \cdot 2 \cdot 1 \equiv 11 \pmod{15}$$

1	5	3	1
	3	2	
2	2	1	
	2		
	0		

1	1		
1	0	1	-1
0	1	-1	2

정리 2.5.7 (중국인의 나머지 정리, Chinese Remainder Theorem) 양의 정수 $m_1, m_2, \cdots, m_n$ $(n \geq 2)$ 이 쌍마다 서로 소일 때 다음이 성립한다.

(1) 임의의 정수 u를 $m_1, m_2, \cdots, m_n$으로 나누었을 때의 나머지를 각각 $r_1, r_2, \cdots, r_n$이라고 하면 $u \equiv r_i \pmod{m_i}$ $(1 \leq i \leq n)$ 이다.

(2) 임의의 정수 $c_1, c_2, \cdots, c_n$에 대하여 연립일차합동식

$$\begin{cases} x \equiv c_1 \pmod{m_1} \\ x \equiv c_2 \pmod{m_2} \\ \quad \vdots \\ x \equiv c_n \pmod{m_n} \end{cases}$$

은 법 $m_1 m_2 \cdots m_n$에 관하여 단 한 개의 해 $x \equiv u \pmod{m_1 m_2 \cdots m_n}$를 가진다.

증명 분명히 (1) 이 성립한다. 다음에 (2) 를 증명하기 위하여

$$M_i = m_1 \cdots m_{i-1} m_{i+1} \cdots m_n \qquad (1 \leq i \leq n)$$

이라고 놓으면, 각 i $(1 \le i \le n)$ 에 대하여 $m_1, \cdots, m_{i-1}, \cdots, m_n$ 은 각각 m_i 와 서로 소이므로(정리 2.1.18) $(M_i, m_i) = 1$ 이고 따라서 정리 2.5.5 에 의하여 $M_i N_i \equiv 1 \pmod{m_i}$ 인 정수 N_i 가 존재한다. 이제

$$u = M_1 N_1 c_1 + M_2 N_2 c_2 + \cdots + M_n N_n c_n$$

이라고 놓으면, 이 연립방동식의 해는 $x \equiv u \pmod{m_1 m_2 \cdots m_n}$ 이다.

보기 2.5.4 다음 연립일차합동식의 해를 구해 보자.

$$\begin{cases} x \equiv 1 \pmod{4} \\ x \equiv 3 \pmod{5} \\ x \equiv 2 \pmod{7} \end{cases}$$

8	35	4	1
	32	3	
3	3	1	
	3		
	0		

8	1		
1	0	1	-1
0	1	-8	9

먼저 $4 \cdot 5 \cdot 7 = 4 \cdot 35 = 5 \cdot 28 = 7 \cdot 20$,

$(35, 4) = 1, \quad 35 \cdot (-1) + 4 \cdot 9 = 1$

$35 \cdot (-1) \equiv 1 \pmod{4}$

이고 마찬가지로

$$28 \cdot 2 \equiv 1 \pmod{5},\ 20 \cdot (-1) \equiv 1 \pmod{7}$$

이므로 주어진 연립일차합동식의 해는 다음과 같다.

$$x \equiv 35 \cdot (-1) \cdot 1 + 28 \cdot 2 \cdot 3 + 20 \cdot (-1) \cdot 2 \equiv 93 \pmod{140}$$

정리 2.5.8 쌍마다 서로 소인 양의 정수 $m_1, m_2, \cdots, m_n$ $(n \ge 2)$ 에 대하여 $M = m_1 m_2 \cdots m_n$ 이라고 하자.

이 때, $x \equiv u \pmod{M}$, $x \equiv v \pmod{M}$ 가 각각 연립일차합동식

$$\begin{cases} x \equiv c_1 \pmod{m_1} \\ \quad\vdots \\ x \equiv c_n \pmod{m_n} \end{cases} \qquad \begin{cases} x \equiv d_1 \pmod{m_1} \\ \quad\vdots \\ x \equiv d_n \pmod{m_n} \end{cases}$$

의 해이면, 두 연립일차합동식

$$\begin{cases} x \equiv c_1 + d_1 \pmod{m_1} \\ \quad\vdots \\ x \equiv c_n + d_n \pmod{m_n} \end{cases} \qquad \begin{cases} x \equiv c_1 d_1 \pmod{m_1} \\ \quad\vdots \\ x \equiv c_n d_n \pmod{m_n} \end{cases}$$

의 해는 각각 $x \equiv u + v \pmod{M}$, $x \equiv uv \pmod{M}$ 이다.

증명 각 i 에 대하여 $u \equiv c_i \pmod{m_i}$, $v \equiv d_i \pmod{m_i}$ 이면,

$$u + v \equiv c_i + d_i \pmod{m_i}, \quad uv \equiv c_i d_i \pmod{m_i}$$

이고(정리 2.4.3) 따라서 정리 2.5.7 에 의하여 정리가 성립한다.

대부분의 전자계산기에서는 보통 2^{35} 이하의 정수를 기억하고 또 이러한 정수들을 더하거나 곱한다. 따라서 2^{35} 보다 큰 정수를 다룰 때에는 쌍마다 서로 소인 양의 정수 $m_1, m_2, \cdots, m_n$ 을 적당히 택하여 정리 2.5.8 을 이용한다. 양의 정수 $r_1, r_2, \cdots, r_n$ 이 쌍마다 서로 소이면, Mersenne 수

$$m_1 = 2^{r_1} - 1, \quad m_2 = 2^{r_2} - 1, \ \cdots, \ m_n = 2^{r_n} - 1$$

는 상당히 큰 정수이고 또 이들 정수는 쌍마다 서로 소이다(정리 2.2.19).

예를 들어, 29, 31, 33, 34 는 쌍마다 서로 소이므로

$$m_1 = 2^{29} - 1, \ m_2 = 2^{31} - 1, \ m_3 = 2^{33} - 1, \ m_4 = 2^{34} - 1$$

는 쌍마다 서로 소이고 또 $m_1 m_2 m_3 m_4 \fallingdotseq 2^{29} \cdot 2^{31} \cdot 2^{33} \cdot 2^{34} = 2^{127}$ 이다.

연습문제 (2.5)

1. 다음과 같은 정수 b 를 구하여라.

(1) $23b \equiv 1 \pmod{160}$, $1 < b < 160$

(2) $5b \equiv 1 \pmod{26}$, $1 < b < 26$

2. 다음 연립합동식의 해를 구하여라.

(1) $\begin{cases} 4x \equiv 2 \pmod{7} \\ 5x \equiv 3 \pmod{11} \end{cases}$ (2) $\begin{cases} 3x \equiv 7 \pmod{11} \\ 5x \equiv 2 \pmod{17} \end{cases}$

3. 다음 연립합동식의 해를 구하여라.

(1) $\begin{cases} x \equiv 3 \pmod{5} \\ x \equiv 4 \pmod{7} \\ x \equiv 1 \pmod{9} \end{cases}$ (2) $\begin{cases} x \equiv 3 \pmod{7} \\ x \equiv 7 \pmod{9} \\ x \equiv 0 \pmod{10} \end{cases}$

§2.6 Fermat 의 정리와 Euler 의 정리

이 절에서는, 중요한 정리를 논한다,

정리 2.6.1 (Fermat 의 정리) 정수 p가 素數일 때 다음이 성립한다.

(1) 두 정수 a, b에 대하여 $(a+b)^p \equiv a^p + b^p \pmod{p}$ 이다.

(2) 모든 정수 a 에 대하여 $a^p \equiv a \pmod{p}$ 이다.

특히, $(a, p) = 1$ 이면, $a^{p-1} \equiv 1 \pmod{p}$ 이다.

증명 (1) 임의의 두 정수 a, b에 대하여 다음이 성립한다.

$$(a+b)^p = a^p + \binom{p}{1} a^{p-1}b + \cdots + \binom{p}{r} a^{p-r}b^r + \cdots + \binom{p}{p-1} ab^{p-1} + b^p$$

여기서 $\binom{p}{r} = \dfrac{p!}{r!(p-r)!}$ 는 정수이고 $p! = \binom{p}{r} r!(p-r)!$ 이다.

그런데, $1 \le r \le p-1$ 일 때, $p \nmid 1 \cdot 2 \cdot \cdots \cdot r$, $p \nmid 1 \cdot 2 \cdot \cdots \cdot (p-r)$ 이지만 $p \mid p!$ 이므로 $p \,\Big|\, \binom{p}{r}$ 즉 $\binom{p}{r} \equiv 0 \pmod{p}$ 이다(따름정리 2.2.3).

따라서 $(a+b)^p \equiv a^p + b^p \pmod{p}$ 이다.

(2) 먼저 $n = 1$ 일 때, $n \equiv 1^p \equiv 1 = n \pmod{p}$ 이다. 이제 양의 정수 n 에 대하여 $n^p \equiv n \pmod{p}$ 이라고 가정하면, 위의 결과에 의하여

$$(n+1)^p \equiv n^p + 1^p \equiv n+1 \pmod{p}$$

이므로, 모든 양의 정수 n 에 대하여 $n^p \equiv n \pmod{p}$ 이다.

다음에 $0^p \equiv 0 \pmod{p}$ 이다. 그리고, 임의의 양의 정수 n 에 대하여 $p = 2$ 이면 $(-n)^p \equiv n^p \equiv n \equiv -n \pmod{p}$ 이고, 또 p가 홀수이면 $(-n)^p \equiv (-1)^p n^p \equiv -n^p = -n \pmod{p}$ 이다.

그러므로 모든 정수 a 에 대하여 $a^p \equiv a \pmod{p}$ 이다.

특히, $(a, p) = 1$ 이면, $a^{p-1} \equiv 1 \pmod{p}$ 이다(정리 2.4.6).

이 정리를 Fermat 의 小定理(little theorem)라고도 한다.

보기 2.6.1 정수 117 은 素數가 아니다. 실제로, 117 이 素數이면, Fermat 의 정리에 의하여 $2^{116} \equiv 1 \pmod{117}$ 이어야 한다. 그러나,

$$2^6 \equiv 64 \pmod{117}, \quad 2^7 \equiv 128 \equiv 11 \pmod{117},$$

$$2^8 \equiv 22 \pmod{117}, \quad 2^{14} \equiv 11^2 \equiv 121 = 4 \pmod{117}$$

이므로 다음이 성립한다.

$$\begin{aligned} 2^{116} &\equiv 2^{14 \cdot 8 + 4} = (2^{14})^8 \cdot 2^4 \equiv 4^8 \cdot 2^4 \equiv 2^{20} \\ &\equiv 2^{14} \cdot 2^6 \equiv 2^2 \cdot 2^6 \equiv 2^8 \equiv 22 \not\equiv 1 \pmod{117} \end{aligned}$$

정의 2.6.2 양의 정수 m 에 대하여 $\mathbb{Z}_m = \{0, 1, \cdots, m-1\}$ 의 원소 중에서 m 과 서로 소인 원소 전체의 집합을 $\mathbb{Z}_m{}^*$ 로 나타내고 이와 같은 원소 전체의 개수를 $\varphi(m)$ 으로 나타낸다. 즉,

$$\mathbb{Z}_m{}^* = \{ r \in \mathbb{Z}_m \mid (r, m) = 1\}, \quad \varphi(m) = |\mathbb{Z}_m{}^*|$$

그리고, 각 양의 정수 m 에 대하여 이와 같이 정의된 정수론적 함수 $\varphi : \mathbb{N} \longrightarrow \mathbb{R}$ 를 **오일러의 φ 함수**(Euler's φ-function)라고 한다.

정리 2.6.3 素數 p 와 양의 정수 k 에 대하여 다음이 성립한다.

$$\varphi(p^k) = p^k - p^{k-1} = p^{k-1}(p-1), \quad \varphi(2^k) = 2^{k-1}$$

$$\mathbb{Z}_p{}^* = \{1, 2, \cdots, p-1\}, \quad \varphi(p) = p-1$$

보기 2.6.2 다음이 성립한다.

$$\mathbb{Z}_1{}^* = \{0\}, \ \varphi(1) = 1, \quad \mathbb{Z}_2{}^* = \{1\}, \ \varphi(2) = 1,$$

$$\mathbb{Z}_4{}^* = \{1, 3\}, \ \varphi(4) = 2, \quad \mathbb{Z}_6{}^* = \{1, 5\}, \ \varphi(6) = 2$$

$$\mathbb{Z}_9{}^* = \{1, 2, 4, 5, 7, 8\}, \ \varphi(9) = \varphi(3^2) = 3^2 - 3 = 6$$

다음 정리에서 두 정수 a, b 의 최대공약수를 $\gcd\{a, b\}$ 로 나타내고, 또 a 를 양의 정수 m 으로 나누었을 때의 나머지를 $\langle a \rangle_m$ 으로 나타내자. 즉,

$$a \equiv \langle a \rangle_m \pmod{m}, \quad \langle a \rangle_m \in \mathbb{Z}_m = \{0, 1, \cdots, m-1\}$$

예를 들어, 오른쪽 표는 집합 $\mathbb{Z}_{15}$ 에 속하는 정수 a 에 대하여 $\langle a\rangle_3$, $\langle a\rangle_5$ 가 속해 있는 행과 열이 만나는 곳에 a 를 써 넣은 표이다. 이 때,

$\mathbb{Z}_3$ \ $\mathbb{Z}_5$	0	**1**	2	3	4
0	0	6	12	3	9
1	10	1	7	13	4
2	5	**11**	2	8	14

$$f : \mathbb{Z}_{15} \longrightarrow \mathbb{Z}_3 \times \mathbb{Z}_5, \quad f(a) = (\langle a\rangle_3, \langle a\rangle_5)$$

는 일대일 대응이다. 중국인의 나머지 정리를 이용하여 일반적으로 다음 정리가 성립함을 증명할 수 있다.

정리 2.6.4 두 양의 정수 m, n 에 대하여 $(m, n) = 1$ 일 때, 사상

$$f : \mathbb{Z}_{mn} \longrightarrow \mathbb{Z}_m \times \mathbb{Z}_n, \quad f(a) = (\langle a\rangle_m, \langle a\rangle_n)$$

는 일대일 대응이고 또 다음이 성립한다.

$$\varphi(mn) = |\mathbb{Z}_{mn}^*| = |\mathbb{Z}_m^*||\mathbb{Z}_n^*| = \varphi(m)\,\varphi(n)$$

정리 2.6.5 정수 $m\ (\geq 2)$ 의 표준분해가 $m = p_1^{e_1} \cdots p_r^{e_r}$ 일 때 다음이 성립한다.

$$\varphi(m) = \varphi(p_1^{e_1}) \cdots \varphi(p_r^{e_r}) = (p_1^{e_1} - p_1^{e_1 - 1}) \cdots (p_r^{e_r} - p_r^{e_r - 1})$$

보기 2.6.3 정수 $2160 = 2^4 \cdot 3^3 \cdot 5$ 에 대하여 $\varphi(2160)$ 은 다음과 같다.

$$\begin{aligned}\varphi(2160) &= \varphi(2^4\, 3^3\, 5) = \varphi(2^4)\,\varphi(3^3)\,\varphi(5) \\ &= 2^3 \cdot (3^3 - 3^2) \cdot 4 = 8 \cdot 18 \cdot 4 = 576\end{aligned}$$

보기 2.6.4 서로 다른 두 素數 p, q 에 대하여 $m = pq$ 일 때,

$$\varphi(m) = \varphi(p)\,\varphi(q) = (p-1)(q-1) = pq - (p+q) + 1$$

이므로 $p + q = m - \varphi(m) + 1$, $pq = m$ 이고 따라서 p, q 는 이차방정식

$$x^2 - (m - \varphi(m) + 1)x + m = 0$$

의 두 근이다. 그러므로 m 의 값과 $\varphi(m)$ 의 값을 알면, 위의 이차방정식을 풀어 p 와 q 의 값을 구할 수 있다.

다음 정리는 Fermat 의 정리를 확장한 정리이다.

정리 2.6.6 (Euler 의 정리) 정수 $m\ (\geq 2)$ 과 $(a,\ m) = 1$ 인 정수 a 에 대하여 $a^{\varphi(m)} \equiv 1 \pmod{m}$ 이다.

특히, 素數 p 와 $(a,\ p) = 1$ 인 정수 a 에 대하여 $a^{p-1} \equiv 1 \pmod{p}$ 이다.

정의 2.6.7 정수 $m\ (\geq 2)$ 과 $(a,\ m) = 1$ 인 정수 a 에 대하여

$$a^r \equiv 1 \pmod{m}$$

인 가장 작은 양의 정수 r 를 법 m 에 관한 a 의 **位數**(order)라 하고, 또 r 를 $\mathrm{ord}_m a$ 로 나타낸다.

보기 2.6.5 법 7 에 관하여

$$2^2 \equiv 4 \pmod{7}, \qquad 2^3 \equiv 1 \pmod{7}$$

이므로 $\mathrm{ord}_7 2 = 3$ 이고, 또 $\varphi(7) = 6$ 이므로 $3 \mid \varphi(7)$ 이다.

그리고, $\mathrm{ord}_7 9 = \mathrm{ord}_7 2 = 3$, $\mathrm{ord}_7 (-5) = \mathrm{ord}_7 2 = 3$ 이다.

정리 2.6.8 정수 $m\ (\geq 2)$ 과 $(a,\ m) = 1$ 인 정수 a 에 대하여 $\mathrm{ord}_m a = r$ 일 때, 양의 정수 $i,\ j\ (i \geq j)$ 에 대하여 다음이 성립한다.

(1) $a^i \equiv 1 \pmod{m} \iff r \mid i$

(2) $r \mid \varphi(m)$

(3) $a^i \equiv a^j \pmod{m}$

$\iff r \mid (i-j)$

$\iff i \equiv j \pmod{r}$

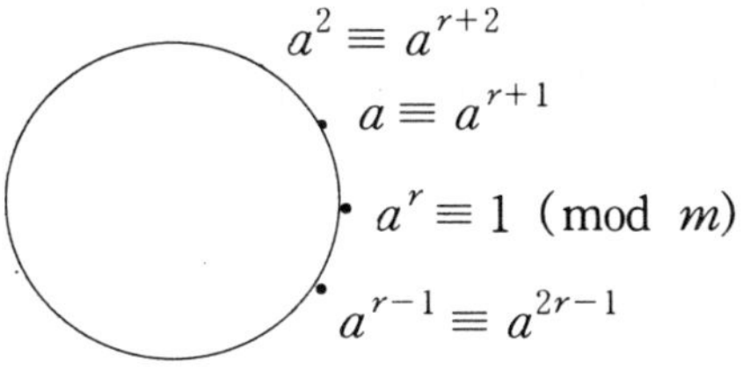

(4) 집합 $\{a^0,\ a^1,\ \cdots,\ a^{r-1}\}$ 에 속하는 정수는 법 m 에 관하여 어느 둘도 합동이 아니고 이들 정수는 모두 m 과 서로 소이다.

(5) 양의 정수 k 에 대하여 $\mathrm{ord}_m a^k = \dfrac{r}{(k,\ r)}$ 이다.

특히, $(k,\ r) = 1$ 일 때 그리고 이때에만 $\mathrm{ord}_m a^k = r$ 이다.

증명 (1) 먼저 $r \mid i$ 일 때, $i = rq$ 이라고 놓으면 다음이 성립한다.

$$a^i \equiv a^{rq} \equiv (a^r)^q \equiv 1^q \equiv 1 \pmod{m}$$

역으로, $a^i \equiv 1 \pmod{m}$ 일 때, $i = rq + t,\ 0 \leq t < r$ 라고 놓으면,

$$1 \equiv a^i \equiv a^{rq}a^t \equiv (a^r)^q a^t \equiv a^t \pmod{m}$$

이므로 r 의 最小性에 의하여 $t = 0$ 이고 따라서 $r \mid i$ 이다.

(2) Euler 의 정리 에 의하여 $a^{\varphi(m)} \equiv 1 \pmod{m}$ 이므로, 위의 (1) 에 의하여 $r \mid \varphi(m)$ 이다.

(3) $(a, m) = 1$ 이므로 정리 2.4.6 과 (1) 에 의하여 다음이 성립한다.

$$\begin{aligned} a^i \equiv a^j \pmod{m} &\Longleftrightarrow a^{i-j} \equiv 1 \pmod{m} \\ &\Longleftrightarrow r \mid (i-j) \\ &\Longleftrightarrow i \equiv j \pmod{r} \end{aligned}$$

(4) 앞의 (3) 에 의하여 $a^0, a^1, \cdots, a^{r-1}$ 은 법 m 에 관하여 어느 둘도 합동이 아니고 $a^r \equiv 1 \equiv a^0 \pmod{m}$ 이다. 또, $(a, m) = 1$ 이므로 모든 양의 정수 i 에 대하여 $(a^i, m) = 1$ 이므로 (4) 가 성립한다(따름정리 2.1.19).

(5) 먼저 $d = (k, r)$ 이라 하고 $k = dk',\ r = dr'$ 이라고 하자. 이 때, $kr' = k'dr' = k'r$ 이므로 다음이 성립한다.

$$(a^k)^{r'} \equiv (a^r)^{k'} \equiv 1^{k'} \equiv 1 \pmod{m}$$

다음에 양의 정수 s 에 대하여 $(a^k)^s \equiv 1 \pmod{m}$ 이라고 가정하면, $a^{ks} \equiv 1 \pmod{m}$ 이므로 위의 (3) 에 의하여 $r \mid ks$ 이고 따라서

$$dr' \mid dk's \qquad \text{즉} \qquad r' \mid k's$$

이고, 또 $(k', r') = 1$ 이므로 $r' \mid s$ 이다(정리 2.1.20).

위의 두 결과에 의하여 $\text{ord}_m\, a^k = r' = \dfrac{r}{(k,\ r)}$ 이다.

보기 2.6.6 다음 계산에 의하여 $\text{ord}_7\, 3 = 6 = \varphi(7)$ 임을 알 수 있다.

$$3^1 \equiv 3 \pmod{7},\quad 3^2 \equiv 2 \pmod{7},\quad 3^3 \equiv 6 \pmod{7},$$
$$3^4 \equiv 4 \pmod{7},\quad 3^5 \equiv 5 \pmod{7},\quad 3^6 \equiv 1 \pmod{7}$$

그러므로 $\mathbb{Z}_7{}^* = \{1, 2, 3, 4, 5, 6\}$ 에 속하는 정수의 법 7 에 관한 위수는 오른쪽 표와 같다(정리 2.6.8 참조).

a	1	2	3	4	5	6
$\text{ord}_7\, a$	1	3	6	3	6	2

정의 2.6.9 정수 $m\ (\geq 2)$ 에 대하여 $(g,\ m) = 1$ 이고 $\text{ord}_m g = \varphi(m)$ 인 정수 g 가 존재하는 경우에, 즉

$$g^{\varphi(m)} \equiv 1 \pmod{m}, \qquad g^i \not\equiv 1 \pmod{m} \quad (1 \leq i < \varphi(m))$$

인 정수 g 가 존재하는 경우에 g 를 법 m 에 관한 **원시근**(primitive root) 이라고 한다.

보기 2.6.7 집합 $\mathbb{Z}_7{}^* = \{1, 2, 3, 4, 5, 6\}$ 에 속하는 정수의 법 7 에 관한 위수는 오른쪽 표와 같고 $\varphi(7) = 6$ 이다(보기 2.6.6).

그리고, $\mathbb{Z}_7{}^*$ 에 속하는 정수 중에서 법 7 에 관한 원시근은 3 과 5 뿐이다.

a	1	2	3	4	5	6
$\text{ord}_7\, a$	1	3	6	3	6	2

정수 p 가 素數일 때, $\mathbb{Z}_p{}^*$ 안에는 법 p 에 관한 원시근이 $\varphi(p-1)$ 개 존재한다. 그리고, 정수 $m\ (\geq 2)$ 이

$$2,\ 4,\ p^k,\ 2p^k \qquad (p \text{ 는 홀수인 素數, } k \geq 1)$$

과 같은 꼴일 때 그리고 이때에만 법 m 에 관한 원시근이 존재한다.

정의 2.6.10 법 m 에 관한 원시근 g 가 존재할 때, $(a,\ m) = 1$ 인 정수 a 에 대하여

$$a \equiv g^i \pmod{m}, \qquad 0 \leq i \leq \varphi(m) - 1$$

인 정수 i 가 단 하나 존재한다(정리 2.6.8 의 (3) 참조).

이러한 정수 i 를 법 m 에 관한 (g 를 밑수로 가지는) a 의 **이산로그**(discrete logarithm) 또는 **指數**(index) 라 하고 이것을 $\text{ind}_g\, a$ 로 나타낸다. 즉,

$$i = \text{ind}_g\, a \iff a \equiv g^i \pmod{m}, \ \ 0 \leq i \leq \varphi(m) - 1$$

보기 2.6.8 법 7 에 관하여 3 은 원시근이다.

실제로, $\varphi(7) = 6$ 이고 또

$$3^1 \equiv 3 \pmod{7},\ 3^2 \equiv 2 \pmod{7},\ 3^3 \equiv 6 \pmod{7},$$
$$3^4 \equiv 4 \pmod{7},\ 3^5 \equiv 5 \pmod{7},\ 3^6 \equiv 1 \equiv 3^0 \pmod{7}$$

이므로 3 은 법 7 에 관한 원시근이다.

그리고, 3 을 밑으로 가지는 법 7 에 관한 이산로그표는 오른쪽 표와 같다.

a	1	2	3	4	5	6
$\text{ind}_3\, a$	0	2	1	4	5	3

다음 정리가 성립함을 쉽게 증명할 수 있다.

정리 2.6.11 법 $m\ (\geq 3)$ 에 관한 원시근 g가 존재할 때, $(a, m) = 1$, $(b, m) = 1$ 인 정수 a, b 와 양의 정수 n 에 대하여 다음이 성립한다.

(1) $\text{ind}_g\, 1 = 0, \quad \text{ind}_g\, g = 1$

(2) $a \equiv b \pmod{m} \Longleftrightarrow \text{ind}_g\, a = \text{ind}_g\, b$

(3) $\text{ind}_g\, ab \equiv \text{ind}_g\, a + \text{ind}_g\, b \pmod{\varphi(m)}$

(4) $\text{ind}_g\, a^n \equiv n\, \text{ind}_g\, a \pmod{\varphi(m)}$

보기 2.6.9 다음 표는 법 17 에 관한 3 을 밑으로 가지는 이산로그표이다.

a	1	2	3	4	5	6	7	8	9	10	11	12	13	14	15	16
$\text{ind}_3\, a$	0	14	1	12	5	15	11	10	2	3	7	13	4	9	6	8

위의 이산로그표로부터 다음이 성립함을 알 수 있다.

(1) $\text{ind}_3\, 31 \equiv \text{ind}_3\, 14 \equiv 9$

(2) $\text{ind}_3\, 6^{20} \equiv 20\, \text{ind}_3\, 6 \equiv 20 \cdot 15 \equiv 300 \equiv 12 \pmod{16}$

한편, $\text{ind}_3 4 = 12$ 이므로 $6^{20} \equiv 4 \pmod{17}$ 이다.

연습문제 (2.6)

1. Fermat 의 정리를 이용하여 홀수인 素數 p에 대하여 다음이 성립함을 증명하여라.

   (1) $1^p + 2^p + \cdots + (p-1)^p \equiv 0 \pmod{p}$

   (2) $1^{p-1} + 2^{p-1} + \cdots + (p-1)^{p-1} \equiv -1 \pmod{p}$

2. 정수 3^{10000} 을 5 로 나누었을 때의 나머지와 7 로 나누었을 때의 나머지를 구하여라. 그리고, 이 결과와 중국인의 나머지 정리를 이용하여 3^{10000} 을 35 로 나누었을 때의 나머지를 구하여라.

3. 정수 7^{1001} 를 계산했을 때의 끝 자리의 수를 구하여라.

   그리고, 정수 3^{100} 을 35 로 나누었을 때의 나머지를 구하여라.

4. 법 31 에 관한 2 의 위수를 구하고, 또

$$2^{32} \equiv b \pmod{31}, \quad 0 \le b < 31$$

   인 정수 b를 구하여라. 그리고, $\mathrm{ord}_{31} 2^{31}$ 과 $\mathrm{ord}_{31} 2^{35}$ 을 구하여라.

5. 한 정수 a에 대하여 a^4+1 의 홀수인 소인수 p가 존재하면, $\mathrm{ord}_p a = 8$ 이고 또 $p \equiv 1 \pmod{8}$ 임을 증명하여라.

   그리고, 이 사실을 이용하여 $8k+1$ 의 꼴인 素數는 무한히 많이 존재함을 증명하여라.

6. 부정방정식 $3^x = 2^y - 1$ 의 양의 정수해는 $x = 1$, $y = 2$ 뿐임을 밝혀라.

§2.7 실수의 소수 표현

양의 실수 x 는 $x = [x] + \{\{x\}\}$ 로 나타내어진다(정의 2.1.4). 그리고, 정수 $b\ (\geq 2)$ 에 대하여 $b^m \leq [x] < b^{m+1}$ 일 때, 정수 $[x]$ 는 다음과 같이 b 진법으로 나타낼 수 있다(정리 2.3.1 참조)

$$[x] = r_m r_{m-1} \cdots r_1 r_{0\ (b)} = r_m b^m + r_{m-1} b^{m-1} + \cdots r_1 b + r_0$$

$$1 \leq r_m < b, \qquad 0 \leq r_i < b \quad (0 \leq i \leq m-1)$$

이 절에서는, 양의 실수 x 를 b 진법으로 나타내는 방법에 대하여 논한다.

정리 2.7.1 정수 $b\ (\geq 2)$ 와 양의 실수 x 에 대하여 $x = [x] + \{\{x\}\}$, $0 < \{\{x\}\} < 1$ 일 때, $[x] = r_m \cdots r_1 r_{0\ (b)}$ 이라 하고

$$\begin{aligned} \xi_1 &= \{\{x\}\}, & s_1 &= [b\,\xi_1], \\ \xi_2 &= b\xi_1 - s_1, & s_2 &= [b\,\xi_2], \\ &\vdots & & \\ \xi_{i+1} &= b\xi_i - s_i, & s_{i+1} &= [b\,\xi_{i+1}] \quad (i \geq 1) \end{aligned}$$

이라고 하면 다음이 성립한다.

$$\{\{x\}\} = \sum_{i=1}^{\infty} \frac{s_i}{b^i} = \frac{s_1}{b} + \frac{s_2}{b^2} + \cdots + \frac{s_n}{b^n} + \cdots \qquad (0 \leq s_i < b)$$

$$x = r_m b^m + \cdots + r_1 b + r_0 + \frac{s_1}{b} + \frac{s_2}{b^2} + + \cdots + \frac{s_n}{b^n} + \cdots$$

증명 먼저 $0 < \xi_1 < 1$ 이므로 $0 < b\xi_1 < b$, $0 \leq s_1 = [b\xi_1] < b$ 이다.

그리고, $i \geq 1$ 일 때, $\xi_{i+1} = b\,\xi_i - s_i$, $s_i = [b\,\xi_i]$ 이므로 $0 \leq \xi_{i+1} < 1$, $0 \leq b\xi_{i+1} < b$, $0 \leq s_{i+1} < b$ 이고 따라서

$$\xi_i = \frac{s_i}{b} + \frac{\xi_{i+1}}{b}, \quad 0 \leq s_i < b, \quad 0 \leq \xi_{i+1} < 1$$

이므로 임의의 양의 정수 n 에 대하여 다음이 성립한다.

$$\xi_1 = \frac{s_1}{b} + \frac{s_2}{b^2} + \cdots + \frac{s_n}{b^n} + \frac{\xi_{n+1}}{b^n}$$

그런데,

$$\frac{s_1}{b} + \frac{s_2}{b^2} + \cdots + \frac{s_n}{b^n} < 1 + \frac{1}{b} + \frac{1}{b^2} + \cdots + \frac{1}{b^{n-1}},$$

$$1 + \frac{1}{b} + \frac{1}{b^2} + \cdots + \frac{1}{b^{n-1}} + \cdots = \frac{b}{b-1}$$

이므로, 비교판정법에 의하여 $\sum_{i=1}^{\infty} \frac{s_i}{b^i}$ 는 수렴하고 따라서 다음이 성립한다.

$$\{\{x\}\} = \xi_1 = \sum_{i=1}^{\infty} \frac{s_i}{b^i} = \frac{s_1}{b} + \frac{s_2}{b^2} + \cdots + \frac{s_n}{b^n} + \cdots,$$

$$x = [x] + \{\{x\}\} = r_m b^m + \cdots + r_1 b + r_0 + \frac{s_1}{b} + \frac{s_2}{b^2} + \cdots + \frac{s_n}{b^n} + \cdots$$

위의 두 등식을 각각 $\{\{x\}\}$, x의 b진법에 관한 **전개식**이라 하고

$$\{\{x\}\} = 0.s_1 s_2 \cdots s_n \cdots_{(b)},$$

$$x = r_m \cdots r_1 r_{0\,(b)} + 0.s_1 s_2 \cdots s_n \cdots_{(b)}$$

$$= r_m \cdots r_1 r_0 . s_1 s_2 \cdots s_n \cdots_{(b)}$$

로 나타내며 b를 **밑수**라고 한다. 또, 위의 등식에서 적당한 양의 정수 n에 대하여 $s_{n+1} = s_{n+2} = s_{n+3} = \cdots = 0$ 인 경우에 $\{\{x\}\}$, x를 각각

$$\{\{x\}\} = 0.s_1 s_2 \cdots s_{n\,(b)}, \qquad x = r_m \cdots r_1 r_0 . s_1 s_2 \cdots s_{n\,(b)}$$

로 나타낸다. 즉,

$$0.s_1 s_2 \cdots s_{n\,(b)} = \frac{s_1}{b} + \frac{s_2}{b^2} + \cdots + \frac{s_n}{b^n},$$

$$r_m \cdots r_1 r_0 . s_1 s_2 \cdots s_{n\,(b)} = r_m \cdots r_1 r_{0\,(b)} + 0.s_1 s_2 \cdots s_n \cdots_{(b)}$$

$$= r_m b^m + \cdots + r_1 b + r_0 + \frac{s_1}{b} + \frac{s_2}{b^2} + \cdots + \frac{s_n}{b^n}$$

밑수가 10 인 경우에는 흔히 밑수를 생략한다.

보기 2.7.1 유리수 $\frac{1}{8}$ 에 대하여 다음이 성립한다.

$$\xi_1 = \frac{1}{8}, \qquad s_1 = \left[10 \cdot \frac{1}{8}\right] = 1,$$
$$\xi_2 = 10 \cdot \frac{1}{8} - 1 = \frac{2}{8}, \quad s_2 = \left[10 \cdot \frac{2}{8}\right] = 2,$$
$$\xi_3 = 10 \cdot \frac{2}{8} - 2 = \frac{4}{8}, \quad s_3 = \left[10 \cdot \frac{4}{8}\right] = 5,$$
$$\xi_4 = 10 \cdot \frac{4}{8} - 5 = 0, \quad s_4 = [10 \cdot 0] = 0$$

$$\begin{array}{r} 0.\ 1\ 2\ 5 \\ 8\ )\ 1\cdot 10 \\ 8 \\ \hline 2\cdot 10 \\ 16 \\ \hline 4\cdot 10 \\ 40 \\ \hline 0 \end{array}$$

따라서 $\frac{1}{8} = 0.1250000\cdots = 0.125$ 이다.

보기 2.7.2 유리수 $\frac{1}{6}$ 에 대하여 다음이 성립한다.

$$\xi_1 = \frac{1}{6}, \qquad s_1 = \left[8 \cdot \frac{1}{6}\right] = 1,$$
$$\xi_2 = 8 \cdot \frac{1}{6} - 1 = \frac{2}{6}, \quad s_2 = \left[8 \cdot \frac{2}{6}\right] = 2,$$
$$\xi_3 = 8 \cdot \frac{2}{6} - 2 = \frac{4}{6}, \quad s_3 = \left[8 \cdot \frac{4}{6}\right] = 5,$$
$$\xi_4 = 8 \cdot \frac{4}{6} - 5 = \frac{2}{6} = \xi_2, \qquad s_4 = s_2 = 2,$$
$$\xi_5 = \xi_4 - s_4 = \xi_2 - s_2 = \xi_3, \qquad s_5 = s_3 = 5$$

$$\begin{array}{r} 0.\ 1\ 2\ 5\ 2\ 5\cdots \\ 6\ )\ 1\cdot 8 \\ 6 \\ \hline 2\cdot 8 \leftarrow \\ 12 \\ \hline 4\cdot 8 \\ 30 \\ \hline 2\cdot 8 \leftarrow \end{array}$$

따라서 $\frac{1}{6} = 0.1252525\cdots_{(8)}$ 이다.

양의 실수 x 를

$$x = r_m \cdots r_1 r_0 . s_1 s_2 \cdots s_n \cdots_{(b)}$$

와 같이 나타내는 것을 b 진법에 관하여 小數의 꼴로 나타낸다고 하자. 그리고, 양의 실수 x 가 위와 같이 나타내어질 때 x 는 b 진법에 관하여 유한(terminating) 소수의 꼴로 나타내어진다고 하고, 그렇지 않은 경우에 x 는 b 진법에 관하여 무한(nonterminating) 소수의 꼴로 나타내어진다고 하자. 본래 소수(decimal fraction)는 십진법에 대한 용어이지만, 이 용어를 이와 같이 넓은 의미로 사용하기로 한다.

그리고, 무한소수 $r_m \cdots r_1 r_0 . s_1 s_2 \cdots s_n \cdots_{(b)}$ 에서 적당한 정수 $d\ (\geq 0)$와 양의 정수 r에 대하여 소수점 아래 $d+1$ 번째 항부터 차례로 r개의 항 $s_{d+1}, s_{d+2}, \cdots, s_{d+r}$ 가 이 순서대로 되풀이되는 경우에 이것을

$$r_m \cdots r_1 r_0 . s_1 s_2 \cdots s_d \overline{s_{d+1} \cdots s_{d+r}}_{(b)}$$

로 나타내고 이것을 b 진법에 관한 순환(periodic) 소수라고 하자. 그리고, r가 이와 같은 양의 정수 중에서 가장 작은 양의 정수일 때 r를 **주기**(period)라 하고 $s_{d+1}, \cdots, s_{d+r}$ 를 **순환마디**라고 한다.

예를 들면, $\dfrac{1}{3} = 0.333\cdots = 0.\overline{3}$, $\dfrac{1}{6} = 0.1666\cdots = 0.1\overline{6}$ 이다.

정리 2.7.2 양의 실수 x가 b 진법에 관하여 유한소수 또는 순환소수의 꼴로 나타내어지면, x는 유리수이다.

증명 먼저 $x = r_m \cdots r_1 r_0 . s_1 s_2 \cdots s_{n\,(b)}$이면,

$$x = r_m b^m + \cdots + r_1 b + r_0 + \frac{s_1}{b} + \frac{s_2}{b^2} + \cdots + \frac{s_n}{b^n}$$

이므로 x는 분명히 유리수이다. 한편,

$$x = r_m \cdots r_1 r_0 . s_1 s_2 \cdots s_d \overline{s_{d+1} s_{d+2} \cdots s_{d+r}}_{(b)}, \quad d \geq 1$$

일 때,

$$\begin{aligned}
&0. s_1 s_2 \cdots s_d \overline{s_{d+1} s_{d+2} \cdots s_{d+r}}_{(b)}, \\
&= \frac{s_1}{b} + \frac{s_2}{b^2} + \cdots + \frac{s_d}{b^d} + \left(\frac{s_{d+1}}{b^{d+1}} + \cdots + \frac{s_{d+r}}{b^{d+r}} \right) \left(1 + \frac{1}{b^r} + \frac{1}{b^{2r}} + \cdots \right) \\
&= \frac{s_1}{b} + \frac{s_2}{b^2} + \cdots + \frac{s_d}{b^d} + \left(\frac{s_{d+1}}{b} + \frac{s_{d+2}}{b^2} + \cdots + \frac{s_{d+r}}{b^r} \right) \cdot \frac{b^r}{b^r - 1} \\
&= \frac{s_1 b^{d-1} + s_2 b^{d-2} + \cdots + s_d}{b^d} + \frac{s_{d+1} b^{r-1} + + \cdots + s_{d+r}}{b^d (b^r - 1)}
\end{aligned}$$

이므로 x는 유리수이다.

마찬가지로, $x = r_m \cdots r_1 r_0 . \overline{s_1 s_2 \cdots s_r}_{(b)}$ 일 때, x 는 유리수이다.

보기 2.7.3 정리 2.7.2 의 증명에 의하여 다음 결과를 얻는다.

(1) $$2.45\overline{123} = 2 + \frac{4 \cdot 10 + 5}{10^2} + \frac{1 \cdot 10^2 + 2 \cdot 10 + 3}{10^2(10^3 - 1)}$$

$$= \frac{245}{100} + \frac{123}{99900} = \frac{245 \cdot 999 + 123}{99900}$$

(2) $$0.234\overline{23}_{(5)} = \frac{2 \cdot 5^2 + 3 \cdot 5 + 4}{5^3} + \frac{2 \cdot 5 + 3}{5^3 \cdot (5^2 - 1)}$$

$$= \frac{69 \cdot 24 + 13 \cdot 125}{125 \cdot 24}$$

다음 정리가 성립함을 쉽게 확인할 수 있다.

정리 2.7.3 정수 $b\ (b \geq 2)$ 의 표준분해가 $b = p_1^{e_1} p_2^{e_2} \cdots p_k^{e_k}$ 인 경우에, 양의 유리수 u 가

$$u = \frac{a}{p_1^{t_1} p_2^{t_2} \cdots p_k^{t_k}} \qquad (a \text{ 는 양의 정수, } t_i \geq 0)$$

와 같은 꼴로 나타내어질 때 그리고 이때에만 u 는 b 진법에 관하여

$$u = r_m \cdots r_1 r_0 . s_1 s_2 \cdots s_{n\,(b)} \qquad (m \geq 0,\ n \geq 0)$$

와 같은 유한소수의 꼴로 나타내어진다.

보기 2.7.4 다음이 성립한다.

(1) $$\frac{11}{2^3} = \frac{11 \cdot 5^3}{2^3 \cdot 5^3} = \frac{1375}{1000} = 1.375$$

(2) $$\frac{11}{2^2 \cdot 5} = \frac{55}{10^2} = 0.55$$

(3) $$\frac{13}{8} = \frac{2^3 + 2^2 + 1}{2^3} = 1 + \frac{1}{2} + \frac{1}{2^3} = 1.101_{(2)}$$

(4) $$\frac{4}{9} = \frac{4}{3^2} = \frac{4 \cdot 2^2}{3^2 \cdot 2^2} = \frac{2 \cdot 6 + 4}{6^2}$$

$$= \frac{2}{6} + \frac{4}{6^2} = 0.24_{(6)}$$

오른쪽 계산에 의하여 다음 결과를 얻는다.

$$\frac{1}{7} = 0.\overline{142857}$$

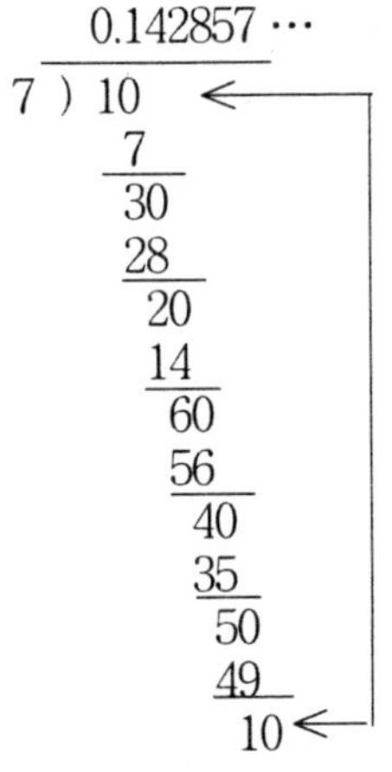

이 계산 과정에서 나머지가 다시 1 로 되돌아 오는 것은 6 회를 계산한 후이고 다음이 성립한다.

$$10 \equiv 3 \pmod 7,\quad 10^2 \equiv 2 \pmod 7,$$
$$10^3 \equiv 6 \pmod 7,\quad 10^4 \equiv 4 \pmod 7,$$
$$10^5 \equiv 5 \pmod 7,\quad 10^6 \equiv 1 \pmod 7$$
$$\mathrm{ord}_7\, 10 = 6,\quad \frac{10^6-1}{7} = 142857$$

정리 2.7.4 정수 q $(q \geq 2)$ 와 $(b, q) = 1$ 인 정수 b (≥ 2) 에 대하여 $r = \mathrm{ord}_q b$ 일 때, $(c, q) = 1$, $1 \leq c < q$ 인 정수 c 에 대하여

$$\frac{c(b^r-1)}{q} = s_1 b^{r-1} + s_2 b^{r-2} + \cdots + s_{r-1} b + s_r \quad (0 \leq s_i < b)$$

인 정수 $s_1, s_2, \cdots, s_{r-1}, s_r$ 가 존재하고 또 다음이 성립한다.

(1) $\dfrac{c}{q} = 0.\overline{s_1 s_2 \cdots s_{r-1} s_r}_{(b)}$ 이고 그 주기는 r 이다.

(2) 각 i $(0 \leq i < r)$ 에 대하여 $c_i \equiv c\, b^i \pmod q$, $1 \leq c_i < q$ 이라고 하면, $\dfrac{c_i}{q} = 0.\overline{s_{i+1} \cdots s_r s_1 \cdots s_i}_{(b)}$ 이다.

위의 정리에서 $\mathrm{ord}_q b = r$ 일 때 $r \mid \varphi(q)$ 이고(정리 2.6.8), 또

$$\frac{c}{q} \qquad\qquad ((c, q) = 1,\ 1 \leq c < q)$$

와 같은 꼴의 유리수는 $\varphi(q)$ 개 존재한다. 이러한 유리수 중에서 하나를 택하여 위의 정리를 적용할 때마다 r 개의 유리수를 b 진법에 관하여 주기 r 인 순환소수의 꼴로 나타낼 수 있다. 특히, b 가 법 q 에 관한 원시근이면, $\dfrac{1}{q}$ 은 주기가 $\varphi(q)$ 인 순환소수의 꼴로 나타내어지고 이로부터 $\varphi(q)$ 개의 유리수 $\dfrac{c}{q}$ 의 순환소수 표현을 얻는다.

따름정리 2.7.5 정수 $q\ (\geq 2)$ 와 $(b,\ q) = 1$ 인 정수 $b\ (\geq 2)$ 에 대하여 $r = \text{ord}_q b$ 이면

$$\frac{b^r - 1}{q} = s_1 b^{r-1} + s_2 b^{r-1} + \cdots + s_{r-1} b + s_r \qquad (0 \leq s_i < b)$$

인 정수 $s_1, s_2, \cdots, s_{r-1}, s_r$ 가 존재하고 또 다음이 성립한다.

(1) $\dfrac{1}{q} = 0.\overline{s_1 s_2 \cdots s_{r-1} s_r}_{(b)}$ 이고 그 주기는 r 이다.

(2) 각 $i\ (0 \leq i < r)$ 에 대하여 $c_i \equiv b^i \pmod{q}$, $1 \leq c_i < q$ 이라고 하면, $\dfrac{c_i}{q} = 0.\overline{s_{i+1} \cdots s_r s_1 \cdots s_i}_{(b)}$ 이다.

(3) 음이 아닌 정수 t 에 대하여 $b^t < q < b^{t+1}$ 일 때, $0 \leq t < r$ 이고 또 $s_1 = \cdots = s_t = 0$, $s_{t+1} \neq 0$ 이다.

상당히 큰 素數 p 에 대하여 유리수 $\dfrac{1}{p}$ 을 순환소수의 꼴로 나타내는 방법은 암호학에 이용된다.

보기 2.7.5 법 7 에 관하여

$10 \equiv 3 \pmod 7$, $10^2 \equiv 2 \pmod 7$,
$10^3 \equiv 6 \pmod 7$, $10^4 \equiv 4 \pmod 7$,
$10^5 \equiv 5 \pmod 7$, $10^6 \equiv 1 \pmod 7$

i	0	1	2	3	4	5
10^i	1	3	2	6	4	5

이므로 $\text{ord}_7 10 = 6 = \varphi(7)$ 이고 따라서 10 은 법 7 에 관한 원시근이다. 그리고,

$$\frac{10^6 - 1}{7} = 142857, \quad 10^0 < 7 < 10^1$$

이므로 $\dfrac{1}{7} = 0.\overline{142857}$ 이고 따라서 다음 결과를 얻는다.

$$\frac{1}{7} = 0.\overline{142857}, \quad \frac{3}{7} = 0.\overline{428571}, \quad \frac{2}{7} = 0.\overline{285714},$$

$$\frac{6}{7} = 0.\overline{857142}, \quad \frac{4}{7} = 0.\overline{571428}, \quad \frac{5}{7} = 0.\overline{714285}$$

보기 2.7.6 법 7 에 관하여 다음이 성립한다.

$$2 \equiv 2 \pmod 7, \quad 2^2 \equiv 4 \pmod 7, \quad 2^3 \equiv 1 \pmod 7$$

$$\frac{2^3-1}{7} = 1 = 1_{(2)}, \quad 2^2 < 7 < 2^3$$

따라서 $\text{ord}_7 2 = 3$ 이고 또 다음 결과를 얻는다.

$$\frac{1}{7} = 0.\overline{001}_{(2)}, \quad \frac{2}{7} = 0.\overline{010}_{(2)}, \quad \frac{4}{7} = 0.\overline{100}_{(2)}$$

그리고,

$$2^0 \cdot 3 \equiv 3 \pmod 7, \quad 2 \cdot 3 \equiv 6 \pmod 7,$$

$$2^2 \cdot 3 \equiv 5 \pmod 7, \quad \frac{3(2^3-1)}{7} = 3 = 11_{(2)}$$

i	0 1 2
2^i	1 2 4
$2^i \cdot 3$	3 6 5

이므로 다음 결과를 얻는다.

$$\frac{3}{7} = 0.\overline{011}_{(2)}, \quad \frac{6}{7} = 0.\overline{110}_{(2)}, \quad \frac{5}{7} = 0.\overline{101}_{(2)}$$

보기 2.7.7 정수 2 는 법 13 에 관한 원시근이고 다음이 성립한다.

i	0	1	2	3	4	5	6	7	8	9	10	11
2^i	1	2	4	8	3	6	12	11	9	5	10	7

$$\frac{2^{12}-1}{13} = 315 = 100111011_{(2)}, \quad 2^3 < 13 < 2^4$$

따라서 다음 결과를 얻는다.

$$\frac{1}{13} = 0.\overline{000100111011}_{(2)}, \quad \frac{2}{13} = 0.\overline{001001110110}_{(2)},$$

$$\frac{4}{13} = 0.\overline{010011101100}_{(2)}, \quad \frac{8}{13} = 0.\overline{100111011000}_{(2)},$$

$$\frac{3}{13} = 0.\overline{001110110001}_{(2)}, \quad \frac{6}{13} = 0.\overline{011101100010}_{(2)},$$

$$\frac{12}{13} = 0.\overline{111011000100}_{(2)}, \quad \frac{11}{13} = 0.\overline{110110001001}_{(2)},$$

$$\frac{9}{13} = 0.\overline{101100010011}_{(2)}, \quad \frac{5}{13} = 0.\overline{011000100111}_{(2)},$$

$$\frac{10}{13} = 0.\overline{110001001110}_{(2)}, \quad \frac{7}{13} = 0.\overline{100010011101}_{(2)}$$

다음 정리가 성립함을 증명할 수 있다.

정리 2.7.6 정수 $b\ (\geq 2)$ 에 대하여 양의 유리수 u는 b 진법에 관하여 유한소수 또는 순환소수의 꼴로 나타내어진다.

보기 2.7.8 다음이 성립한다.

$$\frac{13}{2^2 \cdot 5 \cdot 7} = \frac{13 \cdot 5}{10^2 \cdot 7} = \frac{9 \cdot 7 + 2}{10^2 \cdot 7} = \frac{9}{10^2} + \frac{2}{10^2 \cdot 7}$$

$$= 0.09 + \frac{1}{10^2} \cdot 0.\overline{285714} = 0.09\overline{285714}$$

보기 2.7.9 양의 실수 ξ가 다음과 같이 순환하지 않는 무한소수로 나타내어진다고 하자.

$$\xi = 1.101001000100001000000\cdots$$

이 때, ξ는 무리수이다(여기서, 0 의 개수는 차례로 1, 2, 3, $\cdots$ 이다).

이제까지 얻은 결과에 의하면, 유한소수의 꼴로 나타내어지는 유리수는 순환소수의 꼴로도 나타낼 수 있으며, 양의 실수는 다음과 같이 분류된다.

양의 유리수 : b 진법에 관하여 유한소수 또는 순환소수의 꼴로 나타내어지는 수

양의 무리수 : b 진법에 관하여 순환하지 않는 무한소수의 꼴로 나타내어지는 수

모든 양의 정수 a는 b 진법에 관하여

$$a = r_m \cdots r_1 r_{0\ (b)}$$

와 같은 꼴로 나타내어진다. 한편, $a = (a-1)+1$ 이고 $a-1$은 b 진법에 관하여 $a-1 = k_d \cdots k_1 k_{0\ (b)}$ 와 같은 꼴로 나타내어지며

$$1 = \frac{b-1}{b-1} = (b-1)\left(\frac{1}{b} + \frac{1}{b^2} + \frac{1}{b^3} + \cdots\right)$$

$$= 0.ccc\cdots_{(b)} = 0.\overline{c}_{(b)}, \quad \text{여기서} \quad c = b-1$$

이므로 a는 다음과 같이 두 가지 방법으로 순환소수의 꼴로 나타내어진다.

$$a = r_m \cdots r_1 r_0 . 000 \cdots_{(b)} = r_m \cdots r_1 r_0 . \overline{0}_{(b)}$$

$$a = k_d \cdots k_1 k_0 . ccc \cdots_{(b)} = k_d \cdots k_1 k_0 . \overline{c}_{(b)}, \qquad c = b-1$$

예를 들면, 양의 정수 1과 100은 십진법에 관하여 다음과 같이 두 가지 방법으로 순환소수의 꼴로 나타내어진다.

$$1 = 1.\overline{0}, \quad 1 = 0.\overline{9}, \qquad 100 = 100.\overline{0}, \quad 100 = 99.\overline{9}$$

마찬가지로,

$$\frac{1}{b^n} = \frac{b-1}{b^n}\left(\frac{1}{b} + \frac{1}{b^2} + \frac{1}{b^3} + \cdots\right)$$

$$= 0.0 \cdots 0\, ccc \cdots_{(b)} = 0.0 \cdots 0\, \overline{c}_{(b)}, \quad c = b-1$$

이므로 양의 유리수 u가 b진법에 관하여 유한소수의 꼴로 나타내어지는 경우에 u는 다음과 같이 두 가지 방법으로 순환소수의 꼴로 나타내어진다.

$$u = r_m \cdots r_1 r_0 . s_1 s_2 \cdots s_n \overline{0}_{(b)}$$

$$u = k_d \cdots k_1 k_0 . t_1 t_2 \cdots t_e \overline{c}_{(b)}, \qquad c = b-1$$

위의 결과에 의하여 다음 정리가 성립한다.

정리 2.7.7 양의 유리수는 모두 b진법에 관하여 순환소수의 꼴로 나타내어진다.

보기 2.7.10 다음이 성립한다.

(1) $\frac{1}{8} = 0.125 = 0.124999 \cdots = 0.124\overline{9}$

(2) $\frac{13}{8} = 1 + \frac{1}{2} + \frac{1}{2^3} = 1.101_{(2)} = 1.100\overline{1} \cdots_{(2)}$

(3) $\frac{17}{36} = \frac{2}{6} + \frac{5}{6^2} = 0.25_{(6)}$

$$= 0.24555 \cdots_{(6)} = 0.24\overline{5}_{(6)}$$

(4) $8 = 2^3 = 1000_{(2)}, \quad 8 = 7 + 1 = (2^2 + 2 + 1) + 1 = 111.\overline{1}_{(2)}$

유리수는 유한 연분수의 꼴로 나타낼 수 있고 무리수는 무한 연분수의 꼴로 나타낼 수 있다. 예를 들면, 다음이 성립한다.

$$\frac{710}{68} = 10 + \cfrac{1}{\cfrac{68}{30}} = 10 + \cfrac{1}{2 + \cfrac{1}{\cfrac{30}{8}}}$$

$$= 10 + \cfrac{1}{2 + \cfrac{1}{3 + \cfrac{1}{\cfrac{8}{6}}}}$$

$$= 10 + \cfrac{1}{2 + \cfrac{1}{3 + \cfrac{1}{1 + \cfrac{1}{3}}}} = 10 + \cfrac{1}{2 + \cfrac{1}{3 + \cfrac{1}{1 + \cfrac{1}{2 + \cfrac{1}{1}}}}}$$

10	710	68	2
	680	60	
3	30	8	1
	24	6	
3	6	2	
	6		
	0		

연분수에 관한 이론과 무한 연분수를 이용한 유리 근사값에 대해서는 [2]의 제 7 장을 참조하기 바란다.

연습문제 (2.7)

1. 다음 유리수를 십진법과 이진법으로 나타내어라.

(1) $\frac{3}{11}$ (2) $\frac{8}{25}$

2. 다음과 같은 소수로 나타내어진 유리수를 분수의 꼴로 나타내어라.

(1) $0.\overline{12}_{(10)}$ (2) $0.12\overline{123}_{(10)}$

3. 다음 유리수를 십진법에 관하여 소수의 꼴로 나타내어라.

(1) $\frac{125}{2^2 \cdot 3^3}$ (2) $\frac{9}{2 \cdot 5^2 \cdot 7}$

4. 유리수 $\frac{1}{13}, \frac{2}{13}, \frac{3}{13}, \cdots, \frac{12}{13}$ 를 십진법에 관하여 순환소수의 꼴로 나타내어라.

§2.8 암호체계

전자계산기를 이용한 통신에 대한 요구와 수요가 확대됨에 따라 군사 분야와 외교 분야에서만 이용되어 오던 암호 통신 技法은 오늘날에 와서는 통신망을 통한 정보 전송과 수록에 이용될 뿐만 아니라 공격자에 의한 도청 또는 노출을 방지하기 위하여 상업용 통신이나 개인 사이의 통신 또는 전자계산기 보안(security) 분야에 널리 이용되고 있는 추세이다.

비밀 유지를 요하는 통신문(message)을 **平文**(plaintext)이라 하고, 평문을 일정한 기호로 고쳐 놓은 것을 **暗號文**(ciphertext)이라고 한다. 送信者는 적당한 **열쇠**(key)를 이용하여 평문을 암호문으로 변환시켜 전송하고, 受信者는 이 열쇠 또는 다른 열쇠를 이용하여 암호문을 본래의 평문으로 복원한다.

암호문의 비밀 유지에 유의하면서 공격자가 암호문을 평문으로 복원하는 일이 대단히 어렵거나 또는 거의 불가능하도록 암호화하는 방법을 **암호 技法**(cryptography)이라고 한다. 그리고, 공격자가 열쇠에 대한 지식 없이 평문이나 열쇠를 알아내거나 또는 한정된 자료만을 이용하여 암호문으로부터 평문과 열쇠를 탐지하는 것을 **암호 解讀**(cryptanalysis)이라고 한다.

暗號學(cryptology)은 암호 기법과 암호 해독 모두를 연구하는 학문이다. 암호는 외교 및 군사 또는 행정 등에서 기밀을 요하는 문서와 자료를 통신하는 데 이용될 뿐만 아니라 문서 인증(authentication), 디지털 서명, 전자자금 전송, 증권 정보, 개인 식별 번호, 개인 인사 카드 및 개인 기밀 정보의 악용 방지 등에 이용된다.

암호체계는 평문을 암호화하는 방법에 따라 **비밀 열쇠 암호體系**(secret-key cryptosystem)와 **공개 열쇠 암호체계**(public-key cryptosystem) 등 두 종류로 나눈다([4] 참조).

비밀 열쇠 암호체계에서 사용되는 암호문은 평문을 암호화하는 방법에 따라 **블록 암호**(block cipher)와 **스트림 암호**(stream cipher)로 세분한다.

블록 암호는 평문을 일정한 길이의 블록으로 분할하고 각 블록마다 동일한 열쇠를 이용하여 암호화한다.

한편, 스트림 암호는 흔히 선형 Shift Register 를 써서 생성해낸 무한수열 $s_0, s_1, s_2, \cdots, s_t, \cdots$ 와 평문을 나타내는 유한수열 $a_0, a_1, \cdots, a_k$ 를 항별로 더한 $s_0+a_0, s_1+a_1, \cdots, s_k+a_k$ 로 암호화한다(§7.4 참조).

한편, 공개 열쇠 암호체계에서 각 사용자는 평문을 암호문으로 변환시키는 데 쓰이는 열쇠는 공개하고 암호문을 평문으로 복호하는 데 쓰이는 열쇠는 공개하지 않으며, 암호화하는 열쇠와 복호화하는 열쇠가 서로 다르다.
고전적인 비밀 열쇠 암호체계의 단점을 해결하기 위하여 1976 년에 Diffie 와 Hellman 또 독립적으로 Merkle이 공개 열쇠 암호체계를 창안하였다.

공개 열쇠 암호체계 중에서 가장 널리 사용되는 체계는 RSA 암호 체계와 ElGamal 암호체계이다. 이 중에서 RSA 암호체계는 R.L. River, A. Shamir 와 L.M. Adleman 이 1978 년에 고안한 것이다.

정리 2.8.1 서로 다른 두 홀수인 素數 p, q에 대하여 $m = pq$라 하고

$$(e, \varphi(m)) = 1, \quad 1 \le e < \varphi(m)$$

인 정수 e 에 대하여 d 를

$$ed \equiv 1 \pmod{\varphi(m)}, \quad 1 \le d < \varphi(m)$$

인 정수라고 할 때, 임의의 정수 a에 대하여 $b \equiv a^e \pmod{m}$이라고 하면 $a \equiv b^d \pmod{m}$ 이다.

증명 정리 2.5.5 에 의하여 조건을 만족시키는 정수 d가 존재하고, 이때

$$(*) \qquad ed - 1 > 0, \quad \varphi(m) \mid (ed-1)$$

$$\varphi(m) = \varphi(p)\varphi(q) = (p-1)(q-1)$$

이므로 다음이 성립한다.

$$(**) \qquad (p-1) \mid (ed-1), \quad (q-1) \mid (ed-1)$$

이제 임의의 정수 a에 대하여 $b \equiv a^e \pmod{m}$ 이라고 하자.

이 때, $m = pq$ 이므로 최대공약수 (a, m)은 $1, p, q, m$ 중에서 어느 하나와 같고 따라서 다음과 같은 네 가지 경우를 생각한다.

(1) $(a, m) = 1$ 인 경우

이 경우에, Euler 의 정리에 의하여 $a^{\varphi(m)} \equiv 1 \pmod{m}$ 이고 또 (*) 에 의하여 $ed = \varphi(m)k + 1$ 인 양의 정수 k 가 존재하므로 다음이 성립한다.

$$b^d \equiv a^{ed} \equiv a^{\varphi(m)k+1} \equiv (a^{\varphi(m)})^k a \equiv 1^k a \equiv a \pmod{m}$$

(2) $(a, m) = p$ 인 경우

이 경우에, $p|a$ 즉 $a \equiv 0 \pmod{p}$ 이므로 다음이 성립한다.

$$b^d \equiv a^{ed} \equiv 0^{ed} \equiv 0 \equiv a \pmod{p}$$

그리고, 이 경우에 $(a, q) = 1$ 이고 따라서 Fermat 의 정리(정리 2.6.1) 에 의하여 $a^{q-1} \equiv 1 \pmod{q}$ 이며 (∗∗) 에 의하여 $ed = (q-1)s + 1$ 인 양의 정수 s 가 존재하고 이때 다음이 성립한다.

$$b^d \equiv a^{ed} \equiv a^{(q-1)s+1} \equiv (a^{q-1})^s a \equiv 1\,a \equiv a \pmod{q}$$

위의 두 결과에 의하여 $b^d \equiv a^{ed} \equiv a \pmod{m}$ 이다.

(3) $(a, m) = q$ 인 경우

위의 (2) 의 경우와 마찬가지로 $b^d \equiv a^{ed} \equiv a \pmod{m}$ 이다.

(4) $(a, m) = m$ 인 경우

이 경우에 $a \equiv 0 \pmod{m}$ 이므로 다음이 성립한다.

$$b^d \equiv a^{ed} \equiv 0^{ed} \equiv 0 \equiv a \pmod{m}$$

위의 결과에 의하여 정리가 성립한다.

보기 2.8.1 두 素數 $p = 11$, $q = 17$ 에 대하여 $m = pq = 187$ 이라고 하면 $\varphi(m) = (p-1)(q-1) = 10 \cdot 16 = 160$ 이다.

또, $e = 7$ 일 때, $(e, \varphi(m)) = 1$ 이고 유클리드의 알고리즘을 이용하여

$$ed \equiv 1 \pmod{\varphi(m)}, \quad 1 < d < \varphi(m)$$

인 정수 d 를 구하면 $d = 23$ 이다. 이제 $a = 3$ 일 때, $b \equiv a^e \pmod{m}$ 이라고 하면 다음이 성립한다.

$$b \equiv 3^7 \equiv 130 \pmod{187}, \qquad b^d \equiv 130^{23} \equiv 3 \equiv a \pmod{187}$$

앞의 정리에서 m 의 값과 $\varphi(m)$ 의 값을 알면, p 와 q 의 값을 구할 수 있다(보기 2.6.4 참조).

RSA 암호체계는 정리 2.8.1 에 근거를 두고 있으며, 그 안전성은 m 을 두 素數 p, q 의 곱으로 인수분해하는 일이 어렵다는 사실에 근거를 두고 있다. 최근에는 타원곡선을 이용하여 RSA 암호체계를 이용한다(§12.3 참조).

[RSA 암호체계 프로토콜(protocol)]

(1) 수신자 A 는 상당히 큰 서로 다른 두 素數 p_A, q_A 를 적당히 택하여 $m_A = p_A q_A$ 를 계산하고 m_A 는 공개하지만 p_A, q_A 는 공개하지 않는다.

(2) A 는 $\varphi(m_A)$ 의 값을 구하고,

$$(e_A, \varphi(m_A)) = 1, \qquad 1 < e_A < \varphi(m_A)$$

인 정수 e_A 를 택하고 $e_A d_A \equiv 1 \pmod{\varphi(m)}$, $1 < d_A < \varphi(m)$ 인 정수 d_A 를 구하여 e_A 의 값은 공개하고 d_A 의 값은 공개하지 않는다.

결국, A 의 공개 열쇠는 (m_A, e_A) 이고 비밀 열쇠는 (p_A, q_A, d_A) 이다.

(3) 송신자 U 는 송신하려는 평문을 다음 표에 따라 $0 \le a < m_A$ 인 정수 a 로 나타낸다(앞 부분에 0 이 들어 있는 것을 허용하여).

문자	A	B	C	D	E	F	G	H	I	J	K	L	M
숫자	00	01	02	03	04	05	06	07	08	09	10	11	12
문자	N	O	P	Q	R	S	T	U	V	W	X	Y	Z
숫자	13	14	15	16	17	18	19	20	21	22	23	24	25

여기서 공개된 m 이 n 자리의 수인 경우에 정수 a 를 $a_1 a_2 \cdots a_k$ 와 같이 처음부터 차례로 길이가 $n-1$ 인 블럭으로 나누고, 필요하다면 평문에 적당한 문자를 첨가한다.

(4) 사용자 S 는 공개된 e 를 이용하여 각 a_i 에 대하여

$$b_i \equiv a_i^{\,e} \pmod{m}, \quad 0 \le b_i < m$$

인 b_i 를 구한 다음에 $b_1, b_2, \cdots, b_k$ 를 차례대로 연이어 늘어놓아 만든 정수 b 를 U 에게 송신한다.

(5) 사용자 U 는 본인만이 알고 있는 d 를 이용하여 각 b_i 에 대하여

$$b_i^{\,d} \equiv a_i \pmod{m}, \quad 0 \le a_i < m$$

를 구한 다음에 $a_1, a_2, \cdots, a_k$ 를 차례대로 연이어 늘어 놓아 만든 정수 a 를 구한다. 이제 위의 표를 이용하여 정수 a 에 대응하는 평문을 얻는다.

零知識에 대해서는 '해설 208' 참조하고, 또 여러 가지 유형의 암호체계에 대해서는 [4] 를 참조하기 바란다.

제 3 장

세는 방법

이 장에서는, 개수를 세는 방법에 대하여 논한다.

실제로, 유한집합의 원소의 개수, 일대일 사상, 위로의 사상, 일대일대응, 비둘기 집의 원리, 순열과 조합, 중복순열과 중복조합, 이항정리, 다항정리, 특수한 순열의 개수, 양의 정수의 분할 등에 대하여 논한다.

점유 문제, 제 2 종의 Stirling 수, 제 1 종의 Stirling 수에 대해서는

박승안, 이산수학, 제 2 판, 경문사, 2008

을 참조하기 바란다.

§3.1 유한집합

이 절에서는, 유한집합에 속해 있는 원소의 개수에 대하여 논한다.

정리 3.1.1 두 유한집합 A, B 에 대하여 다음이 성립한다.

(1) $|A\cup B| = |A| + |B| - |A\cap B|$

(2) $A\cap B = \varnothing$ 이면, $|A\cup B| = |A| + |B|$ 이다.

(3) $A \supseteq B$ 이면, $|A-B| = |A| - |B|$ 이다.

(4) $A - B = A - (A\cap B)$,

$|A-B| = |A| - |A\cap B|$.

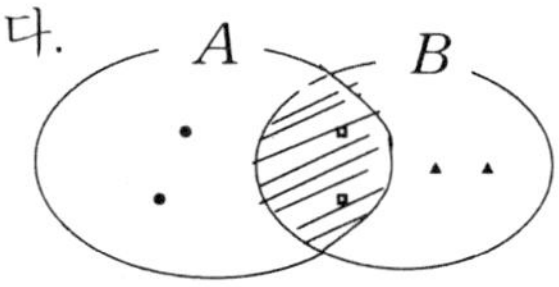

따름정리 3.1.2 유한집합 U의 부분집합 A에 대하여 다음이 성립한다.

$|U| = |A| + |A'|,\quad |A'| = |U| - |A|$

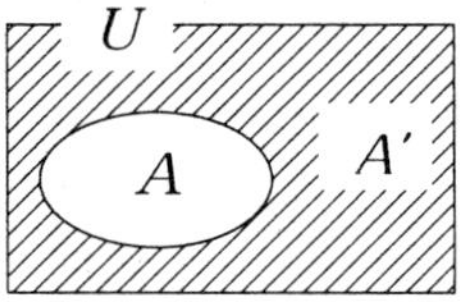

정리 3.1.3 세 유한집합 A, B, C에 대하여 다음이 성립한다.

$$|A\cup B\cup C| = |A| + |B| + |C| - (|A\cap B| + |A\cap C| + |B\cap C|) + |A\cap B\cap C|$$

증명 정리 3.1.1 에 의하여 다음 등식이 성립한다.

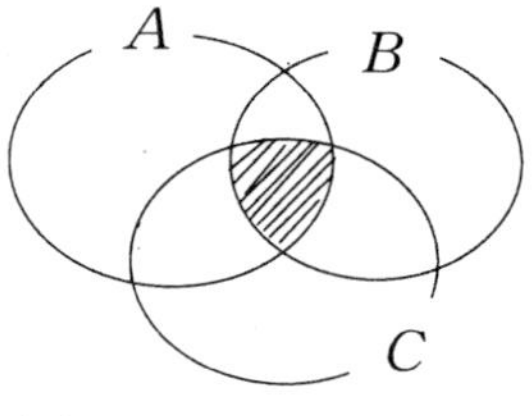

$$\begin{aligned} &|A\cup B\cup C| = |(A\cup B)\cup C| \\ &= |A\cup B| + |C| - |(A\cup B)\cap C| \\ &= |A\cup B| + |C| - |(A\cap C)\cup(B\cap C)| \\ &= |A| + |B| - |A\cap B| + |C| \\ &\quad - |A\cap C| - |B\cap C| + |(A\cap C)\cap(B\cap C)| \\ &= |A| + |B| + |C| - |A\cap B| - |A\cap C| - |B\cap C| \\ &\quad + |A\cap B\cap C| \end{aligned}$$

위의 정리의 일반적인 결과는 정리 3.3.1 에서 논하기로 한다.

한 실험이나 관찰에서 일어나는 여러 가지 사건에 대하여 각각 유한집합 $A_1, A_2, \cdots, A_n$이 대응한다. 이들 집합이 쌍마다 서로 소이면, 어느 두 사건도 동시에 일어나지는 않는다. 이러한 경우에 이들 사건은 서로 배반적 (mutually exclusive)이라 하고, 이들 사건을 배반사건이라고 한다.

정리 3.1.4 (합의 원리) 여러 사건이 서로 배반적일 때, 이들 사건이 일어날 가짓수가 $m_1, m_2, \cdots, m_n$이면 이들 사건 중에서 적어도 한 사건이 일어날 가짓수는 $m_1 + m_2 + \cdots + m_n$이다.

정리 3.1.5 유한집합 $A, B\ (\neq \varnothing)$에 대하여 곱집합 $A \times B$는 유한집합이고 또 $|A \times B| = |A||B|$이다.

그리고, 유한집합 $A_1, \cdots, A_n\ (\neq \varnothing)$에 대하여 곱집합 $A_1 \times \cdots \times A_n$은 유한집합이고 $|A_1 \times \cdots \times A_n| = |A_1| \cdots |A_n|$이다.

여러 사건에 대하여 각각 유한집합 $A_1, A_2, \cdots, A_n$이 대응할 때, 이들 사건 중에서 어느 한 사건이 일어남과 일어나지 않음이 다른 사건의 일어남과 일어나지 않음에 영향을 미치지 아니할 때, 이들 여러 사건은 서로 독립적 (independent)이라 하고 또 이들 사건을 독립사건이라고 한다.

정리 3.1.6 (곱의 원리) 여러 사건이 서로 독립적일 때, 한 사건이 일어날 가짓수가 m_1이고 이들 각각에 대하여 다른 한 사건이 일어날 가짓수가 m_2이고, 이들 각각에 대하여 마지막 사건이 일어날 가짓수가 m_n이면, 이들 n개의 사건이 연이어 일어날 가짓수는 $m_1 m_2 \cdots m_n$이다.

보기 3.1.1 양의 정수 1000부터 9999사의의 정수 중에서 짝수이면서 각 자리의 수가 서로 다른 정수의 개수를 구해 보자.

(1) 끝자리의 수가 0인 경우

이 경우에 첫째 자리의 수를 a_1이라고 하면 a_1은 $1, 2, \cdots, 9$중의 어느 하나이고, 둘째 자리의 수를 a_2라고 하면 a_2는 $1, 2, \cdots, 9$ 중에서 a_1을 제외한 8개의 수 중의 어느 하나이며, 셋째 자리의 수는 $1, 2, \cdots, 9$ 중에서 a_1, a_2

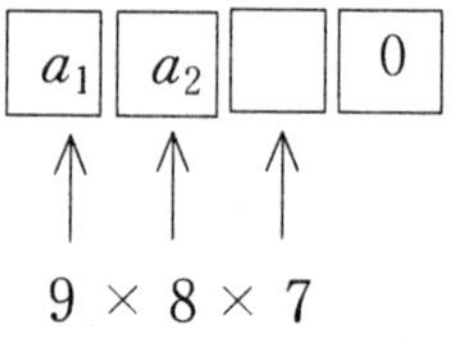

를 제외한 7 개의 수 중의 어느 하나이다.

그러므로 이러한 짝수의 개수는 다음과 같다.

$$9 \times 8 \times 7 = 504$$

(2) 끝자리의 수가 0 이 아닌 경우

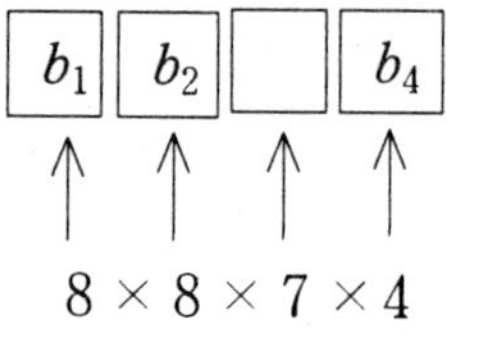

이 경우에 끝자리의 수를 b_4 라고 하면, b_4 는 4 개의 정수 2, 4, 6, 8 중의 어느 하나이다. 또,, (1) 의 경우와 마찬가지로, 끝자리의 수가 2, 4, 6, 8 인 짝수의 개수는 다음과 같다.

$$8 \times 8 \times 7 \times 4 = 1792$$

그러므로 구하는 개수는 $9 \times 8 \times 7 + 8 \times 8 \times 7 \times 4 = 2296$ 이다.

정리 3.1.7 두 유한집합

$$A = \{a_1, a_2, \cdots, a_n\}, \quad |A| = n$$
$$B = \{b_1, b_2, \cdots, b_m\}, \quad |B| = m$$

에 대하여 다음이 성립한다.

(1) A 에서 B 로의 사상 전체의 개수는 $|B|^{|A|}$ 즉 m^n 이다.

(2) 일대일 사상 $f : A \longrightarrow B$ 가 존재하면, $|A| \leq |B|$ 즉 $n \leq m$ 이다.

(3) $|A| = |B|$ 일 때 그리고 이때에만 일대일 대응 $f : A \longrightarrow B$ 가 존재한다.

증명 (1) 사상 $f : A \longrightarrow B$ 는 $f(a_1), f(a_2), \cdots, f(a_n)$ 의 값에 의하여 완전히 결정된다. 한편, $f(a_1), f(a_2), \cdots, f(a_n)$ 은 각각 B 의 m 개의 원소 $b_1, b_2, \cdots, b_m$ 중의 하나이고 또 같은 원소가 중복되어도 좋다.

따라서 A 에서 B 로의 사상 전체의 개수는 m^n 이다.

(2) 일대일 사상 $f : A \longrightarrow B$ 가 존재하면, $f(a_1), f(a_2), \cdots, f(a_n)$ 은 모두 서로 다르고 또

$$\{f(a_1), f(a_2), \cdots, f(a_n)\} \subseteq B$$

이므로 분명히 $|A| = n < |B|$ 즉 $n < m$ 이다.

(3) 먼저 $|A| = |B|$ 일 때, 사상 $f : A \longrightarrow B$ 를

$$f(a_i) = b_i \qquad (1 \le i \le n)$$

으로 정의하면, $f(a_1), f(a_2), \cdots, f(a_n)$ 은 모두 서로 다르고

$$\{f(a_1), f(a_2), \cdots, f(a_n)\} = \{b_1, b_2, \cdots, b_n\} = B$$

이므로 f 는 일대일 대응이다.

그리고, 일대일 대응 $f : A \longrightarrow B$ 가 존재하면, B 의 n 개의 원소 $f(a_1), f(a_2), \cdots, f(a_n)$ 은 모두 다르고 $\{f(a_1), f(a_2), \cdots, f(a_n)\} = B$ 이므로 $|A| = n = |B|$ 즉 $n = m$ 이다.

앞의 정리에 의하여 다음 정리가 성립한다. 이 정리에서 집합 A, B 를 각각 비둘기, 비둘기 집으로 이루어진 집합이라고 생각하고 또 $f : A \longrightarrow B$ 를 각 비둘기를 비둘기 집으로 보내는 사상이라고 생각하면 이해하기 쉽다.

정리 3.1.8 (비둘기 집 원리, pigeonhole principle) 두 유한집합 A, B 에 대하여 $|A| > |B|$ 이면, 임의의 사상 $f : A \longrightarrow B$ 에 대하여 f 는 일대일 사상이 아니고 따라서

$$f(a) = f(a'), \qquad a \neq a'$$

인 원소 $a, a' \in A$ 가 존재한다.

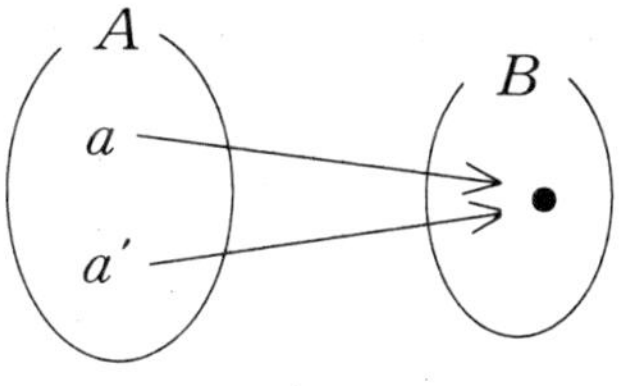

정리 3.1.9 두 유한집합 A, B 에 대하여 $|A| = |B| = n$ 일 때, 다음 세 조건은 서로 동치이다.

(1) $f : A \longrightarrow B$ 는 일대일 대응이다.

(2) $f : A \longrightarrow B$ 는 일대일 사상이다.

(3) $f : A \longrightarrow B$ 는 위로의 대응이다.

보기 3.1.2 양의 정수 $a_1, a_2, a_3, \cdots, a_{10}$ 에서 한 개 이상의 연이은 정수를 택하여 만든 합

$$a_j + a_{j+1} + \cdots + a_k \qquad (1 \le j \le k \le 10)$$

중에는 10 의 배수인 것이 적어도 하나 존재함을 밝혀 보자.

양의 정수 a_1 부터 시작하여 연이은 정수로 만든 10 개의 합

$$s_1 = a_1,\ \ s_2 = a_1 + a_2,\ \ \cdots,\ \ s_{10} = a_1 + a_2 + \cdots + a_{10}$$

을 생각할 때, 이들 정수는 모두 서로 다르므로 $S = \{s_1, s_2, \cdots, s_{10}\}$ 이라고 하면 $|S| = 10$ 이다. 그리고, $s_1, s_2, \cdots, s_{10}$ 을 10 으로 나누었을 때의 나머지를 각각 $r_1, r_2, \cdots, r_{10}$ 이라고 하면, $r_1, r_2, \cdots, r_{10}$ 은 $0, 1, 2, \cdots, 9$ 중의 어느 하나와 같다.

적당한 k $(1 \le k \le 10)$ 에 대하여 $r_k = 0$ 이면, $s_k \equiv r_k \equiv 0 \pmod{10}$ 이므로 $a_1 + a_2 + \cdots + a_k$ 는 10 의 배수이다.

다음에 $r_i \neq 0$ $(1 \le i \le 10)$ 이라고 하자. 이 때, $B = \{1, 2, 3, \cdots, 9\}$ 이라고 하면, 다음과 같이 사상 $f : S \longrightarrow B$ 가 정의된다.

$$f(s_i) = r_i \qquad\qquad (1 \le i \le 10)$$

한편, $|S| = 10 > 9 = |B|$ 이므로 정리 3.1.8 에 의하여 f 는 일대일 사상이 아니므로 서로 다른 두 원소 $s_j, s_k \in S$ 에 대하여 $f(s_j) = f(s_k)$ 즉 $r_j = r_k$ 이다. 그리고, 이때 $s_j \equiv r_j \pmod{10}$, $s_k \equiv r_k \pmod{10}$ 이므로 $s_j \equiv r_j \equiv r_k \equiv s_k \pmod{10}$ 이고 따라서 $s_k - s_j$ 는 10 의 배수이다. 그런데,

$$\begin{aligned} s_k - s_j &= (a_1 + a_2 + \cdots + a_k) - (a_1 + a_2 + \cdots + a_j) \\ &= a_{j+1} + a_{j+2} + \cdots + a_k \end{aligned}$$

이므로 $a_{j+1} + a_{j+2} + \cdots + a_k$ 는 10 의 배수이다.

보기 3.1.3 양의 정수 $a_1, a_2, a_3, \cdots, a_{77}$ 에 대하여

$$a_1 + a_2 + \cdots + a_{77} \le 132$$

일 때, 이들 77 개의 정수에서 한 개 이상의 연이은 정수를 택하여 만든 합

$$a_j + a_{j+1} + \cdots + a_k \qquad\qquad (1 \le j \le k \le 77)$$

중에는 21 인 것이 존재함을 밝히기 위하여 a_1 부터 시작하여 다음과 같이 연이은 정수로 만든 77 개의 합의 생각해 보자.

$$b_1 = a_1,\ \ b_2 = a_1 + a_2,\ \cdots,\ \ b_{77} = a_1 + a_2 + \cdots + a_{77}$$

먼저 적당한 k 에 대하여 $b_k = 21$ 이면 $a_1 + a_2 + \cdots + a_k = 21$ 이다.

다음에 $b_k \neq 21$ $(1 \leq k \leq 77)$ 이라고 하자. 이 때, 154 개의 정수

$$b_1,\ b_2,\ \cdots,\ b_{77},$$

$$c_1 = b_1 + 21,\ c_2 = b_2 + 21,\ \cdots,\ c_{77} = b_{77} + 21$$

중에서 가장 큰 정수는 c_{77} 이고 또

$$c_{77} = b_{77} + 21 \leq 132 + 21 = 153 < 154$$

이므로 정리 3.1.8 에 의하여 이들 정수 중에는 서로 같은 것이 적어도 한 벌 존재한다. 한편,

$$b_i < b_j, \qquad c_i < c_j \qquad\qquad (1 \leq i < j \leq 77)$$

이므로 적당한 두 정수 j, k $(1 \leq j < k \leq 77)$ 에 대하여 $b_k = b_j + 21$ 이고 이때 $b_k - b_j = 21$ 이므로 $a_{j+1} + a_{j+2} + \cdots + a_k = b_k - b_j = 21$ 이다.

보기 3.1.4 양의 정수 n 에 대하여 정수 $1, 2, 3, \cdots, 2n-1, 2n$ 중에서 서로 다른 $n+1$ 개의 정수를 택하여 만든 집합을

$$A = \{a_1,\ a_2,\ \cdots,\ a_n,\ a_{n+1}\}$$

이라고 할 때, A 에는 a b 인 두 정수 a, b 가 존재한다(정의 2.1.2).

실제로, 각 양의 정수 $a_i \in A$ 는

$$a_i = 2^{k_i} q_i \qquad (k_i \geq 0,\ \ q_i \text{ 는 홀수})$$

와 같은 꼴로 나타낼 수 있고, 이때 각 정수 i $(1 \leq i \leq n+1)$ 에 대하여 $1 \leq a_i \leq 2n$ 이므로 $1 \leq q_i \leq 2n-1$ 이다. 따라서

$$B = \{q_1, q_2, \cdots, q_{n+1}\}, \qquad C = \{1, 3, 5, \cdots, 2n-1\}$$

이라고 하면 $B \subseteq C$, $|C| = n$ 이므로 $|B| \leq n$ 이다.

따라서 $1 \leq s \neq t \leq n+1$ 인 두 정수 s, t 에 대하여 $q_s = q_t$ 이고 이때

$$a_s = 2^{k_s} q_s, \qquad a_t = 2^{k_t} q_t = 2^{k_t} q_s$$

이므로 $a_s | a_t$ 또는 $a_t | a_s$ 이다.

예를 들면, $A = \{3, 4, 5, 6, 7\}$ 인 경우에 $3, 6 \in A$ 이고 $3 | 6$ 이다.

연습문제 (3.1)

1. 네 유한집합 A, B, C, D 에 대하여

$$D = A \cap B = A \cap C = B \cap C = A \cap B \cap C$$

일 때, $|A \cup B \cup C| = |A| + |B| + |C| - 2|D|$ 임을 밝혀라.

2. 유한집합 U의 부분집합 A, B, C에 대하여 다음이 성립함을 밝혀라

$$|(A \oplus B) \cap C| = |A \cap C| + |B \cap C| - 2|A \cap B \cap C|$$

3. 정수 1 에서 300 까지의 정수 중에서 다음과 같은 정수 전체의 개수를 구하여라.

(1) 3, 5, 7 중의 적어도 한 정수의 배수인 정수
(2) 3 의 배수인 동시에 5 의 배수이지만 7 의 배수는 아닌 정수
(3) 5 의 배수이지만 3 의 배수도 아니고 7 의 배수도 아닌 정수
(4) 105 와 서로 소인 정수

4. 양의 정수 $a_1, a_2, \cdots, a_{21}$ 에 대하여

$$a_1 + a_2 + a_3 + \cdots + a_{21} \leq 41$$

일 때, 이들 21 개의 정수 $a_1, a_2, \cdots, a_{21}$ 에서 한 개 이상의 연이은 정수를 택하여 만든 합

$$a_j + a_{j+1} + \cdots + a_k \qquad (1 \leq j \leq k \leq 21)$$

중에는 21 인 것이 존재함을 증명하여라.

§3.2 순열과 조합

양의 정수 n에 대하여

$$n! = 1 \cdot 2 \cdot \cdots (n-1) \cdot n$$

을 n의 **계승**(factorial)이라 하고, 또 $0! = 1$로 정한다.

정의 3.2.1 서로 다른 n개의 원소 $a_1, a_2, \cdots, a_n$ 중에서 서로 다른 r개 $(1 \leq r \leq n)$의 원소를 택하여

$$a_{i_1},\ a_{i_2},\ \cdots,\ a_{i_r}$$

와 같이 일렬로 늘어놓은 것을 **순열**(permutation) 또는 ***r*-순열**이라 하고,

특히, 서로 다른 n개의 원소 $a_1, a_2, \cdots, a_n$ 중에서 n개의 원소를 택하여 일렬로 늘어놓은 순열 $a_{i_1}, a_{i_2}, \cdots, a_{i_n}$을 $a_1, a_2, \cdots, a_n$의 순열이라고 한다. 또, 서로 다른 n개의 원소 중에서 서로 다른 r개의 원소를 택하여 일렬로 늘어놓은 순열 전체의 개수를 ${}_n\mathrm{P}_r$ 또는 $P(n, r)$로 나타낸다.

정리 3.2.2 서로 다른 n개의 원소 중에서 서로 다른 r $(1 \leq r \leq n)$개의 원소를 일렬로 택하여 늘어놓은 순열의 개수는 다음과 같다.

$$\begin{aligned} {}_n\mathrm{P}_r &= n \cdot (n-1) \cdot \cdots \cdot (n-r+1) \\ &= \frac{n!}{(n-r)!} \end{aligned}$$

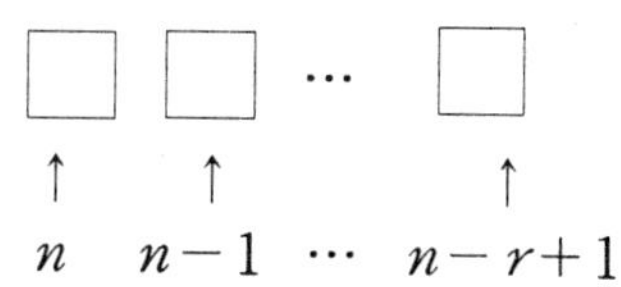

특히, ${}_n\mathrm{P}_1 = n$, ${}_n\mathrm{P}_n = n!$이다.

보기 3.2.1 어른 6명과 어린이 3명을 한 줄로 세우되 어느 두 어린이도 서로 이웃하지 않도록 세우는 방법의 가짓수를 구해 보자.

이와 같이 세우려면, 먼저 어른 6명을 한 줄로 세운 다음에 이때 생기는 7개의 자리 중에서 3자리를 택하여 어린이 3명을 한 줄로 세우면 된다.

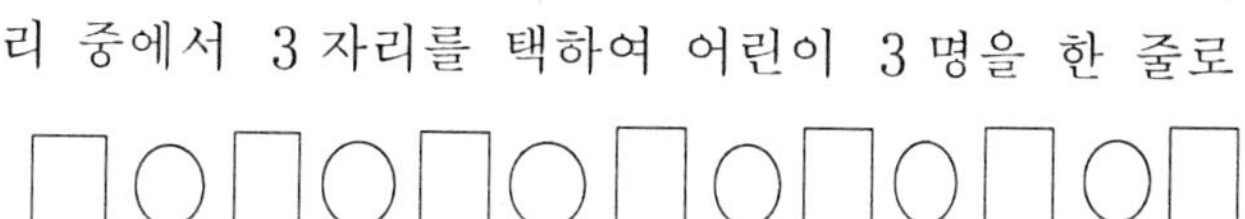

그런데 어른 6 명을 한 줄로 세우는 방법의 가짓수는 ${}_6P_6$ 이고, 또 7 개의 자리 중에서 3 자리를 택하여 3 명를 세우는 방법의 가짓수는 ${}_7P_3$ 이다.

따라서 구하는 가짓수는 다음과 같다.

$${}_6P_6 \times {}_7P_3 = 6! \times 7 \cdot 6 \cdot 5 = 151200$$

정리 3.2.3 유한집합 $A = \{a_1, \cdots, a_n\}$, $|A| = n$ 에 대하여 A 에서 A 자신 위로의 일대일 대응 전체의 개수는 $n!$ 이다.

증명 사상 $f : A \longrightarrow A$ 에 다음 두 조건은 서로 동치이다.

(1) f 는 일대일 대응이다.

(2) $f(a_1), \cdots, f(a_n)$ 은 서로 다른 n 개의 원소 $a_1, \cdots, a_n$ 을 일렬로 늘어놓은 순열이다.

그러므로 A 에서 A 위로의 일대일 대응 전체의 개수는 서로 다른 n 개의 원소 $a_1, a_2, \cdots, a_n$ 의 순열 전체의 개수 $n!$ 과 같다.

보기 3.2.2 집합 $X_3 = \{1, 2, 3\}$ 에서 X_3 로의 일대일 대응은 다음과 같이 정의된 6 개의 사상 $f_i : X_3 \longrightarrow X_3$ 뿐이다.

$f_1(1) = 1,\ f_1(2) = 2,\ f_1(3) = 3;$	1, 2, 3
$f_2(1) = 1,\ f_2(2) = 3,\ f_2(3) = 2;$	1, 3, 2
$f_3(1) = 2,\ f_3(2) = 1,\ f_3(3) = 3;$	2, 1, 3
$f_4(1) = 2,\ f_4(2) = 3,\ f_4(3) = 1;$	2, 3, 1
$f_5(1) = 3,\ f_5(1) = 2,\ f_5(2) = 1;$	3, 1, 2
$f_6(1) = 3,\ f_6(2) = 2,\ f_6(3) = 1$	3, 2, 1

정의 3.2.4 서로 다른 n 개의 원소 $a_1, a_2, \cdots, a_n$ 중에서 서로 다른 원소를 택하여 만든 부분집합을 **조합**(combination)이라고 한다.

그리고, 서로 다른 n 개의 원소 중에서 서로 다른 r 개의 원소를 택하여 만든 조합 전체의 개수를 $\binom{n}{r}$ 또는 ${}_nC_r$ 또는 $C(n, r)$ 로 나타낸다.

정리 3.2.5 서로 다른 n개의 원소 중에서 서로 다른 r $(1 \le r \le n)$개의 원소를 택하여 만든 조합 전체의 개수는 다음과 같다.

$$\binom{n}{r} = {}_nC_r = \frac{{}_nP_r}{r!} = \frac{n!}{r!\,(n-r)!}$$

특히, $\binom{n}{1} = n$, $\binom{n}{n} = 1$이다.

양의 정수 n에 대하여 ${}_nP_0 = 1$, $\binom{n}{0} = {}_nC_0 = 1$로 정하면, 각 정수 r $(0 \le r \le n)$에 대하여 $\binom{n}{r} = \dfrac{n!}{r!\,(n-r)!}$이고 다음이 성립한다.

보기 3.2.3 카드 52장에서 네 장씩 같은 숫자 1, 2, …, 13이 써 있을 때, 이 중에서 7장을 택하되 숫자 8이 써 있는 카드가 꼭 한 장 들어 있도록 택하는 방법의 가짓수를 구해보자.

숫자 8이 써 있는 네 장의 카드 중에서 한 장을 택하는 방법은 4가지가 있고, 또 카드 52 중에서 네 장을 제외한 48장의 카드에서 6장을 택하는 방법은 $\binom{48}{6}$가지가 있으므로, 구하는 방법의 가짓수는 다음과 같다.

$$4 \cdot \binom{48}{6} = 4 \cdot \frac{48!}{6!\,(48-6)!} = 4 \cdot \frac{48!}{6!\,42!} = 49086048$$

정리 3.2.6 정수 n (≥ 3)에 대하여 다음이 성립한다.

(1) $1 \le i < j < k \le n$인 정수 i, j, k로 이루어진 순서 3조 (i, j, k) 전체의 개수는 $\binom{n}{3}$이다.

(2) $1 \le i \le j \le k \le n$인 정수 i, j, k로 이루어진 순서 3조 (i, j, k) 전체의 개수는 $\binom{n+2}{3}$이다.

증명 (1) 구하는 개수는 n개의 숫자 $1, 2, \cdots, n$ 중에서 서로 다른 3개의 숫자를 택하여 만든 조합의 개수와 일치하므로, 구하는 개수는 $\binom{n}{3}$이다.

(2) 숫자 $1, 2, \cdots, n$과 문자 S, L이 써 있는 $n+2$개의 공 중에서 서로

다른 3 개의 공을 꺼내는 방법의 개수는 $\binom{n+2}{3}$ 이다.

이 때, 꺼낸 3 개의 공에 써 있는 것이 $i < j < k$인 숫자 i, j, k일 때에는 이에 대하여 $1 \leq i < j < k \leq n$인 i, j, k를 대응시키자.

그리고, 3 개의 공에 써 있는 것이 $i < k$인 두 숫자 i, k와 S일 때에는 $j = i$이라 놓고 이에 대하여 $1 \leq i = j < k \leq n$인 정수 i, j, k를 대응시키자.

$$i,\ k\ (i < k),\ S \;\longrightarrow\; (i,\ j,\ k) \quad 1 \leq i = j < k \leq n$$

한편, 꺼낸 3 개의 공에 써 있는 것이 $i < k$인 두 숫자 i, k와 L인 경우에는 $k = j$이라 놓고 이에 대하여 $1 \leq i < j = k \leq n$인 정수 i, j, k를 대응시키자.

$$i,\ k\ (i < k),\ L \;\longrightarrow\; (i,\ j,\ k) \quad 1 \leq i < j = k \leq n$$

또, 꺼낸 3 개의 공에 써 있는 것이 숫자 i와 S, L일 때에는 $j = k = i$라 놓고 이에 대하여 $i = j = k$인 정수 i, j, k를 대응시키자.

이와 같이 대응시키면, 정리에서 말하는 i, j, k가 모두 대응되므로, 이러한 i, j, k 로 이루어진 순서 3조 (i, j, k) 전체의 개수는 $\binom{n+2}{3}$ 이다.

보기 3.2.4 양의 정수 $n = 4$에 대하여 $1 \leq i \leq j \leq k \leq 4$인 정수 i, j, k를 택하여 만든 순서 3조 (i, j, k)는 다음과 같이 20 개가 있다.

(1, 2, 3), (1, 2, 4), (1, 3, 4), (2, 3, 4),
(1, 1, 2), (1, 1, 3), (1, 1, 4), (2, 2, 3), (2, 2, 4), (3, 3, 4),
(1, 2, 2), (1, 3, 3), (1, 4, 4), (2, 3, 3), (2, 4, 4), (3, 4, 4),
(1, 1, 1), (2, 2, 2), (3, 3, 3), (4, 4, 4)

여기서, $\binom{4+2}{3} = \binom{6}{3} = \dfrac{6 \cdot 5 \cdot 4}{3 \cdot 2 \cdot 1} = 20$ 이다.

정리 3.2.7 양의 정수 n과 정수 $r\ (0 \leq r \leq n)$에 대하여 다음이 성립한다.

(1) $\binom{n}{r} = \binom{n}{n-r}$　　(2) $\binom{n+1}{r} = \binom{n}{r-1} + \binom{n}{r}$

정리 3.2.8 (이항 정리, Binomial Theorem) 체 F 의 임의의 두 원소 a, b 와 양의 정수 n에 대하여 다음 등식이 성립한다.

$$(a+b)^n = \sum_{r=0}^{n} \binom{n}{r} a^r b^{n-r} = \sum_{r=0}^{n} \binom{n}{r} a^{n-r} b^r$$

여기서, $\binom{n}{r} = \dfrac{n!}{r!\,(n-r)!}$ 를 **이항계수**(binomial coefficient)라고 한다. 정리 3.2.6 을 이용하면 이항계수의 값을 오른쪽 표에서와 같이 순차적으로 구할 수 있다. 이러한 표를 **Pascal 의 삼각형**이라고 한다(정리 3.2.7 의 (2) 참조).

1 1

1 2 1

1 3 3 1

1 (4) (6) 4 1

1 5 **10** 10 5 1

1 6 15 20 15 6 1

보기 3.2.5 이항정리에 의하여 다음 등식이 성립한다.

$$(1+x)^n = \sum_{r=0}^{n} \binom{n}{r} x^r = \binom{n}{0} + \binom{n}{1} x + \cdots + + \binom{n}{n} x^n$$

위의 등식에 의하여 다음 등식을 얻는다.

(1) $\displaystyle\sum_{r=0}^{n} \binom{n}{r} = \binom{n}{0} + \binom{n}{1} + \cdots + \binom{n}{n-1} + \binom{n}{n} = 2^n$

(2) $\displaystyle\sum_{r=0}^{n} (-1)^r \binom{n}{r} = \binom{n}{0} - \binom{n}{1} + \cdots + + (-1)^n \binom{n}{n} = 0$

(3) $\displaystyle\sum_{r=0}^{n} 2^r \binom{n}{r} = \binom{n}{0} + 2\binom{n}{1} + \cdots + 2^{r-1}\binom{n}{n-1} + 2^r\binom{n}{n} = 3^n$

정리 3.2.9 (Vandemonde 의 정리) 양의 정수 n, m 과 $0 \le r \le n$, $0 \le r \le m$ 인 정수 r에 대하여 다음 등식이 성립한다.

$$\binom{m+n}{r} = \sum_{i=0}^{r} \binom{m}{i}\binom{n}{r-i}$$

증명 먼저 m개의 빨간 공과 n개의 파란 공 중에서 r개의 공을 택하여 만든 조합의 개수는 $\binom{m+n}{r}$ 이다.

이와 같이 택한 조합 중에 빨간 공이 i개 들어있다면, $0 \le i \le r$이고 또

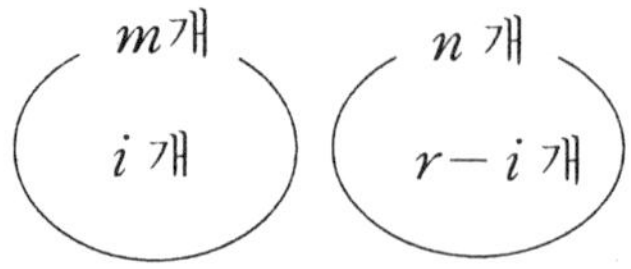

이 조합에는 파란 공이 $r-i$개 있다.

그런데, 각 i $(0 \le i \le r)$에 대하여 m개의 빨간 공 중에서 i개를 택하여 만든 조합의 개수는 $\binom{m}{i}$이고 n개의 파란 공 중에서 $r-i$개를 택하여 만든 조합의 개수는 $\binom{n}{r-i}$이다. 따라서 각 i $(0 \le i \le r)$에 대하여 $m+n$개의 공 중에서 r개의 공을 택하여 만든 조합 가운데 i개의 빨간 공이 들어 있는 조합의 개수는 $\binom{m}{r}\binom{n}{r-i}$ 이다.

그러므로 $\binom{m+n}{r} = \sum_{i=0}^{r} \binom{m}{i}\binom{n}{r-i}$이다.

정의 3.2.10 서로 다른 n개의 원소 중에서 중복을 허락하여 원소를 택하여 일렬로 늘어놓은 것을 **중복순열**(permutation with repetition)이라고 한다.

한편, 서로 다른 n개의 원소 중에서 중복을 허락하여 원소를 택하여 모아 놓은 것을 **중복조합**(combination with repetition)이라고 한다

그리고, 서로 다른 n개의 원소 중에서 중복을 허락하여 r개의 원소를 택하여 만든 중복순열 개수를 ${}_n\Pi_r$ 로 나타낸다.

또, 서로 다른 n개의 원소 중에서 중복을 허락하여 r개의 원소를 택하여 만든 중복조합 전체의 개수를 ${}_n\mathrm{H}_r$ 로 나타낸다.

여기서, H 는 Homogeneous product(동차곱)의 머리 글자이다.

정리 3.2.11 서로 다른 n개의 원소 중에서 중복을 허락하여 r개의 원소를 택하여 일렬로 늘어놓은 중복순열의 개수는 ${}_n\Pi_r = n^r$ 이다.

서로 다른 다섯 문자 a_1, a_2, a_3, a_4, a_5 중에서 중복을 허락하여 세 문자를 택하여 만든 중복조합의 개수 ${}_5\mathrm{H}_3$를 구해 보자.

다음 그림에서 연이은 5 개의 빈 네모가 차례로 a_1, a_2, a_3, a_4, a_5를 나타낼 때, 이 상자에 3 개의 동그라미를 그리되 한 네모에 들어 있는 동그라미는 모두 동일한 것으로 생각한다면 ${}_5\mathrm{H}_3$는 이 상자에 3 개의 동그라미를 그려

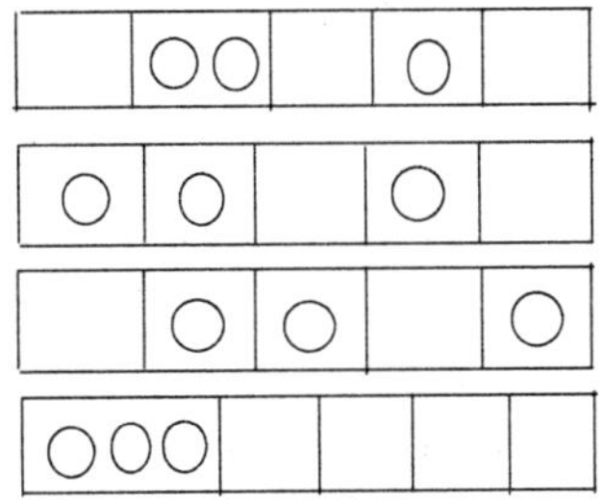

넣는 방법의 가짓수와 같다. 예를 들면, 첫째 그림은 a_1, a_2, a_3, a_4, a_5 중에서 3 개의 원소를 택하되 a_2 는 두 번 택하고 a_4 는 한 번 택한 것을 나타낸다.

한편, 네모의 내부 벽을 막대로 나타내면, 이 그림은 4 개의 막대와 3 개의 동그라미를 써서

|○○| |○|

으로 나타낼 수 있다. 여기서 막대는 a_1, a_3, a_5 를 택하지 않았음을 뜻한다.

그런데, 이 상자에는 내부 벽이 4 개 있고 동그라미는 3 개 있으며 이들 7 (= 4 + 3) 개의 막대와 동그라미의 위치에 따라 어떤 원소를 몇 번 택할 것인지가 결정된다. 따라서 이들 7 개의 막대 또는 동그라미를 모두 서로 다르다고 생각하면, 구하는 ${}_5\mathrm{H}_3$ 는 서로 다른 7 개의 원소 중에서 서로 다른 3 개의원소를 택하여 만든 조합의 개수와 같으므로 다음이 성립한다.

$${}_5\mathrm{H}_3 = \binom{7}{3} = {}_7\mathrm{C}_3 = \frac{7\cdot 6\cdot 5}{3\cdot 2\cdot 1} = 35$$

일반적으로, 다음 정리가 성립한다.

정리 3.2.12 서로 다른 n 개의 원소 a_1, a_2, $\cdots$, a_n 중에서 중복을 허락하여 r 개의 원소를 택하여 만든 중복조합의 개수 ${}_n\mathrm{H}_r$ 는 다음과 같다.

$${}_n\mathrm{H}_r = \binom{n+r-1}{r} = {}_{n+r-1}\mathrm{C}_r = \frac{(n+r-1)\,!}{r\,!\,(n-1)\,!}$$

보기 3.2.6 번호를 매긴 10 개의 상자에 모양이 같은 3 개의 구슬을 나누어 분배하는 방법을 다음 각 경우에 대하여 생각해 보자.

1	2	$\cdots$	9	10

(1) 세 구슬이 각각 빨간 구슬, 파란 구슬, 노란 구슬인 경우

(1-1) 각 상자에 1 개 이하의 구슬이 들어가는 경우

이 경우에 빨간 구슬이 들어갈 수 있는 상자는 10 개, 파란 구슬이 들어갈 수 있는 상자는 9 개, 노란 구슬이 들어갈 수 있는 상자는 8 개 있으므로

분배하는 방법의 가짓수는 다음과 같다.

$$_{10}\mathrm{P}_3 = 10 \cdot 9 \cdot 8 = 720$$

(1-2) 각 상자에 들어가는 구슬의 개수에 아무런 제한이 없는 경우

이 경우에 각 구슬이 들어갈 수 있는 상자는 10 가지씩이므로, 분배하는 방법의 가짓수는 다음과 같다.

$$_{10}\Pi_3 = 10^3$$

(2) 구슬의 색깔이 모두 같은 경우

(2-1) 각 상자에 1 개 이하의 구슬이 들어가는 경우

이 경우의 분배 방법은 10 개의 상자 중에서 3 개의 상자를 택하여 구슬을 한 개씩 넣는 방법과 같으므로, 분배 방법의 가짓수는 다음과 같다.

$$\binom{10}{3} = \frac{10 \cdot 9 \cdot 8}{3\,!} = 120$$

(2-2) 각 상자에 들어가는 구슬의 개수에 아무런 제한이 없는 경우

이 경우의 분배 방법은 10 개의 상자에서 중복을 허락하여 3 개를 택하여 구슬을 넣는 방법과 같으므로, 분배 방법의 가짓수는 다음과 같다.

$$_{10}\mathrm{H}_3 = \binom{10+3-1}{3} = \binom{12}{3} = \frac{12 \cdot 11 \cdot 10}{3 \cdot 2 \cdot 1} = 220$$

앞의 보기에서와 마찬가 방법으로 다음 정리가 성립함을 증명할 수 있다.

정리 3.2.13 각 경우에 따라 서로 구별되는 n 개의 상자에 k 개의 물건을 분배하는 방법의 가짓수는 다음과 같다.

(I) 물건이 구별되는 경우

(1) 상자 안에 1 개 이하의 물건이 들어가는 경우 $_n\mathrm{P}_k$

(2) 상자 안에 들어가는 물건의 개수에 제한이 없는 경우 n^k

(II) 물건이 구별되지 않는 경우

(1) 상자 안에 1 개 이하의 물건이 들어가는 경우 $\binom{n}{k}$

(2) 상자 안에 들어가는 물건의 개수에 제한이 없는 경우 $\binom{n+k-1}{k}$

보기 3.2.7 번호를 매긴 10 개의 상자에 구슬을 넣되 다음 두 가지 경우에 대하여 각 상자에 1 개 이하의 구슬이 들어가도록 분배하는 방법을 생각해 보자.

(1) 빨간 구슬 2 개, 파란 구슬 1 개를 넣는 경우에 구하는 분배 방법의 가짓수는 다음과 같다.

$$\binom{10}{2}\binom{8}{1} = \frac{10\,!}{2\,!\,8\,!}\;\frac{8\,!}{1\,!\,7\,!} = \frac{10\,!}{2\,!\,1\,!\,7\,!}$$

(2) 빨간 구슬 2 개, 파란 구슬 5 개, 노란 구슬 3 를 넣는 경우에 분배 방법의 가짓수는 다음과 같다.

$$\binom{10}{2}\binom{8}{5}\binom{3}{3} = \frac{10\,!}{2\,!\,8\,!}\;\frac{8\,!}{5\,!\,3\,!}\;\frac{3\,!}{3} = \frac{10\,!}{2\,!\,5\,!\,3\,!}$$

앞의 보기와 마찬가지 방법으로 다음 두 정리를 증명할 수 있다.

정리 3.2.14 원소 n 개 중에서 n_1 개의 원소는 동일한 유형 1 의 원소이고 n_2 개의 원소는 동일한 유형 2 의 원소이며, $\cdots$, n_k 개의 원소는 동일한 유형 k 의 원소이라 하고 $n = n_1 + n_2 + \cdots + n_k$ 이라고 할 때, 이들 n 개의 원소를 일렬로 늘어놓는 방법의 가짓수는 다음과 같다.

$$\frac{n\,!}{n_1\,!\cdot n_2\,!\cdot \cdots \cdot n_k\,!}$$

증명 일렬로 늘어놓은 n 개의 자리 중에서 n_1 개의 자리를 택하여 이 자리에 동일한 유형의 n_1 개의 원소를 늘어놓는 방법은 $\binom{n}{n_1}$ 가지이고 나머지 $n-n_1$ 개의 자리 중에서 n_2 개의 자리를 택하여 이 자리에 동일한 유형의 n_2 개의 원소를 늘어놓는 방법은 $\binom{n-n_1}{n_2}$ 가지이며 마지막으로 n_k 개의 자리에 동일한 유형의 n_k 개의 원소를 늘어놓는 방법은 1 가지이다.

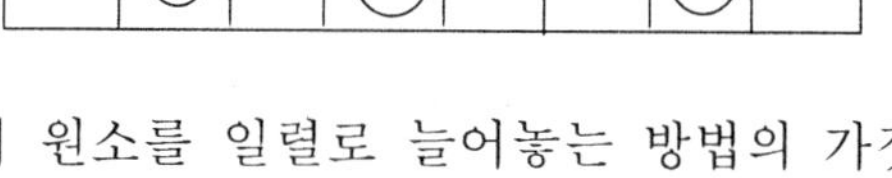

따라서 이들 n 개의 원소를 일렬로 늘어놓는 방법의 가짓수는 다음과 같다.

$$\binom{n}{n_1}\binom{n-n_1}{n_2}\cdots\binom{n-n_1-\cdots-n_{k-1}}{n_k}$$
$$=\frac{n!}{n_1!\,(n-n_1)!}\ \frac{(n-n_1)!}{n_2!\,(n-n_1-n_2)!}\cdots\frac{n_k!}{n_k!}$$
$$=\frac{n!}{n_1!\cdot n_2!\cdot\cdots\cdot n_k!}$$

위의 정리와 마찬가지 방법으로 다음 정리가 성립함을 증명할 수 있다.

정리 3.2.15 서로 다른 n 개의 원소를 서로 구별이 되는 k 개의 상자에 각각 n_1 개, n_2 개, $\cdots$, n_k 개씩 분배하는 방법의 가짓수는 다음과 같다.

$$\frac{n!}{n_1!\cdot n_2!\cdot\cdots\cdot n_k!}$$

보기 3.2.8 남자 8 명을 세 방에 각각 3 명, 3 명, 2 명씩 투숙시키는 방법은 모두 $\frac{8!}{3!\cdot 3!\cdot 2!}=560$ 가지 있다.

이항정리의 증명과 마찬가지 방법으로, 정리 3.2.15 를 이용하여 다음 정리를 증명할 수 있다.

정리 3.2.16 (다항정리, multinomial theorem) 양의 정수 n 과 서로 다른 k 개의 문자 $x_1, x_2, \cdots, x_k$ 에 대하여 다음 등식이 성립한다.

$$(x_1+x_2+\cdots+x_k)^n = \sum_{\substack{0\le n_1,\,n_2,\,\cdots,\,n_k\le n\\ n_1+n_2+\cdots+n_k=n}} \frac{n!}{n_1!\,n_2!\cdots n_k!}\,x_1^{n_1}x_2^{n_2}\cdots x_k^{n_k}$$

위의 등식에서 총합 기호 $\sum$ 는

$$0\le n_1\le n,\ 0\le n_2\le n,\ \cdots,\ 0\le n_k\le n,\quad n_1+n_2+\cdots+n_k=n$$

인 정수 $n_1, n_2, \cdots, n_k$ 전체에 대한 합을 나타낸다.

여기서, $\frac{n!}{n_1!\,n_2!\cdots n_k!}$ 를 **다항계수**(multinomial coefficient)라고 한다.

보기 3.2.9 다항정리에 의하여 다음 등식이 성립한다.

(1) $(x_1+x_2+x_3)^2 = {x_1}^2 + {x_2}^2 + {x_3}^2 + 2x_1x_2 + 2x_1x_3 + 2x_2x_3,$

(2) $(x_1+x_2+x_3)^3 = {x_1}^3 + {x_2}^3 + {x_3}^3 + 3{x_1}^2x_2 + 3{x_1}^2x_3$

$$+ 3{x_2}^2x_1 + 3{x_2}^2x_3 + 3{x_3}^2x_1 + 3{x_3}^2x_2 + 6x_1x_2x_3$$

(3) $(x_1+x_2+x_3)^4 = {x_1}^4 + {x_2}^4 + {x_3}^4 + 4{x_1}^3x_2 + 4{x_1}^3x_3$

$$+ 4{x_2}^3x_1 + 4{x_2}^3x_3 + 4{x_3}^3x_1 + 4{x_3}^3x_2$$

$$+ 6{x_1}^2{x_2}^2 + 6{x_1}^2{x_3}^2 + 6{x_2}^2{x_3}^2$$

$$+ 12{x_1}^2x_2x_3 + 12{x_2}^2x_1x_3 + 12{x_3}^2x_1x_2$$

$$\frac{3!}{3!} = 1, \quad \frac{3!}{2!1!} = 3, \quad \frac{3!}{1!1!1!} = 6,$$

$$\frac{4!}{4!} = 1, \quad \frac{4!}{3!1!} = 4, \quad \frac{4!}{2!2!} = 6, \quad \frac{4!}{2!1!1!} = 12$$

다항식 $(x_1+x_2+x_3)^3$ 을 전개했을 때 생기는 x_1, x_2, x_3 에 관한 3 차의 동차식은 다음 10 개의 동차식뿐이다.

$${x_1}^3,\ {x_2}^3,\ {x_3}^3,$$

$${x_1}^2x_2,\ {x_1}^2x_3,\ {x_2}^2x_1,\ {x_2}^2x_3,\ {x_3}^2x_1,\ {x_3}^2x_2,\ x_1x_2x_3$$

실제로, 이들 각 곱은 세 문자 x_1, x_2, x_3 에서 중복을 허락하여 3 개를 택하여 곱한 곱이므로 3 차의 동차식의 개수는 ${}_3\mathrm{H}_3 = \binom{5}{3} = 10$ 이다.

이것은 $(x_1+x_2+x_3)^3$ 을 전개했을 때의 항의 개수와 일치한다.

일반적으로, 서로 다른 n 개의 문자 $x_1, x_2, \cdots, x_n$ 에서 중복을 허락하여 r 개를 택하여 만든 곱인 r 차의 동차식은 모두 $x_1^{e_1}{x_2}^{e_2}\cdots{x_n}^{e_n}$ 과 같은 꼴이다. 여기서 $e_1, e_2, \cdots, e_n$ 은 다음과 같은 정수이다.

$$0 \le e_1 \le n,\ 0 \le e_2 \le n,\ \cdots,\ 0 \le e_n \le n,$$

$$e_1 + e_2 + \cdots + e_n = r$$

위에서와 마찬가지로, 다음 정리가 성립함을 쉽게 알 수 있다.

정리 3.2.17 서로 다른 n 개의 문자 $x_1, x_2, \cdots, x_n$ 에서 중복을 허락하여 r 개를 택하여 만든 r 차의 동차식 전체의 개수는 ${}_n\mathrm{H}_r = \binom{n+r-1}{r}$ 이다.

보기 3.2.10 음이 아닌 정수 r 에 대하여 $x_1, x_2, \cdots, x_n$에 관한 일차방정식

$$x_1 + x_2 + \cdots + x_n = r$$

의 해 중에서 $x_1, x_2, \cdots, x_n$ 의 값이 모두 음이 아닌 정수인 해 전체의 개수를 구해 보자.

이러한 해 $x_1 = e_1, x_2 = e_2, \cdots, x_n = e_n$ 에 대하여 서로 다른 n 개의 문자 $y_1, y_2, \cdots, y_n$ 에 관한 r 차의 동차식 $y_1^{e_1} y_2^{e_2} \cdots y_n^{e_n}$ 이 대응하고, 또 $y_1, y_2, \cdots, y_n$ 에 관한 r 차의 동차식 $y_1^{e_1} y_2^{e_2} \cdots y_n^{e_n}$ 에 대하여 조건을 만족시키는 일차방정식의 해가 대응한다.

따라서 정리 3.2.17 에 의하여 이와 같은 해 전체의 개수는 ${}_n\mathrm{H}_r$ 이다.

연습문제 (3.2)

1. 학생 8 명을 세 팀으로 나누어 첫째 날에는 3 명, 둘째 날에는 3 명, 셋째 날에는 2 명이 각각 순서를 정하여 논문을 발표한다고 할 때, 이와 같이 발표하는 방법은 모두 몇 가지가 있는가 ?

2. 어느 학회의 지부가 경기도 출신 6 명, 강원도 출신 7 명, 충청도 출신 8 명으로 이루어져 있다고 한다. 이 때, 다음과 같은 방법의 가짓수를 구하여라.
   (1) 각 도에서 2 명씩 뽑아 6 명으로 이루어진 위원회를 만드는 방법
   (2) 각 도에서 적어도 2 명씩 뽑아 7 명으로 이루어진 위원회를 만드는 방법

3. 연이은 n 개의 양의 정수의 곱은 $n!$ 의 배수임을 증명하여라.

4. 정수 n (≥ 4) 에 대하여 다음을 구하여라.
   (1) $1 \leq i < j \leq n$ 인 정수 i, j 로 이루어진 순서쌍 (i, j) 전체의 개수
   (2) $1 \leq i \leq j \leq n$ 인 정수 i, j 로 이루어진 순서쌍 (i, j) 전체의 개수

5. 정리 3.2.7 의 두 등식을 증명하여라.

6. 양의 정수 n에 대하여 다음 등식이 성립함을 증명하여라.

(1) $\displaystyle\sum_{i=n+1}^{2n+1}\binom{2n+1}{i}=\sum_{r=0}^{n}\binom{2n+1}{r}$ (2) $\displaystyle\sum_{r=0}^{n}\binom{n}{r}^2=\binom{2n}{n}$

7. 양의 정수 n, m, k에 대하여 $m+k\le n$일 때 다음이 성립함을 밝혀라.

$$\binom{n}{m}\binom{n-m}{k}=\binom{n}{k}\binom{n-k}{m}$$

8. 다음과 같은 경우에 똑같은 공 3 개를 서로 다른 10 개의 상자에 넣는 방법은 모두 몇 가지 있는지 말하여라.

(1) 세 공을 서로 다른 상자에 넣는 경우
(2) 두 공은 한 상자에 넣고 나머지 공은 다른 상자에 넣는 경우
(3) 세 공 모두 한 상자에 넣는 경우
(4) 각 상자에 들어가는 공의 개수에 제한이 없는 경우

9. 장난감 차 9 대 중에서 4 대는 빨간 차 ,3 대는 파란 차, 2 대는 노란 차일 때, 이들 장난감 차 9 대를 일렬로 늘어놓는 방법의 가짓수를 구하여라.

10. 세 미지수 x, y, z에 관한 일차방정식 $x+y+z=10$의 정수해 중에서 x, y, z의 값이 모두 음이 아닌 정수인 정수해 전체의 개수를 구하여라.

그리고, 일차방정식 $x+y+z=10$의 정수해 중에서 x, y, z의 값이 모두 양의 정수인 정수해 전체의 개수를 구하여라.

11. 다음 물음에 답하여라.

(1) 미지수 x_1, x_2, x_3, x_4에 관한 일차방정식 $x_1+x_2+x_3+x_4=19$의 정수해 중에서 x_1이 $x_1\ge 7$인 정수이고 또 x_2, x_3, x_4의 값이 모두 음이 아닌 정수인 정수해 전체의 개수를 구하여라.

(2) 미지수 x_1, x_2, x_3, x_4에 관한 일차방정식 $x_1+x_2+x_3+x_4=19$의 정수해 중에서 x_1, x_2가 각각 $x_1\ge 7$, $x_2\ge 6$인 정수이고 또 x_3, x_4가 모두 음이 아닌 정수인 정수해 전체의 개수를 구하여라.

§3.3 특수한 순열

일반적으로, 다음 정리가 성립한다(문제 1 참조).

정리 3.3.1 유한집합 $A_1, A_2, \cdots, A_n$ ($n \geq 2$) 에 대하여 다음이 성립한다.

$$\begin{aligned} |A_1 \cup A_2 \cup \cdots \cup A_n| = & \sum_{i=1}^{n} |A_i| - \sum_{1 \leq i < j \leq n} |A_i \cap A_j| \\ & + \sum_{1 \leq i < j < k \leq n} |A_i \cap A_j \cap A_k| \\ & - \cdots + (-1)^{n+1} |A_1 \cap A_2 \cap \cdots \cap A_n| \end{aligned}$$

위의 등식에서 총합기호 $\sum$는 각각 $\binom{n}{1}$ 개, $\binom{n}{2}$ 개, $\cdots$, $\binom{n}{n}$ 개의 항의 합을 나타낸다.

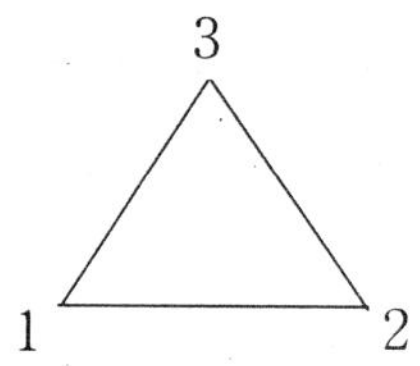

세 사람에게 온 편지가 각각 1, 2, 3 일 때, 우체부가 이 편지를 이들 세 사람에게 전달하는 방법은 다음 6 가지가 있다.

$$\begin{matrix} 1\ 2\ 3, & 2\ 3\ 1, & 3\ 1\ 2, \\ 1\ 3\ 2, & 3\ 2\ 1, & 2\ 1\ 3 \end{matrix}$$

여기서 '1 2 3'은 편지가 세 사람 모두 제대로 전달되는 경우를 나타내고 '1 3 2'은 편지가 첫째 사람에게는 제대로 전달되나 둘째 사람과 셋째 사람에게는 뒤바뀌어 전달되는 경우를 뜻한다. 또, 세 사람 모두에게 편지가 잘못 전달되는 경우는 '2 3 1' 과 '3 1 2' 두 가지 경우뿐이다.

정의 3.3.2 양의 정수 $1, 2, \cdots, n$ 의 순열 $i_1\ i_2\ \cdots\ i_n$ 에서

$$i_1 \neq 1, \quad i_2 \neq 2, \quad \cdots, \quad i_n \neq n$$

일 때, 이 순열을 $1, 2, \cdots, n$ 의 **교란**(derangement)이라고 한다.

또, $1, 2, \cdots, n$ 의 순열 전체의 집합을 S_n 으로 나타내고 $1, 2, \cdots, n$ 의 교란 전체의 집합을 D_n 으로 나타내기로 한다. 여기서 $|S_n| = n!$ 이다.

보기 3.3.1 양의 정수 1, 2, 3 의 순열은 모두 6 개 있고 이 중에서 교란은 꼭 2 개 있다, 즉,

$$|S_3| = 3! = 6, \quad D_3 = \{2\ 3\ 1,\ 3\ 2\ 1\}, \quad |D_3| = 2$$

이제 1, 2, 3, 4 의 순열 중에서 교란 전체의 개수 $|D_4|$ 를 구하는 방법을 생각해 보자. 먼저 1, 2, 3, 4 의 순열 전체의 집합 S_4 에서, S_4 의 부분집합 A_1, A_2, A_3, A_4 를 다음과 같이 정하자.

A_1 : $1\ a\ b\ c$ 와 같은 꼴의 순열 전체로 이루어진 부분집합

A_2 : $a\ 2\ b\ c$ 와 같은 꼴의 순열 전체로 이루어진 부분집합

A_3 : $a\ b\ 3\ c$ 와 같은 꼴의 순열 전체로 이루어진 부분집합

A_4 : $a\ b\ c\ 4$ 와 같은 꼴의 순열 전체로 이루어진 부분집합

이 때,

$$D_4 = S_4 - (A_1 \cup A_2 \cup A_3 \cup A_4)$$

이고, 또 정리 3.3.1 에 의하여 다음 등식이 성립한다.

$$|A_1 \cup A_2 \cup A_3 \cup A_4| = \sum_{i=1}^{4} |A_i| - \sum_{1 \le i < j \le 4} |A_i \cap A_j|$$

$$+ \sum_{1 \le i < j < k \le 4} |A_i \cap A_j \cap A_j| - |A_1 \cap A_2 \cap A_3 \cap A_4|$$

그런데, A_1 은 $1\ a\ b\ c$ 와 같은 꼴의 순열 전체로 이루어져 있으므로 $|A_1| = 3!$ 이고 마찬가지로 $|A_1| = |A_2| = |A_3| = |A_4| = 3!$ 이다.
또, $A_1 \cap A_2$ 는 $1\ 2\ b\ c$ 와 같은 꼴의 순열 전체로 이루어져 있으므로 $|A_1 \cap A_2| = 2!$ 이고, 마찬가지로 $1 \le i < j \le 4$ 인 정수 i, j 에 대하여 $|A_i \cap A_j| = 2!$ 이며 이와 같은 정수 i, j 전체의 개수는 $\binom{4}{2}$ 이다.

그리고, 마찬가지로 $A_1 \cap A_2 \cap A_3$ 에 속하는 순열은 1 2 3 4 뿐이므로 $|A_1 \cap A_2 \cap A_3| = 1!$ 이고, $1 \le i < j < k \le 4$ 인 정수 i, j, k 에 대하여 $|A_i \cap A_j \cap A_k| = 1!$ 이며 이와 같은 정수 i, j, k 전체의 개수는 $\binom{4}{1}$ 이다. 또, $|A_1 \cap A_2 \cap A_3 \cap A_4| = 1$ 이다. 따라서 다음 등식이 성립한다.

$$|A_1 \cup A_2 \cup A_3 \cup A_4| = 4 \cdot 3! - \binom{4}{2} 2! + \binom{4}{3} 1! - 1$$

$$|D_4| = 4! - 4! + \frac{4!}{2!2!} 2! - \frac{4!}{3!} + 1$$

$$= 4!\left(1 - \frac{1}{1!} + \frac{1}{2!} - \frac{1}{3!} + \frac{1}{4!}\right) = 9$$

실제로, 양의 정수 1, 2, 3, 4 의 순열은 모두 24 개 있고 이들 순열 중에서 교란은 다음과 같은 9 개뿐이다.

2 3 4 1,　2 4 1 3,　2 1 4 3,
3 1 4 2,　3 4 1 2,　3 4 2 1,
4 1 2 3,　4 3 1 2,　4 3 2 1

따라서 $|S_4| = 4! = 24$, $|D_4| = 9$, $\dfrac{|D_4|}{|S_4|} = \dfrac{9}{24} = 0.375$ 이다.

이와 마찬가지 방법으로 다음 정리를 증명할 수 있다.

정리 3.3.3 양의 정수 n 에 대하여 $1, 2, \cdots, n$ 의 교란 전체의 개수는 다음과 같다.

$$|D_n| = n!\left(1 - \frac{1}{1!} + \frac{1}{2!} - \frac{1}{3!} + \cdots + (-1)^n \frac{1}{n!}\right)$$

보기 3.3.2 다음이 성립한다.

$$|D_5| = 5!\left(1 - \frac{1}{1!} + \frac{1}{2!} - \frac{1}{3!} + \frac{1}{4!} - \frac{1}{5!}\right)$$

$$= \frac{5!}{2!} - \frac{5!}{3!} + \frac{5!}{4!} - \frac{5!}{5!} = 60 - 20 + 5 - 1 = 44$$

$$\frac{|D_5|}{|S_5|} = \frac{44}{120} = \frac{11}{30} = 0,366\cdots$$

극한값 $e = \lim_{n \to \infty} (1 + \frac{1}{n})^n$ 를 Euler 상수라고 하며, 이것을 무한소수로 나타내면 $e = 2.718281828459045235360287\cdots$ 이다. 그리고, 임의의 실수 x 에 대하여 e^x 는 다음과 같이 무한급수로 전개된다.

$$e^x = 1 + \frac{x}{1!} + \frac{x^2}{2!} + \frac{x^3}{3!} + \cdots + \frac{x^n}{n!} + \cdots$$

따라서 다음이 성립한다.

$$e = 1 + \frac{1}{1!} + \frac{1}{2!} + \frac{1}{3!} + \cdots + \frac{1}{n!} + \cdots \fallingdotseq 2.718$$

$$e^{-1} = 1 - \frac{1}{1!} + \frac{1}{2!} - \frac{1}{3!} + \cdots + (-1)^n \frac{1}{n!} + \cdots \fallingdotseq 0.368$$

$$|D_n| = n!\left(1 - \frac{1}{1!} + \frac{1}{2!} - \frac{1}{3!} + \cdots + (-1)^n \frac{1}{n!}\right) = n!\,e^{-1}$$

$$\frac{|D_n|}{|S_n|} = e^{-1} \fallingdotseq 0.368$$

따라서 $1, 2, \cdots, n$ 을 일렬로 늘어놓은 $n!$ 개의 순열 중에서 약 36.8 % 가 교란인 셈이다.

보기 3.3.3 정수 $1, 2, 3, \cdots, 8, 9$ 를 일렬로 늘어놓은 순열 중에서 모든 홀수가 본래의 위치에 있지 않은 순열 전체의 개수를 구해 보자.

□○□○□○□○□

이제 정수 $1, 2, 3, \cdots, 8, 9$ 의 순열 전체의 집합 S_9 에서 S_9 의 부분집합 A_1, A_2, A_3, A_4, A_5 를 다음과 같이 정하자.

A_1 : 첫째 위치에 1 이 놓인 순열 전체의 집합

A_2 : 셋째 위치에 3 이 놓인 순열 전체의 집합

A_3 : 다섯째 위치에 5 가 놓인 순열 전체의 집합

A_4 : 일곱째 위치에 7 이 놓인 순열 전체의 집합

A_5 : 아홉째 위치에 9 가 놓인 순열 전체의 집합

이 때, 정리 3.3.1 에 의하여 다음 등식이 성립한다.

$$\begin{aligned} &|A_1 \cup A_2 \cup A_3 \cup A_4 \cup A_5| \\ &= \sum_{i=1}^{5} |A_i| - \sum_{1 \le i < j \le 5} |A_i \cap A_j| + \sum_{1 \le i < j < k \le 5} |A_i \cap A_j \cap A_k| \\ &\quad - \sum_{1 \le i < j < k < l \le 5} |A_i \cap A_j \cap A_k \cap A_l| \\ &\quad + |A_1 \cap A_2 \cap A_3 \cap A_4 \cap A_5| \end{aligned}$$

한편, 1, 2, 3, ⋯, 8, 9 의 순열 중에서 첫째 위치에 1 이 놓인 순열의 개수는 $8!$ 이므로 $|A_1| = 8!$ 이다. 마찬가지로, 모든 $i = 1, 2, 3, 4, 5$ 에 대하여 $|A_i| = 8!$ 이다.

또, 1, 2, 3, 4, ⋯, 9 의 순열 중에서 첫째 위치와 셋째 위치에 각각 1, 3 이 놓인 순열의 개수는 $7!$ 이므로 $|A_1 \cap A_2| = 7!$ 이다. 마찬가지로, $1 \le i < j \le 5$ 인 모든 i, j 에 대하여 $|A_i \cap A_j| = 7!$ 이다.

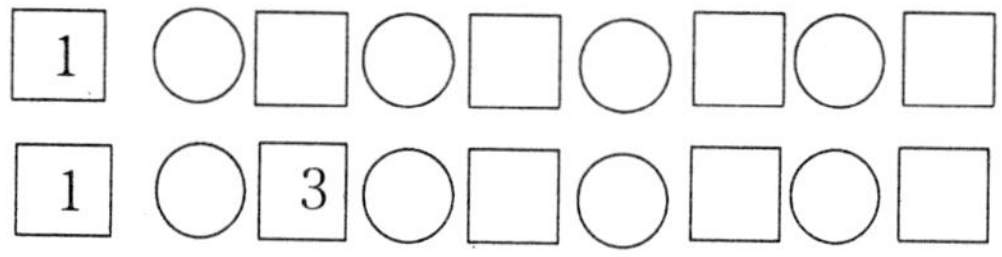

그리고, $1 \le i < j < k \le 5$ 인 모든 i, j, k 에 대하여 $|A_i \cap A_j \cap A_k| = 6!$ 이고, $1 \le i < j < k < l \le 5$ 인 모든 i, j, k, l 에 대하여

$$|A_i \cap A_j \cap A_k \cap A_l| = 5!$$

이며 $|A_1 \cap A_2 \cap A_3 \cap A_4 \cap A_5| = 4!$ 이다.

따라서 다음 등식이 성립한다.

$$\begin{aligned}
&|A_1 \cup A_2 \cup A_3 \cup A_4 \cup A_5| \\
&= \sum_{i=1}^{5} |A_i| - \sum_{1 \le i < j \le 5} |A_i \cap A_j| \\
&\quad + \sum_{1 \le i < j < k \le 5} |A_i \cap A_j \cap A_k| - \sum_{1 \le i < j < k < l \le 5} |A_i \cap A_j \cap A_k \cap A_l| \\
&\quad + |A_1 \cap A_2 \cap A_3 \cap A_4 \cap A_5| \\
&= 5 \cdot 8! - \binom{5}{2} 7! + \binom{5}{3} 6! - \binom{5}{1} 5! + 4! \\
&= 5 \cdot 8! - 10 \cdot 7! + 10 \cdot 6! - 5 \cdot 5! + 4!
\end{aligned}$$

그러므로 구하는 개수는 다음과 같다.

$$\begin{aligned}
&|S_9| - |A_1 \cup A_2 \cup A_3 \cup A_4 \cup A_5| \\
&= 9! - \{5 \cdot 8! - 10 \cdot 7! + 10 \cdot 6! - 5 \cdot 5! + 4!\} \\
&= 205056
\end{aligned}$$

연습문제 (3.3)

1. 정리 3.3.1 을 증명하여라.

2. 책장 선반 위에 8 권의 책이 제목의 가나다 순으로 정돈되어 있을 때, 이들 책을 본래의 위치와 다르게 배열해 놓는 방법은 모두 몇 가지가 있는가 ?

3. 편지 7 장을 7 사람에게 전달해야 하는 우체부가 무심코 편지를 전할 때, 적어도 한 사람에게 제대로 전달하는 방법은 모두 몇 가지가 있는가 ?

4. 정수 n (≥ 2) 에 대하여 다음이 성립함을 증명하여라.

   (1) $|D_n| \equiv (-1)^n \pmod{n}$

   (2) n 이 홀수일 때 그리고 이때에만 $|D_n|$ 은 짝수이다.

5. 정수 n (≥ 2) 에 대하여 다음이 성립함을 증명하여라.

$$|D_n| = n|D_{n-1}| + (-1)^n$$

6. 양의 정수 $1, 2, 3, 4, \cdots, 9$ 를 일렬로 늘어놓은 순열 중에서 모든 짝수가 본래의 위치에 있지 않은 순열 전체의 개수를 구하여라.

7. 미지수 x_1, x_2, x_3, x_4 에 관한 일차방정식

$$x_1 + x_2 + x_3 + x_4 = 35$$

   의 정수해 중에서 x_1, x_2, x_3, x_4 의 값이 $0 \leq x_i \leq 10$ $(i = 1, 2, 3, 4)$ 인 인 정수해 전체의 개수를 구하여라.

§ 3.4 양의 정수의 분할

정수 5 는 다음과 같이 몇 개의 양의 정수의 합으로 나타낼 수 있다.

$$5 = 5,$$
$$5 = 1 + 4, \qquad 5 = 2 + 3,$$
$$5 = 1 + 1 + 3, \qquad 5 = 1 + 2 + 2,$$
$$5 = 1 + 1 + 1 + 2,$$
$$5 = 1 + 1 + 1 + 1 + 1$$

여기서 더하는 순서는 무시하고 예를 들어

$$5 = 1 + 4, \qquad 5 = 4 + 1$$

을 한 가지 표현 방법이라고 생각하기로 한다. 이와 같이 생각하면, 5 를 양의 정수의 합으로 나타내는 방법은 모두 7 가지 있고, 이러한 표현 중에서

$$5 = 1 + 1 + 3, \qquad 5 = 1 + 2 + 2$$

과 같이 5 를 세 항의 합으로 나타내는 방법은 2 가지 있다

정의 3.4.1 양의 정수 n 을 양의 정수의 합

$$n = a_1 + a_2 + \cdots + a_k \qquad (a_1 \le a_2 \le \cdots \le a_k)$$

으로 나타내는 것을 n 의 **分割**(partition)이라 하고,이와 같이 n 을 양의 정수들의 합으로 나타내는 분할의 개수를 $p(n)$ 으로 나타낸다.

그리고, 양의 정수 n, k 에 대하여 와와 같이 n 을 꼭 k 개의 양의 정수의 합으로 나타내는 분할의 개수를 $p(n, k)$ 로 나타내고, 또 $p(n, 0) = 0$ 으로 정한다.

보기 3.4.1 앞에서 본 바와 같이 $p(5) = 7$ 이고, 또 다음이 성립한다.

$$p(5,1) = 1, \quad p(5,2) = 2, \quad p(5,3) = 2,$$
$$p(5,4) = 1, \quad p(5,5) = 1$$

정리 3.4.2 양의 정수 n, k에 대하여 다음 등식이 성립한다.

(1) $p(n,0) = 0$, $p(n,1) = 1$, $p(n,n) = 1$

(2) $k > n$ 이면, $p(n, k) = 0$ 이다.

(3) $\sum_{k=1}^{n} p(n, k) = p(n,1) + p(n,2) + \cdots + p(n,n) = p(n)$

증명 (1) 정의에 의하여 $p(n,0) = 0$ 이다.
그리고 n을 한 개의 양의 정수의 합으로 나타내는 방법은 $n = n$ 뿐이고 n을 n개의 양의 정수의 합으로 나타내는 방법은

$$n = 1 + 1 + \cdots + 1$$

뿐이므로 $p(n,1) = 1$, $p(n,n) = 1$ 이다.

(2) $k > n$일 때, k개의 양의 정수들의 합은 n보다 크므로 n을 k개의 양의 정수의 합으로 나타낼 수 없고 따라서 $p(n,k) = 0$ 이다.

(3) 정의 3.4.1 에 의하여 (3) 이 성립한다.

보기 3.4.2 보기 3.4.1 과 다음 결과에 의하여 아래의 표를 얻는다.

$1 = 1$,

$2 = 2$, $2 = 1 + 1$,

$3 = 3$, $3 = 1 + 2$, $3 = 1 + 1 + 1$

$4 = 4$, $4 = 1 + 3$, $4 = 2 + 2$,
$4 = 1 + 1 + 2$, $4 = 1+1 + 1 + 1$,

$6 = 6$, $6 = 1 + 5$,
$6 = 2 + 4$, $6 = 3 + 3$
$6 = 1 + 1 + 4$,
$6 = 1 + 2 + 3$, $6 = 2 + 2 + 2$,
$6 = 1 + 1 + 1 + 3$,
$6 = 1 + 1 + 2 + 2$,
$6 = 1 + 1 + 1 + 1 + 2$,
$6 = 1 + 1 + 1 + 1 + 1 + 1$

$p(n, k)$ 와 $p(n)$

n \ k	1	2	3	4	5	6	$p(n)$
1	1	0	0	0	0	0	1
2	1	1	0	0	0	0	2
3	1	1	1	0	0	0	3
4	1	2	1	1	0	0	5
5	1	2	2	1	1	0	7
6	1	3	3	2	1	1	11

정리 3.4.3 정수 $n\ (\geq 2)$과 $1 \leq k < n$인 양의 정수 k에 대하여 다음 등식이 성립한다.

(1) $p(n,\ k) = p(n-1,\ k-1) + p(n-k,\ k)$

(2) $p(n,\ k) = p(n-k,\ 1) + p(n-k,\ 2) + \cdots + p(n-k,\ k)$

$$= \sum_{i=1}^{k} p(n-k,\ i)$$

증명 (1) 정수 n을 k개의 양의 정수들의 합으로 나타내는 분할 전체의 집합을 S라 하고, 이러한 분할 중에서 1을 포함하는 분할 전체의 집합을 A, 1을 포함하지 않는 분할 전체의 집합을 B라고 하자. 이 때,

$$p(n,\ k) = |S|, \qquad S = A \cup B,\ \ A \cap B = \varnothing$$

이므로 $p(n,\ k) = |A| + |B|$이다.

그런데, A에 속해 있는 n의 분할

$$n = 1 + a_2 + a_3 + \cdots + a_k \qquad (1 \leq a_2 \leq \cdots \leq a_k)$$

에 대하여 $n-1 = a_2 + a_3 + \cdots + a_k$는 $n-1$을 $k-1$개의 양의 정수들의 합으로 나타낸 분할이고, 역으로 $n-1$을 $k-1$개의 양의 정수들의 합으로 나타낸 등식

$$n-1 = a_2 + a_3 + \cdots + a_k \qquad (1 \leq a_2 \leq \cdots \leq a_k)$$

에 대하여 $n = 1 + a_2 + a_3 + \cdots + a_k$는 A에 속하는 n의 분할이다.

따라서 $|A| = p(n-1, k-1)$이다.

그리고, B에 속해 있는 n의 분할

$$n = a_1 + a_2 + \cdots + a_k \qquad (2 \leq a_1 \leq a_2 \leq \cdots \leq a_k)$$

에 대하여 $n-k = (a_1-1) + (a_2-1) + \cdots + (a_k-1)$은 $n-k$를 k개의 양의 정수의 합으로 나타낸 분할이고, 역으로

$$n-k = b_1 + b_2 + \cdots + b_k \qquad (1 \leq b_1 \leq b_2 \leq \cdots \leq b_k)$$

가 $n-k$을 k개의 양의 정수들의 합으로 나타낸 분할이면,

$$n = (b_1+1) + (b_2+1) + \cdots + (b_k+1)$$

은 n의 분할이고 또 $2 \leq b_1+1 \leq b_2+1 \leq \cdots \leq b_k+1$이므로 이 분할은

B 에 속한다. 따라서 $|B| = p(n-k, k)$ 이다.

그러므로 다음 등식이 성립한다.

$$p(n, k) = |A| + |B| = p(n-1, k-1) + p(n-k, k)$$

(2) 위의 (1) 에 의하여 다음이 성립한다.

$$\begin{aligned} p(n, k) &= p(n-1, k-1) + p(n-k, k) \\ p(n-1, k-1) &= p(n-2, k-2) + p(n-k, k-1) \\ p(n-2, k-2) &= p(n-3, k-3) + p(n-k, k-2) \\ &\vdots \\ p(n-(k-1), k-(k-1)) &= p(n-k, 0) + p(n-k, 1) \end{aligned}$$

이들 등식의 양변을 더하여 정리하면 다음 결과를 얻는다.

$$\begin{aligned} p(n, k) &= p(n-k, k) + p(n-k, k-1) + \cdots + p(n-k, 1) \\ &= p(n-k, 1) + p(n-k, 2) + \cdots + p(n-k, k) \end{aligned}$$

보기 3.4.3 정리 3.4.3 에 의하여 다음 결과를 얻는다.

$$\begin{aligned} &p(7, 2) = p(5, 1) + p(5, 2) = 1 + 2 = 3, \\ &p(7, 3) = p(4, 1) + p(4, 2) + p(4, 3) = 1 + 2 + 1 = 4, \\ &p(7, 4) = p(3, 1) + p(3, 2) + p(3, 3) = 1 + 1 + 1 = 3, \\ &p(7, 5) = p(2, 1) + p(2, 2) = 1 + 1 = 2, \\ &p(7, 6) = p(1, 1) = 1 \end{aligned}$$

$p(n, k)$ 와 $p(n)$

n \ k	1	2	3	4	5	6	7	$p(n)$
1	1	0	0	0	0	0	0	1
2	1	1	0	0	0	0	0	2
3	1	1	1	0	0	0	0	3
4	1	2	1	1	0	0	0	5
5	1	2	2	1	1	0	0	7
6	1	3	3	2	1	1	0	11
7	1	3	4	3	2	1	1	15

연습문제 (3.4)

1. 정수 7 의 분할을 모두 구하고, 이로부터 $1 \leq k \leq 7$ 인 정수 k에 대하여 $p(7, k)$ 의 값을 구하고 또 $p(7)$ 을 구하여라.

2. 정수 n (≥ 2) 에 다음이 성립함을 밝혀라.

   (1) 정수 $n+1$ 의 분할 중에서

   $$n+1 = a_1 + a_2 + \cdots + a_k \qquad (2 \leq a_1 \leq a_2 \leq \cdots \leq a_k)$$

   와 같은 꼴의 분할 전체의 개수는 $p(n+1) - p(n)$ 이다.

   (2) $p(n+1) - p(n) \geq p(n) - p(n-1)$,

   $$p(n) \leq \frac{1}{2}\{p(n+1) + p(n-1)\}$$

3. 보기 3.4.3 의 표를 확장하여 $n = 8$ 인 경우가 포함되도록 하여라.

4. 양의 정수 n 의 분할 중에서 양의 정수 k 에 대하여

   $$n = a_1 + \cdots + a_r + k \qquad (1 \leq a_1 \leq \cdots \leq a_r \leq k)$$

   와 같은 꼴의 분할 전체의 개수를 $q(n, k)$ 라 하고 또 $q(n, 0) = 0$ 이라고 할 때, 다음이 성립함을 증명하여라.

   (1) 모든 정수 k $(1 \leq k \leq 5)$ 에 대하여 $q(5, k) = p(5, k)$ 이다.

   (2) $q(n, 0) = 0$ 이고 $q(n, 1) = 1$, $q(n, n) = 1$ 이다.

   (3) $k > n$ 이면, $q(n, k) = 0$ 이다.

   (4) $1 \leq k < n$ 일 때, $q(n, k) = \sum_{i=1}^{k} q(n-k, i)$ 이다.

   (5) $1 \leq k \leq n$ 일 때, $p(n, k) = q(n, k)$ 이다.

제 4 장

행렬과 행렬식

이 장에서는, 다항식 그 연산, 행렬과 ㄱ, 연산, 행렬의 기본변형, 기본행렬, 기약 행 사다리꼴 행렬, 행렬의 계급수에 대하여 논하고, 연립일차방정식의 해와 동차 연립일차방정식의 해를 구하는 방법인 Gauss-Jordan 소거법에 대하여 논한다.

그리고, 행렬식의 정의와 성질, Cramer 의 공식에 대하여 논하고, 선형계획법, 최대문제의 심플렉스 따블로를 이용한 해법, 게임과 결정적 게임에 대하여 논한다.

§ 4.1 다항식과 행렬

이 절에서, F 는 체를 나타낸다(정의 1.3.1 참조).

체 F 의 n 개의 원소로 이루어진 순서 n 조 $(x_1, \cdots, x_n)$ 전체의 집합을 F^n 으로 나타내자. 즉,

$$F^n = \{(x_1, \cdots, x_n) \mid x_1, \cdots, x_n \in F\}$$

그리고, 집합 F^n 의 두 원소 $v = (a_1, \cdots, a_n)$, $w = (b_1, \cdots, b_n)$ 와 $a \in F$ 에 대하여 다음과 같이 정의한다.

$$v = w \Longleftrightarrow a_1 = b_1, \cdots, a_n = b_n$$

$$v + w = (a_1 + b_1, \cdots, a_n + b_n)$$

$$a v = (a a_1, \cdots, a a_n)$$

$$-v = (-1) v = (-a_1, \cdots, -a_n)$$

$$v - w = (a_1 - b_1, \cdots, a_n - b_n)$$

또, $0 = (0, \cdots, 0)$ 이라고 할 때, 다음 정리가 성립한다.

정리 4.1.1 체 F 의 원소로 이루어진 순서 n 조 전체의 집합 F^n 에서 임의의 $v, w, u \in F^n$ 와 $a, b \in F$ 에 대하여 다음이 성립한다.

(1) $(v + w) + u = v + (w + u)$

(2) $v + w = w + v$

(3) $v + 0 = 0 + v = v$

(4) $v + (-v) = (-v) + v = 0$

(5) $a(v + w) = av + aw$, $\quad (a + b) v = av + bv$

$\quad (ab)v = a(bv)$, $\quad 1v = v$

보기 4.1.1 $\mathbb{R}^3 = \{(x_1, x_2, x_3) \mid x_1, x_2, x_3 \in \mathbb{R}\}$ 에서 다음이 성립한다.

$$(1,2,3) + (4,-2,0) = (5,0,3), \qquad 2(1,2,3) = (2,4,6)$$

$$(1,2,3) - (4,-2,0) = (-3,4,3)$$

다항식은 고전적인 대수학과 현대 대수학을 연결해주는 중요한 개념이다. 여기서는 다항식을 不定元(indeterminate)을 도입하여 정의하기로 한다.

체 F 의 원소와 부정원 x 로 이루어진 다음과 같은 꼴의 형식적인 무한합을 체 F 위의 (x 에 관한) **다항식**(polynomial)이라고 한다.

$$f(x) = a_0 + a_1 x + \cdots + a_n x_n + \cdots \qquad (a_i \in R)$$

(유한 개를 제외한 모든 i 에 대하여 $a_i = 0$)

여기서 $i \geq n$ 인 모든 i 에 대하여 $a_i = 0$ 일 때, $f(x)$ 를

$$f(x) = a_0 + a_1 x + \cdots + a_n x_n$$

으로 나타내며 $a_0, a_1, \cdots, a_n$ 을 다항식 $f(x)$ 의 **계수**(coefficient)라 하고 또 $a_0, a_1 x, \cdots, a_n x_n$ 을 다항식 $f(x)$ 의 **항**(term)이라 하고 특히 a_0 를 **상수항**(constant term)이라고 한다. 또, 상수항을 제외한 계수가 모두 0 인 다항식 $f(x) = a_0$ 을 **상수다항식**(constant polynomial)이라 하고, 특히 모든 계수가 0 인 다항식을 **영다항식**(zero polynomial)이라고 한다.

체 F 위의 x 에 관한 다항식 전체의 집합을 $F[x]$ 로 나타내자.

두 다항식 $f(x)$, $g(x) \in F[x]$ 가 주어져 있을 때, 이들 두 다항식을

$$f(x) = a_0 + a_1 x + \cdots + a_n x^n, \quad g(x) = b_0 + b_1 x + \cdots + b_n x^n$$

과 같이 나타낼 수 있고, 이때 다음과 같이 정한다.

$$f(x) = g(x) \Leftrightarrow a_0 = b_0,\ a_1 = b_1,\ \cdots,\ a_n = b_n$$

$$f(x) + g(x) = (a_0 + b_0) + (a_1 + b_1)x + \cdots + (a_n + b_n)x^n$$

$$a f(x) = a a_0 + a a_1 x + \cdots + a a_n x^n \qquad (a \in F)$$

$$-f(x) = (-1) f(x) = -a_0 - a_1 x - \cdots - a_n x^n$$

$$f(x)\, g(x) = c_0 + c_1 x + \cdots + c_{m+m} x^{m+m}$$

$$c_i = \sum_{k=0}^{i} a_k b_{i-k} = a_0 b_i + a_1 b_{i-1} + \cdots + a_i b_0$$

임의의 $a, b \in F$ 에 대하여 $(a x^i)(b x^j) = a b x^{i+j}$ 이고, $1\, x^i$ 을 간단히 x^i 라고 쓴다. 그리고, 체 F 의 원소 a 와 상수다항식 $f(x) = a$ 를 同一視하여(identify) $F \subset F[x]$ 이라고 생각한다.

이와 같이 정의하면, 다음 정리가 성립한다.

정리 4.1.2 체 F 위의 x 에 관한 다항식 전체의 집합 $F[x]$에서, 임의의 다항식 $f(x), g(x), h(x) \in F[x]$ 와 $a, b \in F$ 에 대하여 다음이 성립한다.

(1) $(f(x)+g(x)) + h(x) = f(x) + (g(x)+h(x))$

(2) $f(x) + g(x) = g(x) + f(x))$

(3) $f(x) + 0 = 0 + f(x) = f(x)$ (0 은 영다항식)

(4) $f(x) + (-f(x)) = (-f(x) + f(x)) = 0$ (0 은 영다항식)

(5) $(f(x)\, g(x))\, h(x) = f(x)\, (g(x)\, h(x))$

(6) $f(x)\, g(x) = g(x)\, f(x)$]

(7) $f(x)\, (g(x) + h(x)) = f(x)\, g(x) + f(x)\, h(x)$
$(f(x) + g(x))\, h(x)) = f(x)\, h(x) + g(x)\, h(x)$

(8) $a\,(f(x)+g(x)) = a f(x) + a\, g(x)$,
$(a+b)\, f(x) = a f(x) + b f(x)$,
$(a\, b)\, f(x) = a\,(b\, f(x))$, $1 f(x) = f(x)$

(9) $a\,(f(x)\, g(x)) = (a\, f(x))\, g(x) = f(x)\, (a\, g(x))$

양의 정수 m, n 에 대하여 체 F 의 원소 a_{ij} $(1 \le i \le m,\ 1 \le j \le n)$를 오른쪽과 같이 직사각형의 모양으로 늘어놓아 괄호로 한 데 묶어놓은 것을 체 F 위의 $\boldsymbol{m \times n}$ **行列** (matrix) 또는 **크기**(size) 가 $m \times n$ 인 행렬이라고 한다.

$$A = \begin{bmatrix} a_{11} & a_{12} & \cdots & a_{1n} \\ a_{21} & a_{22} & \cdots & a_{2n} \\ \vdots & \vdots & \cdots & \vdots \\ a_{m1} & a_{m2} & \cdots & a_{mn} \end{bmatrix}$$

위의 행렬 A 를 간단히 $A = [a_{ij}]_{m \times n}$ 로 나타내고, 각 a_{ij} 를 이 행렬의 (i, j) **성분**(component, entry)이라고 한다. 또, 각 i $(1 \le i \le m)$ 에 대하여 $a_{i1}, a_{i2}, \cdots, a_{in}$ 은 A 의 제 i 행(i-th row)를 이루고 각 j $(1 \le j \le n)$ 에 대하여 $a_{1j}, a_{2j}, \cdots, a_{mj}$ 는 제 j 열(j-th column)을 이룬다.

체 F 위의 $m \times n$ 행렬 전체의 집합을 $\mathrm{Mat}_{m \times n}(F)$ 로 나타내자. 그리고, $A = [a_{ij}]_{m \times n}$, $B = [b_{ij}]_{m \times n} \in \mathrm{Mat}_{m \times n}(F)$ 와 $a \in F$ 에 대하여 다음과 같이 정의한다.

$$A = B \Leftrightarrow a_{ij} = b_{ij} \quad (1 \le i \le m,\ 1 \le j \le n)$$

$$A + B = [a_{ij} + b_{ij}]_{m \times n},$$

$$aA = [a\, a_{ij}]_{m \times n}, \qquad -A = [-a_{ij}]_{m \times n}$$

또, 모든 성분이 0 인 행렬을 **영행렬**(zero matrix)이라 하고, $m\times n$ 영행렬을 $O_{m\times n}$ 또는 O 로 나타낸다.

특히, 한 원소 a 로 이루어진 1×1 행렬 $[a]$ 는 원소 a 와 동일시한다. 책에 따라서는 각괄호 [ ] 대신에 둥근 괄호 ( ) 를 사용하기도 한다. 다음 정리가 성립함을 알 수 있다.

정리 4.1.3 체 F 위의 $m\times n$ 행렬 전체의 집합 $\mathrm{Mat}_{m\times n}(F)$ 에서 임의의 $A, B, C\in \mathrm{Mat}_{m\times n}(F)$ 와 $a, b\in F$ 에 대하여 다음이 성립한다.

$$(A+B)+C=A+(B+C), \qquad A+B=B+A$$
$$A+O_{m\times n}=O_{m\times n}+A=A$$
$$A+(-A)=(-A)+A=O_{m\times n}$$
$$a(A+B)=aA+aB, \qquad (ab)A=a(bA)$$
$$(a+b)A=aA+bA, \qquad 1A=A$$

정의 4.1.4 체 F 위의 $m\times n$ 행렬 $A=[a_{ij}]_{m\times n}$, $n\times r$ 행렬 $B=[b_{ij}]_{n\times r}$ 에 대하여 곱 AB 는 다음과 같이 정의된 $m\times r$ 행렬이다.

$$AB=[c_{ij}]_{m\times r}, \qquad c_{ij}=\sum_{k=1}^{n} a_{ik}b_{kj} \quad (1\le i\le m,\ 1\le j\le r)$$

보기 4.1.2 실수체 $\mathbb{R}$ 위의 행렬에 대하여 다음이 성립한다.

(1) ($1\times n$ 행렬)($n\times r$ 행렬) $\longrightarrow$ ($1\times r$ 행렬)

$$\begin{bmatrix} a & b & c \end{bmatrix}\begin{bmatrix} x \\ y \\ z \end{bmatrix}=ax+by+cz, \qquad \begin{bmatrix} 1 & 2 & 3 \end{bmatrix}\begin{bmatrix} 1 & 0 \\ 2 & 3 \\ 0 & 1 \end{bmatrix}=\begin{bmatrix} 5 & 9 \end{bmatrix}$$

(2) ($m\times n$ 행렬)($n\times r$ 행렬) $\longrightarrow$ ($m\times r$ 행렬)

$$\begin{bmatrix} 0 & 1 \\ 1 & 0 \end{bmatrix}\begin{bmatrix} 1 & 3 & 5 \\ 2 & 4 & 6 \end{bmatrix}=\begin{bmatrix} 2 & 4 & 6 \\ 1 & 3 & 5 \end{bmatrix}, \qquad \begin{bmatrix} 1 \\ 2 \end{bmatrix}\begin{bmatrix} 2 & 3 & 4 \end{bmatrix}=\begin{bmatrix} 2 & 3 & 4 \\ 4 & 6 & 8 \end{bmatrix}$$

(3) ($n\times n$ 행렬)($n\times n$ 행렬) $\longrightarrow$ ($n\times n$ 행렬)

$$\begin{bmatrix} 1 & 0 \\ 0 & 0 \end{bmatrix}\begin{bmatrix} 0 & 1 \\ 0 & 0 \end{bmatrix}=\begin{bmatrix} 0 & 1 \\ 0 & 0 \end{bmatrix}, \qquad \begin{bmatrix} 0 & 1 \\ 0 & 0 \end{bmatrix}\begin{bmatrix} 1 & 0 \\ 0 & 0 \end{bmatrix}=\begin{bmatrix} 0 & 0 \\ 0 & 0 \end{bmatrix}$$

정리 4.1.5 체 F 위의 행렬 $A=[a_{ij}]_{m\times n}$, $B=[b_{ij}]_{n\times r}$, $C=[d_{ij}]_{r\times s}$, $D=[d_{ij}]_{n\times r}$ 와 $a\in F$ 에 대하여 다음이 성립한다.

$$(AB)C=A(BC),\qquad A(B+D)=AB+AD,$$
$$(B+D)C=BC+DC,\qquad a(AB)=(aA)B=A(aB)$$

정의 4.1.6 체 F 위의 $m\times n$ 행렬 $A=[a_{ij}]_{m\times n}$에 대하여 다음과 같이 정의된 $n\times m$ 행렬 A^T를 A 의 **전치행렬**(transpose)이라고 한다.

$$A^T=[a_{ij}{}']_{n\times m},\qquad a_{ij}{}'=a_{ji}\quad(1\le i\le n,\ 1\le j\le m)$$

정리 4.1.7 체 F 위의 두 $m\times n$ 행렬 A, B와 $a\in F$에 대하여

$$(A^T)^T=A,\quad (A+B)^T=A^T+B^T,\quad (aA)^T=aA^T$$

이고, 또 체 F 위의 $m\times n$ 행렬 A와 $n\times r$ 행렬 B에 대하여 AB가 정의되고 이때 $(AB)^T=B^TA^T$ 이다.

행렬 중에서 $n\times n$ 행렬을 **n 차의 정사각행렬**(square matrix) 또는 **n 차의 행렬**이라고 한다. 특히, n 차의 행렬 중에서 주대각선(main diagonal) 위에 있는 원소는 모두 1 이고 나머지 성분은 모두 0 인 행렬을 n 차의 **항등행렬**(identity matrix) 또는 **단위행렬**(unit matrix)이라 하고 이 행렬을 I_n, I, E_n, E로 나타낸다. 그리고, n 차의 영행렬을 O_n 또는 O로 나타낸다.

정리 4.1.8 체 F 위의 n 차의 행렬 전체의 집합을 $\mathrm{Mat}_n(F)$ 로 나타낼 때, 임의의 $A, B, C\in \mathrm{Mat}_n(F)$ 와 $a, b\in F$에 대하여 다음이 성립한다.

$$(A+B)+C=A+(B+C),\qquad A+B=B+A$$
$$A+O_n=O_n+A=A,\qquad A+(-A)=(-A)+A=O_n$$
$$(AB)C=A(BC),\qquad AI_n=I_nA=A$$
$$A(B+C)=AB+AC,\qquad (A+B)C=AC+BC$$
$$a(A+B)=aA+aB,\qquad (a+b)A=aA+bA$$
$$(ab)A=a(bA),\qquad 1A=A$$
$$a(AB)=(aA)B=A(aB)$$

정의 4.1.9 체 F 위의 n 차의 행렬 $A\ (\neq O_n)$ 에 대하여

$$AB = BA = I_n$$

인 행렬 $B \in \mathrm{Mat}_n(F)$ 가 존재할 때, A 를 **정칙행렬**(nonsingular matrix)이라고 한다. 그리고, 이 경우에 B 를 A 의 **역행렬**(inverse)이라 하고 B 를 A^{-1} 로 나타낸다. 즉 $AA^{-1} = A^{-1}A = I_n$ 이다.

그리고, 체 F 위의 n 차의 행렬 $A\ (\neq O_n)$ 에 대하여

$$AC = O_n \quad \text{또는} \quad CA = O_n$$

인 행렬 $C \in \mathrm{Mat}_n(F)$, $C \neq O_n$ 가 존재할 때, A 를 **영인자**(zero-divisor)라고 한다.

행렬 A 가 정칙행렬일 때, A 의 역행렬은 단 하나 존재한다.

보기 4.1.3 체 F 위에서 두 행렬

$$A = \begin{bmatrix} a & b \\ c & d \end{bmatrix}, \quad A' = \begin{bmatrix} d & -b \\ -c & a \end{bmatrix}$$

에 대하여 다음이 성립한다.

$$AA' = A'A = \begin{bmatrix} ad-bc & 0 \\ 0 & ad-bc \end{bmatrix}$$

먼저 $A \neq O_2$, $ad-bc \neq 0$ 일 때,

$$B = \frac{1}{ad-bc}A' = \begin{bmatrix} \dfrac{d}{ad-bc} & \dfrac{-b}{ad-bc} \\[2ex] \dfrac{-c}{ad-bc} & \dfrac{a}{ad-bc} \end{bmatrix}$$

이라고 하면 $AB = BA = I_2$ 이므로 A 는 정칙행렬이고 $A^{-1} = B$ 이다.

한편, $A \neq O_2$ 일 때, $ad-bc = 0$ 이면,

$$AA' = A'A = O_2, \qquad A \neq O_2,\ A' \neq O_2$$

이므로 A 는 영인자이다.

그러므로 $\mathrm{Mat}_2(F)$ 는 영행렬, 정칙행렬, 영인자로 이루어져 있다.

정리 4.1.10 체 F 위의 두 n차의 정칙행렬 A, B에 대하여 다음이 성립한다.

(1) A, B가 정칙행렬이면, AB는 정칙행렬이고 $(AB)^{-1} = B^{-1}A^{-1}$이다.

(2) 항등행렬 I_n은 정칙행렬이고 $I_n^{-1} = I_n$이다.

(3) 각 정칙행렬 A에 대하여 A^{-1}는 정칙행렬이고 $(A^{-1})^{-1} = A$ 이다.

(4) A가 정칙행렬이면, A^T는 정칙행렬이고 $(A^T)^{-1} = (A^{-1})^T$이다.

체 F 위의 행렬 $A \in \mathrm{Mat}_n(F)$ 와 음이 아닌 정수 m에 대하여 A^m을

$$A^0 = I_n, \quad A^1 = A, \quad A^2 = AA, \ \cdots. \quad A^m = A^{m-1}A$$

으로 정의하면, 음이 아닌 정수 m, k에 대하여 다음이 성립한다.

$$A^m A^k = A^{m+k}, \qquad (A^m)^k = A^{mk}$$

또, A가 정칙행렬인 경우에 양의 정수 m에 대하여 $A^{-m} = (A^{-1})^m$으로 정의하면, $(A^m)^{-1} = (A^{-1})^m = A^{-m}$이다.

보기 4.1.4 임의의 실수 θ에 대하여 두 행렬

$$A = \begin{bmatrix} \cos\theta & -\sin\theta \\ \sin\theta & \cos\theta \end{bmatrix}, \qquad B = \begin{bmatrix} \cos\theta & \sin\theta \\ \sin\theta & -\cos\theta \end{bmatrix}$$

와 양의 정수 m에 대하여 다음이 성립한다(정리 1.4.1 참조).

$$A^m = \begin{bmatrix} \cos m\theta & -\sin m\theta \\ \sin m\theta & \cos m\theta \end{bmatrix}, \qquad B^2 = I_2 \text{ 즉 } B^{-1} = B = B^T$$

$$A^{-1} = \begin{bmatrix} \cos(-\theta) & -\sin(-\theta) \\ \sin(-\theta) & \cos(-\theta) \end{bmatrix} = \begin{bmatrix} \cos\theta & \sin\theta \\ -\sin\theta & \cos\theta \end{bmatrix} = A^T$$

정의 4.1.11 체 F 위의 n차의 행렬 $A = [a_{ij}]_{n\times n}$에서 A의 주 대각선 위의 성분의 합을 A의 **트레이스**(trace)라 하고 이것을 $\mathrm{tr}\,A$로 나타낸다. 즉,

$$\mathrm{tr}\,A = \sum_{i=1}^{n} a_{ii} = a_{11} + a_{22} + \cdots + a_{nn} \in F$$

정리 4.1.12 체 F 위의 n 차의 행렬 A, B 와 $a \in F$ 에 대하여 다음이 성립한다.

(1) $\operatorname{tr} A^T = \operatorname{tr} A$

(2) $\operatorname{tr}(A+B) = \operatorname{tr} A + \operatorname{tr} B, \quad \operatorname{tr}(aA) = a \operatorname{tr} A$

(2) $\operatorname{tr}(AB) = \operatorname{tr}(BA)$

정리 4.1.13 체 F 위의 두 n 차의 행렬 A, B에 대하여 $AB = BA$ 일 때, 양의 정수 m에 대하여 다음이 성립한다.

$$(A+B)^m = \sum_{r=0}^{m} \binom{m}{r} A^{m-r} B^r = \sum_{r=0}^{m} \binom{m}{r} A^r B^{m-r}$$

$$= A^m + \binom{m}{1} A^{m-1} B + \cdots + \binom{m}{r} A^{m-r} B^r + \cdots + B^m$$

정의 4.1.14 행렬 $A = [a_{ij}]_{n \times n}$ 에서

$$A^T = A \quad \text{즉} \quad a_{ji} = a_{ij} \quad (1 \le i, j \le n)$$

일 때 A를 **대칭행렬**(symmetric matrix)이라 하고,

$$\begin{bmatrix} a_{11} & a & \cdots & b \\ a & a_{22} & \cdots & c \\ \vdots & \vdots & \ddots & \vdots \\ b & c & \cdots & a_{nn} \end{bmatrix}$$

$$A^T = -A \quad \text{즉} \quad a_{ji} = -a_{ij} \quad (1 \le i, j \le n)$$

일 때 A 를 **교대행렬**(alternating matrix)이라고 한다.

행렬 $A = [a_{ij}]_{n \times n}$ 에서 주대각선(main diagonal) 아래쪽 [위쪽]에 있는 성분이 모두 0 일 때, A 를 上 [下] **삼각행렬**(upper [lower] triangular matrix)이라 하고, 또 상 삼각행렬과 하 삼각행렬을 통틀어 **삼각행렬**이라고 한다.

$$\begin{bmatrix} a_{11} & a_{12} & \cdots & a_{1n} \\ 0 & a_{22} & \cdots & a_{2n} \\ \vdots & \vdots & \ddots & \vdots \\ 0 & 0 & \cdots & a_{nn} \end{bmatrix}$$

행렬 $A = [a_{ij}]_{n \times n}$ 에서 주대각선 위의 성분 $a_{11}, a_{22}, \cdots, a_{nn}$ 을 제외한 성분이 모두 0 일 때, A 를 **대각행렬**(diagonal matrix)이라 하고 이 행렬을

$$A = \operatorname{diag}\{a_{11}, a_{22}, \cdots, a_{nn}\}$$

으로 나타내고, 특히

$$\operatorname{diag}\{a, a, \cdots, a\} = aI_n$$

를 **스칼라 행렬**(scalar matrix)이라고 한다.

$$\begin{bmatrix} a_{11} & 0 & \cdots & 0 \\ 0 & a_{22} & \cdots & 0 \\ \vdots & \vdots & \ddots & \vdots \\ 0 & 0 & \cdots & a_{nn} \end{bmatrix}$$

정의 4.1.15 두 행렬 $A = [a_{ij}]_{m\times n}$, $B = [b_{ij}]_{m\times r}$ 에 대하여 이 두 행렬의 대응하는 행을 차례로 연이어 놓아 만든 행렬을 **덧붙인 행렬**(augmented matrix)이라 하고 이 행렬을 $[A \mid B]$ 로 나타낸다.

$$[A \mid B] = \left[\begin{array}{ccc|ccc} a_{11} & \cdots & a_{1n} & b_{11} & \cdots & b_{1r} \\ a_{21} & \cdots & a_{2n} & b_{21} & \cdots & b_{2r} \\ \vdots & \vdots & \vdots & \vdots & \vdots & \vdots \\ a_{m1} & \cdots & a_{mn} & b_{m1} & \cdots & b_{mr} \end{array}\right]$$

연습문제 (4.1)

1. 다음 세 등식을 한 등식으로 나타내어라.

$$A\begin{bmatrix} 1 \\ 2 \\ 3 \end{bmatrix} = \begin{bmatrix} 0 \\ \\ 3 \end{bmatrix}, \quad A\begin{bmatrix} 4 \\ 5 \\ 6 \end{bmatrix} = \begin{bmatrix} 1 \\ \\ 4 \end{bmatrix}, \quad A\begin{bmatrix} 7 \\ 8 \\ 9 \end{bmatrix} = \begin{bmatrix} 2 \\ \\ 5 \end{bmatrix}$$

2. 실수체 $\mathbb{R}$ 위에서 다음 행렬 A 와 양의 정수 n 에 대하여 nA, A^n 을 구하여라.

(1) $A = \begin{bmatrix} 0 & 0 \\ a & 0 \end{bmatrix}$ (2) $A = \begin{bmatrix} 1 & 0 \\ a & 1 \end{bmatrix}$ (3) $A = \begin{bmatrix} a & 0 \\ 1 & a \end{bmatrix}$

3. 실수체 $\mathbb{R}$ 위에서 다음 행렬의 역행렬을 구하여라.

$$A = \begin{bmatrix} 0 & 0 & 0 \\ a & 0 & 0 \\ 1 & a & 0 \end{bmatrix}$$

4. 체 F 위의 두 n 차의 행렬 A, B 에 대하여 다음이 성립하는지 판정하여라.

(1) A, B 가 대칭행렬이면, $A+B$ 는 대칭행렬이다.

(2) A, B 가 교대행렬이면, $A+B$ 는 교대행렬이다.

(3) A, B 가 대각행렬이면, $A+B$ 와 AB 는 대각행렬이다.

(4) A 가 대칭행렬이고 정칙행렬이면, A^{-1} 는 대칭행렬이다.

(5) A 가 교대행렬이고 정칙행렬이면, A^{-1} 는 교대행렬이다.

§4.2 행렬의 기본변형

이 절에서는, 행렬의 행과 열에 대한 변형에 대하여 논한다.

정의 4.2.1 체 F 위의 $m\times n$ 행렬 A에 대하여 다음과 같은 유형의 행[열] 에 관한 변형을 **기본 행 [열] 변형**(elementary row[column] operation)이라 하고, 이들 변형을 통틀어 **기본변형**이라고 한·다 ($i\neq j$, $a\in F$, $a\neq 0$).

제 I 변형 : A 의 제 i 행과 제 j 행 [제 i 열과 제 j 열] 을 서로 맞바꾼다.

제 II 변형 : A 의 제 i 행 [제 i 열] 을 서로 a 배 한다.

제 III 변형 : A 의 제 i 행에 제 j 행의 a 배를 더한다.

[A 의 제 j 열에 제 i 열의 a 배를 더한다.]

그리고, 다음과 같이 n 차의 항등행렬 I_n 에 기본 행 변형 I, II, III 를 시행하여 얻은 행렬을 n 차 **기본행렬**(elementary matrix)이라고 한다.

$$C_{ij}=\begin{bmatrix} 1 & \cdots & 0 & \cdots & 0 & \cdots & 0 \\ \vdots & & \vdots & & \vdots & & \vdots \\ 0 & \cdots & 0 & \cdots & 1 & \cdots & 0 \\ \vdots & & \vdots & & \vdots & & \vdots \\ 0 & \cdots & 1 & \cdots & 0 & \cdots & 0 \\ \vdots & & \vdots & & \vdots & & \vdots \\ 0 & \cdots & 0 & \cdots & 0 & \cdots & 1 \end{bmatrix}\begin{matrix} \\ \\ i \\ \\ j \\ \\ \\ \end{matrix}$$

$$D_{ii}(a)=\begin{bmatrix} 1 & \cdots & 0 & \cdots & 0 & \cdots & 0 \\ \vdots & & \vdots & & \vdots & & \vdots \\ 0 & \cdots & a & \cdots & 0 & \cdots & 0 \\ \vdots & & \vdots & & \vdots & & \vdots \\ 0 & \cdots & 0 & \cdots & 1 & \cdots & 0 \\ \vdots & & \vdots & & \vdots & & \vdots \\ 0 & \cdots & 0 & \cdots & 0 & \cdots & 1 \end{bmatrix}\begin{matrix} \\ \\ i \\ \\ \\ \\ \\ \end{matrix}$$

$$E_{ij}(a)=\begin{bmatrix} 1 & \cdots & 0 & \cdots & 0 & \cdots & 0 \\ \vdots & & \vdots & & \vdots & & \vdots \\ 0 & \cdots & 1 & \cdots & a & \cdots & 0 \\ \vdots & & \vdots & & \vdots & & \vdots \\ 0 & \cdots & 0 & \cdots & 1 & \cdots & 0 \\ \vdots & & \vdots & & \vdots & & \vdots \\ 0 & \cdots & 0 & \cdots & 0 & \cdots & 1 \end{bmatrix}\begin{matrix} \\ \\ i \\ \\ j \\ \\ \\ \end{matrix}$$

보기 4.2.1 집합 $\mathrm{Mat}_2(\mathbb{R})$ 에서 다음이 성립한다.

$$C_{12} = \begin{bmatrix} 0 & 1 \\ 1 & 0 \end{bmatrix} = C_{21}, \quad {C_{12}}^T = \begin{bmatrix} 0 & 1 \\ 1 & 0 \end{bmatrix} = {C_{12}}^{-1} = C_{12},$$

$$D_{22}(5) = \begin{bmatrix} 1 & 0 \\ 0 & 5 \end{bmatrix}, \qquad D_{22}(5)^T = \begin{bmatrix} 1 & 0 \\ 0 & 5 \end{bmatrix} = D_{22}(5),$$

$$D_{22}(5)^{-1} = \begin{bmatrix} 1 & 0 \\ 0 & 5^{-1} \end{bmatrix} = D_{22}(5^{-1}), \quad E_{12}(3) = \begin{bmatrix} 1 & 3 \\ 0 & 1 \end{bmatrix},$$

$$E_{12}(3)^T = \begin{bmatrix} 1 & 0 \\ 3 & 1 \end{bmatrix} = E_{21}(3), \quad E_{12}(3)^{-1} = \begin{bmatrix} 1 & -3 \\ 0 & 1 \end{bmatrix} = E_{12}(-3)$$

다음 정리가 성립함을 쉽게 알 수 있다.

정리 4.2.2 체 F 위의 n 차의 기본행렬은 모두 정칙행렬이다. 그리고, E 가 기본행렬이면, E^T 와 E^{-1} 도 E 와 동일한 유형의 기본행렬이다. 즉,

$$\begin{aligned} {C_{ij}}^T &= C_{ji} = C_{ij}, \quad D_{ii}(a)^T = D_{ii}(a), \qquad E_{ij}(a)^T = E_{ji}(a), \\ {C_{ij}}^{-1} &= C_{ji} = C_{ij}, \quad D_{ii}(a)^{-1} = D_{ii}(a^{-1}), \quad E_{ij}(a)^{-1} = E_{ij}(-a) \end{aligned}$$

보기 4.2.2 집합 $\mathrm{Mat}_3(\mathbb{R})$ 에서 다음이 성립한다.

$$C_{12} = \begin{bmatrix} 0 & 1 & 0 \\ 1 & 0 & 0 \\ 0 & 0 & 1 \end{bmatrix} = C_{21}, \quad {C_{12}}^T = \begin{bmatrix} 0 & 1 & 0 \\ 1 & 0 & 0 \\ 0 & 0 & 1 \end{bmatrix} = {C_{12}}^{-1} = C_{12}$$

$$D_{33}(5) = \begin{bmatrix} 1 & 0 & 0 \\ 0 & 1 & 0 \\ 0 & 0 & 5 \end{bmatrix}, \qquad D_{33}(5)^T = \begin{bmatrix} 1 & 0 & 0 \\ 0 & 1 & 0 \\ 0 & 0 & 5 \end{bmatrix} = D_{33}(5)$$

$$D_{33}(5)^{-1} = \begin{bmatrix} 1 & 0 & 0 \\ 0 & 1 & 0 \\ 0 & 0 & 5^{-1} \end{bmatrix} = D_{33}(5^{-1}), \quad E_{12}(4) = \begin{bmatrix} 1 & 4 & 0 \\ 0 & 1 & 0 \\ 0 & 0 & 1 \end{bmatrix}$$

$$E_{12}(4)^T = \begin{bmatrix} 1 & 0 & 0 \\ 4 & 1 & 0 \\ 0 & 0 & 1 \end{bmatrix} = E_{21}(4), \; E_{12}(4)^{-1} = \begin{bmatrix} 1 & -4 & 0 \\ 0 & 1 & 0 \\ 0 & 0 & 1 \end{bmatrix} = E_{12}(-4)$$

보기 4.2.3 실수체 $\mathbb{R}$ 위에서 다음이 성립한다.

$$C_{23}\begin{bmatrix} x_1 & y_1 \\ x_2 & y_2 \\ x_3 & y_3 \end{bmatrix} = \begin{bmatrix} 1 & 0 & 0 \\ 0 & 0 & 1 \\ 0 & 1 & 0 \end{bmatrix}\begin{bmatrix} x_1 & y_1 \\ x_2 & y_2 \\ x_3 & y_3 \end{bmatrix} = \begin{bmatrix} x_1 & y_1 \\ x_3 & y_3 \\ x_2 & y_2 \end{bmatrix},$$

$$\begin{bmatrix} x_1 & x_2 & x_3 \\ y_1 & y_2 & y_3 \end{bmatrix} C_{23} = \begin{bmatrix} x_1 & x_3 & x_2 \\ y_1 & y_3 & y_2 \end{bmatrix}$$

$$D_{22}(3)\begin{bmatrix} x_1 \\ x_2 \\ x_3 \end{bmatrix} = \begin{bmatrix} 1 & 0 & 0 \\ 0 & 3 & 0 \\ 0 & 0 & 1 \end{bmatrix}\begin{bmatrix} x_1 \\ x_2 \\ x_3 \end{bmatrix} = \begin{bmatrix} x_1 \\ 3x_2 \\ x_3 \end{bmatrix},$$

$$\begin{bmatrix} x_1 & x_2 & x_3 \\ y_1 & y_2 & y_3 \end{bmatrix} D_{22}(3) = \begin{bmatrix} x_1 & 3x_2 & x_3 \\ y_1 & 3y_2 & y_3 \end{bmatrix}$$

$$E_{23}(4)\begin{bmatrix} x_1 \\ x_2 \\ x_3 \end{bmatrix} = \begin{bmatrix} 1 & 0 & 0 \\ 0 & 1 & 4 \\ 0 & 0 & 1 \end{bmatrix}\begin{bmatrix} x_1 \\ x_2 \\ x_3 \end{bmatrix} = \begin{bmatrix} x_1 \\ x_2 + 4x_3 \\ x_3 \end{bmatrix},$$

$$\begin{bmatrix} x_1 & x_2 & x_3 \\ y_1 & y_2 & y_3 \end{bmatrix} E_{23}(4) = \begin{bmatrix} x_1 & x_2 & x_3 + 4x_2 \\ y_1 & y_2 & y_3 + 4y_2 \end{bmatrix}$$

정리 4.2.3 체 F 위의 $m \times n$ 행렬 $A = [a_{ij}]_{m\times n}$ 에 기본 행 [열] 변형을 유한 번 시행하여 얻은 행렬을 B 이라고 할 때, 이러한 기본변형에 대응하는 m 차의 [n 차의] 기본행렬을 차례로 E_1, E_2, $\cdots$, E_s 이라고 하면

$$B = E_s \cdots E_2 E_1 A \qquad [\, B = A E_1 E_2 \cdots E_s \,]$$

이고 여기서 $P = E_s \cdots E_2 E_1$ [$Q = E_1 E_2 \cdots E_s$] 는 정칙행렬이다.

보기 4.2.4 다음은 실수체 $\mathbb{R}$ 위의 행렬 A 에 기본 행 변형을 유한 번 시행하여 행렬 B 를 얻는 과정을 보여 주고 있다.

$$A = \begin{bmatrix} 2 & 6 & 16 \\ 3 & 8 & 22 \end{bmatrix} \longrightarrow \begin{bmatrix} 2 & 6 & 16 \\ 1 & 2 & 6 \end{bmatrix} \longrightarrow \begin{bmatrix} 1 & 2 & 6 \\ 2 & 6 & 16 \end{bmatrix}$$

$$\longrightarrow \begin{bmatrix} 1 & 2 & 6 \\ 0 & 2 & 4 \end{bmatrix} \longrightarrow \begin{bmatrix} 1 & 2 & 6 \\ 0 & 1 & 2 \end{bmatrix} \longrightarrow \begin{bmatrix} 1 & 0 & 2 \\ 0 & 1 & 2 \end{bmatrix} = B$$

이 때, $B = E_{12}(-2)\, D_{22}(2^{-1})\, E_{21}(-2)\, C_{12} E_{21}(-1)\, A$ 이다.

행렬 A 와 기본행렬 E 에 대하여 $AE = (E^T A^T)^T$ 이고 또 E^T 는 E 와 동일한 유형의 기본행렬이므로 A 에 열 변형을 시행하는 것은 A 의 전치 행렬 A^T 에 기본 행 변형을 시행한 행렬을 전치시키는 것과 같다.

정의 4.2.4 아래의 조건 중에서 세 조건 (i), (ii), (iii) 를 모두 만족시키는 행렬을 **기약 행 사다리꼴 행렬**(matrix in reduced row-echelon form)이라고 한다.

(i) 행 중에서 0 만으로 이루어진 행은 아래쪽에 놓여 있다.

(ii) 각 행에서 선두성분(leading component) 즉 처음으로 0 이 아닌 성분은 1 이고, 이 1 은 행의 번호가 커질수록 오른쪽에 더 치우쳐 놓여 있다.

(iii) 각 행의 선두성분 1 을 포함하는 열의 나머지 성분은 모두 0 이다.

그리고, 영행렬은 기약 행 사다리꼴 행렬이라고 생각하기로 한다.

보기 4.2.5 다음 행렬은 모두 기약 행 사다리꼴 행렬이다.

$$\begin{bmatrix} \mathbf{1} & \mathbf{0} & 2 \\ 0 & \mathbf{1} & 3 \end{bmatrix}, \quad \begin{bmatrix} \mathbf{1} & 2 & \mathbf{0} & 4 & 3 \\ 0 & 0 & \mathbf{1} & 0 & 3 \\ 0 & 0 & 0 & 0 & 0 \end{bmatrix}, \quad \begin{bmatrix} 0 & \mathbf{1} & \mathbf{0} & 2 & 3 \\ 0 & 0 & \mathbf{1} & 0 & 4 \end{bmatrix}$$

행렬 A 에 기본 행 변형을 유한 번 시행하면 기약 행 사다리꼴 행렬 A' 으로 변형시킬 수 있다. 이와 같이 주어진 행렬을 기약 행 사다리꼴로 변형시키는 방법은 여러 가지 있으나, A' 은 유일하게 결정된다(증명 생략).

보기 4.2.6 다음은 실수체 $\mathbb{R}$ 위의 행렬 A 에 적당한 기본 행 변형을 시행하여 A 를 기약 행 사다리꼴 행렬 A' 으로 변형시키는 과정을 보여 준다.

$$A = \begin{bmatrix} 1 & 3 & -2 & 0 \\ 2 & 6 & -3 & 4 \\ 3 & 9 & -4 & 8 \end{bmatrix} \longrightarrow \begin{bmatrix} 1 & 3 & -2 & 0 \\ \mathbf{0} & \mathbf{0} & 1 & 4 \\ 3 & 9 & -4 & 8 \end{bmatrix} \longrightarrow \begin{bmatrix} 1 & 3 & -2 & 0 \\ \mathbf{0} & \mathbf{0} & 1 & 4 \\ \mathbf{0} & \mathbf{0} & 2 & 8 \end{bmatrix}$$

$$\longrightarrow \begin{bmatrix} 1 & 3 & -2 & 0 \\ \mathbf{0} & \mathbf{0} & 1 & 4 \\ \mathbf{0} & \mathbf{0} & \mathbf{0} & \mathbf{0} \end{bmatrix} \longrightarrow \begin{bmatrix} 1 & 3 & \mathbf{0} & 8 \\ \mathbf{0} & \mathbf{0} & \mathbf{1} & 4 \\ \mathbf{0} & \mathbf{0} & \mathbf{0} & \mathbf{0} \end{bmatrix} = A'$$

정리 4.2.3 에 의하여 다음 정리가 성립한다.

정리 4.2.5 체 F 위의 $m\times n$ 행렬 $A=[a_{ij}]_{m\times n}$에 기본 행 변형을 유한 번 시행하여 얻은 기약 행 사다리꼴 행렬을 A' 이라고 할 때, 이들 유한 번의 기본 행 변형에 대응하는 m 차의 기본행렬을 차례로 $E_1, E_2, \cdots, E_s$ 이라고 하면

$$A' = E_s \cdots E_2 E_1 A$$

이고 여기서 $P = E_s \cdots E_2 E_1$ 는 정칙행렬이다.

위의 정리에서 $m\times n$ 행렬 A 와 m 차의 항등행렬 I_m 은 각각

$$A \longrightarrow E_1 A \longrightarrow E_2 E_1 A \longrightarrow \cdots \longrightarrow E_s \cdots E_2 E_1 A = A'$$

$$I_m \longrightarrow E_1 \longrightarrow E_2 E_1 \longrightarrow \cdots \longrightarrow E_s \cdots E_2 E_1 = P$$

로 변형되므로 덧붙인 행렬 $[A \mid I_m]$은 이러한 변형에 의하여

$$[A \mid I_m] \longrightarrow [E_1 A \mid E_1] \longrightarrow [E_2 E_1 A \mid E_2 E_1] \longrightarrow \cdots \longrightarrow [A' \mid P]$$

으로 변형되고, 이때 $A' = PA$ 이다.

보기 4.2.7 실수체 $\mathbb{R}$ 위에서 다음과 같은 행렬을 생각해 보자.

$$A = \begin{bmatrix} 1 & 3 & 2 & 0 \\ 2 & 6 & 5 & 4 \\ 3 & 9 & 8 & 8 \end{bmatrix}$$

덧붙인 행렬 $[A \mid I_3]$는 기본 행 변형에 의하여 다음과 같이 변형된다.

$$[A \mid I_3] = \left[\begin{array}{cccc|ccc} 1 & 3 & 2 & 0 & 1 & 0 & 0 \\ 2 & 6 & 5 & 4 & 0 & 1 & 0 \\ 3 & 9 & 8 & 8 & 0 & 0 & 1 \end{array}\right] \longrightarrow \left[\begin{array}{cccc|ccc} 1 & 3 & 2 & 0 & 1 & 0 & 0 \\ 0 & 0 & 1 & 4 & -2 & 1 & 0 \\ 0 & 0 & 2 & 8 & -3 & 0 & 1 \end{array}\right]$$

$$\longrightarrow \left[\begin{array}{cccc|ccc} 1 & 3 & 0 & -8 & 5 & -2 & 0 \\ 0 & 0 & 1 & 4 & -2 & 1 & 0 \\ 0 & 0 & 0 & 0 & 1 & -2 & 1 \end{array}\right] = [A' \mid P]$$

여기서, 행렬

$$P = \begin{bmatrix} 5 & -2 & 0 \\ -2 & 1 & 0 \\ 1 & -2 & 1 \end{bmatrix}$$

는 정칙행렬이고. 또 $A' = PA$ 이다.

정의 4.2.6 체 F 위의 $m\times n$ 행렬 $A\ (\neq O_{m\times n})$ 에 기본 행 변형을 유한 번 시행하여 얻은 기약 행 사다리꼴 행렬 A' 에서 선두성분 1 을 포함하는 행의 개수를 A 의 **階級數**(rank) 라 하고 이것을 $r(A)$ 로 나타낸다.

$$A' = \left[\begin{array}{cccccccccc} 1 & * & 0 & * & \cdots & * & 0 & * & \cdots & * \\ 0 & 0 & 1 & * & \cdots & * & 0 & * & \cdots & * \\ \vdots & & & \vdots & & \vdots & \vdots & \vdots & & \vdots \\ 0 & 0 & 0 & 0 & \cdots & 0 & 1 & * & \cdots & * \\ 0 & 0 & 0 & 0 & \cdots & 0 & 0 & 0 & \cdots & 0 \\ \vdots & & & \vdots & & \vdots & \vdots & \vdots & & \vdots \\ 0 & 0 & 0 & 0 & \cdots & 0 & 0 & 0 & \cdots & 0 \end{array}\right] r$$

그리고, 영행렬의 계급수는 0 으로 정한다. 즉, $r(O_{m\times n}) = 0$ 이다.

정리 4.2.7 체 F 위의 n 차의 행렬 $A = [a_{ij}]_{n\times n}$ 에 기본 행 변형을 유한 번 시행하여 얻은 기약 행 사다리꼴 행렬을 A' 이라고 할 때, 다음 네 조건은 서로 동치이다.

(1) A 는 정칙행렬이다.

(2) $A' = I_n$

(3) $r(A) = n$

(4) A 는 유한 개의 기본행렬의 곱으로 나타내어진다.

체 F 위의 n 차의 행렬 A 에 적당한 기본 행 변형을 유한 번 시행하여 얻은 기약 행 사다리꼴 행렬이 A' 일 때, 이러한 기본 행 변형에 대응하는 기본행렬을 차례로 $E_1, E_2, \cdots, E_s$ 이라고 하자. 이 때, n 차의 행렬 A 와 n 차의 항등행렬 I_n 의 덧붙인 행렬 $[A\,|\,I_n]$ 은 이러한 변형에 의하여

$$[A\,|\,I_n] \longrightarrow [E_1A\,|\,E_1] \longrightarrow \cdots \longrightarrow [A'\,|\,P]$$

로 변형되고 또 정리 4.2.7 에 의하여 A 가 정칙행렬일 때 그리고 이때에만 $A' = I_n$ 이다. 특히, A 가 정칙행렬이면, $PA = A' = I_n$ 이므로 $P = A^{-1}$ 이고 따라서 덧붙인 행렬 $[A\,|\,I_n]$ 은

$$[A\,|\,I_n] \longrightarrow [E_1A\,|\,E_1] \longrightarrow \cdots \longrightarrow [I_n\,|\,A^{-1}]$$

로 변형되고 $n\times m$ 행렬 B 에 대하여 $[A\,|\,B]$ 는 다음과 같이 변형된다.

$$[A \mid B] \longrightarrow [E_1 A \mid E_1 B] \longrightarrow \cdots \longrightarrow [I_n \mid A^{-1}B]$$

그리고, n 차의 행렬 A 가 정칙행렬일 때, $AX = B$ 이면 $X = A^{-1}B$ 이고 덧붙인 행렬 $[A \mid B]$ 에 기본 행 변형을 시행하여 X 를 구할 수 있다.

보기 4.2.8 실수체 $\mathbb{R}$ 위에서 다음 두 행렬을 생각해 보자.

$$A = \begin{bmatrix} 1 & 2 & 1 \\ 2 & 5 & 1 \\ 2 & 4 & 1 \end{bmatrix}, \qquad B = \begin{bmatrix} 2 & -1 \\ 1 & 3 \\ 0 & 2 \end{bmatrix}$$

덧붙인 행렬 $[A \mid I_3]$ 는 기본 행 변형에 의하여 다음과 같이 변형된다.

$$[A \mid I_3] = \left[\begin{array}{ccc|ccc} 1 & 2 & 1 & 1 & 0 & 0 \\ 2 & 5 & 1 & 0 & 1 & 0 \\ 2 & 4 & 1 & 0 & 0 & 1 \end{array}\right] \longrightarrow \left[\begin{array}{ccc|ccc} 1 & 2 & 1 & 1 & 0 & 0 \\ 0 & 1 & -1 & -2 & 1 & 0 \\ 0 & 0 & -1 & -2 & 0 & 1 \end{array}\right]$$

$$\longrightarrow \left[\begin{array}{ccc|ccc} 1 & 2 & 1 & 1 & 0 & 0 \\ 0 & 1 & -1 & -2 & 1 & 0 \\ 0 & 0 & 1 & 2 & 0 & -1 \end{array}\right] \longrightarrow \left[\begin{array}{ccc|ccc} 1 & 2 & 0 & -1 & 0 & 1 \\ 0 & 1 & 0 & 0 & 1 & -1 \\ 0 & 0 & 1 & 2 & 0 & -1 \end{array}\right]$$

$$\longrightarrow \left[\begin{array}{ccc|ccc} 1 & 0 & 0 & -1 & -2 & 3 \\ 0 & 1 & 0 & 0 & 1 & -1 \\ 0 & 0 & 1 & 2 & 0 & -1 \end{array}\right] = [I_3 \mid A^{-1}]$$

따라서 A 는 정칙행렬이고 A 의 역행렬 A^{-1} 는 다음과 같다.

$$A^{-1} = \begin{bmatrix} -1 & -2 & 3 \\ 0 & 1 & -1 \\ 2 & 0 & -1 \end{bmatrix}$$

한편, $AX = B$ 일 때, $X = A^{-1}B$ 이고 또 덧붙인 행렬 $[A \mid B]$ 는

$$[A \mid B] = \left[\begin{array}{ccc|cc} 1 & 2 & 1 & 2 & -1 \\ 2 & 5 & 1 & 1 & 3 \\ 2 & 4 & 1 & 0 & 2 \end{array}\right] \longrightarrow \left[\begin{array}{ccc|cc} 1 & 2 & 1 & 2 & -1 \\ 0 & 1 & -1 & -3 & 5 \\ 0 & 0 & -1 & -4 & 4 \end{array}\right]$$

$$\longrightarrow \left[\begin{array}{ccc|cc} 1 & 2 & 1 & 2 & -1 \\ 0 & 1 & -1 & -3 & 5 \\ 0 & 0 & 1 & 4 & -4 \end{array}\right] \longrightarrow \left[\begin{array}{ccc|cc} 1 & 0 & 0 & -4 & 1 \\ 0 & 1 & 0 & 1 & 1 \\ 0 & 0 & 1 & 4 & -4 \end{array}\right]$$

$$= [I_3 \mid A^{-1}B]$$

으로 변형되므로 $X = A^{-1}B = \begin{bmatrix} -4 & 1 \\ 1 & 1 \\ 4 & -4 \end{bmatrix}$ 이다.

보기 4.2.9 실수체 $\mathbb{R}$ 위에서 다음과 같은 행렬을 생각해 보자

$$A = \begin{bmatrix} 1 & 4 & 6 \\ 2 & -1 & 4 \\ 1 & 4 & 6 \end{bmatrix}$$

덧붙인 행렬 $[A \mid I_3]$는 기본 행 변형에 의하여

$$[A \mid I_3] = \left[\begin{array}{ccc|ccc} 1 & 4 & 6 & 1 & 0 & 0 \\ 2 & -1 & 4 & 0 & 1 & 0 \\ 1 & 4 & 6 & 0 & 0 & 1 \end{array}\right] \longrightarrow \left[\begin{array}{ccc|ccc} 1 & 4 & 6 & 1 & 0 & 0 \\ 0 & -9 & -8 & -2 & 1 & 0 \\ 0 & 0 & 0 & -1 & 0 & 1 \end{array}\right]$$

과 같이 변형되므로 $[A \mid I_3]$는 $[I_3 \mid P]$의 꼴로 변형되지 않는다. 따라서 행렬 A는 정칙행렬이 아니다.

연습문제 (4.2)

1. 실수체 $\mathbb{R}$ 위에서 다음과 같은 행렬 A에 유한 번의 기본 행 변형을 시행하여 기약 행 사다리꼴 행렬 A'으로 변형하고, 또 $A' = PA$인 정칙행렬 P를 구하여라.

(1) $A = \begin{bmatrix} 2 & -1 & 1 \\ 1 & 2 & 3 \end{bmatrix}$　　(2) $A = \begin{bmatrix} 1 & 4 & 1 & 3 \\ 2 & 8 & 3 & 5 \\ 1 & 4 & 2 & 7 \end{bmatrix}$

2. 실수체 $\mathbb{R}$ 위에서 다음 행렬이 정칙행렬인 경우에 이 행렬을 기본행렬의 곱으로 나타내어라.

(1) $A = \begin{bmatrix} 0 & 3 \\ 5 & 10 \end{bmatrix}$　　(2) $A = \begin{bmatrix} 0 & 1 & 0 \\ 0 & 0 & 2 \\ 3 & 0 & 0 \end{bmatrix}$

3. 실수체 $\mathbb{R}$ 위에서 다음과 같은 행렬 A가 정칙행렬인 경우에 A에 기본 행 변형을 시행하여 A의 역행렬 A^{-1}를 구하여라.

(1) $A = \begin{bmatrix} 2 & 1 & 2 \\ 4 & 0 & 1 \\ 2 & 3 & 4 \end{bmatrix}$　　(2) $A = \begin{bmatrix} 6 & 2 & 3 \\ 1 & 1 & 0 \\ 8 & 4 & 3 \end{bmatrix}$

§4.3 연립일차방정식의 해

체 F의 원소 $a_1, a_2, \cdots, a_n, b$와 미지수 $x_1, x_2, \cdots, x_n$에 대하여 다음과 같은 꼴의 방정식을 체 F 위의 $x_1, x_2, \cdots, x_n$에 관한 **일차방정식**(linear equation)이라고 한다.

$$a_1x_1 + a_2x_2 + \cdots + a_nx_n = b$$
$$(a_1, a_2, \cdots, a_n \text{ 중에서 적어도 하나는 } \neq 0)$$

그리고, 체 F 위의 m개의 일차방정식으로 이루어진 연립방정식

$$(*) \qquad \begin{cases} a_{11}x_1 + a_{12}x_2 + \cdots + a_{1n}x_n = b_1 \\ a_{21}x_1 + a_{22}x_2 + \cdots + a_{2n}x_n = b_2 \\ \quad\vdots \\ a_{m1}x_1 + a_{m2}x_2 + \cdots + a_{mn}x_n = b_m \end{cases} \qquad (a_{ij}, b_j \in F)$$

을 체 F 위의 미지수 $x_1, x_2, \cdots, x_n$에 관한 **연립일차방정식**(system of linearequations)이라고 한다($m = 1$인 경우도 포함하여). 또, $A = [a_{ij}]_{m\times n}$이라고 하면, $A \neq O_{m\times n}$이고 위의 (*)는 다음과 같이 나타내어진다

$$A\begin{bmatrix} x_1 \\ \vdots \\ x_n \end{bmatrix} = B, \qquad B = \begin{bmatrix} b_1 \\ \vdots \\ b_m \end{bmatrix}$$

여기서, 행렬 A를 (*)의 **계수행렬**(coefficient matrix)이라 하고 행렬

$$[A \mid B] = \left[\begin{array}{cccc|c} a_{11} & a_{12} & \cdots & a_{1n} & b_1 \\ a_{21} & a_{22} & \cdots & a_{2n} & b_2 \\ \vdots & \vdots & \cdots & \vdots & \vdots \\ a_{m1} & a_{m2} & \cdots & a_{mn} & b_m \end{array}\right]$$

를 (*)의 **덧붙인 행렬**(augmented matrix)이라고 한다.

체 F의 원소 $c_1, \cdots, c_n$에 대하여 $x_1 = c_1, \cdots, x_n = c_n$가 연립일차방정식 (*)의 모든 일차방정식을 동시에 만족시킬 때, $(c_1, \cdots, c_n) \in F^n$을 이 연립일차방정식의 **解**(solution)라 하고 이 해를 다음과 같이 나타낸다.

$$\begin{cases} x_1 = c_1 \\ \vdots \\ x_n = c_n \end{cases} \quad \text{또는} \quad \begin{bmatrix} x_1 \\ \vdots \\ x_n \end{bmatrix} = \begin{bmatrix} c_1 \\ \vdots \\ c_n \end{bmatrix} \quad \text{또는} \quad (x_1, \cdots, x_n) = (c_1, \cdots, c_n)$$

연립일차방정식의 해 전체를 구하는 것을 이 연립방정식을 푼다고 한다. 그리고, 두 연립일차방정식의 해집합이 일치할 때, 이들 두 연립일차방정식은 **동치**(equivalent)라고 한다. 연립일차방정식을 풀 때에는, 다음과 같은 유형의 기본 변형을 유한 번 시행하여 동치인 연립일차방정식으로 고친다.

(1) 서로 다른 두 방정식을 맞바꾸어 놓는다.

(2) 한 방정식을 a 배한다($a \in F$, $a \neq 0$).

(3) 한 방정식에 다른 방정식의 a 배를 더한다($a \in F$, $a \neq 0$).

연립일차방정식에 기본변형 (1), (2), (3) 을 시행한다는 것은 그 덧붙인 행렬에 기본 행 변형 I, II, III 를 시행한다는 것과 마찬가지이다(정의 4.2.1).

보기 4.3.1 다음 연립일차방정식의 해를 구해 보자(실수체 $\mathbb{R}$ 위에서).

$$\begin{cases} 3x_1 + 4x_2 + 2x_3 = 8 \\ 2x_1 + 3x_2 + x_3 = 5 \end{cases}$$

이제 위의 연립일차방정식의 계수행렬과 덧붙인 행렬을 각각 A, $[A \mid B]$ 이라고 하면, $[A \mid B]$ 는 기본 행 변형에 의하여 오른쪽과 같이 기약 행 사다리꼴 행렬로 변형되고 또 이 기약 행 사다리꼴 행렬에 대응하는 연립일차방정식은 다음과 같다.

$$[A \mid B] = \left[\begin{array}{ccc|c} 3 & 4 & 2 & 8 \\ 2 & 3 & 1 & 5 \end{array}\right] \to \left[\begin{array}{ccc|c} 1 & 1 & 1 & 3 \\ 2 & 3 & 1 & 5 \end{array}\right] \to \left[\begin{array}{ccc|c} 1 & 1 & 1 & 3 \\ 0 & 1 & -1 & -1 \end{array}\right] \to \left[\begin{array}{ccc|c} 1 & 0 & 2 & 4 \\ 0 & 1 & -1 & -1 \end{array}\right]$$

$$\begin{cases} x_1 + 2x_3 = 4 \\ x_2 - x_3 = -1 \end{cases} \quad \text{즉} \quad \begin{cases} x_1 = 4 - 2x_3 \\ x_2 = -1 + x_3 \end{cases}$$

따라서 주어진 연립일차방정식은 위의 연립일차방정식과 동치이고, x_3 가 어떠한 실수값을 택하더라도 이에 따라 결정되는 x_1, x_2, x_3 의 값은 이 연립일차방정식의 해이다. 이제 매개변수(parameter) t 를 도입하여 $x_3 = t$ 이라고 놓으면 주어진 연립일차방정식의 해 전체는 다음과 같이 나타낼 수 있다.

$$\begin{cases} x_1 = \quad 4-2t \\ x_2 = -1+\quad t \quad (t \in \mathbb{R}) \\ x_3 = \qquad\quad t \end{cases} \quad \text{즉} \quad \begin{bmatrix} x_1 \\ x_2 \\ x_3 \end{bmatrix} = \begin{bmatrix} 4 \\ -1 \\ 0 \end{bmatrix} + t\begin{bmatrix} 2 \\ 1 \\ 1 \end{bmatrix} \quad (t \in \mathbb{R})$$

$$(x_1, x_2, x_3) = (4, -1, 0) + t(-2, 1, 1) \quad (t \in \mathbb{R})$$

보기 4.3.2 실수체 $\mathbb{R}$ 에서 다음 연립일차방정식의 해를 구해보자.

$$\begin{cases} 3x_1 + 4x_2 - 2x_3 = 4 \\ 2x_1 + 3x_2 + 2x_3 = 1 \\ 4x_1 + 5x_2 - 6x_3 = 8 \end{cases}$$

이 연립일차방정식의 계수행렬과 덧붙인 행렬을 각각 A, $[A \mid B]$ 이라고 하면, $[A \mid B]$ 는 기본 행 변형에 의하여 오른쪽과 같이 기약 행 사다리꼴 행렬로 변형된다. 그리고, $r([A \mid B]) \neq 2 = r(A)$ 이고 이에 대응하는 연립일차방정식은

$$[A \mid B] = \left[\begin{array}{ccc|c} 3 & 4 & -2 & 4 \\ 2 & 3 & 2 & 1 \\ 4 & 5 & -6 & 8 \end{array}\right] \longrightarrow \left[\begin{array}{ccc|c} 1 & 1 & -4 & 3 \\ 2 & 3 & 2 & 1 \\ 4 & 5 & -6 & 8 \end{array}\right] \longrightarrow \left[\begin{array}{ccc|c} 1 & 1 & -4 & 3 \\ 0 & 1 & 10 & -5 \\ 0 & 1 & 10 & -4 \end{array}\right] \longrightarrow \left[\begin{array}{ccc|c} 1 & 0 & -14 & 8 \\ 0 & 1 & 10 & -5 \\ 0 & 0 & 0 & 1 \end{array}\right]$$

$$\begin{cases} x_1 \qquad - 14x_3 = 0 \\ \qquad x_2 + 10x_3 = 0 \\ \qquad\qquad\quad 0 = 1 \end{cases}$$

이므로 위의 연립일차방정식의 해는 존재하지 않는다.

주어진 연립일차방정식의 덧붙인 행렬이 $[A \mid B]$ 일 때, $[A \mid B]$ 에 기본 행 변형을 유한 번 시행하여 얻은 기약 행 사다리꼴 행렬을 $[A' \mid B']$ 이라고 하면 이에 대응하는 두 연립일차방정식

$$A\begin{bmatrix} x_1 \\ \vdots \\ x_n \end{bmatrix} = B, \qquad A'\begin{bmatrix} x_1 \\ \vdots \\ x_n \end{bmatrix} = B'$$

는 동치이고 둘째 연립일차방정식을 이용하여 주어진 연립일차방정식의 해 전체를 구하거나 또는 해의 존재 여부를 판정할 수 있다.

실제로, $r([A \mid B]) = r(A) = r$ 인 경우에 이 연립일차방정식의 해는 존재하고 해는 $n-r$ 개의 매개변수로 나타내어지며 $r([A \mid B]) \neq r(A)$ 인 경우에는 연립일차방정식의 해는 존재하지 않는다. 이와 같은 방법으로 연립일차방정식을 푸는 것을 **Gauss-Jordan 소거법**(ellimination)이라고 한다.

체 F의 원소 $a_1, a_2, \cdots, a_n$과 미지수 $x_1, x_2, \cdots, x_n$에 대하여 다음과 같이 상수항이 0인 일차방정식을 체 F 위의 **同次 일차방정식**(homogeneous linear equations)이라고 한다.

$$a_1x_1 + a_2x_2 + \cdots + a_nx_n = 0$$

$$(a_1, a_2, \cdots, a_n \text{ 중에서 적어도 하나는 } \neq 0)$$

그리고, 다음과 같이 n개의 미지수에 관한 m개의 동차 일차방정식으로 이루어진 연립일차방정식을 체 F 위의 **동차 연립일차방정식**(homogeneous system of linear equations)이라고 한다($m = 1$ 인 경우도 포함하여).

$$\begin{cases} a_{11}x_1 + a_{12}x_2 + \cdots + a_{1n}x_n = 0 \\ a_{21}x_1 + a_{22}x_2 + \cdots + a_{2n}x_n = 0 \\ \quad\vdots \\ a_{m1}x_1 + a_{m2}x_2 + \cdots + a_{mn}x_n = 0 \end{cases} \qquad (a_{ij} \in F)$$

위의 동차 연립일차방정식은 적어도 한 개의 해 $(0, 0, \cdots, 0)$을 가진다. 이 해를 **자명한 해**(trivial solution)라고 한다.

보기 4.3.3 실수체 $\mathbb{R}$에서 다음 동차 연립일차방정식의 해를 구해보자.

$$\begin{cases} x_1 - 2x_2 + x_3 + 2x_4 = 0 \\ 2x_1 - 3x_2 \qquad + 4x_4 = 0 \end{cases}$$

이 동차 연립일차방정식의 계수행렬 A는 기본 행 변형에 의하여 오른쪽과 같이 기약 행 사다리꼴 행렬 A'으로 변형되고

$$r(A) = r(A') = 2$$

이고 A'에 대응하는 동차 연립일차방정식은 다음과 같다.

$$A = \begin{bmatrix} 1 & -2 & 1 & 2 \\ 2 & -3 & 0 & 4 \end{bmatrix} \to \begin{bmatrix} 1 & -2 & 1 & 2 \\ 0 & 1 & -2 & 0 \end{bmatrix} \to \begin{bmatrix} 1 & 0 & -3 & 2 \\ 0 & 1 & -2 & 0 \end{bmatrix} = A'$$

$$\begin{cases} x_1 \qquad - 3x_3 + 2x_4 = 0 \\ \qquad x_2 - 2x_3 \qquad = 0 \end{cases} \quad \text{즉} \quad \begin{cases} x_1 = 3x_3 - 2x_4 \\ x_2 = 2x_3 \end{cases}$$

따라서 위의 동차 연립일차방정식의 해 전체는 다음과 같이 나타낼 수 있다.

$$\begin{cases} x_1 = 3t_1 - 2t_2 \\ x_2 = 2t_1 \\ x_3 = \quad t_1 \\ x_4 = \qquad\quad t_2 \end{cases} \quad (t_1, t_2 \in \mathbb{R}) \qquad \begin{bmatrix} x_1 \\ x_2 \\ x_3 \\ x_4 \end{bmatrix} = t_1 \begin{bmatrix} 3 \\ 2 \\ 1 \\ 0 \end{bmatrix} + t_2 \begin{bmatrix} -2 \\ 0 \\ 0 \\ 1 \end{bmatrix} \quad (t_1, t_2 \in \mathbb{R})$$

체 F 위의 행렬 $A = [a_{ij}]_{m\times n} \neq O_{m\times n}$ 에 기본 행 변형을 유한 번 시행하여 얻은 기약 행 사다리꼴 행렬이 A' 일 때, 두 동차 연립일차방정식

$$A\begin{bmatrix} x_1 \\ \vdots \\ x_n \end{bmatrix} = \begin{bmatrix} 0 \\ \vdots \\ 0 \end{bmatrix}, \qquad A'\begin{bmatrix} x_1 \\ \vdots \\ x_n \end{bmatrix} = \begin{bmatrix} 0 \\ \vdots \\ 0 \end{bmatrix}$$

은 서로 동치이고 또 $r(A) = r(A') = r$ 이라고 하면 $1 \leq r \leq n$ 이다.

먼저 $r = n$ 이면, 이 동차 연립일차방정식의 해는 자명한 해 $(0, \cdots, 0)$ 뿐이다. 한편, $1 \leq r < n$ 이면, A' 은

$$A' = \left.\begin{bmatrix} 1 & * & 0 & * & \cdots & * & 0 & * \cdots & * \\ 0 & 0 & 1 & * & \cdots & * & 0 & * \cdots & * \\ \vdots & \vdots & \vdots & \vdots & & \vdots & \vdots & & \vdots \\ 0 & 0 & 0 & 0 & \cdots & 0 & 1 & * \cdots & * \\ 0 & 0 & 0 & 0 & \cdots & 0 & 0 & 0 \cdots & 0 \\ \vdots & \vdots & \vdots & \vdots & & \vdots & \vdots & & \vdots \\ 0 & 0 & 0 & 0 & \cdots & 0 & 0 & 0 \cdots & 0 \end{bmatrix}\right. r$$

와 같은 꼴이고 이때 이 동차 연립일차방정식의 해는 $n - r$ 개의 매개변수로 나타내어지고 따라서 자명한 해 $(0, \cdots, 0)$ 이외의 해를 가진다.

특히, 이 결과와 정리 4.2.7 에 의하여 다음 정리가 성립한다.

정리 4.3.1 체 F 위의 n 개의 미지수 $x_1, x_2, \cdots, x_n$ 에 관한 n 개의 동차 일차방정식으로 이루어진 동차 연립일차방정식

$$(*) \qquad \begin{cases} a_{11}x_1 + a_{12}x_2 + \cdots + a_{1n}x_n = 0 \\ a_{21}x_1 + a_{22}x_2 + \cdots + a_{2n}x_n = 0 \\ \quad\vdots \\ a_{n1}x_1 + a_{n2}x_2 + \cdots + a_{nn}x_n = 0 \end{cases}$$

에서 $A = [a_{ij}]_{n\times n} \neq O_{m\times n}$ 이라고 할 때, 다음 세 조건은 서로 동치이다.

(1) A 는 정칙행렬이다.

(2) $r(A) = n$

(3) 동차 연립일차방정식 $(*)$ 의 해는 자명한 해 $(0, 0, \cdots, 0)$ 뿐이다.

연습문제 (4.3)

1. 실수체 $\mathbb{R}$ 위에서 다음 연립일차방정식을 풀어라.

(1) $\begin{cases} x_1 + 2x_2 + x_3 = 0 \\ x_1 - x_2 - x_3 = 0 \end{cases}$ (2) $\begin{cases} x_1 + x_2 = 2 \\ 3x_1 - x_2 = 2 \\ x_1 - x_2 = 0 \end{cases}$

2. 실수체 $\mathbb{R}$ 위에서 다음 연립일차방정식을 풀어라.

$$\begin{cases} x_1 + x_2 + x_3 + x_4 = 0 \\ 2x_1 + 3x_2 + 2x_3 + x_4 = 0 \\ 3x_1 + 4x_2 + 3x_3 + 2x_4 = 0 \end{cases}$$

3. 실수체 $\mathbb{R}$ 위에서 다음 일차방정식의 해를 구하여라.

(1) $x_1 + 3x_2 - 2x_3 = 0$ (2) $x_1 + 3x_2 - 2x_3 = 4$

4. 실수체 $\mathbb{R}$ 위의 행렬

$$A = \begin{bmatrix} 3 & 1 & -1 \\ 2 & 2 & -1 \\ 2 & 2 & 0 \end{bmatrix}, \qquad X = \begin{bmatrix} x_1 \\ x_2 \\ x_3 \end{bmatrix}$$

에 대하여 다음 물음에 답하여라.

(1) 등식 $AX = X$를 만족시키는 X를 구하여라.

(2) 등식 $(2I_3 - A)X = O_3$를 만족시키는 X를 구하여라.

5. 다음 연립일차방정식이 해를 가지도록 실수 k의 값을 정하여라.

$$\begin{cases} 3x_1 - 6x_2 + 2x_3 - 2x_4 = -9 \\ 2x_1 - 4x_2 + 3x_3 - 3x_4 = 4 \\ 5x_1 - 10x_2 + 7x_3 - 7x_4 = k \end{cases}$$

§4.4 행렬식

자연수 $1, 2, \cdots, n$ 을 일렬로 늘어놓은 순열

$$\sigma : j_1, j_2, \cdots, j_n$$

에 대하여 다음과 같은 $\dfrac{n(n-1)}{2}$ 개의 순서쌍을 생각해 보자.

$$\begin{array}{r} (j_1, j_2), (j_1, j_3), \cdots, (j_1, j_n), \\ (j_2, j_3), \cdots, (j_2, j_n), \\ \cdots\cdots\cdots\cdots\cdots\cdots, \\ (j_{n-1}, j_n) \end{array}$$

이러한 순서쌍 중에서 크기의 순으로 되어 있지 않은 것이 있을 때, σ 에 **轉倒**(inversion)가 일어났다고 하고 이와 같은 전도가 일어난 개수를 $\mu(\sigma)$ 로 나타낸다. 그리고, $\mu(\sigma)$ 가 짝수일 때 σ를 **우순열**(even permutation)이라 하고 $\mu(\sigma)$ 가 홀수일 때 σ를 **기순열**(odd permutation)이라고 하며,

$$\operatorname{sgn} \sigma = (-1)^{\mu(\sigma)}$$

를 σ 의 **부호**(sign, signum) 라고 한다. 즉,

$$\operatorname{sgn} \sigma = \begin{cases} 1 & (\sigma \text{ 가 우순열일 때}) \\ -1 & (\sigma \text{ 가 기순열일 때}) \end{cases}$$

보기 4.4.1 자연수 $1, 2, 3, 4, 5$ 의 한 순열

$$\sigma : 4, 1, 3, 5, 2$$

에 대하여 전도가 일어난 순서쌍은 다음과 같은 5 개의 순서쌍뿐이다.

$$(4, 1), (4, 3), (4, 2), (3, 2), (5, 2)$$

그러므로 $\mu(\sigma) = 5$ 이므로 σ 는 기순열이고 따라서 $\operatorname{sgn} \sigma = -1$ 이다 (오른쪽 그림 참조).

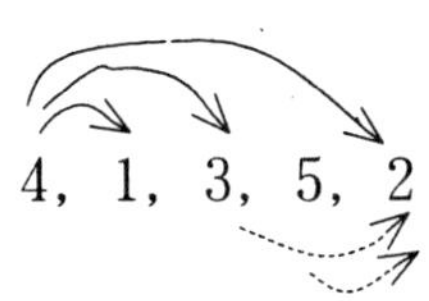

체 F 위의 n차의 행렬

$$A=\begin{bmatrix} a_{11} & a_{12} & \cdots & a_{1n} \\ a_{21} & a_{22} & \cdots & a_{2n} \\ \vdots & \vdots & \cdots & \vdots \\ a_{n1} & a_{n2} & \cdots & a_{nn} \end{bmatrix}$$

에서 제 1 행, 제 2 행, $\cdots$, 제 n 행에서 원소를 한 개씩 택하되 제 1 열, 제 2 열, $\cdots$, 제 n 열에서도 한 개씩만 나오도록 택한 것을 각각 $a_{1j_1}, a_{2j_2}, \cdots, a_{nj_n}$ 이라고 하면 $j_1, j_2, \cdots, j_n$ 는 $1, 2, \cdots, n$ 의 순열이다. 역으로, $1, 2, \cdots, n$ 의 순열 $j_1, j_2, \cdots, j_n$ 에 대하여 $a_{1j_1}, a_{2j_2}, \cdots, a_{nj_n}$ 은 A 의 각 행과 각 열에서 한 개씩만 택한 원소들이다.

정의 4.4.1 체 F 위의 n차의 행렬 $A=[a_{ij}]_{n\times n}$ 에 대하여 다음과 같이 정의된 $\det A$ 를 행렬 A 의 **行列式**(determinant) 이라고 한다.

$$\det A = \sum_{\sigma} (\operatorname{sgn}\sigma)\, a_{1j_1} a_{2j_2} \cdots a_{nj_n}$$

여기서 σ 는 $1, 2, \cdots, n$ 의 순열 $j_1, j_2, \cdots, j_n$ 을 나타내며, 총합기호 $\sum$ 는 이러한 $n!$ 개의 순열 σ 에 대한 총합을 나타낸다. 그리고, $\det A$ 를

$$|A| \quad \text{또는} \quad \begin{vmatrix} a_{11} & a_{12} & \cdots & a_{1n} \\ a_{21} & a_{22} & \cdots & a_{2n} \\ \vdots & \vdots & \cdots & \vdots \\ a_{n1} & a_{n2} & \cdots & a_{nn} \end{vmatrix}$$

으로도 나타낸다. 또, n차의 행렬의 행렬식을 **n 차의 행렬식**이라고 한다.

특히, 1 차의 행렬 $[a]$ 의 행렬식은 a 와 일치한다.

보기 4.4.2 아래 표는 자연수 1, 2 의 모든 순열을 분류한 표이다.
이 표로부터 다음 결과를 얻는다.

$$\begin{vmatrix} a_{11} & a_{12} \\ a_{21} & a_{22} \end{vmatrix} = \sum_{\sigma} a_{1j_1} a_{2j_2} = a_{11}a_{22} - a_{12}a_{21}$$

순열 σ	$\mu(\sigma)$	
1, 2	0	우순열
2, 1	1	기순열

보기 4.4.3 체 F 위에서 다음이 성립한다.

$$\begin{vmatrix} a_{11} & a_{12} & a_{13} \\ a_{21} & a_{22} & a_{23} \\ a_{31} & a_{32} & a_{33} \end{vmatrix} = \sum_{\sigma} (\operatorname{sgn}\sigma)\, a_{1j_1} a_{2j_2} a_{3j_3}$$
$$= a_{11}a_{22}a_{33} + a_{12}a_{23}a_{31} + a_{13}a_{21}a_{32} - a_{11}a_{23}a_{32} - a_{12}a_{21}a_{33} - a_{13}a_{22}a_{31}$$

순열 σ	$\mu(\sigma)$		순열 σ	$\mu(\sigma)$	
1, 2, 3	0	우순열	2, 3, 1	2	우순열
1, 3, 2	1	기순열	3, 1, 2	2	우순열
2, 1, 3	1	기순열	3, 2, 1	3	기순열

다음 두 그림은 2 차의 행렬식과 3 차의 행렬식을 구하는 방법을 보여 주고 있다. 그러나, 4 차 이상의 행렬식은 이와 같은 그림으로 구할 수 없다.

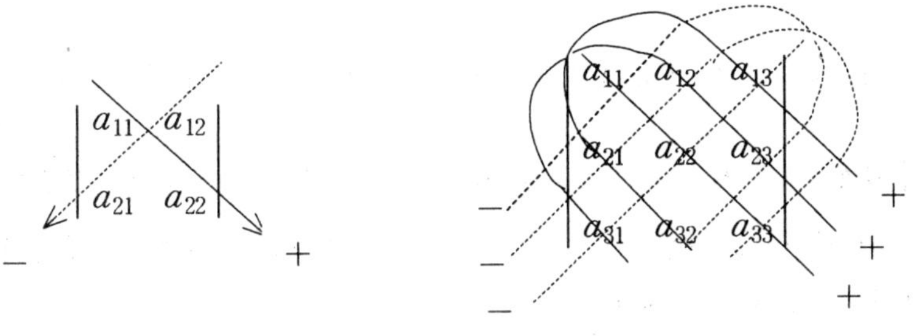

다음 네 정리에 대한 증명은 생략한다.

정리 4.4.2 체 F 위의 n 차의 행렬 A 에 대하여 $\det A^T = \det A$ 이다.

$$\begin{vmatrix} a_{11} & a_{21} & \cdots & a_{n1} \\ a_{12} & a_{22} & \cdots & a_{n2} \\ \vdots & \vdots & \cdots & \vdots \\ a_{1n} & a_{2n} & \cdots & a_{nn} \end{vmatrix} = \begin{vmatrix} a_{11} & a_{12} & \cdots & a_{1n} \\ a_{21} & a_{22} & \cdots & a_{2n} \\ \cdots & \cdots & \cdots & \cdots \\ a_{n1} & a_{n2} & \cdots & a_{nn} \end{vmatrix}$$

위의 정리에 의하면, 행렬식의 행에 대한 성질은 열에 대해서도 성립한다.

정리 4.4.3 체 F 위의 행렬 $A = [a_{ij}]_{n\times n}$ 에서 서로 다른 두 행 [두 열]을 서로 바꾸어 놓은 행렬을 B 이라고 하면, $\det B = -\det A$ 이다.

또, A 의 서로 다른 두 행 [두 열] 의 성분이 일치하면, $\det A = 0$ 이다.

정리 4.4.4 체 F 위의 행렬 $A = [a_{ij}]_{n\times n}$ 에서 한 행 [한 열]을 k 배 하여 얻은 행렬을 B 이라고 하면, $\det B = k \det A$ 이다. 즉,

$$\det D_{ii}(k)\,A = k \det A, \qquad \det A\,D_{ii}(k) = k \det A$$

정리 4.4.5 체 F 위의 행렬 $A = [a_{ij}]_{n\times n}$ 에서 제 i 행의 성분이 차례로 $b_1 + c_1,\ b_2 + c_2,\ \cdots,\ b_n + c_n$ 일 때 다음이 성립한다.

$$\begin{vmatrix} a_{11} & a_{12} & \cdots & a_{1n} \\ \hdashline b_1+c_1 & b_2+c_2 & \cdots & b_n+c_n \\ \hdashline a_{n1} & a_{n2} & \cdots & a_{nn} \end{vmatrix} = \begin{vmatrix} a_{11} & a_{12} & \cdots & a_{1n} \\ \hdashline b_1 & b_2 & \cdots & b_n \\ \hdashline a_{n1} & a_{n2} & \cdots & a_{nn} \end{vmatrix} + \begin{vmatrix} a_{11} & a_{12} & \cdots & a_{1n} \\ \hdashline c_1 & c_2 & \cdots & c_n \\ \hdashline a_{n1} & a_{n2} & \cdots & a_{nn} \end{vmatrix}$$

앞의 네 정리를 이용하여 다음 정리가 성립함을 밝힐 수 있다.

정리 4.4.6 체 F 위의 n 차의 행렬 A 에 대하여 다음이 성립한다.

(1) A 의 서로 다른 두 행 [두 열]의 대응하는 성분이 비례하거나 또는 일치하면, $\det A = 0$ 이다.

특히, A 의 한 행 [한 열]의 성분이 0 이면, $\det A = 0$ 이다.

(2) A 의 한 행에 다른 행의 k 배 [한 열]에 다른 열의 k 배]를 더하여 얻은 행렬을 B 이라고 하면, $\det B = \det A$ 이다.

정의와 정리 4.4.2 를 이용하면 다음 정리를 증명할 수 있다.

정리 4.4.7 체 F 위의 행렬 $A = [a_{ij}]_{n\times n}$ 가 下 삼각행렬이거나 또는 上 삼각행렬이면, $\det A = a_{11}a_{22}\cdots a_{nn}$ 이다. 즉,

$$\begin{vmatrix} a_{11} & 0 & \cdots & 0 \\ a_{21} & a_{22} & \cdots & 0 \\ \vdots & \vdots & \ddots & \vdots \\ a_{n1} & a_{n2} & \cdots & a_{nn} \end{vmatrix} = \begin{vmatrix} a_{11} & a_{12} & \cdots & a_{1n} \\ 0 & a_{22} & \cdots & a_{2n} \\ \vdots & \vdots & \ddots & \vdots \\ 0 & 0 & \cdots & a_{nn} \end{vmatrix} = a_{11}a_{22}\cdots a_{nn}$$

특히, $A = \mathrm{diag}\{a_{11},\ a_{22},\ \cdots,\ a_{nn}\}$ 이면, $\det A = a_{11}a_{22}\cdots a_{nn}$ 이다.

정리 4.4.8 (Vandermonde 의 행렬식) 체 F 에서 다음이 성립한다.

$$\begin{vmatrix} 1 & 1 & \cdots & 1 \\ x_1 & x_2 & \cdots & x_n \\ {x_1}^2 & {x_2}^2 & \cdots & {x_n}^2 \\ \vdots & \vdots & \cdots & \vdots \\ {x_1}^{n-1} & {x_2}^{n-1} & \cdots & {x_n}^{n-1} \end{vmatrix}$$

$$= (-1)^{\frac{(n-1)n}{2}} \prod_{i<j} (x_i - x_j)$$

$$\begin{aligned} = (-1)^{\frac{(n-1)n}{2}} & (x_1 - x_2)(x_1 - x_3)\cdots(x_1 - x_n) \\ & (x_2 - x_3)\cdots(x_2 - x_n) \\ & \cdots\cdots\cdots\cdots\cdots \\ & (x_{n-1} - x_n) \end{aligned}$$

증명 위의 등식의 좌변을 V 이라고 하면, V 는 $x_1, x_2, \cdots, x_n$ 에 관한 다항식으로 볼 수 있다. 그런데, $1 \leq i < j \leq n$ 일 때 V 의 제 i 열에서 x_i 대신에 x_j 를 대입하면 정리 4.4.6 에 의하여 $V = 0$ 이므로 V 는 $x_i - x_j$ 를 인수로 가진다. 따라서 적당한 $k \in F$ 에 대하여

$$V = k \prod_{i<j} (x_i - x_j)$$

이고 또 이 등식의 양변에서 $x_2 {x_3}^2 \cdots {x_n}^{n-1}$ 의 계수를 비교하면 k 는 다음과 같다.

$$k = (-1)^{1+2+\cdots+(n-1)} = (-1)^{\frac{(n-1)n}{2}}$$

보기 4.4.5 체 F 위에서 다음이 성립한다.

$$\begin{vmatrix} 1 & 1 \\ a & b \end{vmatrix} = \begin{vmatrix} 1 & a \\ 1 & b \end{vmatrix} = -(a-b) = b-a,$$

$$\begin{vmatrix} 1 & 1 & 1 \\ a & b & c \\ a^2 & b^2 & c^2 \end{vmatrix} = \begin{vmatrix} 1 & a & a^2 \\ 1 & b & b^2 \\ 1 & c & c^2 \end{vmatrix} = (a-b)(b-c)(c-a)$$

정리 4.4.9 체 F 위에서 n 차의 행렬 A, B 에 대하여 다음이 성립한다.

(1) $\det AB = (\det A)(\det B)$, $\quad \det I_n = 1$

(2) A 가 정칙행렬일 때 그리고 이때에만 $\det A \neq 0$ 이다.

(3) A 가 정칙행렬이면, $\det A^{-1} = (\det A)^{-1}$ 이다.

보기 4.4.6 체 F 위의 두 행렬 $A = [a_{ij}]_{m\times n}$, $B = [b_{ij}]_{n\times m}$ 에 대하여 곱 AB 는 m 차의 행렬이고 따라서 그 행렬식 $\det AB$ 가 정의된다. 이 때, $m > n$ 이면 $\det AB = 0$ 이고, 따라서 $\det AB \neq 0$ 이면 $m \leq n$ 이다.

실제로, $m > n$ 일 때, A, B 에 적당한 영행렬을 덧붙인 m 차의 행렬

$$A' = \begin{bmatrix} a_{11} & \cdots & a_{1n} & 0 & \cdots & 0 \\ a_{21} & \cdots & a_{2n} & 0 & \cdots & 0 \\ \vdots & & \vdots & \vdots & & \vdots \\ a_{m1} & \cdots & a_{mn} & 0 & \cdots & 0 \end{bmatrix}, \quad B' = \begin{bmatrix} b_{11} & b_{12} & \cdots & b_{1m} \\ \vdots & \vdots & & \vdots \\ b_{n1} & b_{n2} & \cdots & b_{nm} \\ 0 & 0 & \cdots & 0 \\ \vdots & \vdots & & \vdots \\ 0 & 0 & \cdots & 0 \end{bmatrix}$$

을 생각하면, $A'B' = AB$ 이고 따라서 $\det AB = \det A'B'$ 이므로 다음이 성립한다(정리 4.4.9 참조).

$$\det AB = \det A'B' = (\det A')(\det B') = 0 \cdot 0 = 0$$

따라서 $m > n$ 이면 $\det AB = 0$ 이고, $\det AB \neq 0$ 이면, $m \leq n$ 이다.

정리 4.4.10 체 F 위의 n 차의 행렬 A, B 에 대하여 다음이 성립한다.

(1) $AB = I_n$ 이면, A 는 정칙행렬이고 $A^{-1} = B$ 이다.

(2) $BA = I_n$ 이면, A 는 정칙행렬이고 $A^{-1} = B$ 이다.

증명 (1) $AB = I_n$ 이라고 하자. 이 때, 정리 4.4.9 에 의하여

$$1 = \det I_n = \det(AB) = (\det A)(\det B)$$

이므로 $\det A \neq 0$ 이고 따라서 A 는 정칙행렬이다. 그러므로

$$A^{-1}(AB) = A^{-1}I_n = A^{-1}$$

이므로 $(A^{-1}A)B = A^{-1}$ 즉 $B = A^{-1}$ 이다.

(2) 위의 (1) 과 마찬가지 방법으로 (2) 를 증명할 수 있다.

정리 4.4.9 와 정리 4.3.1 에 의하여 다음이 성립한다.

정리 4.4.11 체 F 위의 n 개의 미지수 $x_1, x_2, \cdots, x_n$ 에 관한 n 개의 동차 일차방정식으로 이루어진 동차 연립일차방정식

$$(*) \qquad \begin{cases} a_{11}x_1 + a_{12}x_2 + \cdots + a_{1n}x_n = 0 \\ a_{21}x_1 + a_{22}x_2 + \cdots + a_{2n}x_n = 0 \\ \quad \vdots \\ a_{n1}x_1 + a_{n2}x_2 + \cdots + a_{nn}x_n = 0 \end{cases}$$

에서 계수행렬을 $A = [a_{ij}]_{n\times n}$ 이라고 할 때 다음이 성립한다.

(1) A 가 정칙행렬일 때, 즉 $\det A \neq 0$ 일 때 그리고 이때에만 (*) 의 해는 $(0, 0, \cdots, 0)$ 뿐이다.

(2) A 가 정칙행렬이 아닐 때 즉 $\det A = 0$ 일 때 그리고 이때에만 (*) 는 자명한 해 $(0, \cdots, 0)$ 이외의 해를 가진다.

보기 4.4.7 실수체 $\mathbb{R}$ 위의 연립일차방정식

$$\begin{cases} 3x_1 + x_2 = kx_1 \\ 2x_1 + 2x_2 = kx_2 \end{cases} \quad \text{즉} \quad \begin{cases} (3-k)x_1 + x_2 = 0 \\ 2x_1 + (2-k)x_2 = 0 \end{cases}$$

이 자명한 해 $(0, 0)$ 이외의 해를 가질 필요충분조건은

$$\begin{vmatrix} 3-k & 1 \\ 2 & 2-k \end{vmatrix} = 0$$

인 것이다. 즉, $k = 1$ 또는 $k = 4$ 인 것이다.

정의 4.4.12 체 F 위의 n 차의 행렬 $A = [a_{ij}]_{n\times n}$ 의 행렬식 $\det A$ 는 제 i 행의 원소에 관하여 다음과 같이 전개할 수 있다.

$$\det A = a_{i1}A_{i1} + a_{i2}A_{i2} + \cdots + a_{ij}A_{ij} + \cdots + a_{in}A_{in} \qquad (1 \le i \le n)$$

위의 등식을 $\det A$ 의 제 i 행에 관한 **전개식**(expansion)이라 하고, 또 이 전개식에서 A_{ij} 를 a_{ij} 의 **餘因數**(cofacor)라고 한다.

행렬 $A = [a_{ij}]_{n\times n}$ 에서 적당한 행과 적당한 열을 없애어 얻은 행렬식을 **小행렬식**(minor)이라고 한다.

특히, 행렬 A 의 제 i 행과 제 j 열을 없애어 얻은 소행렬식을 M_{ij} 로 나타내면, 다음이 성립한다.

$$M_{ij} = \begin{vmatrix} a_{11} & a_{12} & \cdots & a_{1j} & \cdots & a_{1n} \\ a_{21} & a_{22} & \cdots & a_{2j} & \cdots & a_{2n} \\ \vdots & \vdots & & \vdots & & \\ a_{i1} & a_{i2} & \cdots & a_{ij} & \cdots & a_{in} \\ \vdots & \vdots & & \vdots & & \\ a_{n1} & a_{n2} & \cdots & a_{nj} & \cdots & a_{nn} \end{vmatrix}$$

$$A_{ij} = (-1)^{i+j} M_{ij}$$
$$(1 \le i,\ j \le n)$$

정리 4.4.13 체 F 위의 행렬 $A = [a_{ij}]_{n\times n}$ 에 대하여 다음이 성립한다.

(1) 제 i 행에 관한 전개 $(1 \le i \le n)$

$$\det A = a_{i1}A_{i1} + a_{i2}A_{i2} + \cdots + a_{ij}A_{ij} + \cdots + a_{in}A_{in}$$

(2) 제 j 열에 관한 전개 $(1 \le j \le n)$

$$\det A = a_{1j}A_{1j} + a_{2j}A_{2j} + \cdots + a_{ij}A_{ij} + \cdots + a_{nj}A_{nj}$$

보기 4.4.8 실수체 $\mathbb{R}$ 위에서 행렬

$$A = \begin{bmatrix} 1 & 2 & 3 \\ 4 & 5 & 6 \\ 7 & 8 & 10 \end{bmatrix}$$

에 대하여 A 의 각 성분의 여인수은 다음과 같다.

$$A_{11} = 2, \quad A_{21} = 4, \quad A_{31} = -3,$$
$$A_{12} = 2, \quad A_{22} = -11, \quad A_{32} = 6,$$
$$A_{13} = -3, \quad A_{23} = 6, \quad A_{33} = -3$$

그리고, $\det A$ 는 다음과 같이 구할 수 있다.

$$\begin{aligned} \det A &= a_{11}A_{11} + a_{12}A_{12} + a_{13}A_{13} \\ &= 1\cdot 2 + 2\cdot 2 + 3\cdot(-3) = -3 \end{aligned}$$

$$\begin{aligned} \det A &= a_{13}A_{13} + a_{23}A_{23} + a_{33}A_{33} \\ &= 3\cdot(-3) + 6\cdot 6 + 10\cdot(-3) = -3 \end{aligned}$$

보기 4.4.9 체 F 위에서 다음이 성립한다(정리 4.4.13 참조).

$$\begin{vmatrix} 1 & 0 & 0 & 0 & 0 \\ 0 & 1 & 0 & 0 & 0 \\ b_1 & b_2 & b_{11} & b_{12} & b_{13} \\ c_1 & c_2 & b_{21} & b_{22} & b_{23} \\ d_1 & d_2 & b_{31} & b_{32} & b_{33} \end{vmatrix} = \begin{vmatrix} 1 & 0 & 0 & 0 \\ b_2 & b_{11} & b_{12} & b_{13} \\ c_2 & b_{21} & b_{22} & b_{23} \\ d_2 & b_{31} & b_{32} & b_{33} \end{vmatrix}$$

(제 1 행에 관한 전개)

$$= \begin{vmatrix} b_{11} & b_{12} & b_{13} \\ b_{21} & b_{22} & b_{23} \\ b_{31} & b_{32} & b_{33} \end{vmatrix}$$

(제 1 행에 관한 전개)

$$\begin{vmatrix} a_{11} & a_{12} & c_1 & c_2 \\ a_{21} & a_{22} & d_1 & d_2 \\ 0 & 0 & 1 & 0 \\ 0 & 0 & 0 & 1 \end{vmatrix} = \begin{vmatrix} a_{11} & a_{12} & c_1 \\ a_{21} & a_{22} & d_1 \\ 0 & 0 & 1 \end{vmatrix} = \begin{vmatrix} a_{11} & a_{12} \\ a_{21} & a_{22} \end{vmatrix}$$

(제 4 행에 관한 전개) (제 3 행에 관한 전개)

정리 4.4.14 체 F 위에서 다음이 성립한다.

$$\begin{vmatrix} a_{11} & \cdots & a_{1m} & c_{11} & \cdots & c_{1n} \\ \vdots & & \vdots & \vdots & & \vdots \\ a_{m1} & \cdots & a_{mm} & c_{m1} & \cdots & c_{mn} \\ 0 & \cdots & 0 & b_{11} & \cdots & b_{1n} \\ \vdots & & \vdots & \vdots & & \vdots \\ 0 & \cdots & 0 & b_{n1} & \cdots & b_{nn} \end{vmatrix} = \begin{vmatrix} a_{11} & \cdots & a_{1m} \\ \vdots & & \vdots \\ a_{m1} & \cdots & a_{mm} \end{vmatrix} \begin{vmatrix} b_{11} & \cdots & b_{1n} \\ \vdots & & \vdots \\ b_{n1} & \cdots & b_{nn} \end{vmatrix}$$

$$\begin{vmatrix} a_{11} & \cdots & a_{1m} & 0 & \cdots & 0 \\ \vdots & & \vdots & \vdots & & \vdots \\ a_{m1} & \cdots & a_{mm} & 0 & \cdots & 0 \\ d_{11} & \cdots & d_{1m} & b_{11} & \cdots & b_{1n} \\ \vdots & & \vdots & \vdots & & \vdots \\ d_{n1} & \cdots & d_{nm} & b_{n1} & \cdots & b_{nn} \end{vmatrix} = \begin{vmatrix} a_{11} & \cdots & a_{1m} \\ \vdots & & \vdots \\ a_{m1} & \cdots & a_{mm} \end{vmatrix} \begin{vmatrix} b_{11} & \cdots & b_{1n} \\ \vdots & & \vdots \\ b_{n1} & \cdots & b_{nn} \end{vmatrix}$$

증명 먼저

$$A = [a_{ij}]_{m\times m},\ B = [b_{ij}]_{n\times n},\ C = [c_{ij}]_{m\times n},\ D = [d_{ij}]_{n\times m},$$
$$O = O_{n\times m},\ O' = O_{m\times n}$$

이라고 하자. 이 때,

$$\begin{bmatrix} I_m & O' \\ O & B \end{bmatrix}\begin{bmatrix} A & C \\ O & I_n \end{bmatrix} = \begin{bmatrix} A & C \\ O & B \end{bmatrix}$$

이므로 정리 4.4.9 에 의하여

$$\begin{vmatrix} A & C \\ O & B \end{vmatrix} = \begin{vmatrix} I_m & O' \\ O & B \end{vmatrix}\begin{vmatrix} A & C \\ O & I_n \end{vmatrix}$$

이고 따라서 다음이 성립한다(보기 4.4.9).

$$\begin{vmatrix} A & C \\ O & B \end{vmatrix} = |B||A| = |A||B|$$

마찬가지로,

$$\begin{bmatrix} A & O' \\ D & I_n \end{bmatrix}\begin{bmatrix} I_m & O' \\ O & B \end{bmatrix} = \begin{bmatrix} A & O' \\ D & B \end{bmatrix}$$

이므로 정리 4.4.9 에 의하여 다음이 성립한다.

$$\begin{vmatrix} A & O' \\ D & B \end{vmatrix} = \begin{vmatrix} A & O' \\ D & I_n \end{vmatrix}\begin{vmatrix} I_m & O' \\ O & B \end{vmatrix} = |A||B|$$

앞의 정리 4.4.14 와 정리 4.4.3 을 이용하여 체 F 위에서 다음 두 등식이 성립함을 밝힐 수 있다.

$$\begin{vmatrix} c_{11} & \cdots & c_{1n} & a_{11} & \cdots & a_{1m} \\ \vdots & & \vdots & \vdots & & \vdots \\ c_{m1} & \cdots & c_{mn} & a_{m1} & \cdots & a_{mm} \\ b_{11} & \cdots & b_{1n} & 0 & \cdots & 0 \\ \vdots & & \vdots & \vdots & & \vdots \\ b_{n1} & \cdots & b_{nn} & 0 & \cdots & 0 \end{vmatrix} = (-1)^{mn} \begin{vmatrix} a_{11} & \cdots & a_{1m} \\ \vdots & & \vdots \\ a_{m1} & \cdots & a_{mm} \end{vmatrix}\begin{vmatrix} b_{11} & \cdots & b_{1n} \\ \vdots & & \vdots \\ b_{n1} & \cdots & b_{nn} \end{vmatrix}$$

$$\begin{vmatrix} 0 & \cdots & 0 & a_{11} & \cdots & a_{1m} \\ \vdots & & \vdots & \vdots & & \vdots \\ 0 & \cdots & 0 & a_{m1} & \cdots & a_{mm} \\ b_{11} & \cdots & b_{1n} & d_{11} & \cdots & d_{1m} \\ \vdots & & \vdots & \vdots & & \vdots \\ b_{n1} & \cdots & b_{nn} & d_{n1} & \cdots & d_{nm} \end{vmatrix} = (-1)^{mn} \begin{vmatrix} a_{11} & \cdots & a_{1m} \\ \vdots & & \vdots \\ a_{m1} & \cdots & a_{mm} \end{vmatrix}\begin{vmatrix} b_{11} & \cdots & b_{1n} \\ \vdots & & \vdots \\ b_{n1} & \cdots & b_{nn} \end{vmatrix}$$

정의 4.4.15 체 F 위의 n차의 행렬 $A=[a_{ij}]_{n\times n}$에서 a_{ij}의 여인수 A_{ij}를 (i, j) 성분으로 가지는 n차의 행렬 $[A_{ij}]_{n\times n}$를 A의 **여인수 행렬**(cofactor matrix)이라고 한다. 그리고, A의 여인수 행렬 $[A_{ij}]_{n\times n}$의 전치 행렬을 A의 (고전적) **隨伴행렬**(classical adjoint)이라 하고 이것을 $\text{adj}\,A$로 나타낸다. 즉,

$$\text{adj}\,A = [A_{ij}]_{n\times n}{}^T = \begin{bmatrix} A_{11} & A_{21} & \cdots & A_{n1} \\ A_{12} & A_{22} & \cdots & A_{n2} \\ \vdots & \vdots & & \vdots \\ A_{1n} & A_{2n} & \cdots & A_{nn} \end{bmatrix}$$

또, 다음과 같이 정의된 δ_{ij}를 **Kronecker 델타**(delta) 라고 한다.

$$\delta_{ij} = \begin{cases} 1 & (i=j \text{ 인 경우}) \\ 0 & (i\neq j \text{ 인 경우}) \end{cases}$$

정리 4.4.16 체 F 위의 행렬 $A=[a_{ij}]_{n\times n}$에 대하여 다음이 성립한다.

(1) $a_{k1}A_{i1} + a_{k2}A_{i2} + \cdots + a_{kn}A_{in} = \delta_{ik}\det A \quad (1\le i,\ k\le n)$

(2) $a_{1k}A_{1j} + a_{2k}A_{2j} + \cdots + a_{nk}A_{nj} = \delta_{kj}\det A \quad (1\le j,\ k\le n)$

(3) $A(\text{adj}\,A) = (\text{adj}\,A)A = \begin{bmatrix} |A| & 0 & \cdots & 0 \\ 0 & |A| & \cdots & 0 \\ \vdots & \vdots & \ddots & \vdots \\ 0 & 0 & \cdots & |A| \end{bmatrix} = (\det A)I_n$

(4) $\det A\neq 0$이면, A는 정칙행렬이고 $A^{-1} = (\det A)^{-1}\text{adj}\,A$이다.

보기 4.4.10 실수체 $\mathbb{R}$ 위의 행렬

$$A = \begin{bmatrix} 1 & 2 & 3 \\ 4 & 5 & 6 \\ 7 & 8 & 10 \end{bmatrix}$$

에 대하여 $\text{adj}\,A$와 A^{-1}는 각각 다음과 같다(보기 4.4.8 참조).

$$\text{adj}\,A = \begin{bmatrix} 2 & 4 & -3 \\ 2 & -11 & 6 \\ -3 & 6 & -3 \end{bmatrix}, \qquad A^{-1} = -\frac{1}{3}\,\text{adj}\,A$$

정리 4.4.17 (Cramer 의 공식) 체 F 위에서 n 개의 미지수 $x_1, x_2, \cdots, x_n$ 에 관한 n 개의 일차방정식으로 이루어진 연립일차방정식

$$\begin{cases} a_{11}x_1 + a_{12}x_2 + \cdots + a_{1n}x_n = b_1 \\ a_{21}x_1 + a_{22}x_2 + \cdots + a_{2n}x_n = b_2 \\ \quad \vdots \\ a_{n1}x_1 + a_{n2}x_2 + \cdots + a_{nn}x_n = b_n \end{cases}$$

에서 계수행렬 $A = [a_{ij}]_{n \times n}$ 가 정칙행렬일 때, 즉 $|A| \neq 0$ 일 때, 이 연립일차방식은 단 한 개의 해를 가지며 그 해는 다음 식으로 주어진다.

$$x_j = \frac{\begin{vmatrix} a_{11} & a_{12} & \cdots & b_1 & \cdots & a_{1n} \\ a_{21} & a_{22} & \cdots & b_2 & \cdots & a_{2n} \\ \vdots & \vdots & & \vdots & & \vdots \\ a_{n1} & a_{n2} & \cdots & b_n & \cdots & a_{nn} \end{vmatrix}}{\begin{vmatrix} a_{11} & a_{12} & \cdots & a_{1j} & \cdots & a_{1n} \\ a_{21} & a_{22} & \cdots & a_{2j} & \cdots & a_{2n} \\ \vdots & \vdots & & \vdots & & \vdots \\ a_{n1} & a_{n2} & \cdots & \underset{j}{a_{nj}} & \cdots & a_{nn} \end{vmatrix}} \qquad (1 \leq j \leq n)$$

증명 연립일차방정식에서 계수행렬 A 가 정칙행렬일 때 다음이 성립한다

$$A \begin{bmatrix} x_1 \\ \vdots \\ x_n \end{bmatrix} = \begin{bmatrix} b_1 \\ \vdots \\ b_n \end{bmatrix},$$

$$\begin{bmatrix} x_1 \\ \vdots \\ x_n \end{bmatrix} = A^{-1} \begin{bmatrix} b_1 \\ \vdots \\ b_n \end{bmatrix} = \frac{1}{|A|} \operatorname{adj} A \begin{bmatrix} b_1 \\ \vdots \\ b_n \end{bmatrix},$$

$$x_j = \frac{A_{1j}b_1 + A_{2j}b_2 + \cdots + A_{nj}b_n}{|A|} \qquad (1 \leq j \leq n)$$

따라서 정리가 성립한다

보기 4.4.11 다음 연립일차방정식을 생각해 보자(실수체 $\mathbb{R}$ 위에서).

$$\begin{cases} 7x - y + z = 0 \\ 10x - 2y - z = 8 \\ 6x + 3y + 2z = 7 \end{cases}$$

이 연립일차방정식의 계수행렬의 행렬식의 값은 다음과 같다.

$$\begin{vmatrix} 7 & -1 & 1 \\ 10 & -2 & -1 \\ 6 & 3 & 2 \end{vmatrix} = \begin{vmatrix} 1 & -4 & -1 \\ 10 & -2 & -1 \\ 6 & 3 & 2 \end{vmatrix} = \begin{vmatrix} 1 & -4 & -1 \\ 0 & 38 & 9 \\ 0 & 27 & 8 \end{vmatrix} = 61$$

따라서 이 연립일차방정식은 단 한 개의 해를 가진다.
그리고, Cramer 의 공식에 의하여 이 연립일차방정식의 해는 다음과 같다.

$$x_1 = \frac{\begin{vmatrix} 0 & -1 & 1 \\ 8 & -2 & -1 \\ 7 & 3 & 2 \end{vmatrix}}{61} = \frac{61}{61} = 1, \quad x_2 = \frac{\begin{vmatrix} 7 & 0 & 1 \\ 10 & 8 & -1 \\ 6 & 7 & 2 \end{vmatrix}}{61} = \frac{183}{61} = 3,$$

$$x_3 = \frac{\begin{vmatrix} 7 & -1 & 0 \\ 10 & -2 & 8 \\ 6 & 3 & 7 \end{vmatrix}}{61} = \frac{-244}{61} = -4$$

보기 4.4.12 체 F 위의 동차 연립일차방정식

$$\begin{cases} a_1x_1 + a_2x_2 + a_3x_3 = 0 \\ b_1x_1 + b_2x_2 + b_3x_3 = 0 \end{cases}$$

에 대하여 다음 중에서 적어도 하나가 성립한다고 하자.

$$\text{(i)} \begin{vmatrix} a_1 & a_2 \\ b_1 & b_2 \end{vmatrix} \neq 0 \qquad \text{(ii)} \begin{vmatrix} a_1 & a_3 \\ b_1 & b_3 \end{vmatrix} \neq 0 \qquad \text{(iii)} \begin{vmatrix} a_2 & a_3 \\ b_2 & b_3 \end{vmatrix} \neq 0$$

예를 들어 (i) 가 성립하는 경우에 Cramer 의 공식에 의하여

$$x_1 = \frac{\begin{vmatrix} -a_3 & a_2 \\ -b_3 & b_2 \end{vmatrix}}{\begin{vmatrix} a_1 & a_2 \\ b_1 & b_2 \end{vmatrix}} x_3, \qquad x_2 = \frac{\begin{vmatrix} a_1 & -a_3 \\ b_1 & -b_3 \end{vmatrix}}{\begin{vmatrix} a_1 & a_2 \\ b_1 & b_2 \end{vmatrix}} x_3$$

이므로 위의 동차 연립일차방정식의 해 전체는 다음과 같다.

$$x_1 = \begin{vmatrix} a_2 & a_3 \\ b_2 & b_3 \end{vmatrix} t, \quad x_2 = -\begin{vmatrix} a_1 & a_3 \\ b_1 & b_3 \end{vmatrix} t, \quad x_3 = \begin{vmatrix} a_1 & a_2 \\ b_1 & b_2 \end{vmatrix} \quad (t \in F)$$

나머지 경우에도 같은 결과를 얻는다.

연습문제 (4.4)

1. 체 F 위에서 다음 등식이 성립함을 밝혀라.

(1) $$\begin{vmatrix} a & b & b & b \\ a & b & a & a \\ a & a & b & a \\ b & b & b & a \end{vmatrix} = -(a-b)^4$$

(2) $$\begin{vmatrix} x & a_1 & a_2 & 1 \\ a_1 & x & a_2 & 1 \\ a_1 & a_2 & x & 1 \\ a_1 & a_2 & a_3 & 1 \end{vmatrix} = (x-a_1)(x-a_2)(x-a_3)$$

2. 실수체 $\mathbb{R}$ 위에서 다음 동차 연립일차방정식이 자명한 해 이외의 해를 가지도록 k 의 값을 정하여라

$$\begin{cases} kx_1 + x_2 + x_3 = 0 \\ x_1 + kx_2 + x_3 = 0 \\ x_1 + x_2 + kx_3 = 0 \end{cases}$$

3. 정수를 성분으로 가지는 n 차의 행렬 A 에 대하여 정수를 성분으로 가지는 역행렬이 존재하기 위한 필요충분조건은 $\det A = \pm 1$ 임을 밝혀라.

4. 체 F 위에서 다음 연립일차방정식의 해를 구하여라(a, b, c 는 서로 다름).

$$\begin{cases} x + y + z = 1 \\ ax + by + cz = k \\ a^2x + b^2y + c^2z = k^2 \end{cases}$$

5. 실수체 $\mathbb{R}$ 위의 $n\ (\geq 2)$ 차의 행렬

$$K = \begin{bmatrix} n-1 & -1 & -1 & \cdots & -1 & -1 \\ -1 & n-1 & -1 & \cdots & -1 & -1 \\ \vdots & \vdots & \vdots & \cdots & \vdots & \vdots \\ -1 & -1 & -1 & \cdots & n-1 & -1 \\ -1 & -1 & -1 & \cdots & -1 & n-1 \end{bmatrix}$$

에 대하여 $\det K = 0$ 임을 밝히고, 또 K 에서의 $(1,1)$ 성분의 여인수는 n^{n-2} 임을 밝혀라.

§4.5 선형계획법

아래 표는 두 종류의 기계로 세 종류의 제품을 생산하는 공장에서 기계 1, 기계 2 로 제품 1, 제품 2, 제품 3 을 생산하는 데 걸리는 시간과 이들 기계의 하루 이용 가능한 시간을 나타낸다.

기계 \ 제품	제품 1	제품 2	제품 3	이용 가능 시간 (분)
기계 1	a_{11}	a_{12}	a_{13}	b_1
기계 2	a_{21}	a_{22}	a_{23}	b_2

이 공장에서 각 제품의 단위당 이익을 각각 c_1, c_2, c_3 라고 할 때, 두 기계의 이용 가능 시간 한도 내에서 최대의 이익을 얻으려면 각 제품을 각각 얼마나 생산하면 좋은지를 결정하는 문제를 생각해 보자.

각 제품의 생산량을 각각 x_1, x_2, x_3 단위라고 하면, 기계의 이용 가능한 시간에 대한 제약에 의하여 다음 각 일차부등식이 성립해야 한다.

$$a_{11}x_1 + a_{12}x_2 + a_{13}x_3 \leq b_1$$

$$a_{21}x_1 + a_{22}x_2 + a_{23}x_3 \leq b_2$$

그리고, 각 제품의 생산량은 음수일 수 없으므로 $x_1 \geq 0$, $x_2 \geq 0$, $x_3 \geq 0$ 이어야 한다. 이제 제품을 생산하여 얻게 되는 총이익을 Z이라고 하면,

$$Z = c_1x_1 + c_2x_2 + c_3x_3$$

이고 Z를 최대가 되게 하는 x_1, x_2, x_3 의 값을 구하는 것이 이 문제의 목적이다. 따라서 이 문제는 다음과 같이 나타낼 수 있다.

제약조건

$$(*) \quad \begin{cases} a_{11}x_1 + a_{12}x_2 + a_{13}x_3 \leq b_1 \\ a_{21}x_1 + a_{22}x_2 + a_{23}x_3 \leq b_2 \\ x_1 \geq 0,\ x_2 \geq 0,\ x_3 \geq 0 \end{cases}$$

아래에서

$$Z = c_1x_1 + c_2x_2 + c_3x_3$$

를 최대가 되게 하는 x_1, x_2, x_3 의 값을 구하여라.

앞의 문제에서 (*) 를 **제약조건**(constraints)이라 하고 또 Z 를 **목적함수**(objective function)라고 한다. 특히, 처음 두 부등식을 **제약조건식**이라 하며, 셋째 부등식은 x_1, x_2, x_3 의 값이 음이 아님을 나타낸다.

건강을 유지하기 위해서는 매일 몇 가지 양양소를 적어도 최저 필요량만큼은 섭취하여야 한다. 이제 세 종류의 영양소와 두 종류의 식품만을 생각하기로 하고, 이들 각 영양소가 두 종류의 식품의 단위량에 함유되어 있는 양과 각 영양소의 하루 최저필요량이 아래 표와 같다고 가정하자.

식품 / 영양소	식품 1	식품 2	하루 최저 필요량
영양소 1	a_{11}	a_{12}	b_1
영양소 2	a_{21}	a_{22}	b_2
영양소 3	a_{31}	a_{32}	b_3

이 때, 각 식품의 하루 구입량이 단위당 각각 c_1, c_2 인 경우에, 적어도 각 영양소의 하루 최저 필요량을 섭취하면서 비용을 최소로 하려면 각 식품을 얼마나 구입하면 좋은지를 결정하는 문제를 생각해 보자.

각 식품의 하루 구입량을 각각 x_1, x_2, x_3 단위라고 하면, 각 영양소에 대한 제약에 의하여 다음 각 일차부등식이 성립하여야 한다.

$$a_{11}x_1 + a_{12}x_2 \geq b_1$$

$$a_{21}x_1 + a_{22}x_2 \geq b_2$$

$$a_{31}x_1 + a_{32}x_2 \geq b_3$$

또, 각 식품의 구입량은 음수일 수 없으므로 $x_1 \geq 0$, $x_2 \geq 0$ 이어야 한다. 이 식품을 구입하는 데 드는 총비용을 Z라고 하면, $Z = c_1x_1 + c_2x_2$ 이고 Z를 최소가 되게 하는 x_1, x_2의 값을 구하는 것이 이 문제의 목적이다.

따라서 이 문제는 다음과 같이 나타낼 수 있다.

제약조건

$$(*)\quad \begin{cases} a_{11}x_1 + a_{12}x_2 \geq b_1 \\ a_{21}x_1 + a_{22}x_2 \geq b_2 \\ a_{31}x_1 + a_{32}x_2 \geq b_3 \\ x_1 \geq 0, \quad x_2 \geq 0 \end{cases}$$

아래에서

$$Z = c_1x_1 + c_2x_2$$

를 최소가 되게 하는 x_1, x_2, x_3 의 값을 구하여라.

앞의 문제에서 (*) 를 **제약조건**이라 하고 Z를 **목적함수**라고 한다. 특히, 처음 세 부등식을 **제약조건식**이라고 한다.

앞의 두 문제와 같이, 제약조건이 변수에 관한 연립일차부등식으로 나타내어지고 목적 함수 Z가 이들 변수에 관한 일차함수일 때 Z를 최대 또는 최소가 되게 하는 변수의 값과 이때의 Z의 값을 구하는 방법을 **線型計劃法** (linear programming)이라고 한다. 그리고, 이와 같은 선형계획 문제 중에서 목적함수의 최대값을 구하는 문제를 **최대문제**라 하고 또 목적함수의 최소값을 구하는 문제를 **최소문제**라고 한다. 일반적으로, n개의 변수 $x_1, \cdots, x_n$과 m개의 제약조건식으로 이루어진 선형계획 문제의 표준형은 다음과 같다.

최대문제

제약조건

$$\begin{cases} a_{11}x_1 + a_{12}x_2 + \cdots + a_{1n}x_n \le b_1 \\ a_{21}x_1 + a_{22}x_2 + \cdots + a_{2n}x_n \le b_2 \\ \quad \vdots \\ a_{m1}x_1 + a_{m2}x_2 + \cdots + a_{mn}x_n \le b_m \\ x_j \ge 0 \quad (j = 1, 2, \cdots, n) \end{cases}$$

아래에서

$$\max. \ Z = c_1x_1 + c_2x_2 + \cdots + c_nx_n$$

최소문제

제약조건

$$\begin{cases} a_{11}x_1 + a_{12}x_2 + \cdots + a_{1n}x_n \ge b_1 \\ a_{21}x_1 + a_{22}x_2 + \cdots + a_{2n}x_n \ge b_2 \\ \quad \vdots \\ a_{m1}x_1 + a_{m2}x_2 + \cdots + a_{mn}x_n \ge b_m \\ x_j \ge 0 \quad (j = 1, 2, \cdots, n) \end{cases}$$

아래에서

$$\min. \ Z = c_1x_1 + c_2x_2 + \cdots + c_nx_n$$

여기서 max. 와 min. 은 각각 Z를 최대가 되게 하는(maximize), 최소가 되게 하는(minimize) $x_1, x_2, \cdots, x_n$의 값을 구하라는 뜻이다.

보기 4.5.1 다음과 같은 최대문제를 생각해 보자.

제약조건

$$\begin{cases} x_1 \qquad\quad \leq 16 \\ \qquad\quad x_2 \leq \ 8 \\ x_1 + 2x_2 \leq 24 \\ x_1 \geq 0, \ \ x_2 \geq 0 \end{cases}$$

아래에서

$$\max. \ \ Z = 40x_1 + 30x_2$$

오른쪽 그림에서 제약조건을 만족시키는 점 (x_1, x_2) 전체가 나타내는 영역은 오각형 OABCD 와 그 내부이다. 또,

$$Z = 40x_1 + 30x_2$$

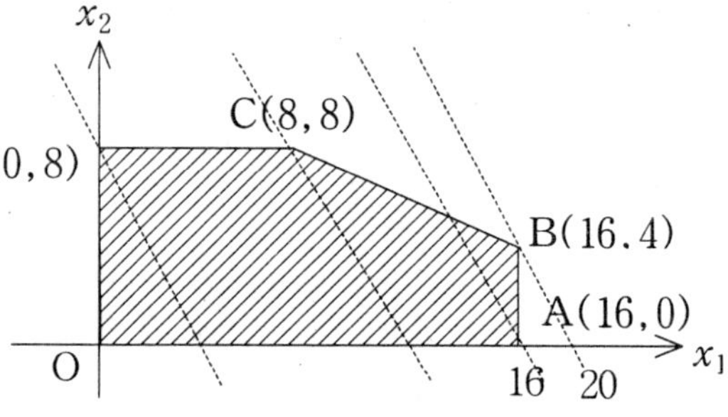

를 $x_2 = -\dfrac{4}{3}x_1 + \dfrac{Z}{30}$ 로 고쳐 쓰면, 이는 기울기가 $-\dfrac{4}{3}$ 이고 x_2 절편이 $\dfrac{Z}{30}$ 인 직선을 나타낸다. 따라서 이 문제는 이 직선이 빗금 친 영역을 지나면서 변할 때 Z의 값 즉 x_2 절편의 값이 최대가 되게 하는 점 (x_1, x_2) 와 이때의 Z의 값을 구하는 문제이다.

실제로, 이러한 직선이 영역의 한 끝점인 B(16, 4)를 지날 때 Z의 값이 가장 크므로, $(x_1, x_2) = (16, 4)$는 Z를 최대가 되게 하는 점이고 이때의 최대값은 $Z = 40 \cdot 16 + 30 \cdot 4 = 760$ 이다.

보기 4.5.2 다음과 같은 최소문제를 생각해 보자.

제약조건

$$\begin{cases} 3x_1 + \ \ x_2 \geq 27 \\ \ \ x_1 + \ \ x_2 \geq 21 \\ \ \ x_1 + 2x_2 \geq 30 \\ x_1 \geq 0, \ \ x_2 \geq 0 \end{cases}$$

아래에서

$$\min. \ \ Z = 4x_1 + 2x_2$$

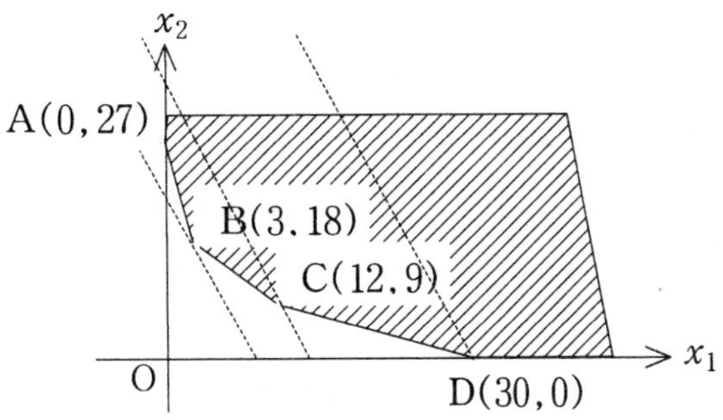

오른쪽 그림에서 제약조건이 나타내는 영역은 빗금친 부분이다(경계선 포함). 또,

$$Z = 4x_1 + 2x_2$$

를

$$x_2 = -2x_1 + \frac{Z}{2}$$

로 고쳐 쓰면, 이는 기울기가 -2 이고 x_2 절편이 $\frac{Z}{2}$ 인 직선을 나타낸다.

따라서 이 문제는 이 직선이 영역을 지나면서 변할 때 Z의 값 즉 x_2 절편의 값이 최소가 되게 하는 점 (x_1, x_2) 와 이때의 목적 함수 Z의 값을 구하는 문제이다. 실제로, 이 직선이 영역의 한 끝점인 B(2, 18) 를 지날 때 Z 의 값이 가장 작으므로 $(x_1, x_2) = (3, 18)$ 은 목적함수 Z를 최소가 되게 하는 점이고 이때의 최소값은 $Z = 4 \cdot 3 + 2 \cdot 18 = 48$ 이다.

최대문제 또는 최소문제에서 제약조건을 만족시키는 점 전체의 집합을 이 제약조건의 **가능영역**(feasible region) 또는 **허용영역**이라 하고 가능영역에 있는 각 점을 제약조건의 **가능解**(feasible solution)라고 한다. 또, 이와 같은 가능해 중에서 목적함수를 최대 또는 최소가 되게 하는 해를 이 선형계획문제의 **最適解**(optimum solution)라 하고 이 최적해에 대한 목적함수의 값을 **最適값**(optimum value)이라고 한다.

앞의 보기 4.5.1 의 최대문제에서 제약조건의 가능영역은 오각형 OABCD 및 그 내부이고 또 이 최대문제의 최적해는 $(x_1, x_2) = (16, 4)$ 이고 최적값은 $Z = 760$ 이다. 또, 보기 4.5.2 의 최소문제에서 제약조건의 가능영역은 그림의 빗금 친 부분이고 또 이 최소문제의 최적해는 $(x_1, x_2) = (3, 18)$ 이고 최적값은 $Z = 48$ 이다. 이들 두 보기에서 알아본 바와 같이, 선형계획 문제의 최적해가 존재하는 경우에 그 최적해는 가능영역의 어느 한 끝점이고 가능영역의 끝점은 유한 개 있으므로, 가능영역 안에 있는 모든 끝점에 대한 목적함수의 값들을 비교함으로써 이 문제의 최적해와 최적값을 구할 수 있다.

선형계획 문제의 최적해는 여러 개가 있을 수 있다. 예를 들어, 보기 4.5.2 에서 목적함수가 $Z = x_1 + x_2$ 인 경우에는 앞의 그림의 선분 BC 위의 모든 점에서 Z 는 최소값을 가지므로 최적해는 이 선분 위의 모든 점이다.

그리고, 문제에 따라서는 최적해가 존재하지 않을 수도 있다. 예를 들어, 보기 4.5.2 에서 목적함수가 $Z = -x_1 - x_2$ 이면, 최적해는 존재하지 않는다.

선형계획 문제에서 변수가 2 개인 경우에는 그 제약조건의 가능영역은 볼록 다각형(convex polygon)과 그 내부이거나 또는 유한 선분과 반직선을 경계로 가지는 영역이다. 또, 변수가 3 개인 경우에 그 가능영역은 볼록 다면체과 그 내부이거나 또는 볼록다면체를 무한히 잡아 늘어뜨린 모양의 영역이다.

한편, 변수가 4 개 이상인 경우에는 제약조건의 가능영역을 기하학적으로 나타낼 수 없다. 따라서 일반적인 선형계획 문제는 대수적 방법을 이용하여 풀어야 하며, 특히 변수가 많은 경우에는 전자계산기를 사용하여야 한다.

예를 들어, 최대문제의 제약조건이

$$\begin{cases} x_1 \qquad\quad \le 16 \\ \qquad\quad x_2 \le 8 \\ x_1 + 2x_2 \le 24 \\ x_1 \ge 0, \ x_2 \ge 0 \end{cases}$$

일 때, 첫째 부등식에 새로운 변수 x_3 를 도입하여 이 부등식을

$$x_1 + x_3 = 16, \qquad x_3 \ge 0$$

으로 고쳐 쓸 수 있다. 이와 같은 방법으로, 세 부등식에 각각 새로운 변수 x_3, x_4, x_5 를 도입하여 이 제약조건을 다음과 같이 변형할 수 있다.

$$\begin{cases} x_1 \qquad + x_3 \qquad\qquad = 16 \\ \qquad x_2 \qquad + x_4 \qquad = 8 \\ x_1 + 2x_2 \qquad\qquad + x_5 = 24 \\ x_1 \ge 0, \ x_2 \ge 0, \ x_3 \ge 0, \ x_4 \ge 0, \ x_5 \ge 0 \end{cases}$$

이들 세 변수 x_3, x_4, x_5 를 **슬랙 변수**(slack variable)라고 한다.

그리고, 최소문제의 제약조건이

$$\begin{cases} 3x_1 + \ \ x_2 \ge 27 \\ \ \ x_1 + \ \ x_2 \ge 21 \\ \ \ x_1 + 2x_2 \ge 30 \\ x_1 \ge 0, \ x_2 \ge 0 \end{cases}$$

일 때, 첫째 부등식에 새로운 변수 x_3 를 도입하여 이 부등식을

$$3x_1 + x_2 - x_3 = 27, \qquad x_3 \ge 0$$

으로 고쳐 쓸 수 있다. 이와 같이, 새로운 변수 x_3, x_4, x_5 를 도입하면, 위의 제약조건을 다음과 같이 변형할 수 있다.

$$\begin{cases} 3x_1 + x_2 - x_3 = 27 \\ x_1 + x_2 - x_4 = 21 \\ x_1 + 2x_2 - x_5 = 30 \\ x_1 \geq 0,\ x_2 \geq 0,\ x_3 \geq 0,\ x_4 \geq 0,\ x_5 \geq 0 \end{cases}$$

이들 세 변수 x_3, x_4, x_5 를 **서플러스 변수**(surplus variable)라고 한다.

일반적으로, 제약조건식이 n 개의 변수 $x_1, \cdots, x_n$ 에 관한 m 개의 일차부등식으로 이루어져 있는 최대문제 [최소문제]를 대수적으로 풀 때에는 m 개의 일차부등식에 m 개의 슬랙 변수 [서플러스 변수] $x_{n+1}, \cdots, x_{n+m}$ 을 새로 도입하여 이들 일차부등식을 변수 $x_1, \cdots, x_n, x_{n+1}, \cdots, x_{n+m}$ 에 관한 일차방정식으로 고쳐 다음과 같은 꼴의 최대문제 [최소문제] 로 변형한다.

최대문제

제약조건

$$\begin{cases} a_{11}x_1 + a_{12}x_2 + \cdots + a_{1n}x_n + x_{n+1} = b_1 \\ a_{21}x_1 + a_{22}x_2 + \cdots + a_{2n}x_n + x_{n+2} = b_2 \\ \vdots \\ a_{m1}x_1 + a_{m2}x_2 + a_{mn}x_n + x_{n+m} = b_m \\ x_j \geq 0 \quad (j = 1, 2, \cdots, n+m) \end{cases}$$

아래에서

$$\max.\ Z = c_1x_1 + c_2x_2 + \cdots + c_nx_n + 0x_{n+1} + \cdots + 0x_{n+m}$$

최소문제

제약조건

$$\begin{cases} a_{11}x_1 + a_{12}x_2 + \cdots + a_{1n}x_n - x_{n+1} = b_1 \\ a_{21}x_1 + a_{22}x_2 + \cdots + a_{2n}x_n - x_{n+2} = b_2 \\ \vdots \\ a_{m1}x_1 + a_{m2}x_2 + a_{mn}x_n - x_{n+m} = b_m \\ x_j \geq 0 \quad (j = 1, 2, \cdots, n+m) \end{cases}$$

아래에서

$$\min.\ Z = c_1x_1 + c_2x_2 + \cdots + c_nx_n + 0x_{n+1} + \cdots + 0x_{n+m}$$

다음과 같은 최대 문제를 생각해 보자.

제약조건

$$(*)\quad \begin{cases} x_1 \qquad\qquad \le 16 \\ \qquad\quad x_2 \le 8 \\ x_1 + 2x_2 \le 24 \\ x_1 \ge 0,\ \ x_2 \ge 0 \end{cases}$$

아래에서

$$\max.\ \ Z = 40x_1 + 30x_2$$

이 최대문제에 슬랙 변수 x_3, x_4, x_5 를 도입하여 다음과 같이 변형한다.

제약조건

$$(**)\quad \begin{cases} x_1 \qquad + x_3 \qquad\qquad = 16 \\ \qquad x_2 \qquad + x_4 \qquad = 8 \\ x_1 + 2x_2 \qquad\qquad + x_5 = 24 \\ x_1 \ge 0,\ x_2 \ge 0,\ x_3 \ge 0,\ x_4 \ge 0,\ x_5 \ge 0 \end{cases}$$

아래에서

$$\max.\ \ Z = 40x_1 + 30x_2 + 0x_3 + 0x_4 + 0x_5$$

주어진 문제는 제약조건 (**) 를 만족시키는 점 $(x_1, x_2, x_3, x_4, x_5)$ 중에서 목적함수 Z 를 최대가 되게 하는 점을 구하는 문제와 같다.

제약조건 (*) 에 대하여 가능영역, 가능역, 최적해, 최적값을 정의한 것과 마찬가지로, 제약조건 (**) 를 만족시키는 점 $(x_1, x_2, x_3, x_4, x_5)$ 전체의 집합을 이 제약조건의 **가능영역** 또는 **허용영역**이라 하고 이 가능영역에 있는 각 점을 제약조건 (**) 의 **가능解**(feasible solution) 라고 한다. 그리고, 이러한 가능해 중에서 목적함수를 최대가 되게 하는 해를 이 최대 문제의 **最適解**라 하고 최적해에 대한 목적함수의 값을 **最適값**(optimum value)이라고 한다.

한 점 $(d_1, d_2, d_3, d_4, d_5)$ 가 제약조건 (**)의 가능해이면, (d_1, d_2) 는 제약조건 (*) 의 가능해이고, 역으로 (d_1, d_2) 가 (*) 의 가능해이면

$$(d_1, d_2, 16 - d_1, 8 - d_2, 240 - d_1 - 2d_2)$$

는 (**) 의 가능해이다. 따라서 제약조건 (**) 의 가능영역과 제약조건 (*) 의 가능영역은 일대일로 대응한다. 이 때, 최적해 $(d_1, d_2, d_3, d_4, d_5)$ 는 최적해 $(x_1, x_2) = (d_1, d_2)$ 에 대응하며 목적함수 $Z = 40x_1 + 30x_2$ 의 최적값을

구하는 데에는 d_1, d_2 의 값만이 필요하다. 그리고, 제약조건 (*) 의 가능영역은 오른쪽 그림의 오각형과 그 내부이고, 그 끝점은 다음과 같다.

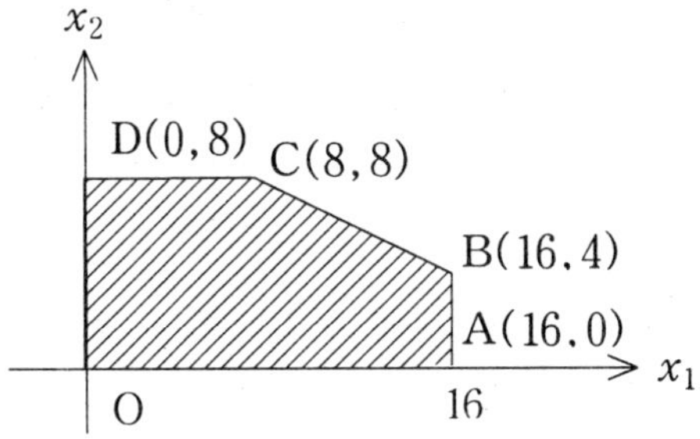

O(0, 0), A(16, 0), B(16, 4), C(8, 8), D(0, 8)

이들 각 끝점에 대응하는 제약조건 (**) 의 가능해

$$(0, 0, 16, 8, 24),\ (16, 0, 0, 8, 8),\ (16, 4, 0, 4, 0),$$
$$(8, 8, 8, 0, 0),\quad (0, 8, 16, 0, 8)$$

를 제약조건 (**) 의 **끝점解**(extreme point solution)라고 한다.

이들 각 끝점해의 성분 중에서 꼭 2 개의 성분은 0 이다.

제약조건 (**) 의 세 일차방정식에서 5 개의 변수 중 2 개의 변수의 값을 0 으로 놓아 얻는 유일한 해 $(x_1, x_2, x_3, x_4, x_5) = (d_1, d_2, d_3, d_4, d_5)$ 가 존재하는 경우 이 해를 (*) 의 **기본解**(basic solution) 또는 **基底解**라고 한다. 제약조건 (**) 의 끝점해는 모두 기본해이다.

한편, 이러한 끝점해가 아닌 기본해를 모두 구하면

$$(0, 12, 16, -4, 0),\quad (24, 0, -8, 8, 0),\quad (16, 8, 0, 0, -8)$$

이고, 이들 기본해의 성분 중에는 음수인 것이 있으므로 이들은 모두 (**)의 가능해가 아니다. 따라서 기본해인 동시에 가능해인 것은 끝점해뿐이다.

이와 같이 (**) 의 기본해인 동시에 가능해인 것을 (**) 의 **기본가능解**(basic feasible solution) 라고 한다. 기본가능해는 기하학적 개념인 끝점해와 동일한 대수적 개념이다. 최적해는 끝점해 중에서 찾을 수 있으므로, 결국 최적해는 기본가능해 중에서 찾을 수 있다.

제약조건 (**)의 기본가능해 $(x_1, x_2, x_3, x_4, x_5) = (0, 0, 16, 8, 24)$ 에서

$$x_1 = 0,\ x_2 = 0,\quad x_3 > 0,\ x_4 > 0,\ x_5 > 0$$

이라는 의미에서, x_3, x_4, x_5 를 이 기본가능해의 **기본변수**(basic variable)라 하고 x_1, x_2 를 **非기본변수**(non-basic variable)라고 한다. 최대문제에서 변수의 개수가 많거나 또는 제약조건식의 개수가 많을 때에는 이 문제의 최적해를 다음과 같은 절차에 따라 구하면 복잡한 계산을 피할 수 있다.

이러한 방법을 **심플렉스 해법**(simplex method)이라고 한다.

[1] 적당한 기본가능해를 하나 택한다.

[2] 이 기본가능해에 대응하는 목적함수의 값을 계산하고, 이 기본가능해가 최적해인지를 조사한다.

[3] 최적해가 아닌 경우에는 이보다 더 나은 기본가능해를 구한다.

[4] 앞에서 얻은 새 기본가능해에 대하여 [2], [3]의 과정을 되풀이한다.

다음 최대문제를 이용하여 심플렉스 해법을 구체적으로 생각해 보자.

제약조건

$$(*) \quad \begin{cases} x_1 \qquad + x_3 \qquad = 16 \\ \qquad x_2 \qquad + x_4 \qquad = 8 \\ x_1 + 2x_2 \qquad\qquad + x_5 = 24 \\ x_1 \geq 0,\ x_2 \geq 0,\ x_3 \geq 0,\ x_4 \geq 0,\ x_5 \geq 0 \end{cases}$$

아래에서

$$\max.\ Z = 40x_1 + 30x_2$$

(1) 먼저 (*) 에서 $x_1 = x_2 = 0$ 이라 하면, $x_3 = 16,\ x_4 = 8,\ x_5 = 24$ 이므로

$$(0, 0, 16, 8, 24) \qquad ①$$

는 기본가능해이다. 또, 이 기본가능해의 기본변수 $x_3,\ x_4,\ x_5$ 와 목적함수 Z 를 $x_1,\ x_2$ 에 관한 식으로 나타내면 다음을 얻는다.

$$\begin{cases} x_3 = 16 - x_1 \\ x_4 = 8 \qquad - x_2 \\ x_5 = 24 - x_1 - 2x_2 \end{cases} \qquad ②$$

$$Z = 40x_1 + 30x_2 \qquad ③$$

(2) 기본가능해 ①에 대한 목적함수의 값은 $Z = 40 \cdot 0 + 30 \cdot 0 = 0$ 이다. 그런데 ③ 에서 두 계수 40 과 30 은 모두 양수이므로 x_1 또는 x_2 의 값이 커지면 Z 의 값도 커진다. 따라서 이 기본가능해는 최적해가 아니다.

(3) 다음에 기본가능해 $(0, 0, 16, 8, 24)$ 보다 더 나은 기본가능해를 구하기 위하여, 적당한 변수를 새로운 기본변수로 택한다.

실제로, ③ 의 두 변수 x_1, x_2 중에서 계수가 가장 큰 변수인 x_1 을 택하여 $x_1 = \theta\ (> 0)$, $x_2 = 0$ 으로 놓으면, ② 와 ③ 은 다음과 같이 변형된다.

$$\begin{cases} x_3 = 16 - \theta \\ x_4 = 8 \\ x_5 = 24 - \theta \end{cases} \quad ④$$

$$Z = 40\theta \quad ⑤$$

그리고, 이때 $(x_1, x_2, x_3, x_4, x_5)$ 의 값은 다음과 같다.

$$(\theta,\ 0,\ 16-\theta,\ 8,\ 24-\theta) \quad ⑥$$

따라서

$$16-\theta \geq 0,\quad 24-\theta \geq 0 \quad \text{즉} \quad \theta \leq \frac{16}{1},\quad \theta \leq \frac{24}{1} \quad ⑦$$

인 모든 θ 에 대하여 ⑥ 은 가능해이다. 그러므로 목적함수 $Z = 40\theta$ 의 값을 크게 하려면, ⑦ 을 만족시키는 θ의 최대값을 구하면 된다. 실제로, 이와 같은 θ의 최대값은 $\frac{16}{1}$, $\frac{24}{1}$ 중에서 가장 작은 값인 16 이고, $\theta = 16$ 일 때 ④에 의하여 $x_1 = 16$, $x_2 = 0$, $x_3 = 0$, $x_4 = 8$, $x_5 = 8$ 이므로

$$(16,\ 0,\ 0,\ 8,\ 8) \quad ⑧$$

은 기본가능해이고 이에 대한 목적함수의 값은 $Z = 40 \cdot 16 = 640$ 이다.

이와 같은 절차를 따라 첫 기본가능해 (0, 0, 16, 8, 24) 로부터 새로운 기본가능해 (16, 0, 0, 8, 8) 를 얻는 과정에서, x_3 대신에 x_1 가 새로운 기본변수로 되고 이때 목적함수의 값은 0 에서 640 으로 변한다.

(4) 다음에는 기본가능해 (16, 0, 0, 8, 8) 이 최적해인지를 조사한다.

먼저, ② 와 ③ 을 이용하여 이 기본가능해의 기본변수 x_1, x_4, x_5 와 목적함수를 x_2, x_3 에 관한 식으로 나타낸다. 실제로, ② 의 첫째 등식으로부터 $x_1 = 16 - x_3$ 을 얻고 이것을 ② 와 ③ 에 대입하면 다음을 얻는다.

$$\begin{cases} x_1 = 16 \qquad\quad - x_3 \\ x_4 = 8 - x_2 \\ x_5 = 8 - 2x_2 + x_3 \end{cases} \quad ⑨$$

$$Z = 640 + 30x_2 - 40x_3 \quad ⑩$$

위의 ⑩ 에서 두 계수 30 과 -40 중에서 x_2 의 계수 30 은 양수이므로 x_2 의 값이 커지면 Z 의 값도 640 보다 커진다.

따라서 가본가능해 (16, 0, 0, 8, 8) 은 최적해가 아니다.

(5) 단계 (3) 에서와 마찬가지 방법으로 (16, 0, 0, 8, 8) 보다 더 나은 기본가능해를 구하기 적당한 변수를 새로운 기본변수로 택한다.

실제로, ⑩의 두 변수 x_2, x_3 중에서 계수가 가장 큰 변수인 x_2 를 택하여

$$x_2 = \theta \quad (\theta > 0), \qquad x_3 = 0$$

으로 놓으면, ⑨ 와 ⑩ 은 각각

$$\begin{cases} x_1 = 16 \\ x_4 = 8 - \theta \\ x_5 = 8 - 2\theta \end{cases} \qquad ⑪$$

$$Z = 640 + 30\theta \qquad ⑫$$

으로 변형되고 이때의 $(x_1, x_2, x_3, x_4, x_5)$ 의 값은 다음과 같다.

$$(16,\ \theta,\ 0,\ 8-\theta,\ 8-2\theta) \qquad ⑬$$

따라서

$$8-\theta \geq 0,\quad 8-2\theta \geq 0 \quad \text{즉} \quad \theta \leq \frac{8}{1},\quad \theta \leq \frac{8}{2} \qquad ⑭$$

인 모든 θ 에 대하여 ⑬ 은 가능해이다. 한편, ⑭ 를 만족시키는 θ 의 최대값은 두 수 $\frac{8}{1}$, $\frac{8}{2}$ 중에서 가장 작은 값인 4 이고, 또 ⑪ 에 의하여 $\theta = 4$ 일 때 (16, 4, 0, 4, 0) 이 기본가능해임을 알 수 있으며 이에 대한 목적함수의 값은 $Z = 640 + 30 \cdot 4 = 760$ 이다. 여기서 기본가능해 (16, 0, 0, 8, 8) 로부터 새로운 기본가능해 (16, 4, 0, 4, 0) 을 얻는 과정에서, x_5 대신에 x_2 가 새로운 기본변수로 되고 목적함수의 값은 640 에서 760 으로 변한다.

(6) 기본가능해 (16, 4, 0, 4, 0) 이 최적해인지를 조사한다.

먼저, ⑨ 와 ⑩ 을 이용하여 이 기본가능해의 기본변수 x_1, x_2, x_4 와 목적함수를 x_3, x_5 에 관한 식으로 나타낸다. 실제로, ⑨ 의 셋째 등식으로부터 $x_2 = 4 + \frac{1}{2}x_3 - \frac{1}{2}x_5$ 를 얻고 이것을 ⑨ 와 ⑩ 에 대입하면 다음을 얻는다.

$$\begin{cases} x_1 = 16 - x_3 \\ x_4 = 4 - \frac{1}{2}x_3 + \frac{1}{2}x_5 \\ x_2 = 4 + \frac{1}{2}x_3 - \frac{1}{2}x_5 \end{cases}$$

$$Z = 760 - 25x_3 - 15x_5$$

한편, $Z = 760 - 25x_3 - 15x_5$ 에서 x_3 와 x_5 의 계수 -25, -15 는 모두 음수이므로 x_3, x_5 의 어떠한 양의 값에 대해서도 Z 의 값은 760 보다 작다. 따라서 가본가능해 (16, 4, 0, 4, 0) 은 최적해이고 Z 의 최적값은 760 이다.

이제까지 논한 최대 문제에 대한 심플렉스 解法을 요약하면 다음과 같다.

(1) 적당한 기본가능해를 하나 택한다.

(2) 이 기본가능해에 대한 기본변수와 목적함수를 非기본변수로 나타낸다.

(3) 목적함수에서 非기본변수의 계수가 모두 음수이면, 이 기본가능해는 최적해이다.

(4) 목적함수에서 非기본변수의 계수 중에서 양수인 것이 있으면, 이 기본가능해는 최적해가 아니다. 이 경우에, 양수인 계수를 가지는 非기본변수가 택할 수 있는 최대값을 적당한 연립일차부등식로부터 구하여, 이 변수를 기본변수로 가지는 새로운 기본가능해를 구한다.

(5) 새로 얻은 기본가능해에 대하여 앞의 (2)~(4) 의 과정을 되풀이한다.

다음 최대문제를 생각해 보자.

제약조건

$$\begin{cases} a_{11}x_1 + a_{12}x_2 + x_3 \qquad\qquad = b_1 \\ a_{21}x_1 + a_{22}x_2 \qquad + x_4 \qquad = b_2 \\ a_{31}x_1 + a_{32}x_2 \qquad\qquad + x_5 = b_3 \\ \\ x_j \geq 0 \quad (j = 1, 2, 3, 4, 5) \end{cases}$$

아래에서

$$\max.\ Z = c_1x_1 + c_2x_2 + c_3x_3 + c_4x_4 + c_5x_5$$

제약조건에서 $x_1 = x_2 = 0$ 이라 하면, $x_3 = b_1$, $x_4 = b_2$, $x_5 = b_3$ 이므로 $(0,\ 0,\ b_1,\ b_2,\ b_3)$ 는 기본가능해이다.

C	기본변수	기본가능해	x_1	x_2	x_3	x_4	x_5
c_3	x_3	b_1	a_{11}	a_{12}	1	0	0
c_4	x_4	b_2	a_{21}	a_{22}	0	1	0
c_5	x_5	b_3	a_{31}	a_{32}	0	0	1
	Z	Z_0	$z_1 - c_1$	$z_2 - c_2$	$z_3 - c_3$	$z_4 - c_4$	$z_5 - c_5$

앞의 표를 이 기본가능해에 대응하는 **심플렉스 따블로** (simplex tableau)라고 한다. 여기서 '따블로' 는 表를 뜻하는 프랑스어이다.

이 표에서 '기본변수 열' 은 이 기본가능해의 기본변수 x_3, x_4, x_5 로 이루어져 있고 'C 열' 은 목적함수 Z 에서의 x_3, x_4, x_5 의 계수 c_3, c_4, c_5 로 이루어져 있으며 '기본가능해 열' 은 기본가능해 $(0, 0, b_1, b_2, b_3)$ 의 x_3 성분, x_4 성분, x_5 성분인 b_1, b_2, b_3 로 이루어져 있고 '$x_1\ x_2 \cdots x_5$ 열' 은 제약조건에 있는 연립일차방정식의 계수로 이루어져 있다. 또, 'Z 행' 에서, Z_0 는 기본가능해 $(0, 0, b_1, b_2, b_3)$ 에 대한 Z 의 값이다. 그런데,

$$Z_0 = c_3b_1 + c_4b_2 + c_5b_3 = (c_3, c_4, c_5)\cdot(b_1, b_2, b_3)$$

이므로, Z_0 는 'C 열' 의 열벡터 (c_3, c_4, c_5) 와 '기본가능해 列' 의 열벡터 (b_1, b_2, b_3) 와의 내적이다. 그리고 'Z 행' 에서, 각 z_i 는 'C 열' 의 열벡터 (c_3, c_4, c_5) 와 'x_i 열' 의 열벡터와의 내적이다. 즉,

$$z_1 = (c_3, c_4, c_5)\cdot(a_{11}, a_{21}, a_{31}) = c_3a_{11} + c_4a_{21} + c_5a_{31}$$
$$z_2 = (c_3, c_4, c_5)\cdot(a_{12}, a_{22}, a_{32}) = c_3a_{12} + c_4a_{21} + c_5a_{32}$$
$$z_3 = (c_3, c_4, c_5)\cdot(1, 0, 0) = c_3$$
$$z_4 = (c_3, c_4, c_5)\cdot(0, 1, 0) = c_4$$
$$z_5 = (c_3, c_4, c_5)\cdot(0, 0, 1) = c_5$$

여기서, 'Z 행' 의 성분

$$z_1 - c_1,\quad z_2 - c_2,\quad z_3 - c_3,\quad z_4 - c_4,\quad z_5 - c_5$$

즉 $\quad z_1 - c_1,\quad z_2 - c_2,\quad 0,\quad 0,\quad 0$

을 $(0, 0, b_1, b_2, b_3)$ 의 **심플렉스 規準**(simplex criterion)이라고 한다.

다음 두 가지 경우를 생각해 보자.

(1) 심플렉스 규준이 모두 $\geq$ 인 경우

이 경우에 $(0, 0, b_1, b_2, b_3)$ 는 최적해이고 최적값은 Z_0 이다.

(2) 심플렉스 규준 중에 음수인 것이 있는 경우

이 경우에 $(0, 0, b_1, b_2, b_3)$ 는 최적해가 아니다.

예를 들어 $z_1 - c_1 < 0$ 이라고 가정하자.

(2-1) $z_1 - c_1 < 0$, $a_{11} \le 0, a_{21} \le 0, a_{13} \le 0$ 인 경우

이 경우에 최대 문제의 최적해는 없다.

(2-2) $z_1 - c_1 < 0$ 이고 a_{11}, a_{21}, a_{13} 중에서 양수인 것이 있는 경우

예를 들어, $a_{11} > 0$, $a_{12} = 0$, $a_{31} > 0$ 이라고 하자.

이 때, $(0, 0, b_1, b_2, b_3)$ 는 최적해가 아니고 따라서 이보다 나은 기본가능해가 존재한다.

다음 절차에 따라 $(0, 0, b_1, b_2, b_3)$ 에 대응하는 심플렉스 따블로 I 로부터 이 보다 나은 기본가능해와 이에 대응하는 심플렉스 따블로 II 를 얻는다.

C	기본변수	기본가능해	x_1	x_2	x_3	x_4	x_5
c_3	x_3	b_1	a_{11}	a_{12}	1	0	0
c_4	x_4	b_2	a_{21}	a_{22}	0	1	0
c_5	x_5	b_3	a_{31}	a_{32}	0	0	1
	Z	Z_0	$z_1 - c_1$	$z_2 - c_2$	$z_3 - c_3$	$z_4 - c_4$	$z_5 - c_5$

[심플렉스 따블로 I]

먼저 $\dfrac{b_1}{a_{11}}$, $\dfrac{b_3}{a_{31}}$ 중에서 최소인 값을 구한다. 예를 들어, $\dfrac{b_1}{a_{11}}$ 이 최소값이라고 가정하자. 이 때, 새로운 기본가능해의 기본변수는 x_1, x_4, x_5 이다. 그러므로 기본가능해 $(0, 0, b_1, b_2, b_3)$ 에서 새로운 기본 가능해로 바뀜에 따라 기본변수 x_3 는 비기본변수로 되고 그 대신에 x_1 이 새로운 기본변수로 된다. 이러한 의미에서 따블로 I 의 a_{11}을 **회전축 원소**(pivot element)라고 한다. 원소 a_{11} 을 축으로 하여 x_3 대신에 x_1 이 새로운 기본변수로 된다. 이 때, 'C 열' 의 c_3 는 c_1 으로 바뀐다.

C	기본변수	기본가능해	x_1	x_2	x_3	x_4	x_5
c_1	x_1	b_1'	1	a_{12}'	a_{13}	0	0
c_4	x_4						
c_5	x_5						
	Z						

[심플렉스 따블로 II]

따블로 I 로부터 새로운 따블로 II 를 얻을 때에는 회전축 원소 a_{11} 을 포함하고 있는 제 1 행의 원소를 a_{11} 으로 나눈다.

$$(\text{따블로 II 의 제 1 행}) = \frac{1}{a_{11}}(\text{따블로 I 의 제 1 행})$$

다음에 따블로 I 에서 회전축 원소 a_{11} 가 들어 있는 열의 원소가 차례로 1, 0, 0, 0 이 되도록 행에 관한 기본변형을 시행하여 따블로 II 의 나머지 행을 얻는다. 즉,

$$\frac{1}{a_{11}}(b_1, a_{11}, a_{12}, 1, 0, 0) = (b_1', \mathbf{1}, a_{12}', a_{13}', 0, 0)$$

$$(\text{따블로 II 의 제 2 행}) = (\text{따블로 I 의 제 2 행}) - a_{21}(\text{따블로 II 의 제 1 행})$$

$$(\text{따블로 II 의 제 3 행}) = (\text{따블로 I 의 제 3 행}) - a_{31}(\text{따블로 II 의 제 1 행})$$

$$(\text{따블로 II 의 제 4 행}) = (\text{따블로 I 의 제 4 행}) - (z_1 - c_1)(\text{따블로 II 의 제 1 행})$$

C	기본변수	기본가능해	x_1	x_2	x_3	x_4	x_5
c_1	x_1	b_1'	1	a_{12}'	a_{13}'	0	0
c_4	x_4	b_2'	0	a_{22}'	a_{23}'	1	0
c_5	x_5	b_3'	0	a_{32}'	a_{33}'	0	1
	Z	Z_0'	0	$z_2' - c_2$	$z_3' - c_3$	$z_4' - c_4$	$z_5' - c_5$

[심플렉스 따블로 II]

$$z_2' = (c_1, c_4, c_5)\cdot(a_{12}', a_{22}', a_{32}'),$$
$$z_3' = (c_1, c_4, c_5)\cdot(a_{13}', a_{23}', a_{33}'),$$
$$z_4' = (c_1, c_4, c_5)\cdot(0,\ 1,\ 0) = c_4,$$
$$z_5' = (c_1, c_4, c_5)\cdot(0,\ 0,\ 1) = c_5$$
$$z_2' - c_2 = (z_2 - c_2) - (z_2 - c_2)a_{12}'$$
$$z_3' - c_3 = (z_3 - c_3) - (z_1 - c_1)a_{13}'$$
$$z_4' - c_4 = z_5' - c_5 = 0,$$

이와 같이 계산하여 만든 따블로 II 는 새로운 기본가능해

$$(x_1, x_2, x_3, x_4, x_5) = (b_1', 0, 0, b_2', b_3')$$

에 대응하는 심플렉스 따블로이다(따블로 II 의 '기본가능해 열' 참조).

이 새로운 기본가능해에 대한 목적함수의 값은

$$Z_0' = (c_1, c_4, c_5)\cdot(b_1', b_2', b_3') = c_1 b_1' + c_4 b_2' + c_5 b_3'$$

이고 또 이 새로운 기본가능해의 심플렉스 규준은 다음과 같다.

$$0,\quad z_2' - c_2,\quad z_3' - c_3,\quad z_4' - c_4,\quad z_5' - c_5$$

이와 같은 과정을 되풀이하여 심플렉스 따블로를 만들어 가면, 결국 주어진 최대 문제의 최적해를 구하거나 또는 최적해가 없음을 밝힐 수 있다.

보기 4.5.3 다음 최대문제를 심플렉스 따블로를 이용하여 풀어 보자.

제약조건

$$\begin{cases} x_1 + x_3 = 16 \\ x_2 + x_4 = 8 \\ x_1 + 2x_2 + x_5 = 24 \\ x_1 \ge 0,\ x_2 \ge 0,\ x_3 \ge 0,\ x_4 \ge 0,\ x_5 \ge 0 \end{cases}$$

아래에서

$$\max.\ Z = 40x_1 + 30x_2 + 0x_3 + 0x_4 + 0x_5$$

분명히 (0, 0, 16, 8, 24) 는 기본가능해이고 이 기본가능해의 기본변수는 x_3, x_4, x_5 이다. 이에 대한 목적함수 Z의 값은 0 이므로 이 기본가능해의 심플렉스 따블로는 다음과 같다.

C	기본변수	기본가능해	x_1	x_2	x_3	x_4	x_5
0	x_3	16	1	0	1	0	0
0	x_4	8	0	1	0	1	0
0	x_5	24	1	2	0	0	1
	Z	0	-40	-30	0	0	0

$$z_1 - c_1 = (0,0,0)\cdot(1,0,1) - 40 = -40,$$

$$z_2 - c_2 = (0,0,0)\cdot(0,1,2) - 30 = -30,$$

$$z_3 - c_3 = (0,0,0)\cdot(1,0,0) - 0 = 0,$$

$$z_4 - c_4 = (0,0,0)\cdot(0,1,0) - 0 = 0,$$

$$z_5 - c_5 = (0,0,0)\cdot(0,0,1) - 0 = 0$$

여기서 -40, -30은 음수이므로 이보다 더 나은 기본가능해를 구할 수 있다. 이제 -40, -30 중에서 그 절대값이 큰 -40을 택하면, 앞의 표에서 점선으로 표시된 열에 있는 변수 x_1이 새로운 기본변수로 된다. 또, 이 열에 있는 양수는 1, 1이고 '기본가능해 열'에서 이들과 같은 행에 있는 값인 16, 24를 각각 1, 1로 나눈 값인 $\frac{16}{1}$, $\frac{24}{1}$ 중에서 최소인 것은 16이다. 따라서 회전축 원소는 제 1 행에 있는 원소 1이고, x_3 대신에 x_1이 새로운 기본변수로 된다.

새로운 기본가능해에 대응하는 따블로를 만들기 위하여 '기본변수 열'에서 x_3 대신에 x_1을 써넣고 'C 열'에서 0 대신에 Z에서의 x_3의 계수 40을 써넣은 다음에 제 1 행의 원소를 모두 회전축 원소로 나눈다. 또, 아래 따블로에서 행에 관한 기본변형을 시행하여 각 행을 써넣으면 다음 표를 얻는다.

C	기본변수	기본가능해	x_1	x_2	x_3	x_4	x_5
40	x_1	16	1	0	1	0	0
0	x_4	8	0	1	0	1	0
0	x_5	8	0	②	-1	0	1
	Z	640	0	-30	40	0	0

$$(24,\ 1,\ 2,\ 0\ 0,\ 1) - (6,\ 1,\ 0,\ 1,\ 0,\ 0) = (8,\ \mathbf{0},\ 2,\ -1,\ 0,\ 1),$$

$$(0,\ -40,\ -30,\ 0,\ 0,\ 0) + 40(16,\ 1,\ 0,\ 1,\ 0,\ 0)$$
$$= (640,\ \mathbf{0},\ -30,\ 40,\ 0,\ 0)$$

위의 표는 새로운 기본가능해 $(x_1, x_2, x_3, x_4, x_5) = (16, 0, 0, 8, 8)$에 대응하는 심플렉스 따블로이고, 이 기본가능해에 대한 Z의 값은 640이다. 또, 이 표의 마지막 행에 있는 심플렉스 규준 0, -30, 40, 0, 0 중에는 음수 -30이 있으므로, 기본가능해 (16, 0, 0, 8, 8) 보다 더 나은 기본 가능해가 있다. 한편, $\frac{8}{1} = 8$, $\frac{8}{2} = 4$ 중에서 최소인 값은 4이다.

따라서 앞의 표에서와 같이 회전축 원소는 2이고 x_5 대신에 x_2가 새로운 기본변수로 되고, 앞에서와 마찬가지 방법으로 다음과 같은 표를 얻는다. 이 표는 새로운 기본가능해 $(x_1, x_2, x_3, x_4, x_5) = (16, 4, 0, 4, 0)$에 대응하는 심플렉스 따블로이고, 이 기본가능해에 대한 Z의 값은 760이다.

C	기본변수	기본가능해	x_1	x_2	x_3	x_4	x_5
40	x_1	16	1	0	1	0	0
0	x_4	4	0	0	$\frac{1}{2}$	1	$-\frac{1}{2}$
30	x_2	4	0	1	$-\frac{1}{2}$	0	$\frac{1}{2}$
	Z	760	0	0	25	0	15

위의 표의 마지막 행에 있는 심플렉스 규준 0, 0, 25, 0, 15 는 모두 양수이므로 이로써 계산은 끝나게 되고 따라서 주어진 최대 문제의 최적해는 $(x_1, x_2, x_3, x_4, x_5) = (16, 4, 0, 4, 0)$ 이고 그 최적값은 760 이다.

최대문제의 심플렉스 해법과 최소문제에 대한 상세한 설명은 [7] 을 참조하기 바란다.

연습문제 (4.5)

1. 다음 선형계획 문제에 슬랙 변수 또는 서플러스 변수를 도입하여라.
그리고, 가능영역의 끝점을 구하고 각 끝점에 대응하는 끝점해를 구하여라.

(1) 제약조건

$$\begin{cases} x_1 \leq 4 \\ x_2 \leq 3 \\ x_1 + 2x_2 \leq 8 \\ x_1 \geq 0,\ x_2 \geq 0 \end{cases}$$

아래에서

$$\max.\ Z = 2x_1 + 5x_2$$

(2) 제약조건

$$\begin{cases} x_1 + 2x_2 \geq 3 \\ x_1 + 4x_2 \geq 4 \\ 3x_1 + x_2 \geq 3 \\ x_1 \geq 0,\ x_2 \geq 0 \end{cases}$$

아래에서

$$\min.\ Z = 12x_1 + 42x_2$$

2. 다음 최대 문제에 대하여 아래 물음에 답하여라.

제약조건

$$\begin{cases} 3x_1 + x_2 + x_3 \leq 4 \\ x_1 + x_2 + 2x_3 \leq 2 \\ x_1 \geq 0,\ x_2 \geq 0,\ x_3 \geq 0 \end{cases}$$

아래에서

$$\max.\ Z = 27x_1 + 21x_2 + 30x_3$$

(1) 이 문제에 슬랙 변수 x_4, x_5 를 도입하여 이 문제를 고쳐 써라.

(2) 기본가능해 (0, 0, 0, 4, 2) 에 대응하는 따블로를 만들어라.

§ 4.6 게 임

게임(game)은 그 내용을 정해주는 규칙과 규정으로 이루어져 있다. 미리 정한 규칙에 따라 게임을 행할 때 일련의 선택행위를 **플레이**(play)라고 한다. 게임에 참여하는 사람은 차례가 되면 게임의 규칙에 따라 적당한 대상을 택하게 되고 이러한 일련의 선택 행위에 따라 플레이가 진행된다. 예를 들어, 바둑이라는 게임은 일정한 규칙에 따라 진행되며, 이에 따라 행해지는 對局이 플레이이고 각 대국자는 그때 그때에 알맞은 手를 선택한다.

게임에 참여하는 사람의 수가 n 명인 게임을 **n 人 게임**(n-person game) 이라고 한다. 여기서 이해 관계가 같은 사람은 모두 한 사람으로 생각한다. 예를 들어, 임금 협상은 많은 사람이 참여하지만 실제 노동조합과 사용자라는 두 단체가 벌이는 게임이므로 임금 협상이라는 게임은 2 人게임이다.

게임의 두 참여자 P_1, P_2 의 이해 관계는 서로 상반된다. 게임의 매 플레이마다 그 결과에 따라 각 참여자는 게임 규정에 의해 정해진 일정한 점수 또는 금액을 받게 되는데 이러한 점수 또는 금액을 **이득**(payoff)이라고 한다. 이 때, 이득이 양의 값이면 받는 금액을 뜻하고, 반대로 이득이 음의 값이면 잃게 되는 금액을 뜻한다. 매 플레이마다 두 참여자가 얻게 되는 이득의 총액이 항상 일정한 게임을 **상수합 게임**(constant-sum game)이라고 한다.

상수합 게임 중에서도 이득의 총액이 항상 0 인 게임을 특히 **零合 게임**(zero-sum game)이라고 한다. 예를 들어, 게임에 이긴 사람에게 진 사람이 일정한 금액의 돈을 지불하는 게임은 영합 게임이다.

예를 들어, P_1 은 1, 2, 3 이라고 쓴 세 장의 카드를 가지고 있고 P_2 는 각각 1, 2, 3, 4 라고 쓴 네 장의 카드를 가지고 있으며 일정한 신호가 나면 이 두 사람이 동시에 한 장의 카드를 꺼내 보이고 그 결과에 따라 P_1 이 P_2 로부터 다음 표와 같이 돈을 받기로 게임 규칙을 정했다고 하자.

P_1 \ P_2	1	2	3	4
1	1	3	−5	6
2	−3	0	2	−4
3	−2	2	1	0

이 게임에서 P_1 은 세 장의 카드 1, 2, 3 중에서 한 장을 꺼내 보일 수 있으므로 P_1 이 선택할 수 있는 대상은 3 가지이다. 즉, P_1 은 3 가지 전략(strategy)을 택할 수 있다. 마찬가지로, P_2 는 4 가지 전략을 택할 수 있다.

앞의 표의 왼쪽의 숫자 1, 2, 3 은 P_1 의 전략번호라고 생각할 수 있고 또 윗 줄의 숫자 1, 2, 3, 4 는 P_2 의 전략 번호라고 생각할 수 있다.

이와 같은 표를 게임의 **이득표**(payoff table)라 하고 이로부터 얻는 행렬

$$\begin{bmatrix} 1 & 3 & -5 & 6 \\ -3 & 0 & 2 & -4 \\ -2 & 2 & 1 & 0 \end{bmatrix}$$

를 이 게임의 **이득행렬**(payoff matrix)이라고 한다.

특히, 두 참여자 P_1, P_2 가 각각 m 개의 전략과 n 개의 전략을 택할 수 있는 零合 2 人 게임을 ***m*×*n* 직사각 게임**($m \times n$ rectangular game) 또는 간단히 ***m*×*n* 게임**이라고 한다. 이와 같은 $m \times n$ 게임의 이득표와 이득행렬은 각각 다음과 같은 꼴이다.

P_1 \ P_2	1	2	$\cdots$	n
1	a_{11}	a_{12}	$\cdots$	a_{1n}
2	a_{21}	a_{22}	$\cdots$	a_{2n}
$\vdots$	$\vdots$	$\vdots$	$\cdots$	$\vdots$
m	a_{m1}	a_{m2}	$\cdots$	a_{mn}

$$\begin{bmatrix} a_{11} & a_{12} & \cdots & a_{1n} \\ a_{21} & a_{22} & \cdots & a_{2n} \\ \vdots & \vdots & \cdots & \vdots \\ a_{m1} & a_{m2} & \cdots & a_{mn} \end{bmatrix}$$

위의 이득표와 이득행렬에서, 왼쪽에 있는 숫자 $1, 2, \cdots, m$ 은 P_1 의 전략 번호이고 위 줄에 있는 숫자 $1, 2, \cdots, n$ 은 P_2 의 전략 번호이다. 그리고, 이 게임에서 P_1 이 전략 i 를 택하고 P_2 가 전략 j 를 택하는 경우에 P_1 의 이득은 a_{ij} 이고 P_2 의 이득은 $-a_{ij}$ 이다.

영합 2 人게임의 두 참여자는 이 게임을 행할 때마다 最適의 전략을 써서 가능한 한 최대의 이득을 얻으려고 하므로 각 참여자의 이득은 자기 자신의 전략뿐만 아니라 상대방의 전략에도 관계가 있다. 게임에 대하여 논할 때에는 각 참여자가 상대방의 전략을 예측하지 못하면서 자기가 얻을 수 있는 이득을 되도록 최대가 되게 하려는 의도를 가지고 있다고 가정한다. 각 참여자가 투기적인 전략은 쓰지 않으면서 상대방이 자신에게 가장 불리한 전략을 쓰는

경우에 대처하여 일어날 수 있는 가능한 손해를 되도록 최소가 되게 하려는 데에 더 많은 관심을 쏟음으로써 확실히 얻을 수 있는 이득을 되도록 최대가 되게 하려 한다고 가정한다.

이제 오른쪽 표 같은 이득표를 가진 2×3 직사각게임을 생각해 보자.

P_1 \ P_2	1	2	3
1	4	3	6
2	5	−1	−2

이 게임에서 P_1이 전략 1을 택하는 경우에는 P_2가 어떤 전략을 택하더라도 P_1은 적어도 제 1 행의 최소값인 3을 확실히 얻을 수 있고, 한편 P_1이 전략 2를 택하는 경우에는 P_2가 어떠한 전략을 택하더라도 적어도 제2행의 최소값인 −2를 확실히 얻을 수 있다.

한편, 각 행의 최소값 3, −2 중에서 최대인 값은 3이므로, P_1이 전략 1을 택하기만 하면 P_2가 어떤 전략을 택하더라도 적어도 3을 확실히 얻을 수 있으나, P_1이 전략 2를 택하면 3보다 작은 이득을 얻을 가능성이 있다.

여기서 3이 각 행의 최소값 중에서 최대인 값(maximum among a set of row minima)이라는 의미에서 3을 **맥시민 값**(maximin)이라고 한다. 그런데, P_2의 관점에서 생각하면, 이득표는 P_2의 손해를 나타내므로 P_2가 이득을 최대로 하려면 P_1의 이득을 되도록 최소가 되게 해야 한다.

이제 P_2가 전략 1을 택하면 P_1은 많아야 5를 얻고, P_2가 전략 2를 택하면 P_1은 많아야 3을 얻으며 P_2가 전략 3을 택하면 P_1은 많아야 6을 얻는다. 여기서 5, 3, 6은 각각 제 1 열, 제 2 열, 제 3 열의 최대값이다.

각 열의 최대값 5, 3, 6 중에서 최소인 값은 3이므로, P_2가 전략 2를 택하기만 하면 P_1이 어떤 전략을 택하더라도 P_1은 많아야 3을 확실히 얻을 수 있으나, P_2가 전략 1 또는 전략 3을 택하면 P_1은 3보다 많은 이득을 얻을 가능성이 있다.

P_1 \ P_2	1	2	3	행의 최소값
1	4	③	6	3
2	5	−1	−2	−2
열의 최대값	5	3	6	3

max imin = 3

여기서 3이 각 열의 최대값 중에서 최소인 값(minimum among a set of column maxima)이라는 의미에서 3을 **미니맥스 값**(minimax)이라고 한다. 그런데, maximin = minimax = 3이므로, P_1의 전략 1은 P_1이 이득 3을 확실히 얻을 수 있게 하는 전략이고 P_2의 전략 2는 P_1이 3보다 많은 이득을 얻게 되는 것을 확실히 막을 수 있는 전략이다.

이러한 의미에서 P_1의 전략 1과 P_2의 전략 2를 각각 P_1, P_2의 **最適 전략**(optimal strategy)이라 하고, 이때 P_1의 이득인 3을 **게임의 값**(value)이라고 한다.

일반적으로, $m \times n$ 게임에서 이득표의 각 행의 최소값을 $b_1, b_2, \cdots, b_m$이라 하고 이들 중에서 최대인 값을 v_1이라고 하자. 그리고, 각 열의 최대값을 $c_1, c_2, \cdots, c_n$이라 하고 이들 중에서 최소인 값을 v_2라고 하자.

P_1 \ P_2	1	2	$\cdots$	n	행의 최소값
1	a_{11}	a_{12}	$\cdots$	a_{1n}	b_1
2	a_{21}	a_{22}	$\cdots$	a_{2n}	b_2
$\vdots$	$\vdots$	$\vdots$	$\cdots$	$\vdots$	$\vdots$
m	a_{m1}	a_{m2}	$\cdots$	a_{mn}	b_m
열의 최대값	c_1	c_2	$\cdots$	c_n	

$$b_i = \min\{a_{i1}, a_{i2}, \cdots, a_{in}\} \qquad (1 \le i \le m)$$
$$v_1 = \max\{b_1, b_2, \cdots, b_i, \cdots, b_m\}$$
$$c_j = \max\{a_{1j}, a_{2j}, \cdots, a_{nj}\} \qquad (1 \le j \le n)$$
$$v_2 = \min\{c_1, c_2, \cdots, c_j, \cdots, c_n\}$$

이 때, v_1을 이 게임의 **맥시민 값**(maximin)이라 하고 또 v_2를 이 게임의 **미니맥스 값** (minimax)이라고 하며, 다음이 성립한다.

$$v_1 = \text{maxmin} \le \text{minimax} = v_2$$

특히, $v_1 = v_2 = v$ 인 경우에 이 게임을 **결정적 게임**(strictly determined game)이라 하고 v를 이 게임의 **값**이라고 한다. 또한, 이 경우에 v가 속해 있는 행의 번호와 열의 번호를 각각 P_1, P_2의 **最適전략**이라고 한다.

보기 4.6.1 다음과 같은 이득표를 가진 게임을 생각해 보자.

P_1 \ P_2	1	2	행의 최소값
1	1	−1	-1
2	2	5	2
3	0	4	0
열의 최대값	2	5	

$v_1 = v_2 = 2$

이 게임은 결정적인 게임이며 게임값은 2 이다.
그리고 P_1 의 최적전략은 전략 2 이고 P_2 의 최적전략은 전략 1 이다.

보기 4.6.2 다음과 같은 이득표를 가진 게임은 결정적이 아니다.

P_1 \ P_2	1	2	행의 최소값
1	4	1	1
2	2	3	2
열의 최대값	4	3	

$v_1 = 2$
$v_2 = 3$

정의 4.6.1 $m \times n$ 행렬

$$A = \begin{bmatrix} a_{11} & a_{12} & \cdots & a_{1n} \\ a_{21} & a_{22} & \cdots & a_{2n} \\ \vdots & \vdots & \cdots & \vdots \\ a_{m1} & a_{m2} & \cdots & a_{mn} \end{bmatrix}$$

에서, A 의 한 원소 a_{ij} 가 제 i 행에 속해 있는 원소 중에서는 최소이고 또 제 j 열에 속해 있는 원소 중에서는 최대인 경우에 a_{ij} 를 행렬 A 의 **鞍裝點** (saddle point)이라고 한다.

주어진 $m \times n$ 게임이 결정적이기 위한 필요충분조건은 그 이득행렬 A 가 안장점을 가지는 것이다. 그리고, 이 $m \times n$ 게임의 이득행렬 A 가 안장점 a_{ij} 를 가질 때, P_1, P_2 의 최적전략은 각각 전략 i, 전략 j 이며 이 게임의 값은 a_{ij} 이다.

보기 4.6.3 다음 행렬을 생각해 보자.

$$A = \begin{bmatrix} 2 & 5 & 2 \\ 1 & 4 & -1 \end{bmatrix}$$

행렬 A의 (1, 1) 성분인 2와 (1, 3) 성분인 2는 안장점이다.

따라서 행렬 A를 이득행렬로 가지는 2×3 게임은 결정적인 게임이다.

그리고, 이 게임의 값은 2이고, P_1의 최적전략은 전략 1이며 P_2의 최적전략은 전략 1 또는 전략 3이다.

보기 4.6.4 다음 두 행렬은 안장점을 가지지 않는다.

$$B = \begin{bmatrix} 3 & 4 \\ 5 & 2 \end{bmatrix}, \qquad C = \begin{bmatrix} 4 & 1 \\ 2 & 3 \end{bmatrix}$$

일반적으로, 2×2 게임에 대해서는 다음이 성립한다.

정리 4.6.4 행렬

$$A = \begin{bmatrix} a_{11} & a_{12} \\ a_{21} & a_{22} \end{bmatrix}$$

가 안장점을 가지지 않기 위한 필요충분조건은 다음 중에서 하나가 성립하는 것이다.

(1) $a_{11} < a_{12}$, $a_{11} < a_{21}$, $a_{22} < a_{12}$, $a_{22} < a_{21}$

즉, 주 대각선 위에 있는 원소가 나머지 원소보다 모두 작다.

(2) $a_{11} > a_{12}$, $a_{11} > a_{21}$, $a_{22} > a_{12}$, $a_{22} > a_{21}$

즉, 주 대각선 위에 있는 원소가 나머지 원소보다 모두 크다.

따라서 이득행렬이 A인 2×2 게임이 결정적이 아니기 위한 필요충분조건은 위의 (1), (2) 중에서 하나가 성립하는 것이다.

특히, 이 게임이 결정적이 아닌 게임이면, 다음이 성립한다.

$$a_{11} + a_{22} - a_{12} - a_{21} \neq 0$$

다음과 같은 이득표를 가진 게임은 결정적이 아닌 게임이다(보기 4.6.2).

P_1 \ P_2	1	2	행의 최소값
1	4	1	1
2	2	3	2
열의 최대값	4	3	

이 게임에서 P_1이 maximin 값을 얻으려면 전략 2를 택해야 하고 P_2가 minimax 값을 얻으려면 전략 2를 택해야 한다. 그런데 P_1, P_2가 이와 같은 전략을 택하면, P_1의 실제 이득은 기대한 값 2보다 더 많은 3이 되므로 P_1이 이 결과에 만족하여 게임을 행할 때마다 항상 전략 2를 택한다면, 이를 눈치챈 P_2는 전략 2 대신에 전략 1을 택하여 P_1의 이득을 2로 줄이려고 할 것이다. 반대로, P_2가 항상 전략 1만을 택한다면, P_1은 전략 2 대신에 전략 1을 택하여 보다 많은 이득 4를 얻으려고 할 것이다.

결국, 이 게임에서는 매 플레이마다 항상 같은 전략을 택하면 상대방이 유리하게 되므로, P_1과 P_2는 각 전략을 일정한 비율로 혼합하여 택하는 것이 바람직하다. 이와 같이, 일정한 비율로(확률로) 전략 1과 전략 2를 혼합하여 택하는 전략을 **혼합전략**(mixed strategy)이라 하고, 본래의 전략인 전략 1과 전략 2를 **순수전략**(pure strategy)이라고 한다.

이제

'P_1이 전략 1과 전략 2를 각각 확률 x, $1-x$로 택하는 혼합전략',

'P_2가 전략 1과 전략 2를 각각 확률 y, $1-y$로 택하는 혼합전략'

을 각각 다음과 같이 나타내기로 하자.

$$X = [\,x \;\; 1-x\,], \quad Y = \begin{bmatrix} y \\ 1-y \end{bmatrix} \qquad (0 \le x \le 1,\;\; 0 \le y \le 1)$$

또, P_1, P_2가 각각 혼합전략 X, Y를 택할 때, P_1이 얻으리라고 기대되는 이득을 P_1의 **기대이득**(expected payoff)이라 하고 이것을 $E(X, Y)$로 나타내자.

이 때, 이득이

$$4\text{ 일 확률은 } xy, \qquad 1\text{ 일 확률은 } x(1-y),$$
$$2\text{ 일 확률은 } (1-x)y, \qquad 3\text{ 일 확률은 } (1-x)(1-y)$$

이므로 다음이 성립한다.

$$\begin{aligned} E(X,\ Y) &= 4xy + x(1-y) + 2(1-x)y + 3(1-x)(1-y) \\ &= [\,x\ \ 1-x\,]\begin{bmatrix} 4 & 1 \\ 2 & 3 \end{bmatrix}\begin{bmatrix} y \\ 1-y \end{bmatrix} \end{aligned}$$

그런데,

$$\begin{aligned} E(X,\ Y) &= 4xy - 2x - y + 3 \\ &= 4x(y - \frac{1}{2}) - (y - \frac{1}{2}) + \frac{5}{2} \\ &= 4(x - \frac{1}{4})(y - \frac{1}{2}) + \frac{5}{2} \end{aligned}$$

이므로 다음 결과를 얻는다.

$0 \le x < \frac{1}{4}$ 일 때, $\frac{1}{2} < y \le 1$ 이면 $E(X,\ Y) < \frac{5}{2}$

$\frac{1}{4} < x \le 1$ 일 때, $0 \le y < \frac{1}{2}$ 이면 $E(X,\ Y) < \frac{5}{2}$

$x = \frac{1}{4}$ 일 때, 모든 y 의 값에 대하여 $E(X,\ Y) = \frac{5}{2}$

$0 \le y < \frac{1}{2}$ 일 때, $0 \le x < \frac{1}{4}$ 이면 $E(X,\ Y) > \frac{5}{2}$

$\frac{1}{2} < y \le 1$ 일 때, $\frac{1}{4} < x \le 1$ 이면 $E(X,\ Y) > \frac{5}{2}$

$y = \frac{1}{2}$ 일 때, 모든 x 의 값에 대하여 $E(X,\ Y) = \frac{5}{2}$

따라서 $x \ne \frac{1}{4}$ 일 때, P_1 이 혼합전략 $X = [\,x\ \ 1-x\,]$ 를 택하는 경우에는 P_2 가 택하는 혼합전략에 따라 P_1 의 기대이득이 $\frac{5}{2}$ 보다 작아질 수 있으나, P_1 이 혼합전략 $\overline{X} = \left[\ \frac{1}{4}\ \ \frac{3}{4}\ \right]$ 를 택하면 P_2 가 어떠한 혼합전략을 택하더라도 P_1 이 얻는 기대이득은 $v = \frac{5}{2}$ 이다.

한편, $y \neq \frac{1}{2}$ 일 때, P_2 가 혼합전략

$$Y = \begin{bmatrix} y \\ 1-y \end{bmatrix}$$

를 택하는 경우에는 P_1 이 택하는 혼합전략에 따라 P_1 의 기대이득이 $\frac{5}{2}$ 보다 커질 수 있으나, P_2 가 혼합전략

$$\overline{Y} = \begin{bmatrix} \frac{1}{2} \\ \frac{1}{2} \end{bmatrix}$$

을 택하면 P_1 이 어떠한 혼합전략을 택하더라도 P_1 이 얻는 기대이득은 $v = \frac{5}{2}$ 이다.

따라서 P_1 의 혼합전략 $\overline{X}$ 는 P_2 의 여러 가지 혼합전략에 대비하여 P_1 이 기대이득 $v = \frac{5}{2}$ 를 확실히 얻을 수 있게 하는 전략이지만 P_2 의 혼합전략 $\overline{Y}$ 는 P_1 의 여러 가지 혼합전략에 대비하여 P_1 의 기대이득이 $v = \frac{5}{2}$ 보다 크게 되는 것을 확실히 막을 수 있는 전략이다.

이러한 의미에서 $\overline{X}$, $\overline{Y}$ 를 각각 P_1, P_2 의 **最適전략**이라 하고 $v = \frac{5}{2}$ 를 이 **게임의 값**이라고 한다. 이것은

> '이 게임을 충분히 많이 되풀이하여 행할 때, 각 시행마다 P_1 과 P_2 가 각각 혼합전략 $\overline{X}$, $\overline{Y}$ 를 택한다면 P_1 의 기대이득은 v 이다.'

라는 뜻이다. 즉, 이와 같은 방법으로 이 게임을 충분히 많이 되풀이할 때 P_1 의 이득은 v 에 한없이 가까워진다는 것을 뜻한다.

앞에서 얻은 결과는 일반적인 2×2 게임에 대해서도 성립한다.

이제 이득표와 이득행렬이 각각 다음과 같은 2×2 게임을 생각해 보자.

P_1 \ P_2	1	2
1	a_{11}	a_{12}
2	a_{21}	a_{22}

$$A = \begin{bmatrix} a_{11} & a_{22} \\ a_{21} & a_{22} \end{bmatrix}$$

이 게임이 결정적이 아닌 게임이라고 하자.

이 때, 정리 4.6.4 에 의하여 $a_{11}+a_{22}-a_{12}-a_{21} \neq 0$ 이고, 또 P_1 과 P_2 의 혼합전략을 각각

$$X = [\, x_1 \quad x_2 \,], \qquad Y = \begin{bmatrix} y_1 \\ y_2 \end{bmatrix}$$

이라고 하면, 이에 대한 P_1 의 기대이득 $E(X, Y)$ 는 다음과 같다.

$$\begin{aligned} E(X, Y) &= a_{11}x_1y_1 + a_{12}x_1y_2 + a_{21}x_2y_1 + a_{22}x_2y_2 \\ &= [\, x_1 \quad x_2 \,]\, A \begin{bmatrix} y_1 \\ y_2 \end{bmatrix} \end{aligned}$$

$$0 \le x_1,\, x_2 \le 1, \quad 0 \le y_1,\, y_2 \le 1, \quad x_1 + x_2 = 1, \quad y_1 + y_2 = 1$$

이 식에서 $x_2 = 1 - x_1$, $y_2 = 1 - y_1$ 을 대입하여 정리하면 다음을 얻는다.

$$E(X, Y) = a(x_1 - b)(y_1 - c) + d$$

$$a = a_{11}+a_{22}-a_{12}-a_{21} \neq 0$$

$$b = \frac{a_{22}-a_{21}}{a}, \qquad c = \frac{a_{22}-a_{12}}{a},$$

$$d = \frac{a_{11}a_{22}-a_{12}a_{21}}{a} = \frac{|A|}{a}$$

따라서 P_1 과 P_2 의 최적전략은 각각

$$\overline{X} = [\, b \quad 1-b \,], \qquad \overline{Y} = \begin{bmatrix} c \\ 1-c \end{bmatrix}$$

이고 이 게임의 값은 $v = d$ 이다.

이득표가 아래 표와 같은 2×2 게임을 다시 생각해 보자.

이 게임에서 순수전략인

P_1 \ P_2	1	2
1	4	1
2	2	3

'P_1 의 전략 1', 'P_1 의 전략 2',

'P_2 의 전략 1', 'P_2 의 전략 2'

을 각각 다음과 같이 나타내자.

$$X_1 = [0 \ \ 0], \quad X_2 = [0 \ \ 1], \quad Y_1 = \begin{bmatrix} 1 \\ 0 \end{bmatrix}, \quad Y_2 = \begin{bmatrix} 0 \\ 1 \end{bmatrix}$$

먼저 P_1이 혼합전략 $X = [x \ \ 1-x]$ $(0 \le x \le 1)$를 택할 때, P_2의 순수전략 Y_1, Y_2에 대한 기대이득은 각각 다음과 같다.

$$E(X, Y_1) = [x \ \ 1-x]\begin{bmatrix} 4 & 1 \\ 2 & 3 \end{bmatrix}\begin{bmatrix} 1 \\ 0 \end{bmatrix} = [x \ \ 1-x]\begin{bmatrix} 4 \\ 2 \end{bmatrix} = 2x+2,$$

$$E(X, Y_2) = [x \ \ 1-x]\begin{bmatrix} 4 & 1 \\ 2 & 3 \end{bmatrix}\begin{bmatrix} 0 \\ 1 \end{bmatrix} = [x \ \ 1-x]\begin{bmatrix} 1 \\ 3 \end{bmatrix} = -2x+3$$

그런데, 직교좌표계 O-xz를 가진 좌표평면에서 두 함수

$$z = E(X, Y_1) = 2x+2, \qquad (0 \le x \le 1)$$

$$z = E(X, Y_2) = -2x+3, \qquad (0 \le x \le 1)$$

의 그래프는 다음과 같다.

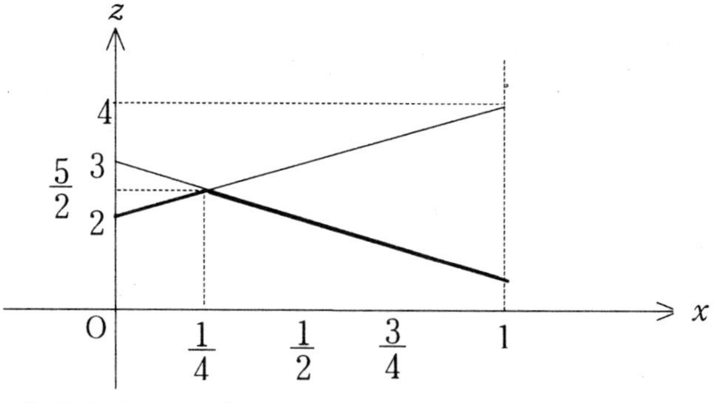

이제 P_1의 각 혼합전략 X에 대하여, P_2의 모든 혼합전략

$$Y = \begin{bmatrix} y \\ 1-y \end{bmatrix} \qquad (0 \le y \le 1)$$

에 대한 $E(X, Y)$의 최소값을 $\overline{E}(X)$라 하고 또 모든 혼합전략 X에 대한 $\overline{E}(X)$의 값 중에서 최대인 값을 v_1이라고 하자. 즉,

$$\overline{E}(X) = \min\{E(X, Y) \mid 0 \le y \le 1\} \ \text{(고정된 } X\text{에 대하여)}$$

$$v_1 = \max\{\overline{E}(X) \mid 0 \le x \le 1\}$$

이 때, 함수

$$z = \overline{E}(X) \qquad (0 \le x \le 1)$$

의 그래프는 앞의 그림의 아래쪽에 있는 꺾은선이다(그림의 굵은 선 부분). 한편, 방정식 $2x+2=-2x+3$ 의 근은 $x=\frac{1}{4}$ 이므로, v_1 은 $x=\frac{1}{4}$ 일 때 즉 $\overline{X}=[\frac{1}{4} \ \ \frac{3}{4}]$ 일 때 얻게 되고 그 값은 $v=2\cdot\frac{1}{4}+2=\frac{5}{2}$ 이다.

여기서 v_1 을 이 게임의 **맥시민 값**이라 하고, $\overline{X}$ 를 P_1 의 **맥시민 전략**이라고 한다. 순수전략의 경우와 마찬가지로, P_1 이 맥시민 전략을 택하면 P_2 가 어떤 혼합전략을 택하더라도 P_1 은 적어도 v_1 을 확실히 얻게 된다.

다음에 P_2 가 혼합전략 Y를 택할 때, P_1 의 순수전략 X_1, X_2 에 대한 기대이득은 각각 다음과 같다.

$$E(X_1, Y) = [1 \ \ 0]\begin{bmatrix} 4 & 1 \\ 2 & 3 \end{bmatrix}\begin{bmatrix} y \\ 1-y \end{bmatrix} = [4 \ \ 1]\begin{bmatrix} y \\ 1-y \end{bmatrix} = 3y+1,$$

$$E(X_2, Y) = [0 \ \ 1]\begin{bmatrix} 4 & 1 \\ 2 & 3 \end{bmatrix}\begin{bmatrix} y \\ 1-y \end{bmatrix} = [2 \ \ 3]\begin{bmatrix} y \\ 1-y \end{bmatrix} = -y+3$$

그런데, 직교좌표계 O-xz를 가진 좌표평면에서, 두 함수

$$z = E(X_1, Y) = 3y+1, \qquad (0 \le y \le 1)$$

$$z = E(X_2, Y) = -y+3, \qquad (0 \le y \le 1)$$

의 그래프는 다음과 같다.

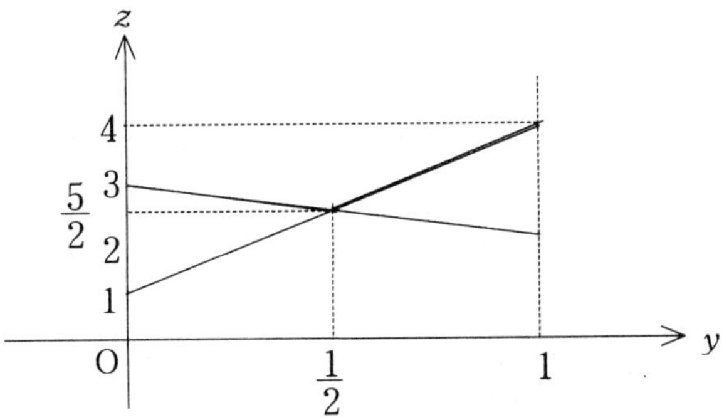

이제 P_2의 각 혼합전략 Y에 대하여, P_1의 모든 혼합전략 $X=[x \ \ 1-x]$ 에 대한 $E(X, Y)$ 의 최대값을 $\overline{\overline{E}}(Y)$ 라 하고 모든 혼합전략 Y 에 대한

$\overline{\overline{E}}(Y)$ 의 값 중에서 최소인 값을 v_2 라고 하자. 즉,

$$\overline{\overline{E}}(Y) = \max\{E(X,\ Y) \mid 0 \le x \le 1\} \quad (\text{고정된 } Y\text{에 대하여})$$

$$v_2 = \min\{\overline{\overline{E}}(Y) \mid 0 \le y \le 1\}$$

이 때, 함수

$$z = \overline{\overline{E}}(Y), \qquad (0 \le y \le 1)$$

의 그래프는 위 그림의 위쪽에 있는 꺾은선이다(그림의 굵은 선 부분).

방정식 $3y+1=-y+3$ 의 근은 $y=\frac{1}{2}$ 이므로, v_2 는 $y=\frac{1}{2}$ 일 때, 즉

$$\overline{Y} = \begin{bmatrix} \frac{1}{2} \\ \frac{1}{2} \end{bmatrix}$$

일 때 얻게 되고 그 값은 $v_2 = 3 \cdot \frac{1}{2} + 1 = \frac{5}{2}$ 이다. 이 때, v_2 를 이 게임의 **미니맥스 값**이라 하고, $\overline{Y}$ 를 P_2 의 **미니맥스 전략**이라고 한다.

여기서, P_2 가 미니맥스 전략을 택하면 P_1 이 어떤 혼합전략을 택하더라도 P_1 의 이득이 v_2 보다 크게 되는 것을 확실히 막을 수 있다. 따라서 맥시민 전략 $\overline{X}$ 와 미니맥스 전략 $\overline{Y}$ 는 각각 P_1, P_2 의 최적전략이고, 맥시민 값 v_1 과 미니맥스 값 v_2 는 $\frac{5}{2}$ 이며 이 값이 게임의 값이다.

이제까지 얻은 결과를 이용하면, 일반적인 $2\times n$ 게임에서 P_1 의 최적전략과 게임의 값을 구할 수 있다.

보기 4.6.5 이득행렬이 다음과 같은 2×4 게임을 생각해 보자.

$$A = \begin{bmatrix} -1 & 2 & 3 & 0 \\ 2 & 1 & -1 & 3 \end{bmatrix}$$

먼저, P_1 이 혼합전략 $X = [x \quad 1-x]$ 를 택할 때, P_2 의 각 순수전략

$$Y_1 = \begin{bmatrix} 1 \\ 0 \\ 0 \\ 0 \end{bmatrix}, \quad Y_2 = \begin{bmatrix} 0 \\ 1 \\ 0 \\ 0 \end{bmatrix}, \quad Y_3 = \begin{bmatrix} 0 \\ 0 \\ 1 \\ 0 \end{bmatrix}, \quad Y_4 = \begin{bmatrix} 0 \\ 0 \\ 0 \\ 1 \end{bmatrix}$$

에 대한 기대이득은 각각 다음과 같다.

$$E(X,\ Y_1) = [x\ \ 1-x]\,A\,Y_1 = [x\ \ 1-x]\begin{bmatrix} -1 \\ 2 \end{bmatrix} = -3x+2,$$

$$E(X,\ Y_2) = [x\ \ 1-x]\,A\,Y_2 = [x\ \ 1-x]\begin{bmatrix} 2 \\ 1 \end{bmatrix} = x+1,$$

$$E(X,\ Y_3) = [x\ \ 1-x]\,A\,Y_3 = [x\ \ 1-x]\begin{bmatrix} 3 \\ -1 \end{bmatrix} = 4x-1,$$

$$E(X,\ Y_4) = [x\ \ 1-x]\,A\,Y_4 = [x\ \ 1-x]\begin{bmatrix} 0 \\ 3 \end{bmatrix} = -3x+2$$

그런데, 직교좌표계 O- xz 를 가진 좌표평면에서, 함수

$$z = -3x+2, \quad (0 \le x \le 1)$$
$$z = x+1, \quad (0 \le x \le 1)$$
$$z = 4x-1, \quad (0 \le x \le 1)$$
$$z = -3x+2, \quad (0 \le x \le 1)$$

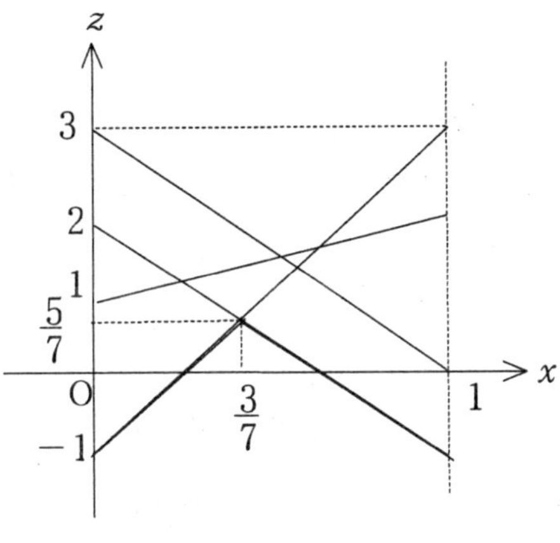

의 그래프는 오른쪽 그림과 같다.

이 그림에서 두 굵은 선의 교점의 x 좌표를 구하기 위하여 방정식

$$-3x+2 = 4x-1$$

의 근을 구하면 $x = \frac{3}{7}$ 이다. 따라서

$$\overline{X} = \begin{bmatrix} \frac{3}{7} & \frac{4}{7} \end{bmatrix}$$

는 P_1 의 최적전략이고 게임의 값은 $v = \frac{5}{7}$ 이다.

한편, P_2 의 최적전략을 구하려면 적당한 정리가 필요하다.

이제까지 논한 기하학적 방법은 극히 제한된 문제에 대한 풀이 방법을 보여 주고 있다. 실제로, 보다 일반적인 $m \times n$ 게임을 풀기 위해서는 게임 문제를 선형계획 문제로 바꾸어 대수적으로 풀어야 한다. 이와 관련된 사항에 대해서는 [7] 을 참조하기 바란다.

연습문제 (4.6)

1. 두 사람 P_1, P_2가 손가락을 하나 또는 둘을 내보여서, 내보인 손가락 수의 합이 짝수이면 P_1이 그 합만큼 얻고 홀수이면 P_2가 그 합만큼 얻는다고 할 때, 이 게임의 이득표와 이득행렬을 구하여라.

2 이득표가 다음과 같은 게임이 결적적인 게임인지를 판정하여라. 또, 결정적인 게임인 경우에는 이 게임의 값과 의 최적전략을 구하여라.

(1)

P_1 \ P_2	1	2	3
1	1	-3	5
2	-1	0	4
3	2	1	2

(2)

P_1 \ P_2	1	2	3	4
1	3	5	4	7
2	-2	8	0	-9
3	6	12	1	3

3. 이득행렬이 다음 행렬과 같은 게임 중에서 결정적인 게임을 찾고, 또 이러한 게임에 대해서는 게임의 값과 P_1, P_2의 최적전략을 구하여라.

(1) $A = \begin{bmatrix} 0 & 2 \\ -1 & 4 \end{bmatrix}$　　(2) $A = \begin{bmatrix} 5 & 0 \\ 0 & 7 \end{bmatrix}$

4. 다음 게임의 게임값과 최적전략을 구하여라.

P_1 \ P_2	1	2
1	7	5
2	2	9

5. 다음 게임의 P_1의 최적전략과 게임값을 구하여라.

(1)

P_1 \ P_2	1	2	3
1	2	-3	1
2	-1	4	2

(2)

P_1 \ P_2	1	2	3
1	5	7	2
2	0	-1	8

제 5 장

대수적 체계

한 집합 위에 이항연산(들)이 정의되어 있고 이들 연산에 관하여 어떤 公理系를 만족시킬 때, 이 집합과 연산을 함께 묶어 이를 代數的 體系(algebraic system)라 하고 '이 집합은 代數的 構造(algebraic structure)를 가지고 있다' 고 한다.

이 장에서는 군, 환, 정역, 나눗셈환, 체, 다항식환과 전행렬환, 정역의 분수체, 벡터공간, 벡터공간의 기저와 차원, 다원환, 유클리드 공간, Boole 다원환, Boole 환 등 여러 가지 유형의 대수적 체계의 정의와 그 기본 성질을 논한다.

군, 환, 체에 대한 상세한 논의는

김응태·박승안, 현대대수학, 제 8 판, 경문사, 2011

을 참조하기 바란다.

§5.1 군과 그 기본 성질

이 절에서는, '군' 이라는 대수적 체계에 대하여 간단히 논하기로 한다.

정의 5.1.1 집합 $G\ (\neq \varnothing)$ 위에 이항연산 $\circ$ 이 정의되어 있고, 또 임의의 원소 $a, b, c \in G$에 대하여 다음이 성립할 때, $(G, \circ)$를 **群**(영어 group, 독일어 Gruppe, 불어 groupe)이라고 한다. 그리고, 이때 'G는 연산 $\circ$ 에 관하여 군을 이룬다' 고 한다.

G.1 : $(a \circ b) \circ c = a \circ (b \circ c)$ (결합법칙)

G.2 : 특정한 원소 $e \in G$가 존재하여, 모든 원소 $a \in G$에 대하여 등식 $a \circ e = e \circ a = a$ 가 성립한다.

원소 e를 G의 (연산 $\circ$ 에 관한) **항등원**(identity)이라고 한다.

G.3 : 각 $a \in G$에 대하여 $a \circ b = b \circ a = e$인 원소 $b \in G$가 존재한다.

이러한 원소 b를 a의 (연산 $\circ$ 에 관한) **역원**(inverse)이라 하고 이것을 a^{-1}로 나타낸다. 즉, $a \circ a^{-1} = a^{-1} \circ a = e$이다.

위의 정의에서 G.1, G.2, G.3를 군에 대한 **公理系**(system of axioms)라고 한다('해설 102' 참조). 군에 대한 연산 기호로는 $\circ$, $*$, $\cdot$, $+$ 등이 쓰인다.

정의 5.1.2 군 $(G, \circ)$에서 임의의 원소 $a, b \in G$에 대하여 다음이 성립할 때, $(G, \circ)$를 **Abel 군**(abelian group) 또는 **可換群**(commutative group)이라고 한다.

G.4 : $a \circ b = b \circ a$ (교환법칙)

그리고, Abel 군이 아닌 군을 **非 Abel 군**(nonabelian group) 또는 **非가환군**(noncommutaitve group)이라고 한다.

정의 5.1.3 군 $(G, \circ)$ 에서 G가 무한집합일 때 이 군을 **무한군**(infinite group)이라 하고, G가 유한집합일 때 이 군을 **유한군**(finite group)이라고 하며 특히 $|G| = n$일 때 n을 유한군 G의 **位數**(order)라고 한다.

곱셈 · 에 관한 군을 **곱셈군**(multiplicative group)이라 하고 그 항등원을 e 또는 1 로 나타낸다. 그리고, 덧셈 + 에 관한 Abel 군을 **덧셈군**이라 그 항등원을 0 으로 나타낸다. 덧셈군에 대한 정의를 다시 쓰면 다음과 같다.

정의 5.1.4 집합 $A\ (\neq \varnothing)$ 위에 덧셈 + 가 정의되어 있고 임의의 원소 $a, b, c \in A$ 에 대하여 다음 조건이 성립할 때, $(A,\ +)$ 를 **덧셈군**(additive group)이라고 한다.

A.1 : $(a+b)+c = a+(b+c)$ (결합법칙)

A.2 : $a+b = b+a$ (교환법칙)

A.3 : 특정한 원소 $0 \in A$ 이 존재하여, 모든 원소 $a \in A$ 에 대하여 등식 $a+0 = 0+a = a$ 가 성립한다.

원소 0 을 A 의 **영**(zero) 또는 **零元**(zero element) 이라고 한다.

A.4 : 각 원소 $a \in A$ 에 대하여 $a+b = b+a = 0$ 인 원소 $b \in A$ 가 존재한다. 여기서, 원소 b 를 a 의 덧셈에 관한 **역원**이라 하고 또 이 원소를 $-a$ 로 나타낸다. 즉, $a+(-a) = (-a)+a = 0$ 이다.

덧셈군 A 의 뺄셈은 $a-b = a+(-b)$ 으로 정의한다.

보기 5.1.1 정수 전체의 집합 $\mathbb{Z}$, 유리수 전체의 집합 $\mathbb{Q}$, 실수 전체의 집합 $\mathbb{R}$, 복소수 전체의 집합 $\mathbb{C}$ 는 흔히 사용하는 덧셈에 관하여 덧셈군을 이룬다 (§1.3, §1.4 참조). 한편,

$$\mathbb{Q}^* = \mathbb{Q} - \{0\}, \quad \mathbb{R}^* = \mathbb{R} - \{0\}, \quad \mathbb{C}^* = \mathbb{C} - \{0\}$$

이라고 하면, 이들 집합은 흔히 사용하는 곱셈에 관하여 Abel 군을 이룬다.

보기 5.1.2 양의 정수 n 에 대하여 집합

$$\mathbb{Z}^n = \{(x_1, \cdots, x_n) \mid x_1, \cdots, x_n \in \mathbb{Z}\},$$

$$\mathbb{R}^n = \{(x_1, \cdots, x_n) \mid x_1, \cdots, x_n \in \mathbb{R}\}$$

는 다음과 같이 정의된 덧셈에 관하여 덧셈군을 이룬다.

$$(a_1, \cdots, a_n) + (b_1, \cdots, b_n) = (a_1+b_1, \cdots, a_n+b_n)$$

실제로, 이들 덧셈군의 영원은 $(0, \cdots, 0)$ 이고 또 각 원소 $(a_1, \cdots, a_n)$ 의 덧셈에 관한 역원은 $-(a_1, \cdots, a_n) = (-a_1, \cdots, -a_n)$ 이다.

보기 5.1.3 체 F 위의 $m \times n$ 행렬 전체의 집합 $\mathrm{Mat}_{m \times n}(F)$ 는 행렬에 관한 덧셈에 관하여 덧셈군을 이룬다(정리 4.1.3).

그리고, 체 F 위의 n 차의 정칙행렬 전체의 집합 $\mathrm{GL}_n(F)$ 는 행렬에 관한 곱셈에 관하여 군을 이루고 또 다음이 성립한다(정리 4.1.10, 정리 4.4.9).

$$\mathrm{GL}_n(F) = \{A \in \mathrm{Mat}_n(F) \mid \det A \neq 0\}$$

군 $\mathrm{GL}_n(F)$ 를 체 F 위의 n 차의 **일반線型群**(general linear group)이라고 한다. 특히, 체 F 위의 2 차의 행렬

$$A = \begin{bmatrix} a & b \\ c & d \end{bmatrix}$$

에 대하여 $\det A = ad - bc$ 이고, $\det A \neq 0$ 일 때 그리고 이때에만 A 는 정칙행렬이다. 또, $\det A \neq 0$ 일 때, A^{-1} 는 다음과 같다.

$$A^{-1} = \begin{bmatrix} \dfrac{d}{ad-bc} & \dfrac{-b}{ad-bc} \\ \dfrac{-c}{ad-bc} & \dfrac{a}{ad-bc} \end{bmatrix}$$

보기 5.1.4 공집합이 아닌 집합 X 에서 X 자신으로의 일대일 대응

$$\sigma : X \longrightarrow X$$

를 흔히 X 위의 **치환**(permutation)이라고 한다. 집합 $X\ (\neq \varnothing)$ 위의 치환 전체로 이루어진 집합을 $S(X)$ 로 나타내면, $S(X)$ 는 합성연산 $\circ$에 관하여 군을 이룬다(정리 1.1.9 참조).

군 $S(X)$ 을 X 위의 **대칭군**(symmetric group)이라고 한다.

특히, 양의 정수 n 에 대하여 $X_n = \{1, 2, \cdots, n\}$ 위의 대칭군 $S(X_n)$ 을 S_n 으로 나타내고, 이 군을 **n 차의 대칭군**(symmetric group of degree n) 이라고 한다. 대칭군 S_n 은 위수 $n!$ 인 유한군이다(정리 3.2.3 참조).

일반적으로, $n \geq 3$ 일 때 S_n 은 Abel 군이 아니다.

앞으로, 군 $(G, \circ)$ 를 간단히 '군 G' 라 하고 $a \circ b$ 를 간단히 ab 로 나타내기로 한다.

정리 5.1.5 군 G 에서 G 의 항등원 e 는 단 하나 존재하고, 또 각 원소 $a \in G$ 에 대하여 a 의 역원 $a^{-1} \in G$ 는 단 하나 존재하며 다음이 성립한

$$e^{-1} = e, \qquad (a^{-1})^{-1} = a$$

증명 두 원소 e 와 e' 을 G 의 항등원이라고 하면, (G.2) 에 의하여

$$e' = ee' = e$$

이므로 항등원은 단 하나 존재한다. 또, b 와 c 를 a 의 역원이라고 하면

$$c = ce = c(ab) = (ca)b = eb = b$$

이므로, a 의 역원은 단 하나 존재한다.

또, $ee = e$ 이므로 $e^{-1} = e$ 이다. 그리고, $a^{-1}a = aa^{-1} = e$ 이고 또 a^{-1} 의 역원 $(a^{-1})^{-1} \in G$ 는 단 하나 존재하므로 $(a^{-1})^{-1} = a$ 이다.

정리 5.1.6 군 G 의 항등원이 e 일 때, 원소 $a, b, c, x \in G$ 에 대하여 다음이 성립한다.

(1) $ab = ac$ 이면, $b = c$ 이다.
$ba = ca$ 이면, $b = c$ 이다. (消約법칙, cancellation law)

(2) $aa = a$ 이면, $a = e$ 이다.

(3) $ax = b$ 이면, $x = a^{-1}b$ 이다. 또, $xa = b$ 이면, $x = ba^{-1}$ 이다.

(4) $ax = a$ 이면, $x = e$ 이다. 또, $xa = a$ 이면, $x = e$ 이다.

(5) $ax = e$ 이면, $x = a^{-1}$ 이다. 또, $xa = e$ 이면, $x = a^{-1}$ 이다.

(6) $(ab)^{-1} = b^{-1}a^{-1}$

증명 (1) 원소 a 의 역원 $a^{-1} \in G$ 가 존재하므로 $ab = ac$ 일 때,

$$a^{-1}(ab) = a^{-1}(ac), \quad (a^{-1}a)b = (a^{-1}a)c, \quad eb = ec$$

이므로 $b = c$ 이다. 마찬가지로, $ba = ca$ 이면, $b = c$ 이다.

(2) 원소 a 의 역원 $a^{-1} \in G$ 가 존재하므로 $aa = a$ 일 때,

$$a^{-1}(aa) = a^{-1}a, \quad (a^{-1}a)a = a^{-1}a, \quad ea = e$$

이고 따라서 $a = e$ 이다.

(3) 원소 a 의 역원 $a^{-1} \in G$ 가 존재하므로 $ax = b$ 일 때,

$$a^{-1}(ax) = a^{-1}b, \quad (a^{-1}a)x = a^{-1}b, \quad ex = a^{-1}b$$

이므로 $x = a^{-1}b$ 이다.

마찬가지로, $xa = b$ 이면 $x = ba^{-1}$ 이다.

(4), (5) 위의 (3) 에 의하여 (4), (5) 가 성립한다.

(6) $(ab)(b^{-1}a^{-1}) = a(bb^{-1})a^{-1} = aea^{-1} = e$ 이므로 (5) 에 의하여 $(ab)^{-1} = b^{-1}a^{-1}$ 이다.

군 G 에서 원소 $a, b, c \in G$ 에 대하여 $(ab)c = a(bc)$ 이므로 이 결과를 간단히 abc 로 나타낸다.

일반적으로, 군 G 의 임의의 원소 $a_1, a_2, \cdots, a_n$ $(n \geq 3)$ 에 대하여 이들 원소를 이 순서대로 결합 한 결과는 괄호로 묶는 방법에 관계없이 일정하다. 이러한 의미에서 이 결과를 $a_1 a_2 \cdots a_n$ 으로 나타낸다.

정의 5.1.7 군 G 에서 원소 $a \in G$ 와 양의 정수 n 에 대하여 원소 a^n 을 다음과 같이 귀납적으로 정의한다.

(i) $a^1 = a$ (ii) $a^{n+1} = a^n a$

그리고, $a^0 = e$, $a^{-n} = (a^{-1})^n$ 으로 정의한다.

다음 두 정리가 성립함을 증명할 수 있다.

정리 5.1.8 군 G 에서, 임의의 원소 $a \in G$ 와 임의의 정수 m, n 에 대하여 다음이 성립한다.

$$a^m a^n = a^{m+n}, \quad (a^m)^n = a^{mn}, \quad a^{-n} = (a^{-1})^n = (a^n)^{-1}$$

정리 5.1.9 군 G 에서 두 원소 $a, b \in G$ 에 대하여 $ab = ba$ 이면, 모든 양의 정수 n 에 대하여 다음이 성립한다.

$$ab^n = b^n a, \quad (ab)^n = a^n b^n$$

정리 5.1.10 군 G에서 모든 원소 $x \in G$에 대하여 $x^2 = e$ 즉 $x^{-1} = x$일 때, G는 Abel 군이다.

증명 임의의 원소 $a, b \in G$에 대하여 $a^{-1} = a$, $b^{-1} = b$, $(ab)^{-1} = ab$이므로 $ab = (ab)^{-1} = b^{-1}a^{-1} = ba$ 이다(정리 5.1.6 의 (6) 참조).
따라서 G는 Abel 군이다.

앞에서 논한 정리와 정리를 덧셈군에 대한 정의와 정리로 고쳐 쓰면 다음과 같다.

정리 5.1.11 덧셈군 A에서 A의 영원 0은 단 하나 존재하고, 각 원소 $a \in A$에 대하여 $-a \in A$는 단 하나 존재하며 다음이 성립한다.

$$-0 = 0, \qquad -(-a) = a$$

그리고 원소 $a, b, c \in A$에 대하여 다음이 성립한다.

(1) $a+b = a+c$이면, $b = c$이다.
(2) $a+a = a$이면, $a = 0$이다.
(3) $a+x = b$이면, $x = b-a$이다.
(4) $a+x = a$이면 $x = 0$이고, 또 $a+x = 0$이면 $x = -a$이다.
(5) $-(a+b) = (-a)+(-b)$

정의 5.1.12 덧셈군 A에서 원소 $a \in A$와 양의 정수 n에 대하여 원소 $n \cdot a \in A$를 다음과 같이 귀납적으로 정의한다.

(i) $1 \cdot a = a$ (ii) $(n+1) \cdot a = n \cdot a + a$

그리고, $0 \cdot a = 0$, $(-n) \cdot a = n \cdot (-a)$으로 정의한다.

혼동이 일어날 염려가 없을 때에는 $n \cdot a$를 na로 나타내기로 한다.

정리 5.1.13 덧셈군 A에서, 임의의 원소 $a, b \in A$와 임의의 정수 m, n에 대하여 다음이 성립한다.

$$n \cdot (a+b) = n \cdot a + n \cdot b, \qquad (m+n) \cdot a = m \cdot a + n \cdot a$$
$$(mn) \cdot a = m \cdot (n \cdot a), \qquad 1 \cdot a = a$$

유한군 $(G, \circ)$에서 오른쪽 표와 같이 맨 위쪽의 가로줄과 맨 왼쪽의 세로줄에 G의 원소를 같은 순서로 써놓아 연산표를 만들 수 있다.

$\circ$	e	a	$\cdots$	b	$\cdots$	c
e	e	a	$\cdots$	b	$\cdots$	c
a	a	$a\circ a$	$\cdots$	$a\circ b$	$\cdots$	$a\circ c$
$\vdots$	$\vdots$	$\vdots$	$\cdots$	$\vdots$	$\cdots$	$\vdots$
b	b	$b\circ a$	$\cdots$	$b\circ b$	$\cdots$	$b\circ c$
$\vdots$	$\vdots$	$\vdots$	$\cdots$	$\vdots$	$\cdots$	$\vdots$
c	c	$c\circ a$	$\cdots$	$c\circ b$	$\cdots$	$c\circ c$

군의 소약법칙에 의하여 다음이 성립한다(정리 5.1.6 의 (1)).

$$a\circ b = a\circ c \Longrightarrow b = c \quad \text{즉} \quad b \neq c \Longrightarrow a\circ b \neq a\circ c$$

$$b\circ a = c\circ a \Longrightarrow b = c \quad \text{즉} \quad b \neq c \Longrightarrow b\circ a \neq c\circ a$$

따라서 위의 표에서 각 행에 있는 원소는 모두 서로 다르고 또 각 열에 있는 원소도 모두 서로 다르다. 또, $(G, \circ)$가 Abel 군일 때 그리고 이때에만 연산표는 주대각선에 관하여 대칭이다.

정의 5.1.14 군 $(G, \circ)$에서 G의 부분집합 $H(\neq \varnothing)$가 G의 연산 $\circ$에 관하여 군을 이룰 때, H를 군 G의 **부분군**(subgroup)이라고 한다.

보기 5.1.5 덧셈군 $\mathbb{Z}$는 덧셈군 $\mathbb{Q}$의 부분군이고 $\mathbb{Z}$와 $\mathbb{Q}$는 덧셈군 $\mathbb{R}$의 부분군이다. 그리고, 덧셈군 $\mathbb{Z}$의 부분군은 모두

$$n\mathbb{Z} = \{nx \mid x \in \mathbb{Z}\}, \qquad n \geq 0$$

과 같은 꼴로 나타내어진다(정리 2.1.9).

보기 5.1.6 $\mathbb{R}^+ = \{x \in \mathbb{R} \mid x > 0\}$, $\mathbb{Q}^+ = \{u \in \mathbb{Q} \mid u > 0\}$이라고 하면, $\mathbb{R}^+$는 곱셈군 $\mathbb{R}^*$의 부분군이고, $\mathbb{Q}^+$는 곱셈군 $\mathbb{Q}^*$와 $\mathbb{R}^*$의 부분군이다.

한편, 곱셈군 $(\mathbb{R}^*, \cdot)$는 덧셈군 $(\mathbb{R}, +)$의 부분군이 아니다.

정리 5.1.15 군 G에서 G의 부분집합 $H(\neq \varnothing)$에 대하여 다음 세 조건은 서로 동치이다.

(1) H는 G의 부분군이다.

(2) 임의의 $a, b \in H$에 대하여 $ab \in H$, $a^{-1} \in H$이다.

(3) 임의의 $a, b \in H$에 대하여 $ab^{-1} \in H$이다.

보기 5.1.7 집합 $U = \{\alpha \in \mathbb{C}^* \mid |\alpha| = 1\}$ 즉 $U = \{e^{i\theta} \mid 0 \le \theta < 2\pi\}$ 는 곱셈군 $\mathbb{C}^*$ 의 부분군이다. 실제로, 임의의 $\alpha, \beta \in U$에 대하여

$$|\alpha\beta^{-1}| = |\alpha||\beta|^{-1} = 1 \cdot 1^{-1} = 1$$

이므로 $\alpha\beta^{-1} \in U$ 이다(정리 1.4.3 참조).

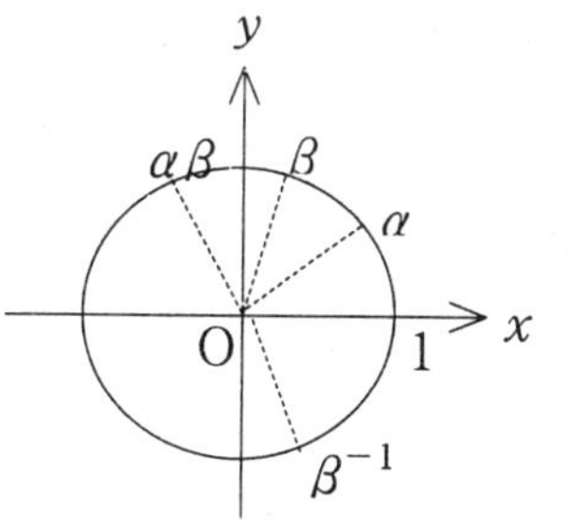

보기 5.1.8 체 F 위의 일반선형군 $\mathrm{GL}_n(F)$ 에서

$$\mathrm{SL}_n(F) = \{A \in \mathrm{GL}_n(F) \mid \det A = 1\}$$

는 $\mathrm{GL}_n(F)$ 의 부분군을 이룬다. 실제로, 임의의 $A, B \in \mathrm{SL}_n(F)$ 에 대하여

$$\det(AB^{-1}) = (\det A)(\det B)^{-1} = 1 \cdot 1^{-1} = 1$$

이므로 $AB^{-1} \in \mathrm{SL}_n(F)$ 이다.

군 $\mathrm{SL}_n(F)$ 를 체 F 위의 n 차의 **特殊線型群**(special linear group)이라고 한다.

다음 정리는 정리 5.1.15 를 덧셈군에 대한 정리로 고쳐 쓴 것이다.

정리 5.1.16 덧셈군 A 에서 A 의 부분집합 $B(\neq \varnothing)$ 에 대하여 다음 세 조건은 서로 동치이다.

(1) B 는 A 의 부분군이다.

(2) 임의의 $a, b \in B$ 에 대하여 $a+b \in B$, $-a \in B$ 이다.

(3) 임의의 $a, b \in B$ 에 대하여 $a-b \in B$ 이다.

정리 5.1.17 군 G 에서, 원소 $a \in G$ 에 대하여

$$\langle a \rangle = \{a^i \mid i \in \mathbb{Z}\}$$

이라고 하면 다음이 성립한다.

(1) $\langle a \rangle$ 는 G 의 부분군이고 $a \in \langle a \rangle$ 이다. 또, $\langle a \rangle$ 는 Abel 군이다.

(2) H 가 a 를 포함하는 G 의 부분군이면, $\langle a \rangle \subseteq H$ 이다.

증명 (1) 먼저 $a \in \langle a \rangle \neq \varnothing$ 이고, 임의의 $a^i, a^j \in \langle a \rangle$ 에 대하여

$$a^i(a^j)^{-1} = a^i a^{-j} = a^{i-j} \in \langle a \rangle$$

이므로 $\langle a \rangle$ 는 G의 부분군이다. 또, 임의의 원소 $a^i, a^j \in \langle a \rangle$ 에 대하여 $a^i a^j = a^{i+j} = a^j a^i$ 이므로 $\langle a \rangle$ 는 Abel 군이다.

(2) H가 a를 포함하는 G의 부분군이면, 임의의 정수 $i \in \mathbb{Z}$에 대하여 $a^i \in H$이고 따라서 $\langle a \rangle \subseteq H$이다.

정의 5.1.18 군 G에서 원소 $a \in G$에 대하여 부분군

$$\langle a \rangle = \{a^i \mid i \in \mathbb{Z}\}$$

를 a에 의하여 **생성된**(generated) **循環부분군**(cyclic subgroup)이라고 한다.

그리고, 적당한 원소 $a \in G$ 에 대하여 $G = \langle a \rangle$ 일 때, 군 G를 **循環群**(cyclic group)이라 하고 a를 G의 **生成元**(generator)이라고 한다.

또, 덧셈군 A에서 원소 $a \in A$에 대하여 부분군 $\langle a \rangle = \{ia \mid i \in \mathbb{Z}\}$를 a에 의하여 **생성된 순환부분군**이라고 한다. 또, 적당한 $a \in A$에 대하여 $A = \langle a \rangle$ 일 때, A를 **순환군**이라 하고 a를 A의 **생성원**이라고 한다.

보기 5.1.9 양의 정수 n에 대하여 $U_n = \{x \in \mathbb{C}^* \mid x^n = 1\}$은 곱셈군 $\mathbb{C}^*$의 부분군이다. 실제로, 임의의 $\alpha, \beta \in U_n$에 대하여

$$(\alpha\beta^{-1})^n = \alpha^n(\beta^n)^{-1} = 1 \cdot 1^{-1} = 1$$

이므로 $\alpha\beta^{-1} \in U_n$ 이다. 그리고,

$$\zeta = \cos\frac{2\pi}{n} + i\sin\frac{2\pi}{n} \quad (i = \sqrt{-1})$$

이라고 하면, 정리 1.4.5 에 의하여

$$U_n = \{1, \zeta, \cdots, \zeta^{n-1}\} = \langle \zeta \rangle, \ \zeta^n = 1$$

이므로 U_n은 위수 n인 순환군이다.

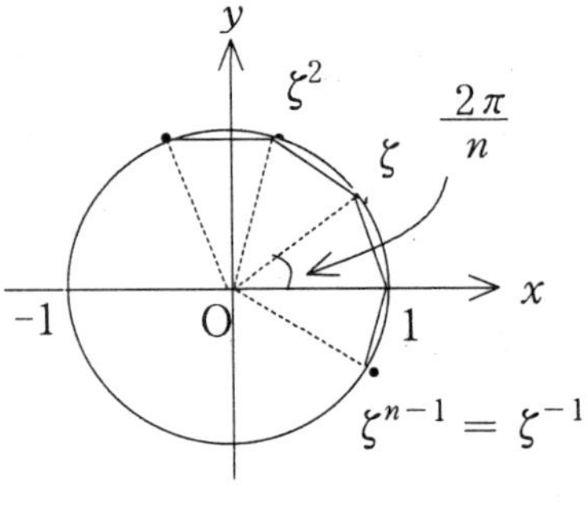

보기 5.1.10 덧셈군 $\mathbb{Z}$의 부분군은 모두

$$\langle n \rangle = \{nx \mid x \in \mathbb{Z}\} = n\mathbb{Z}, \quad n \geq 0$$

과 같은 꼴로 나타내어진다.

특히, $\mathbb{Z} = \langle 1 \rangle$ 이므로 $\mathbb{Z}$는 1을 생성원으로 가지는 순환군이다.

정의 5.1.19 군 G에서 원소 $a \in G$에 대하여 $a^m = e$인 양의 정수 m이 존재하는 경우에 a를 **유한 位數**(finite order)를 가진 원소라 하고, 또

$$a^n = a \cdots a = e \qquad (a \text{ 가 } n \text{ 개})$$

인 가장 작은 양의 정수 n을 a의 **位數**라고 한다(§1.2 의 O.3 참조).

한편, 모든 양의 정수 m에 대하여 $a^m \neq e$일 때, a는 **무한 위수**(infinite order)를 가진 원소라고 한다.

마찬가지로, 덧셈군 A에서 원소 $a \in A$에 대하여 $ma = 0$인 양의 정수 m이 존재할 때, a를 **유한 위수**를 가진 원소라 하고

$$na = a + \cdots + a = 0 \qquad (a \text{ 가 } n \text{ 개})$$

인 가장 작은 양의 정수 n을 a의 **위수**라고 한다. 한편, 모든 양의 정수 m에 대하여 $ma \neq 0$일 때, a는 **무한 위수**를 가진 원소라고 한다.

정리 5.1.20 군 G에서 원소 $a \in G$의 위수가 n일 때, 정수 i, j, m에 대하여 다음이 성립한다.

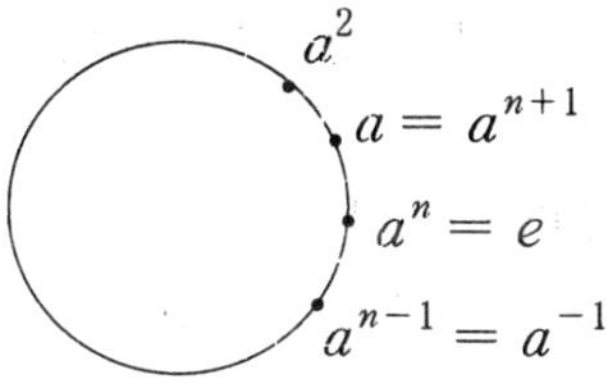

(1) $a^i = e \Longleftrightarrow n \mid i$

(2) $a^i = a^j \Longleftrightarrow i \equiv j \pmod{n}$

(3) a^m의 위수는 $\dfrac{n}{(m, n)}$이다.

특히, n의 양의 약수 d에 대하여 $n = md$이라고 하면, a^m의 위수는 d이다.

(4) $(m, n) = 1$일 때 그리고 이때에만 a^m의 위수는 n이다.

증명 (1) 먼저 $a^i = e$일 때, $i = nq + r$, $0 \leq r < n$이라고 하면

$$e = a^i = a^{nq+r} = (a^n)^q a^r = e^q a^r = a^r$$

이므로 n의 最小性에 의하여 $r = 0$이고 따라서 $n \mid i$이다.

역으로, $n \mid i$일 때, $i = nq$이라고 하면 다음이 성립한다.

$$a^i = a^{nq} = (a^n)^q = e^q = e$$

(2) 위의 (1)에 의하여 다음이 성립한다.

$$a^i = a^j \Longleftrightarrow a^{i-j} = e \Longleftrightarrow n \mid (i-j) \Longleftrightarrow i \equiv j \pmod{n}$$

(3) 이제 $d = (m, n)$, $m = dr$, $n = ds$ 이라고 하자.

이 때, $ms = drs = nr$ 이므로 다음이 성립한다.

$$(a^m)^s = a^{ms} = a^{nr} = (a^n)^r = e^r = e$$

그리고, 정수 i 에 대하여 $(a^m)^i = e$ 이라고 가정하면, $a^{mi} = e$ 이므로 위의 (1) 에 의하여 $n \mid mi$ 이므로 $ds \mid dri$ 즉 $s \mid ri$ 이고 $(r, s) = 1$ 이므로 $s \mid i$ 이다(정리 2.1.20). 따라서 a^m 의 위수는 s 이다.

(4) 위의 (3) 에 의하여 (4) 가 성립한다.

정리 2.6.8 의 증명은 본질적으로 이 정리의 증명과 동일하다.

정리 5.1.21 군 G 에서 원소 $a \in G$ 의 위수가 n 일 때,

$$\langle a \rangle = \{e, a, \cdots, a^{n-1}\}, \quad a^n = e$$

이고 따라서 a 의 위수와 순환부분군 $\langle a \rangle$ 의 위수는 일치한다.

증명 정리 5.1.20 의 (2) 에 의하여 n 개의 원소 $e, a, \cdots, a^{n-1}$ 는 모두 서로 다르므로 정리가 성립한다.

정리 5.1.22 군 G 에서 두 원소 a, b 에 대하여 $ab = ba$ 일 때, a 와 b 의 위수가 각각 m, n 이면 다음이 성립한다.

(1) 원소 ab 의 위수는 m, n 의 최소공배수 l 의 약수이다.

(2) m 과 n 이 서로 소이면, ab 의 위수는 mn 이다.

증명 (1) 이제 m 과 n 의 최소공배수를 l 이라고 하자. 이 때, $m \mid l$, $n \mid l$ 이므로 정리 5.1.20 에 의하여 $a^l = e$, $b^l = e$ 이다. 그리고 $ab = ba$ 일 때, $(ab)^l = a^l b^l = ee = e$ 이고 따라서 ab 의 위수는 l 의 약수이다.

(2) 먼저 $(ab)^{mn} = (a^m)^n (b^n)^m = e^n e^m = e$ 이고, 따라서 r 를 ab 의 위수라고 하면 $r \mid mn$ 이다. 한편,

$$e = (ab)^{rm} = (a^m)^r b^{mr} = e^r b^{mr} = b^{mr},$$

$$e = (ab)^{rn} = a^{nr} (b^n)^r = a^{nr} e^r = a^{nr}$$

이므로 $n \mid rm$, $m \mid rn$ 이고 또 $(m, n) = 1$ 이므로 $n \mid r$, $m \mid r$ 이고 따라서 $mn \mid r$ 이다(정리 2.1.20). 그러므로 $r = mn$ 이다.

정의 5.1.23 두 군 $(G, \circ)$, $(\overline{G}, *)$ 에 대하여 사상 $f : G \longrightarrow \overline{G}$가 군의 연산을 보존시킬 때, 즉 임의의 원소 $a, b \in G$ 에 대하여

$$f(a \circ b) = f(a) * f(b)$$

일 때, 사상 f 를 G 에서 H 로의 (군) **準同型寫像**(group-homomorphism)이라고 한다. 특히, 준동형사상 $f : G \longrightarrow \overline{G}$가 일대일 대응일 때, f를 G 에서 $\overline{G}$ 위로의 (군) **同型寫像**(group-isomorphism)이라고 한다.

그리고, 동형사상 $f : G \longrightarrow \overline{G}$ 가 존재할 때, 두 군 $(G, \circ)$, $(\overline{G}, *)$ 는 서로 **동형**인(isomorphic) 군이라 하고 이 사실을 $G \cong \overline{G}$ 로 나타낸다.

위의 정의에서 $G \cong \overline{G}$ 이면, $|G| = |\overline{G}|$ 이다(정의 1.5.1 참조).

보기 5.1.11 덧셈군 $\mathbb{R}$ 와 곱셈군 $\mathbb{R}^* = \mathbb{R} - \{0\}$, $\mathbb{R}^+ = \{x \in \mathbb{R} \mid x > 0\}$ 를 생각해 보자.

(1) 실수 $e\ (e > 1)$ 에 대하여 사상

$$f : \mathbb{R} \longrightarrow \mathbb{R}^+, \quad f(x) = e^x$$

을 생각하면, 임의의 $x, y \in \mathbb{R}$ 에 대하여

$$f(x+y) = e^{x+y} = e^x e^y = f(x) f(y)$$

이므로 f는 준동형사상이다. 또, 사상

$$g : \mathbb{R}^+ \longrightarrow \mathbb{R}, \quad g(x) = \log_e x$$

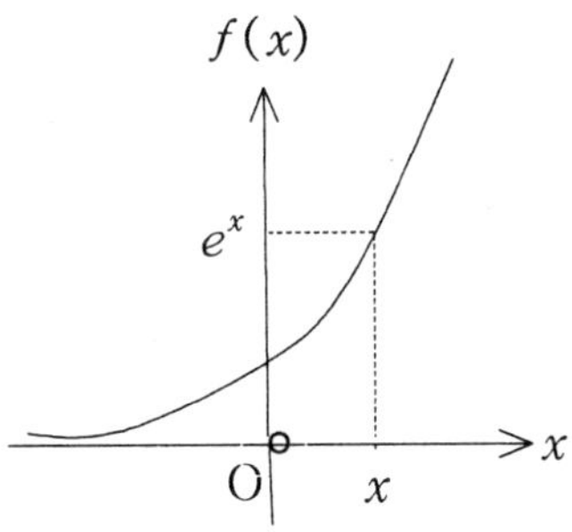

는 f의 역사상이므로 f는 일대일 대응이다.

그러므로 f는 동형사상이고, 따라서 덧셈군 $\mathbb{R}$ 와 곱셈군 $\mathbb{R}^+$는 동형이다.

(2) 사상 $\phi : \mathbb{R} \longrightarrow \mathbb{R}^*$ 를 덧셈군 $\mathbb{R}$ 에서 곱셈군 $\mathbb{R}^*$ 로의 준동형사상이라고 하면, 임의의 $x \in \mathbb{R}$ 에 대하여 $\frac{x}{2} \in \mathbb{R}$ 이고 또

$$\phi(x) = \phi\left(\frac{x}{2} + \frac{x}{2}\right) = \phi\left(\frac{x}{2}\right)\phi\left(\frac{x}{2}\right) = \phi\left(\frac{x}{2}\right)^2 > 0$$

이므로 $\operatorname{im}\phi = \{\phi(x) \mid x \in \mathbb{R}\} \subseteq \mathbb{R}^+ \subsetneq \mathbb{R}^*$ 이다.

따라서 덧셈군 $\mathbb{R}$ 에서 곱셈군 $\mathbb{R}^*$ 위로의 동형사상은 존재하지 않는다.

정리 5.1.24 군 G, H, K 에 대하여 다음이 성립한다.

(1) 항등사상 $1_G : G \longrightarrow G$ 는 동형사상이다.

(2) $f : G \longrightarrow H$ 가 동형사상이면, $f^{-1} : H \longrightarrow G$ 는 동형사상이다.

(3) $f : G \longrightarrow H$, $g : H \longrightarrow K$ 가 준동형사상이면, $g \circ f : G \longrightarrow K$ 는 준동형사상이다. 특히, f 와 g 가 동형사상이면, $g \circ f$ 는 동형사상이다.

증명 (1) 분명히 1_G 는 동형사상이다.

(2) 사상 $f : G \longrightarrow H$ 가 동형사상이라고 하자. 이 때, f 는 일대일 대응이므로 f 의 역사상 $f^{-1} : H \longrightarrow G$ 는 일대일 대응이다(정리 1.1.9).

그리고, 임의의 $a', b' \in H$ 에 대하여 $f^{-1}(a') = a$, $f^{-1}(b') = b$ 이라고 하면, $f(a) = a'$, $f(b) = b'$ 이므로

$$f(ab) = f(a)f(b) = a'b'$$

이고 따라서

$$f^{-1}(a'b') = ab = f^{-1}(a')f^{-1}(b')$$

이므로 f^{-1} 는 준동형사상이다. 그러므로 f^{-1} 는 동형사상이다.

(3) 두 사상 $f : G \longrightarrow H$, $g : H \longrightarrow K$ 가 준동형사상이면, 임의의 원소 $a, b \in G$ 에 대하여

$$\begin{aligned}(g \circ f)(ab) &= g(f(ab)) = g(f(a)f(b)) \\ &= g(f(a))\,g(f(b)) \\ &= (g \circ f)(a)\,(g \circ f)(b)\end{aligned}$$

이므로 $g \circ f : G \longrightarrow K$ 는 준동형사상이다.

특히, f 와 g 가 동형사상이면, f 와 g 는 준동형사상인 동시에 일대일 대응이므로 $g \circ f$ 는 준동형사상이고 일대일 대응이다(정리 1.1.9).

따라서 f 와 g 가 동형사상이면, $g \circ f$ 는 동형사상이다.

정리 5.1.25 군 G, H, K 에 대하여 다음이 성립한다. 즉, 군에 관한 동형관계는 동치관계이다(정의 1.1.2).

(1) $G \cong G$

(2) $G \cong H$ 이면, $H \cong G$ 이다.

(3) $G \cong H$, $H \cong K$ 이면, $G \cong K$ 이다.

연습문제 (5.1)

1. 군 G에서 e가 항등원일 때, 다음이 성립함을 밝혀라.

   (1) $ab = e$이면, $ba = e$이다.

   (2) 양의 정수 n에 대하여 $(ab)^n = e$이면, $(ba)^n = e$이다.

2. 집합 $S\,(\neq \varnothing)$ 위에 연산 $\circ$이 정의되어 있고 이 연산에 관하여 결합법칙이 성립할 때, $(S, \circ)$를 半群(semigroup)이라고 한다.

   다음 명제 중에서 참인 명제를 찾아라.

   (1) 군 $(G, \circ)$은 반군이고 군 $(G, \circ)$에서 소약변칙이 성립한다.

   (2) $\mathbb{Z}$에서 곱셈에 관하여 소약법칙이 성립한다.

   (3) $\mathbb{N}$은 덧셈에 관하여 반군을 이룬다.

   (4) $\mathbb{N}$에서 덧셈에 관하여 소약법칙이 성립한다.

   (5) $\mathbb{N}$은 곱셈에 관하여 반군을 이룬다.

3. 반군 $(G, \circ)$에서 특정한 원소 $e \in G$가 존재하여 다음 두 조건이 성립할 때, $(G, \circ)$는 군임을 밝혀라.

   (i) 모든 원소 $a \in G$에 대하여 $a \circ e = a$이다.

   (ii) 각 원소 $a \in G$에 대하여 $a \circ a_r = e$ 인 원소 $a_r \in G$가 존재한다.

4. 반군 $(G, \circ)$에서 특정한 원소 $e \in G$가 존재하여 다음 두 조건이 성립할 때, $(G, \circ)$는 군임을 밝혀라.

   (i) 모든 원소 $a \in G$에 대하여 $e \circ a = a$이다.

   (ii) 각 원소 $a \in G$에 대하여 $a_l \circ a = e$인 원소 $a_l \in G$가 존재한다.

5. 반군 $(G, \circ)$에서 임의의 두 원소 $a, b \in G$ 에 대하여

$$a \circ x = b, \quad y \circ a = b$$

   을 만족시키는 원소 $x, y \in G$가 존재할 때, $(G, \circ)$는 군임을 밝혀라.

6. 군 G가 Abel 군일 때, 양의 정수 n에 대하여 $H = \{a^n \mid a \in G\}$ 이라고 할 때, H는 G의 부분군을 이룸을 밝혀라.

§5.2 환과 그 기본 성질

이 절에서는, 두 이항연산이 정의되어 있는 대수적 체계에 대하여 논한다.

정의 5.2.1 집합 $R\ (\neq \varnothing)$ 위에 덧셈 $+$ 과 곱셈 $\cdot$ 이 정의되어 있고 또 다음이 성립할 때, $(R, +\,.\,\cdot)$ 를 **環**(ring, 독일어 Ring, 불어 anneau)이라 하고 'R는 연산 $+$, $\cdot$ 에 관하여 환을 이룬다.' 고 한다..

A : $(R, +)$ 는 덧셈군이다.

A.1 : $(a+b)+c = a+(b+c)$ (덧셈에 관한 결합법칙)

A.2 : $a+b = b+a$ (덧셈에 관한 교환법칙)

A.3 : 특정한 원소 $0 \in R$이 존재하여, 모든 원소 $a \in R$ 에 대하여 등식 $a+0 = 0+a = a$ 가 성립한다.

A.4 : 각 $a \in R$에 대하여 $a+b = b+a = 0$ 인 원소 $b \in R$가 존재한다. 이러한 원소 b 를 a 의 덧셈에 관한 **역원**이라 하고 이 원소를 $-a$ 로 나타낸다. 즉, $a+(-a) = (-a)+a = 0$ 이다.

M.1 : $(a \cdot b) \cdot c = a \cdot (b \cdot c)$ (곱셈에 관한 결합법칙)

D : $a \cdot (b+c) = a \cdot b + a \cdot c$, $(a+b) \cdot c = a \cdot c + b \cdot c$ (분배법칙)

위의 정의에서 A, M.1, D를 환에 대한 **공리계**라고 한다('해설 102' 참조).

환 R에서 덧셈군 $(R, +)$를 이 환의 **덧셈군**이라 하고 또 덧셈에 관한 항등원 0을 **영** 또는 **零元**(zero element)이라고 한다.

환 R 에서의 뺄셈은 덧셈을 이용하여 $a-b = a+(-b)$ 로 정의한다.

정의 5.2.2 환 R 에서 모든 원소 $a, b \in R$에 대하여 다음이 성립할 때, R 를 **可換環**(commutative ring) 이라고 한다.

M.2 : $a \cdot b = b \cdot a$ (교환법칙)

그리고, 가환환이 아닌 환을 **非可換環**(noncommutative ring)이라고 한다.

정의 5.2.3 환 R 에서 다음 조건을 만족시키는 원소 $1 \in R$ 이 존재할 때, 1 을 R 의 **단위원**(identity)이라고 한다.

M.3 : 모든 원소 $a \in R$ 에 대하여 $a \cdot 1 = 1 \cdot a = a$ 이다.

정의 5.2.4 단위원 1 $(1 \neq 0)$ 을 가진 가환환 R 에서 다음이 성립할 때, R 를 **整域**(integral domain)이라고 한다.

M.4 : $ab = 0$ 이면, $a = 0$ 또는 $b = 0$ 이다.

정의 5.2.5 단위원 1 $(\neq 0)$ 을 가진 환 R 에서 다음이 성립할 때, R 를 **나눗셈환**(division ring)이라고 한다.

M.4' : 각 원소 $a \in R$, $a \neq 0$ 에 대하여 $aa^{-1} = a^{-1}a = 1$ 인 원소 $a^{-1} \in R$ 가 존재한다.

여기서 a^{-1} 를 a 의 곱셈에 관한 **역원**(inverse)이라고 한다.

특히, 가환환인 나눗셈환을 **體**(영어 field, 독일어 Körper, 불어 corps) 라고 한다(정의 1.3.1 참조).

한편, 가환환이 아닌 나눗셈환을 **斜體**(skew field)라고 한다.

체에서의 뺄셈과 나눗셈은 다음과 같이 정의된다.

$$a - b = a + (-b), \qquad a \div b = \frac{a}{b} = a \cdot b^{-1} \quad (b \neq 0)$$

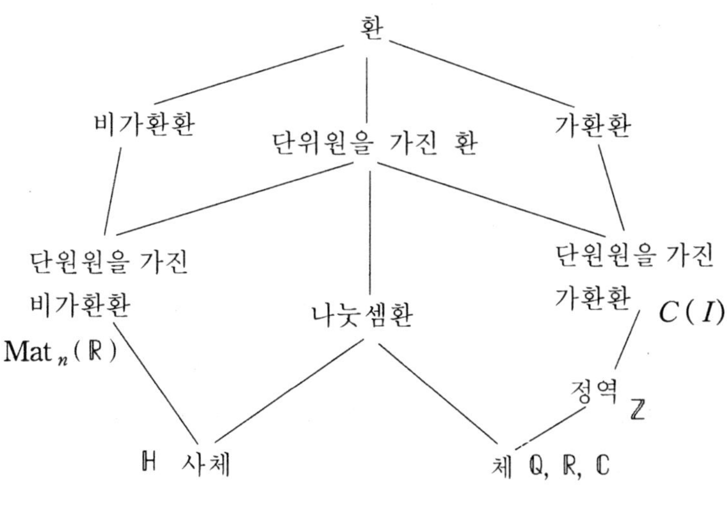

정의 5.2.6 환 [체] $(R, +, \cdot)$에서 R가 무한집합일 때 이 환 [체] 을 **무한環**[**무한體**]라 하고, R가 유한집합일 때 이 환 [체] 을 **유한環**(finite ring) [**유한體**(finte field)] 라고 한다.

특히, $|R| = n$일 때, n을 이 유한환 [유한체] 의 **位數**(order)라고 한다.

보기 5.2.1 정수 전체의 집합 $\mathbb{Z}$는 흔히 사용하는 덧셈과 곱셈에 관하여 단위원 1을 가진 가환환을 이룬다(정리 1.2.1). 가환환 $\mathbb{Z}$를 **정수環**(ring of integers)이라고 한다. 정수환 $\mathbb{Z}$는 정역이지만 체는 아니다.

유리수 전체의 집합 $\mathbb{Q}$, 실수 전체의 집합 $\mathbb{R}$, 복소수 전체의 집합 $\mathbb{C}$는 흔히 사용하는 덧셈과 곱셈에 관한 체를 이룬다. 체 $\mathbb{Q}, \mathbb{R}, \mathbb{C}$를 각각 **유리수體**, **실수體**, **복소수體**라고 한다(§1.3, §1.4). 이들 체는 모두 정역이기도 하다.

보기 5.2.2 세 문자 i, j, k에 대하여

$$a_0 + a_1 i + a_2 j + a_3 k \qquad (a_0, a_1, a_2, a_3 \in \mathbb{R})$$

와 같은 꼴의 형식적인 합(formal sum)을 (**實**) **四元數**(real quaternion)라고 하고 이러한 사원수 전체의 집합을 $\mathbb{H}$로 나타내자. 그리고, $\mathbb{H}$의 두 원소

$$\xi = a_0 + a_1 i + a_2 j + a_3 k, \quad \eta = b_0 + b_1 i + b_2 j + b_3 k$$

에 대하여 다음과 같이 정의하자.

$$\xi = \eta \Longleftrightarrow a_0 = b_0,\ a_1 = b_1,\ a_2 = b_2,\ a_3 = b_3$$

$$\xi + \eta = (a_0 + b_0) + (a_1 + b_1) i + (a_2 + b_2) j + (a_3 + b_3) k,$$

$$\begin{aligned}\xi\eta = {} & (a_0 b_0 - a_1 b_1 - a_2 b_2 - a_3 b_3) + (a_0 b_1 + a_1 b_0 + a_2 b_3 - a_3 b_2) i \\ & + (a_0 b_2 - a_1 b_3 + a_2 b_0 + a_3 b_1) j + (a_0 b_3 + a_1 b_2 - a_2 b_1 + a_3 b_0) k\end{aligned}$$

여기서, 곱셈은 다음 등식과 곱셈에 관한 결합법칙 및 분배법칙이 성립하도록 정의한 것이다.

$$ai = ia,\ aj = ja,\ ak = ka,\ i^2 = j^2 = k^2 = -1\ (a \in \mathbb{R}).$$

$$ij = k = -ji, \quad jk = i = -kj, \quad ki = j = -ik$$

이 때, $\mathbb{H}$는 단위원 1을 가진 환을 이루지만 가환환은 아니다.

이제 원소 $\xi = a_0 + a_1 i + a_2 j + a_3 k \in \mathbb{H}$ 에 대하여

$$\overline{\xi} = a_0 - a_1 i - a_2 j - a_3 k,$$

$$N(\xi) = \xi\overline{\xi} = a_0{}^2 + a_1{}^2 + a_2{}^2 + a_3{}^2 \in \mathbb{R}$$

를 각각 ξ의 **켤레원소**(conjugate), **노름**(norm) 이라고 하자.

이 때, 임의의 원소 $\xi, \eta \in \mathbb{H}$에 대하여 다음이 성립한다.

(1) $N(\xi) = 0 \Leftrightarrow \xi\overline{\xi} = 0 \Leftrightarrow \xi = 0$

(2) $\overline{\xi + \eta} = \overline{\xi} + \overline{\eta}, \quad \overline{\xi\eta} = \overline{\eta}\,\overline{\xi}$ (순서에 주의)

(3) $N(\xi\eta) = (\xi\eta)(\overline{\xi\eta}) = \xi\eta(\overline{\eta}\,\overline{\xi}) = \xi(\eta\overline{\eta})\overline{\xi} = N(\xi)\,N(\eta)$

그리고, $\xi = a_0 + a_1 i + a_2 j + a_3 k \neq 0$ 일 때,

$$\xi^{-1} = \frac{\overline{\xi}}{N(\xi)} = \frac{a_0 - a_1 i - a_2 j - a_3 k}{a_0{}^2 + a_1{}^2 + a_2{}^2 + a_3{}^2}$$

이므로 $\mathbb{H}$는 나눗셈환이지만 체가 아니다.

나눗셈환 $\mathbb{H}$를 실수체 $\mathbb{R}$ 위의 **해밀튼**(Hamilton) **의 四元數環**이라고 한다.

복소수 $\alpha = a_0 + a_1 i$를 $a_0 + a_1 i + 0j + 0k$와 동일시하면 $\mathbb{C} \subset \mathbb{H}$이다.

보기 5.2.3 체 F 위의 다항식 전체의 집합 $F[x]$는 다항식에 관한 덧셈과 곱셈에 관하여 단위원을 가진 가환환을 이룬다(정리 4.1.2).

가환환 $F[x]$를 체 F 위의 **다항식환**(polynimial ring)이라고 한다.

체 F 위의 n차의 행렬 전체의 집합 $\text{Mat}_n(F)$는 행렬에 관한 덧셈과 곱셈에 관하여 단위원 I_n을 가진 환을 이룬다(정리 4.1.8).

환 $\text{Mat}_n(F)$을 체 F 위의 n차의 **全行列環**(full matrix ring)이라고 한다.

보기 5.2.4 집합 $\mathbb{Z}_n = \{0, 1, \cdots, n-1\}$은 다음과 같이 정의된 덧셈과 곱셈에 관하여 가환환을 이룬다.

$$a + b = r, \qquad a \cdot b = s$$

(r, s는 두 정수 a, b의 합과 곱을 n으로 나누었을 때의 나머지)

즉, $\mathbb{Z}$에서 $a + b \equiv r \pmod{n}$, $ab \equiv s \pmod{n}$, $0 \leq r, s < n$이다.

가환환 $\mathbb{Z}_n$을 **법 n에 관한 정수환**(ring of integers modulo n)이라고 한다.

여기서 $n = 1$이면 $\mathbb{Z}_n = \{0\}$이고, $n \geq 2$이면 $\mathbb{Z}_n$은 단위원 1을 가진 가환환이다.

예를 들어, 가환환 $\mathbb{Z}_4 = \{0, 1, 2, 3\}$의 덧셈표와 곱셈표는 다음과 같다.

+	0	1	2	3
0	0	1	2	3
1	1	2	3	0
2	2	3	0	1
3	3	0	1	2

·	0	1	2	3
0	0	0	0	0
1	0	1	2	3
2	0	2	0	2
3	0	3	2	1

$1+3=0$,
$-1=3,\ -3=1$
$2\cdot 2=0,\quad 3^{-1}=3$

특히, p가 素數일 때, $\mathbb{Z}_p = \{0, 1, \cdots, p-1\}$는 위수 p인 유한체이다. 체 $\mathbb{Z}_2 = \{0, 1\}$, $\mathbb{Z}_3 = \{0, 1, 2\}$의 덧셈표와 곱셈표는 각각 다음과 같다.

+	0	1
0	0	1
1	1	0

·	0	1
0	0	0
1	0	1

$1+1=0,\ -1=1$
$1\cdot 1=1,\ \ 1^{-1}=1$

+	0	1	2
0	0	1	2
1	1	2	0
2	2	0	1

·	0	1	2
0	0	0	0
1	0	1	2
2	0	2	1

$1+2=2+1=0$,
$-1=2,\ \ -2=1$
$2\cdot 2=1,\ 2^{-1}=2$

한편, n이 합성수일 때, $n = de$, $1 < d \le e < n$이라고 하면 $\mathbb{Z}_n$에서 $d\cdot e = 0$, $d \neq 0$, $e \neq 0$이므로 $\mathbb{Z}_n$은 정역이 아니다.

보기 5.2.5 구간 I $(I \subseteq \mathbb{R})$ 위에 정의된 實價(real-valued) 연속함수 전체로 이루어진 집합을 $C(I)$로 나타내고, 두 연속함수 $f, g \in C(I)$에 대하여 합 $f+g$와 곱 $f\cdot g$를 다음과 같이 정의된 연속함수라고 하자.

$$f+g : I \longrightarrow \mathbb{R},\ \ (f+g)(x) = f(x) + g(x),$$
$$f\cdot g : I \longrightarrow \mathbb{R},\ \ (f\cdot g)(x) = f(x)\, g(x)$$

이 때, $C(I)$는 이 두 연산에 관하여 단위원을 가진 가환환을 이룬다.
이 환의 영원과 단위원은

$$0 : I \longrightarrow \mathbb{R},\ 0(x) = 0,$$
$$1 : I \longrightarrow \mathbb{R},\ 1(x) = 1$$

이고 각 $f \in C(I)$에 대하여 $-f$는 다음과 같이 정의된 함수이다.

$$-f : I \longrightarrow \mathbb{R},\ \ (-f)(x) = -f(x)$$

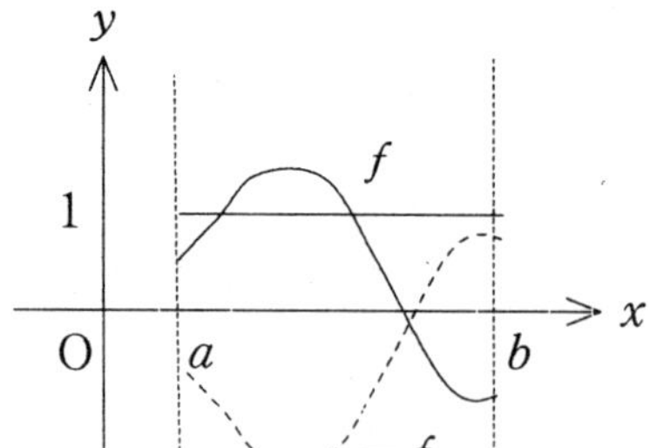

환 $C(I)$를 구간 I 위의 **연속함수環**(ring of continuous functions)이라고

하고, 특히 I가 폐구간 $[a, b]$ 또는 $\mathbb{R}$일 때, $C(I)$를 각각 $C[a, b]$, $C(\mathbb{R})$로 나타낸다. 가환환 $C(I)$는 정역이 아니다.

예를 들어, $f, g \in C[0, 1]$의 그래프가 아래 그림 같을 때, f와 g는 모두 영함수가 아니지만 $f \cdot g$는 영함수이므로 $C[0, 1]$은 정역이 아니다.

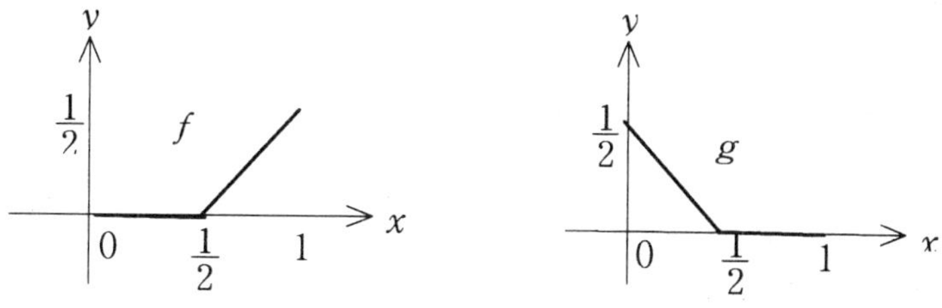

보기 5.2.6 환 R가 단위원 1을 가진 환일 때, 양의 정수 n에 대하여

$$R^n = \{(a_1, \cdots, a_n) \mid a_1, \cdots, a_n \in R\}$$

는 다음과 같이 정의된 연산에 관하여 단위원을 가진 환을 이룬다.

$$(a_1, \cdots, a_n) + (b_1, \cdots, b_n) = (a_1 + b_1, \cdots, a_n + b_n),$$
$$(a_1, \cdots, a_n) \cdot (b_1, \cdots, b_n) = (a_1 b_1, \cdots, a_n b_n)$$

이 환의 영원은 $(0, \cdots, 0)$이고 $-(a_1, \cdots, a_n) = (-a_1, \cdots, -a_n)$이며 R^n의 단위원은 $(1, \cdots, 1)$이다. 예를 들면,

$$\mathbb{Z}^2 = \{(a, b) \mid a, b \in \mathbb{Z}\}, \quad \mathbb{R}^2 = \{(a, b) \mid a, b \in \mathbb{R}\}$$

는 모두 단위원 $(1, 1)$을 가진 가환환이지만 정역은 아니다.

앞으로, 환 R의 두 원소 a, b의 곱 $a \cdot b$를 간단히 ab로 나타내기로 한다. 환 R에서 $(R, +)$는 덧셈군이므로 다음이 성립한다(정리 5.1.11).

정리 5.2.7 환 R의 영원 0은 단 하나 존재하고, 또 각 $a \in R$에 대하여 역원 $-a \in R$는 단 하나 존재하며 $-0 = 0$이고 $-(-a) = a$이다, 그리고, 원소 $a, b, c \in R$에 대하여 다음이 성립한다.

(1) $a + b = a + c$이면, $b = c$이다.

(2) $a + a = a$이면, $a = 0$이다.

(3) $x + a = b$이면 $x = b - a$이고, $x + a = 0$이면 $x = -a$이다.

(4) $-(a + b) = (-a) + (-b)$

정의 5.2.8 환 R에서 원소 a와 양의 정수 n에 대하여 $n \cdot a \in R$을 다음과 같이 정의한다.

(i) $1 \cdot a = a$ (ii) $(n+1) \cdot a = n \cdot a + a$

그리고, $0 \cdot a = 0$, $(-n) \cdot a = n \cdot (-a)$ 으로 정의한다.

정의에 의하여 다음이 성립함을 알 수 있다.

정리 5.2.9 환 R에서, 임의의 원소 $a, b \in R$와 임의의 정수 m, n에 대하여 다음이 성립한다.

$$n \cdot (a+b) = n \cdot a + n \cdot b, \qquad (m+n) \cdot a = m \cdot a + n \cdot a$$
$$(mn) \cdot a = m \cdot (n \cdot a), \qquad n \cdot (ab) = (n \cdot a)b = a(n \cdot b)$$

특히, $1 \in R$일 때, $n \cdot a = (n \cdot 1)a$, $(m \cdot 1)(n \cdot 1) = (mn) \cdot 1$이다.

혼동이 일어날 염려가 없을 때에는 $n \cdot a$를 na로 나타내기로 한다.

환 R에서 세 원소 a, b, c에 대하여 $(ab)c = a(bc)$이므로 이 결과를 간단히 abc로 나타낸다. 일반적으로, 임의의 원소 $a_1, a_2, \cdots, a_n$ $(n \geq 2)$를 이 순서대로 곱한 결과를 $a_1 a_2 \cdots a_n$으로 나타낸다.

정의 5.2.10 환 R에서 원소 a와 양의 정수 n에 대하여 원소 $a^n \in R$을 다음과 같이 정의한다.

(i) $a^1 = a$ (ii) $a^{n+1} = a^n a$

임의의 원소 $a \in R$와 양의 정수 m, n에 대하여

$$a^m a^n = a^{m+n}, \quad (a^m)^n = a^{mn}$$

이고, 또 다음 정리가 성립함을 알 수 있다.

정리 5.2.11 (이항정리, binomial theorem) 환 R의 두 원소 a, b에 대하여 $ab = ba$일 때, 모든 양의 정수 n에 대하여 다음 등식이 성립한다.

$$(a+b)^n = \sum_{r=0}^{n} \binom{n}{r} a^{n-r} b^r = \sum_{r=0}^{n} \binom{n}{r} a^r b^{n-r}$$

정리 5.2.12 환 R에서 두 원소 $a, b \in R$에 대하여 다음이 성립한다.

(1) $a0 = 0a = 0$

(2) $a(-b) = (-a)b = -ab$, $(-a)(-b) = ab$

특히, $1 \in R$일 때, $a(-1) = (-1)a = -a$, $(-1)(-1) = 1$이다.

증명 (1) 먼저 $a0 = a(0+0) = a0 + a0$이므로 $a0 = 0$이고, 또한 $0a = (0+0)a = 0a + 0a$이므로 $0a = 0$이다(정리 5.2.7 참조).

(2) 위의 (1)에 의하여

$$ab + a(-b) = a(b+(-b)) = a0 = 0$$

이므로 $a(-b) = -ab$이다. 마찬가지로, $(-a)b = -ab$이고 따라서 다음이 성립한다.

$$(-a)(-b) = -((-a)b) = -(-ab) = ab$$

환 R가 단위원 1을 가진 환일 때, R의 단위원은 하나 뿐이다. 실제로, $1'$을 단위원이라고 하면, $1' = 1 \cdot 1' = 1$이다. 그리고, $1 = 0$이면, 모든 원소 $a \in R$에 대하여 $a = a1 = a0 = 0$이므로 $R = \{0\}$이다.

앞으로, 단위원 1을 가진 환을 논할 때에는 '$1 \neq 0$'이라고 가정한다.

정의 5.2.13 단위원 1을 가진 환 R에서 원소 $a \in R$, $a \neq 0$에 대하여

$$ab = ba = 1$$

인 원소 $b \in R$가 존재할 때, a를 R의 **單元**(unit, unit element)이라고 한다. 그리고, 이 경우에 b를 a의 곱셈에 관한 **역원**(inverse)이라 하고 b를 a^{-1}를 나타낸다. 즉, $aa^{-1} = a^{-1}a = 1$이다.

그리고, 환 R에서 원소 $a \in R$, $a \neq 0$에 대하여

$$ab = 0 \quad \text{또는} \quad ba = 0$$

인 $b \in R$, $b \neq 0$가 존재할 때, a를 R의 **零因子**(zero-divisor)라고 한다.

정리 5.2.14 단위원 1을 가진 환 R에서 R의 단원 전체의 집합을 $U(R)$로 나타내면, $U(R)$는 곱셈에 관하여 군을 이룬다.

곱셈군 $U(R)$를 환 R의 **單元群**(unit group)이라고 한다.

증명 분명히 $1 \cdot 1 = 1$ 즉 $1^{-1} = 1$ 이므로 $1 \in U(R) \neq \varnothing$ 이다.

그리고, 임의의 $a, b \in U(R)$ 에 대하여

$$(ab)(b^{-1}a^{-1}) = a(bb^{-1})a^{-1} = aa^{-1} = 1,$$

$$(b^{-1}a^{-1})(ab) = b^{-1}(a^{-1}a)b = b^{-1}b = 1$$

이므로 $(ab)^{-1} = b^{-1}a^{-1}$ 이고. 따라서 $ab \in U(R)$ 이다.

그러므로 $U(R)$ 는 곱셈에 관하여 닫혀 있다. 또, 분명히 $U(R)$ 에서도 곱셈에 관한 결합법칙이 성립한다. 그리고, 각 원소 $a \in U(R)$ 에 대하여 $a^{-1}a = aa^{-1} = 1$ 이므로 $a^{-1} \in U(R)$ 이고 $(a^{-1})^{-1} = a$ 이다.

그러므로 $U(R)$ 는 곱셈에 관하여 군을 이룬다.

보기 5.2.7 정수환 $\mathbb{Z}$ 의 단원군은 $U(\mathbb{Z}) = \{1, -1\}$ 이다.

나눗셈환 R 의 단원군은 $U(R) = R - \{0\}$ 이다.

특히, 체 F 의 단원군 $F^* = F - \{0\}$ 을 체 F 의 **곱셈군**(multiplicative group)이라고 한다.

보기 5.2.8 가환환 $\mathbb{Z}_n = \{0, 1, \cdots, n-1\}$, $n \geq 2$ 에서 다음이 성립한다.

(1) 원소 $a \in \mathbb{Z}_n$, $a \neq 0$ 는 $(a, n) = 1$ 일 때 그리고 이때에만 $\mathbb{Z}_n$의 단원이다(정리 2.5.5 참조). 즉,

$$U(\mathbb{Z}_n) = \mathbb{Z}_n^* = \{a \in \mathbb{Z}_n \mid (a, n) = 1\}$$

(2) 원소 $a \in \mathbb{Z}_n$, $a \neq 0$ 에 대하여 $(a, n) \neq 1$ 이면 a 는 영인자이다.

가환환 $\mathbb{Z}_{26}^*$ 의 단원군 $\mathbb{Z}_{26}^* = \{1, 3, 5, 7, 9, 11, 15, 17, 19, 21, 23, 25\}$ 는 위수 12 인 Abel 군이다. 여기서 $\varphi(26) = \varphi(2)\varphi(13) = 12$ 이다.

그리고, 유클리드의 알고리즘에 의하여

$(26, 7) = 1$, $26 \cdot 3 + 7 \cdot (-11) = 1$

$7 \cdot (-11) \equiv 1 \pmod{26}$

즉 $7 \cdot 15 \equiv 1 \pmod{26}$

이므로 곱셈군 $\mathbb{Z}_{26}^*$ 에서 $7 \cdot 15 = 1$ 이고

따라서 $7^{-1} = 15$, $15^{-1} = 7$ 이다.

3	26	7	1
	21	5	
2	5	2	2
	4	2	
	1	0	

3	1	2		
1	0	1	-1	3
0	1	-3	4	-11

보기 5.2.9 체 F 위의 n 차의 전행렬환 $\mathrm{Mat}_n(F)$ 의 단원을 정칙행렬이라고 하며, $\mathrm{Mat}_n(F)$ 의 단원군은 일반선형군 $\mathrm{GL}_n(F)$ 이다(보기 5.1.3).

정리 5.2.15 단위원 1 을 가진 가환환 R 에서 다음 조건은 서로 동치이다.

(1) R 는 정역이다. 즉, $ab=0$ 이면, $a=0$ 또는 $b=0$ 이다.

(2) R 에는 영인자가 없다. 즉, $a\neq 0$, $b\neq 0$ 이면, $ab\neq 0$ 이다.

(3) $ab=ac$, $a\neq 0$ 이면, $b=c$ 이다.

증명 분명히 (1) $\Longleftrightarrow$ (2) 가 성립한다(정의 5.2.4 참조).

(1) $\Leftrightarrow$ (3) 조건 (1) 이 성립할 때, $ab=ac$, $a\neq 0$ 이면 $a(b-c)=0$, $a\neq 0$ 이므로 $b-c=0$ 즉 $b=c$ 이고 따라서 (3) 이 성립한다.

또, 조건 (3) 이 성립할 때, $ab=0$, $a\neq 0$ 이면 $ab=0=a0$, $a\neq 0$ 이므로 $b=0$ 이고 따라서 (1) 이 성립한다.

보기 5.2.10 체는 분명히 정역이기도 하다.

정리 5.2.16 환 R 가 단위원 1 을 가진 가환환일 때, 원소 $a\in U(R)$ 와 $b\in R$ 에 대하여 사상

$$T_{a,b}\ :\ R\longrightarrow R,\ T_{a,b}(x)=ax+b$$

는 R 위의 치환이다. 또, 이러한 사상 전체의 집합

$$\mathcal{A}=\{\,T_{a,b}\mid a\in U(R),\ b\in R\}$$

는 합성연산 $\circ$ 에 관하여 군을 이룬다.

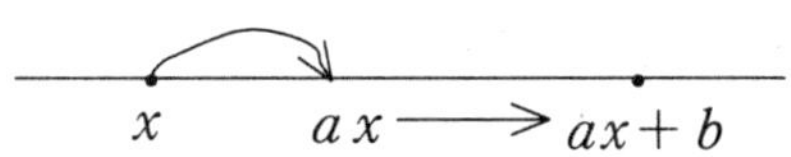

증명 각 $T_{a,b}$ 에 대하여 $T_{a,b}$ 의 역사상

$$T_{a,b}{}^{-1}\ :\ R\longrightarrow R,\ T_{a,b}{}^{-1}(x)=a^{-1}(x-b)$$

가 존재하므로 $T_{a,b}$ 는 R 위의 치환이고 $T_{a,b}{}^{-1}\in\mathcal{A}$ 이다.

그리고, $T_{a,b}$, $T_{c,d}\in\mathcal{A}$ 이라고 할 때, 임의의 원소 $x\in R$ 에 대하여

$$\begin{aligned}(T_{a,b}\circ T_{c,d})(x) &= T_{a,b}(T_{c,d}(x))=T_{a,b}(cx+d)\\ &= a(cx+d)+b=(ac)x+ad+b\end{aligned}$$

이므로 $T_{a,b}\circ T_{c,d}=T_{ac,ad+b}\in\mathcal{A}$ 이다. 또 $T_{1,0}\ :\ R\rightarrow R$ 은 항등치환

이고, 임의의 $T_{a,b} \in \mathscr{A}$ 에 대하여 $T_{1,0} \circ T_{a,b} = T_{a,b} \circ T_{1,0} = T_{a,b}$ 이다.

따라서 $\mathscr{A}$ 는 대칭군 $(S(R), \circ)$ 의 부분군을 이룬다(보기 5.1.4).

앞의 정리에서 $T_{a,b}$ 를 R 위의 **아핀변환**(affine transformation)이라 하고, 군 $\mathscr{A}$ 를 R 위의 **아핀변환군**(affine transformation group)이라고 한다. 특히, 실수체 $\mathbb{R}$ 위의 아핀변환을 **유클리드 변환**이라고 한다.

보기 5.2.11 가환환 $\mathbb{Z}_{26}$ 위의 아핀변환

$$T_{7,10} : \mathbb{Z}_{26} \longrightarrow \mathbb{Z}_{26}, \quad T_{7,10}(x) = 7x + 10$$

의 역변환 $T_{7,10}{}^{-1} : \mathbb{Z}_{26} \longrightarrow \mathbb{Z}_{26}$ 는 다음과 같이 정의된다(보기 5.2.8).

$$T_{7,10}{}^{-1}(x) = 7^{-1}(x - 10) = 15x - 15 \cdot 10 = 15x + 6$$

가환환 $\mathbb{Z}_n$ 위의 아핀변환을 이용한 암호체계를 아핀 암호체계라고 한다.

정의 5.2.17 환 R의 부분집합 $S(\neq \varnothing)$가 환 R의 두 연산에 관하여 환을 이룰 때 S를 환 R의 **부분환**(subring)이라고 한다.

그리고 체 F의 부분집합 $S(\neq \varnothing)$가 체 F 의 두 연산에 관하여 체를 이룰 때, S를 체 F의 **부분체**(subfield)라고 한다.

보기 5.2.12 정수환 $\mathbb{Z}$ 는 유리수체 $\mathbb{Q}$ 와 실수체 $\mathbb{R}$ 의 부분환이지만 부분체는 아니다. 그리고, $\mathbb{Q}$ 는 실수체 $\mathbb{R}$ 의 부분체이고 $\mathbb{R}$ 는 $\mathbb{C}$ 의 부분체이다.

정리 5.2.18 환 R의 부분집합 $S(\neq \varnothing)$가 R의 부분환이기 위한 필요충분조건은 다음 두 조건이 성립하는 것이다.

(i) S는 덧셈군 $(R, +)$ 의 부분군이다. 즉, $a, b \in S \Longrightarrow a - b \in S$

(ii) 임의의 원소 $a, b \in S$에 대하여 $ab \in S$ 이다.

그리고, 체 F의 부분집합 $S(\neq \varnothing)$가 체 F의 부분체이기 위한 필요충분조건은 다음 조건이 성립하는 것이다.

(i)′ S는 체 F의 부분환이다. 즉, $a, b \in S \Rightarrow a - b,\ ab \in S$

(ii)′ $1 \in S$이고, 또 $a \in S,\ a \neq 0$ 이면 $a^{-1} \in S$이다.

보기 5.2.13 정수환 $\mathbb{Z}$ 의 부분환은 모두 다음과 같은 꼴이다(보기 5.1.5).

$$n\mathbb{Z} = \{ nx \mid x \in \mathbb{Z} \}, \qquad n \geq 0$$

보기 5.2.14 가환환 $\mathbb{Z}^2 = \{(a, b) \mid a, b \in \mathbb{Z}\}$ 에서

$$S_1 = \{(a, 0) \mid a \in \mathbb{Z}\}, \quad S_2 = \{(0, b) \mid b \in \mathbb{Z}\}$$

는 $\mathbb{Z}^2$ 의 부분환이다. 이들 부분군은 $\mathbb{Z}^2$의 단위원 $(1, 1)$ 을 포함하지 않으나 S_1 과 S_2 는 각각 단위원 $(1, 0)$, $(0, 1)$ 을 가진 정역이다.

위의 보기에서와 같이, 단위원을 가진 환 R 에서 그 부분환에는 단위원이 없을 수 있고 또 부분환의 단위원이 R 의 단위원과 다를 수도 있다.

보기 5.2.15 정수 $m\ (\neq 1)$ 이 완전제곱수가 아닌 양의 정수이거나 또는 음의 정수일 때, 집합 $\mathbb{Q}(\sqrt{m}) = \{ u + v\sqrt{m} \mid u, v \in \mathbb{Q}\}$ 의 두 원소 $\xi = u + v\sqrt{m}$, $\eta = u' + v'\sqrt{m}$ 에 대하여 다음이 성립한다.

$$\xi \pm \eta = (u \pm u') + (v \pm v')\sqrt{m} \in \mathbb{Q}(\sqrt{m}),$$
$$\xi\eta = (uu' + vv'm) + (uv' + u'v)\sqrt{m} \in \mathbb{Q}(\sqrt{m})$$

각 원소 $\xi = u + v\sqrt{m} \in \mathbb{Q}(\sqrt{m})$ 에 대하여

$$\overline{\xi} = u - v\sqrt{m} \in \mathbb{Q}(\sqrt{m}), \qquad N(\xi) = \xi\overline{\xi} = u^2 - mv^2 \in \mathbb{Q}$$

를 각각 ξ 의 (대수적) **켤레원소**(conjugate), **노름**(norm)이라고 하면 다음이 성립한다.

(1) $N(\xi) = 0 \Leftrightarrow \xi\overline{\xi} = 0 \Leftrightarrow \xi = 0 \Leftrightarrow u = v = 0$

(2) $\overline{\xi + \eta} = \overline{\xi} + \overline{\eta}, \qquad \overline{\xi\eta} = \overline{\xi}\,\overline{\eta}$

(3) $N(\xi\eta) = \xi\eta\overline{\xi\eta} = \xi\eta\overline{\xi}\,\overline{\eta} = \xi\overline{\xi}\eta\overline{\eta} = N(\xi)N(\eta)$

그러므로 $\xi = u + v\sqrt{m} \in \mathbb{Q}(\sqrt{m})$, $\xi \neq 0$ 일 때, $N(\xi) \neq 0$ 이므로

$$\xi^{-1} = \frac{\overline{\xi}}{N(\xi)} = \frac{u}{u^2 - mv^2} + \frac{-v}{u^2 - mv^2}\sqrt{m} \in \mathbb{Q}(\sqrt{m})$$

이고, 따라서 $\mathbb{Q}(\sqrt{m})$ 은 $m > 0$ 일 때 실수체 $\mathbb{R}$ 의 부분체이고 $m < 0$ 일 때 복소수체 $\mathbb{C}$ 의 부분체이다. 한편,

$$\mathbb{Z}[\sqrt{m}] = \{ a + b\sqrt{m} \mid a, b \in \mathbb{Z} \}$$

이라고 하면, $\mathbb{Z} \subsetneq \mathbb{Z}[\sqrt{m}] \subsetneq \mathbb{Q}(\sqrt{m})$ 이고 또 $\mathbb{Z}[\sqrt{m}]$ 의 두 원소 ξ, η 에 대하여 $\xi \pm \eta, \xi\eta \in \mathbb{Z}[\sqrt{m}]$ 이므로 $\mathbb{Z}[\sqrt{m}]$ 은 $\mathbb{Q}(\sqrt{m})$ 의 부분환이다.

정의 5.2.19 환 R 에서 환 R' 으로의 사상 $f : R \longrightarrow R'$ 가 환의 두 연산을 보존시킬 때, 즉 임의의 원소 $a, b \in R$ 에 대하여

$$f(a+b) = f(a) + f(b), \quad f(ab) = f(a)f(b)$$

일 때, f 를 R 에서 R' 으로의 (**환**) **준동형사상**(ring-homomorphism)이라고 한다. 그리고, 준동형사상 $f : R \longrightarrow R'$ 가 일대일 대응일 때, f 를 R 에서 R' 위로의 (**환**) **동형사상**(ring-isomorphism)이라고 한다.

그리고, 환 동형사상 $f : R \longrightarrow R'$ 가 존재할 때, 환 R 와 환 R' 은 서로 **동형**인(isomorphic) 환이라 하고 이 사실을 $R \cong R'$ 으로 나타낸다.

위의 정의에서 $R \cong R'$ 이면, $|R| = |R'|$ 이다(정의 1.5.1 참조). 그리고, $f : R \longrightarrow R'$ 가 환 준동형사상 [환 동형사상] 이면, f 는 덧셈군 $(R, +)$ 에서 덧셈군 $(R', +)$ 으로의 군 준형사상 [동형사상] 이다(정의 5.1.23).

군의 경우와 마찬가지로 다음 두 정리가 성립한다(정리 5.1.24 참조).

정리 5.2.20 세 환 R. R', R'' 에 대하여 다음이 성립한다.

(1) 항등사상 $1_R : R \longrightarrow R$ 는 동형사상이다.

(2) $f : R \longrightarrow R'$ 가 동형사상이면, $f^{-1} : R' \longrightarrow R$ 도 동형사상이다.

(3) $f : R \longrightarrow R'$, $g : R' \longrightarrow R''$ 가 준동형사상이면, $g \circ f : R \longrightarrow R''$ 는 준동형사상이다. 특히, f 와 g 가 동형사상이면 $g \circ f$ 는 동형사상이다.

정리 5.2.21 세 환 R, R', R'' 에 대하여 다음이 성립한다. 즉, 환에 관한 동형관계는 동치관계이다.

(1) $R \cong R$

(2) $R \cong R'$ 이면, $R' \cong R$ 이다.

(3) $R \cong R'$, $R' \cong R''$ 이면, $R \cong R''$ 이다.

연습문제 (5.2)

1. 환 R에서 임의의 원소 $a, b, c \in R$에 대하여 다음이 성립함을 밝혀라.

   (1) $(-a)^2 = a^2$ (2) $a(b-c) = ab - ac$

2. 집합 $C = \{(a, b) \mid a, b \in \mathbb{R}\}$는 다음과 같이 정의된 두 연산에 관하여 체를 이룸을 밝혀라.

$$(a, b) + (c, d) = (a+c, b+d),$$
$$(a, b) \cdot (c, d) = (ac - bd, ad + bc)$$

   그리고, $C \cong \mathbb{C}$ 임을 밝혀라.

3. 실수 전체의 집합 $\mathbb{R}$ 에서 다음이 성립한다.

$$(1-a) + (1-b) = 1 - ((a+b)-1),$$
$$(1-a)(1-b) = 1 - (a+b-ab)$$

   이 결과를 이용하여, 실수 전체의 집합 $\mathbb{R}$는 다음과 같이 정의된 두 연산에 관하여 체를 이룸을 밝혀라.

$$a \oplus b = a + b - 1, \qquad a \circ b = a + b - ab$$

4. 체 $\mathbb{Z}_5 = \{0, 1, 2, 3, 4\}$의 덧셈표와 곱셈표를 만들어라.

5. 가환환 $\mathbb{Z}_{26} = \{0, 1, 2, \cdots, 25\}$ 위의 아핀변환

$$T_{11,20} : \mathbb{Z}_{26} \longrightarrow \mathbb{Z}_{26}, \quad T_{11,20}(x) = 11x + 20$$

   에 대하여 $T_{11,20}{}^{-1}$를 정의하고 $T_{11,20}(x) = 4$ 인 $x \in \mathbb{Z}_{26}$를 구하여라.

6. 실수체 $\mathbb{R}$ 와 유리수체 $\mathbb{Q}$는 서로 동형인지를 판정하여라.

§5.3 다항식환

이 절에서는, §4.1 에서 논한 다항식의 개념을 알반적인 경우로 확장한다.

정의 5.3.1 단위원 1 을 가진 가환환 R 와 부정원 x 에 대하여 다음과 같은 꼴의 형식적인 무한합을 ***R* 위의** (x 에 관한) **다항식**(polynomial)이라고 한다.

$$f(x) = a_0 + a_1x + \cdots + a_nx^n + \cdots \qquad (a_i \in R)$$

$$(\text{유한 개를 제외한 모든 } i \text{에 대하여 } a_i = 0)$$

그리고, R 위의 x 에 관한 다항식 전체의 집합을 $R[x]$ 로 나타낸다.

위의 정의에서 $a_0, a_1x, \cdots, a_nx^n, \cdots$ 을 $f(x)$ 의 **항**(term)이라 하고 특히 a_0 를 **상수항**이라고 하며 $a_0, a_1, \cdots, a_n, \cdots$ 을 $f(x)$ 의 **계수**(coefficient)라고 한다. 그리고, $i > n$ 인 모든 i 에 대하여 $a_i = 0$ 일 때, $f(x)$ 를

$$f(x) = a_0 + a_1x + \cdots + a_nx^n$$

으로 나타낸다.

상수항을 제외한 계수가 모두 0 인 다항식 $f(x) = a_0$ 를 **상수다항식**이라 하고, 특히 모든 계수가 0 인 다항식을 **영다항식**이라고 한다. 환 R 의 원소 a 와 상수다항식 $f(x) = a$ 를 同一視하여 $R \subset R[x]$ 이라고 생각한다.

환 R 위의 두 다항식 $f(x)$, $g(x)$ 에 대하여 필요하다면 계수가 0 인 항을 첨가하여 이들 두 다항식을 다음과 같은 꼴로 나타낼 수 있다.

$$f(x) = a_0 + a_1x + \cdots + a_nx^n, \quad g(x) = b_0 + b_1x + \cdots + b_nx^n$$

이 때, 상등관계와 합 $f(x) + g(x)$, $af(x)$ 를 다음과 같이 정의한다.

$$f(x) = g(x) \Longleftrightarrow a_0 = b_0,\ a_1 = b_1,\ a_n = b_n,$$

$$f(x) + g(x) = (a_0 + b_0) + (a_1 + b_1)x + \cdots + (a_n + b_n)x^n$$

$$a\,f(x) = a\,a_0 + a\,a_1x + \cdots + a\,a_nx^n \qquad (a \in F)$$

그리고, R 위의 두 다항식

$$f(x) = a_0 + a_1 x + \cdots + a_n x^n, \quad g(x) = b_0 + b_1 x + \cdots + b_m x^m$$

에 대하여 곱 $f(x)\,g(x)$ 를 다음과 같이 정의한다.

$$f(x)\,g(x) = c_0 + c_1 x + \cdots + c_{n+m} x^{n+m},$$

$$c_i = \sum_{k=0}^{i} a_k b_{i-k} = a_0 b_i + a_1 b_{i-1} + \cdots + a_i b_0$$

정리 5.3.2 단위원 1을 가진 가환환 R 위의 x에 관한 다항식 전체의 집합을 $R[x]$ 이라고 하면, $R[x]$ 는 앞에서 정의한 덧셈과 곱셈에 관하여 단위원 1을 가진 가환환을 이룬다.

가환환 $R[x]$ 를 R 위의 **다항식環**(polynomial ring)이라고 한다.

실제로, $R[x]$ 의 영원은 영다항식이고 $f(x) = a_0 + a_1 x + \cdots + a_n x^n$ 에 대하여 $-f(x) = -a_0 - a_1 x - \cdots - a_n x^n$ 이다(정리 4.1.2).

그리고, 임의의 두 원소 $a, b \in R$ 에 대하여 $(ax^i)(bx^j) = abx^{i+j}$ 이고 $1\,x^i$ 을 x^i 로 나타낸다. 또, R 는 다항식환 $R[x]$ 의 부분환이다.

보기 5.3.1 정수환 $\mathbb{Z}$ 위의 다항식환 $\mathbb{Z}[x]$ 는 단위원을 가진 가환환이고 또 체 $\mathbb{Q}$, $\mathbb{R}$, $\mathbb{C}$ 위의 다항식환 $\mathbb{Q}[x]$, $\mathbb{R}[x]$, $\mathbb{C}[x]$ 는 모두 단위원을 가진 가환환이다.

그리고, 가환환 $\mathbb{Z}_n = \{0, 1, \cdots, n-1\}$, $n \geq 2$ 위의 다항식환 $\mathbb{Z}_n[x]$ 는 단위원을 가진 가환환이다.

보기 5.3.2 체 $\mathbb{Z}_2 = \{0, 1\}$ 에서 $1+1 = 0$, $-1 = 1$ 이므로 다항식환 $\mathbb{Z}_2[x]$ 에서 $-f(x) = f(x)$ 이고 또 다음이 성립한다.

$$(x^2+x+1)+(x^2+1) = (1+1)x^2+x+(1+1) = x,$$

$$(x+1)^2 = x^2+(1+1)x+1 = x^2+1,$$

$$(x^2+x+1)^2 = x^4+x^2+1,$$

$$(x^3+x+1)(x+1) = x^4+x^3+x^2+1$$

$$\begin{array}{rccccc}
 & & 1 & 0 & 1 & 1 \\
\times) & & & & 1 & 1 \\
\hline
 & & 1 & 0 & 1 & 1 \\
 & 1 & 0 & 1 & 1 & \\
\hline
 & 1 & 1 & 1 & 0 & 1
\end{array}$$

보기 5.3.3 체 $\mathbb{Z}_3 = \{0, 1, 2\}$ 에서 $-1 = 2$, $-2 = 1$ 이므로 다항식환 $\mathbb{Z}_3[x]$ 에서 다음이 성립한다.

$$(x^2+2x)+(x+1) = x^2+(2+1)x+1 = x^2+1,$$
$$(x-1)^2 = x^2-2x+1 = x^2+x+1,$$
$$(x^2+x+1)(x+2) = x^3+2$$

$$\begin{array}{rrrr} & 1 & 1 & 1 \\ \times) & & 1 & 2 \\ \hline & 2 & 2 & 2 \\ 1 & 1 & 1 & \\ \hline 1 & 0 & 0 & 2 \end{array}$$

보기 5.3.4 가환환 $\mathbb{Z}_6$ 위의 다항식환 $\mathbb{Z}_6[x]$ 에서 다음이 성립한다.

$$(2x^2+3x+1)+(4x^2+x) = (2+4)x^2+(3+1)x+1 = 4x+1$$
$$(2x)(3x^2) = (2\cdot 3)x^3 = 0 \quad (\text{영다항식})$$

정의 5.3.3 환 R 위의 다항식

$$f(x) = a_nx^n + \cdots + a_1x + a_0, \quad n \geq 0$$

에서 $a_n \neq 0$ 일 때, n 을 $f(x)$ 의 **차수**(degree)라 하고 또 n 을 $\deg f(x)$ 로 나타낸다. 그리고, a_n 을 $f(x)$ 의 **최고차 항의 계수**(leading coefficient)라 하고, $a_n = 1$ 일 때 $f(x)$ 를 **모닉 다항식**(monic polynomial)이라고 한다.

영다항식이 아닌 상수다항식 $f(x) = a \ (a \neq 0)$ 의 차수는 0 이다.

영다항식의 차수는 $-\infty$ 로 정의하고 임의의 음이 아닌 정수 n 에 대하여 다음과 같이 약속하기로 한다.

$$n + (-\infty) = (-\infty) + n = -\infty,$$
$$(-\infty) + (-\infty) = -\infty, \qquad -\infty < n$$

정리 5.3.4 환 D 가 정역 또는 체일 때, $D[x]$ 에 대하여 다음이 성립한다.

(1) $\deg(f(x)g(x)) = \deg f(x) + \deg g(x)$

(2) $D[x]$ 는 정역이고, $D[x]$ 의 단원군은 D 의 단원군과 일치한다.
즉, $U(D[x]) = U(D)$ 이다.

특히, F 가 체일 때, $F[x]$ 는 정역이고 $U(F[x]) = F^* = F - \{0\}$ 이다.

증명 (1) 먼저 $f(x)$ 또는 $g(x)$ 가 영다항식이면, $f(x)g(x)$ 는 영다항식이므로 $\deg f(x)g(x) = -\infty = \deg f(x) + \deg g(x)$ 이다.

한편, $\deg f(x) = n \geq 0$, $\deg g(x) = m \geq 0$ 일 때, a_n과 b_m을 각각 $f(x)$, $g(x)$의 최고차 항의 계수라고 하면 D가 정역이므로 $f(x)g(x)$의 최고차 항의 계수는 $a_n b_m \neq 0$ 이고 따라서 다음이 성립한다.

$$\deg(f(x)g(x)) = n + m = \deg f(x) + \deg g(x)$$

(2) 앞의 (1)에 의하여 $f(x), g(x) \in D[x]$가 모두 영다항식이 아니면, 곱 $f(x)g(x)$도 영다항식이 아니므로 $D[x]$는 정역이다(정리 5.2.15).

(3) 다항식 $f(x), g(x) \in D[x]$에 대하여 $f(x)g(x) = g(x)f(x) = 1$ 이면, $\deg f(x) + \deg g(x) = 0$ 이므로 $\deg f(x) = 0$, $\deg g(x) = 0$ 이고 따라서 $f(x)$, $g(x)$는 모두 영다항식이 아닌 상수다항식이다.

그러므로 $D[x]$의 단원군과 D의 단원군 $U(D)$와 일치한다.

보기 5.3.5 다항식환 $\mathbb{Z}[x], \mathbb{Q}[x]$는 정역이고 그 단원군은 다음과 같다.

$$U(\mathbb{Z}[x]) = U(\mathbb{Z}) = \{1, -1\}, \quad U(\mathbb{Q}[x]) = U(\mathbb{Q}) = \mathbb{Q}^*$$

그리고, $\mathbb{Z}[x] \subset \mathbb{Q}[x] \subset \mathbb{R}[x] \subset \mathbb{C}[x]$ 이다.

따라서 예를 들어 다항식환 $\mathbb{Z}[x]$는 다항식환 $\mathbb{Q}[x]$의 부분환이다.

정의 5.3.5 단위원 1을 가진 가환환 R와 부정원 $x_1, x_2, \cdots, x_n$에 대하여 순차적으로 정의된 다항식환

$$R[x_1],\ (R[x_1])[x_2],\ \cdots,\ (\cdots((R[x_1])[x_2])\cdots)[x_n]$$

을 각각 $R[x_1]$, $R[x_1, x_2]$, $\cdots$, $R[x_1, x_2, \cdots, x_n]$으로 나타내고, 다항식환 $R[x_1, x_2, \cdots, x_n]$을 R 위의 $x_1, x_2, \cdots, x_n$에 관한 **다항식환**이라고 한다.

그리고, $R[x_1, x_2, \cdots, x_n]$에 속하는 원소 $f(x_1, x_2, \cdots, x_n)$을 R 위의 $x_1, x_2, \cdots, x_n$에 관한 **다항식**이라고 한다.

다항식환 $R[x_1, x_2, \cdots, x_n]$에 속하는 다항식은 모두

$$f(x_1, x_2, \cdots, x_n) = \sum a_{i_1 i_2 \cdots i_n} x_1^{i_1} x_2^{i_2} \cdots x_n^{i_n} \qquad (a_{i_1 i_2 \cdots i_n} \in R)$$

과 같은 꼴로 나타내어지고, $R[x_1, x_2, \cdots, x_n]$에서의 곱셈은 분배법칙과 다음과 같은 지수법칙을 적용하여 계산한다.

$$(x_1^{i_1}x_2^{i_2}\cdots x_n^{i_n})(x_1^{j_1}x_2^{j_2}\cdots x_n^{j_n}) = x_1^{i_1+j_1}x_2^{i_2+j_2}\cdots x_n^{i_n+j_n}$$

위의 지수법칙은 다항식환 $R[x_1, x_2, \cdots, x_n]$ 에서 $x_1, x_2, \cdots, x_n$ 의 순서를 바꾸어도 좋다는 사실을 뜻한다. 예를 들면, $R[x, y] = R[y, x]$ 이다.

보기 5.3.6 유리수체 $\mathbb{Q}$ 위의 다항식환 $\mathbb{Q}[x, y]$ 에서 다항식

$$f(x, y) = x^2y^3 + 2xy^3 - y^2 + x^4y + 2y + x^2 - 3$$

에 대하여 다음이 성립한다.

$$f(x, y) = (x^2 + 2x)y^3 - y^2 + (x^4 + 2)y + (x^2 - 3),$$
$$f(x, y) = yx^4 + (y^3 + 1)x^2 + (2y^3)x^2 + (-y^2 + 2y - 3)$$

앞의 정리 5.3.4 를 되풀이하여 적용하면 다음 정리를 얻는다.

정리 5.3.6 환 D가 정역 또는 체이면, $D[x_1, x_2, \cdots, x_n]$ 은 정역이다.

정의 5.3.7 가환환 R에서 S가 R의 부분환일 때, S 위의 다항식

$$f(x) = a_nx^n + a_{n-1}x^{n-1} + \cdots + a_1x + a_0 \in S[x]$$

와 원소 $u \in R$에 대하여 $f(u)$ 는 다음과 같은 R 의 원소를 나타낸다.

$$f(u) = a_nu^n + a_{n-1}u^{n-1} + \cdots + a_1u + a_0 \in R$$

특히, $f(u) = 0$ 일 때, u를 R 안에서의 다항식 $f(x)$ 의 근(root) 또는 방정식 $f(x) = 0$ 의 근이라고 한다. 그리고, 근을 **零點**(zero) 이라고도 한다.

정리 5.3.8 단위원 1 을 가진 가환환 R 에서 S가 R의 부분환이고 $u \in R$일 때, S 위의 두 다항식 $f(x), g(x) \in S[x]$ 에 대하여

$$k(x) = f(x) + g(x), \quad l(x) = f(x)\,g(x)$$

이라고 하면 다음이 성립한다.

$$k(u) = f(u) + g(u), \quad l(u) = f(u)\,g(u)$$

환 R가 단위원 1 을 가진 가환환일 때, R 위의 임의의 다항식 $f(x)$ 와

원소 $u \in R$ 에 대하여

$$f(x) = (x-u)\,g(x) + r$$

인 다항식 $g(x) \in R[x]$ 와 $r \in R$ 가 단 하나씩 존재한다. 여기서, $g(x)$ 와 r 를 각각 $f(x)$ 를 $x-u$ 로 나누었을 때의 **몫**과 **나머지**라고 한다.

$$\begin{array}{r|l} & a_n x^{n-1} + \cdots \\ \hline x-u \,) & a_n x^n + \cdots + a_1 x + a_0 \\ & a_n x^n - u a_n x^{n-1} \\ \hline & \vdots \\ \hline & r \end{array}$$

정리 5.3.9 (나머지 정리, 인수 정리) 단위원 1 을 가진 가환환 R 에서 S 가 부분환일 때, 다항식 $f(x) \in S[x]$ 와 원소 $u \in R$ 에 대하여

$$f(x) = (x-u)g(x) + f(u)$$

인 다항식 $g(x) \in R[x]$ 가 존재한다.

특히, $u \in R$ 가 $f(x)$ 의 근일 때 그리고 이때에만

$$f(x) = (x-u)g(x)$$

인 다항식 $g(x) \in R[x]$ 가 존재한다.

증명 먼저 $S[x] \subseteq R[x]$ 이므로 $f(x)$, $x-u$ 는 $R[x]$ 에 속하고 다항식환 $R[x]$ 에서 두 다항식 $f(x)$, $x-u$ 에 대하여

$$f(x) = (x-u)g(x) + r$$

인 $g(x) \in R[x]$ 와 $r \in R$ 가 존재한다. 이 때, 정리 5.3.8 에 의하여

$$f(u) = (u-u)g(u) + r = 0 \cdot g(u) + r = r$$

이므로 $f(x) = (x-u)g(x) + f(u)$ 이다.

단위원 1 을 가진 가환환 R 위에서

$$\begin{aligned} & a_n x^n + \cdots + a_1 x + a_0 \\ &= (x-u)\,(b_{n-1}x^{n-1} + \cdots + b_1 x + b_0) + r \end{aligned}$$

일 때, 이 등식의 우변을 전개하여 계수를 비교하면 다음 결과를 얻는다.

$$a_n = b_{n-1},\ a_{n-1} = b_{n-2} - u b_{n-1},\ \cdots,\ a_1 = b_0 - u b_1,\ a_0 = r - u b_0$$

$$b_{n-1} = a_n,\ b_{n-2} = a_{n-1} + u b_{n-1},\ \cdots,\ b_0 = a_1 + u b_1,\ r = a_0 + u b_0$$

오른쪽 표를 이용하여

$b_{n-1}, \cdots, b_1, b_0, \ r$

를 구하는 방법을 **조립제법** (synthetic division)이라고 한다.

$$\begin{array}{c|cccccc|c} a & a_n & a_{n-1} & a_{n-2} & \cdots\cdots & a_1 & a_0 & \\ & & ub_{n-1} & ub_{n-2} & \cdots\cdots & ub_1 & ub_0 & \\ \hline & b_{n-1} & b_{n-2} & b_{n-3} & \cdots & b_1 & b_0 & r \\ & (=a_n) & & & & & & \end{array}$$

보기 5.3.7 가환환 $\mathbb{Z}_4 = \{0, 1, 2, 3\}$ 위의 다항식 $f(x) = x^4 + 3x^2 + x + 2$ 에 대하여 $f(x) = (x-2)(x^3+2x^2+3x+3)$ 이다.

$$\begin{array}{c|cccc|c} 2 & 1 & 0 & 3 & 1 & 2 \\ & & 2 & 0 & 2 & 2 \\ \hline & 1 & 2 & 3 & 3 & 0 \end{array}$$

정의 5.3.10 가환환 R 위의 다항식 $f(x, y) = \sum a_{ij} x^i y^j \in R[x, y]$ 와 $u, v \in R$ 에 대하여 $f(u, v)$ 는 다음과 같은 R의 원소를 나타낸다.

$$f(u, v) = \sum a_{ij} u^i v^j \in R$$

특히, $f(u, v) = 0$ 일 때, (u, v) 를 R 안에서의 다항식 $f(x, y)$ 의 근 또는 방정식 $f(x, y) = 0$ 의 근이라고 한다.

체 F 위의 다항식환 $F[x]$ 에 대해서는 제 6 장에서 상세히 논한다.

연습문제 (5.3)

1. 다항식환 $\mathbb{Z}_2[x]$ 에서 다음 다항식을 간단히 하여라.

   (1) $(x^2+x+1)+(x^2+1)$　　(2) $(x+1)^2(x^2+x+1)^2$

2. 다항식환 $\mathbb{Z}_{10}[x]$ 에서 다음 다항식을 간단히 하여라.

   (1) $(8x+7)+(4x+3)$　　(2) $(5x^3+6)(2x^2)$

3. 체 $\mathbb{Z}_3 = \{0, 1, 2\}$ 위에서 다항식 $f(x) = x^4 + 2x^3 + x^2 + 2x + 1$ 를 $x+2$ 로 나누었을 때의 몫과 나머지를 구하여라.

4. 유리수체 $\mathbb{Q}$ 위에서 다항식 $f(x, y) = 5x^3y^2 + y^2 - x^3 + 2x^2y - 3x + 1$ 에 대하여 $f(0,0)$, $f(1,1)$ 을 구하여라.

§5.4 정역의 분수체

정수환 $\mathbb{Z}$ 로부터 시작하여 유리수체 $\mathbb{Q}$ 를 만드는 과정은 정수환 $\mathbb{Z}$ 가 정역이라는 사실에 근거한다.

일반적으로, 다음이 성립한다.

정리 5.4.1 정역 D 에 대하여 $E = \{(a, b) \mid a, b \in D,\ b \neq 0\}$ 이라고 할 때, 다음과 같이 정의된 E 위의 관계 $\sim$ 는 동치관계이다.

$$(a, b) \sim (c, d) \Leftrightarrow ad = bc$$

동치관계 $\sim$ 에 관하여 $(a, b) \in E$ 를 포함하는 동치류를 $\dfrac{a}{b}$ 로 나타내고 이들 동치류 전체의 집합을 F 로 나타내자. 즉,

$$F = \{\frac{a}{b} \mid a, b \in D,\ b \neq 0\}, \qquad \frac{a}{b} = \frac{c}{d} \Leftrightarrow ad = bc$$

이 때, F 위에 덧셈과 곱셈을

$$\frac{a}{b} + \frac{c}{d} = \frac{ad + bc}{bd}, \qquad \frac{a}{b} \cdot \frac{c}{d} = \frac{ac}{bd}$$

으로 정의하면, F 는 이들 두 연산에 관하여 체를 이룬다.

이와 같이 정의된 체 F 를 정역 D 의 **分數體**(field of fractions) 또는 **商體**(field of quotients) 라고 한다.

증명 다음 세 조건 (i), (ii), (iii) 가 성립한다.

(i) 모든 원소 $(a, b) \in E$ 에 대하여 $ab = ba$ 이므로 $(a, b) \sim (a, b)$ 이다.

(ii) $(a, b) \sim (c, d)$ 이라고 하면, $ad = bc$ 이므로 $cb = da$ 이고 따라서 $(c, d) \sim (a, b)$ 이다.

(iii) $(a, b) \sim (c, d)$, $(c, d) \sim (e, f)$ 이라고 하면,

$$ad = bc, \quad cf = de$$

이므로 $adf = bcf = bde$ 이고 또 $d \neq 0$ 이므로 $af = be$ 이고 따라서 $(a, b) \sim (e, f)$ 이다.

그러므로 $\sim$ 는 E 위의 동치관계이다(정의 1.1.2).

동치류 전체의 집합 $F = \{\frac{a}{b} \mid a, b \in D,\ b \neq 0\}$ 에서

$$\frac{a}{b} = \frac{c}{d} \Leftrightarrow (a, b) \sim (c, d) \Leftrightarrow ad = bc$$

이고(정리 1.1.3) 또 임의의 두 원소 $\frac{a}{b}, \frac{c}{d} \in F$ 에 대하여 $b \neq 0,\ d \neq 0$ 이므로 $bd \neq 0$ 이고 따라서 $\frac{ad+bc}{bd} \in F,\ \frac{ac}{bd} \in F$ 이다.

그리고. $\frac{a}{b} = \frac{a'}{b'},\ \frac{c}{d} = \frac{c'}{d'}$ 일 때, 다음이 성립함을 증명할 수 있다.

$$\frac{a}{b} + \frac{c}{d} = \frac{ad+bc}{bd} = \frac{a'd' + b'c'}{b'd'} = \frac{a'}{b'} + \frac{c'}{d'},$$

$$\frac{a}{b} \cdot \frac{c}{d} = \frac{ac}{bd} = \frac{a'c'}{b'd'} = \frac{a'}{b'} \cdot \frac{c'}{d'}$$

따라서 F 위의 덧셈과 곱셈은 잘 정의된 연산이고, 또 이 두 연산에 관하여 다음이 성립함을 증명할 수 있다.

$$\left(\frac{a}{b} + \frac{c}{d}\right) + \frac{e}{f} = \frac{a}{b} + \left(\frac{c}{d} + \frac{e}{f}\right), \qquad \frac{a}{b} + \frac{c}{d} = \frac{c}{d} + \frac{a}{b},$$

$$\frac{a}{b} + \frac{0}{1} = \frac{0}{1} + \frac{a}{b} = \frac{a}{b},$$

$$\frac{a}{b} + \frac{-a}{b} = \frac{-a}{b} + \frac{a}{b} = \frac{0}{1} \quad \text{즉} \quad -\frac{a}{b} = \frac{-a}{b}$$

$$\left(\frac{a}{b} \cdot \frac{c}{d}\right) \cdot \frac{e}{f} = \frac{a}{b} \cdot \left(\frac{c}{d} \cdot \frac{e}{f}\right), \qquad \frac{a}{b} \cdot \frac{c}{d} = \frac{c}{d} \cdot \frac{a}{b},$$

$$\frac{a}{b} \cdot \frac{1}{1} = \frac{1}{1} \cdot \frac{a}{b} = \frac{a}{b},$$

$$\frac{a}{b} \neq \frac{0}{1} \text{ 일 때,} \quad \frac{a}{b} \cdot \frac{b}{a} = \frac{b}{a} \cdot \frac{a}{b} = \frac{1}{1} \quad \text{즉} \quad \left(\frac{a}{b}\right)^{-1} = \frac{b}{a}$$

$$\frac{a}{b} \cdot \left(\frac{c}{d} + \frac{e}{f}\right) = \frac{a}{b} \cdot \frac{c}{d} + \frac{a}{b} \cdot \frac{e}{f},$$

$$\left(\frac{a}{b} + \frac{c}{d}\right) \cdot \frac{e}{f} = \frac{a}{b} \cdot \frac{e}{f} + \frac{c}{d} \cdot \frac{e}{f}$$

$$\frac{a}{b} = \frac{0}{1} \Leftrightarrow a = 0, \qquad \frac{a}{b} = \frac{1}{1} \Leftrightarrow a = b$$

따라서 F 는 체이고, 또 F 에서 $\frac{a}{b} = \frac{a}{1} \cdot \frac{1}{b} = = \frac{a}{1} \cdot \left(\frac{b}{1}\right)^{-1}$ 이다.

앞의 정리에서 사상

$$\lambda : D \longrightarrow F, \quad \lambda(a) = \frac{a}{1}$$

을 생각하면, 임의의 원소 $a, b \in D$ 에 대하여

$$\lambda(a+b) = \frac{a+b}{1} = \frac{a}{1} + \frac{b}{1} = \lambda(a) + \lambda(b),$$

$$\lambda(ab) = \frac{ab}{1} = \frac{a}{1} \cdot \frac{b}{1} = \lambda(a) \cdot \lambda(b)$$

$$\lambda(a) = \lambda(b) \Longleftrightarrow \frac{a}{1} = \frac{b}{1} \Longleftrightarrow a = b$$

이므로 λ 는 일대일인 환 준동형사상이다. 따라서 각 원소 $a \in D$와 원소 $\frac{a}{1} \in F$ 를 동일시하여 D를 분수체 F의 부분환으로 생각한다.

보기 5.4.1 유리수체 $\mathbb{Q}$ 의 정수환 $\mathbb{Z}$ 의 분수체이고 다음이 성립한다.

$$\mathbb{Q} = \{ \frac{a}{b} \mid a, b \in \mathbb{Z},\ b \neq 0 \},$$

$$\frac{a}{b} = \frac{c}{d} \Leftrightarrow ad = bc$$

$$\frac{a}{b} + \frac{c}{d} = \frac{ad+bc}{bd},$$

$$\frac{a}{b} \cdot \frac{c}{d} = \frac{ac}{bd},$$

$$-\frac{a}{b} = \frac{-a}{b} = \frac{a}{-b}$$

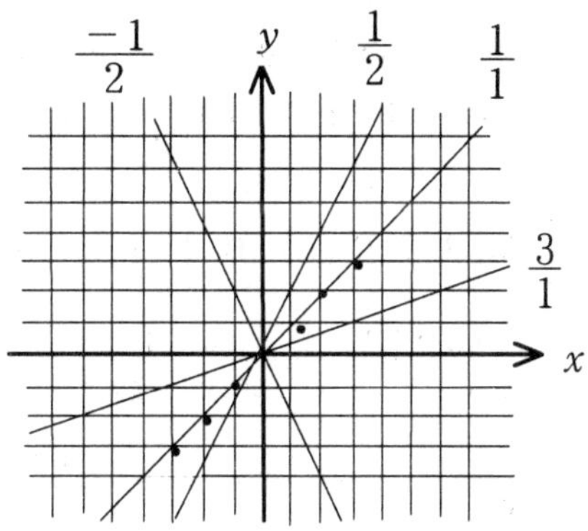

보기 5.4.2 이차체 $\mathbb{Q}(\sqrt{m}) = \{ u + v\sqrt{m} \mid u, v \in \mathbb{Q} \}$ 에서 부분환

$$\mathbb{Z}[\sqrt{m}] = \{ a + b\sqrt{m} \mid a, b \in \mathbb{Z} \}$$

는 정역이고, $\mathbb{Q}(\sqrt{m})$ 는 $\mathbb{Z}[\sqrt{m}]$ 의 분수체이다(보기 5.2.15).

실제로, $\mathbb{Z}[\sqrt{m}]$ 의 두 원소 $\xi = a + b\sqrt{m},\ \eta = c + d\sqrt{m} \neq 0$ 에 대하여

$$\frac{\xi}{\eta} = \frac{ac - bdm}{c^2 - md^2} + \frac{bc - ad}{c^2 - md^2}\sqrt{m} \in \mathbb{Q}(\sqrt{m})$$

이고, 각 $\xi \in \mathbb{Q}(\sqrt{m})$ 는 적당한 정수 a, b, c, d $(b \neq 0,\ d \neq 0)$ 에 대하여

$$\xi = \frac{a}{b} + \frac{c}{d}\sqrt{m} = \frac{ad + bc\sqrt{m}}{bd + 0\sqrt{m}}$$

와 같이 나타내어진다.

정의 5.4.2 정역 D 위의 다항식환 $D[x]$ 는 정역이고 따라서 그 분수체가 정의된다(정리 5.3.4). 이 분수체를 $D(x)$ 로 나타낸다. 즉,

$$D(x) = \{ \frac{f(x)}{g(x)} \mid f(x),\ g(x) \in D[x],\ g(x) \neq 0 \}$$

$$\frac{f(x)}{g(x)} = \frac{h(x)}{k(x)} \Longleftrightarrow f(x)\,k(x) = g(x)\,h(x)$$

$$\frac{f(x)}{g(x)} + \frac{h(x)}{k(x)} = \frac{f(x)\,k(x) + g(x)\,h(x)}{g(x)\,k(x)},$$

$$\frac{f(x)}{g(x)} \cdot \frac{h(x)}{k(x)} = \frac{f(x)\,h(x)}{g(x)\,k(x)}, \quad \frac{f(x)}{1} = f(x)$$

$$\begin{array}{c} D(x) \\ | \\ D[x] \\ | \\ D \end{array}$$

분수체 $D(x)$ 를 D 위의 **有理式體**라 하고 $D(x)$ 의 각 원소를 D 위의 (x 에 관한) **유리식**(rational expression)이라고 한다.

정역 D 와 다항식환 $D[x]$ 는 모두 유리식체 $D(x)$ 의 부분환이다.

보기 5.4.3 유리수체 $\mathbb{Q}$ 위의 유리식체 $\mathbb{Q}(x)$ 에서 다음이 성립한다.

$$\frac{x(x+1)}{x^2(x-1)} = \frac{x+1}{x(x-1)}, \qquad \frac{x^2-1}{x+1} = \frac{(x-1)(x+1)}{x+1} = x-1$$

$$\frac{1}{x-1} + \frac{x+2}{x^2-1} = \frac{2x+3}{x^2-1}, \quad \frac{x+1}{x} \cdot \frac{x(x^2+1)}{x^2-1} = \frac{x^2+1}{x-1}$$

정의 5.4.3 정역 D 위의 다항식환 $D[x_1, x_2, \cdots, x_n]$ 은 정역이고 따라서 그 분수체가 정의된다(정리 5.3.6). 이 분수체를 $D(x_1, x_2, \cdots, x_n)$ 으로 나타내고, 이것을 D 위의 $x_1, x_2, \cdots, x_n$에 관한 **有理式體** 라고 한다.

그리고, 유리식체 $D(x_1, x_2, \cdots, x_n)$ 의 각 원소

$$\frac{f(x_1, x_2, \cdots, x_n)}{g(x_1, x_2, \cdots, x_n)} \qquad (f,\ g \in D[x_1, x_2, \cdots, x_n],\ g \neq 0)$$

를 D 위의 $x_1, x_2, \cdots, x_n$ 에 관한 **유리식**이라고 한다.

부정원 x 에 관한 식 중에서

$$\sqrt[3]{x}, \quad \sqrt[4]{x^2+x+4}, \quad x^2+\sqrt{x^2+x},$$
$$\sqrt{x+\sqrt[3]{x^2+1}}+x, \qquad \frac{x+\sqrt{x+1}}{x^2+1}$$

와 같이 수나 부정원 x 에 관한 거듭제곱과 거듭제곱근을 더하고 빼거나 곱하고 나누어 만든 식을 x 에 관한 **무리식**이라 하고, 또 유리식과 무리식을 통틀어 **대수적 식**(algebraic expression) 이라고 한다.

한편,

$$\sin^2 x+\cos x, \quad \frac{\sin x}{x}, \quad x^2-\log\sqrt{x}, \quad e^x+\log x+1$$

과 같이 대수적 식이 아닌 식을 **초월적 식**(transcendental expression)이라고 한다.

이와 같이 부정원 x 에 관한 식을 분류하는 방법과는 달리 그 모양에 따라 분류하여

$$\frac{x^2+x+1}{x^3+x^2+1}, \quad \frac{x-1}{x^2+\dfrac{x+3}{x^2-5}}, \quad \frac{x+\sqrt{x+1}}{x^2+1}, \quad \frac{\sin x}{x}, \quad \frac{\log x}{e^x}$$

와 같이 분수의 꼴로 나타내어진 식을 **분수식**이라고 한다. 유리식은 분수식의 일종이다.

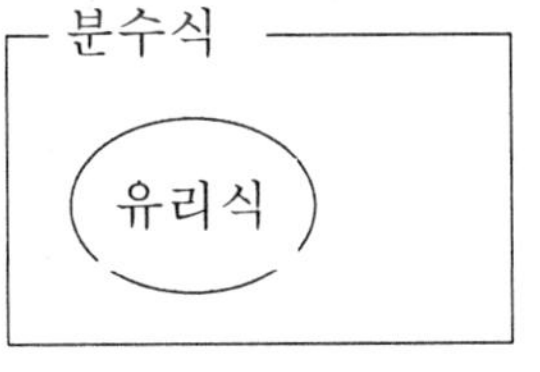

다항식과 다항함수는 전혀 다르고 또 유리식과 유리함수도 전혀 다르다.

특수한 유리함수

$$y=\frac{ax+b}{cx+d} \qquad (ad-bc\neq 0)$$

에 대해서는 '해설 504' 를 참조하기 바란다.

연습문제 (5.4)

1. 체 $\mathbb{Z}_2 = \{0, 1\}$ 위의 유리식체 $\mathbb{Z}_2(x)$ 에서 다음을 간단히 하여라.

(1) $\dfrac{x^2+1}{x+1}$ (2) $\dfrac{x^2+1}{x+1} + \dfrac{x^2+1}{x+1}$ (3) $\dfrac{x+1}{x} + \dfrac{x}{x+1}$

2. 다음 유리식을 정수를 계수로 가지는 유리식으로 나타내어라.

(1) $\dfrac{x+\dfrac{1}{2}}{\dfrac{2}{3}x^2+\dfrac{1}{6}x-1}$ (2) $\dfrac{\dfrac{1}{10}x+\dfrac{2}{5}}{2x^2-\dfrac{3}{2}x+1}$

3. 단위원 1 을 가진 가환환 R 에서 R 의 부분집합 S 가 다음 두 조건을 만족시킬 때, S 를 R 의 **곱셈집합**(multiplicative set)이라고 한다.

(i) $0 \notin S,\ 1 \in S$ (ii) $s, t \in S \implies st \in S$

(1) D 가 정역일 때, $S = D - \{0\}$ 는 D 의 곱셈집합임을 밝혀라.

(2) 정수 $b\ (\geq 2)$ 에 대하여 $S = \{b^n \mid n = 0, 1, 2, \cdots\}$ 는 정수환 $\mathbb{Z}$ 의 곱셈집합임을 밝혀라.

4. 정수 $b\ (\geq 2)$ 에 대하여

$$R_b = \{\frac{a}{b^n} \in \mathbb{Q} \mid a \in \mathbb{Z},\ n = 0, 1, 2, \cdots\}$$

는 유리수체 $\mathbb{Q}$ 의 부분환을 이룬다. 다음이 성립함을 밝혀라.

(1) 유리수체 $\mathbb{Q}$ 는 R_b 의 분수체이다.

(2) $R_2 \cap R_3 = \mathbb{Z}$, $R_2 \subseteq R_6$, $R_3 \subseteq R_6$

5. 素數 p 에 대하여 $S = \mathbb{Z} - p\mathbb{Z}$ 는 정수환 $\mathbb{Z}$ 의 곱셈집합임을 밝혀라. 또,

$$\mathbb{Q}_p = \{\frac{a}{s} \in \mathbb{Q} \mid a \in \mathbb{Z},\ s \in S\}$$

이라고 할 때, 다음이 성립함을 밝혀라.

(1) $\mathbb{Q}_p$ 는 유리수체 $\mathbb{Q}$ 의 부분환이지만 부분체는 아니고 $\mathbb{Z} \subsetneq \mathbb{Q}_p \subsetneq \mathbb{Q}$ 이다.

(2) 유리수체 $\mathbb{Q}$ 는 $\mathbb{Q}_p$ 의 분수체이다.

§5.5 벡터공간과 다원환

이 절의 정리에 대한 자세한 증명은 [3]의 제2장을 참조하기 바란다.

정의 5.5.1 집합 V가 체 F에 대하여 다음 두 조건을 만족시킬 때, V를 F 위의 **벡터공간**(vector space over F) 또는 **F-벡터공간**이라고 한다.

(1) V 위에 덧셈이 정의되어 있고 $(V, +)$는 덧셈군이다.

(2) **스칼라 곱셈**(scalar multiplication)

$$F \times V \longrightarrow V, \quad (a, v) \longmapsto av$$

가 정의되어 있고 임의의 $a, b \in F$와 $v, w \in V$에 대하여 다음이 성립한다.

(i) $a(v+w) = av + aw$ (ii) $(a+b)v = av + bw$

(iii) $(ab)v = a(bv)$ (iv) $1v = v$

벡터공간 V의 원소 $v, w, \cdots$를 **벡터**(vector)라 하고, 특히 덧셈에 관한 항등원 0을 **영벡터**(zero vector)라고 한다. 그리고, 체 F를 **기초體**(ground field)라 하고 F의 원소 $a, b, c, \cdots$를 **스칼라**(scalar)라고 한다.

보기 5.5.1 체 F와 양의 정수 n에 대하여 집합

$$F^n = \{(x_1, \cdots, x_n) \mid x_1, \cdots, x_n \in F\}$$

은 다음과 같이 정의된 두 연산에 관하여 체 F 위의 벡터공간을 이룬다.

$$(a_1, \cdots, a_n) + (b_1, \cdots, b_n) = (a_1 + b_1, \cdots, a_n + b_n)$$

$$a(a_1, \cdots, a_n) = (a a_1, \cdots, a a_n)$$

정리 5.5.2 체 F 위의 벡터공간 V에서 다음이 성립한다.

(1) $a0 = 0$, $a(-v) = -av$,

(2) $0v = 0$, $(-a)v = -av$, $(-1)v = -v$

(3) $av = 0$이면, $a = 0$ 또는 $v = 0$이다.

정의 5.5.3 체 F 위의 벡터공간 V 의 부분집합 $W(\neq \varnothing)$ 가 V 에서의 덧셈과 스칼라 곱셈에 관하여 체 F 위의 벡터공간을 이룰 때, W를 V 의 **부분공간**(subspace)이라고 한다.

벡터공간 V에서 V 와 $\{0\}$ 은 V의 부분공간이다.

덧셈군의 경우와 마찬가지로 다음 정리가 성립한다(정리 5.1.16).

정리 5.5.4 체 F 위의 벡터공간 V 에서, V 의 부분집합 $W(\neq \varnothing)$ 에 대하여 다음 네 조건은 서로 동치이다.

(1) W는 V 의 부분공간이다.

(2) $w_1, w_2 \in W \Longrightarrow w_1 - w_2 \in W, \quad a \in F,\ w \in W \Longrightarrow aw \in W$

(3) $w_1, w_2 \in W \Longrightarrow w_1 + w_2 \in W, \quad a \in F,\ w \in W \Longrightarrow aw \in W$

보기 5.5.2 체 F 위의 $m \times n$ 행렬 $A = [a_{ij}]_{m\times n} \neq O_{m\times n}$에 대하여 동차 연립일차방정식

$$A\begin{bmatrix} x_1 \\ x_2 \\ \vdots \\ x_n \end{bmatrix} = \begin{bmatrix} 0 \\ \vdots \\ 0 \end{bmatrix} \quad \text{즉} \quad \begin{cases} a_{11}x_1 + a_{12}x_2 + \cdots + a_{1n}x_n = 0 \\ a_{21}x_1 + a_{22}x_2 + \cdots + a_{2n}x_n = 0 \\ \vdots \qquad \vdots \qquad \cdots \qquad \vdots \\ a_{m1}x_1 + a_{m2}x_2 + \cdots + a_{m}x_n = 0 \end{cases}$$

의 해 전체의 집합을 U라고 하면, U는 벡터공간 F^n 의 부분공간을 이룬다.

벡터공간 U를 위의 동차 연립방정식의 **해공간**(solution space)이라고 한다.

특히, 체 F 위의 동차 일차방정식

$$a_1x_1 + a_2x_2 + \cdots + a_nx_n = 0$$

의 해공간은 벡터공간 F^n 의 부분공간이다.

정리 5.5.5 체 F 위의 벡터공간 V 에서 부분공간 $W_1, \cdots, W_m$에 대하여

$$W_1 \cap \cdots \cap W_m = \{w \mid w \in W_1, \cdots, w \in W_m\},$$

$$W_1 + \cdots + W_m = \{w_1 + \cdots + w_m \mid w_1 \in W_1, \cdots, w_m \in W_m\}$$

는 V의 부분공간이다.

정리 5.5.6 체 F 위의 벡터공간 V 에서 벡터 $v_1, \cdots, v_n \in V$ 에 대하여

$$\langle v_1, \cdots, v_n \rangle = \{a_1 v_1 + \cdots + a_n v_n \mid a_1, \cdots, a_n \in F\}$$

이라고 하면, 다음이 성립한다(정리 5.1.17 참조).

(1) $\langle v_1, \cdots, v_n \rangle$ 은 V 의 부분공간이고 $v_1, \cdots, v_n \in \langle v_1, \cdots, v_n \rangle$ 이다.

(2) V 의 부분공간 W가 $v_1, \cdots, v_n$ 을 포함하면, $\langle v_1, \cdots, v_n \rangle \subseteq W$ 이다.

부분공간 $\langle v_1, \cdots, v_n \rangle$ 을 $v_1, \cdots, v_n$에 의하여 **생성된**(generated, spanned) **부분공간**이라고 한다.

정의 5.5.7 체 F 위의 벡터공간 V 에서 $v_1, \cdots, v_n \in V$ 이라고 하자.

적어도 하나는 0 이 아닌(not all zero) $a_1, \cdots, a_n \in F$ 에 대하여

$$a_1 v_1 + \cdots + a_n v_n = 0$$

일 때, 벡터 $v_1, \cdots, v_n$ 은 **일차종속**(linearly dependent)이라고 한다.

한편, 벡터 $v_1, \cdots, v_n \in V$ 이 일차종속이 아닐 때, 즉

$$a_1 v_1 + \cdots + a_n v_n = 0 \quad (a_1, \cdots, a_n \in F) \Longrightarrow a_1 = \cdots = a_n = 0$$

일 때, 벡터 $v_1, \cdots, v_n$ 은 **일차독립**(linearly independent)이라고 한다.

정리 5.5.8 체 F 위의 벡터공간 V 에서 벡터 $v_1, \cdots, v_n, v \in V$ 에 대하여 다음이 성립한다.

(1) 적당한 정수 k $(1 \leq k \leq n)$ 에 대하여 $v_1, \cdots, v_k$가 일차종속이면, 벡터 $v_1, \cdots, v_n, v$ 는 일차종속이다.

(2) $v \in \langle v_1, \cdots, v_n \rangle$ 이면, $v_1, \cdots, v_n, v$ 는 일차종속이다.

정리 5.5.9 체 F 위의 벡터공간 V 에서 다음이 성립한다.

(1) 벡터 $v_1, \cdots, v_n \in V$ 가 일차종속이기 위한 필요충분조건은 $v_1 = 0$ 또는 적당한 j $(2 \leq j \leq n)$ 에 대하여 $v_j \in \langle v_1, \cdots, v_{j-1} \rangle$ 인 것이다.

(2) 벡터 $v_1, \cdots, v_n \in V$ 은 일차독립이기 위한 필요충분조건은 $v_1 \neq 0$ 이고 또 각 j $(2 \leq j \leq n)$ 에 대하여 $v_j \notin \langle v_1, \cdots, v_{j-1} \rangle$ 인 것이다.

정리 5.5.10 체 F 위의 벡터공간 V 에서 벡터 $v_1, \cdots, v_n \in V$가 일차독립일 때, $v \in V$ 에 대하여 다음이 성립한다.

(1) $v \in \langle v_1, \cdots, v_n \rangle$ 일 때 그리고 이때에만 $v_1, \cdots, v_n$, v 는 일차종속이다.

(2) $v \notin \langle v_1, \cdots, v_n \rangle$ 일 때 그리고 이때에만 $v_1, \cdots, v_n$, v 는 일차독립이다.

정의 5.5.11 체 F 위의 벡터공간 V 가 적당한 유한 개의 벡터에 의하여 생성될 때, V를 **유한 생성**(finitely generated) 벡터공간이라고 한다.

그리고, 다음 두 조건을 만족시키는 집합 $\mathscr{B} = \{v_1, \cdots, v_n\}$ 가 존재할 때, $\mathscr{B}$ 를 V 의 (유한) **基底**(finite basis)라고 한다.

(i) $V = \langle v_1, \cdots, v_n \rangle$　　　(ii) $v_1, \cdots, v_n$ 은 일차독립이다.

정리 5.5.12 체 F 위의 벡터공간 V 에서 $\mathscr{B} = \{v_1, \cdots, v_n\} \subseteq V$ 에 대하여 다음 두 조건은 서로 동치이다.

(1) $\mathscr{B}$ 는 V 의 기저이다.

(2) 각 벡터 $v \in V$ 는 단 한 가지 방법으로 $v_1, \cdots, v_n$ 의 일차결합

$$v = a_1 v_1 + \cdots + a_n v_n \qquad (a_1, \cdots, a_n \in F)$$

의 꼴로 나타내어진다.

증명 (1) $\Longrightarrow$ (2) 집합 $\mathscr{B}$ 가 V 의 기저라고 하자. 이 때, $V = \langle v_1, \cdots, v_n \rangle$ 이므로 각 $v \in V$ 는 $v_1, \cdots, v_n$ 의 일차결합으로 나타낼 수 있다. 그리고

$$v = a_1 v_1 + \cdots + a_n v_n = b_1 v_1 + \cdots + b_n v_n \qquad (a_i, b_i \in F)$$

이라고 가정하면, $(a_1 - b_1) v_1 + \cdots + (a_n - b_n) v_n = 0$ 이고 $v_1, \cdots, v_n$ 은 일차독립이므로 $a_1 - b_1 = \cdots = a_n - b_n = 0$ 즉 $a_1 = b_1, \cdots, a_n = b_n$ 이다.

(2) $\Rightarrow$ (1) 조건 (2) 가 성립한다고 가정하자. 이 때, 각 벡터 $v \in V$ 는 $v_1, \cdots, v_n$ 의 일차결합으로 나타내어지므로 $V = \langle v_1, \cdots, v_n \rangle$ 이다.

또, $a_1 v_1 + \cdots + a_n v_n = 0$ $(a_1, \cdots, a_n \in F)$ 이라고 가정하면,

$$a_1 v_1 + \cdots + a_n v_n = 0 = 0 v_1 + \cdots + 0 v_n$$

이므로 조건 (2) 에 의하여 $a_1 = \cdots = a_n = 0$ 이고 따라서 $v_1, \cdots, v_n$ 은 일차독립이다. 그러므로 $\mathscr{B} = \{v_1, \cdots, v_n\}$ 는 V 의 기저이다.

정리 5.5.13 체 F 위의 벡터공간 $V\,(\neq \{0\})$가 유한 생성 벡터공간일 때, V는 유한 기저를 가지며 V의 유한 기저에 속하는 벡터의 개수는 기저에 관계없이 일정하다. 즉, $\mathscr{B}=\{v_1, \cdots, v_n\}$, $\mathscr{C}=\{w_1, \cdots, w_m\}$가 V의 기저이면, $n=m$이다.

정의 5.5.14 체 F 위의 벡터공간 V가 $n\,(\geq 1)$개의 벡터로 이루어진 기저 $\mathscr{B}=\{v_1, \cdots, v_n\}$를 가질 때, V를 체 F 위의 **n차원 벡터공간**이라 하고 n을 V의 **차원**(dimension) 이라고 한다. 그리고, 이러한 사실을

$$n=\dim_F V \quad \text{또는} \quad n=\dim V$$

로 나타낸다. 체 F 위의 벡터공간 V가 유한 기저를 가질 때 V를 **유한차원**(finite dimensional) 벡터공간이라 하고, 한편 유한 기저를 가지지 않는 벡터공간을 **무한차원**(infinite dimensional) 벡터공간이라고 한다.

또, $V=\{0\}$인 경우에는 $\varnothing$를 기저라 하고 $\dim_F V=0$으로 정한다.

보기 5.5.3 체 F 위의 벡터공간

$$F^n=\{(x_1, x_2, \cdots, x_n) \mid x_1, x_2, \cdots, x_n \in F\}$$

에서

$$e_1=(1, 0, \cdots, 0),\ e_2=(0, 1, \cdots, 0),\ \cdots,\ e_n=(0, 0, \cdots, 0, 1)$$

이라고 하면, $\mathscr{B}=\{e_1, \cdots, e_n\}$는 F^n의 기저이고 따라서 $\dim_F F^n=n$이다. 기저 $\mathscr{B}$를 벡터공간 F^n의 **표준기저**(standard basis)라고 한다.

보기 5.5.4 체 F 위의 $m\times n$ 행렬 중에서 (i, j)성분은 1이고 그 밖의 성분은 0인 행렬을 E_{ij}로 나타내면,

$$\mathscr{B}=\{E_{ij} \mid 1\leq i\leq m,\ 1\leq j\leq n\}$$

는 $\mathrm{Mat}_{m\times n}(F)$의 기저이고 따라서 $\dim_F \mathrm{Mat}_{m\times n}(F)=mn$이다.

기저 $\mathscr{B}$를 벡터공간 $\mathrm{Mat}_{m\times n}(F)$의 **표준기저**라고 한다.

정리 5.5.15 체 F 위의 벡터공간 V가 $n\,(n\geq 1)$개의 벡터 $v_1, \cdots, v_n$에 의하여 생성되면, 즉 $V=\langle v_1, \cdots, v_n\rangle$이면, $\dim_F V\leq n$이다.

정리 5.5.16 체 F 위의 벡터공간 V 에서 $\dim_F V = n \geq 1$ 일 때 다음이 성립한다.

(1) V 의 m 개의 벡터가 일차독립이면, $m \leq n$ 이다.
즉, V 의 $n+1$ 개의 벡터 $w_1, \cdots, w_n, w_{n+1}$ 은 일차종속이다.

(2) 벡터 $w_1, \cdots, w_n$ 이 일차독립이면, $\{w_1, \cdots, w_n\}$ 은 V 의 기저이다.

(3) $V = \langle w_1, \cdots, w_n \rangle$ 이면, $\{w_1, \cdots, w_n\}$ 은 V 의 기저이다.

(4) $m < n$ 일 때, V 의 m 개의 벡터 $w_1, \cdots, w_m$ 이 일차독립이면, 이들 m 개의 벡터에 r 개의 적당한 벡터 $u_1, \cdots, u_r \in V$ 를 첨가하여 V 의 기저 $\{w_1, \cdots, w_m, u_1, \cdots, u_r\}$ 를 얻을 수 있다(여기서 $m+r=n$).

정리 5.5.17 체 F 위의 벡터공간 V 가 유한차원 벡터공간일 때, W 가 V 의 부분공간이면 $0 \leq \dim_F W \leq \dim_F V$ 이고 다음이 성립한다.

$$\dim_F W = 0 \Leftrightarrow W = \{0\},$$
$$\dim_F W = \dim_F V \Leftrightarrow W = V$$

보기 5.5.5 체 F 가 체 K 의 부분체일 때, K 를 체 F 위의 벡터공간으로 볼 수 있다. 실제로, 임의의 두 원소 $x, y \in K$ 에 대하여 K 에서의 합 $x+y \in K$ 를 합으로 정하고 또 $a \in F$ 와 $x \in K$ 에 대하여 K 에서의 곱 $ax \in K$ 를 스칼라 배로 정하면, K 는 체 F 위의 벡터공간이다.

예를 들면, 복소수체 $\mathbb{C}$ 를 $\mathbb{C}$ 위의 벡터공간으로 볼 때 $\dim_{\mathbb{C}} \mathbb{C} = 1$ 이고, 또 복소수체 $\mathbb{C}$ 를 실수체 $\mathbb{R}$ 위의 벡터공간으로 생각하면 $\mathscr{B} = \{1, i\}$ 는 기저이고 $\dim_{\mathbb{R}} \mathbb{C} = 2$ 이다.

정의 5.5.18 집합 A 에 대하여 다음 세 조건이 성립할 때, A 를 체 F 위의 **多元環**(algebra) 또는 ***F*-다원환**이라고 한다.

(i) A 는 덧셈과 곱셈에 관하여 단위원 1 을 가진 환이다.

(ii) A 는 덧셈과 스칼라 곱셈에 관하여 체 F 위의 벡터공간이다.

(iii) 임의의 $a \in F$ 와 $x, y \in A$ 에 대하여 $a(xy) = (ax)y = x(ay)$ 이다.

보기 5.5.6 체 F에 대하여 집합 $F^n = \{(a_1, \cdots, a_n) \mid a_1, \cdots, a_n \in F\}$과 체 F 위의 다항식 전체의 집합 $F[x]$은 §4.1 에서와 같이 정의된 연산에 관하여 체 F 위의 다원환을 이룬다(정리 4.1.1, 정리 4.1.2).

그리고, 체 F 위의 n 차의 행렬 전체의 집합 $\mathrm{Mat}_n(F)$는 §4.1 에서와 같이 정의된 연산에 관하여 체 F 위의 다원환을 이룬다(정리 4.1.8).

정의 5.5.19 체 F 위의 $m \times n$ 행렬 $A = [a_{ij}]_{m \times n}$에 대하여 벡터

$$\begin{aligned} v_1 &= (a_{11}, a_{12}, \cdots, a_{1n}), \\ v_2 &= (a_{21}, a_{22}, \cdots, a_{2n}), \\ &\vdots \\ v_m &= (a_{m1}, a_{m2}, \cdots, a_{mn}) \end{aligned} \qquad A = \begin{bmatrix} a_{11} & a_{12} & \cdots & a_{1n} \\ a_{21} & a_{22} & \cdots & a_{2n} \\ \vdots & \vdots & \cdots & \vdots \\ a_{m1} & a_{m2} & \cdots & a_{mn} \end{bmatrix} \begin{matrix} \leftarrow v_1 \\ \leftarrow v_2 \\ \\ \leftarrow v_m \end{matrix}$$

$$\begin{matrix} \uparrow & \uparrow & & \uparrow \\ w_1 & w_2 & & w_n \end{matrix}$$

를 A의 **행벡터**(row vector)라 하고, 벡터공간 F^n의 부분공간

$$\langle v_1, \cdots, v_m \rangle = \{a_1 v_1 + \cdots + a_m v_m \mid a_1, \cdots, a_m \in F\} \subseteq F^n$$

를 행렬 A의 **행공간**(row space)이라고 한다. 그리고, 벡터

$$w_j = (a_{1j}, a_{2j}, \cdots, a_{mj}) \qquad (1 \leq j \leq n)$$

를 A의 **열벡터**(column vector)라 하고 벡터공간 F^m의 부분공간

$$\langle w_1, \cdots, w_n \rangle = \{a_1 w_1 + \cdots + a_n w_n \mid a_1, \cdots, a_n \in F\} \subseteq F^m$$

를 행렬 A의 **열공간**(column space)이라고 한다.

정리 5.5.20 체 F 위의 n 차의 행렬 $A = [a_{ij}]_{n \times n}$에서 $v_1, \cdots, v_n$을 행벡터라 하고 $w_1, \cdots, w_n$을 열벡터라고 할 때, 다음 조건은 서로 동치이다.

(1) A는 정칙행렬이다. 즉, $\det A \neq 0$ 이다.

(2) A^T는 정칙행렬이다. 즉, $\det A^T \neq 0$ 이다.

(3) 벡터공간 F^n에서 $v_1, v_2, \cdots, v_n$은 일차독립이다.

(4) 벡터공간 F^n에서 $w_1, w_2, \cdots, w_n$은 일차독립이다.

(5) 벡터공간 F^n에서 $\{v_1, v_2, \cdots, v_n\}$은 F^n의 기저이다.

(6) 벡터공간 F^n에서 $\{w_1, w_2, \cdots, w_n\}$은 F^n의 기저이다.

정리 5.5.21 체 F 위의 벡터공간 V에서 벡터 $v_1, \cdots, v_m \in V$에 대하여 $1 \le i \ne j \le m$, $a \in F$, $a \ne 0$일 때 다음이 성립한다.

(1) $\langle v_1, \cdots, v_i, \cdots, v_j, \cdots, v_m \rangle = \langle v_1, \cdots, v_j, \cdots, v_i, \cdots, v_m \rangle$

(2) $\langle v_1, \cdots, v_i, \cdots, v_m \rangle = \langle v_1, \cdots, a v_i, \cdots, v_m \rangle$

(3) $\langle v_1, \cdots, v_i, \cdots, v_j, \cdots, v_m \rangle = \langle v_1, \cdots, v_i + a v_j, \cdots, v_j, \cdots, v_m \rangle$

위의 정리에 의하여 다음 정리가 성립한다(정리 4.2.3, 정리 4.2.5 참조).

정리 5.5.22 체 F 위의 행렬 $A = [a_{ij}]_{m \times n}$에 기본 행 변형을 유한 번 시행하여 얻은 행렬을 B라 하고 A의 기약 행 사다리꼴 행렬을 A'이라고 하면 다음이 성립한다.

$$(A\text{ 의 행공간}) = (B\text{ 의 행공간})$$
$$(A\text{ 의 행공간})\text{ 의 차원} = (A'\text{ 의 행공간})\text{ 의 차원} = r(A)$$

정리 5.5.23 체 F 위의 벡터공간 F^n에서 $W = \langle v_1, \cdots, v_m \rangle$일 때, $v_1, \cdots, v_m$을 행벡터로 가지는 $m \times n$ 행렬을 $A = [a_{ij}]_{m \times n}$이라고 하면 $W = (A$의 행공간$)$, $\dim_F W = r(A)$이다.

보기 5.5.7 벡터공간 $\mathbb{R}^4$에서 부분공간

$$W = \langle (1,2,-2,1), (1,2,-1,3), (2,4,0,10) \rangle$$

는 다음 행렬의 행공간이다.

$$A = \begin{bmatrix} 1 & 2 & -2 & 1 \\ 1 & 2 & -1 & 3 \\ 2 & 4 & 0 & 10 \end{bmatrix}$$

그런데, A의 기약 사다리꼴 행렬 A'은 오른쪽 행렬과 같고 $r(A) = r(A') = 2$,

$$W = (A'\text{ 의 행공간})$$

이므로 W는 벡터공간 $\mathbb{R}^4$의 2차원 부분공간이고 $\mathscr{C} = \{(1,2,0,5), (0,0,1,2)\}$는 W의 기저이다.

$$\begin{bmatrix} 1 & 2 & -2 & 1 \\ 1 & 2 & -1 & 3 \\ 2 & 4 & 0 & 10 \end{bmatrix} \to \begin{bmatrix} 1 & 2 & -2 & 1 \\ 0 & 0 & 1 & 2 \\ 0 & 0 & 4 & 8 \end{bmatrix} \to \begin{bmatrix} 1 & 2 & 0 & 5 \\ 0 & 0 & 1 & 2 \\ 0 & 0 & 0 & 0 \end{bmatrix} = A'$$

정리 5.5.24 체 F 위의 행렬 $A = [a_{ij}]_{m \times n}$ 에 대하여 다음이 성립한다.

$$(A \text{ 의 열공간}) \text{ 의 차원} = r(A), \quad r(A^T) = r(A)$$

정리 5.5.25 체 F 위의 $m \times n$ 행렬 $A = [a_{ij}]_{m \times n} \neq O_{m \times n}$ 에 대하여

$$A \begin{bmatrix} x_1 \\ \vdots \\ x_n \end{bmatrix} = \begin{bmatrix} 0 \\ \vdots \\ 0 \end{bmatrix}$$

의 해공간을 U 라고 하면, $\dim_F U = n - r(A)$ 이고 다음이 성립한다.

(1) $r(A) = n$ 이면, $U = \{(0, \cdots, 0)\}$ 이고 $\dim_F U = 0$ 이다.

(2) $1 \leq r(A) < n$ 이면, $\dim_F U = n - r(A) \geq 1$ 이다.

특히, $1 \leq m < n$ 이면, $\dim_F U \geq 1$ 이다.

여기서, 부분공간 U를 행렬 A 의 **退化공간**(Null space)이라 하고, 또

$$n(A) = n - r(A)$$

를 A 의 **퇴화차수**(nullity)라고 한다

증명 행렬 A 에 기본 행 변형을 시행하여 얻은 기약 행 사다리꼴 행렬을 A' 이라 하고 $r(A) = r(A') = r$ 라고하면 $1 \leq r \leq m$, $1 \leq r \leq n$ 이다.

그런데, $r = n$ 이면, 주어진 동차 연립일차방정식의 해는 $(0, \cdots, 0)$ 뿐이다.

이제 $1 \leq r < n$ 이라 하고, 필요하다면 미지수의 순서를 바꾸어 A' 을 오른쪽과 같은 꼴의 행렬이라고 하자. 이 때, 위의 동차 연립일차방정식의 해 전체는 다음과 같다.

$$A' = \begin{bmatrix} 1 & 0 & \cdots & 0 & c_1 & \cdots & d_1 \\ 0 & 1 & \cdots & 0 & c_2 & \cdots & d_2 \\ \vdots & \vdots & \ddots & \vdots & \vdots & & \vdots \\ 0 & 0 & \cdots & 1 & c_r & \cdots & d_r \\ 0 & 0 & \cdots & 0 & 0 & \cdots & 0 \\ \vdots & \vdots & & \vdots & \vdots & & \vdots \\ 0 & 0 & \cdots & 0 & 0 & \cdots & 0 \end{bmatrix}$$

$$\begin{bmatrix} x_1 \\ x_2 \\ \vdots \\ x_r \\ x_{r+1} \\ \vdots \\ x_n \end{bmatrix} = t_1 \begin{bmatrix} -c_1 \\ -c_2 \\ \vdots \\ -c_r \\ 1 \\ \vdots \\ 0 \end{bmatrix} + \cdots + t_{n-r} \begin{bmatrix} -d_1 \\ -d_2 \\ \vdots \\ -d_r \\ 0 \\ \vdots \\ 1 \end{bmatrix} \qquad (t_1, \cdots, t_{n-r} \in F)$$

그런데, 벡터공간 F^n 에서 $n-r$ 개의 벡터

$$(-c_1, -c_2, \cdots, -c_r, 1, \cdots, 0), \cdots, (-d_1, -d_2, \cdots, -d_r, 0, \cdots, 1)$$

는 일차독립이다. 따라서 다음 정리가 성립한다.

특히, $1 \le m < n$ 이면, $\dim_F U = n - r(A) \ge n - m \ge 1$ 이다.

보기 5.5.8 실수체 $\mathbb{R}$ 에서의 동차 연립일차방정식

$$\begin{cases} x_1 - x_2 + 2x_3 = 0 \\ x_1 - x_2 + 3x_3 + 2x_4 = 0 \end{cases}$$

의 계수행렬 A 는 오른쪽과 같이 변형된다.
따라서 $r(A) = 2$ 이고, 이 연립일차방정식은

$$A = \begin{bmatrix} 1 & -1 & 2 & 0 \\ 1 & -1 & 3 & 2 \end{bmatrix} \longrightarrow \begin{bmatrix} 1 & -1 & 0 & -4 \\ 0 & 0 & 1 & 2 \end{bmatrix}$$

$$\begin{cases} x_1 - x_2 \qquad - 4x_4 = 0 \\ \qquad\qquad x_3 + 2x_4 = 0 \end{cases} \quad 즉 \quad \begin{cases} x_1 = x_2 + 4x_4 \\ x_3 = \qquad -2x_4 \end{cases}$$

과 동치이므로 해 전체는 다음과 같다.

$$\begin{cases} x_1 = t_1 + 4t_2 \\ x_2 = t_1 \\ x_3 = \qquad -2t_2 \\ x_4 = \qquad\quad t_2 \end{cases} (t_1, t_2 \in \mathbb{R}) \ 즉 \ \begin{bmatrix} x_1 \\ x_2 \\ x_3 \\ x_4 \end{bmatrix} = t_1 \begin{bmatrix} 1 \\ 1 \\ 0 \\ 0 \end{bmatrix} + t_2 \begin{bmatrix} 4 \\ 0 \\ -2 \\ 1 \end{bmatrix} \ (t_1, t_2 \in \mathbb{R})$$

따라서 이 동차 연립일차방정식의 해공간을 U 라고 하면, U 는 벡터공간 $\mathbb{R}^4$ 에서 $\{(1, 1, 0, 0), (4, 0, -2, 1)\}$ 을 기저로 가지는 2 차원 부분공간이다.

보기 5.5.9 실수체 $\mathbb{R}$ 위의 동차 일차방정식

$$x_1 - 2x_2 + 3x_3 = 0 \quad 즉 \quad x_1 = 2x_2 - 3x_3$$

의 해 전체는 다음과 같다.

$$\begin{cases} x_1 = 2t_1 - 3t_2 \\ x_2 = \ \ t_1 \\ x_3 = \qquad\quad t_2 \end{cases} (t_1, t_2 \in \mathbb{R}) \ 즉 \ \begin{bmatrix} x_1 \\ x_2 \\ x_3 \end{bmatrix} = t_1 \begin{bmatrix} 2 \\ 1 \\ 0 \end{bmatrix} + t_2 \begin{bmatrix} -3 \\ 0 \\ 1 \end{bmatrix} \ (t_1, t_2 \in \mathbb{R})$$

따라서 이 동차 연립일차방정식의 해공간을 U 라고 하면, U 는 벡터공간 $\mathbb{R}^3$ 에서 $\{(2, 1, 0), (-3, 0, 1)\}$ 을 기저로 가지는 2 차원 부분공간이다.

정리 5.5.26 체 F 위의 벡터공간 F^n $(n \geq 2)$ 에서 동차 일차방정식

$$a_1x_1 + \cdots + a_nx_n = 0$$

의 해공간은 벡터공간 F^n 의 $n-1$ 차원 부분공간이고, 역으로 벡터공간 F^n 의 $n-1$ 차원 부분공간은 적당한 동차 일차방정식의 해공간이다.

증명 정리 5.5.25 에 의하여 정리의 첫째 부분이 성립한다.

벡터공간 F^n 의 $n-1$ 차원 부분공간 W 에 대하여 $\mathscr{C} = \{v_2, \cdots, v_n\}$ 가 W 의 기저일 때, $v_i = (a_{i1}, a_{i2}, \cdots, a_{in})$ $(2 \leq i \leq n)$ 이라고 하자.

이 때, $W = \langle v_2, \cdots, v_n \rangle$ 이고 $v_2, \cdots, v_n$ 은 일차독립이므로 정리 5.5.10 과 정리 5.5.20 에 의하여 $v = (x_1, x_2, \cdots, x_n) \in F^n$ 에 대하여 다음이 성립한다

$$v \in W \iff v, v_2, \cdots, v_n \text{ 은 일차종속}$$

$$\iff \begin{vmatrix} x_1 & x_2 & \cdots & x_n \\ a_{21} & a_{22} & \cdots & a_{2n} \\ \vdots & \vdots & \cdots & \vdots \\ a_{n1} & a_{n2} & \cdots & a_{nn} \end{vmatrix} = 0$$

여기서 위의 등식은 동차 일차방정식 $a_1x_1 + \cdots + a_nx_n = 0$ 의 꼴로 전개되고, W 는 이 동차 일차방정식의 해공간이다.

보기 5.5.10 체 F 위의 벡터공간 F^3 에서 벡터 $(a_1, a_2, a_3), (b_1, b_2, b_3)$ 가 일차독립일 때, $W = \langle (a_1, a_2, a_3), (b_1, b_2, b_3) \rangle$ 이라고 하면 W 는 다음 동차 일차방정식의 해공간이다(정리 5.5.26 의 증명).

$$\begin{vmatrix} x_1 & x_2 & x_3 \\ a_1 & a_2 & a_3 \\ b_1 & b_2 & b_3 \end{vmatrix} = 0$$

즉,
$$\begin{vmatrix} a_2 & a_3 \\ b_2 & b_3 \end{vmatrix} x_1 - \begin{vmatrix} a_1 & a_3 \\ b_1 & b_3 \end{vmatrix} x_2 + \begin{vmatrix} a_1 & a_2 \\ b_1 & b_2 \end{vmatrix} x_3 = 0$$

한편, 동차 연립일차방정식

$$\begin{cases} a_1x_1 + a_2x_2 + a_3x_3 = 0 \\ b_1x_1 + b_2x_2 + b_3x_3 = 0 \end{cases}$$

의 해 전체는

$$x_1 = \begin{vmatrix} a_2 & a_3 \\ b_2 & b_3 \end{vmatrix} t, \quad x_2 = -\begin{vmatrix} a_1 & a_3 \\ b_1 & b_3 \end{vmatrix} t, \quad x_3 = \begin{vmatrix} a_1 & a_2 \\ b_1 & b_2 \end{vmatrix} \qquad (t \in F)$$

이고 따라서 그 해공간은 다음과 같다(보기 4.4.12 참조).

$$U = \langle \left(\begin{vmatrix} a_2 & a_3 \\ b_2 & b_3 \end{vmatrix}, -\begin{vmatrix} a_1 & a_3 \\ b_1 & b_3 \end{vmatrix}, \begin{vmatrix} a_1 & a_2 \\ b_1 & b_2 \end{vmatrix} \right) \rangle$$

연습문제 (5.5)

1. 다음 명제 중에서 참인 명제를 찾아라.

   (1) V가 유리수체 $\mathbb{Q}$ 위의 유한차원 벡터공간이면, $|V| = |\mathbb{Q}| = \aleph_0$ 이다.

   (2) 실수체 $\mathbb{R}$ 를 유리수체 $\mathbb{Q}$ 위의 벡터공간으로 생각할 때, $\mathbb{R}$ 는 유리수체 $\mathbb{Q}$ 위의 무한차원 벡터공간이다

   (3) V가 실수체 $\mathbb{R}$ 위의 유한차원 벡터공간이면 $|V| = |\mathbb{R}| = \aleph$ 이다.

2. Hamilton 의 사원수환 $\mathbb{H} = \{a_0 + a_i i + a_2 j + a_3 k \mid a_0, a_1, a_2, a_3 \in \mathbb{R}\}$ 는 실수체 $\mathbb{R}$ 위의 벡터공간으로 볼 수 있고 또 복소수체 $\mathbb{C}$ 위의 벡터공간으로 볼 수 있다. 이 경우에 $\dim_{\mathbb{R}} \mathbb{H}$ 와 $\dim_{\mathbb{C}} \mathbb{H}$ 를 구하여라.

3. 체 F 위의 벡터공간 $F[x]$ 는 무한차원 벡터공간임을 밝혀라.

4. 실수체 $\mathbb{R}$ 위에서 다음 행렬의 행공간의 기저와 차원을 구하여라

   (1) $A = \begin{bmatrix} 3 & 6 & 1 & 5 \\ 2 & 4 & 1 & 4 \\ 4 & 8 & 2 & 8 \end{bmatrix}$ (2) $A = \begin{bmatrix} 1 & 1 & 0 & 1 \\ 2 & 1 & 1 & 2 \\ 1 & 1 & 1 & 4 \end{bmatrix}$

5. 벡터공간 $\mathbb{R}^4$ 에서 다음 동차 연립일차방정식의 해공간의 기저를 구하여라.

$$\begin{cases} x_1 + x_2 - x_3 + 2x_4 = 0 \\ x_1 + x_2 + 2x_3 = 0 \\ 2x_1 + 2x_2 + x_3 + 2x_4 = 0 \end{cases}$$

§5.6 유클리드 공간

실수체 $\mathbb{R}$ 위에서 $\mathbb{R}^n = \{(x_1, \cdots, x_n) \mid x_1, \cdots, x_n \in \mathbb{R}\}$ 은 다음과 같이 정의된 두 연산에 관하여 체 F 위의 n차원 벡터공간을 이룬다(보기 5.5.3).

$$(a_1, \cdots, a_n) + (b_1, \cdots, b_n) = (a_1 + b_1, \cdots, a_n + b_n)$$
$$a(a_1, \cdots, a_n) = (a\,a_1, \cdots, a\,a_n)$$

정의 5.6.1 벡터공간 $\mathbb{R}^n$에서 두 벡터 $v = (a_1, \cdots, a_n)$, $w = (b_1, \cdots, b_n)$에 대하여 $v \cdot w$를

$$v \cdot w = a_1 b_1 + \cdots + a_n b_n$$

으로 정한다. 이 때, 사상

$$\mathbb{R}^n \times \mathbb{R}^n \longrightarrow \mathbb{R}, \ \ (v, w) \longmapsto v \cdot w$$

를 벡터공간 $\mathbb{R}^n$의 **표준내적**(standard inner product) 또는 **스칼라 곱**(scalar product, dot product)이라 하고, 표준내적이 정의되어 있는 벡터공간 $\mathbb{R}^n$을 **유클리드 n차원 공간**(Euclidean space)이라 하고 이것을 $\mathscr{E}^n$으로 나타낸다. 특히, 유클리드 공간 $\mathscr{E}^2$을 **유클리드 평면**이라고 한다.

유클리드 공간에 대하여 다음 정리가 성립함을 알 수 있다.

정리 5.6.2 유클리드 공간 $\mathscr{E}^n$에서 벡터 v, w, u와 실수 a, b에 대하여 다음이 성립한다.

I.1 : $(v+u) \cdot w = v \cdot w + u \cdot w, \qquad (av) \cdot w = av \cdot w$

I.2 : $v \cdot (u+w) = v \cdot u + v \cdot w, \qquad v \cdot (aw) = av \cdot w$

I.3 : $v \cdot w = w \cdot v$

I.4 : $v \cdot v \geq 0$ 이고, 특히 $v \cdot v = 0 \Leftrightarrow v = \mathbf{0}$ 이다.

위의 정리에 의하여 유클리드 공간에서 다음이 성립한다.

$$0 \cdot w = v \cdot 0 = 0, \qquad (-v) \cdot w = -v \cdot w = v \cdot (-w)$$

$$(\sum_{i=1}^{n} a_i v_i) \cdot w = \sum_{i=1}^{n} a_i (v_i \cdot w), \quad v \cdot (\sum_{i=1}^{n} a_i w_i) = \sum_{i=1}^{n} a_i (v \cdot w_i)$$

직교좌표계 O- $x_1 x_2$ 가 도입되어 있는 좌표평면(coordinate plane)에서 각 벡터 $v = (a_1, a_2)$ 는 점 $\mathrm{A}(a_1, a_2)$ 를 나타내기도 하고 또 기하학적 벡터

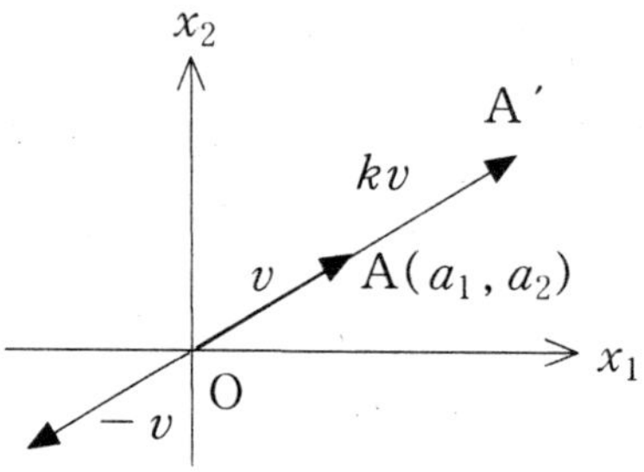

$$\overrightarrow{\mathrm{OA}} = (a_1, a_2)$$

를 나타내기도 한다. 그리고, 실수 k 에 대하여 kv 는 점 $\mathrm{A}'(ka_1, ka_2)$ 를 나타내고 기하학적 벡터 $\overrightarrow{\mathrm{OA}'}$ 을 나타내기도 한다. 또, $v = (a_1, a_2)$, $w = (b_1, b_2)$ 에 대하여 네 점 $\mathrm{O}(0,0)$, $\mathrm{A}(a_1, a_2)$, $\mathrm{B}(b_1, b_2)$, $\mathrm{C}(c_1, c_2)$ 가 오른쪽 그림에서와 같이 평행사변형을 이룰 때,

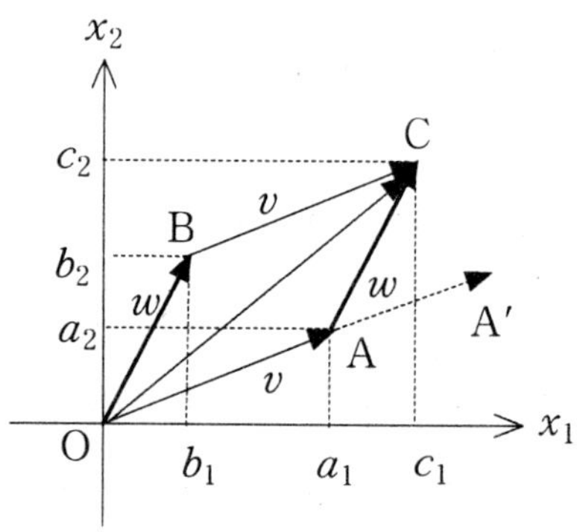

$$c_1 = a_1 + b_1, \quad c_2 = a_2 + b_2$$

이므로

$$\overrightarrow{\mathrm{OC}} = (c_1, c_2) = (a_1, a_2) + (b_1, b_2) = \overrightarrow{\mathrm{OA}} + \overrightarrow{\mathrm{OB}} = v + w$$

이고, 따라서 $\overrightarrow{\mathrm{BC}} = \overrightarrow{\mathrm{OA}}$ 로 정하면 다음이 성립한다.

$$\overrightarrow{\mathrm{BC}} = \overrightarrow{\mathrm{OA}} = \overrightarrow{\mathrm{OC}} - \overrightarrow{\mathrm{OB}} = (c_1 - b_1, c_2 - b_2)$$

마찬가지로, 직교좌표계 O- $x_1 x_2 x_3$ 가 도입되어 있는 좌표공간(coordinate space)에서 벡터 $v = (a_1, a_2, a_3) \in \mathscr{E}^3$ 는 점 $\mathrm{A}(a_1, a_2, a_3)$ 를 나타내기도 하고 또 기하학적 벡터 $\overrightarrow{\mathrm{OA}} = (a_1, a_2, a_3)$ 를 나타내기도 한다.

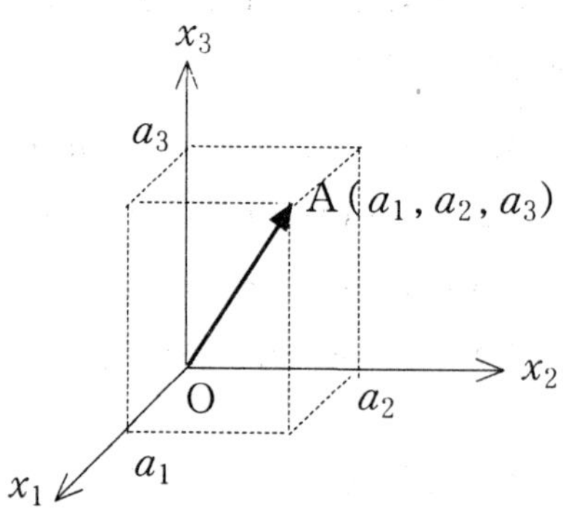

또, 두 벡터 v, w 에 대하여 $v+w$ 와 kv 는 오른쪽 그림에서와 같이 결정되는 벡터를 나타낸다. 여기서 □OACB 는 평행사변형이다.

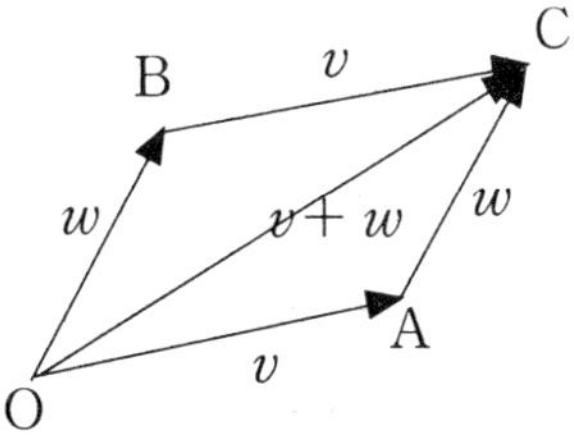

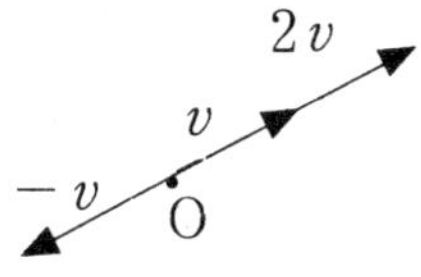

한편, $n>3$ 인 경우에는 유클리드 공간 $\mathscr{E}^n$ 을 기하학적으로 나타낼 수 없으나 앞에서 얻은 결과에 근거하여 직교좌표계 $O\text{-}x_1\cdots x_n$ 이 도입되어 있는 좌표 n 공간(coordinate n space) 에서 각 벡터 $v=(a_1,\cdots,a_n)$ 는 점 $A(a_1,\cdots,a_n)$ 를 나타내기도 하고 기하학적 벡터 $\overrightarrow{OA}=(a_1,\cdots,a_n)$ 를 나타내기도 한다고 생각한다. 그리고, 두 점 $B(b_1,\cdots,b_n)$, $C(c_1,\cdots,c_n)$ 에 대하여 $\overrightarrow{BC}=\overrightarrow{OC}-\overrightarrow{OB}=(c_1-b_1,\ \cdots,\ c_n-b_n)$ 로 정한다.

정의 5.6.3 유클리드 공간 $\mathscr{E}^n$ 에서 벡터 $v=(a_1,\cdots,a_n)$ 에 대하여

$$\|v\|=\sqrt{v\cdot v}=\sqrt{{a_1}^2+\cdots+{a_n}^2}$$

를 v 의 **노름**(Norm, 독일어) 또는 **길이**(length) 라 하고, 특히 $\|v\|=1$ 일 때 v 를 **단위벡터**(unit vector)라고 한다.

또, 두 벡터 v, w 에 대하여

$$d(v,w)=\|w-v\|$$

를 v 와 w 사이의 **거리**(distance) 라고 한다.

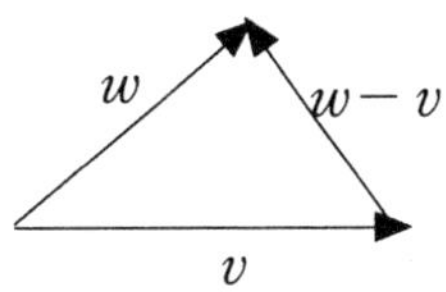

정리 5.6.4 유클리드 공간 $\mathscr{E}^n$ 에서 $v=(a_1,\cdots,a_n)$, $w=(b_1,\cdots,b_n)$ 에 대하여 다음이 성립한다(Cauchy-Schwartz 의 부등식).

$$|v\cdot w|\le\|v\|\|w\| \quad 즉 \quad \left(\sum_{i=1}^n a_ib_i\right)^2\le\left\{\sum_{i=1}^n {a_i}^2\right\}\left\{\sum_{i=1}^n {b_i}^2\right\}$$

또, v, w 가 일차종속일 때 그리고 이때에만 등호가 성립한다

증명 먼저 $n=1$ 이면,

$$|v\cdot w|=|a_1b_1|=|a_1||b_1|=\|v\|\|w\|$$

이고 또 적당한 실수 k 에 대하여 $w=kv$ 또는 $v=kw$ 이다.

다음에 $n \geq 2$ 이라고 하자. 이 때,

$$\begin{aligned}
&\|v\|^2\|w\|^2 - |v \cdot w|^2 \\
&= (a_1{}^2 + \cdots + a_n{}^2)(b_1{}^2 + \cdots + b_n{}^2) - (a_1 b_1 + \cdots + a_n b_n)^2 \\
&= \sum_{i=1}^{n} \sum_{j=1}^{n} a_i{}^2 b_j{}^2 - \sum_{i=1}^{n} \sum_{j=1}^{n} a_i b_i a_j b_j \\
&= \sum_{i \neq j}^{n} a_i{}^2 b_j{}^2 - \sum_{i \neq j} a_i b_i a_j b_j = \sum_{i<j}^{n} (a_i{}^2 b_j{}^2 + a_j{}^2 b_i{}^2 - 2 a_i b_i a_j b_j) \\
&= \sum_{i<j}^{n} (a_i b_j - a_j b_i)^2 = \sum_{i<j}^{n} \begin{vmatrix} a_i & a_j \\ b_i & b_j \end{vmatrix}^2 \geq 0
\end{aligned}$$

이므로 $\|v\|^2\|w\|^2 \geq |v \cdot w|^2$ 즉 $|v \cdot w| \leq \|v\|\|w\|$ 이다.

그리고, 등호가 성립하는 것은

$$a_i b_j - a_j b_i = 0 \quad (1 \leq i < j \leq n) \quad \text{즉} \quad \frac{b_1}{a_1} = \cdots = \frac{b_n}{a_n}$$

일 때뿐이므로 v, w 가 일차종속일 때 그리고 이때에만 등호가 성립한다

정리 5.6.5 유클리드 공간 $\mathscr{E}^n$ 에서 $v = (a_1, \cdots, a_n)$, $w = (b_1, \cdots, b_n)$ 와 실수 $a \in \mathbb{R}$ 에 대하여 다음이 성립한다.

N.1 : $\|v\| \geq 0$ 이고, 또 $\|v\| = 0 \Leftrightarrow v = 0$ 이다.

N.2 : $\|av\| = |a|\|v\|$ 이고, 또 $v \neq 0$ 일 때 $\dfrac{v}{\|v\|}$ 는 단위벡터이다.

N.3 : $\|v + w\| \leq \|v\| + \|w\|$ (삼각형의 부등식)

즉, $$\left\{\sum_{i=1}^{n} (a_i + b_i)^2\right\}^{\frac{1}{2}} \leq \left\{\sum_{i=1}^{n} a_i{}^2\right\}^{\frac{1}{2}} + \left\{\sum_{i=1}^{n} b_i{}^2\right\}^{\frac{1}{2}}$$

D.1 : $d(v, w) \geq 0$ 이고, 특히 $d(v, w) = 0 \Leftrightarrow v = w$ 이다.

D.2 : $d(v, w) = d(w, v)$

D.3 : $d(v, w) \leq d(v, u) + d(u, w)$

증명 N.1 : 정리 5.6.2 의 I.4 에 의하여 N.1 이 성립한다.

N.2 : 정리 5.6.2 의 I.1, I.2 에 의하여

$$\|av\|^2 = (av) \cdot (av) = a^2(v \cdot v) = a^2\|v\|^2$$

이므로 $\|av\| = |a|\|v\|$ 이다.

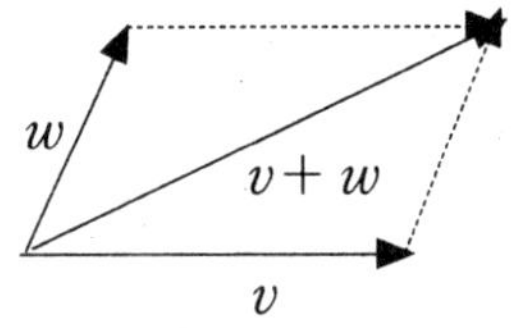

N.3 : 정리 5.6.2 와 정리 5.6.4 에 의하여

$$\|v+w\|^2 = (v+w)\cdot(v+w)$$
$$= v\cdot v + v\cdot w + w\cdot v + w\cdot w$$
$$= \|v\|^2 + 2\,v\cdot w + \|w\|^2$$
$$\leq \|v\|^2 + 2\|v\|\,\|w\| + \|w\|^2 = (\|v\| + \|w\|)^2$$

이므로 $\|v+w\| \leq \|v\| + \|w\|$ 이다.

D.1 : $d(v, w) = \|w-v\| \geq 0$ 이고, 또 다음이 성립한다.

$$d(v, w) = 0 \Leftrightarrow \|w-v\| = 0 \Leftrightarrow v-w = 0 \Leftrightarrow v = w$$

D.2 : $d(v, w) = \|w-v\| = \|v-w\| = d(w, v)$

D.3 : $d(v, w) = \|w-v\| = \|(u-v)+(w-u)\|$

$$\leq \|u-v\| + \|w-u\| = d(v, u) + d(u, w)$$

보기 5.6.1 Cauchy-Schwartz 의 부등식에 의하면, 임의의 실수 a, b, c, x, y, z 에 대하여 다음 부등식이 성립한다.

$$(ax+by)^2 \leq (a^2+b^2)(x^2+y^2),$$
$$(ax+by+cz)^2 \leq (a^2+b^2+c^2)(x^2+y^2+z^2)$$

정의 5.6.6 유클리드 공간 $\mathcal{E}^n$ 에서 두 벡터 v, w 가 영벡터가 아닐 때, 정리 5.6.4 에 의하여 $-1 \leq \dfrac{v\cdot w}{\|v\|\,\|w\|} \leq 1$ 이므로

$$\cos\theta = \frac{v\cdot w}{\|v\|\,\|w\|} \quad \text{즉} \quad v\cdot w = \|v\|\,\|w\|\cos\theta$$

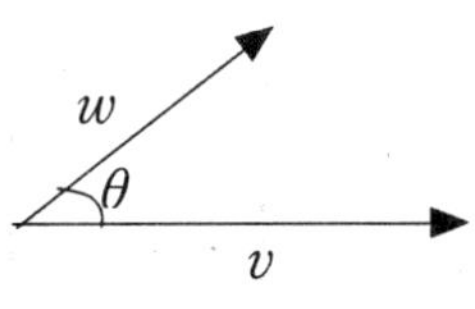

인 실수 θ $(0 \leq \theta < \pi)$ 가 단 하나 존재한다. 이러한 θ 를 v, w 사이의 **각의 크기**라고 한다.

특히 $v\cdot w = 0 \Leftrightarrow \theta = \dfrac{\pi}{2}$ 이다.

두 벡터 v, w 에 대하여 $v\cdot w = 0$ 일 때, v, w 는 서로 **직교한다**(orthogonal) 또는 **수직**(perpendicular)이라고 한다. 또, 적당한 실수 k 에 대하여 $w = kv$ 또는 $v = kw$ 일 때 v, w 는 서로 **평행하다**(parallel)고 한다.

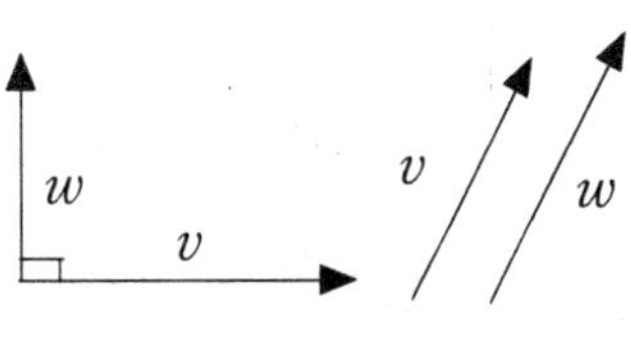

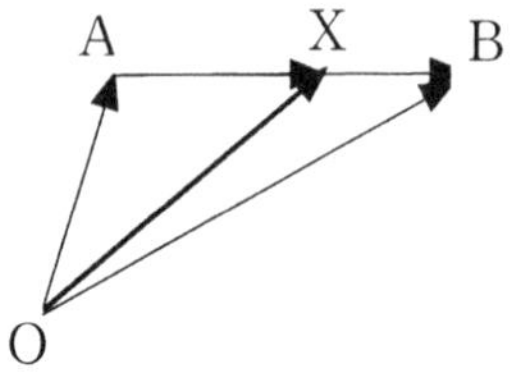

유클리드 공간 $\mathscr{E}^n$에서 서로 다른 두 점 $A(a_1, \cdots, a_n)$, $B(b_1, \cdots, b_n)$에 대하여 다음과 같이 정의된 $\overline{AB}$를 두 점 A, B를 이은 **선분**(line segment)이라고 한다.

$$\begin{aligned}\overline{AB} &= \{X \in \mathscr{E}^n \mid \overrightarrow{OX} = \overrightarrow{OA} + t\overrightarrow{AB},\ 0 \le t \le 1\} \\ &= \{X(x_1, \cdots, x_n) \in \mathscr{E}^n \mid \overrightarrow{OX} = (1-t)\overrightarrow{OA} + t\overrightarrow{OB},\ 0 \le t \le 1\} \\ &= \{(1-t)(a_1, \cdots, a_n) + t(b_1, \cdots, b_n) \mid 0 \le t \le 1\}\end{aligned}$$

그리고, $\overrightarrow{AB}$의 길이를 두 점 A, B 사이의 **거리** 또는 선분 $\overline{AB}$의 **길이**라 하고 이것을 $d(A, B)$로 나타낸다. 즉,

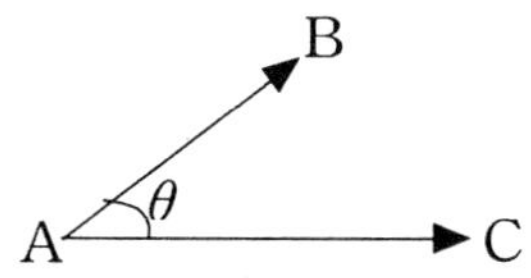

$$d(A, B) = \sqrt{(b_1 - a_1)^2 + \cdots + (b_n - a_n)^2}$$

또, 서로 다른 세 점 A, B, C에 대하여 두 벡터 $\overrightarrow{AB}$, $\overrightarrow{AC}$가 이루는 각의 크기를 $\overline{AB}$, $\overline{AC}$가 이루는 **각의 크기**라고 한다.

한 점 $P(p_1, \cdots, p_n)$와 벡터 $v = (a_1, \cdots, a_n) \neq (0, \cdots, 0)$에 대하여 $\overrightarrow{PX}$가 v와 평행하게 되는 점 $X(x_1, \cdots, x_n)$ 전체의 집합은 다음과 같다.

$$\begin{aligned}&\{X \in \mathscr{E}^n \mid \overrightarrow{PX} = t(a_1, \cdots, a_n),\ t \in \mathbb{R}\} \\ &= \{X(x_1, \cdots, x_n) \in \mathscr{E}^n \mid (x_1, \cdots, x_n) = (p_1, \cdots, p_n) + t(a_1, \cdots, a_n),\ t \in \mathbb{R}\}\end{aligned}$$

이 집합을 점 P를 지나 벡터 v와 평행한 **직선**(line)이라 하고 또 다음 각 방정식을 이 직선의 **방정식**이라고 한다.

$$(x_1, \cdots, x_n) = (p_1, \cdots, p_n) + t(a_1, \cdots, a_n) \qquad (t \in \mathbb{R})$$

$$\begin{bmatrix} x_1 \\ \vdots \\ x_n \end{bmatrix} = \begin{bmatrix} p_1 \\ \vdots \\ p_n \end{bmatrix} + t\begin{bmatrix} a_1 \\ \vdots \\ a_n \end{bmatrix} \quad (t \in \mathbb{R})$$

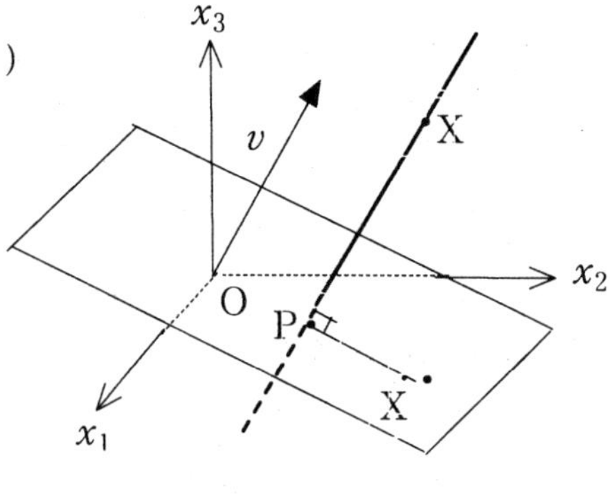

$$\begin{cases} x_1 = p_1 + ta_1 \\ \vdots \\ x_n = p_n + ta_n \end{cases} \quad (t \in \mathbb{R})$$

$$\frac{x_1 - p_1}{a_1} = \cdots = \frac{x_n - p_n}{a_n}$$

한 점 $P(p_1, \cdots, p_n)$ 와 벡터 $v = (a_1, \cdots, a_n) \neq (0, \cdots, 0)$ 에 대하여 $\overrightarrow{PX}$ 가 v 에 수직으로 되는 점 $X(x_1, \cdots, x_n)$ 전체의 집합은 다음과 같다.

$$\{X \in \mathscr{E}^n \mid v \cdot \overrightarrow{PX} = 0\}$$
$$= \{(x_1, \cdots, x_n) \in \mathscr{E}^n \mid a_1(x_1 - p_1) + \cdots + a_n(x_n - p_n) = 0\}$$

이 집합을 점 P 를 지나 벡터 v 에 수직인 **超평면**(hyperplane)이라 하고 v 를 이 초평면의 **법벡터**(normal vector)라고 하며, 방정식

$$a_1x_1 + \cdots + a_nx_n = c \qquad (c = a_1p_1 + \cdots + a_np_n)$$

를 이 초평면의 **방정식**이라고 한다. 유클리드 공간 $\mathscr{E}^3$ 에서의 초평면은 평면을 뜻한다. 그리고, 유클리드 평면 $\mathscr{E}^2$ 에서의 초평면은 직선을 뜻하며 방정식

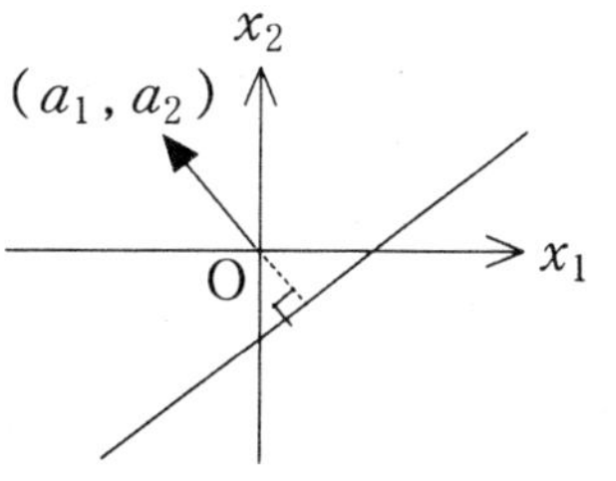

$$a_1x_1 + a_2x_2 = c$$

는 벡터 (a_1, a_2) 에 수직인 직선을 나타낸다.

보기 5.6.2 유클리드 평면 $\mathscr{E}^2$ 에서 서로 다른 두 점 $P(a_1, a_2)$, $Q(b_1, b_2)$ 를 지나는 직선의 방정식은 다음과 같다.

$$(*) \qquad \begin{vmatrix} x_1 & x_2 & 1 \\ a_1 & a_2 & 1 \\ b_1 & b_2 & 1 \end{vmatrix} = 0$$

즉, $\qquad (a_2 - b_2)x_1 - (a_1 - b_1)x_2 + a_1b_2 - a_2b_1 = 0$

실제로, 구하는 직선의 방정식을 $Ax_1 + Bx_2 + C = 0$ 이라 하고, 또 점 $X(x_1, x_2)$ 를 이 직선 위의 임의의 점이라고 하면,

$$Ax_1 + Bx_2 + C = 0$$
$$Aa_1 + Ba_2 + C = 0$$
$$Ab_1 + Bb_2 + C = 0$$

이고, 또 $A \neq 0$ 또는 $B \neq 0$ 이므로 정리 4.4.11 에 의하여 (*) 가 성립한다.

여기서 $a_1 \neq b_1$ 또는 $a_2 \neq b_3$ 이므로 (*) 는 x_1, x_2 에 관한 일차방정식이고, 따라서 이 방정식은 두 점 P, Q 를 지나는 직선의 방정식이다.

정리 5.6.7 (피타고라스의 정리) 유클리드 공간 $\mathscr{E}^n$ 에서 두 벡터 v, w 가 서로 직교하면, $\|v+w\|^2 = \|v\|^2 + \|w\|^2$ 이다.

증명 $\|v+w\|^2 = (v+w)\cdot(v+w)$

$$= v\cdot v + v\cdot w + w\cdot v + w\cdot w$$

$$= v\cdot v + w\cdot w = \|v\|^2 + \|w\|^2$$

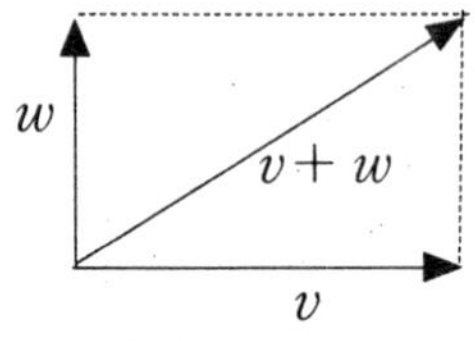

보기 5.6.3 유클리드 평면 $\mathscr{E}^2$ 에서 영벡터가 아닌 두 벡터 $v=(a_1, a_2)$, $w=(b_1, b_2)$ 가 이루는 각의 크기를 θ $(0 < \theta < \pi)$ 이라고 하자.

이 때, $u=(b_2, -b_1)$ 이라고 하면, $\|u\| = \|w\|$ 이고 $w\cdot u = 0$ 이다. 따라서 평행사변형 □OACB 의 넓이와 △OAB 의 넓이는 다음과 같다.

$$\square\text{OACB} = \|v\|\|w\| \sin\theta = \|v\|\|u\| \cos\left(\frac{\pi}{2} \pm \theta\right)$$

$$= \pm v\cdot u = \pm(a_1 b_2 - a_2 b_1)$$

$$= \pm \begin{vmatrix} a_1 & a_2 \\ b_1 & b_2 \end{vmatrix}$$

$$\triangle\text{OAB} = \pm\frac{1}{2}\begin{vmatrix} a_1 & a_2 \\ b_1 & b_2 \end{vmatrix}$$

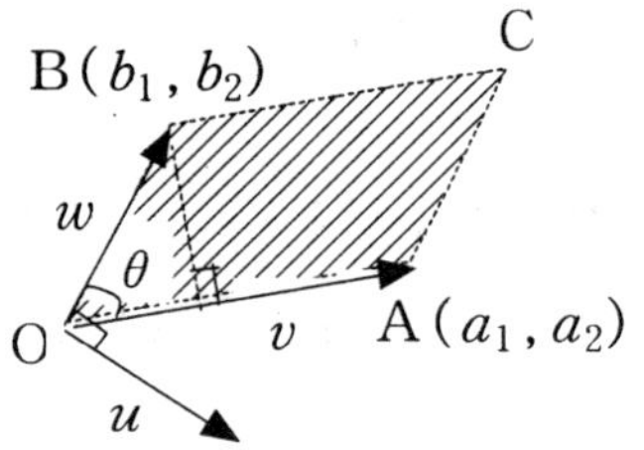

그리고, 유클리드 평면 $\mathscr{E}^2$ 에서 세 점 $\text{A}(a_1, a_2)$, $\text{B}(b_1, b_2)$, $\text{C}(c_1, c_2)$ 가 삼각형을 이룰 때, △ABC 의 넓이는 다음과 같음을 알 수 있다(문제 3 참조).

$$\triangle\text{ABC} = \pm\frac{1}{2}\begin{vmatrix} a_1 & a_2 & 1 \\ b_1 & b_2 & 1 \\ c_1 & c_2 & 1 \end{vmatrix}$$

정의 5.6.8 유클리드 공간 $\mathscr{E}^3$ 의 두 벡터 $v=(a_1, a_2, a_3)$, $w=(b_1, b_2, b_3)$에 대하여

$$v\times w = \left(\begin{vmatrix} a_2 & a_3 \\ b_2 & b_3 \end{vmatrix}, -\begin{vmatrix} a_1 & a_3 \\ b_1 & b_3 \end{vmatrix}, \begin{vmatrix} a_1 & a_2 \\ b_1 & b_2 \end{vmatrix}\right)$$

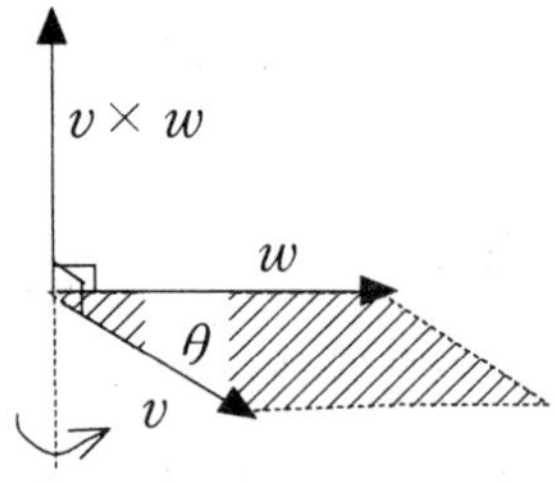

를 v, w 의 **外積**(cross product)이라고 한다.

앞의 정의에서 다음이 성립한다(정리 4.4.3, 정리 4.4.6).

$$v \cdot (w \times u) = a_1 \begin{vmatrix} b_2 & b_3 \\ c_2 & c_3 \end{vmatrix} - a_2 \begin{vmatrix} b_1 & b_3 \\ c_1 & c_3 \end{vmatrix} + a_3 \begin{vmatrix} b_1 & b_2 \\ c_1 & c_2 \end{vmatrix} = \begin{vmatrix} a_1 & a_2 & a_3 \\ b_1 & b_2 & b_3 \\ c_1 & c_2 & c_3 \end{vmatrix}$$

특히, $v \cdot (v \times w) = [v, v, w] = 0$, $w \cdot (v \times w) = [w, v, w] = 0$ 이므로 $v \times w$ 는 v, w 와 직교한다.

영벡터가 아닌 두 벡터 v, w 가 이루는 각의 크기를 θ $(0 < \theta < \pi)$ 이라고 하면, $v \cdot w = \|v\|\|w\| \cos\theta$ 이므로

$$\|v \times w\|^2 = \begin{vmatrix} a_2 & a_3 \\ b_2 & b_3 \end{vmatrix}^2 + \begin{vmatrix} a_1 & a_3 \\ b_1 & b_3 \end{vmatrix}^2 + \begin{vmatrix} a_1 & a_2 \\ b_1 & b_2 \end{vmatrix}^2$$

$$= ({a_1}^2 + {a_2}^2 + {a_3}^2)({b_1}^2 + {b_2}^2 + {b_3}^3) - (a_1 b_1 + a_2 b_2 + a_3 b_3)^2$$

$$= \|v\|^2 \|w\|^2 - (v \cdot w)^2 \qquad \text{(정리 5.6.4 의 증명)}$$

$$= \|v\|^2 \|w\|^2 - \|v\|^2 \|w\|^2 \cos^2\theta$$

$$= \|v\|^2 \|w\|^2 (1 - \cos^2\theta) = \|v\|^2 \|w\|^2 \sin^2\theta, \qquad \sin\theta \geq 0$$

이고 따라서 $\|v \times w\| = \|v\|\|w\| \sin\theta$ 이므로 $\|v \times w\|$ 는 v, w 로 결정되는 평행사변형의 넓이와 같다.

보기 5.6.4 유클리드 공간 $\mathscr{E}^3$ 에서 영벡터가 아닌 벡터 $v = (a_1, a_2, a_3)$, $w = (b_1, b_2, b_3)$, $u = (c_1, c_2, c_3)$ 가 평행육면체를 결정할 때, v 와 $w \times u$ 가 이루는 각의 크기를 ϕ 라고 하면 이 평행육면체의 부피는 다음과 같다.

$$\|w \times u\| \|v\| (\pm \cos\phi)$$

$$= \|v\| \|w \times u\| (\pm \cos\phi)$$

$$= \pm v \cdot (w \times u)$$

$$= \pm \begin{vmatrix} a_1 & a_2 & a_3 \\ b_1 & b_2 & b_3 \\ c_1 & c_2 & c_3 \end{vmatrix}$$

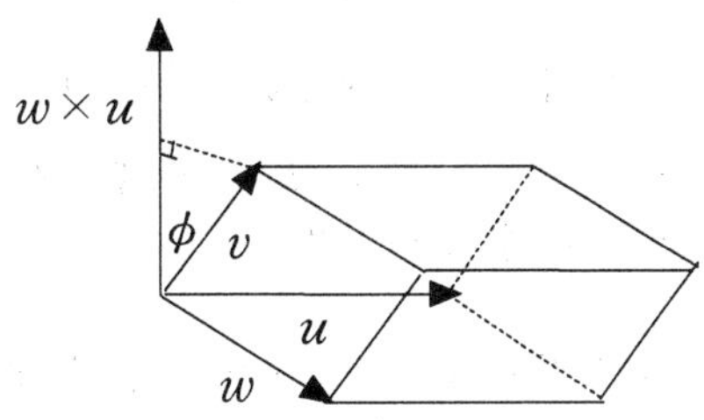

유클리드 기하학과 그리고 유클리드 평면에 관한 Hilbert 의 공리계에 대해서는 '해설 506' 을 참조하기 바란다.

연습문제 (5.6)

1. 유클리드 공간 $\mathscr{E}^3$ 에서 두 벡터 $v = (1,2,4)$, $w = (2,1,-1)$ 의 길이를 구하고 또 이들 두 벡터가 서로 직교하는지를 확인하여라.

2. 유클리드 공간 $\mathscr{E}^n$ 에서 두 벡터 v, w 에 대하여 다음이 성립함을 밝혀라.

   (1) (평행사변형의 법칙) $\|v+w\|^2 + \|v-w\|^2 = 2(\|v\|^2 + \|w\|^2)$

   (2) (코사인의 제 2 법칙) 두 벡터 v, w 가 이루는 각의 크기가 θ $(0 < \theta < \pi)$ 일 때, $\|v-w\|^2 = \|v\|^2 + \|w\|^2 - 2\|v\|\|w\|\cos\theta$ 이다.

   (3) $v \cdot w = \dfrac{1}{4}\{\|v+w\|^2 - \|v-w\|^2\}$ (극 항등식, polar identity)

3. 보기 5.6.3 의 마지막 부분의 결과를 증명하여라.

4. 유클리드 평면 $\mathscr{E}^2$ 에서 점 $(1, 2)$ 를 지나 벡터 $v = (3, 4)$ 에 수직인 직선의 방정식을 구하여라.

5. 유클리드 공간 $\mathscr{E}^3$ 에서 서로 만나는 두 평면의 방정식이 각각

$$a_1x_1 + a_2x_2 + a_3 = 0, \quad b_1x_1 + b_2x_2 + b_3 = 0$$

   일 때, 이들 두 평면의 교선과 평행한 벡터를 하나만 구하여라.

6. 유클리드 공간 $\mathscr{E}^3$ 에서 평면의 방정식이

$$a_1x_1 + a_2x_2 + a_3x_3 + d = 0$$

   이고 점 $\mathrm{A}(x_1, x_2, x_3)$ 에서 이 평면에 내린 수선의 발을 H 라고 할 때, $\overline{\mathrm{AH}}$ 의 길이를 구하여라.

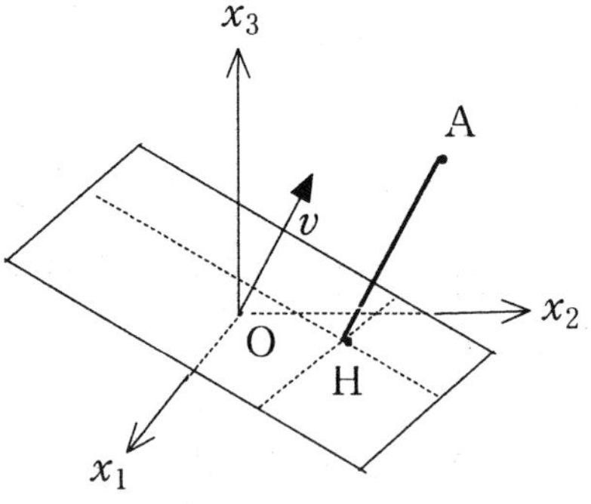

7. 유클리드 평면 $\mathscr{E}^2$ 에서 직선의 방정식이

$$a_1x_1 + a_2x_2 + c = 0$$

   이고 점 $\mathrm{A}(x_1, y_1)$ 에서 이 직선에 내린 수선의 발을 H 라고 할 때, $\overline{\mathrm{AH}}$ 의 길이를 구하여라.

§5.7 Boole 다원환과 Boole 환

먼저 다음 정의를 생각해 보자.

정의 5.7.1 집합 $A\ (\neq \varnothing)$ 위에 정의된 관계 $\leq$ 가 다음 세 조건을 만족시킬 때, $\leq$ 를 A 위의 **순서**(order) 또는 **半順序**(partial order)라 하고 또 $(A, \leq)$ 를 **순서집합**(ordered set) 또는 **반순서 집합**(partially ordered set, poset)이라고 한다.

P.1 : $a \leq a$ (반사적, reflexive)

P.2 : $a \leq b,\ b \leq a$ 이면, $a = b$ 이다. (反대칭적, antisymmetric)

P.3 : $a \leq b,\ b \leq c$ 이면, $a \leq c$ 이다. (추이적, transitive)

그리고, $a \leq b, a \neq b$ 일 때, 이 사실을 $a < b$ 로 나타낸다.

정의 5.7.2 순서집합 $(A, \leq)$ 에서 $\varnothing \neq B \subseteq A$ 이라고 하자.

(1) 모든 원소 $x \in B$ 에 대하여 $x \leq b$ 인 원소 $b \in B$ 가 존재할 때, b 를 B 의 **最大元**(greatest element)이라고 한다.

(2) 모든 원소 $x \in B$ 에 대하여 $c \leq x$ 인 원소 $c \in B$ 가 존재할 때, c 를 B 의 **最小元**(least element)이라고 한다.

정의 5.7.3 순서집합 $(A, \leq)$ 에서 원소 $a, b \in A$ 에 대하여 $a \leq b$ 또는 $b \leq a$ 일 때, a 와 b 는 **비교가능하다**(comparable)고 한다.

그리고, A 의 임의의 두 원소가 비교가능할 때, $\leq$ 를 A 위의 **全순서**(total order) 또는 **선형순서**(linear order)라 하고 $(A, \leq)$ 를 **全순서 집합**(totally ordered set) 또는 **선형 순서집합**(linearly ordered set)이라고 한다.

보기 5.7.1 정수 전체의 집합 $\mathbb{Z}$ 과 유리수 전체의 집합 $\mathbb{Q}$ 위에서 대소관계 $\leq$ 는 전순서이다. 전순서 집합 $(\mathbb{Z}, \leq), (\mathbb{Q}, \leq)$ 에는 최대원과 최소원이 존재하지 않는다. 실제로, 임의의 정수 [유리수] r 에 대하여 $r-1, r+1$ 은 정수 [유리수] 이고 $r-1 < r < r+1$ 이다.

정의 5.7.4 집합 B 위에 두 이항연산 $\vee$, $\wedge$ 가 정의되어 있고, 다음이 성립할 때, B를 $\vee$, $\wedge$ 에 관한 **Boole 다원환**(Boolean algebra)이라고 한다

B.1 : $(a\vee b)\vee c = a\vee(b\vee c)$, $(a\wedge b)\wedge c = a\wedge(b\wedge c)$ (결합법칙)

B.2 : $a\vee b = b\vee a$, $a\wedge b = b\wedge a$ (교환법칙)

B.3 : $a\vee(a\wedge b) = a$, $a\wedge(a\vee b) = a$ (흡수법칙)

B.4 : $a\wedge(b\vee c) = (a\wedge b)\vee(a\wedge c)$, $a\vee(b\wedge c) = (a\vee b)\wedge(a\vee c)$ (분배법칙)

B.5 : 특정한 원소 $0, 1 \in B$이 존재하여 모든 원소 $a\in B$에 대하여 다음이 성립한다.

$$a\vee 0 = a, \quad a\wedge 1 = a, \quad a\vee 1 = 1, \quad a\wedge 0 = 0$$

B.6 : 각 $a\in B$에 대하여 $a\vee b = 1$, $a\wedge b = 0$ 인 원소 $b\in B$가 단 하나 존재한다. 원소 b를 a의 **餘원소**(complement)라 하고 이것을 a' 또는 $\overline{a}$로 나타낸다. 즉, $a\vee a' = 1$, $a\wedge a' = 0$ 이다.

Boole 다원환 B의 임의의 두 원소 a, b에 대하여

$$a\le b \Leftrightarrow a\vee b = b$$

이라고 정의하면, $(B, \le)$가 순서집합임을 쉽게 증명할 수 있다.

그리고, B.5에 의하면, 모든 원소 $a\in B$에 대하여

$$0\vee a = a, \qquad a\vee 1 = 1$$

이므로 $0\le a\le 1$ 이고 따라서 1과 0은 각각 B의 최대원, 최소원이다.

보기 5.7.2 집합 U 의 멱집합 $\mathscr{P}(U)$는 두 이항연산 $\cup$, $\cap$ 에 관하여 Boole 다원환을 이룬다(정리 1.1.10 참조).

보기 5.7.3 집합 $\mathbb{B} = \{0, 1\}$는 다음과 같이 정의된 두 이항연산 $\vee$, $\wedge$ 에 관하여 Boole 다원환을 이룬다.

$\vee$	0	1
0	0	1
1	1	1

$\wedge$	0	1
0	0	0
1	0	1

$0' = 1$
$1' = 0$

Boole 다원환에 관한 명제에서 $\vee$ 와 $\wedge$ 를 서로 바꾸고 놓고 0 과 1 을 서로 바꾸어 놓은 명제를 본래의 명제의 **쌍대명제**라고 한다. 정의 5.7.4 의 각 조건의 두 명제는 서로 쌍대명제이다. 따라서 Boole 다원환에 관한 명제가 참인 경우에 이 명제의 증명 과정에서 $\vee, \wedge, 0, 1$ 을 각각 $\wedge, \vee, 1, 0$ 으로 꾸어 놓으면 이 명제의 쌍대명제에 대한 증명을 얻으므로 쌍대명제도 참이다.

이와 같은 사실을 **쌍대성의 원리**(principle of duality)라고 한다.

정리 5.7.5 Boole 다원환 B 에서 다음이 성립한다.

B.7 : $(a')' = a, \quad 0' = 1, \quad 1' = 0$

B.8 : $a \vee a = a, \quad a \wedge a = a$

B.9 : $a \vee (a' \wedge b) = a \vee b, \quad a \wedge (a' \vee b) = a \wedge b$

B.10 : $(a \vee b)' = a' \wedge b', \quad (a \wedge b)' = a' \vee b'$

(De Morgan 의 법칙)

B.11 : $(a' \vee b) \wedge (a \vee b') = (a \wedge b) \vee (a' \wedge b')$,

$(a' \wedge b) \vee (a \wedge b') = (a \vee b) \wedge (a' \vee b')$

B.12 : $(a \vee b) \wedge (a' \vee c) = (a \vee b) \vee c$,

$(a \wedge b) \vee (a' \wedge c) = (a \wedge b) \wedge c$

증명 B.7 : 먼저 조건 B.6 에 의하여 $a \vee a' = 1$, $a \wedge a' = 0$ 이므로 $(a')' = a$ 이다. 그리고, B.5, B.6 에 의하여 $0' = 1$, $1' = 0$ 이다.

B.8 : 조건 B.3 에 의하여 다음이 성립한다.

$$a \vee a = a \vee (a \wedge (a \vee a)) = a,$$
$$a \wedge a = a \wedge (a \vee (a \wedge a)) = a$$

$$\begin{aligned} \text{B.9 : } a \vee (a' \wedge b) &= (a \vee a') \wedge (a \vee b) && \text{B.4} \\ &= 1 \wedge (a \vee b) = a \vee b && \text{B.6, B.5} \end{aligned}$$

그리고, 쌍대성의 원리에 의하여 $a \wedge (a' \vee b) = a \wedge b$ 이다.

B.10 : 다음 두 등식이 성립한다.

$$\begin{aligned} (a \vee b) \wedge (a' \wedge b') &= [a \wedge (a' \wedge b')] \vee [b \wedge (a' \wedge b')] && \text{B.4} \\ &= [(a \wedge a') \wedge b'] \vee [(b \wedge b') \wedge a')] && \text{B.2} \\ &= (0 \wedge b') \vee (0 \wedge a') = 0 \vee 0 = 0 && \text{B.6, B.5} \end{aligned}$$

$$(a\vee b)\vee(a'\wedge b') = [(a\vee b)\vee a']\wedge[(a\vee b)\vee b'] \qquad \text{B.4}$$
$$= [(a\vee a')\vee b]\wedge[a\vee(b\vee b')] \qquad \text{B.1, B.2}$$
$$= (1\vee b]\wedge(a\vee 1) = 1\wedge 1 = 1 \qquad \text{B.6, B.5}$$

따라서 B.6 에 의하여 $(a\vee b)' = a'\wedge b'$ 이다.

그리고 쌍대성의 원리에 의하여 $(a\wedge b)' = a'\vee b'$ 이다.

또, B.11, B.12 가 성립함을 증명할 수 있다(문제 1 참조).

보기 5.7.4 집합 B가 두 연산 $\vee$, $\wedge$ 에 관하여 Boole 다원환을 이룰 때,

$$B^n = \{(b_1, \cdots, b_n) \mid b_1, \cdots, b_n \in B\}$$

는 다음과 같이 정의된 두 연산 $\vee$, $\wedge$ 에 관하여 Boole 다원환을 이룬다.

$$(a_1, \cdots, a_n)\vee(b_1, \cdots, b_n) = (a_1\vee b_1, \cdots, a_n\vee b_n)$$
$$(a_1, \cdots, a_n)\wedge(b_1, \cdots, b_n) = (a_1\wedge b_1, \cdots, a_n\wedge b_n)$$

여기서 $(b_1, \cdots, b_n)' = (b_1', \cdots, b_n')$ 이고 또 다음이 성립한다.

특히, $\mathbb{B}^n$ 은 위에서와 같이 정의된 두 연산 $\vee$, $\wedge$ 에 관하여 Boole 다원환이다. 일반적으로, B가 유한 Boole 다원환일 때, B는 적당한 양의 정수 n에 대하여 $\mathbb{B}^n$ 과 본질적으로 동일하고 $|B| = |\mathbb{B}^n| = 2^n$ 이다.

정의 5.7.6 환 R의 원소 a에 대하여 $a^2 = a$ 일 때, a를 R의 **冪等元**(idempotent element)이라고 한다.

그리고, 단위원 1 을 가진 환 R에서 모든 원소 $a\in R$가 멱등원일 때, R를 **Boole 環**(Boolean ring)이라고 한다..

정리 5.7.7 환 R가 Boole 환이면, 모든 원소 $a\in R$에 대하여 $a+a=0$ 즉 $-a=a$ 이고 또 R는 가환환이다.

증명 모든 원소 $a\in R$에 대하여 $a = a^2 = (-a)^2 = -a$ 이고 따라서 $a+a=0$ 이다. 그리고, 모든 원소 $a, b\in R$에 대하여

$$a+b = (a+b)^2 = a^2+ab+ba+b^2 = a+ab+ba+b$$

이므로 $ab+ba=0$ 이고 따라서 $ab = -ba = ba$ 이다.

보기 5.7.4 환 R가 Boole 환일 때, 모든 양의 정수 n에 대하여 환

$$R^n = \{(a_1, \cdots, a_n) \mid a_1, \cdots, a_n \in R\}$$

는 Boole 환이다(보기 5.2..6). 실제로, R^n은 단위원 $(1, \cdots, 1)$을 가진 환이고 임의의 원소 $(a_1, \cdots, a_n) \in R^n$에 대하여 다음이 성립한다.

$$(a_1, \cdots, a_n)^2 = (a_1{}^2, \cdots, a_n{}^2) = (a_1, \cdots, a_n)$$

체 $\mathbb{Z}_2 = \{0, 1\}$는 Boole 환이므로 모든 양의 정수 n에 대하여 $\mathbb{Z}_2{}^n$은 Boole 환이다. 아래 그림에서 두 원소는 그 성분 중에서 단 하나가 다를 때에만 한 선으로 이어져 있다.

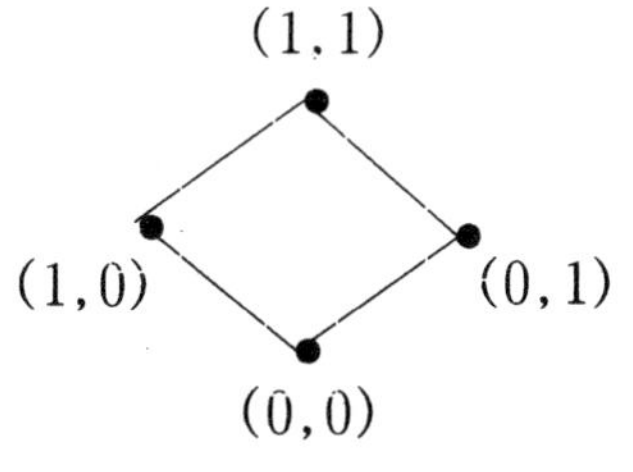

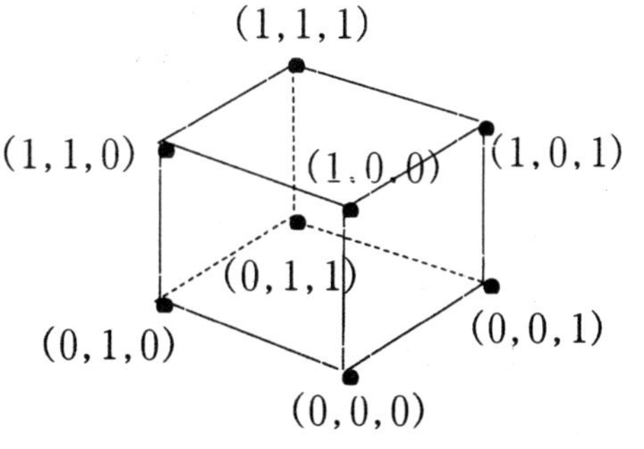

보기 5.7.5 집합 U의 멱집합 $\mathscr{P}(U)$는 다음과 같이 정의된 두 연산 $\oplus$, $\cdot$에 관하여 Boole 환을 이룬다(정리 1.1.13).

$$A \oplus B = (A \cap B') \cup (A' \cap B), \quad A \cdot B = A \cap B$$

특히, 유한집합 $U = \{x_1, \cdots, x_n\}$, $|U| = n$의 멱집합 $\mathscr{P}(U)$에서 각 $A \in \mathscr{P}(U)$에 대하여

$$\phi(A) = (b_1, \cdots, b_n), \qquad b_i = \begin{cases} 0 & (x_i \notin A \text{ 일 때}) \\ 1 & (x_i \in A \text{ 일 때}) \end{cases}$$

이라고 하면, 사상 $\phi : \mathscr{P}(U) \longrightarrow \mathbb{Z}_2{}^n$는 환 동형사상이다. 즉, ϕ는 일대일 대응이고 또 $A, B \in \mathscr{P}(U)$에 대하여 다음이 성립한다.

$$\phi(A \oplus B) = \phi(A) + \phi(B), \quad \phi(A \cdot B) = \phi(A) \cdot \phi(B)$$

특히, $|\mathscr{P}(U)| = |\mathbb{Z}_2{}^n| = 2^n$이다.

예를 들면, $U = \{x_1, x_2, x_3, x_4, x_5\}$에서 $A = \{x_1, x_2, x_5\}$, $B = \{x_1, x_3\}$일 때, 다음이 성립한다.

$$A \oplus B = \{x_2, x_3, x_5\}, \quad A \cdot B = \{x_1\}$$

$\textcircled{$x_1$}$	$\textcircled{$x_2$}$	x_3	x_4	$\textcircled{$x_5$}$
1	1	0	0	1

$$\phi(A) = (1,1,0,0,1), \quad \phi(B) = (1,0,1,0,0)$$

$$\phi(A \oplus B) = (0,1,1,0,1) = (1,1,0,0,1) + (1,0,1,0,0),$$

$$\phi(A \cdot B) = (1,0,0,0,0) = (1,1,0,0,1) \cdot (1,0,1,0,0),$$

다음 정리가 성립함을 증명할 수 있다(문제 3 참조).

정리 5.7.8 집합 B**가** 두 연산 $\vee, \wedge$ 에 관하여 다원환을 이룰 때, B는 다음과 같이 정의된 두 연산 $\oplus$, $\cdot$ 에 관하여 Boole 환을 이룬다.

$$a \oplus b = (a \wedge b') \vee (a' \wedge b), \quad a\,b = a \wedge b$$

즉, 원소 $a, b, c \in B$에 대하여 다음이 성립한다.

$$(a \oplus b) \oplus c = a \oplus (b \oplus c), \qquad (a\ b)\ c = a\ (b\ c)$$

$$a \oplus b = b \oplus a, \qquad a\ b = b\ a$$

$$a \oplus 0 = 0 \oplus a = a \qquad a\ 1 = 1\ a = a$$

$$a \oplus a = 0, \qquad a^2 = a$$

$$a\ (b \oplus c) = (a\ b) \oplus (a\ c), \qquad (a \oplus b)\ c = (a\ c) \oplus (b\ c)$$

Boole 다원환과 Boole 환은 스위치 이론에 응용된다([6], [13] 참조)..

연습문제 (5.7)

1. 정리 5.7.5 의 B.11, B.12 를 증명하여라.

2. Boole 다원환 B에서 다음이 성립함을 증명하여라.

   (1) $a \vee b = a \vee c$, $a \wedge b = a \wedge c$ 이면, $b = c$ 이다. (소약법칙)

   (2) $(a \vee b) \wedge (a \vee b') = a$, $(a \wedge b) \vee (a \wedge b') = a$

   (3) $a \vee (b \wedge (a \vee c)) = (a \vee b) \wedge (a \vee c)$,
   $a \wedge (b \vee (a \wedge c)) = (a \wedge b) \vee (a \wedge c)$

3. 정리 5.7.8 을 증명하여라.

제 6 장

다항식과 확대체

이 장에서는, 단항이데알 정역에서의 최대공약수와 최소공배수에 대하여 논하고 이를 이용하여 다항식환 $F[x]$ 에서의 최대공약수와 최소공배수, 유클리드 알고리즘과 나눗셈 알고리즘, 기약다항식, 다항식의 소인수분해에 대하여 논한다. 그리고, 기약다항식과 확대체에 대하여 논하고 체의 표수, Galois 체에 대하여 논한다.

이 장에 나오는 정리의 상세한 증명은

김응태·박승안, 현대대수학, 제 8 판, 경문사 2011

을 참조하기 바란다.

§ 6.1 단항이데알 정역

이 절에서는, 특수한 정역의 특성에 대하여 논한다.

정의 6.1.1 환 R에서 R의 부분집합 $I\ (\neq \varnothing)$가 아래의 두 조건을 만족시킬 때 I를 환 R의 **이데알**(독일어 Ideal, 영어 ideal)이라고 한다.

(i) $(I, +)$는 $(R, +)$의 부분군이다. 즉, $a, b \in I \Longrightarrow a-b \in I$

(ii) 임의의 원소 $a \in I,\ r \in R$에 대하여 $ra,\ ar \in I$이다.

환 R의 이데알은 R의 부분환이다. 그리고, 환 R에서 R와 $\{0\}$은 R의 이데알이다.

정리 6.1.2 환 R가 단위원 1을 가진 가환환일 때, 각 원소 $a \in R$에 대하여

$$(a) = aR = \{ar \mid r \in R\}$$

이라고 하면 다음이 성립한다.

(1) (a)는 R의 이데알이고, 또 $a \in (a)$이다.

(2) R의 이데알 I가 a를 포함하면, $(a) \subseteq I$이다.

이데알 (a)를 a에 의하여 생성된 **單項이데알**(principal ideal)이라고 한다.

증명 이제 $u, v \in (a)$이라고 하면, 적당한 두 원소 $b, c \in R$에 대하여 $u = ab,\ v = ac$이고 이때 임의의 $r \in R$에 대하여 다음이 성립한다.

$$u - v = ab - ac = a(b-c) \in (a),$$

$$ru = ur = (ab)r = a(br) \in (a)$$

따라서 (a)는 R의 이데알이다. 그리고, $a = a1 \in (a)$이다.
또, R의 이데알 I가 a를 포함하면, 임의의 $r \in R$에 대하여 $ar \in I$이므로 $(a) \subseteq I$이다.

위의 정리와 마찬가지로, 다음 정리가 성립한다.

정리 6.1.3 환 R가 단위원 1을 가진 가환환일 때, 원소 $a_1, \cdots, a_n \in R$에 대하여

$$(a_1, \cdots, a_n) = \{a_1 r_1 + \cdots + a_n r_n \mid r_1, \cdots, r_n \in R\}$$

이라고 하면 다음이 성립한다.

(1) $(a_1, \cdots, a_n)$은 R의 이데알이고, 이 이데알은 $a_1, \cdots, a_n$을 포함한다.

(2) R의 이데알 I가 $a_1, \cdots, a_n$을 포함하면, $(a_1, \cdots, a_n) \subseteq I$이다.

이데알 $(a_1, \cdots, a_n)$을 $a_1, \cdots, a_n$에 의하여 **생성된 이데알**이라고 한다.

정의 6.1.4 단위원 1을 가진 가환환 R의 이데알이 모두 단항이데알일 때, R를 **단항이데알 환**(principal ideal ring)이라고 한다.

특히, 정역 D의 이데알이 모두 단항이데알일 때, D를 **단항이데알 정역**(principal ideal domain)이라 하고 이 사실을 **PID**로 나타낸다.

보기 6.1.1 체 F의 이데알은 $(1) = F$와 (0)뿐이므로 체는 PID이다.

보기 6.1.2 정수환 $\mathbb{Z}$는 PID이다. 실제로, $\mathbb{Z}$의 이데알은 모두

$$(n) = n\mathbb{Z} = \{nx \mid x \in \mathbb{Z}\}, \qquad n \geq 0$$

과 같은 꼴의 단항이데알이다(정리 2.1.9).

정의 6.1.5 단위원 1을 가진 가환환 R에서 두 원소 $a, b \in R$에 대하여

$$b = ac$$

인 원소 $c \in R$가 존재할 때, a를 b의 **약수** 또는 **인수**라 하고 b를 a의 **배수**라고 하며 이 사실을 $a \mid b$로 나타낸다(정의 2.1.2 참조).

한편, $a \mid b$가 아닐 때, 이 사실을 $a \nmid b$로 나타낸다.

그리고, R의 적당한 단원 $u \in U(R)$에 대하여 $b = au$일 때 a와 b는 **同伴元**(associate element)이라고 한다.

단위원 1을 가진 가환환 R에서 각 원소 $a \in R$에 대하여 단항이데알 $(a) = \{ax \mid x \in R\}$는 a의 배수 전체로 이루어진 이데알이다.

정리 6.1.6 정역 D에서 두 원소 $a, b \in D$에 대하여 다음이 성립한다.

(1) $a \mid a$, $a \mid 0$, $1 \mid a$

(2) $a \mid b$, $b \mid c$ 이면, $a \mid c$ 이다.

(3) $(b) \subseteq (a) \Leftrightarrow b \in (a) \Leftrightarrow a \mid b$

(4) $(a) = (b) \Leftrightarrow a \mid b,\ b \mid a$

$\Leftrightarrow$ a와 b는 동반원이다.

(5) $(a) = D \Leftrightarrow a \mid 1 \Leftrightarrow$ a와 1은 동반원이다.

(6) $a \mid 1 \Leftrightarrow a \in U(D)$

(7) $a \mid b$, $a \mid c$ 이면, 임의의 $x, y \in D$에 대하여 $a \mid (bx + cy)$ 이다.

증명 (1), (2) 정의에 의하여 (1), (2) 가 성립함을 알 수 있다.

(3) 먼저 $(b) \subseteq (a)$ 이면, $b \in (b) \subseteq (a)$ 이다.

역으로, $b \in (a)$ 이면, 적당한 $c \in R$에 대하여 $b = ac$ 이고 이때 임의의 원소 $x \in R$에 대하여 $bx = a(cx) \in (a)$ 이므로 $(b) \subseteq (a)$ 이다.

따라서 $(b) \subseteq (a) \Leftrightarrow b \in (a)$ 이다. 그리고, $b \in (a) \Leftrightarrow a \mid b$ 이다.

(4) 앞의 (3) 에 의하여 $(a) = (b) \Leftrightarrow a \mid b,\ b \mid a$ 이다.

다음에 $a \mid b$, $b \mid a$ 이라고 하자. 이 때, 적당한 원소 $u, v \in D$에 대하여 $b = au$, $a = bv$ 이고 따라서 $a = bv = auv$ 이다.

그런데, $a = 0$ 이면, $b = 0$ 이므로 $b = a = a1$ 이다. 한편, $a \neq 0$ 이면, D가 정역이므로 $uv = 1$ 이고 따라서 u는 단원이고 또 $b = au$ 이다.

그러므로 어느 경우에나 a와 b는 동반원이다.

역으로, a와 b가 동반원이면, 적당한 단원 u에 대하여 $b = au$ 이고 이때 $a = bu^{-1}$ 이므로 $a \mid b$, $b \mid a$ 이다. 따라서 (4) 가 성립한다.

(5) $D = (1)$ 이고 또 $1 \mid a$ 이므로 위의 (4) 에 의하여 (5) 가 성립한다.

(6) 먼저 $a \mid 1$ 이면, 적당한 원소 $c \in D$에 대하여 $1 = ac$ 이고 따라서 $a \in U(D)$ 이다. 역으로, $a \in U(D)$ 이면 $aa^{-1} = 1$ 이므로 $a \mid 1$ 이다.

(7) 정의에 의하여 (7) 이 성립함을 알 수 있다.

보기 6.1.3 정수환 $\mathbb{Z}$ 는 PID 이고 그 단원군은 $U(\mathbb{Z}) = \{1, -1\}$ 이다.

따라서 각 정수 $a \in \mathbb{Z}$의 동반원은 a, $-a$ 뿐이고, 또 두 정수 $a, b \in \mathbb{Z}$에 대하여 $(a) = (b) \Leftrightarrow b = \pm a$ 이다.

정의 6.1.7 정역 D 에서 원소 $a_1, \cdots, a_n \in D$, $n \geq 2$ 에 대하여 다음 두 조건을 만족시키는 $d \in D$가 존재할 때, d를 $a_1, \cdots, a_n$의 **최대공약수**(greatest common divisor)라 하고 이것을 $\gcd\{a_1, \cdots, a_n\}$ 으로 나타낸다.

(i) $d \mid a_i \quad (1 \leq i \leq n)$

(ii) 원소 $e \in D$에 대하여 $e \mid a_i \ (1 \leq i \leq n)$ 이면, $e \mid d$ 이다.

그리고, 다음 두 조건을 만족시키는 $l \in D$이 존재할 때, l 을 $a_1, \cdots, a_n$의 **최소공배수**(least common multiple)라 하고 이것을 $\mathrm{lcm}\{a_1, \cdots, a_n\}$ 으로 나타낸다.

(i)′ $a_i \mid l \quad (1 \leq i \leq n)$

(ii)′ 원소 $c \in D$에 대하여 $a_i \mid c \ (1 \leq i \leq n)$ 이면, $l \mid c$ 이다.

정리 6.1.8 정역 D 가 PID 일 때, 원소 $a_1, \cdots, a_n \in D$, $n \geq 2$ 에 대하여 최대공약수 d와 최소공배수 l 은 존재하고 또 다음이 성립한다.

(1) $(a_1, \cdots, a_n) = (d)$

또, 적당한 원소 $s_1, \cdots, s_n \in D$ 에 대하여 $d = a_1 s_1 + \cdots + a_n s_n$ 이다.

(2) $(a_1) \cap \cdots \cap (a_n) = (l)$

증명 (1) 이제 $I = (a_1, \cdots, a_n)$ 이라고 하자.

이 때, D는 PID 이므로 적당한 $d \in D$ 에 대하여 $I = (d)$ 이다. 또,

$$d \in (d) = I = \{a_1 r_1 + \cdots + a_n r_n \mid r_1, \cdots, r_n \in D\}$$

이므로 적당한 원소 $s_1, \cdots, s_n \in D$ 에 대하여 $d = a_1 s_1 + \cdots + a_n s_n$ 이다.

그리고, $a_1, \cdots, a_n \in I = (d)$ 이므로 $d \mid a_1, \cdots, d \mid a_n$ 이다. 또, 원소 e에 대하여 $e \mid a_1, \cdots, e \mid a_n$ 이면, $d = a_1 s_1 + \cdots + a_n s_n$ 이므로 $e \mid d$ 이다.

그러므로 d는 $a_1, \cdots, a_n$의 최대공약수이고 (1) 이 성립한다.

(2) 이제 $J = (a_1) \cap \cdots \cap (a_n)$ 이라고 하자.

이 때, D는 PID 이므로 적당한 원소 $l \in D$에 대하여 $J = (l)$ 이다. 또, $l \in J$이므로 $l \in (a_1), \cdots, l \in (a_n)$ 이고 따라서 $a_1 \mid l, \cdots, a_n \mid l$ 이다.

그리고, 원소 c 에 대하여 $a_1 \mid c, \cdots, a_n \mid c$ 이면, $c \in (a_1), \cdots, c \in (a_n)$

이므로 $c \in (a_1) \cap \cdots \cap (a_n) = (l)$ 이고 따라서 $l \mid c$ 이다.

그러므로 l 은 $a_1, \cdots, a_n$ 의 최소공배수이고 (2) 가 성립한다.

앞의 정리에서 원소 $a_1, \cdots, a_n \in D$ 의 최대공약수와 최소공배수는 유일하게 결정되지는 않는다. 실제로, d 와 d' 이 이들 원소의 최대공약수이면, $d \mid d'$, $d' \mid d$ 이므로 d 와 d' 은 동반원이고 따라서 적당한 $u \in U(D)$ 에 대하여 $d' = ud$ 이다(정리 6.1.6). 또, l 과 l' 이 이들 원소의 최소공배수이면 l 과 l' 은 동반원이므로 적당한 $v \in U(D)$ 에 대하여 $l' = vl$ 이다.

특히, 원소 $a_1, \cdots, a_n \in D$ 의 최대공약수 d 가 단원일 때, 즉 d 와 1 이 동반원일 때, $a_1, \cdots, a_n$ 은 **서로 소** (relatively prime)라 하고 또 이 사실을 $\gcd\{a_1, \cdots, a_n\} = 1$ 로 나타내기로 한다.

보기 6.1.4 정수환 $\mathbb{Z}$ 는 PID 이므로 정수 $a_1, \cdots, a_n$ 의 최대공약수 d 와 최소공배수 l 은 존재한다. 또, $U(\mathbb{Z}) = \{1, -1\}$ 이므로 $d \geq 0$, $l \geq 0$ 으로 제한하면, d 와 l 은 유일하게 결정된다(정의 2.1.10, 정의 2.1.22 참조).

정수환 $\mathbb{Z}$ 의 경우와 마찬가지로, 다음 세 정리가 성립함을 쉽게 증명할 수 있다(정리 2.1.16, 정리 2.1.18, 정리 2.1.20 의 증명 참조).

정리 6.1.9 정역 D 가 PID 일 때, 두 원소 $a, b \in D$ 가 서로 소이기 위한 필요충분조건은 적당한 원소 $s, t \in D$ 에 대하여 $as + bt = 1$ 인 것이다.

정리 6.1.10 정역 D 가 PID 일 때, $a, b, c \in D$ 에 대하여 다음이 성립한다.

(1) $\gcd\{a, c\} = \gcd\{b, c\} = 1 \Leftrightarrow \gcd\{ab, c\} = 1$

(2) a 와 b 가 서로 소일 때, $a \mid bc$ 이면 $a \mid c$ 이다.

(3) a 와 b 가 서로 소일 때, $a \mid c$, $b \mid c$ 이면 $ab \mid c$ 이다.

정리 6.1.11 정역 D 가 PID 일 때, 두 원소 $a, b \in D$ 의 최대공약수를 d 이라 하고 $a = da_1$, $b = db_1$, $l = da_1b_1$ 이라고 하면 a_1 과 b_1 은 서로 소이고 l 은 a 와 b 의 최소공배수이며 $ab = dl$ 이다.

§ 6.2 체 위의 다항식환

정수환 $\mathbb{Z}$ 의 경우와 마찬가지로. 체 F 위의 다항식환 $F[x]$ 에 대하여 다음 정리가 성립한다. 이러한 의미에서 $\mathbb{Z}$ 와 다항식환 $F[x]$ 를 **유클리드 정역**(Euclidean Domain)이라고 한다.

정리 6.2.1 체 F 위의 다항식환 $F[x]$ 는 정역이고 다음이 성립한다.

(1) $\deg(f(x)g(x)) = \deg f(x) + \deg g(x)$

(2) (나눗셈 알고리즘) 다항식 $f(x), g(x) \in F[x]$, $g(x) \neq 0$ 에 대하여

$$f(x) = q(x)g(x) + r(x),$$
$$r(x) = 0 \quad \text{또는} \quad 0 \leq \deg r(x) < \deg g(x)$$

인 다항식 $q(x), r(x) \in F[x]$ 가 단 하나씩 존재한다. 이와 같은 다항식 $q(x)$, $r(x)$ 를 각각 $f(x)$ 를 $g(x)$ 로 나누었을 때의 **몫**, **나머지**라고 한다.

보기 6.2.1 유리수체 $\mathbb{Q}$ 위에서

$$f(x) = x^3 + 4x^2 + 8x + 3$$

를 다항식 $g(x) = 2x^2 + 4x + 6$ 로 나누었을 때의 몫과 나머지는 각각 $\frac{1}{2}x + 1$, $x - 3$ 이다.

$$\begin{array}{r} \frac{1}{2}x + 1 \\ 2x^2+4x+6 \enclose{longdiv}{x^3+4x^2+8x+3} \\ \underline{x^3+2x^2+3x} \\ 2x^2+5x+3 \\ \underline{2x^2+4x+6} \\ x-3 \end{array}$$

체 F 위의 다항식환 $F[x]$ 는 정역이고 또 $U(F[x]) = F^* = F - \{0\}$ 이다. 그리고, 다항식 $f(x) \in F[x]$ 에 의하여 생성된 단항이데알은

$$(f(x)) = \{f(x)h(x) \mid h(x) \in F[x]\}$$

이고 또 $F[x]$ 에서 다음이 성립한다(정리 6.1.6, 정의 5.3.3 참조).

$f(x) \mid f(x)$, $f(x) \mid 0$ 이고 모든 $a \in F^*$ 에 대하여 $a \mid f(x)$ 이다.

$f(x) \mid g(x)$, $g(x) \mid h(x)$ 이면, $f(x) \mid h(x)$ 이다.

$(g(x)) \subseteq (f(x)) \Longleftrightarrow g(x) \in (f(x)) \Longleftrightarrow f(x) \mid g(x)$

$$(f(x)) = (g(x)) \Leftrightarrow g(x) = af(x), \quad a \in F^*$$
$$(f(x)) = F[x] \Leftrightarrow f(x) = a \ (a \in F^*) \Leftrightarrow \deg f(x) = 0$$
$$(f(x)) = \{0\} \Leftrightarrow f(x) = 0 \ (\text{영다항식}) \Leftrightarrow \deg f(x) = -\infty$$
$$\{0\} \subsetneq (f(x)) \subsetneq F[x] \Leftrightarrow \deg f(x) \geq 1$$

정리 6.2.2 체 F 위의 다항식환 $F[x]$ 는 PID 이다. 즉, 다항식환 $F[x]$ 의 이데알 I 는 모두 다음과 같은 꼴의 단항이데알이다.

$$I = (f(x)) = \{f(x)\,h(x) \mid h(x) \in F[x]\}$$

특히, $\{0\} \subsetneq I \subsetneq F[x]$ 인 경우에 $f(x)$ 를 모닉 다항식으로 택할 수 있다.

증명 먼저 $I = \{0\}$ 이면 $I = (0)$ 이고, 또 $I = F[x]$ 이면 $I = (1)$ 이다. 다음에 $\{0\} \subsetneq I \subsetneq F[x]$ 일 때, I 에 속하는 영다항식이 아닌 다항식 중에서 그 차수가 가장 작은 다항식을 $f(x)$ 이라고 하자. 이 때, $\deg f(x) \geq 1$ 이고 $(f(x)) \subseteq I \subsetneq F[x]$ 이다(정리 6.1.2), 또, 임의의 $h(x) \in I$ 에 대하여

$$h(x) = q(x)\,f(x) + r(x),$$
$$r(x) = 0 \text{ 또는 } 0 \leq \deg r(x) < \deg f(x)$$

이라고 하면, $r(x) = h(x) - q(x)f(x) \in I$ 이므로 $f(x)$ 의 最小性에 의하여 $r(x)$ 는 영다항식이고 따라서 $h(x) = q(x)f(x) \in (f(x))$ 이다. 그러므로 $I = (f(x))$ 이고, $f(x)$ 의 최고차 항의 계수가 a 일 때, $g(x) = a^{-1}f(x)$ 이라고 하면 $I = (f(x)) = (g(x))$ 이고 $g(x)$ 는 모닉 다항식이다.

위의 정리 6.2.2 와 정리 6.1.8 에 의하여 다음 두 정리가 성립한다.

정리 6.2.3 체 F 위의 다항식 $f_1(x), \cdots, f_n(x) \in F[x]$, $n \geq 2$ 에 대하여 이들의 최대공약수 $d(x)$ 와 최소공배수 $l(x)$ 는 존재하고 다음이 성립한다.

(1) $(f_1(x), \cdots, f_n(x)) = (d(x))$ 이고, 또

$$d(x) = f_1(x)\,s_1(x) + \cdots + f_n(x)\,s_n(x)$$

인 다항식 $s_1(x), \cdots, s_n(x) \in F[x]$ 가 존재한다.

(2) $(f_1(x)) \cap \cdots \cap (f_n(x)) = (l(x))$

정리 6.2.4 체 F 위의 두 다항식 $f(x), g(x) \in F[x]$ 에 대하여 $f(x)$ 와 $g(x)$ 의 최대공약수 $d(x)$ 와 최소공배수 $l(x)$ 는 존재하고 다음이 성립한다.

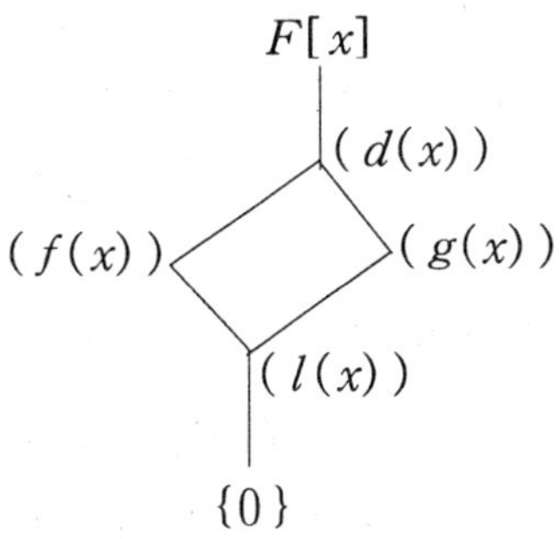

(1) $(f(x), g(x)) = (d(x))$ 이고, 또

$$d(x) = f(x)s(x) + g(x)t(x)$$

인 다항식 $s(x), t(x) \in F[x]$ 가 존재한다.

(2) $(f(x)) \cap (g(x)) = (l(x))$

체 F 위의 다항식환 $F[x]$ 의 단원군은 $F^* = F - \{0\}$ 이므로 다항식 $f_1(x), \cdots, f_n(x) \in F[x]$ 에 대하여 $d(x), d'(x)$ 가 이들 다항식의 최대공약수이면, 적당한 단원 $u \in F^*$ 에 대하여 $d'(x) = u\,d(x)$ 이고 마찬가지로 $l(x), l'(x)$ 가 이들 다항식의 최소공배수이면 적당한 단원 $v \in F^*$ 에 대하여 $l'(x) = v\,l(x)$ 이다.

다항식 $f_1(x), \cdots, f_n(x)$ 중에서 적어도 하나가 영다항식이 아니면, 이들 다항식의 최대공약수와 최소공배수는 영다항식이 아니다. 이러한 경우에

$$\gcd\{f_1(x), \cdots, f_n(x)\}, \qquad \operatorname{lcm}\{f_1(x), \cdots, f_n(x)\}$$

는 모닉인 최대공배수, 최소공배수를 나타낸다(정의 5.3.3).

체 F 위의 다항식 $f_1(x), \cdots, f_n(x) \in F[x]$ 의 최대공약수가 1 일 때 이들 다항식은 **서로 소**라 하고, 또 모든 $i, j\ (1 \leq i \neq j \leq n)$ 에 대하여 $f_i(x), f_j(x)$ 가 서로 소일 때 이들 다항식은 **쌍마다 서로 소**라고 한다.

정리 6.1.9 ~ 정리 6.1.11 에 의하여 다음 세 정리가 성립한다.

정리 6.2.5 체 F 위의 두 다항식 $f(x), g(x)$ 가 서로 소이기 위한 필요충분조건은 $f(x)s(x) + g(x)t(x) = 1$ 인 다항식 $s(x), t(x) \in F[x]$ 가 존재하는 것이다.

정리 6.2.6 체 F 위의 다항식 $f(x), g(x), h(x) \in F[x]$ 에 대하여

$$\gcd\{f(x), h(x)\} = \gcd\{g(x), h(x)\} = 1$$

일 때, 그리고 이때에만 $\gcd\{f(x)g(x), h(x)\} = 1$ 이다.

정리 6.2.7 체 F 위의 다항식 $f(x)$, $g(x) \in F[x]$ 가 서로 소일 때 다음이 성립한다.

(1) $f(x) \mid g(x)\,h(x)$ 이면, $f(x) \mid h(x)$ 이다.

(2) $f(x) \mid h(x)$, $g(x) \mid h(x)$ 이면, $f(x)\,g(x) \mid h(x)$ 이다.

정리 6.2.8 체 F 위의 모닉 다항식 $f(x)$, $g(x) \in F[x]$ 에 대하여

$$\gcd\{f(x), g(x)\} = d(x), \quad f(x) = d(x)\,f_1(x),$$
$$g(x) = d(x)\,g_1(x), \quad l(x) = d(x)\,f_1(x)\,g_1(x)$$

이라고 하면 $f_1(x)$ 와 $g_1(x)$ 는 서로 소이고 또 다음이 성립한다.

$$l(x) = \operatorname{lcm}\{f(x), g(x)\}, \quad f(x)\,g(x) = d(x)\,l(x)$$

정수환 $\mathbb{Z}$ 의 경우와 마찬가지로 다음이 성립한다(정리 6.2.1, 정리 2.1.14).

정리 6.2.9 (다항식에 대한 유클리드의 알고리즘, Euclidean algorithm)

체 F 위의 모닉 다항식 $f(x), g(x) \in F[x]$ 에 대하여 $r_0(x) = f(x)$, $r_1(x) = g(x)$ 이라 하고 다음이 성립한다고 하자.

$$\begin{aligned}
r_0(x) &= q_0(x)\,r_1(x) + r_2(x), && 0 \le \deg r_2(x) < \deg r_1(x)\\
r_1(x) &= q_1(x)\,r_2(x) + r_3(x), && 0 \le \deg r_3(x) < \deg r_2(x)\\
&\ \ \vdots && \qquad\vdots\\
r_{m-1}(x) &= q_{m-1}(x)\,r_m(x) + r_{m+1}(x), && 0 \le \deg r_{m+1}(x) < \deg r_m(x)\\
r_m(x) &= q_m(x)\,r_{m+1}(x)
\end{aligned}$$

이 때, $r_{m+1}(x)$ 의 최고차 항의 계수가 a 이면, $f(x)$, $g(x)$ 의 최대공약수는 $d(x) = a^{-1}\,r_{m+1}(x)$ 이다. 또, 위의 등식에서 아래로부터 위로 계산해 가면, $d(x) = f(x)\,s(x) + g(x)\,t(x)$ 인 $s(x)$, $t(x) \in F[x]$ 를 얻는다.

보기 6.2.2 유리수체 $\mathbb{Q}$ 위에서 두 다항식

$$f(x) = x^4 - 3x^2 - 2x + 4, \quad g(x) = x^3 - x^2 - x + 1$$

에 대하여 다음이 성립한다.

$$f(x) = (x+1)\,g(x) - x^2 - 2x + 3,$$

$$g(x) = (-x+3)(-x^2-2x+3) + 8(x-1)$$

$$-x^2-2x+3 = (-x-3)(x-1)$$

따라서 $f(x)$ 와 $g(x)$ 의 최대공약수는 다음과 같다.

$$d(x) = \gcd\{f(x), g(x)\} = x-1$$

1	1	0	-3	-2	4
	1	-1	-1	1	
1		1	-2	-3	4
		1	-1	-1	1
-1			-1	-2	3
			-1	1	
-3				-3	3
				-3	3
					0

1	-1	-1	1	-1
1	2	-3		
	-3	2	1	3
	-3	-6	9	
		8	-8	÷8
		1	-1	

그리고, 위의 등식에 의하여 다음이 성립한다.

$$\begin{aligned} 8(x-1) &= (x-3)(-x^2-2x+3) + g(x), \\ &= (x-3)\{f(x) - (x+1)\,g(x)\} + g(x) \\ &= (x-3)f(x) + (-x^2+2x+4)\,g(x) \end{aligned}$$

$$d(x) = x-1 = \left(\frac{1}{8}x - \frac{3}{8}\right)f(x) + \left(-\frac{1}{8}x^2 + \frac{1}{4}x + \frac{1}{2}\right)g(x)$$

보기 6.2.3 체 $\mathbb{Z}_2 = \{0, 1\}$ 위에서 두 다항식

$$f(x) = x^4 + x^3 + x + 1, \quad g(x) = x^3 + x$$

에 대하여

$$f(x) = (x+1)\,g(x) + (x^2+1),$$

$$g(x) = x\,(x^2+1)$$

1	1 1 0 1 1	1 0 1 0	1
	1 0 1 0	1 0 1	
	1 1 1 1	0	
1	1 0 1 0		
	1 0 1		

이므로 다음이 성립한다.

$$d(x) = \gcd\{f(x), g(x)\} = x^2+1,$$

$$d(x) = f(x) - (x+1)\,g(x)$$

정리 6.2.10 체 F 가 체 K 의 부분체일 때, 다항식 $f(x)$, $g(x) \in F[x]$ 의 $F[x]$ 에서의 최대공약수와 $K[x]$ 에서의 최대공약수는 일치한다.

증명 다항식환 $F[x]$ 에서 $f(x)$, $g(x)$ 에 나눗셈 알고리즘을 적용하면,

$$f(x) = q(x)\,g(x) + r(x),$$
$$r(x) = 0 \quad \text{또는} \quad 0 \leq \deg r(x) < \deg g(x)$$

인 $q(x)$, $r(x) \in F[x]$ 가 존재하고 또 $F[x] \subseteq K[x]$ 이므로 위의 등식은 $K[x]$ 에서도 성립한다. 따라서 $K[x]$ 에서 $f(x)$, $g(x)$ 에 유클리드의 알고리즘을 적용할 때 나타나는 다항식은 $F[x]$ 에서 $f(x)$, $g(x)$ 에 유클리드 알고리즘을 적용할 때 나타나는 다항식과 일치하므로 정리가 성립한다.

다음 두 정리는 정리 5.3.8, 정리 5.3.9 를 고쳐 쓴 것이다.

정리 6.2.11 체 F 가 체 K 의 부분체이고 $u \in K$ 일 때, 체 F 위의 다항식 $f(x)$, $g(x) \in F[x]$ 에 대하여

$$k(x) = f(x) + g(x), \quad l(x) = f(x)\,g(x)$$

이라고 하면 $k(u) = f(u) + g(u)$, $l(u) = f(u)\,g(u)$ 이다.

정리 6.2.12 (나머지 정리, 인수 정리) 체 F 가 체 K 의 부분체일 때, 다항식 $f(x) \in F[x]$ 와 원소 $u \in K$ 에 대하여

$$f(x) = (x-u)g(x) + r \qquad (g(x) \in K[x],\ r \in K)$$

이라고 하면, $r = f(u)$ 이다.

특히, $u \in K$ 가 $f(x)$ 의 근일 때 그리고 이때에만 $f(x) = (x-u)g(x)$ 인 다항식 $g(x) \in K[x]$ 가 존재하는 것이다.

정의 6.2.13 체 F 위에서 $f(x) \in F[x]$, $\deg f(x) \geq 1$ 이라고 하자.

(1) 다항식 $f(x)$ 가 체 F 위에서

$$f(x) = g(x)\,h(x),$$
$$1 \leq \deg g(x) \leq \deg h(x) < \deg f(x)$$

인 다항식 $g(x)$, $h(x) \in F[x]$ 가 존재할 때, $f(x)$ 는 F 위에서 **可約**이라 하고 또 $f(x)$ 를 $F[x]$ 의 **可約다항식**(reducible polynomial) 이라고 한다.

(2) 다항식 $f(x)$ 가 체 F 위에서 可約이 아닐 때, 즉

$$f(x) = g(x)\,h(x) \qquad (g(x),\, h(x) \in F[x])$$

이면 적당한 $a \in F^* = F - \{0\}$ 에 대하여 $g(x) = a$ 또는 $h(x) = a$ 일 때, $f(x)$ 는 F 위에서 **기약**이라 하고 또 $f(x)$ 를 $F[x]$ 의 **기약다항식** (irreducible polynomial)이라 하고

보기 6.2.4 체 F 위의 일차다항식은 모두 체 F 위에서 기약이다.

보기 6.2.5 양의 정수 m 에 대하여 $f(x) = x^2 + m$ 는 실수체 $\mathbb{R}$ 위에서 기약이다. 실제로, 모든 실수 a 에 대하여 $f(a) = a^2 + m \geq 1$ 이므로 $f(x)$ 는 $\mathbb{R}$ 위에서 $f(x) = (x - u_1)(x - u_2)$ 와 같은 꼴로 나타내어지지 않는다.

정리 6.2.14 체 F 위의 다항식 $f(x) \in F[x]$, $\deg f(x) \geq 2$ 가 체 F 안에서 근을 가지면, $f(x)$ 는 체 F 위에서 기약이 아니다.

특히, $f(x)$ 의 차수가 2 또는 3 일 때, $f(x)$ 가 체 F 안에서 근을 가지지 않으면 $f(x)$ 는 체 F 위에서 기약이다.

증명 다항식 $f(x)$ 가 근 $a \in F$ 를 가지면, 인수 정리에 의하여

$$f(x) = (x - a)\,g(x), \quad g(x) \in F[x], \quad \deg g(x) \geq 1$$

인 다항식 $g(x)$ 가 존재하므로 $f(x)$ 는 체 F 위에서 기약이 아니다.

특히, $f(x)$ 의 차수가 2 또는 3 일 때, $f(x)$ 가 체 F 위에서 기약이 아니면, $f(x)$ 는 체 F 위에서 $f(x) = (x - a)\,g(x)$ 와 같은 꼴로 나타내어지고 이때 $f(x)$ 는 근 $a \in F$ 를 가진다. 따라서 정리가 성립한다.

정리 6.2.15 정수를 계수로 가지는 다항식

$$f(x) = a_n x^n + \cdots + a_1 x + a_0, \qquad n \geq 1$$

가 유리근(유리수인 근) u 를 가질 때, $u = \dfrac{b}{a}$ (a, b 는 서로 소인 정수) 이라고 하면 $a \mid a_n$, $b \mid a_0$ 이다. 특히, $a_n = 1$ 인 경우에 u 는 $f(x)$ 의 정수근(정수인 근)이고 또 u 는 a_0 의 약수이다.

증명 가정에 의하여 $f(u) = 0$ 이므로 다음이 성립한다.

$$a_n(\frac{b}{a})^n + a_{n-1}(\frac{b}{a})^{n-1} + \cdots + a_1(\frac{b}{a}) + a_0 = 0$$

$$a_n b^n + a_{n-1} a b^{n-1} + \cdots + a_1 a^{n-1} b + a_0 a^n = 0$$

$$a(a_{n-1} b^{n-1} + \cdots + a_1 a^{n-2} b + a_0 a^{n-1}) = -a_n b^n,$$

$$b(a_n b^{n-1} + a_{n-1} a b^{n-2} + \cdots + a_1 a^{n-1}) = -a_0 a^n$$

이므로 정수환 $\mathbb{Z}$ 에서 $a \mid a_n b^n$, $b \mid a_0 a^n$ 이다. 한편, $(a, b) = 1$ 이므로 $(a, b^n) = 1$, $(b, a^n) = 1$ 이고 따라서 $a \mid a_n$, $b \mid a_0$ 이다(정리 2.1.20).

보기 6.2.6 다항식 $f(x) = x^3 - x + 1$ 는 유리수체 $\mathbb{Q}$ 위에서 기약이다. 실제로, $f(x)$ 가 유리수체 $\mathbb{Q}$ 안에서 근을 가진다면, 정리 6.2.15 에 의하여 그 근은 1 또는 -1 이지만 $f(1) = 1 \neq 0$, $f(-1) = 1 \neq 0$ 이다.

체 F 위의 다항식환 $F[x]$ 는 PID 이므로 다음이 성립한다([1], 정리 6.7.8).

정리 6.2.16 (유일 인수분해 정리) 체 F 위의 다항식환 $F[x]$ 에서 다항식 $f(x) \in F[x]$, $\deg f(x) \geq 1$ 는 다음과 같은 꼴로 소인수분해된다.

$$f(x) = a\, p_1(x) \cdots p_k(x), \qquad a \in F$$

$$(\, p_1(x), \cdots, p_k(x) \in F[x] \text{ 는 모닉 기약다항식})$$

그리고, 기약인수(기약인 인수) $p_1(x), \cdots, p_k(x)$ 의 순서를 무시한다면, 이와 같은 소인수분해는 단 한 가지뿐이다.

정의 6.2.17 체 F 위의 다항식 $f(x)$ 의 서로 다른 모닉 기약인수 전체가 $p_1(x), \cdots, p_r(x)$ 일 때, $f(x)$ 는 다음과 같은 꼴로 소인수분해된다.

$$f(x) = a\, p_1(x)^{e_1} \cdots p_r(x)^{e_r} \qquad (e_1 \geq 1, \cdots, e_r \geq 1)$$

이러한 인수분해를 $f(x)$ 의 **표준분해**라고 한다.

양의 정수와 다항식을 인수분해하는 일은 대단히 어렵다. 오늘날 여러 가지 인수분해 알고리즘이 개발되어 암호학과 부호이론에 이용된다([4] 참조).

정수의 경우와 마찬가지로 다음 정리가 성립함을 알 수 있다(정리 2.2.13).

정리 6.2.18 체 F 위의 두 다항식 $f(x)$, $g(x)$ 는 적당한 서로 다른 모닉 기약다항식 $p_1(x)$, $\cdots$, $p_t(x)$ 에 대하여 다음과 같이 나타낼 수 있다.

$$f(x) = a\,p_1(x)^{k_1} \cdots p_t(x)^{k_t} \qquad (a \in F^*,\ k_i \geq 0)$$

$$g(x) = b\,p_1(x)^{l_1} \cdots p_t(x)^{l_t} \qquad (b \in F^*,\ l_i \geq 0)$$

이 때, $m_i = \min\{k_i, l_i\}$, $n_i = \max\{k_i, l_i\}$ $(1 \leq i \leq t)$ 이라고 하면 $f(x)$, $g(x)$ 의 최대공약수 $d(x)$ 와 최소공배수 $l(x)$ 는 다음과 같다.

$$d(x) = p_1(x)^{m_1} \cdots p_t(x)^{m_t}, \quad l(x) = p_1(x)^{n_1} \cdots p_t(x)^{n_t}$$

정리 6.2.19 체 F 위의 다항식 $f(x) \in F[x]$, $\deg f(x) = n \geq 1$ 에 대하여 다음이 성립한다.

(1) $f(x)$ 는 체 F 안에서 n 개 이하의 근을 가진다.

(2) $f(x)$ 가 체 F 안에서 중복을 허락하여 n 개의 근 u_1, $\cdots$, u_n 을 가지면, $f(x)$ 는 체 F 위에서 다음과 같이 인수분해된다.

$$f(x) = a(x - u_1)\cdots(x - u_n), \qquad a \in F$$

증명 먼저 $n = 1$ 일 때, $f(x) = ax + b$ $(a \neq 0)$ 이라고 하면, $f(x)$ 는 단 한 개의 근 $-\dfrac{b}{a} \in F$ 를 가지며 $f(x) = a(x + \dfrac{b}{a})$ 이다.

이제 $n \geq 2$ 일 때, $n-1$ 차의 다항식에 대하여 (1) 이 성립한다고 하자. 이 때, 다항식 $f(x)$ 가 근 $u_1 \in F$ 을 가진다면, $f(x) = (x - u_1)\,g(x)$ 인 $n-1$ 차의 다항식 $g(x) \in F[x]$ 가 존재한다. 따라서 귀납법 가정에 의하여 $g(x)$ 는 F 안에서 $n-1$ 개 이하의 근 u_2, $\cdots$, u_r 를 가지며 이때

$$g(x) = (x - u_2)\cdots(x - u_r)\,h(x)$$

인 $h(x) \in F[x]$ 가 존재하고 $h(x)$ 는 F 안에서 근을 가지 않으므로

$$f(x) = (x - u_1)(x - u_2)\cdots(x - u_r)\,h(x)$$

이고 $r \leq n$ 이므로 $f(x)$ 는 F 안에서 n 개 이하의 근을 가진다.

그리고, 위의 (1) 의 증명에 의하여 (2) 가 성립함을 쉽게 알 수 있다.

따름정리 6.2.20 체 F 위의 두 n 차의 다항식

$$f(x) = a_n x^n + + \cdots + a_1 x + a_0,$$

$$g(x) = b_n x^n + + \cdots + b_1 x + b_0$$

가 체 F의 서로 다른 $n+1$ 개의 원소 a 에 대하여 $f(a) = g(a)$ 이면 $f(x) = g(x)$ 이고 따라서 $a_i = b_i \ (0 \leq i \leq n)$ 이다.

증명 이제 $f(x) \neq g(x)$ 이라고 가정하고 $h(x) = f(x) - g(x)$ 이라고 하면, $0 \leq \deg h(x) \leq n$ 이고 $h(x)$ 는 체 F 안에서 $n+1$ 개의 서로 다른 근을 가지므로 정리 6.2.19 에 모순된다. 따라서 $f(x) = g(x)$ 이다.

정의 6.2.21 체 F 위의 다항식 $f(x) \in F[x]$, $\deg f(x) = n \geq 1$ 가 체 F 안에서 근 $u \in F$를 가질 때,

$$f(x) = (x-u)^m g(x), \quad g(u) \neq 0$$

인 정수 $m\ (\geq 1)$ 과 다항식 $g(x) \in F[x]$ 가 존재한다.

이 때, m을 근 u 의 **重複度**(multiplicity)라 하고 u를 $f(x)$ 의 $\boldsymbol{m}$ **중근**이라고 한다. 특히, $m = 1$ 일 때 u 를 $f(x)$ 의 **單根**(simple root)이라 하고, $m \geq 2$ 일 때 u 를 $f(x)$ 의 **重根**(multiple root)이라고 한다.

Gauss 의 정리(정리 1.4.4) 에 의하면, 복소수체 $\mathbb{C}$ 위의 모든 n 차의 다항식은 복소수체 $\mathbb{C}$ 안에서 중복을 허락하여 꼭 n 개의 근의 근을 가진다.

정리 6.2.22 실수체 $\mathbb{R}$ 위의 n 차의 다항식

$$f(x) = a_n x^n + a_{n-1} x^{n-1} + \cdots + a_1 x + a_0, \quad n \geq 1$$

에 대하여 다음이 성립한다.

(1) $\alpha = a + bi$가 $f(x)$ 의 근이면, $\overline{\alpha} = a - bi$도 $f(x)$ 의 근이다.

(2) $\alpha = a + bi$, $b \neq 0$ 가 $f(x)$ 의 e 중근이면, $\overline{\alpha}$ 도 $f(x)$ 의 e 중근이다.

(3) 실수체 $\mathbb{R}$ 위에서 다항식 $f(x)$ 는 일차다항식과 (또는) 기약인 이차다항식의 곱으로 인수분해된다.

특히, n 이 홀수이면, $f(x)$ 는 적어도 한 개의 실근(실수인 근)을 가진다.

증명 (1) 복소수 $\alpha = a + bi$가 $f(x)$ 의 근이면,

$$0 = \overline{f(\alpha)} = \overline{a_n \alpha^n + a_{n-1}\alpha^{n-1} + \cdots + a_1\alpha + a_0}$$
$$= a_n \overline{\alpha}^n + a_{n-1}\overline{\alpha}^{n-1} + \cdots + a_1\overline{\alpha} + a_0 = f(\overline{\alpha})$$

이고 따라서 $\overline{\alpha} = a - bi$는 $f(x)$ 의 근이다(p. 31 참조).

(2) 허수 $\alpha = a + bi$, $b \neq 0$ 가 $f(x)$ 의 e중근일 때, e에 관한 귀납법으로 $\overline{\alpha}$도 $f(x)$ 의 e 중근임을 증명한다.

위의 (1) 에 의하여 α와 $\overline{\alpha}$는 $f(x)$ 의 근이고 $\alpha \neq \overline{\alpha}$이므로

$$f(x) = (x - \alpha)(x - \overline{\alpha})g(x) \text{ 즉 } f(x) = (x^2 - 2ax + a^2 + b^2)g(x)$$

인 다항식 $g(x) \in \mathbb{C}[x]$가 존재한다. 그런데, $x^2 - 2ax + a^2 + b^2$ 의 계수는 모두 실수이고 또 $f(x) \in \mathbb{R}[x]$ 이므로 $g(x) \in \mathbb{R}[x]$ 이다.

먼저 $e = 1$ 이면, α는 $g(x)$ 의 근이 아니고 따라서 (1) 에 의하여 $\overline{\alpha}$도 $g(x)$ 의 근이 아니므로 $\overline{\alpha}$의 중복도는 $e = 1$ 이다.

다음에 $e \geq 2$ 이면, α는 다항식 $g(x)$ 의 $e-1$ 중근이므로 귀납법 가정에 의하여 $\overline{\alpha}$ 도 $g(x)$ 의 $e-1$ 중근이다. 따라서 $\overline{\alpha}$는 $f(x)$ 의 e중근이다.

(3) 다항식 $f(x)$ 의 서로 다른 실근(실수인 근) 전체를 $a_1, \cdots, a_s$라 하고 허근(허수인 근) 전체를

$$\alpha_1 = b_1 + c_1 i,\ \overline{\alpha}_1 = b_1 - c_1 i,\ \cdots,\ \alpha_t = b_t + c_t i,\ \overline{\alpha}_t = b_t - c_t i$$

이라고 하자. 또, $a_1, \cdots, a_s$의 중복도를 각각 $d_1, \cdots, d_s$라 하고 $\alpha_1, \cdots, \alpha_t$의 중복도를 각각 $e_1, \cdots, e_t$ 이라고 하면 다음이 성립한다.

$$f(x) = a_n \prod_{j=1}^{s} (x - a_j)^{d_j} \prod_{k=1}^{t} (x - \alpha_k)^{e_k}(x - \overline{\alpha_k})^{e_k}$$

한편, $(x - \alpha_k)(x - \overline{\alpha}_k) = x^2 - 2b_k x + b_k{}^2 + c_k{}^2$ 이고 이 다항식은 실수체 $\mathbb{R}$ 위에서 기약이므로 $f(x)$ 는 실수체 $\mathbb{R}$ 위에서 다음과 같이 인수분해된다.

$$f(x) = a_n \prod_{j=1}^{s} (x - a_j)^{d_j} \prod_{k=1}^{t} (x^2 - 2b_k x + b_k{}^2 + c_k{}^2)^{e_k}$$

위의 등식에서 $n = d_1 + \cdots + d_s + 2(e_1 + \cdots + e_t)$ 이므로, n이 홀수이면 $d_1 + \cdots + d_s \geq 1$ 이고 따라서 $f(x)$ 는 적어도 한 개의 실근을 가진다.

체 F 위의 유리식 $\dfrac{g(x)}{f(x)}$ 에서 다항식 $f(x)$ 의 표준분해가

$$f(x) = a\,p_1(x)^{e_1} \cdots p_r(x)^{e_r} \qquad (a \in F)$$

일 때, $\dfrac{g(x)}{f(x)}$ 는 체 F 위에서 다음과 같은 **부분분수**(partial fraction) 의 꼴로 나타내어진다('해설 602' 참조).

$$\frac{g(x)}{f(x)} = h(x) + \sum_{i=1}^{r}\left(\frac{d_{i1}(x)}{p_i(x)} + \frac{d_{i2}(x)}{p_i(x)^2} + \cdots + \frac{d_{ie_i}(x)}{p_i(x)^{e_i}}\right)$$

$$d_{ij}(x) = 0 \quad \text{또는} \quad 0 \leq \deg d_{ij}(x) < \deg p_i(x)\;)$$

특히, 실수체 $\mathbb{R}$ 위의 다항식 $f(x) \in \mathbb{R}[x]$, $\deg f(x) \geq 1$ 는

$$f(x) = a(x-a_1)^{d_1} \cdots (x-a_s)^{d_s}(x^2+b_1x+c_1)^{e_1} \cdots (x^2+b_tx+c_t)^{e_t}$$

와 같은 꼴로 인수분해되고 따라서 실수체 $\mathbb{R}$ 위에서 다음이 성립한다.

$$\frac{g(x)}{f(x)} = h(x) + \sum_{i=1}^{s}\left(\frac{A_{i1}}{x-a_i} + \frac{A_{i2}}{(x-a_i)^2} + \cdots + \frac{A_{id_i}}{(x-a_i)^{d_i}}\right)$$

$$+ \sum_{j=1}^{t}\left(\frac{B_{j1}x + C_{j1}}{x^2+b_jx+c_j} + \frac{B_{j2}x + C_{j2}}{(x^2+b_jx+c_j)^2} + \cdots + \frac{B_{je_j}x + C_{je_j}}{(x^2+b_jx+c_j)^{e_j}}\right)$$

보기 6.2.7 유리수체 $\mathbb{Q}$ 위에서

$$\frac{4}{(x-1)(x+1)^2} = \frac{A}{x-1} + \frac{B}{x+1} + \frac{C}{(x+1)^2}$$

이라고 놓으면,

$$\frac{4}{(x-1)(x+1)^2} = \frac{A(x+1)^2 + B(x-1)(x+1) + C(x-1)}{(x-1)(x+1)^2}$$

이므로 다음 등식이 성립한다.

$$4 = A(x+1)^2 + B(x-1)(x+1) + C(x-1)$$

$$4 = (A+B)x^2 + (2A+C)x + (A-B-C)$$

즉, $\quad A+B=0,\ \ 2A+C=0,\ \ A-B-C=4$

따라서 $A=1,\ B=-1,\ C=-2$ 이다.

정리 6.2.19 를 이용하여 다음 정리를 증명할 수 있다([1], 정리 4.3.13).

정리 6.2.23 체 K의 곱셈군 $K^* = K - \{0\}$ 의 부분군 G가 유한군이면 G 는 순환군이다.

특히, 유한체 K의 곱셈군 K^* 는 순환군이다.

보기 6.2.8 양의 정수 n에 대하여 복소수체 $\mathbb{C}$의 곱셈군 $\mathbb{C}^*$의 위수 n인 부분군은 순환군 $U_n = \{x \in \mathbb{C} \mid x^n = 1\}$ 뿐이다(보기 5.1.9).

또, 곱셈군 $\mathbb{R}^*$ 의 유한 부분군은 $U_2 = \{1, -1\}$ 와 $U_1 = \{1\}$ 뿐이다.

보기 6.2.9 정수 p가 素數일 때, 체 $\mathbb{Z}_p = \{0, 1, \cdots, p-1\}$ 의 곱셈군 ${\mathbb{Z}_p}^* = \{1, \cdots, p-1\}$ 는 위수 $p-1$ 인 순환군이다.

정수환 $\mathbb{Z}$ 위의 다항식환 $\mathbb{Z}[x]$ 에서는 나눗셈 알고리즘이 성립하지 않는다. 예를 들면,

$$x^3 + x + 1 = q(x)(2x+1) + r$$

인 다항식 $q(x) \in \mathbb{Z}[x]$ 와 $r \in \mathbb{Z}$ 는 존재하지 않는다.

다항식환 $\mathbb{Z}[x]$ 는 정역이지만 PID 가 아니다. 예를 들면,

$$I = \{2a + xg(x) \mid a \in \mathbb{Z},\ \ g(x) \in \mathbb{Z}[x]\}$$

는 $\mathbb{Z}[x]$ 의 단항이데알이 아니다. 실제로 $I = (f(x))$ 이라고 하면, $2, x \in I$ 이므로 적당한 다항식 $h_1(x), h_2(x) \in \mathbb{Z}[x]$ 에 대하여

$$2 = f(x)\,h_1(x), \qquad x = f(x)\,h_2(x)$$

이고 따라서 $f(x) = \pm 1$ 이므로 $I = \mathbb{Z}[x]$ 로 되어 모순이 생긴다.

다항식환 $\mathbb{Z}[x]$ 에서 두 다항식 $f(x)$, $g(x)$ 의 최대공약수와 최소공배수는 존재하며 $\mathbb{Z}[x]$ 의 단원군은 $\{1, -1\}$ 이므로 최대공약수와 최소공배수가 영다항식이 아닌 경우에는 그 최고차 항의 계수가 양의 정수라고 생각한다.

예를 들면, $\mathbb{Z}[x]$ 에서 $f(x) = 4x^2$, $g(x) = 6x(2x+1)$ 의 최대공약수와 최소공배수는 각각 $d(x) = 2x$, $l(x) = 12x^2(2x+1)$ 이다.

연습문제 (6.2)

1. 유리수체 $\mathbb{Q}$ 위에서 다음과 같은 두 다항식 $f(x)$, $g(x)$ 의 최대공약수 $d(x)$ 와 최소공배수 $l(x)$ 를 구하고, 또 $d(x) = f(x)s(x) + g(x)t(x)$ 인 두 다항식 $s(x)$, $t(x) \in \mathbb{Q}[x]$ 를 구하여라.

   (1) $f(x) = x^3 + 4x^2 + 3x - 8$, $\quad g(x) = x^2 + x - 2$

   (2) $f(x) = x^4 - x^3 - x^2 + 1$, $\quad g(x) = x^3 - 1$

2. 체 $\mathbb{Z}_2 = \{0, 1\}$ 위에서 다음과 같은 두 다항식 $f(x)$, $g(x)$ 의 최대공약수 $d(x)$ 와 최소공배수 $l(x)$ 를 구하고, 또 $d(x) = f(x)s(x) + g(x)t(x)$ 인 두 다항식 $s(x)$, $t(x) \in \mathbb{Z}_2[x]$ 를 구하여라.

   (1) $f(x) = x^4 + x + 1$, $\quad g(x) = x^2 + x + 1$

   (2) $f(x) = x^4 + 1$ $\quad g(x) = (x^2 + 1)(x^4 + x^2 + 1)$

3. 체 F 위에서 다항식 $f(x)$ 를 일차다항식 $ax + b$ 로 나누었을 때의 나머지는 $f(\frac{b}{a})$ 임을 밝혀라.

4. 체 F 위에서 다항식 $f(x)$ 를 다항식

$$g(x) = (x - a)(x - b) \qquad (a,\ b \in F,\ a \neq b)$$

로 나누었을 때의 나머지는 $\dfrac{f(a) - f(b)}{a - b}x + \dfrac{af(b) - bf(a)}{a - b}$ 임을 밝혀라.

5. 다음 다항식을 유리수체 $\mathbb{Q}$ 위에서 기약다항식의 곱으로 인수분해하여라.

   (1) $f(x) = x^4 + x^2 + 1$ $\qquad$ (2) $f(x) = 2x^3 + x^2 - x - 2$

6. 실수체 $\mathbb{R}$ 위에서 다항식 $f(x) = x^n - 1$ 를 소인수분해하여라.

7. 실수체 $\mathbb{R}$ 위에서 다음 유리식을 부분분수의 꼴로 분해하여라.

   (1) $\dfrac{x^3 + 2x + 5}{(x+1)^2}$ $\qquad$ (2) $\dfrac{x}{x^4 + 1}$ $\qquad$ (3) $\dfrac{18x + 18}{x(x-1)^2(x+2)}$

§ 6.3 기약다항식과 확대체

먼저 정수를 계수로 가지는 다항식에 대하여 생각해 보자.

정의 6.3.1 정수를 계수로 가지는 n 차의 다항식

$$f(x) = a_n x^n + \cdots + a_1 x + a_0 \in \mathbb{Z}[x], \quad n \geq 1$$

에서 계수 $a_n, \cdots, a_1, a_0$ 의 최대공약수를 $f(x)$ 의 **내용**(content)이라 하고 이것을 $c(f)$ 로 나타낸다. 그리고, $c(f) = 1$ 인 경우에 $f(x)$ 를 **원시다항식**(primitive polynomial)이라고 한다.

다항식 $f(x) \in \mathbb{Z}[x]$ 가 모닉 다항식이면, $f(x)$ 는 원시다항식이다.

다항식 $f(x) = 6x^2 - 5x + 1$ 는 유리수체 $\mathbb{Q}$ 위에서

$$f(x) = 6(x - \frac{1}{2})(x - \frac{1}{3})$$

으로 인수분해되므로 정수환 $\mathbb{Z}$ 위에서 다음과 같이 인수분해된다.

$$f(x) = (2x - 1)(3x - 1)$$

다음 정리의 증명은 생략하기로 한다([1], 정리 6.7.13 참조).

정리 6.3.2 정수를 계수로 가지는 n 차의 다항식

$$f(x) = a_n x^n + \cdots + a_1 x + a_0, \quad n \geq 1$$

가 유리수체 $\mathbb{Q}$ 위에서 다음과 같이 인수분해된다고 하자.

$$f(x) = g(x)\, h(x)$$

$$1 \leq \deg g(x) = s < n, \quad 1 \leq \deg h(x) = t < n$$

이 때, $f(x)$ 는 정수환 $\mathbb{Z}$ 위에서 다음과 같이 인수분해된다.

$$f(x) = c(f)\, g_1(x)\, h_1(x),$$

$$\deg g_1(x) = s, \quad \deg h_1(x) = t$$

더욱이, $f(x)$ 가 모닉 다항식이면, $g_1(x)$ 와 $h_1(x)$ 는 모닉 다항식이다.

보기 6.3.1 유리수체 $\mathbb{Q}$ 위에서 $f(x) = x^4 - 2x^2 + 8x + 1$ 는 기약이다.

실제로, $f(x)$ 가 유리수체 $\mathbb{Q}$ 위에서 기약이 아니면, $f(x)$ 는 유리수체 $\mathbb{Q}$ 위에서 일차 또는 이차의 인수를 가진다. 한편, $f(x)$ 가 유리수체 $\mathbb{Q}$ 위에서 일차의 인수를 가진다면, $f(x)$ 는 유리수체 $\mathbb{Q}$ 안에서 근을 가지며 그 근은 ± 1 이다(정리 6.2.15). 그러나, $f(1) = 8 \neq 0$, $f(-1) = -8 \neq 0$ 이므로 $f(x)$ 는 일차의 인수를 가지지 않는다.

다음에 $f(x)$ 가 유리수체 $\mathbb{Q}$ 위에서 두 이차다항식의 곱으로 인수분해 된다면, $f(x)$ 는 적당한 정수 a, b, c, d 에 대하여

$$f(x) = (x^2 + ax + b)(x^2 + cx + d)$$

와 같이 인수분해된다(정리 6.3.2). 그런데, 위의 등식의 계수를 비교하면,

$$a + c = 0, \quad ac + b + d = -2, \quad ad + bc = 8, \quad bd = 1$$

이므로 $b = d = \pm 1$ 이고 따라서 $b(a + c) = 8$ 즉 $0 = 8$ 로 되어 모순이 생긴다. 그러므로 $f(x)$ 는 유리수체 $\mathbb{Q}$ 위에서 기약이다.

정의 6.3.3 체 F 위의 n 차의 다항식

$$f(x) = a_n x^n + \cdots + a_1 x + a_0, \qquad n \geq 1$$

에 대하여 다항식

$$f^*(x) = x^n f\left(\frac{1}{x}\right) = a_0 x^n + a_1 x^{n-1} + \cdots + a_{n-1} x + a_n$$

를 $f(x)$ 의 **相反다항식**(reciprocal polynomial)이라고 한다.

정리 6.3.4 체 F 위의 n 차의 다항식

$$f(x) = a_n x^n + \cdots + a_1 x + a_0, \qquad n \geq 1$$

에서 $a_0 \neq 0$ 일 때 다음이 성립한다.

(1) $f^*(x)$ 의 상반다항식은 $f(x)$ 이다.

(2) $f^*(x)$ 가 체 F 위에서 기약이면, $f(x)$ 도 체 F 위에서 기약이다.

증명 (1) 이제 $g(x) = f^*(x)$ 이라고 하면,

$$g(x) = f^*(x) = a_0 x^n + \cdots + a_{n-1} x + a_n, \qquad a_0 \neq 0$$

이므로 $f^*(x)$ 는 n 차의 다항식이고, 또 다음이 성립한다.

$$g^*(x) = x^n g\left(\frac{1}{x}\right) = a_n x^n + \cdots + a_1 x + a_0 = f(x)$$

(2) 다항식 $f(x)$ 가 체 F 위에서 기약이 아니라고 가정하면,

$$f(x) = h(x)\, k(x),$$

$$1 \le \deg h(x) = s < n, \quad 1 \le \deg k(x) = t < n$$

인 다항식 $h(x),\ k(x) \in F[x]$ 가 존재하고 이때

$$f^*(x) = x^{s+t} f\left(\frac{1}{x}\right) = x^s\, h\left(\frac{1}{x}\right) x^t\, k\left(\frac{1}{x}\right) = h^*(x)\, k^*(x)$$

$$\deg f^*(x) = n, \quad \deg h^*(x) = s, \quad \deg k^*(x) = t$$

이므로 $f^*(x)$ 는 체 F 위에서 기약이 아니다. 따라서 (2) 가 성립한다.

보기 6.3.2 유리수체 $\mathbb{Q}$ 위의 다항식

$$f(x) = x^3 + 4x^2 + 5x + 6 = (x+3)(x^2 + x + 2)$$

에 대하여 다음이 성립한다.

$$f^*(x) = 6x^3 + 5x^2 + 4x + 1 = (3x+1)(2x^2 + x + 1)$$

정의 6.3.5 체 F 위의 다항식 $f(x) = a_n x^n + \cdots + a_1 x + a_0$ 와 원소 $c \in F$ 에 대하여 $f(x+c)$ 는 다음과 같은 다항식을 나타낸다.

$$f(x+c) = a_n (x+c)^n + \cdots + a_1 (x+c) + a_0$$

위의 정의에 의하여 다음 정리가 성립함을 쉽게 알 수 있다.'

정리 6.3.6 체 F 위의 다항식 $f(x) \in F[x]$, $\deg f(x) \ge 1$ 와 원소 $c \in F$ 에 대하여 $g(x) = f(x+c)$ 이라고 할 때 다음이 성립한다,

(1) $f(x) = g(x-c)$

(2) $g(x)$ 가 체 F 위에서 기약이면, $f(x)$ 도 체 F 위에서 기약이다.

다음 정리의 증명은 생략하기로 한다([1], 정리 4.4.7 참조).

정리 6.3.7 (Eisenstein 의 規準, criterion) 정수환 $\mathbb{Z}$ 위의 n 차의 다항식

$$f(x) = a_n x^n + a_{n-1}x^{n-1} + \cdots + a_1 x + a_0, \quad n \geq 1$$

에 대하여 다음이 성립한다.

(1) 적당한 素數 p에 대하여 $p \nmid a_n$, $p \mid a_{n-1}$, $\cdots$, $p \mid a_1$, $p \mid a_0$, $p^2 \nmid a_0$ 이면, $f(x)$ 는 유리수체 $\mathbb{Q}$ 위에서 기약이다.

(2) 적당한 素數 p에 대하여 $p \nmid a_0$, $p \mid a_1$, $\cdots$, $p \mid a_{n-1}$, $p \mid a_n$, $p^2 \nmid a_n$ 이면, $f(x)$ 는 유리수체 $\mathbb{Q}$ 위에서 기약이다.

보기 6.3.3 임의의 素數 p와 양의 정수 n에 대하여 다항식

$$f(x) = x^n - p, \qquad g(x) = x^n + p$$

는 유리수체 $\mathbb{Q}$ 위에서 기약이다(정리 6.3.7).

특히, $n \geq 2$ 일 때, $\sqrt[n]{p}$ 는 무리수이다.

보기 6.3.4 다항식 $f(x) = x^4 + 1$ 는 유리수체 $\mathbb{Q}$ 위에서 기약이다.

실제로, $g(x) = f(x+1)$ 이라고 하면,

$$\begin{aligned} g(x) &= (x+4)^4 + 1 \\ &= x^4 + 4x^3 + 6x^2 + 4x + 2 \end{aligned}$$

이고 $p = 2$ 에 대하여

$$\begin{matrix} & & & 1 & & 1 & & & \\ & & 1 & & 2 & & 1 & & \\ & 1 & & 3 & & 3 & & 1 & \\ 1 & & 4 & & 6 & & 4 & & 1 \end{matrix}$$

$$p \nmid 1, \ p \mid 4, \ p \mid 6, \ p \mid 4, \ p \mid 2, \ p^2 \nmid 2$$

이므로 Eisenstein 의 규준에 의하여 $g(x)$ 는 유리수체 $\mathbb{Q}$ 위에서 기약이다.

따라서 $f(x)$ 는 유리수체 $\mathbb{Q}$ 위에서 기약이다(정리 6.3.6 참조).

정리 6.3.8 임의의 素數 p에 대하여 다항식

$$\Phi_p(x) = \frac{x^p - 1}{x - 1} = x^{p-1} + x^{p-2} + \cdots + x + 1$$

는 유리수체 $\mathbb{Q}$ 위에서 기약이다.

증명 이제 $g(x) = \Phi_p(x+1)$ 이라고 하면, 다음이 성립한다.

$$g(x) = \frac{(x+1)^p - 1}{x+1-1} = x^{p-1} + \binom{p}{1} x^{p-2} + \cdots + \binom{p}{p-2} x + \binom{p}{p-1}$$

그런데, $1 \le i \le p-1$ 일 때 $p \mid \binom{p}{i}$ 이고, 또 $\binom{p}{p-1} = p$ 이므로

$p \mid \binom{p}{p-1}$, $p^2 \nmid \binom{p}{p-1}$ 이다(정리 2.6.1 의 증명 참조).

그러므로 Eisenstein 의 규준에 의하여 $g(x)$ 는 유리수체 $\mathbb{Q}$ 위에서 기약이고, 따라서 $\Phi_p(x)$ 는 유리수체 $\mathbb{Q}$ 위에서 기약이다(정리 6.3.6).

일반적으로, 다음 정리가 성립한다([1], 정리 4.4.9 참조).

정리 6.3.9 素數 p 와 양의 정수 k 에 대하여 다항식

$$\Phi_{p^k}(x) = \frac{x^{p^k} - 1}{x^{p^{k-1}} - 1} = x^{p^{k-1}(p-1)} + x^{p^{k-1}(p-2)} + \cdots + x^{p^{k-1}} + 1$$

는 유리수체 $\mathbb{Q}$ 위에서 기약이다.

보기 6.3.5 다음 다항식은 모두 유리수체 $\mathbb{Q}$ 위에서 기약이다.

$$\Phi_4(x) = \frac{x^4-1}{x^2-1} = x^2+1,$$

$$\Phi_8(x) = \frac{x^8-1}{x^4-1} = x^4+1,$$

$$\Phi_3(x) = \frac{x^3-1}{x-1} = x^2+x+1,$$

$$\Phi_9(x) = \frac{x^9-1}{x^3-1} = x^6+x^3+1,$$

$$\Phi_5(x) = \frac{x^5-1}{x-1} = x^4+x^3+x^2+x+1$$

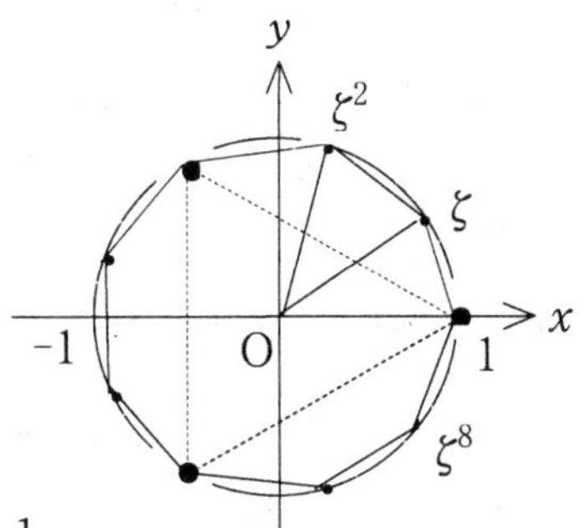

다음에는 p 가 素數일 때, 체 $\mathbb{Z}_p = \{0, 1, \cdots, p-1\}$ 위의 모닉인 기약다항식에 대하여 생각해 보자. 체 $\mathbb{Z}_p$ 위의 모닉 n 차의 다항식

$$f(x) = x^n + a_{n-1}x^{n-1} + \cdots + a_1 x + a_0$$

는 p^n 개 존재하고, 특히 p 개의 일차다항식 $f(x) = x + a \ (a \in \mathbb{Z}_p)$ 는 모두 $\mathbb{Z}_p$ 위에서 기약이다.

보기 6.3.6 체 $\mathbb{Z}_2 = \{0, 1\}$ 위에서 일차다항식은 x, $x+1$ 뿐이다.

또, 체 $\mathbb{Z}_2$ 위의 이차다항식은 x^2, x^2+1, x^2+x, x^2+x+1 뿐이고

$$x \cdot x = x^2, \quad x(x+1) = x^2+x, \quad (x+1)^2 = x^2+1$$

이므로 체 $\mathbb{Z}_2$ 위의 기약인 이차다항식은 $p(x) = x^2+x+1$ 뿐이다

한편, 체 $\mathbb{Z}_2$ 위의 3 차의 다항식은 2^3 개 존재한다. 이 중에서 상수항이 0 인 x^3+ax^2+bx 와 같은 꼴의 다항식은 2^2 개 존재하며 이들 다항식은 모두 기약다항식이 아니다. 또 상수항이 1 인 2^2 개의 다항식

$$x^3+1, \quad x^3+x+1, \quad x^3+x^2+1, \quad x^3+x^2+x+1$$

중에서 짝수 개의 항을 가진 첫째 다항식과 넷째 다항식은 1 을 근으로 가지므로 기약이 아니다. 그러므로 체 $\mathbb{Z}_2$ 위의 기약인 삼차다항식은

$$p(x) = x^3+x+1, \quad q(x) = x^3+x^2+1$$

뿐이다.

보기 6.3.7 체 $\mathbb{Z}_2 = \{0, 1\}$ 위에서 4 차의 다항식은 2^4 개 존재한다. 그런데, 4 차의 다항식 $f(x)$ 가 $\mathbb{Z}_2$ 위에서 기약이 아니면, $f(x)$ 는 체 $\mathbb{Z}_2$ 위에서 적어도 한 개의 일차다항식을 인수로 가지거나 또는 두 개의 기약인 이차다항식의 곱으로 인수분해된다.

이제 $f(x)$ 가 일차다항식을 인수로 가지는 경우를 생각해 보자.

먼저 $f(0) = 0$ 이면, $f(x)$ 는 $f(x) = x^4+a_3x^3+a_2x^2+a_1x$ 와 같은 꼴이고 이러한 다항식은 2^3 개 존재한다. 그리고, $f(0) = 1$, $f(1) = 0$ 인 다항식 $f(x)$ 는 다음 4 개의 다항식뿐이다.

$$x^4+1, \quad x^4+x^2+x+1, \quad x^4+x^3+x+1, \quad x^4+x^3+x^2+1$$

한편, 체 $\mathbb{Z}_2$ 위에서 기약인 이차다항식은 x^2+x+1 뿐이다(보기 6.3.6).

따라서 $f(x)$ 가 기약인 두 이차다항식의 곱으로 인수분해되는 경우는

$$f(x) = (x^2+x+1)^2 = x^4+x^2+1$$

뿐이므로 체 $\mathbb{Z}_2$ 위에서 기약인 사차다항식은 다음 세 다항식뿐이다.

$$x^4+x+1, \quad x^4+x^3+1, \quad x^4+x^3+x^2+x+1$$

보기 6.3.8 체 $\mathbb{Z}_3 = \{0, 1, 2\}$ 위에서 모닉 일차다항식은 x, $x+1$, $x+2$ 뿐이다. 또, 체 $\mathbb{Z}_3$ 위에서 3^2 개의 모닉 이차다항식 중에서

$$
\begin{aligned}
&x\,x = x^2, && x(x+1) = x^2+x,\\
&x(x+2) = x^2+2x, && (x+1)^2 = x^2+2x+1,\\
&(x+2)^2 = x^2+x+1, && (x+1)(x+2) = x^2+2
\end{aligned}
$$

는 체 $\mathbb{Z}_3$ 위에서 기약이 아니므로 체 $\mathbb{Z}_3$ 위에서 모닉인 기약 이차다항식은 x^2+1, x^2+x+2, x^2+2x+2 뿐이다.

정의 6.3.10 체 F가 체 K의 부분체일 때, K를 F의 **확대체**(extension, extension field) 라고 한다.

K
|
F

체 K가 체 F의 확대체일 때, K를 체 F 위의 벡터공간으로 볼 수 있다(보기 5.5.5).

실수체 $\mathbb{R}$ 위에서 다항식 $p(x) = x^2+1$는 기약이다. 이제

$$p(i) = 0 \qquad \text{즉} \qquad i^2 = -1$$

인 새로운 수 i를 도입하여 $a+bi$ $(a, b \in \mathbb{R})$와 같은 꼴의 수를 복소수라 하고 이러한 복소수 전체의 집합 $\mathbb{C}$를 생각하여 두 복소수 $\alpha = a+bi$, $\beta = c+di$에 대하여 다음과 같이 정의하자.

$$
\begin{aligned}
&a+bi = c+di \iff a = c,\ b = d\\
&(a+bi)+(c+di) = (a+c)+(b+d)i,\\
&(a+bi)(c+di) = (ac-bd)+(ad+bc)i
\end{aligned}
$$

여기서 $\alpha\beta$를 구할 때에는 α와 β를 i에 관한 다항식처럼 다루어 곱을 전개한 다음에 i^2을 -1로 바꾸어 정리한다.

이 때, $\mathbb{C}$는 두 연산에 관하여 체를 이룬다. 또, $\mathbb{C}$를 실수체 $\mathbb{R}$ 위의 벡터 공간으로 볼 때, $\mathbb{C}$는 $\mathscr{B} = \{1, i\}$를 기저로 가지는 2차원 벡터공간이다.

일반적으로, 체 F 위의 n차의 모닉 다항식

$$p(x) = x^n + c_{n-1}x^{n-1} + \cdots + c_1x + c_0$$

가 체 F 위에서 기약일 때, $p(u) = 0$인 새로운 원소 u를 도입하여

$$K = \{a_0 + a_1 u + \cdots + a_{n-1} u^{n-1} \mid a_0, a_1, \cdots, a_{n-1} \in F\}$$

를 생각하고, K의 두 원소

$$\xi = a_0 + a_1 u + \cdots + a_{n-1} u^{n-1}, \quad \eta = b_0 + b_1 u + \cdots + b_{n-1} u^{n-1}$$

에 대하여 상등관계와 덧셈 및 곱셈을 다음과 같이 정의하자.

$$\xi = \eta \Leftrightarrow a_0 = b_0,\ a_1 = b_1,\ \cdots,\ a_{n-1} = b_{n-1}$$

$$\xi + \eta = (a_0 + b_0) + (a_1 + b_1) u + \cdots + (a_{n-1} + b_{n-1}) u^{n-1},$$

$$\xi \eta = d_0 + d_1 u + \cdots + d_{n-1} u^{n-1} \qquad (d_0, d_1, \cdots, d_{n-1} \in F)$$

여기서 $\xi\eta$를 구할 때에는 ξ와 η를 u에 관한 다항식처럼 다루어 곱을 전개한 다음에 $p(u) = 0$을 이용하여 그 결과를 위에서와 같이 정리한다.

이 때, K는 이와 같이 정의된 연산에 관하여 체를 이루고 또 K는 체 F 위에서 $\mathscr{B} = \{1, u, \cdots, u^{n-1}\}$를 기저로 가지는 n차원 벡터공간을 이룬다.

앞에서 얻은 결과를 정리하면 다음 결과를 얻는다.

정리 6.3.11 체 F 위의 n차의 모닉인 기약다항식

$$p(x) = x^n + c_{n-1}x^{n-1} + \cdots + c_1 x + c_0$$

대하여 다음과 같은 F의 확대체 K와 원소 $u \in K$가 존재한다.

$$K = \{a_0 + a_1 u + \cdots + a_{n-1} u^{n-1} \mid a_0, a_1, \cdots, a_{n-1} \in F\}$$

$$\dim_F K = n = \deg p(x), \qquad p(u) = 0,$$

보기 6.3.9 정수 $m\ (\neq 1)$이 완전제곱수가 아닌 양의 정수이거나 또는 음의 정수일 때, $p(x) = x^2 - m$는 유리수체 $\mathbb{Q}$ 위에서 기약이다.

이제 유리수체 $\mathbb{Q}$에 $p(u) = 0$인 새로운 원소 u를 도입하면 다음과 같은 체 K를 얻는다.

$$K = \{a + bu \mid a, b \in \mathbb{Q}\}, \quad u^2 = m$$

$$(a + bu) + (c + du) = (a + c) + (b + d)u,$$

$$(a + bu)(c + du) = (ac + bdm) + (ad + bc)u$$

$$K \cong \mathbb{Q}(\sqrt{m}) = \{a + b\sqrt{m} \mid a, b \in \mathbb{Q}\}$$

보기 6.3.10 유리수체 $\mathbb{Q}$ 위에서 $p(x) = x^3 - x + 1$ 는 기약이다(보기 6.2.6). 따라서 다음과 같은 체 K 를 얻는다.

$$K = \{ a_0 + a_1 u + a_2 u^2 \mid a_0,\ a_1,\ a_2 \in \mathbb{Q} \}$$

$$p(u) = u^3 - u + 1 = 0 \quad \text{즉} \quad u^3 = -1 + u$$

$$u^4 = -u + u^2,$$

$$u^5 = -u^2 + u^3 = -1 + u - u^2$$

$$u^6 = -u^3 + u^4 = 1 - u - u + u^2 = 1 - 2u + u^2$$

체 K 에서 $v = -1 + u + u^2$ 의 곱셈에 관한 역원을 구하기 위하여 $f(x) = x^2 + x - 1$ 이라고 하면, $f(u) = v$ 이고 또 다음이 성립한다.

$$p(x) = (x-1)\,f(x) + x,$$

$$f(x) = (x+1)\,x - 1$$

$$x = (-x)\,(-1)$$

1	1 0 -1 1	1 1 -1	1
	1 1 -1	1 0	
-1	-1 0 1	1 -1	1
	-1 -1 1	1 0	
	1 0	-1	
-1	1 0		
	0		

따라서

$$1 = (x+1)\,x - f(x)$$

$$= (x+1)\,\{p(x) - (x-1)\,f(x)\} - f(x)$$

$$= p(x)\,(x+1) - x^2 f(x)$$

따라서 $1 = p(u)\,(u+1) - u^2 f(u),\ -u^2 v = 1$ 이다.

그러므로 $v^{-1} = -u^2$ 이다.

보기 6.3.11 체 $\mathbb{Z}_2 = \{0, 1\}$ 위에서 $p(x) = x^2 + x + 1$ 는 기약다항식이고 따라서 다음과 같은 위수 4 인 유한체 K 를 얻는다(보기 6.3.6).

$$K = \{ a_0 + a_1 \alpha \mid a_0,\ a_1 \in \mathbb{Z}_2 \} = \{0,\ 1,\ \alpha,\ 1+\alpha\}$$

$$p(\alpha) = \alpha^2 + \alpha + 1 = 0 \quad \text{즉} \quad \alpha^2 = -1 - \alpha = 1 + \alpha$$

$+$	0	1	α	$1+\alpha$
0	0	1	α	$1+\alpha$
1	1	0	$1+\alpha$	α
α	α	$1+\alpha$	0	1
$1+\alpha$	$1+\alpha$	α	1	0

$\cdot$	0	1	α	$1+\alpha$
0	0	0	0	0
1	0	1	α	$1+\alpha$
α	0	α	$1+\alpha$	1
$1+\alpha$	0	$1+\alpha$	1	α

유한체 K 에서

$$\alpha^2 = 1+\alpha, \quad \alpha^3 = \alpha(1+\alpha) = \alpha+\alpha^2 = 1$$

이므로 $K^* = K - \{0\} = \{1, \alpha, \alpha^2\} = \langle \alpha \rangle$ 이다. 그리고,

$$p(\alpha^2) = (\alpha^2)^2 + \alpha^2 + 1 = \alpha + \alpha^2 + 1 = 0$$

이므로 α 와 α^2 는 $p(x)$ 의 근이고 따라서 다항식 $p(x)$ 는 체 K 위에서

$$p(x) = x^2+x+1 = (x-\alpha)(x-\alpha^2)$$

으로 인수분해된다.

연습문제 (6.3)

1. 다음 다항식은 유리수체 $\mathbb{Q}$ 위에서 기약임을 증명하여라.

(1) $f(x) = x^4+2x+2$ (2) $f(x) = x^4+2$

(3) $f(x) = x^4-10x^2+1$ (4) $f(x) = x^4-x^2+1$

2. 체 $\mathbb{Z}_2$ 위에서 다항식 $f(x) = x^5+x^2+1$ 는 기약임을 밝혀라.

3. 다음 다항식은 체 $\mathbb{Z}_3$ 위에서 기약임을 밝혀라.

(1) $f(x) = x^3+2x+1$ (2) $f(x) = x^3+2x^2+1$

(3) $f(x) = x^3+x^2+2x+1$ (4) $f(x) = x^3+2x^2+x+1$

4. 보기 6.3.10 의 체 K 에서 다음 원소를 $a_0+a_1u+a_2u^2$ $(a_0, a_1, a_2 \in \mathbb{Q})$ 의 꼴로 나타내어라.

(1) $(1+u)^{-1}$ (2) $(1+u+u^2)^{-1}$

5. 다항식 $p(x) = x^4+1$ 는 유리수체 $\mathbb{Q}$ 위에서 기약이다(보기 6.3.4).
유리수체 $\mathbb{Q}$ 에 $p(u) = 0$ 인 새로운 원소 u 를 도입하여 얻은 체를 K 라고 할 때, 다음 원소를 $a_0+a_1u+a_2u^2+a_3u^3$ $(a_0, a_1, a_2, a_3 \in \mathbb{Q})$ 의 꼴로 나타내어라.

(1) $u^5+u^6+u^7+u^8$ (2) $(1+u)^{-1}$ (3) $(1+u^3)^{-1}$

§ 6.4 Galois 체

이 절에서는, 유한체에 대하여 논하기로 한다.

정의 6.4.1 체 K 의 단위원 1 에 대하여

$$m \cdot 1 = 1 + 1 + \cdots + 1 = 0 \qquad (1\text{ 이 } m\text{개})$$

인 양의 정수 $m\ (\geq 2)$ 이 존재하는 경우에 이러한 양의 정수 중에서 가장 작은 양의 정수 m 을 체 F 의 **표수**(characteristic)라고 한다.

한편, 이러한 양의 정수가 존재하지 않을 때, F 를 **표수 0** 인 체라고 한다.

보기 6.4.1 素數 p 에 대하여 체 $\mathbb{Z}_p = \{0, 1, \cdots, p-1\}$ 의 표수는 p 이다.

한편, 유리수체 $\mathbb{Q}$, 실수체 $\mathbb{R}$, 복소수체 $\mathbb{C}$ 는 표수 0 인 체이다.

정리 6.4.2 체 F 의 표수는 0 또는 素數이다.

증명 체 F 의 표수 m 이 합성수라고 가정하고 $m = de$, $1 < d \leq e < m$ 이라고 하면, $0 = m \cdot 1 = (d \cdot 1)(e \cdot 1)$, $d \cdot 1 \neq 0$, $e \cdot 1 \neq 0$ 으로 되므로 F 가 체라는 사실에 모순된다(정리 5.2.9). 따라서 정리가 성립한다.

정리 6.4.3 체 F 의 표수가 素數 p 일 때, 임의의 원소 $a, b \in F$ 에 대하여 다음이 성립한다.

$$p \cdot a = 0, \qquad (a+b)^p = a^p + b^p, \quad (a-b)^p = a^p - b^p .$$

특히, 체 F 의 표수가 2 이면, 임의의 $a, b \in F$ 에 대하여 다음이 성립한다.

$$a + a = 0, \ -a, = a, \ (a+b)^2 = a^2 + b^2, \ (a-b)^2 = a^2 - b^2$$

증명 체 F 의 표수가 素數 p 이면, 모든 $a \in F$ 에 대하여 다음이 성립한다.

$$\begin{aligned} p \cdot a &= a + \cdots + a = 1a + \cdots + 1a \\ &= (1 + \cdots + 1)a = (p \cdot 1)a = 0a = 0 \end{aligned}$$

그리고, 두 원소 $a, b \in F$ 에 대하여 다음이 성립한다

$$(a+b)^p = a^p + \binom{p}{1} a^{p-1} b + \cdots + \binom{p}{p-1} a\, b^{p-1} + b^p$$

여기서 $1 \le i \le p-1$ 일 때, $p \,\Big|\, \binom{p}{i}$ 이고(정리 2.6.1 의 증명). 체 F 의 표수는 p 이므로 $\binom{p}{i} a^{p-i} b^i = 0$ 이다 따라서 $(a+b)^p = a^p + b^p$ 이다.

그리고, p 가 홀수이면 $(a-b)^p = a^p + (-b)^p = a^p - b^p$ 이다.

특히, $p = 2$ 이면, $(a-b)^p = (a+b)^p = a^p + b^p = a^p - b^p$ 이다.

체 F 의 표수가 0 이면 F 는 유리수체 $\mathbb{Q}$ 와 본질적으로 동일한 부분체를 포함하고, F 의 표수가 素數 p 이면 F 는 체 $\mathbb{Z}_p$ 와 본질적으로 동일한 부분체를 포함한다([1], 정리 3.11.5). 이러한 의미에서 F 의 표수가 0 인 경우에는 $\mathbb{Q} \subseteq F$ 라고 생각하고 $\mathbb{Q}$ 를 F 의 **素體**(prime field)라고 하며, 체 F 의 표수가 素數 p 인 경우에는 $\mathbb{Z}_p \subseteq F$ 라고 생각하고 $\mathbb{Z}_p$ 를 F 의 **素體**라고 한다.

특히, 유한체 K 의 표수는 적당한 素數 p 이고, 이때 적당한 양의 정수 n 에 대하여 $|K| = p^n$ 이다. 역으로, 임의의 素數 p 와 양의 정수 n 에 대하여 위수 p^n 인 유한체는 존재하고 이러한 유한체는 본질적으로 단 하나 존재한다([1], 정리 6.8.1, 정리 5.8.2).

그리고, 유한체 K 의 곱셈군 $K^* = K - \{0\}$는 순환군이다(정리 6.2.23).

정의 6.4.4 임의의 素數 p 와 양의 정수 n 에 대하여 $q = p^n$ 이라고 할 때, 위수 p^n 인 유한체를 **위수** q 인 **갈루아 체**(Galois field) 라 하고 이 체를

$$\mathbb{F}_q \quad \text{또는} \quad \mathrm{GF}(q)$$

로 나타낸다. 특히, $\mathbb{F}_p = \mathbb{Z}_p = \{0, 1, \cdots, p-1\}$ 이고, $\mathbb{F}_p \subseteq \mathbb{F}_q$ 이다.

그리고, Galois 체 $\mathbb{F}_q$ 의 원소 α 가 순환군 $\mathbb{F}_q{}^*$ 의 생성원일 때, 즉

$$\mathbb{F}_q{}^* = \langle \alpha \rangle = \{1, \alpha, \cdots, \alpha^{q-2}\}, \quad \alpha^{q-1} = 1$$

일 때, α 를 체 $\mathbb{F}_q$ 의 **원시원소**(primitive element)라 하고 또 $\mathbb{F}_q$ 의 원시원소를 근으로 가지는 체 $\mathbb{F}_p$ 위의 n 차의 모닉 기약다항식을 체 $\mathbb{F}_p$ 위의 n 차의 **원시다항식**(primitive polynomial)이라고 한다.

다음 정리의 증명은 생략하기로 한다([1], 정리 4.6.2).

정리 6.4.5 素數 p와 양의 정수 n에 대하여 $q = p^n$이라고 할 때, Galois 체 $\mathbb{F}_q$에서 다음이 성립한다.

(1) 체 $\mathbb{F}_q$의 임의의 원소 u에 대하여 $u^q = u$이고, 체 $\mathbb{F}_q$는 다항식 $f(x) = x^q - x$의 근 전체로 이루어져 있다.

(2) 체 $\mathbb{F}_q$의 원소 α가 $\mathbb{F}_q$의 원시원소일 때, 정수 i에 대하여 α^i가 $\mathbb{F}_q$의 원시원소이기 위한 필요충분조건은 $(i, q-1) = 1$인 것이다.

(3) 체 $\mathbb{F}_p$ 위의 n차의 다항식 $p(x)$가 원시다항식일 때, $u \in \mathbb{F}_q$를 $p(u) = 0$인 원시원소라고 하면 $p(x)$는 체 $\mathbb{F}_q$ 안에서 서로 다른 n개의 근 $u, u^p, u^{p^2}, \cdots, u^{p^{n-1}}$을 가지며 이들 근은 모두 $\mathbb{F}_q$의 원시원소이다.

(4) 체 $\mathbb{F}_q$의 원시원소 전체의 개수는 $\varphi(q-1)$이고, 체 $\mathbb{F}_p$ 위의 n차의 원시다항식 전체의 개수는 $\dfrac{\varphi(q-1)}{n}$이다.

素數 p에 대하여 체 $\mathbb{F}_p = \{0, 1, \cdots, p-1\}$ 위의 n차의 기약다항식 $p(x)$를 이용하여 Galois 체 $\mathbb{F}_{p^n}$을 결정할 수 있다(정리 6.3.11).

보기 6.4.2 체 $\mathbb{F}_2$ 위에서 $p(x) = x^4 + x + 1$은 4차의 기약다항식이므로 다음과 같은 위수 2^4인 Galois 체 $\mathbb{F}_{2^4}$를 얻는다(보기 6.3.7).

$$\mathbb{F}_{2^4} = \{a_0 + a_1\alpha + a_2\alpha^2 + a_3\alpha^3 \mid a_0, a_1, a_2, a_3 \in \mathbb{F}_2\},$$

$$p(\alpha) = \alpha^4 + \alpha + 1 = 0 \quad \text{즉} \quad \alpha^4 = 1 + \alpha$$

$$\begin{array}{lll}
\alpha = \alpha, & \alpha^2 = \alpha^2, & \alpha^3 = \alpha^3, \\
\alpha^4 = 1 + \alpha, & \alpha^5 = \alpha + \alpha^2, & \alpha^6 = \alpha^2 + \alpha^3, \\
\alpha^7 = 1 + \alpha + \alpha^3, & \alpha^8 = 1 + \alpha^2, & \alpha^9 = \alpha + \alpha^3, \\
\alpha^{10} = 1 + \alpha + \alpha^2, & \alpha^{11} = \alpha + \alpha^2 + \alpha^3, & \alpha^{12} = 1 + \alpha + \alpha^2 + \alpha^3, \\
\alpha^{13} = 1 + \alpha^2 + \alpha^3, & \alpha^{14} = 1 + \alpha^3, & \alpha^{15} = 1
\end{array}$$

$$\mathbb{F}_{2^4}{}^* = \langle \alpha \rangle = \{1, \alpha, \alpha^2, \cdots, \alpha^{14}\}, \quad \alpha^{15} = 1$$

원소 α 는 $\mathbb{F}_{2^4}$ 의 원시원소이고 $p(x)$ 는 체 $\mathbb{F}_2$ 위의 4 차의 원시다항식이다. 또, 8 개의 원소 α, α^2, α^4, α^7, α^8, α^{11}, α^{13}, α^{14} 은 체 $\mathbb{F}_{2^4}$ 의 원시원소이고 이 중에서 4 개의 원시원소 α, α^2, α^4, α^8 은 $p(x)$ 의 근이다.

그런데, 체 $\mathbb{F}_2$ 위에서 4 차의 기약다항식은 $p(x)$, $q(x) = x^4+x^3+1$, $r(x) = x^4+x^3+x^2+x+1$ 뿐이다(보기 6.3.7). 그리고,

$$q(\alpha^7) = \alpha^{28}+\alpha^{21}+1 = \alpha^{13}+\alpha^6+1 = 0,$$
$$(\alpha^7)^2 = \alpha^{14},\quad (\alpha^{14})^2 = \alpha^{28} = \alpha^{13},\quad (\alpha^{13})^2 = \alpha^{26} = \alpha^{11}$$

이므로 α^7, α^{11}, α^{13}, α^{14} 은 $q(x)$ 의 근이고 $q(x)$ 는 $\mathbb{F}_2$ 위의 원시다항식이다. 따라서 체 $\mathbb{F}_2$ 위의 4 차의 원시다항식은 $p(x)$ 와 $q(x)$ 뿐이다. 한편,

$$r(\alpha^3) = 0,\quad (\alpha^3)^2 = \alpha^6,\quad (\alpha^3)^4 = \alpha^{12},\quad (\alpha^3)^8 = \alpha^9$$

이므로 α^3, α^6, α^9, α^{12} 은 $r(x)$ 의 근이고 α^5, α^{10} 은 x^2+x+1 의 근이며 0 과 1 은 각각 x, $x-1$ 의 근이다. 그런데, 체 $\mathbb{F}_{2^4}$ 의 원소는 모두 다항식 $f(x) = x(x^{15}-1)$ 의 근이므로 $f(x)$ 는 체 $\mathbb{F}_2$ 위에서 기약다항식의 곱 $f(x) = x(x-1)(x^2+x+1)\,p(x)\,q(x)\,r(x)$ 으로 인수분해된다.

보기 6.4.3 체 $\mathbb{F}_3 = \{0, 1, 2\}$ 위에서 $p(x) = x^3+2x+1$ 는 기약다항식이고 따라서 다음과 같은 위수 3^3 인 Galois 체 $\mathbb{F}_{3^3}$ 를 얻는다(문제 6.3.3).

$$\mathbb{F}_{3^3} = \{a_0 + a_1\alpha + a_2\alpha^2 \mid a_0, a_1, a_2 \in \mathbb{F}_3\},$$
$$p(\alpha) = \alpha^3 + 2\alpha + 1 = 0 \quad \text{즉} \quad \alpha^3 = -1-2\alpha = 2+\alpha$$

$\alpha^1 = \alpha$, $\alpha^2 = \alpha^2$, $\alpha^3 = 2+\alpha$, $\alpha^4 = 2\alpha+\alpha^2$,
$\alpha^5 = 2+\alpha+2\alpha^2$, $\alpha^6 = 1+\alpha+\alpha^2$, $\alpha^7 = 2+2\alpha+\alpha^2$,
$\alpha^8 = 2+2\alpha^2$, $\alpha^9 = 1+\alpha$, $\alpha^{10} = \alpha+\alpha^2$,
$\alpha^{11} = 2+\alpha+\alpha^2$, $\alpha^{12} = 2+\alpha^2$, $\alpha^{13} = 2$,
$\alpha^{14} = 2\alpha$, $\alpha^{15} = 2\alpha^2$, $\alpha^{16} = 1+2\alpha$,
$\alpha^{17} = \alpha+2\alpha^2$, $\alpha^{18} = 1+2\alpha+\alpha^2$, $\alpha^{19} = 2+2\alpha+2\alpha^2$,
$\alpha^{20} = 1+\alpha+2\alpha^2$, $\alpha^{21} = 1+\alpha^2$, $\alpha^{22} = 2+2\alpha$,
$\alpha^{23} = 2\alpha+2\alpha^2$, $\alpha^{24} = 1+2\alpha+2\alpha^2$, $\alpha^{25} = 1+2\alpha^2$, $\alpha^{26} = 1$

$$\mathbb{F}_{3^3}{}^* = \langle \alpha \rangle = \{1, \alpha, \alpha^2, \cdots, \alpha^{25}\}, \quad \alpha^{26} = 1$$

따라서 12 개의 원소 $\alpha, \alpha^3, \alpha^5, \alpha^7, \alpha^9, \alpha^{11}, \alpha^{15}, \alpha^{17}, \alpha^{19}, \alpha^{21}, \alpha^{23}, \alpha^{25}$ 는 체 $\mathbb{F}_{3^3}$ 의 원시원소이고, $p(\alpha) = 0$ 이므로 $p(x)$ 는 체 $\mathbb{F}_3$ 위의 3 차의 원시다항식이며 $\alpha, \alpha^3, \alpha^9$ 는 $p(x)$ 의 근이다.

또, 기약다항식 $q(x) = x^3 + 2x^2 + x + 1$ 에 대하여

$$q(\alpha^5) = \alpha^{15} + 2\alpha^{10} + \alpha^5 + 1 = 0,$$

$$(\alpha^5)^3 = \alpha^{15}, \quad (\alpha^5)^9 = \alpha^{45} = \alpha^{19}$$

이므로 $\alpha^5, \alpha^{15}, \alpha^{19}$ 은 $q(x)$ 의 근이고 따라서 $q(x)$ 는 체 $\mathbb{F}_3$ 위의 3 차의 원시다항식이다.

다음 다항식은 체 $\mathbb{F}_2$ 위의 원시다항식이다([12] 의 표 참조).

$x^5 + x^2 + 1,$	$x^6 + x + 1,$	$x^7 + x + 1,$
$x^8 + x^4 + x^3 + x^2 + 1,$	$x^9 + x^4 + 1,$	$x^{10} + x^3 + 1,$
$x^{11} + x^2 + 1,$	$x^{12} + x^6 + x^4 + x + 1,$	$x^{13} + x^4 + x^3 + x + 1,$
$x^{14} + x^5 + x^3 + x + 1,$	$x^{15} + x + 1,$	$x^{16} + x^5 + x^3 + x^2 + 1$
$x^{17} + x^3 + 1,$	$x^{18} + x^5 + x^2 + x + 1,$	$x^{19} + x^5 + x^2 + x + 1,$
$x^{20} + x^3 + 1,$	$x^{21} + x^2 + 1,$	$x^{22} + x + 1$
$x^{23} + x^5 + 1,$	$x^{24} + x^4 + x^3 + x + 1,$	$x^{25} + x^3 + 1$
$x^{26} + x^6 + x^2 + x + 1,$	$x^{27} + x^5 + x^2 + x + 1,$	$x^{28} + x^3 + 1,$
$x^{29} + x^2 + 1,$	$x^{30} + x^6 + x^4 + x + 1,$	$x^{31} + x^3 + 1$

정의 6.4.6 Galois 체 $\mathbb{F}_q$ 에서 α 가 원시원소일 때, 각 원소 $u \in \mathbb{F}_q{}^*$ 에 대하여

$$u = \alpha^i, \qquad 0 \le i \le q-2$$

인 정수 i 가 단 하나 존재한다.

여기서, i 를 (α 를 밑으로 가지는) u 의 **이산로그**(discrete logarithm) 또는 **指數**(index) 라 하고 이것을 $i = \mathrm{ind}_\alpha u$ 로 나타낸다

정수 p가 素數일 때, 체 $\mathbb{F}_p$에서 $g \in \mathbb{F}_p^*$가 체 $\mathbb{F}_p$의 원시원소이면

$$\mathbb{F}_p^* = \langle g \rangle = \{g^0, g, \cdots, g^{p-2}\}, \qquad g^{p-1} = 1$$

이고 이 사실은 정수환 $\mathbb{Z}$ 에서

$$g^{p-1} \equiv 1 \pmod{p}, \quad g^i \not\equiv 1 \pmod{p} \quad (1 \leq i \leq p-1)$$

임을 뜻하므로 g 가 법 p에 관한 원시근임을 뜻한다(정의 2.6.9).

그리고, $(a, p) = 1$인 정수 a에 대하여 $\mathrm{ind}_g a$ 는 법 p 에 관한 (g를 밑으로 가지는) a 의 이산로그를 뜻한다(정의 2.6.10 참조).

보기 6.4.4 체 $\mathbb{F}_7 = \{0, 1, 2, 3, 4, 5, 6\}$ 에서

$$3^1 = 3, \quad 3^2 = 2, \quad 3^3 = 6, \quad 3^4 = 4,$$
$$3^5 = 5, \quad 3^6 = 1 = 3^0$$

이므로 $\mathbb{F}_7^* = \{1, 2, 3, 4, 5, 6\} = \langle 3 \rangle$ 이고, 또 다음이 성립한다.

$$\mathrm{ind}_3 1 = 0, \quad \mathrm{ind}_3 2 = 2, \quad \mathrm{ind}_3 3 = 1,$$
$$\mathrm{ind}_3 4 = 4, \quad \mathrm{ind}_3 5 = 5, \quad \mathrm{ind}_3 6 = 3$$

체 K의 곱셈군 K^*에서 $D = \{ a^2 \mid a \in K^* \}$는 K^*의 부분군이다(문제 5.1.6). 부분군 D에 속하는 원소를 K의 **제곱수**(square)라고 한다.

보기 6.4.5 체 $\mathbb{F}_7 = \{0, 1, 2, 3, 4, 5, 6\}$ 에서

$$1^2 = 1, \quad (\pm 2)^2 = 4, \quad (\pm 3)^2 = 2$$

이므로 $\mathbb{F}_7$의 제곱수는 1, 2, 4 뿐이다.

정리 6.4.7 Galois 체 $\mathbb{F}_q$에서 α를 원시원소라 하고 D를 제곱수 전체의 집합이라고 하자. 이 때, q가 짝수이면 $D = \mathbb{F}_q^*$이고, 또 q가 홀수이면 다음이 성립한다.

$$D = \langle \alpha^2 \rangle = \{\alpha^{2i} \mid 0 \leq i < \frac{q-1}{2}\}, \quad |D| = \frac{q-1}{2}$$

증명 먼저 $\mathbb{F}_q^* = \langle \alpha \rangle$ 이므로 $D = \langle \alpha^2 \rangle$ 이고 α 의 위수는 $q-1$ 이므로 D 의 위수는 $\dfrac{q-1}{(2,\, q-1)}$ 이다(정리 5.1.20).

그러므로 q 가 짝수이면 $|D| = q-1$ 이므로 $D = \mathbb{F}_q^*$ 이고, 또 q 가 홀수이면 $|D| = \dfrac{q-1}{2}$ 이므로 정리가 성립한다.

정의 6.4.8 Galois 체 $\mathbb{F}_q$ 에서 q 가 홀수일 때, 각 원소 $a \in \mathbb{F}_q^*$ 에 대하여 $\chi(a)$ 를 다음과 같이 정한다.

$$\chi(a) = \begin{cases} 1 & (a \text{ 가 제곱수인 경우}) \\ -1 & (a \text{ 가 제곱수가 아닌 경우}) \end{cases}$$

素數 p 가 홀수일 때, 체 $\mathbb{F}_p = \{0, 1, 2, \cdots, p\}$ 에서 $a \in \mathbb{F}_p^*$ 가 제곱수라는 말은 이차합동식 $x^2 \equiv a \pmod{p}$ 의 해가 존재함을 뜻하고 이 사실은 a 가 법 p 에 관하여 **이차잉여**(quadratic residue) 임을 뜻하며 $\chi(a)$ 는 Legendre 기호 $\left(\dfrac{a}{p}\right)$ 와 일치한다([2], 정의 6.1.1, 정의 6.1.4).

보기 6.4.6 체 $\mathbb{F}_7$ 의 제곱수는 1, 2, 4 뿐이므로 다음이 성립한다.

$$\chi(1) = \left(\frac{1}{7}\right) = 1,\quad \chi(2) = \left(\frac{2}{7}\right) = 1,\quad \chi(3) = \left(\frac{3}{7}\right) = -1,$$

$$\chi(4) = \left(\frac{4}{7}\right) = 1,\quad \chi(5) = \left(\frac{5}{7}\right) = -1,\quad \chi(6) = \left(\frac{6}{7}\right) = -1$$

정리 6.4.9 Galois 체 $\mathbb{F}_q$ 에서 q 가 홀수일 때, α 를 $\mathbb{F}_q$ 의 원시원소라고 하면 다음이 성립한다.

(1) $\chi(1) = 1, \qquad \chi(\alpha^i) = (-1)^i$

(2) $\alpha^{\frac{q-1}{2}} = -1, \quad \chi(-1) = (-1)^{\frac{q-1}{2}}$

(3) $\chi(-1) = \begin{cases} 1 & (q \equiv 1 \pmod{4} \text{ 인 경우}) \\ -1 & (q \equiv 3 \pmod{4} \text{ 인 경우}) \end{cases}$

증명 (1) Galois 체 $\mathbb{F}_q$ 의 제곱수 전체의 집합은

$$D = \langle \alpha^2 \rangle = \{\alpha^{2i} \mid 0 \le i < \frac{q-1}{2}\}$$

이고, 따라서 (1) 이 성립한다.

(2) 위수 $q-1$ 인 순환군 $\langle\alpha\rangle$ 에서 위수 2 인 원소는 단 하나 존재하고 $\alpha^{\frac{q-1}{2}}$ 와 -1 의 위수는 2 이므로, $\alpha^{\frac{q-1}{2}} = -1$ 이다(정리 5.1.20 참조).

따라서 (1) 에 의하여 $\chi(-1) = (-1)^{\frac{q-1}{2}}$ 이다.

(3) 위의 (2) 에 의하여 (3) 이 성립한다.

이 절의 결과는 암호학, 부호이론, 디자인 이론에 이용된다([4], [5] 참조).

연습문제 (6.4)

1. 다음과 같은 체 $\mathbb{F}_2 = \{0, 1\}$ 위의 3 차의 기약다항식을 이용하여 Galois 체 $\mathbb{F}_{2^3}$ 을 정하고 이 다항식이 $\mathbb{F}_2$ 위의 원시다항식인지를 판정하여라.

   (1) $p(x) = x^3 + x + 1$ (2) $q(x) = x^3 + x^2 + 1$

2. 체 $\mathbb{F}_2$ 위의 4 차의 기약다항식 $r(x) = x^4 + x^3 + x^2 + x + 1$ 는 원시다항식이 아님을 보이기 위하여 $r(\beta) = 0$ 인 원소 β 를 도입하여 Galois체 $\mathbb{F}_{2^4}$ 을 정하고 $\langle \beta \rangle \neq \mathbb{F}_{2^4}$ 임을 밝혀라.

3. 체 $\mathbb{F}_2$ 위의 5 차의 기약다항식 $p(x) = x^5 + x^2 + 1$ 를 이용하여 Galois 체 $\mathbb{F}_{2^5}$ 을 정하고, $p(x)$ 가 체 $\mathbb{F}_2$ 위의 원시다항식임을 밝혀라.

4. 체 $\mathbb{F}_3$ 위의 원시다항식 $p(x) = x^2 + x + 2$ 를 이용하여 Galois 체 $\mathbb{F}_{3^2}$ 을 만들어라. 그리고, 이 체의 원시원소와 제곱수를 모두 구하여라.

5. 체 $\mathbb{F}_{17} = \{0, 1, 2, \cdots, 16\}$ 에서 $\mathbb{F}_{17}{}^* = \langle 3 \rangle$ 임을 확인하여라. 그리고, 체 $\mathbb{F}_{17}$ 의 원시원소와 제곱수를 모두 구하여라.

제 7 장

선형점화수열

이 장에서는, 체 위의 동차 선형점화식과 동차 선형점화수열의 고유다항식과 생성함수에 대하여 논한다. 그리고, 체 $\mathbb{F}_p$ 위의 무한수열의 주기와 최대주기수열의 특성에 대하여 논하고, 선형 Shift Register 와 스트림 암호체계에 대하여 간단히 소개한다.

동차 선형점화수열에 대한 일반적인 사항에 대해서는

박승안, 암호학과 부호이론, 제 2 판, 2003 년

을 참조하기 바란다.

§7.1 점화식과 점화수열

체 F의 원소 $a_0,\ a_1,\ a_2,\ a_3,\ \cdots$ 로 이루어진 무한수열

$$\{a_t\} : \quad a_0,\ a_1,\ a_2,\ a_3,\ \cdots$$

를 체 F 위의 **무한수열**(infinite sequence)이라 하고 또 각 원소 a_t를 $\{a_t\}$의 **항**(term)이라고 한다. 또, 체 F의 원소 c 만으로 이루어진 무한수열

$$\{c\} : \ c,\ c,\ c,\ c,\ c,\ \cdots$$

를 **상수수열**(constant sequence)이라 하고, 특히 $\{0\}$을 **영수열**이라고 한다. 특히, 체 $\mathbb{F}_2 = \{0, 1\}$ 위의 수열을 **二進수열**(binary sequence)이라고 한다.

정의 7.1.1 체 F 위의 무한수열 $\{a_t\}$가 다음 두 조건을 만족시키는 무한수열이라고 하자.

(i) $a_0,\ a_1,\ \cdots,\ a_{n-1}$의 값은 미리 정해진다.

(ii) 각 정수 $t\ (\geq 0)$에 대하여 a_{t+n}는 $a_t,\ a_{t+1},\ \cdots,\ a_{t+n-1}$에 관한 식에 의하여 결정된다.

이 때, $a_0,\ a_1,\ \cdots,\ a_{n-1}$의 값을 $\{a_t\}$의 **초기 조건**(initial condition)이라 하고 (ii)의 식을 $\{a_t\}$의 **漸化式**(recurring relation) 이라고 하며 $\{a_t\}$를 **漸化수열**(recurring sequence)이라고 한다.

보기 7.1.1 실수체 $\mathbb{R}$ 위의 무한수열 $\{a_t\}$가 다음과 같이 정의된 점화수열이라고 하자.

(i) $a_0 = a$ (ii) $a_{t+1} = a_t + d \quad (t \geq 0)$

이 때,

$$a_1 = a_0 + d = a + d,$$
$$a_2 = a_1 + d = (a + d) + d = a + 2d,$$
$$a_3 = a_2 + d = (a + 2d) + d = a + 3d$$

이고, 따라서 $\{a_t\}$ 는 다음과 같은 무한수열이다.

$$\{a_t\} : \quad a,\ a+d,\ a+2d,\ a+3d,\ \cdots,\ a+td,\ \cdots$$

이 무한수열은 첫째 항이 a 이고 공차(common difference)가 d 인 등차수열(산술수열, arithmetic sequence)이다.

보기 7.1.2 체 F 위의 무한수열 $\{a_t\}$ 가 다음과 같은 초기조건과 점화식에 의하여 정의된 점화수열이라고 하자.

(i) $a_0 = a$ (ii) $a_{t+1} = r a_t \quad (t \geq 0)$

이 때,

$$a_1 = r a_0 = r a,$$
$$a_2 = r a_1 = r(r a) = r^2 a,$$
$$a_3 = r a_2 = r(r^2 a) = r^3 a$$

이고, 따라서 $\{a_t\}$ 는 다음과 같은 무한수열이다.

$$\{a_t\} : \quad a,\ ra,\ r^2 a,\ r^3 a,\ \cdots,\ r^t a,\ \cdots$$

이 무한수열은 첫째 항이 a 이고 공비(common ratio)가 r 인 등비수열(기하수열, geometric sequence)이다.

보기 7.1.3 실수체 $\mathbb{R}$ 위의 무한수열 $\{a_t\}$ 가 다음 두 조건을 만족시키는 점화수열이라고 하자.

(i) $a_0 = 1,\ a_1 = 1$ (ii) $a_{t+2} = a_t + a_{t+1} \quad (t \geq 0)$

이 때,

$$a_2 = a_0 + a_1 = 1 + 1 = 2,$$
$$a_3 = a_1 + a_2 = 1 + 2 = 3,$$
$$a_4 = a_2 + a_3 = 2 + 3 = 5$$
$$a_5 = a_3 + a_4 = 3 + 5 = 8$$

이고, 따라서 $\{a_t\}$ 는 다음과 같은 피보나치 수열이다(정의 2.3.3).

$$\{a_t\} : \ 1,\ 1,\ 2,\ 3,\ 5,\ 8,\ 13,\ 21,\ 34,\ 55,\ 89,\ 144,\ 233,\ \cdots$$

보기 7.1.4 체 $\mathbb{F}_2 = \{0, 1\}$ 위의 무한수열 $\{a_t\}$ 가 다음 두 조건을 만족시키는 점화수열이라고 하자.

(i) $a_0 = 1,\ a_1 = 1$ (ii) $a_{t+2} = a_t + a_{t+1}$ $(t \geq 0)$

이 때,

$$a_2 = a_0 + a_1 = 1 + 1 = 0,$$
$$a_3 = a_1 + a_2 = 1 + 0 = 1,$$
$$a_4 = a_2 + a_3 = 0 + 1 = 1$$

이고, 따라서 $\{a_t\}$ 는 다음과 같은 무한수열이다.

$\{a_t\}$: 1, 1, 0, 1, 1, 0, 1, 1, 0, 1, 1, 0, $\cdots$

보기 7.1.5 체 F 위의 무한수열 $\{a_t\}$ 가 점화식

$$a_{t+1} = c\,a_t + d \qquad (t \geq 0)$$

을 만족시키는 점화수열이라고 하자.

이 때, 점화식에 의하여 $t \geq 1$ 일 때,

$$\begin{aligned} a_t &= c\,a_{t-1} + d = c(c\,a_{t-2} + d) + d \\ &= c^2 a_{t-2} + d(1+c) = c^2(c\,a_{t-3} + d) + d(1+c) \\ &= c^3 a_{t-3} + d(1+c+c^2) \end{aligned}$$

이므로 모든 양의 정수 t에 대하여 다음이 성립한다고 예측할 수 있다.

$$(*) \qquad a_t = a_0\,c^t + d(1 + c + c^2 + \cdots + c^{t-1})$$

실제로, $a_1 = ca_0 + d$ 이므로, $t = 1$ 일 때 (*) 는 성립한다.

이제 $t = k \geq 1$ 일 때 등식 (*) 가 성립한다고 가정하자. 이 때,

$$\begin{aligned} a_{k+1} &= c\,a_k + d \\ &= c\{a_0\,c^k + d(1 + c + \cdots + c^{k-1})\} + d \\ &= a_0\,c^{k+1} + d(1 + c + c^2 + \cdots + c^k) \end{aligned}$$

이므로 등식 (*) 는 $t = k+1$ 일 때에도 성립한다.

따라서 모든 양의 정수 t에 대하여 (*) 가 성립한다..

그리고 (*) 는 $t = 0$ 일 때에도 성립한다.

그러므로 다음 결과를 얻는다.

$$c = 1 \text{ 인 경우 : } \quad a_t = a_0 + dt \qquad (t \geq 0)$$

$$c \neq 1 \text{ 인 경우 : } \quad a_t = a_0 c^t + \frac{d(c^t - 1)}{c-1} \qquad (t \geq 0)$$

예를 들어, 실수체 $\mathbb{R}$ 에서의 무한수열 $\{a_t\}$ 가 두 조건

(i) $a_0 = 0$ (ii) $a_{t+1} = 2a_t + 1 \quad (t \geq 0)$

을 만족시키는 점화수열이면,

$$a_t = 2^t - 1 \qquad (t \geq 0)$$

이고 따라서 $\{a_t\}$ 는 다음과 같은 무한수열이다.

$\{a_t\}$: 0, 1, 3, 7, 15, 31, 63, ⋯

이 무한수열은 프랑스 수학자 Édouard Lucas 가 1883 년에 제시한 이른바 'Hanoi 탑' 에 관한 수수께기와 관련이 있다.

정의 7.1.2 체 F 위의 무한수열 $\{a_t\}$ 가 다음과 같은 점화식에 의하여 정의된 점화수열이라고 하자. 여기서, n 은 양의 정수이다.

$$(*) \qquad a_{t+n} = c_0 a_t + c_1 a_{t+1} + \cdots + c_{n-1} a_{t+n-1} + d \qquad (t \geq 0)$$

$$(c_0, c_1, \cdots, c_{n-1}, d \in F)$$

이와 같은 점화수열 $\{a_t\}$ 를 체 F 위의 (n 차의) **線型漸化수열**(linear recurring sequence)이라 하고 점화식 (∗) 를 체 F 위의 (n 차의) **선형점화식**(linear recurring relation)이라고 한다.

특히, $d = 0$ 일 때, $\{a_t\}$ 를 **同次**(homogeneous) **선형점화수열**이라 하고 (∗) 를 **동차 선형점화식**이라고 한다. 한편, $d \neq 0$ 일 때, $\{a_t\}$ 와 (∗) 를 각각 **非동차**(inhomogeneous) **선형점화수열**, **非동차 선형점화식**이라고 한다.

선형점화식을 **差分방정식**(difference equation)이라고도 한다

위의 정의에서 선형점화식을 만족시키는 선형점화수열 $\{a_t\}$ 는 처음 n 개의 항 $a_0, a_1, \cdots, a_{n-1}$ 의 값과 (∗) 에 의하여 차례로 결정된다.

앞의 점화식 (*) 에서 $d \neq 0$ 일 때,

$$a_{t+n} = c_0 a_t + c_1 a_{t+1} + \cdots + c_{n-1} a_{t+n-1} + d \qquad (t \geq 0)$$

$$a_{t+n+1} = c_0 a_{t+1} + \cdots + c_{n-2} a_{t+n-1} + c_{n-1} a_{t+n} + d \quad (t \geq 0)$$

이므로 이 두 식으로부터 다음과 같은 $n+1$ 차의 동차 선형점화식을 얻는다.

$$a_{t+n+1} = -c_0 a_t + (c_0 - c_1) a_{t+1} + \cdots + (c_{n-2} - c_{n-1}) a_{t+n-1} + (c_{n-1} + 1) a_{t+n} \qquad (t \geq 0)$$

따라서 n 차의 非 동차 선형점화식은 $n+1$ 차의 동차 선형점화식으로 고쳐 쓸 수 있다.

선형점화수열은 공학과 경제학에도 이용되는 중요한 수열이다.

보기 7.1.6 체 F 위의 무한수열 $\{a_t\}$ 가 점화식

$$a_{t+1} = c_0 a_t \qquad (t \geq 0)$$

을 만족시키는 동차 선형점화수열일 때, $a_t = a_0 {c_0}^t$ $(t \geq 0)$ 이다.

정리 7.1.3 실수체 $\mathbb{R}$ 또는 복소수체 $\mathbb{C}$ 위의 무한수열 $\{a_t\}$ 가 동차 선형점화식

$$a_{t+2} = c_0 a_t + c_1 a_{t+1} \qquad (t \geq 0)$$

을 만족시키는 동차 선형점화수열일 때 다음이 성립한다.

(1) $c_0 = 0$ 일 때, $\{a_t\}$ 는 다음과 같은 무한수열이다.

$$\{a_t\} : \quad a_0,\ a_1,\ c_1 a_1,\ {c_1}^2 a_1,\ {c_1}^3 a_1,\ {c_1}^4 a_1,\ \cdots$$

(2) $c_0 \neq 0$ 일 때, $\alpha, \beta \in \mathbb{C}$ 를 방정식 $x^2 - c_1 x - c_0 = 0$ 의 두 근이라고 하면 $\{a_t\}$ 는 다음과 같은 무한수열이다.

(2-1) $\alpha \neq \beta$ 인 경우 : $a_t = A\alpha^t + B\beta^t \quad (t \geq 0)$

(2-2) $\alpha = \beta$ 인 경우 : $a_t = (A + Bt)\alpha^t \quad (t \geq 0)$

여기서 A, B 는 a_0, a_1 의 값에 따라 결정되는 상수이다.

증명 분명히 (1) 이 성립한다.

이제 $c_0 \neq 0$ 이라고 하자. 이 때, $\alpha \neq 0$, $\beta \neq 0$ 이다.

먼저 $\alpha \neq \beta$ 인 경우에 A, B 에 관한 연립일차방정식

$$\begin{cases} A + B = a_0 \\ A\alpha + B\beta = a_1 \end{cases}$$

에서 $\beta - \alpha \neq 0$ 이므로 위의 연립 일차방정식의 해는 존재한다. 이와 같이 결정된 A, B 에 대하여

$$(*) \qquad a_t = A\alpha^t + B\beta^t \qquad (t \geq 0)$$

임을 귀납적으로 증명한다.

먼저 위의 연립방정식에 의하여 $t = 0$ 과 $t = 1$ 일 때 (*) 가 성립한다.

이제 $k \geq 0$ 에 대하여 $t = k$, $t = k+1$ 일 때 (*) 가 성립한다고 가정하자.
이 때, $c_0 + c_1\alpha = \alpha^2$, $c_0 + c_1\beta = \beta^2$ 이므로 다음이 성립한다.

$$\begin{aligned} a_{k+2} &= c_0 a_k + c_1 a_{k+1} \\ &= c_0(A\alpha^k + B\beta^k) + c_1(A\alpha^{k+1} + B\beta^{k+1}) \\ &= A\alpha^k(c_0 + c_1\alpha) + B\beta^k(c_0 + c_1\beta) \\ &= A\alpha^{k+2} + B\beta^{k+2} \end{aligned}$$

따라서 모든 정수 t (≥ 0) 에 대하여 (*) 가 성립한다.

다음에 $\alpha = \beta$ 인 경우에 A, B 에 관한 연립일차방정식

$$\text{즉} \quad \begin{cases} A = a_0 \\ A\alpha + B\alpha = a_1 \end{cases}$$

의 해는 존재한다. 이와 같이 결정된 A, B 에 대하여

$$(**) \qquad a_t = (A + Bt)\alpha^t \qquad (t \geq 0)$$

임을 귀납적으로 증명한다.

먼저 위의 연립방정식에 의하여 $t = 0$, $t = 1$ 일 때 (**) 가 성립한다.

다음에 $k \geq 0$ 에 대하여 $t = k$, $t = k+1$ 일 때 (**) 가 성립한다고 가정하자. 이 때, $x^2 - c_1x - c_0 = (x - \alpha)^2$ 이므로 $2\alpha = c_1$, $c_0 + c_1\alpha = \alpha^2$ 이고 따라서 다음이 성립한다.

$$\begin{aligned} a_{k+2} &= c_0 a_k + c_1 a_{k+1} \\ &= c_0 (A + Bk)\alpha^k + c_1 \{A + B(k+1)\}\alpha^{k+1} \\ &= A\alpha^k (c_0 + c_1\alpha) + Bk\alpha^k (c_0 + c_1\alpha) + c_1 B\alpha^{k+1} \\ &= A\alpha^{k+2} + Bk\alpha^{k+2} + 2B\alpha^{k+2} = \{A + B(k+2)\}\alpha^{k+2} \end{aligned}$$

그러므로 모든 $t\ (\geq 0)$ 에 대하여 (**) 가 성립한다.

앞의 정리에서 $x^2 - c_1 x - c_0 = 0$ 을 $\{a_n\}$ 의 **고유방정식**이라고 한다. (정의 7.1.6 참조). 고유방정식의 두 근이 무리수 또는 허수인 경우에 a_t 는 무리수 또는 허수에 관한 식으로 나타내어진다('해설 701' 참조).

보기 7.1.7 실수체 $\mathbb{R}$ 위의 무한수열 $\{a_t\}$ 가 다음 두 조건을 만족시키는 동차 선형점화수열이라고 하자.

(i) $a_0 = 1,\ a_1 = -2$ (ii) $a_{t+2} = -6a_t + 5a_{t+1}\quad (t \geq 0)$

이 때, $\{a_t\}$ 의 고유방정식 $x^2 - 5x + 6 = 0$ 은 두 실근 $2, 3$ 을 가지므로

$$a_t = A2^t + B3^t \qquad (t \geq 0)$$

의 꼴이고 조건 (i) 에 의하여 $A + B = 1,\ 2A + 3B = -2$ 이고 따라서 $A = 5,\ B = -4$ 이므로 다음 결과를 얻는다.

$$a_t = 5 \cdot 2^t - 4 \cdot 3^t \qquad (t \geq 0)$$

보기 7.1.8 실수체 $\mathbb{R}$ 위의 무한수열 $\{a_t\}$가 다음 두 조건을 만족시키는 동차 선형점화수열이라고 하자.

(i) $a_0 = 3,\ a_1 = -6$ (ii) $a_{t+2} = -4a_t + 4a_{t+1}\quad (t \geq 0)$

이 때, $\{a_t\}$ 의 고유방정식 $x^2 - 4x + 4 = 0$ 은 중근 2 를 가지므로

$$a_t = (A + Bt)2^t \qquad (t \geq 0)$$

의 꼴이고 조건 (i) 에 의하여 $A = 3,\ 2(A + B) = -4$ 이고 따라서 $A = 3,\ B = -5$ 이므로 다음 결과를 얻는다.

$$a_t = (3 - 5t)2^t \qquad (t \geq 0)$$

보기 7.1.9 다음과 같이 정의된 Fibonacci 수열 $\{a_t\}$ 를 생각해 보자.

(i) $a_0 = 1,\ a_1 = 1$ (ii) $a_{t+2} = a_t + a_{t+1} \quad (t \geq 0)$

이 때, $\{a_t\}$ 의 고유방정식 $x^2 - x - 1 = 0$ 은 두 실근 $\dfrac{1 \pm \sqrt{5}}{2}$ 를 가지므로 다음과 같이 놓을 수 있다(정리 7.1.3).

$$a_t = A\left(\frac{1+\sqrt{5}}{2}\right)^t + B\left(\frac{1-\sqrt{5}}{2}\right)^t \qquad (t \geq 0)$$

그런데, 조건 (i) 에 의하여

$$A + B = 1, \quad A\left(\frac{1+\sqrt{5}}{2}\right) + B\left(\frac{1-\sqrt{5}}{2}\right) = 1$$

이고 따라서 $A = \dfrac{1+\sqrt{5}}{2\sqrt{5}}$, $B = -\dfrac{1-\sqrt{5}}{2\sqrt{5}}$ 이므로 다음 결과를 얻는다.

$$a_t = \frac{1}{\sqrt{5}}\left\{\left(\frac{1+\sqrt{5}}{2}\right)^{t+1} - \left(\frac{1-\sqrt{5}}{2}\right)^{t+1}\right\} \qquad (t \geq 0)$$

그런데, Fibonacci 수열 1, 1, 2, 3, 5, 8, 13, 21, 34, 55, 89, 144, ⋯ 은 정수로 이루어진 무한수열이므로 위의 식은 바람직한 식이 아니다.

정의 7.1.4 체 F 에서의 두 무한수열 $\{a_t\}$, $\{b_t\}$ 와 $c \in F$ 에 대하여

$$\{a_t\} + \{b_t\} = \{a_t + b_t\}, \quad c\{a_t\} = \{ca_t\}$$

으로 정한다. 즉,

$$\{a_t\} + \{b_t\} \ :\ a_0 + b_0,\ a_1 + b_1,\ a_2 + b_2,\ a_3 + b_3,\ \cdots$$

$$c\{a_t\} \ :\ ca_0,\ ca_1,\ ca_2,\ ca_3,\ \cdots,\ ca_t,\ \cdots$$

보기 7.1.10 체 $\mathbb{F}_2 = \{0, 1\}$ 위의 무한수열

$\{a_n\}$: 1, 0, 1, 1, 0, 1, 0, 1, 1, 0, 1, 0, 1, 1, 0, ⋯

$\{b_n\}$: 1, 1, 1, 0, 0, 1, 1, 1, 0, 0, 1, 1, 1, 0, 0, ⋯

에 대하여 $-\{a_n\} = \{a_n\}$ 이고 다음이 성립한다.

$\{a_n\} + \{b_n\}$: 0, 1, 0, 1, 0, 0, 1, 0, 1, 0, 0, 1, 0, 1, 0, ⋯

$\{a_n\}\{b_n\}$: 1, 0, 1, 0, 0, 1, 0, 1, 0, 0, 1, 0, 1, 0, 0, ⋯

정리 7.1.5 체 F 위의 무한수열 전체의 집합을 F^{ω}로 나타낼 때, F^{ω} 위에 다음과 같이 덧셈과 곱셈 그리고 스칼라 곱셈을 정의하자.

$$\{a_t\} = \{b_t\} \Longleftrightarrow a_t = b_t \qquad (t \geq 0)$$

$$\{a_t\} + \{b_t\} = \{a_t + b_t\},$$

$$\{a_t\} \cdot \{b_t\} = \{a_t b_t\}, \qquad a\{a_n\} = \{a\, a_n\}$$

이 때, F^{ω}는 이들 연산에 관하여 다원환을 이룬다(정의 5.5.18).

다원환 F^{ω}를 F 위의 **무한수열 다원환**(algebra of infinite sequences)이라고 한다. 실제로, F^{ω}의 영원은 영수열 $\{0\}$이고 $-\{a_t\} = \{-a_t\}$이다.

정의 7.1.6 체 F 위의 무한수열 $\{a_t\} \in F^{\omega}$가 동차 선형점화식

$$a_{t+n} = c_0 a_t + c_1 a_{t+1} + \cdots + c_{n-1} a_{t+n-1} \qquad (t \geq 0)$$

를 만족시키는 동차 선형점화수열일 때, 체 F 위의 n차의 모닉 다항식

$$f(x) = -c_0 - c_1 x - \cdots - c_{n-1} x^{n-1} + x^n$$

를 $\{a_t\}$의 **고유다항식**(characteristic polynomial)이라 하고 방정식

$$f(x) = 0 \quad \text{즉} \quad x^n - c_{n-1}x^{n-1} - \cdots - c_1 x - c_0 = 0$$

을 $\{a_t\}$의 **고유방정식**(characteristic equation)이라고 한다.

그리고, 다항식 $f(x)$를 고유다항식으로 가지는 수열 $\{a_t\} \in F^{\omega}$ 전체의 집합을 $\Omega(f(x))$로 나타내고 이것을 $f(x)$의 **해공간**(solutionspace)이라고 한다. 즉,

$$\Omega(f(x)) = \{\{a_t\} \in F^{\omega} \mid a_{t+n} = \sum_{i=0}^{n-1} c_i a_{t+i} \quad (t \geq 0)\}$$

위의 정의에서 동차 선형점화수열 $\{a_t\} \in \Omega(f(x))$의 각 항은 그 초기 조건 $a_0, a_1, \cdots, a_{n-1}$에 따라 순차적으로 결정된다.

특히, $a_0 = a_1 = \cdots = a_{n-1} = 0$이면, $\{a_t\} = \{0\}$이므로 $\{0\} \in \Omega(f(x))$이다. 앞으로, $\{a_t\}$의 초기 조건 $a_0, a_1, \cdots, a_{n-1}$을 벡터 $(a_0, a_1, \cdots, a_{n-1})$로 나타내고 이것을 $\{a_t\}$의 **초기 상태벡터**(initial vector)라고 한다.

정의 7.1.7 체 F 위의 무한수열

$$\{a_t\} : \quad a_0, a_1, a_2, a_3, a_4, a_5, \cdots$$

와 정수 d (≥ 0) 에 대하여 무한수열

$$_d\{a_t\} : \quad a_d, a_{d+1}, a_{d+2}, a_{d+3}, a_{d+4}, a_{d+5}, \cdots$$

를 $\{a_t\}$ 를 d 만큼 **평행이동시킨**(translated by d) 무한수열이라고 한다.

임의의 素數 p 와 양의 정수 m 에 대하여 $q = p^m$ 이라고 할 때, q 개의 원소로 이루어진 Galois 체 $\mathbb{F}_q$ 가 존재한다(정의 6.4.4).

정리 7.1.8 체 F 위의 n 차의 다항식

$$f(x) = -c_0 - c_1 x - \cdots - c_{n-1}x^{n-1} + x^n, \quad n \geq 1$$

의 해공간 $\Omega(f(x))$ 에 대하여 다음이 성립한다.

(1) $\Omega(f(x))$ 는 벡터공간 F^ω 의 n 차원 부분공간이다.

(2) F 가 Galois 체 $\mathbb{F}_q$ 인 경우에 $|\Omega(f(x))| = q^n$ 이다.

(3) $\Omega(f(x))$ 는 평행이동에 관하여 닫혀 있다. 즉, 임의의 무한수열 $\{a_t\} \in \Omega(f(x))$ 와 모든 정수 d (≥ 0) 에 대하여 $_d\{a_t\} \in \Omega(f(x))$ 이다.

증명 (1) 이제 $\{a_t\}, \{b_t\} \in \Omega(f(x))$, $c \in F$ 이라고 하자. 이 때,

$$a_{t+n} = \sum_{i=0}^{n-1} c_i a_{t+i}, \quad b_{t+n} = \sum_{i=0}^{n-1} c_i b_{t+i} \quad (t \geq 0)$$

이므로 모든 에 대하여

$$a_{t+n} + b_{t+n} = \sum_{i=0}^{n-1} c_i (a_{t+i} + b_{t+i}) \quad (t \geq 0)$$

$$c\,a_{t+n} = \sum_{i=0}^{n-1} c_i (c\,a_{t+i}) \quad (t \geq 0)$$

이고 따라서 $\{a_t\} + \{b_t\} = \{a_t + b_t\}$ 와 $c\{a_t\} = \{c\,a_t\}$ 는 $\Omega(f(x))$ 에 속하므로 $\Omega(f(x))$ 는 벡터공간 F^ω 의 부분공간이다(정리 5.5.4).

이제 무한수열 $\{s_{1t}\}, \{s_{2t}\}, \cdots, \{s_{nt}\} \in \Omega(f(x))$ 를 그 초기 상태벡터가

각각 $(1,0,\cdots,0)$, $(0,1,\cdots,0)$, $\cdots$, $(0,0,\cdots,1)$ 인 수열이라고 하자. 즉,

$$\begin{aligned}
\{s_{1t}\} &: 1,\ 0,\ \cdots,\ 0,\ s_{1n},\ \cdots \\
\{s_{2t}\} &: 0,\ 1,\ \cdots,\ 0,\ s_{2n},\ \cdots \\
&\vdots \\
\{s_{nt}\} &: 0,\ 0,\ \cdots,\ 1,\ s_{nn},\ \cdots
\end{aligned}$$

이 때, $\{a_t\} \in \Omega(f(x))$ 를 초기 상태벡터가 $(a_0, a_1, \cdots, a_{n-1})$ 인 동차 선형점화수열이라고 하면,

$$\begin{aligned}
a_{t+n} &= c_0 a_t + c_1 a_{t+1} + \cdots + c_{n-1} a_{t+n-1} \\
&= c_0 a_t + c_1 0 + \cdots + c_{n-1} 0 \\
&\quad + c_0 0 + c_1 a_{t+1} + \cdots + c_{n-1} 0 \\
&\quad \vdots \\
&\quad + c_0 0 + c_1 0 + \cdots + c_{n-1} a_{t+n-1} \qquad (t \geq 0)
\end{aligned}$$

이므로 $\{a_t\}$ 는 단 한 가지 방법으로

$$(*) \qquad \{a_t\} = a_0\{s_{1t}\} + a_1\{s_{2t}\} + \cdots + a_{n-1}\{s_{nt}\}$$

으로 나타내어진다.

그러므로 $\{\{s_{1t}\}, \{s_{2t}\}, \cdots, \{s_{nt}\}\}$ 는 체 F 위의 벡터 공간 $\Omega(f(x))$ 의 기저이고, 따라서 $\dim_F \Omega(f(x)) = n$ 이다(정리 5.5.12).

(2) $F = \mathbb{F}_q$ 인 경우에 위의 등식 $(*)$ 에서 $a_0, a_1, \cdots, a_{n-1}$ 은 각각 $\mathbb{F}_q$ 의 원소를 택하면서 변하므로 $|\Omega(f(x))| = q^n$ 이다.

(3) $\{a_t\} \in \Omega(f(x))$ 이라고 할 때, 다음이 성립한다.

$$a_{t+n} = c_0 a_t + c_1 a_{t+1} + \cdots + c_{n-1} a_{t+n-1} \qquad (t \geq 0)$$

그리고, 각 $d\ (\geq 0)$ 에 대하여 $\{b_t\} = {}_d\{a_t\}$ 이라고 하면,

$$b_t = a_{d+t} \qquad (t \geq 0)$$

이므로

$$\begin{aligned}
b_{t+n} &= c_0 a_{d+t} + c_1 a_{d+t+1} + \cdots + c_{n-1} a_{d+t+n-1} \\
&= c_0 b_t + c_1 b_{t+1} + \cdots + c_{n-1} b_{t+n-1} \qquad (t \geq 0)
\end{aligned}$$

이고 따라서 ${}_d\{a_t\} = \{b_t\} \in \Omega(f(x))$ 이다.

정의 7.1.9 체 F 위의 무한수열 $\{a_t\}$ 에 대하여

$$a_{t+r} = a_t \qquad (t \geq 0)$$

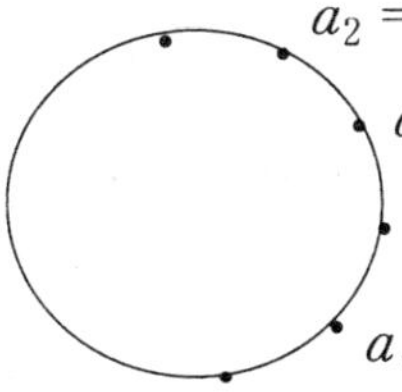

인 양의 정수 r가 존재할 때, 이 수열을 (순수) **循環수열**(pure periodic sequence)이라 하고, 이러한 r 중에서 가장 작은 양의 정수 r를 $\{a_t\}$ 의 **주기**(period)라고 한다. 또, 주기가 r 인 순환수열

$$\{a_t\} : \quad a_0, a_1, a_2, \cdots, a_{r-1}, a_0, a_1, a_2, \cdots, a_{r-1}, \cdots$$

에서 처음 r개의 항 $a_0, a_1, \cdots, a_{r-1}$ 을 $\{a_t\}$ 의 **생성순환마디**(generating cycle)라고 한다.

무한수열 $\{a_t\}$ 가 주기 r인 순환수열일 때, 모든 $d\ (\geq 0)$ 에 대하여

$${}_d\{a_t\} : \quad a_d, a_{d+1}, a_{d+2}, \cdots, a_{d+r-1}, a_d, a_{d+1}, a_{d+2}, \cdots, a_{d+r-1}, \cdots$$

는 주기 r 인 순환수열이고, 또 r 개의 순환수열

$${}_0\{a_t\} : \quad a_0, a_1, a_2, \cdots, a_{r-1}, a_0, a_1, a_2, \cdots, a_{r-1}, \cdots$$

$${}_1\{a_t\} : \quad a_1, a_2, \cdots, a_{r-1}, a_0, a_1, a_2, \cdots, a_{r-1}, a_0, \cdots$$

$$\vdots$$

$${}_{r-1}\{a_t\} : \quad a_{r-1}, a_0, a_1, a_2, \cdots, a_{r-1}, a_0, a_1, a_2, \cdots, a_{r-2}, \cdots$$

은 모두 서로 다르며 다음이 성립한다.

$${}_r\{a_t\} = {}_0\{a_t\}, \quad {}_{r+1}\{a_t\} = {}_1\{a_t\}, \quad \cdots, \quad {}_{2r-1}\{a_t\} = {}_{r-1}\{a_t\}$$

보기 7.1.11 체 $\mathbb{F}_2 = \{0, 1\}$ 위의 다항식

$$f(x) = -1 - x + x^2 \quad 즉 \quad f(x) = 1 + x + x^2$$

의 해공간 $\Omega(f(x))$ 는 체 $\mathbb{F}_2$ 위에서 동차 선형점화식

$$a_{t+2} = a_t + a_{t+1} \qquad (t \geq 0)$$

을 만족시키는 이진수열 $\{a_t\}$ 전체의 집합이며 다음 네 이진수열로 이루어져 있다(보기 7.1.4).

t	a_t	a_{t+1}
0	0	1
1	1	1
2	1	0
3	0	1
4	1	1
5	1	0

$\{0\}$: 0, 0, 0, 0, 0, 0, 0, 0, 0, ⋯

$\{a_t\}$: 0, 1, 1, 0, 1, 1, 0, 1, 1, ⋯

${}_1\{a_t\}$: 1, 1, 0, 1, 1, 0, 1, 1, 0, ⋯

${}_2\{a_t\}$: 1, 0, 1, 1, 0, 1, 1, 0, 1, ⋯

여기서, $\{a_t\}$, ${}_1\{a_t\}$, ${}_2\{a_t\}$ 는 모두 주기 3 인 순환수열이고 그 생성순환마디는 각각 0, 1, 1, 1, 1, 0 이다.

보기 7.1.12 체 $\mathbb{F}_2 = \{0, 1\}$ 위에서 다항식

$$f(x) = 1 + x + x^3 \quad 즉 \quad f(x) = -1 - x + x^3$$

의 해공간 $\Omega(f(x))$ 는 체 $\mathbb{F}_2$ 위에서 동차 선형점화식

$$a_{t+3} = a_t + a_{t+1} \qquad (t \geq 0)$$

을 만족시키는 이진수열 $\{a_t\}$ 전체로 이루어진 집합이다.

먼저 $(a_0, a_1, a_2) = (0, 0, 0)$ 이면, $\{a_t\} = \{0\}$ 이다.

한편, $(a_0, a_1, a_2) = (0, 0, 1)$ 이면, $\{a_t\}$ 는 다음과 같은 주기 7 인 순환수열이다.

$\{a_t\}$: 0 0 1 0 1 1 1 0 0 1 0 1 1 1 0 0 1 0 1 1 1 ⋯

따라서 다음 7 개의 순환수열은 모두 $\Omega(f(x))$ 에 속한다(정리 7.1.8).

$\{a_t\}$: 0 0 1 0 1 1 1 0 0 1 0 1 1 1 0 0 1 0 1 1 1 ⋯

${}_1\{a_t\}$: 0 1 0 1 1 1 0 0 1 0 1 1 1 0 0 1 0 1 1 1 0 ⋯

${}_2\{a_t\}$: 1 0 1 1 1 0 0 1 0 1 1 1 0 0 1 0 1 1 1 0 0 ⋯

${}_3\{a_t\}$: 0 1 1 1 0 0 1 0 1 1 1 0 0 1 0 1 1 1 0 0 1 ⋯

${}_4\{a_t\}$: 1 1 1 0 0 1 0 1 1 1 0 0 1 0 1 1 1 0 0 1 0 ⋯

${}_5\{a_t\}$: 1 1 0 0 1 0 1 1 1 0 0 1 0 1 1 1 0 0 1 0 1 ⋯

${}_6\{a_t\}$: 1 0 0 1 0 1 1 1 0 0 1 0 1 1 1 0 0 1 0 1 1 ⋯

그런데, $|\Omega(f(x))| = 2^3 = 8$ 이므로 $\Omega(f(x))$ 는 다음과 같다.

$$\Omega(f(x)) = \{\{0\}, \{a_t\}, {}_1\{a_t\}, {}_2\{a_t\}, \cdots, {}_6\{a_t\}\}$$

보기 7.1.13 체 $\mathbb{F}_2 = \{0, 1\}$ 위의 5 차의 다항식

$$f(x) = 1 + x + x^5 \quad 즉 \quad f(x) = -1 - x + x^5$$

는 기약이 아니다. 실제로, $f(x) = (x^3 + x^2 + 1)(x^2 + x + 1)$ 이다.

그런데, 해공간 $\Omega(f(x))$ 는 체 $\mathbb{F}_2$ 위의 동차 선형점화식

$$a_{t+5} = a_t + a_{t+1} \qquad (t \geq 0)$$

을 만족시키는 이진수열 $\{a_t\}$ 전체의 집합이고 $|\Omega(f(x))| = 2^5$ 이다.

초기 상태벡터가 $(a_0, a_1, a_2, a_3, a_4) = (1, 1, 1, 0, 1)$ 인 경우를 생각하면, $\{a_t\}$ 는 다음과 같은 주기 7 인 순환수열이다.

$$1\ 1\ 1\ 0\ 1\ 0\ 0\ 1\ 1\ 1\ 0\ 1\ 0\ 0\ 1\ 1\ 1\ 0\ 1\ 0\ 0\ 1\ 1\ 1\ 0\ 1 \cdots$$

이 이진수열을 평행이동시키면, 7 개의 주기 7 인 이진수열을 얻는다.

연습문제 (7.1)

1. 실수체 $\mathbb{R}$ 위의 무한수열 $\{a_t\}$ 가 다음 조건을 만족시키는 점화수열일 때, a_t 를 구하여라.

   (1) $a_0 = 3, \quad a_{t+1} = 2a_t + 1 \quad (t \geq 0)$

   (2) $a_0 = 1, \quad a_{t+1} = 3a_t - 4 \quad (t \geq 0)$

2. 실수체 $\mathbb{R}$ 위의 무한수열 $\{a_t\}$ 가 다음 조건을 만족시키는 점화수열일 때, a_t 를 구하여라.

   (1) $a_0 = 0,\ a_1 = 8, \quad a_{t+2} = 3a_t + 2a_{t+1} \quad (t \geq 0)$

   (2) $a_0 = 1,\ a_1 = 1, \quad a_{t+2} = -a_t + a_{t+1} \quad (t \geq 0)$

3. 체 $\mathbb{F}_2$ 위의 다항식 $f(x) = 1 + x + x^2 + x^3$ 에 대하여 $\{a_t\} \in \Omega(f(x))$ 일 때, $\{a_t\}$ 가 만족시키는 동차 선형점화식을 구하고 또 그 초기 상태벡터가 $(a_0, a_1, a_2) = (0, 0, 1)$ 일 때, $\{a_t\}$ 의 주기와 생성순환마디를 구하여라.

§7.2 무한수열의 생성함수

이 절에서는, 체 F 에서의 동차 선형점화수열 $\{a_t\}$ 에 대하여 논한다.

정의 7.2.1 체 F 의 원소 $a_0, a_1, \cdots, a_t, \cdots$ 에 대하여

$$A(x) = \sum_{t=0}^{\infty} a_t x^t = a_0 + a_1 x + a_2 x^2 + a_3 x^3 + \cdots$$

를 체 F 위의 (x 에 관한) **형식적 멱급수**(formal power series)라고 한다.

형식적 멱급수는 그 수렴성과 아무 관계없이 형식적으로 나타낸 것이다.

체 F 위의 다항식 $a_0 + a_1 x + \cdots + a_n x^n$ 을 형식적 멱급수

$$a_0 + a_1 x + \cdots + a_n x^n + 0 \cdot x^{n+1} + 0 \cdot x^{n+1} + \cdots$$

와 동일시하기로 한다.

정리 7.2.2 체 F 위의 형식적 멱급수 전체의 집합을 $F[[x]]$ 로 나타내고 $F[[x]]$ 위의 연산을 다음과 같이 정의하자.

$$\sum_{t=0}^{\infty} a_t x^t = \sum_{t=0}^{\infty} b_t x^t \iff a_t = b_t \ \ (t = 0, 1, 2, \cdots)$$

$$\sum_{t=0}^{\infty} a_t x^t + \sum_{t=0}^{\infty} b_t x^t = \sum_{t=0}^{\infty} (a_t + b_t) x^t,$$

$$\left(\sum_{t=0}^{\infty} a_t x^t\right)\left(\sum_{t=0}^{\infty} b_t x^t\right) = \sum_{t=0}^{\infty} c_t x^t, \qquad c_t = \sum_{k=0}^{t} a_k b_{t-k}$$

$$c\left(\sum_{t=0}^{\infty} a_t x^t\right) = \sum_{t=0}^{\infty} c\, a_t x^t \qquad c_t = \sum_{k=0}^{t} a_k b_{t-k}$$

이 때, $F[[x]]$ 는 체 F 위의 다원환을 이룬다(정의 5.5.18).

다원환 $F[[x]]$ 를 체 F 위의 **형식적 멱급수 다원환**이라고 한다.

여기서, $F \subset F[x] \subset F[[x]]$ 이므로 F, $F[x]$ 는 모두 $F[[x]]$ 의 부분환이다.

보기 7.2.1 체 $\mathbb{F}_2 = \{0, 1\}$ 위의 두 형식적 멱급수

$$A(x) = 1 + x + x^2 + x^3 + \cdots + x^n + \cdots, \quad B(x) = 1 + x^2$$

에 대하여 다음이 성립한다.

$$A(x) + B(x) = x + x^3 + \cdots + x^n + \cdots$$
$$A(x)B(x) = 1 + x + (1+1)x^2 + (1+1)x^3 + \cdots = 1 + x$$

정리 7.2.3 체 F 위의 형식적 멱급수환 $F[[x]]$ 에서 $A(x) = \sum_{t=0}^{\infty} a_t x^t$ 가 $F[[x]]$ 의 단원이기 위한 필요충분조건은 $a_0 \neq 0$ 인 것이다.

증명 형식적 멱급수 $B(x) = \sum_{t=0}^{\infty} b_t x^t$ 에 대하여 $A(x)B(x) = 1$ 이기 위한 필요충분조건은 다음이 성립하는 것이다.

$$\begin{aligned} a_0 b_0 &= 1 \\ a_0 b_1 + a_1 b_0 &= 0 \\ a_0 b_2 + a_1 b_1 + a_2 b_0 &= 0 \\ &\vdots \\ a_0 b_i + a_1 b_{i-1} + \cdots + a_i b_0 &= 0 \\ &\vdots \end{aligned}$$

먼저 $A(x)B(x) = 1$ 이면, 위의 첫째 등식이 성립하므로 $a_0 \neq 0$ 이다. 역으로, $a_0 \neq 0$ 이라고 하자. 이 때, $b_0 = a^{-1}$ 이라고 하면 앞의 첫째 등식이 성립하고, 또 $b_1 = a_0^{-1}(-a_1 b_0)$ 이라고 하면 앞의 둘째 등식이 성립한다. 이와 같은 방법을 되풀이하면, $b_0, b_1, \cdots, b_i, \cdots$ 가 순차적으로 결정되고 이때 $A(x)B(x) = 1$ 이다.

보기 7.2.2 체 F 위에서 다음이 성립한다.

$$\frac{1}{1-x} = 1 + x + x^2 + x^3 + \cdots = \sum_{i=0}^{\infty} x^i$$
$$\frac{1}{1-ax} = 1 + ax + a^2x^2 + a^3x^3 + \cdots = \sum_{i=0}^{\infty} a^i x^i$$
$$\frac{1}{1-x^r} = 1 + x^r + x^{2r} + x^{3r} + \cdots = \sum_{i=0}^{\infty} x^{ri}$$

보기 7.2.3 체 $\mathbb{F}_2 = \{0, 1\}$ 위에서 다음이 성립한다.

$$\begin{aligned}\frac{x^3}{1+x+x^2} &= x^3 + x^4 + x^6 + x^7 + x^9 + x^{10} + \cdots \\ &= (x^3 + x^4)(1 + x^3 + x^6 + x^8 + \cdots)\end{aligned}$$

$$\begin{array}{r l}
 & \underline{x^3 + x^4 + x^6 + x^7 + x^9 + x^{10} + \cdots} \\
1+x+x^2 \,) & x^3 \\
 & \underline{x^3 + x^4 + x^5} \\
 & \quad x^4 + x^5 \\
 & \quad \underline{x^4 + x^5 + x^6} \\
 & \qquad\quad x^6 \\
 & \qquad\quad \vdots
\end{array}$$

정의 7.2.4 체 F 위의 무한수열 $\{a_t\}$ 에 대하여 형식적 무한급수

$$G(x) = \sum_{t=0}^{\infty} a_t x^t = a_0 + a_1 x + a_2 x^2 + \cdots + a_t x^t + \cdots$$

를 $\{a_t\}$ 의 **생성함수**(generating function)이라고 한다.

정리 7.2.5 체 F 위의 무한수열 $\{a_t\}$ 가 다음과 같은 동차 선형점화식을 만족시키는 동차 선형점화수열이라고 하자.

$$a_{t+n} = c_0 a_t + c_1 a_{t+1} + \cdots + c_{n-1} a_{t+n-1} \qquad (t \geq 0)$$

(1) $\{a_t\}$ 의 고유다항식을

$$f(x) = -c_0 - c_1 x - \cdots - c_{n-1} x^{n-1} + x^n$$

이라고 하면, $\{a_t\}$ 의 생성함수 $G(x) = \sum_{t=0}^{\infty} a_t x^t$ 에 대하여

$$f^*(x)\, G(x) = g(x) \quad \text{즉} \quad G(x) = \frac{g(x)}{f^*(x)}$$

인 $n-1$ 차 이하의 다항식 $g(x)$ 가 존재한다.

(2) 임의의 $n-1$ 차 이하의 다항식 $g(x) \in F[x]$ 에 대하여

$$G(x) = \frac{g(x)}{f^*(x)} = \sum_{t=0}^{\infty} a_t x^t$$

일 때, $\{a_t\} \in \Omega(f(x))$ 이고 $\{a_t\}$ 의 생성함수는 $G(x)$ 이다.

증명 여기서는 (1) 만을 증명하기로 한다.

이제 $c_n = -1$ 이라 하고 동차 선형점화수열 $\{a_t\} \in \Omega(f(x))$ 에 대하여 $G(x) = \sum_{t=0}^{\infty} a_t x^t$ 이라고 하자. 이 때,

$$a_{t+n} = c_0 a_t + c_1 a_{t+1} + \cdots + c_{n-1} a_{t+n-1} \qquad (t \geq 0)$$

이므로

$$c_0 a_t + c_1 a_{t+1} + \cdots + c_{n-1} a_{t+n-1} + c_n a_{n+t} = 0 \qquad (t \geq 0)$$

이고 또

$$\begin{aligned} f^*(x) &= 1 - c_{n-1}x - \cdots - c_1 x^{n-1} - c_0 x^n \\ &= -(c_n + c_{n-1}x + \cdots + c_1 x^{n-1} + c_0 x^n) \end{aligned}$$

이므로 곱 $f^*(x)\,G(x)$ 는 다음과 같다.

$$\begin{aligned} & f^*(x)\,G(x) \\ &= -(c_n + c_{n-1}x + \cdots + c_1 x^{n-1} + c_0 x^n) \\ &\quad (a_0 + a_1 x + \cdots + a_{n-1}x^{n-1} + a_n x^n + a_{n+1}x^{n+1} + a_{n+2}x^{n+2} + \cdots) \\ &= -c_n a_0 - (c_{n-1}a_0 + c_n a_1)x - \cdots - (c_1 a_0 + c_2 a_1 + \cdots + c_n a_{n-1})x^{n-1} \\ &\quad - (c_0 a_0 + c_1 a_1 + \cdots + c_n a_n)x^n - (c_0 a_1 + c_1 a_2 + \cdots + c_n a_{n+1})x^{n+1} \\ &\quad \cdots - (c_0 a_t + c_1 a_{t+1} + \cdots + c_n a_{t+n})x^{n+t} + \cdots \\ &= -c_n a_0 - (c_{n-1}a_0 + c_n a_1)x - \cdots - (c_1 a_0 + c_2 a_1 + \cdots + c_n a_{n-1})x^{n-1} \\ &\quad - \sum_{t=0}^{\infty} (c_0 a_t + c_1 a_{t+1} + \cdots + c_{n-1}a_{t+n-1} + c_n a_{t+n})x^{n+t} \\ &= -c_n a_0 - (c_{n-1}a_0 + c_n a_1)x - \cdots - (c_1 a_0 + c_2 a_1 + \cdots + c_n a_{n-1})x^{n-1} \end{aligned}$$

따라서 위의 등식의 우변을 $g(x)$ 라고 놓으면,

$$f^*(x)\,G(x) = g(x)$$

이고 또 $f^*(0) = 1 \neq 0$ 이므로 체 F 위의 형식적 멱급수 $\dfrac{1}{f^*(x)}$ 가 존재한다(정리 7.2.3). 따라서 다음이 성립한다.

$$G(x) = \frac{g(x)}{f^*(x)}, \qquad \deg g(x) \leq n-1$$

보기 7.2.4 실수체 $\mathbb{R}$ 위의 무한수열 $\{a_t\}$ 가 다음 조건을 만족시키는 동차 선형점화수열이라고 하자.

(i) $a_0 = 1,\ a_1 = -2$ (ii) $a_{t+2} = -6a_t + 5a_{t+1}$ $(t \geq 0)$

이 때, $\{a_t\}$ 의 고유다항식 $f(x) = 6 - 5x + x^2$ 의 상반다항식은

$$f^*(x) = 1 - 5x + 6x^2$$

이고, $\{a_t\}$ 의 생성함수를 $G(x) = \sum_{t=0}^{\infty} a_t x^t$ 이라고 하면 다음이 성립한다.

$$\begin{aligned} & f^*(x)\,G(x) = (1 - 5x + x^2)G(x) \\ &= a_0 + (a_1 - 5a_0)x + (a_2 - 5a_1 + 6a_0)x^2 + (a_3 - 5a_2 + 6a_1)x^3 \\ &\quad + (a_3 - 5a_2 + 6a_1)x^4 + (a_4 - 5a_3 + 6a_2)x^5 + \cdots \\ &= a_0 + (a_1 - 5a_0)x = 1 - 7x \end{aligned}$$

$$G(x) = \frac{1-7x}{f^*(x)} = \frac{1-7x}{(1-2x)(1-3x)}$$

그런데, 적당한 두 실수 A, B 에 대하여

$$\frac{1-7x}{(1-2x)(1-3x)} = \frac{A}{1-2x} + \frac{B}{1-3x}$$

이라고 놓으면, $1 - 7x = A(1-3x) + B(1-2x)$ 이므로

$$1 - 7x = (A + B) - (3A + 2B)x$$

이고 따라서 $A + B = 1,\ 3A + 2B = 7$ 이므로 $A = 5,\ B = -4$ 이다.

그러므로

$$G(x) = \frac{5}{1-2x} - \frac{4}{1-3x}$$

이고 또 보기 7.2.2 에 의하여

$$\frac{1}{1-2x} = \sum_{t=0}^{\infty} 2^t x^t, \qquad \frac{1}{1-3x} = \sum_{t=0}^{\infty} 3^t x^t$$

이므로 다음이 성립한다.

$$G(x) = 5\sum_{t=0}^{\infty} 2^t x^t - 4\sum_{t=0}^{\infty} 3^t x^t = \sum_{t=0}^{\infty} (5 \cdot 2^t - 4 \cdot 3^t)\,x^t$$

그러므로 $a_t = 5 \cdot 2^t - 4 \cdot 3^t$ $(t \geq 0)$ 이다(보기 7.1.7 참조).

보기 7.2.5 실수체 $\mathbb{R}$ 위의 무한수열 $\{a_t\}$ 가 다음과 같은 초기조건과 동차 선형 징화식을 만족시키는 동차 선형점화수열이라고 하자.

(i) $a_0 = 2,\ a_1 = 1$ (ii) $a_{t+2} = -4a_t + 4a_{t+1}\quad (t \geq 0)$

이 때, $\{a_t\}$ 의 고유다항식 $f(x) = 4 - 4x + x^2$ 의 상반다항식은

$$f^*(x) = 1 - 4x + 4x^2 = (1-2x)^2$$

이고, $\{a_t\}$ 의 생성함수를 $G(x) = \sum_{t=0}^{\infty} a_t x^t$ 이라고 하면 다음이 성립한다.

$$\begin{aligned} f^*(x)\,G(x) &= (1-4x+4x^2)(a_0 + a_1x + a_2x^2 + a_3x^3 + \cdots) \\ &= a_0 + (a_1 - 4\cdot a_0)x = 2 - 7x \end{aligned}$$

따라서

$$G(x) = \frac{2-7x}{f^*(x)} = \frac{2}{(1-2x)^2} - \frac{7x}{(1-2x)^2}$$

이고, 또 문제 3에 의하여

$$\frac{1}{(1-2x)^2} = \sum_{t=0}^{\infty}(t+1)\,2^t x^t, \qquad \frac{2x}{(1-2x)^2} = \sum_{t=0}^{\infty} t2^t x^t$$

이므로 $G(x)$ 는 다음과 같다.

$$\begin{aligned} G(x) &= 2\sum_{t=0}^{\infty}(t+1)\,2^t x^t - \frac{7}{2}\sum_{t=0}^{\infty} t\,2^t x^t \\ &= \sum_{t=0}^{\infty}\{2(t+1) - \frac{7}{2}t\}\,2^t x^t = \sum_{t=0}^{\infty}(2 - \frac{3}{2}t)\,2^t x^t \end{aligned}$$

따라서 $a_t = (2 - \frac{3}{2}t)\,2^t\quad (t \geq 0)$ 이다.

보기 7.2.6 체 $\mathbb{F}_2 = \{0,1\}$ 위의 무한수열 $\{a_t\}$ 가 다음과 같은 4 차의 동차 선형점화식을 만족시키는 동차 선형점화수열이라고 하자.

$$a_{t+4} = a_t + a_{t+1} + a_{t+3} \qquad (t \geq 0)$$

이 때, 이진수열 $\{a_t\}$ 의 고유다항식은 $f(x) = 1 + x + x^3 + x^4$ 이고 $f(x)$ 의 상반다항식은 $f^*(x) = 1 + x + x^3 + x^4 = f(x)$ 이다.

이제 $\{a_t\}$ 의 생성함수를 $G(x) = \sum_{t=0}^{\infty} a_t x^t$ 이라고 하면,

$$f^*(x)\,G(x) = (1+x+x^3+x^4)(a_0+a_1x+a_2x^2+a_3x^3+a_4x^4+\cdots)$$
$$= a_0+(a_1+a_0)\,x+(a_2+a_1)x^2+(a_3+a_2+a_0)\,x^3$$

이므로 다음이 성립한다.

$$G(x) = \frac{a_0+(a_1+a_0)\,x+(a_2+a_1)x^2+(a_3+a_2+a_0)x^3}{f^*(x)}$$

예를 들어, 초기 상태벡터가 $(a_0, a_1, a_2, a_3) = (1, 1, 0, 1)$ 인 경우에

$$f^*(x)\,G(x) = 1+(1+1)\,x+(0+1)\,x^2+(1+0+1)\,x^3 = 1+x^2$$

이므로 $G(x)$ 는 다음과 같다.

$$G(x) = \frac{1+x^2}{f^*(x)} = \frac{1+x^2}{1+x+x^3+x^4}$$
$$= 1+x+x^3+x^4+x^6+x^7+x^9+x^{10}+\cdots$$
$$= (1+x)(1+x^3+x^6+x^9+\cdots)$$

$$\begin{array}{r l}
 & 1+x+x^3+x^4+\cdots \\
1+x+x^3+x^4 \,) & 1+x^2 \\
 & 1+x+x^3+x^4 \\ \hline
 & x+x^2+x^3+x^4 \\
 & x+x^2+x^4+x^5 \\ \hline
 & x^3+x^5
\end{array}$$

따라서 이 경우에 이진수열 $\{a_t\}$ 는 다음과 같은 주기 3 인 순환수열이다.

$$\{a_t\} : \quad 1,\ 1,\ 0,\ 1,\ 1,\ 0,\ 1,\ 1,\ 0,\ 1,\ 1,\ 0,\ 1,\ 1,\ 0,\ \cdots$$

다음 정리는 대단히 중요한 정리이다([12], 제 8 장 참조).

정리 7.2.6 素數 p 에 대하여 체 $\mathbb{F}_p = \{0, 1, \cdots, p-1\}$ 위의 다항식

$$f(x) = -c_0 - c_1x - \cdots - c_{n-1}x^{n-1} + x^n, \quad c_0 \neq 0$$

가 체 $\mathbb{F}_p$ 위의 n 차의 원시다항식일 때, 영수열이 아닌 동차 선형점화수열 $\{a_t\} \in \Omega(f(x))$ 는 모두 주기 p^n-1 인 순환수열이다.

또, 주기 p^n-1 인 순환수열 $\{a_t\}$ 의 생성순환마다 $a_0, a_1, a_2, \cdots, a_{p^n-2}$ 에는 0 이 $p^{n-1}-1$ 개 들어 있고 원소 $1, \cdots, p-1$ 이 각각 p^{n-1} 개씩 들어 있다.

여기서 주기 p^n-1 인 순환수열을 **최대주기수열**(maximal period sequence) 또는 **PN 수열**(pseudo-noise sequence)이라고 한다.

앞의 정리에서 $\{a_t\} \in \Omega(f(x))$ 가 주기 p^n-1 인 최대주기수열일 때, $\Omega(f(x))$ 는 $\{a_t\}$ 를 평행이동시킨 p^n-1 개의 최대주기수열과 영수열 $\{0\}$ 으로 이루어져 있다(정리 7.1.8). 즉,

$$\Omega(f(x)) = \{\{0\}, \{a_t\}, {}_1\{a_t\}, {}_2\{a_t\}, \cdots, {}_{p^n-2}\{a_t\}\}$$

보기 7.2.7 체 $\mathbb{F}_2$ 위의 3 차의 다항식 $f(x) = 1 + x + x^3$ 는 체 $\mathbb{F}_2$ 위의 원시다항식이다(문제 6.4.1).

이제 $\{a_t\} \in \Omega(f(x))$ 이라고 하면, 이진수열 $\{a_t\}$ 는 동차 선형전화식

$$a_{t+3} = a_t + a_{t+1} \qquad (t \geq 0)$$

을 만족시키며, 특히 초기조건이 $(a_0, a_1, a_2) = (0, 0, 1)$ 일 때

$$\{a_t\} : \quad 0,\ 0,\ 1,\ 0,\ 1,\ 1,\ 1,\ 0,\ 0,\ 1,\ 0,\ 1,\ 1,\ 1,\ \cdots$$

이고 이 무한수열은 주기 2^3-1 인 최대주기수열이다. 따라서 다음 7 개의 무한수열은 모두 $\Omega(f(x))$ 에 속하는 주기 7 인 최대주기수열이다.

$${}_0\{a_t\} : \quad 0,\ 0,\ 1,\ 0,\ 1,\ 1,\ 1,\ 0,\ 0,\ 1,\ 0,\ 1,\ 1,\ 1,\ \cdots$$
$${}_1\{a_t\} : \quad 0,\ 1,\ 0,\ 1,\ 1,\ 1,\ 0,\ 0,\ 1,\ 0,\ 1,\ 1,\ 1,\ 0,\ \cdots$$
$${}_2\{a_t\} : \quad 1,\ 0,\ 1,\ 1,\ 1,\ 0,\ 0,\ 1,\ 0,\ 1,\ 1,\ 1,\ 0,\ 0,\ \cdots$$
$${}_3\{a_t\} : \quad 0,\ 1,\ 1,\ 1,\ 0,\ 0,\ 1,\ 0,\ 1,\ 1,\ 1,\ 0,\ 0,\ 1,\ \cdots$$
$${}_4\{a_t\} : \quad 1,\ 1,\ 1,\ 0,\ 0,\ 1,\ 0,\ 1,\ 1,\ 1,\ 0,\ 0,\ 1,\ 0,\ \cdots$$
$${}_5\{a_t\} : \quad 1,\ 1,\ 0,\ 0,\ 1,\ 0,\ 1,\ 1,\ 1,\ 0,\ 0,\ 1,\ 0,\ 1,\ \cdots$$
$${}_6\{a_t\} : \quad 1,\ 0,\ 0,\ 1,\ 0,\ 1,\ 1,\ 1,\ 0,\ 0,\ 1,\ 0,\ 1,\ 1,\ \cdots$$

그리고, $\Omega(f(x)) = \{\{0\}, {}_0\{a_t\}, {}_1\{a_t\}, {}_2\{a_t\}, \cdots, {}_6\{a_t\}\}$ 이고, 각 순환수열의 생성순환마다에는 0 과 1 이 각각 2^2-1 개, 2^2 개 들어 있다.

보기 7.2.8 체 $\mathbb{F}_2 = \{0, 1\}$ 위에서 두 다항식

$$f(x) = 1 + x + x^4, \qquad g(x) = 1 + x^3 + x^4$$

는 모두 4 차의 원시다항식이다(보기 6.4.2 참조).

이제 $\{a_t\} \in \Omega(f(x))$, $\{b_t\} \in \Omega(g(x))$ 이라고 하면, $\{a_t\}$ 와 $\{b_t\}$ 는 각각 체 $\mathbb{F}_2$ 위에서 동차 선형점화식

$$a_{t+4} = a_t + a_{t+1} \qquad (t \geq 0)$$

$$b_{t+4} = b_t + b_{t+3} \qquad (t \geq 0)$$

를 만족시키는 이진수열이고 특히 초기 상태벡터가 $(0, 0, 0, 1)$ 인 경우에 $\{a_t\}$, $\{b_t\}$ 는 각각 다음과 같은 주기 $2^4 - 1 = 15$ 인 최대주기수열이다.

$\{a_t\}$: 0 0 0 1 0 0 1 1 0 1 0 1 1 1 1 0 0 0 1 ⋯

$\{b_t\}$: 0 0 0 1 1 1 1 0 1 0 1 1 0 0 1 0 0 0 1 ⋯

그리고, 주기 15 인 최대주기수열 $\{a_t\}$, $\{b_t\}$ 의 생성순환마디

0 0 0 1 0 0 1 1 0 1 0 1 1 1 1,

0 0 0 1 1 1 1 0 1 0 1 1 0 0 1

에는 각각 0 이 $2^3 - 1$ 개 들어 있고 1 이 2^3 개 들어 있다.

보기 7.2.9 체 $\mathbb{F}_3 = \{0, 1, 2\}$ 위에서 $f(x) = 1 + 2x + x^3 = -2 - x + x^3$ 는 3 차의 원시다항식이다(보기 6.4.3 참조).

그리고, $\{a_t\} \in \Omega(f(x))$ 이라고 하면, $\{a_t\}$ 는 체 $\mathbb{F}_3$ 위에서

$$a_{t+3} = 2a_t + a_{t+1} \qquad (t \geq 0)$$

를 만족시키는 동차 선형점화수열이고 특히 $(a_0, a_1, a_2) = (0, 0, 1)$ 인 경우에 $\{a_t\}$ 는 다음과 같은 주기 $3^3 - 1 = 26$ 인 최대주기수열이다.

$\{a_t\}$: 0 0 1 1 1 0 2 1 1 2 1 0 1 0 0 2 2 2 0 1 2 2 1 2 0 2 ⋯

또, $\Omega(f(x)) = \{{}_i\{a_t\} \mid 0 \leq i \leq 25\} \cup \{\{0\}\}$ 이다.

그리고, 각 ${}_i\{a_t\}$ 의 생성순환마디에는 0 이 $3^2 - 1$ 개 들어 있고 1 과 2 가 각각 3^2 개씩 들어 있다.

연습문제 (7.2)

1. 체 $\mathbb{Z}_2 = \{0, 1\}$ 위에서 다음 식을 형식적 멱급수로 나타내어라.

(1) $\dfrac{1}{1+x^2}$ (2) $\dfrac{1}{1+x+x^2}$ (3) $\dfrac{x^3}{1+x+x^3+x^4}$

2. 체 $\mathbb{Z}_3 = \{0, 1, 2\}$ 위에서 다음 식을 형식적 멱급수로 나타내어라.

(1) $\dfrac{1}{1+x}$ (2) $\dfrac{1}{1-2x^2}$ (3) $\dfrac{x}{1+2x+x^2}$

3. 실수체 $\mathbb{R}$ 또는 복소수체 $\mathbb{C}$ 위에서 다음이 성립함을 밝혀라.

(1) $\dfrac{1}{(1-x)^2} = \displaystyle\sum_{t=0}^{\infty}(t+1)\,x^t$

(2) $\dfrac{1}{(1-ax)^2} = \displaystyle\sum_{t=0}^{\infty}(t+1)\,a^t x^t$, $\dfrac{x}{(1-x)^2} = \displaystyle\sum_{t=0}^{\infty} t x^t$

4. 실수체 $\mathbb{R}$ 위의 무한수열 $\{a_t\}$ 가 다음 조건을 만족시키는 동차 선형점화수열일 때, 이 무한수열의 생성함수 $G(x)$ 를 이용하여 a_t 를 구하여라.

(1) $a_0 = 5$, $a_{t+1} = a_t + 2^t$ $(t \geq 0)$

(2) $a_0 = 1$, $a_1 = 4$, $a_{t+2} = 10a_t - 3a_{t+1}$ $(t \geq 0)$

(3) $a_0 = 3$, $a_1 = -2$, $a_{t+2} = -a_t + 2a_{t+1}$ $(t \geq 0)$

5. 실수체 $\mathbb{R}$ 위의 무한수열 $\{a_t\}$ 가 다음과 같이 정의된 점화수열이라고 하자.

(i) $a_0 = 10$ (ii) $a_{t+1} = 3a_t + 2$ $(t \geq 0)$

이 무한수열의 생성함수 $G(x)$ 를 이용하여 a_t 를 구하여라.

6. 체 $\mathbb{F}_2$ 위의 무한수열 $\{a_t\}$ 가 다음과 같이 정의된 무한수열이라고 하자.

(i) $(a_0, a_1, a_2) = (0, 0, 1)$ (ii) $a_{t+3} = a_t + a_{t+2}$ $(t \geq 0)$

이 때, $\{a_t\}$ 는 주기 7인 최대주기수열임을 확인하여라.

§7.3 최소다항식과 선형복잡도

체 F 위의 동차 선형점화수열 $\{a_t\}$ 의 고유다항식은 여러 개 존재한다. 예를 들어, $\{a_t\}$ 가 주기 r 인 순환수열일 때, $\{a_t\}$ 는 동차 선형점화식

$$a_{t+r} = a_t \qquad (t \geq 0)$$

$$a_{t+2r} = a_t \qquad (t \geq 0)$$

를 만족시키므로

$$f(x) = -1 + x^r, \quad g(x) = -1 + x^{2r}$$

는 모두 $\{a_t\}$ 의 고유다항식이다.

다음 정리의 증명은 생략하기로 한다([4], 정리 5.6.1 참조)

정리 7.3.1 체 F 위의 무한수열 $\{a_t\}$ 가 영수열이 아닌 동차 선형점화수열일 때, 다음 세 조건을 만족시키는 $m(x) \in F[x]$ 가 단 하나 존재한다.

(i) $m(x)$ 는 모닉 다항식이고 $\deg m(x) \geq 1$ 이다.

(ii) $m(x)$ 는 $\{a_t\}$ 의 고유다항식이다. 즉, $\{a_t\} \in \Omega(m(x))$ 이다.

(iii) 모닉 다항식 $f(x) \in F[x]$, $\deg f(x) \geq 1$ 가 $\{a_t\}$ 의 고유다항식일 때 그리고 이때에만 $m(x) \mid f(x)$ 이다.

위의 세 조건을 만족시키는 다항식 $m(x) \in F[x]$ 를 $\{a_t\}$ 의 **최소다항식** (minimum polynomial) 이라 하고, 또 $m(x)$ 의 차수를 $\{a_t\}$ 의 **線型複雜度** (linear complexity, linear equivalence, recursion length)라고 한다.

따름정리 7.3.2 체 F 위의 n 차의 모닉 다항식 $f(x)$ 가 기약다항식일 때, 영수열이 아닌 동차 선형점화수열 $\{a_t\} \in \Omega(f(x))$ 의 최소다항식은 $f(x)$ 이고 그 선형복잡도는 n 이다.

위의 정리 7.3.1 에 의하면, 무한수열 $\{a_t\}$ 의 최소다항식 $m(x)$ 는 $\{a_t\}$ 의 고유다항식 중에서 그 차수가 가장 작은 고유다항식이다.

다음 정리는 정리 7.3.1 의 증명 단계를 요약한 것이다.

정리 7.3.3 체 F 위의 무한수열 $\{a_t\}$ 가 영수열이 아닌 동차 선형점화수열일 때,

$$f_0(x) = -c_0 - c_1 x - \cdots - c_{n-1}x^{n-1} + x^n, \qquad n \geq 1$$

를 $\{a_t\}$ 의 한 고유다항식이라 하고 $G(x) = \sum_{t=0}^{\infty} a_t x^t$ 이라고 할 때,

$$G(x) = \frac{g_0(x)}{f_0{}^*(x)}, \qquad \deg g_0(x) \leq n-1$$

인 다항식 $g_0(x) \in F[x]$ 를 구하여 $g_0{}^*(x) = x^{n-1} g_0(\frac{1}{x})$ 이라 하고 또 $d(x) = \gcd\{f_0(x),\ g_0{}^*(x)\}$ 이라고 하면, $\{a_t\}$ 의 최소다항식 $m(x)$ 는 $m(x) = \dfrac{f_0(x)}{d(x)}$ 이다.

보기 7.3.1 체 $\mathbb{F}_2$ 위의 무한수열 $\{a_t\}$ 가 동차 선형점화식

$$a_{t+4} = a_t + a_{t+1} + a_{t+3} \qquad (t \geq 0)$$

을 만족시킬 때, 그 초기 상태벡터가 $(a_0, a_1, a_2, a_3) = (1, 1, 0, 1)$ 인 경우에 $\{a_t\}$ 의 최소다항식 $m(x)$ 를 구해 보자.

먼저 체 $\mathbb{F}_2$ 위의 4 차의 다항식 $f_0(x) = 1 + x + x^3 + x^4$ 는 $\{a_t\}$ 의 한 고유다항식이고 그 상반다항식은 $f_0{}^*(x) = 1 + x + x^3 + x^4 = f(x)$ 이다.

이제 $G(x) = \sum_{t=0}^{\infty} a_t x^t$ 이라고 하면 다음이 성립한다.

$$f_0{}^*(x)\, G(x) = (1 + x + x^3 + x^4)(1 + x + x^3 + \cdots) = 1 + x^2 + 0x^3$$

이제 $g_0(x) = 1 + x^2 + 0x^3$, $g_0{}^*(x) = x^3 g(\frac{1}{x}) = 0 + x + x^3$ 이라 하고, $f_0(x)$ 와 $g_0{}^*(x)$ 의 최대공약수 $d(x)$ 를 구하면 $d(x) = x^2 + 1$ 이므로 $\{a_t\}$ 의 최소다항식은 다음과 같다.

x	$x^4 + x^3 \quad + x + 1$	$x^3 + x$	x
	$x^4 \quad + x^2$	$x^3 + x$	
	$x^3 + x^2 + x + 1$	0	
$+1$	$x^3 \quad + x$		
	$x^2 \quad + 1$		

$$m(x) = \frac{f_0(x)}{d(x)} = \frac{x^4+x^3+x+1}{x^2+x+1} = x^2+1$$

실제로, 이진수열 $\{a_t\}$ 는 다음과 같은 주기 3 인 순환수열이다.

$$\{a_t\} : 1, 1, 0, 1, 1, 0, 1, 1, 0, 1, 1, 0, 1, 1, 0, 1, 1, 0, \cdots$$

보기 7.3.2 체 F 위의 영수열이 아닌 무한수열 $\{a_t\}$ 가 주기 r 인 순환수열이라고 하자. 이 때, $\{a_t\}$ 는 동차 선형점화식

$$a_{t+r} = a_t \qquad (t \geq 0)$$

를 만족시키므로 $f_0(x) = -1 + x^r$ 는 $\{a_t\}$ 의 한 고유다항식이고 그 상반다항식은 $f_0{}^*(x) = 1 - x^r$ 이다. 그리고, $G(x) = \sum_{t=0}^{\infty} a_t x^t$ 이라고 하면, 다음이 성립한다.

$$G(x) = \frac{g(x)}{f_0{}^*(x)}, \quad g(x) = a_0 + a_1 x + \cdots + a_{r-1}x^{r-1}$$

여기서 $g^*(x) = x^{r-1}g(\frac{1}{x}) = a_0 x^{r-1} + a_1 x^{r-2} + \cdots + a_{r-1}$ 이라 하고 $d(x)$ 를 $f_0(x)$ 와 $g^*(x)$ 의 최대공약수라고 하면, $\{a_t\}$ 의 최소다항식은 $m(x) = \dfrac{f_0(x)}{d(x)}$ 이다(정리 7.3.3).

정리 7.3.4 체 F 위의 n 차의 다항식

$$f(x) = -c_0 - c_1 x - \cdots - c_{n-1}x^{n-1} + x^n$$

를 고유다항식으로 가지는 동차 선형점화수열 $\{a_t\} \in \Omega(f(x))$ 의 초기상태 벡터가 $(a_0, a_1, \cdots, a_{n-1}) = (0, 0, \cdots, 0, 1)$ 일 때, 수열 $\{a_t\}$ 의 최소다항식은 $f(x)$ 이고 따라서 그 선형복잡도는 n 이다.

증명 이제 $f_0(x) = f(x)$ 이라고 하면,

$$f_0{}^*(x) = 1 - c_{n-1}x \cdots - c_1 x^{n-1} - c_0 x^n$$

이고 또 $G(x) = \sum_{t=0}^{\infty} a_t x^t$ 이라고 할 때 가정에 의하여 다음이 성립한다.

$$
\begin{aligned}
& f_0{}^*(x)\, G(x) \\
&= (1 - c_{n-1}x - \cdots - c_1 x^{n-1} - c_0 x^n)\,(0 + \cdots + 0x^{n-2} + x^{n-1} + \cdots) \\
&= x^{n-1} = g_0(x)
\end{aligned}
$$

이 때, $g_0{}^*(x) = 1$ 이므로 $f_0(x)$ 와 $g_0{}^*(x)$ 의 최대공약수는 $d(x) = 1$ 이고 따라서 $\{a_t\}$ 의 최소다항식은 $m(x) = \dfrac{f_0(x)}{d(x)} = f_0(x) = f(x)$ 이다.

앞의 정리에서 초기 상태벡터가 $(a_0, a_1, \cdots, a_{n-1}) = (0, 0, \cdots, 0, 1)$ 인 경우의 동차 선형점화수열 $\{a_t\}$ 를 고유다항식 $f(x)$ 에 대한 **충격반응수열** (impulse responce sequence)이라고 한다.

연습문제 (7.3)

1. 체 $\mathbb{F}_2 = \{0, 1\}$ 위의 무한수열 $\{a_t\}$ 가 다항식 $f(x) = 1 + x + x^2 + x^3$ 를 고유다항식으로 가지는 동차 선형점화수열일 때, $\{a_t\}$ 의 초기 상태벡터가 $(a_0, a_1, a_2) = (0, 0, 1)$ 인 경우에 $\{a_t\}$ 의 최소다항식은 $f(x)$ 임을 밝혀라.

2. 체 $\mathbb{F}_2$ 위의 무한수열 $\{a_t\}$ 가 다항식 $f(x) = x^4 + x^2 + x$ 를 고유다항식으로 가지는 동차 섬형점화수열일 때, $\{a_t\}$ 의 초기 상태벡터가 $(1, 0, 1, 0)$ 인 경우에 $\{a_t\}$ 의 최소다항식은 $f(x)$ 임을 밝혀라.

3. 체 $\mathbb{F}_2$ 위의 다음과 같은 주기 3 인 순환수열의 최소다항식을 구하여라.

   $\{a_t\}$: 1, 1, 0, 1, 1, 0, 1, 1, 0, $\cdots$

4. 체 $\mathbb{F}_2 = \{0, 1\}$ 위 무한수열 $\{a_t\}$ 가 다음 두 조건을 만족시키는 동차 선형점화수열일 때, $\{a_t\}$ 의 최소다항식을 구하여라.

   (i) $a_0 = a_3 = a_4 = a_5 = a_6 = 0, \quad a_1 = a_2 = a_7 = 1$

   (ii) $a_{t+8} = a_t + a_{t+5} + a_{t+6} + a_{t+7} \qquad (t \geq 0)$

§7.4 선형점화수열과 선형 Shift Resister

다음 그림은 체 F 에서의 무한수열 $\{s_t\}$ 를 생성해내는 장치를 보여준다.

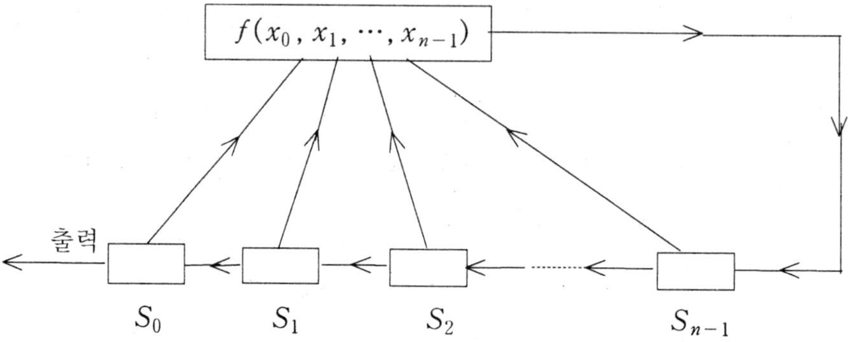

이 장치를 체 F 에서의 **n 단계 Shift Register** 라 하고, 또 함수

$$f: F^n \longrightarrow F, \quad y = f(x_0, x_1, \cdots, x_{n-1})$$

이며 f 를 이 Shift Register 의 **feedback 함수**(feedback function)라고 한다.

위의 그림에서 단위 시각 $t = 0, 1, 2, \cdots$ 에 따라 t 시각일 때의 각 단계(stage) S_i 의 내용을 $s_i(t)$ 이라고 하면 다음 두 조건이 성립한다.

(i) $s_i(t+1) = s_{i+1}(t), \qquad (0 \leq i \leq n-2)$

(ii) $s_{n-1}(t+1) = f(s_0(t), s_1(t), \cdots, s_{n-1}(t))$

따라서 t 시각에서의 $S_0, S_1, \cdots, S_{n-2}, S_{n-1}$ 의 내용은 각각

(1) $s_0(t),\ s_1(t),\ \cdots,\ s_{n-2}(t),\ s_{n-1}(t)$

이고 $t+1$ 시각에서의 $S_0, S_1, \cdots, S_{n-2}, S_{n-1}$ 의 내용은 각각 다음과 같다.

(2) $s_1(t),\ s_2(t),\ \cdots,\ s_{n-1}(t),\ f(s_0(t), s_1(t), \cdots, s_{n-1}(t))$

여기서 (2) 의 처음 $n-1$ 개의 항은 (1) 의 첫째 항을 제외한 항을 차례로 왼쪽으로 평행이동시킨(shift) 것이고 또 (2) 의 끝항은 (1) 의 n 개의 항과 feedback 함수 f 에 의하여 결정된다.

시각 t 에서의 S_0 의 내용 $s_0(t)$ 를 s_t 라고 하면,

$$\begin{aligned} s_t &= s_0(t) \\ s_{t+1} &= s_0(t+1) = s_1(t) \\ &\vdots \\ s_{t+n-1} &= s_0(t+n-1) = \cdots = s_{n-1}(t) \\ s_{t+n} &= s_0(t+n) = \cdots = s_{n-1}(t+1) \\ &= f(s_t, s_{t+1}, \cdots, s_{t+n-1}) \end{aligned}$$

이므로 각 시각 t 에서의 $S_0, S_1, \cdots, S_{n-2}, S_{n-1}$ 의 내용은 다음과 같다.

$$\begin{aligned} t = 0 \text{ 일 때 } &: \ s_0, s_1, \cdots, s_{n-2}, s_{n-1} \\ t = 1 \text{ 일 때 } &: \ s_1, s_2, \cdots, s_{n-1}, s_n \\ t = 2 \text{ 일 때 } &: \ s_2, s_3, \cdots, s_n, s_{n+1} \\ t = 3 \text{ 일 때 } &: \ s_3, s_4, \cdots, s_{n+1}, s_{n+2} \\ \vdots \qquad & \qquad\qquad \vdots \end{aligned}$$

그리고 $t = 0, 1, 2, \cdots$ 일 때의 S_0 의 내용으로부터 무한수열

$$\{s_t\} : \ s_0, s_1, s_2, s_3, s_4, \cdots, s_t, \cdots$$

를 얻는다. 결국 feedback 함수가 $f : F^n \longrightarrow F$ 인 n 단계 Shift Register 에 의하여 생성된 무한수열 $\{s_t\}$ 는 초기조건 $(s_0, s_1, \cdots, s_{n-1})$ 와 관계식

$$s_{t+n} = f(s_t, s_{t+1}, \cdots, s_{t+n-1}) \qquad (t \geq 0)$$

에 의하여 완전히 결정된다.

예를 들면, 체 $\mathbb{F}_2 = \{0, 1\}$ 에서의 무한수열 $\{s_t\}$ 가 함수

$$f : \mathbb{F}_2{}^3 \longrightarrow \mathbb{F}_2, \ f(x_0, x_1, x_2) = x_0 + x_1 + x_1 x_2$$

를 feedback 함수로 가지는 Shift Register 에 의하여 생성된 수열이면, $\{s_t\}$ 는 초기 상태벡터 (s_0, s_1, s_2) 와 다음 관계식에 의하여 결정된다.

$$s_{t+3} = f(s_t, s_{t+1}, s_{t+2}) = s_t + s_{t+1} + s_{t+1} s_{t+2} \qquad (t \geq 0)$$

특히, $(s_0, s_1, s_2) = (0, 0, 1)$ 일 때, $\{s_t\}$ 는 다음과 같이 결정된다.

$$s_3 = 1+0+0+0 = 1,$$
$$s_4 = 1+0+1+1 = 1,$$
$$s_5 = 1+1+1+1 = 0,$$
$$s_6 = 1+1+1+0 = 1,$$
$$s_7 = 1+1+0+0 = 0,$$
$$s_8 = 1+0+1+0 = 0$$

t	s_t	s_{t+1}	s_{t+2}
0	0	0	1
1	0	1	1
2	1	1	1
3	1	1	0
4	1	0	1
5	0	1	0
6	1	0	0

체 F에 대하여 다음과 같이 정의된 함수 $f : F^n \longrightarrow F$를 체 F 위의 **동차 선형함수**(homogeneous linear function)라고 한다.

$$f(x_0, x_1, \cdots, x_{n-1}) = c_0x_0 + c_1x_1 + \cdots + c_{n-1}x_{n-1}$$
$$(c_0, c_1, \cdots, c_{n-1} \in F)$$

그리고, 체 F 위의 동차 선형함수 $f : F^n \longrightarrow F$를 feedback 함수로 가지는 Shift Register를 **n 단계 동차 선형 Shift Register**라고 한다.

특히, 체 $\mathbb{F}_2 = \{0, 1\}$에 대하여 동차 선형함수

$$f : \mathbb{F}_2{}^n \longrightarrow \mathbb{F}_2,$$
$$f(x_0, x_1, \cdots, x_{n-1}) = c_0x_0 + c_1x_1 + \cdots + c_{n-1}x_{n-1}$$

를 feedback 함수로 가지는 Shift Register를 **n 단계 二進 동차 선형 Shift Register**라고 한다. 이러한 선형 Shift Register에 의하여 생성되는 무한수열 $\{s_t\}$는 이진수열이다.

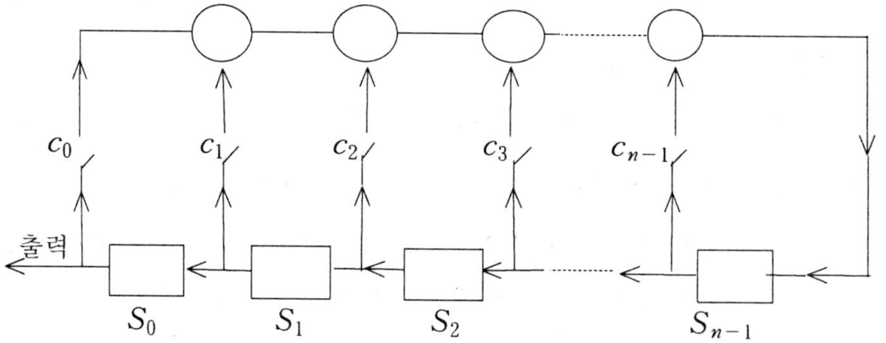

위의 그림에서 각 c_i의 오른쪽에 있는 기호는 스위치를 나타내며 c_i의 값이 0, 1 임에 따라 이에 대응하는 스위치는 열리거나 닫히게 된다.

이 동차 선형 Shift Register 에 의하여 생성된 이진수열 $\{s_t\}$ 는 다음 동차 선형점화식을 만족시키는 n 차의 동차 선형점화수열이다

$$s_{t+n} = c_0 s_t + c_1 s_{t+1} + \cdots + c_{n-1} s_{t+n-1} \qquad (t \geq 0)$$

비밀 유지를 요하는 평문을 암호문으로 변환시켜 전송하는 암호체계 중에서도 외교용이나 군사용으로 널리 사용되는 **스트림 암호체계**(stream cipher system) 에서는 이진 선형 Shift Register 를 사용하여 이진수열

$$\{s_t\} : \quad s_0,\ s_1,\ s_2,\ s_3,\ s_4,\ \cdots,\ s_t,\ \cdots$$

를 생성해내고 전송할 평문을 유한수열 $a_0, a_1, \cdots, a_k$ 로 나타내어

$$b_i = a_i + s_i \qquad (0 \leq i \leq k)$$

으로 결정되는 암호문 $b_0, b_1, \cdots, b_k$ 를 전송하며, 전송된 암호문은

$$a_i = b_i - s_i \qquad (0 \leq i \leq k)$$

으로 결정되는 평문 $a_0, a_1, \cdots, a_k$ 로 복호한다([4], 제5장 참조).

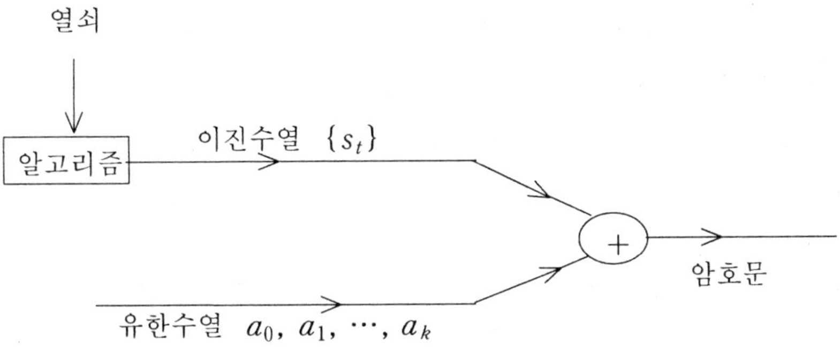

이러한 스트림 암호체계는 상업용으로도 사용되고 있고, 또 이동통신 환경에서 구현하기가 용이하고 그 안전성을 수학적으로 엄밀하게 분석할 수 있다. 스트림 암호체계에서는 다음 조건이 만족되어야 한다.

A.1 열쇠(key)를 선택할 수 있는 방법의 개수를 충분히 크게 하여 공격자로 하여금 열쇠 전부를 시험해 볼 수 없도록 하여야 한다.

A.2 보안이 유지되기 위해서는 생성되는 무한수열들의 주기를 미리 알 수 있어야 한다.

A.3 암호문은 반드시 任意性(randomness)이 있어야 한다.

스트림 암호체계에서는 체 $\mathbb{F}_2 = \{0, 1\}$ 에서 택한 $2n$ 개의 원소

$$c_0,\ c_1,\ \cdots,\ c_{n-1};\quad s_0,\ s_1,\ \cdots,\ s_{n-1}$$

전체가 한 개의 열쇠를 정해준다. 한편, 체 $\mathbb{F}_2$ 위의 n 차의 원시다항식

$$f(x) = -c_0 - c_1 x - \cdots - c_{n-1}x^{n-1} + x^n$$

전체의 개수는 $\lambda(n) = \dfrac{\varphi(2^n - 1)}{n}$ 이다(정리 6.4.5 참조). 그리고, $\lambda(n)$ 개의 $(c_0, c_1, \cdots, c_{n-1})$ 를 택하여 n 차의 원시다항식 $f(x)$ 를 택할 수 있고 또 각 n 차의 원시다항식 $f(x)$ 에 대하여 $2^n - 1$ 개의 영벡터가 아닌 벡터 $(s_0, s_1, \cdots, s_{n-1}) \in \mathbb{F}_2{}^n$ 를 초기 상태벡터로 가지는 주기 $2^n - 1$ 인 최대주기수열 $\{s_t\}$ 가 결정된다(정리 7.2.6).

따라서 이 스트림 암호체계의 열쇠 전체의 개수는 다음과 같다.

$$(2^n - 1)\lambda(n) = \frac{(2^n - 1)\ \varphi(2^n - 1)}{n}$$

한편, 체 $\mathbb{F}_2$ 위의 n 차의 원시다항식을 고유다항식으로 가지는 이진수열 $\{s_t\}$ 를 생성해내는 동차 선형 Shift Register 중에서 그 단계의 개수가 가장 작은 것은 n 이다(정리 7.3.1). 한편, 공격자가 최대주기수열 $\{s_t\}$ 의 연이은 $2n$ 개의 항의 값을 알게 되면, $c_0,\ c_1,\ \cdots,\ c_{n-1}$ 의 값과 $\{s_t\}$ 의 모든 항을 알게 된다는 사실이 알려져 있다.

그러므로 스트림 암호체계에서는 다음 조건이 만족되어야 한다.

A.4 스트림 암호체계는 非 선형적이어야 한다(nonlinearity).

즉, 스트림 암호체계에서 생성해내는 이진수열은 동차 선형점화수열이 아니어야 한다. 그런데, 스트림 암호체계가 非선형적이 되도록 하는 데에는 두 대 이상의 선형 Shift Register 를 결합하여 이진수열을 생성해내는 방법이 이용되거나 또는 非 선형함수를 feedback 함수로 택하는 방법이 이용된다.

특히, 非 선형함수를 feedback 함수로 가지는 무한수열로서는

bent 함수 수열, Kasami 수열

과 같은 수열이 있으며 이러한 무한수열은 대단히 좋은 특성을 가지고 있다.

제 8 장

다항식의 근

이 장에서는 다항식의 판별식에 대하여 논하고, 또 이차다항식의 근의 공식, 다항식의 변형, 삼차다항식의 판별식, 삼차다항식과 사차다항식의 근의 공식에 대하여 논하며 특수한 다항식의 근을 구하는 방법에 대하여 논한다.

그리고, 체의 유한 확대체와 대수적 확대체, 대수적 수와 초월수, 대수적 폐포, 대수적 수체, 대수적 폐체에 대하여 간단히 논하고 작도문제에 대하여 논한다.

체에 관한 이론에 대해서는

김응태 · 박승안, 현대대수학, 제 8 판, 경문사, 2011

을 참조하기 바란다.

§ 8.1 삼차다항식과 사차다항식

이 절에서는, 다항식의 근에 대하여 논한다.

정리 8.1.1 체 F 위의 n 차의 다항식

$$f(x) = a_n x^n + a_{n-1} x^{n-1} + \cdots + a_1 x + a_0, \quad n \geq 1$$

가 F의 적당한 확대체 K 안에서 중복을 허락하여 n 개의 근 $u_1, \cdots, u_n$ 을 가질 때 다음이 성립한다.

$$\sum_{i=1}^{n} u_i = u_1 + u_2 + \cdots + u_n = -\frac{a_{n-1}}{a_n},$$

$$\sum_{i<j} u_i u_j = u_1 u_2 + u_1 u_3 + \cdots + u_{n-1} u_n = \frac{a_{n-2}}{a_n},$$

$$\sum_{i<j<k} u_i u_j u_k = u_1 u_2 u_3 + u_1 u_2 u_4 + \cdots + u_{n-2} u_{n-1} u_n = -\frac{a_{n-3}}{a_n}$$

$$\vdots$$

$$u_1 u_2 \cdots u_n = (-1)^n \frac{a_0}{a_n}$$

증명 가정에 의하여 체 K 위에서

$$f(x) = a_n (x - u_1)(x - u_2) \cdots (x - u_n)$$

이므로, 이 등식의 양변의 계수를 비교하면 정리의 등식을 얻는다.

정의 8.1.2 체 F 위의 n 차의 다항식 $f(x)$ 가 F 의 적당한 확대체 K 안에서 중복을 허락하여 n 개의 근 $u_1, \cdots, u_n$ 을 가질 때, 다음과 같은 D 를 다항식 $f(x)$ 또는 방정식 $f(x) = 0$ 의 **판별식**(discriminant)이라고 한다.

$$D = \prod_{i<j} (u_i - u_j)^2 = \{(u_1 - u_2)(u_1 - u_3) \cdots (u_1 - u_n)$$
$$(u_2 - u_3) \cdots (u_2 - u_n)$$
$$\vdots$$
$$(u_{n-1} - u_n)\}^2$$

보기 8.1.1 체 F 위의 다항식 $f(x) = x^2 + bx + c$ 가 체 F 의 적당한 확대체 K 안에서 근 u 를 가지면, $v = -b-u \in K$ 도 $f(x)$ 의 근이다.

앞으로, D 가 허수인 경우에 $\sqrt{D}$ 는 D 의 두 제곱근 중에서 어느 하나를 나타낸다.

보기 8.1.2 (이차다항식의 근의 공식) 복소수체 $\mathbb{C}$ 위에서 이차다항식

$$f(x) = x^2 + bx + c$$

는 복소수체 $\mathbb{C}$ 안의 두 근 u_1, u_2 를 가지며 $f(x)$ 의 판별식은

$$D = (u_1 - u_2)^2 = (u_1 + u_2)^2 - 4u_1u_2 = b^2 - 4c$$

이고, 또 $f(x)$ 의 두 근은 $\dfrac{-b \pm \sqrt{D}}{2}$ 이다.

예를 들면, 이차다항식 $f(x) = x^2 - ix + 1 + 3i$ 에 대하여

$$D = (-i)^2 - 4(1+3i) = -5 - 12i = (2-3i)^2$$

이므로, $\sqrt{D} = 2 - 3i$ 이라고 하면 $f(x)$ 의 두 근은 $\dfrac{i \pm \sqrt{D}}{2}$ 이다.

보기 8.1.3 두 복소수 q, r 에 대하여 두 등식 $\alpha + \beta = q$, $\alpha\beta = r$ 를 만족시키는 복소수 α, β 는 이차다항식 $f(x) = x^2 - qx + r$ 의 두 근이다.

정리 8.1.3 체 F 위의 n 차의 다항식

$$f(x) = a_nx^n + a_{n-1}x^{n-1} + \cdots + a_1x + a_0, \qquad n \geq 1$$

와 원소 $k \in F$ 에 대하여 $g(x) = f(x-k)$ 이라고 할 때, $g(x)$ 가 F 의 적당한 확대체 K 안에서 중복을 허락하여 n 개의 근 $u_1, \cdots, u_n$ 을 가진다면, $f(x)$ 는 K 안에서 중복을 허락하여 n 개의 근 $u_1 - k, \cdots, u_n - k$ 를 가지며 $f(x)$ 의 판별식과 $g(x)$ 의 판별식은 일치한다.

특히, 체 F 의 표수가 0 일 때, $g(x) = f(x - \dfrac{a_{n-1}}{n\,a_n})$ 이라고 하면 $g(x)$ 의 x^{n-1} 의 계수는 0 이다.

증명 (1) 원소 $u \in K$ 가 $g(x)$ 의 근이면, $f(u-k) = g(u) = 0$ 이므로 $v = u - k$ 는 $f(x)$ 의 근이다. 그리고, $f(x) = g(x+k)$ 이므로 $v \in K$ 가 $f(x)$ 의 근이면 $u = v + k$ 는 $g(x)$ 의 근이고 이때 $v = u - k$ 이다. 그러므로 정리의 첫 부분이 성립한다.

그리고, $v_i = u_i - k$ 이라고 하면, $v_i - v_j = u_i - u_j$ 이므로

$$\prod_{i<j} (v_i - v_j)^2 = \prod_{i<j} (u_i - u_j)^2$$

이고 따라서 $f(x)$ 의 판별식과 $g(x)$ 의 판별식과 일치한다.

특히, 체 F 의 표수가 0 일 때, $n a_n \neq 0$ 이므로 $k = \dfrac{a_{n-1}}{n a_n} \in F$ 이고

$$g(x) = c_n x^n + c_{n-1} x^{n-1} + + \cdots + c_1 x + c_0$$

이라고 하면 정리 8.1.1 에 의하여 $-\dfrac{c_{n-1}}{c_n} =$ 이고 또

$$u_1 + \cdots + u_n = v_1 + \cdots + v_n + nk = -\frac{a_{n-1}}{a_n} + nk = 0$$

이므로 $c_{n-1} = 0$ 이다.

보기 8.1.4 유리수체 $\mathbb{Q}$ 위의 다항식 $f(x) = x^3 + 6x^2 + 9x + 4$ 에 대하여 $g(x) = f(x-2)$ 이라고 하면,

$$g(x) = x^3 - 3x + 2 = (x-1)^2 (x+2)$$

$$\begin{array}{c|cccc} 1 & 1 & 0 & -3 & 2 \\ & & 1 & 1 & -2 \\ \hline & 1 & 1 & -2 & \boxed{0} \end{array}$$

이고 $g(x)$ 는 세 근 $x = 1$ (이중근), $x = -2$ 를 가진다.

따라서 $f(x)$ 는 세 근 $x = -1$ (이중근), $x = -4$ 를 가진다.

정리 8.1.4 체 F 가 표수 0 인 체일 때, 체 F 위의 삼차다항식

$$f(x) = x^3 + ax^2 + bx + c$$

에 대하여 $g(x) = f\left(x - \dfrac{a}{3}\right) = x^3 + qx + r$ 이라고 하면, $f(x)$ 의 판별식과 $g(x)$ 의 판별식은 일치하고 다음과 같다.

$$D = -4q^3 - 27r^2 = -27c^2 - 4a^3c - 4b^3 + a^2b^2 + 18abc$$

증명 체 F는 표수 0 인 체이므로 $\mathbb{Q} \subseteq F$ 이다(p. 299 아래 부분).

먼저 $g(x) = f(x - \frac{a}{3})$ 이라고 할 때, $g(x)$ 는 다음과 같다.

$$\begin{aligned} g(x) &= (x - \frac{a}{3})^3 + a(x - \frac{a}{3})^2 + b(x - \frac{a}{3}) + c \\ &= x^3 + (b - \frac{a^2}{3})x + \frac{2a^3}{27} - \frac{ab}{3} + c = x^3 + qx + r \end{aligned}$$

여기서, $q = b - \frac{a^2}{3}$, $r = \frac{2a^3}{27} - \frac{ab}{3} + c$ 이다.

이제 $g(x)$ 가 F의 적당한 확대체 K 안에서 세 근 u_1, u_2, u_3 을 가진다고 하자. 이 때,

$$u_1 + u_2 + u_3 = 0, \quad u_1u_2 + u_1u_3 + u_2u_3 = q, \quad u_1u_2u_3 = -r$$

이므로, 서로 다른 $i, j, k \in \{1, 2, 3\}$ 에 대하여

$$\begin{aligned} &u_i + u_j = -u_k, \\ &u_iu_j = q - (u_i + u_j)u_k = q + {u_k}^2 \\ &(u_i - u_j)^2 = (u_i + u_j)^2 - 4u_iu_j = {u_k}^2 - 4q - 4{u_k}^2 \\ &\qquad\qquad\qquad\qquad\qquad\quad = -(3{u_k}^2 + 4q) \end{aligned}$$

이므로 $f(x)$ 의 판별식과 $g(x)$ 의 판별식은 다음과 같다(정리 8.1.3).

$$\begin{aligned} D &= (u_1 - u_2)^2(u_1 - u_3)^2(u_2 - u_3)^2 \\ &= -(3{u_3}^2 + 4q)(3{u_2}^2 + 4q)(3{u_3}^1 + 4q) \\ &= -27{u_1}^2{u_2}^2{u_3}^2 - 36q({u_1}^2{u_2}^2 + {u_1}^2{u_3}^2 + {u_2}^2{u_3}^2) \\ &\quad - 48q^2({u_1}^2 + {u_2}^2 + {u_3}^2) - 64q^3 \\ &= -27r^2 \\ &\quad - 36q\{(u_1u_2 + u_1u_3 + u_2u_3)^2 - 2u_1u_2u_3(u_1 + u_2 + u_3)\} \\ &\quad - 48q^2\{(u_1 + u_2 + u_3)^2 - 2(u_1u_2 + u_1u_3 + u_2u_3)\} - 64q^3 \\ &= -27r^2 - 36q^3 - 48q^2(-2q) - 64q^3 \\ &= -4q^3 - 27r^2 \end{aligned}$$

그리고, $D = -27c^2 - 4a^3c - 4b^3 + a^2b^2 + 18abc$ 임을 알 수 있다.

정리 8.1.5 실수체 $\mathbb{R}$ 위의 삼차다항식 $f(x) = x^3 + ax^2 + bx + c$ 의 판별식을 D 이라고 하면 다음이 성립한다.

(1) $D > 0$ 일 때 그리고 이때에만 $f(x)$ 는 서로 다른 세 실근을 가진다.

(2) $D = 0$ 일 때 그리고 이때에만 $f(x)$ 의 세 근은 모두 실근이고 또 $f(x)$ 는 중근을 가진다.

(3) $D < 0$ 일 때 그리고 이때에만 $f(x)$ 는 한 실근과 서로 다른 두 허근을 가진다.

증명 정리 6.2.22 에 의하여 다항식 $f(x)$ 는 적어도 한 개의 실근을 가진다. 이 실근을 u_1 이라 하고 나머지 두 근을 u_2, u_3 이라고 하자.

먼저 세 근이 모두 실근이면,

$$D = (u_1 - u_2)^2 (u_1 - u_3)^2 (u_2 - u_3)^2 \geq 0$$

이고, 특히 이들 세 근이 서로 다르면 $D > 0$ 이며 이들 세 근 중에서 적어도 두 근이 같으면 $D = 0$ 이다.

다음에 u_2 가 허수일 때, $u_2 = a + bi$ $(a, b \in \mathbb{R},\ b \neq 0)$ 이라고 하면 $u_3 = \overline{u}_2 = a - bi$ 이므로 다음이 성립한다.

$$\begin{aligned} D &= \{(u_1 - u_2)(u_1 - \overline{u_2})\}^2 (u_2 - \overline{u_2})^2 \\ &= \{u_1{}^2 - (u_2 + \overline{u_2}) u_1 + u_2 \overline{u_2}\}^2 (2bi)^2 \\ &= -4b^2 (u_1{}^2 - 2au_1 + a^2 + b^2)^2 \\ &= -4b^2 \{(u_1 - a)^2 + b^2\}^2 < 0 \end{aligned}$$

한편, D 에 대하여 $D > 0$, $D = 0$, $D < 0$ 중에서 하나만이 성립하므로, 위의 결과에 의하여 (1), (2), (3) 이 성립한다.

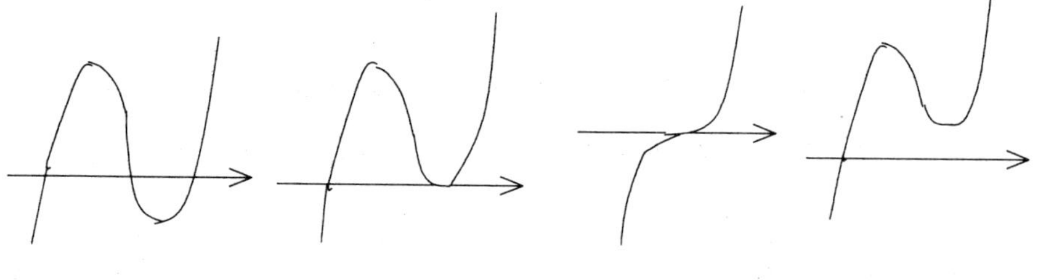

이탈리아의 카르다노(Giralamo Cardano) 는 복소수를 계수로 가지는 삼차다항식(cubic polynomial) 의 근에 대한 공식을 구하였다.

정리 8.1.6 (카르다노 의 방법) 복소수체 $\mathbb{C}$ 위의 삼차다항식

$$f(x) = x^3 + ax^2 + bx + c$$

에 대하여

$$g(x) = f(x - \frac{a}{3}) = x^3 + qx + r, \quad D = -4q^3 - 27r^2$$

이라 하고 또 $d = -\dfrac{D}{108} = \dfrac{r^2}{4} + \dfrac{q^3}{27}$ 이라고 할 때, 두 복소수 α, β 를

$$\alpha\beta = -\frac{q}{3}, \quad \alpha^3 = -\frac{r}{2} + \sqrt{d}, \quad \beta^3 = -\frac{r}{2} - \sqrt{d}$$

가 되도록 택하면 복소수체 $\mathbb{C}$ 안에서 $g(x)$ 의 세 근은

$$u_1 = \alpha + \beta, \ u_2 = \alpha\omega + \beta\omega^2, \ u_3 = \alpha\omega^2 + \beta\omega \quad (\omega = \frac{-1+\sqrt{3}\,i}{2})$$

이고 또 $f(x)$ 의 세 근은 $u_1 - \dfrac{a}{3}$, $u_2 - \dfrac{a}{3}$, $u_2 - \dfrac{a}{3}$ 이다.

증명 이제 $x = u + v$ 를 $g(x)$ 의 근이라고 하자. 이 때,

$$\begin{aligned} 0 &= g(u+v) = (u+v)^3 + q(u+v) + r \\ &= u^3 + v^3 + (3uv + q)(u+v) + r \end{aligned}$$

이므로, 연립방정식

$$\begin{cases} 3uv + q = 0 \\ u^3 + v^3 + r = 0 \end{cases} \quad \text{즉} \quad \begin{cases} uv = -\dfrac{q}{3} \\ u^3 + v^3 = -r \end{cases} \qquad ①$$

의 근 u, v 를 구하여 $g(x)$ 의 근을 얻는다. 그런데, ① 에 의하여

$$u^3 + v^3 = -r, \qquad u^3 v^3 = -\frac{q^3}{27}$$

이므로 u^3, v^3 은 이차다항식 $x^2 + rx - \dfrac{q^3}{27}$ 의 근이고(보기 8.1.3), 따라서 u^3 와 v^3 을 다음과 같이 놓을 수 있다.

$$u^3 = -\frac{r}{2} + \sqrt{\frac{r^2}{4} + \frac{q^3}{27}} = -\frac{r}{2} + \sqrt{d} \qquad ②$$

$$v^3 = -\frac{r}{2} - \sqrt{\frac{r^2}{4} + \frac{q^3}{27}} = -\frac{r}{2} - \sqrt{d} \qquad ③$$

이제 $u = \alpha$, $v = \beta$ 를 각각 ②, ③ 의 한 근이라고 하면, ② 의 세 근은

$\alpha,\ \alpha\omega,\ \alpha\omega^2$ 이고 또 ③의 세 근은 $\beta,\ \beta\omega,\ \beta\omega^2$ 이다 한편, ①에 의하여 $uv = -\frac{q}{3}$ 이므로 α, β를 $\alpha\beta = -\frac{q}{3}$ 가 되도록 택하면

$$(\alpha\omega)(\beta\omega^2) = \alpha\beta = -\frac{q}{3}, \quad (\alpha\omega^2)(\beta\omega) = \alpha\beta = -\frac{q}{3}$$

이고, $g(x)$ 의 세 근은

$$u_1 = \alpha + \beta, \quad u_2 = \alpha\omega + \beta\omega^2, \quad u_3 = \alpha\omega^2 + \beta\omega$$

이며 $f(x)$ 의 세 근은 $u_1 - \frac{a}{3}$, $u_2 - \frac{a}{3}$, $u_2 - \frac{a}{3}$ 이다(정리 8.1.3).

위의 증명에서 특히 $q = 0$ 인 경우에는 $\alpha^3 = -r,\ \beta = 0$ 이다.

보기 8.1.5 다항식 $g(x) = x^3 + 6x + 7$ 에 대하여 다음이 성립한다.

$$D = -4 \cdot 6^3 - 27 \cdot 7^2 < 0, \quad d = -\frac{D}{108} = \frac{81}{4}, \quad \sqrt{d} = \frac{9}{2}$$

$$\alpha^3 = -\frac{r}{2} + \sqrt{d} = 1,\ \beta^3 = -\frac{r}{2} - \sqrt{d} = -8,\ \alpha\beta = -\frac{q}{3} = -2$$

그런데, $\alpha = 1,\ \beta = -2$ 는 위의 세 등식을 만족시키므로 $g(x)$ 의 세 근은 다음과 같다.

$$\alpha + \beta = -1, \quad \alpha\omega + \beta\omega^2 = \frac{1+3\sqrt{3}\,i}{2}, \quad \alpha\omega^2 + \beta\omega = \frac{1-3\sqrt{3}\,i}{2}$$

보기 8.1.6 유리수체 $\mathbb{Q}$ 위의 삼차다항식 $g(x) = x^3 - 7x + 6$ 에 대하여

$$D = -4q^3 - 27r^2 = 400 > 0$$

이므로 $g(x)$ 는 서로 다른 세 실근을 가진다. 실제로, 다항식 $g(x)$ 의 근은 $1, 2, -3$ 이다. 한편, $d = -\frac{D}{108} < 0$ 이므로 $\sqrt{d}$ 는 허수이고 따라서

$$\alpha^3 = -\frac{r}{2} + \sqrt{d}, \quad \beta^3 = -\frac{r}{2} - \sqrt{d}, \quad \alpha\beta = -\frac{q}{3} = \frac{7}{3}$$

인 α, β는 모두 허수이므로 $g(x)$ 의 세 실근 $1, 2, -3$ 은 모두 두 허수의 합으로 표현된다. 이와 같이 서로 다른 세 실근을 가지는 삼차다항식에 정리 8.1.6 을 적용하여 근을 구할 때 이들 세 실근이 두 허수의 합으로 나타내어지는 경우를 **還元 불능의 경우**(casus irreducibilis)라고 한다.

사차다항식(quartic polynomial)의 근에 대한 공식은 1540년대의 초에 페라리(Lodovico Ferrari)가 구하였다.

다음 정리에서는 데카르트((René Descartes)의 방법으로 사차다항식의 근을 구한다. 이 방법은 Ferrari의 방법을 약간 변형한 것이다.

정리 8.1.7 (데카르트의 방법) 복소수체 $\mathbb{C}$ 위의 사차다항식

$$f(x) = x^4 + ax^3 + bx^2 + cx + d$$

에 대하여 $g(x) = f(x - \frac{a}{4})$ 이라고 하면, $g(x)$ 는

$$g(x) = x^4 + qx^2 + rx + s$$

와 같은 꼴이고 또 복소수체 $\mathbb{C}$ 안에서 $g(x)$ 는 네 근 u_1, u_2, u_3, u_4 를 가지며 $f(x)$ 는 네 근 $u_1 - \frac{a}{4}$, $u_2 - \frac{a}{4}$, $u_3 - \frac{a}{4}$, $u_4 - \frac{a}{4}$ 를 가진다.

그리고, $g(x)$ 의 네 근을 구하는 공식을 얻을 수 있다.

증명 정리 8.1.3에 의하여 정리의 첫 부분이 성립한다.

먼저 $r = 0$ 인 경우에 보기 8.1.3 을 이용하여 $k + m = q$, $km = s$ 인 k, m 을 구할 수 있고 이때

$$g(x) = x^4 + qx^2 + s = (x^2 + k)(x^2 + m)$$

이므로 이차다항식 $x^2 + k$, $x^2 + m$ 의 근을 구하여 $g(x)$ 의 근을 얻고 이로부터 $f(x)$ 의 근을 얻는다.

다음에 $r \neq 0$ 일 때, 복소수체 $\mathbb{C}$ 위에서 $g(x)$ 가 다음과 같이 인수분해된다고 하자.

$$g(x) = (x^2 + jx + k)(x^2 + lx + m) \qquad ①$$

이 때, $j = -l$ 이어야 하고 또 다음이 성립하여야 한다.

$$m - j^2 + k = q, \quad jm - jk = r, \quad km = s \qquad ②$$

그런데 $r \neq 0$ 이므로 $j \neq 0$ 이고, ② 의 처음 두 등식에 의하여

$$2mj = j^3 + qj + r, \quad 2kj = j^3 + qj - r \qquad ③$$

이고, 이 두 등식과 ② 의 셋째 등식에 의하여 다음이 성립하여야 한다.

$$4sj^2 = 4kmj^2 = (2kj)(2mj)$$
$$= (j^3 + qj - r)(j^3 + qj + r)$$
$$= (j^3 + qj)^2 - r^2 = j^6 + 2qj^4 + q^2j^2 - r^2$$

즉, $$j^6 + 2qj^4 + (q^2 - 4s)j^2 - r^2 = 0$$

따라서 정리 8.1.6을 이용하여 j^2에 관한 삼차방정식

$$(j^2)^3 + 2q(j^2)^2 + (q^2 - 4s)j^2 - r^2 = 0$$

의 근을 구하여 j의 값을 구하고 이 j의 값과 ③을 이용하여 k, m의 값을 구할 수 있다. 이제, 두 이차다항식 $x^2 + jx + k$, $x^2 - jx + m$의 근을 구하면, $g(x)$ 의 근을 얻고 이로부터 $f(x)$ 의 근을 얻는다.

보기 8.1.7 유리수체 $\mathbb{Q}$ 위의 다항식 $g(x) = x^4 - 2x^2 + 8x - 3$ 가

$$x^4 - 2x^2 + 8x - 3 = (x^2 + jx + k)(x^2 - jx + m)$$

와 같이 인수분해된다면 다음 등식이 성립하여야 한다.

$$j^6 - 4j^4 + 16j^2 - 64 = 0$$

즉 $$j^6 - 2^2j^4 + 2^4j^2 - 2^6 = 0$$

여기서, $j = 2$가 이 방정식의 한 근임을 알 수 있고 $j = 2$일 때 다음이 성립한다.

$$2kj = j^3 + qj - r \quad 즉 \quad 4k = 8 - 4 - 8 = -4$$
$$2mj = j^3 + qj + r \quad 즉 \quad 4m = 8 - 4 + 8 = 12$$

그러므로 $k = -1$, $m = 3$ 이고, 따라서

$$g(x) = (x^2 + 2x - 1)(x^2 - 2x + 3)$$

이므로 $g(x)$ 의 네 근은 $-1 \pm \sqrt{2}$, $1 \pm \sqrt{2}\, i$ 이다.

일반적으로, 복소수를 계수로 가지는 5 차 이상의 다항식의 근을 구하는 공식은 없다.

연습문제 (8.1)

1. 다음과 같은 실수체 $\mathbb{R}$ 위의 다항식의 판별식을 구하여라.

   (1) $f(x) = x^3 + 6x^2 + 3x + 18$ (2) $f(x) = x^3 + 3x^2 + 9x + 14$

2. 복소수체 $\mathbb{C}$ 안에서 다음 다항식의 근을 구하여라.

   (1) $f(x) = x^3 + 6x^2 + 3x + 18$ (2) $f(x) = x^4 - x^2 - 2$

3. 체 F 위의 다항식 $f(x) = x^3 + ax^2 + bx + c$ 의 세 근이 $\alpha, \alpha r, \alpha r^2$ 일 때, 계수 a, b, c 사이에 관계식 $a^3 c = b^3$ 이 성립함을 밝혀라.

4. 다항식 $f(x) = x^3 + ax^2 + bx + c$ 가 복소수체 $\mathbb{C}$ 안에서 세 근 α, β, γ 를 가질 때, 다음 식을 a, b, c 에 관한 식으로 나타내어라.

   (1) $\alpha^2\beta\gamma + \alpha\beta^2\gamma + \alpha\beta\gamma^2$

   (2) $\alpha^2(\beta+\gamma) + \beta^2(\gamma+\alpha) + \gamma^2(\alpha+\beta)$

   (3) $\alpha^2 + \beta^2 + \gamma^2$

   (4) $\alpha^3 + \beta^3 + \gamma^3$

5. 실수체 $\mathbb{R}$ 위의 사차다항식 $f(x) = x^4 + ax^3 + bx^2 + cx + d$ 가 복소수체 $\mathbb{C}$ 안에서 네 근 $\alpha, \beta, \gamma, \delta$ 를 가질 때, 다음 식을 a, b, c 에 관한 식으로 나타내어라.

   (1) $\alpha^2 + \beta^2 + \gamma^2 + \delta^2$

   (2) $\alpha^3(\beta\gamma + \gamma\delta + \delta\beta) + \beta^3(\gamma\delta + \delta\alpha + \alpha\gamma)$
   $+ \gamma^3(\delta\alpha + \alpha\beta + \beta\delta) + \delta^3(\alpha\beta + \beta\gamma + \gamma\alpha)$

   (3) $d \neq 0$ 일 때, $(\alpha + \frac{1}{\alpha})^2 + (\beta + \frac{1}{\beta})^2 + (\gamma + \frac{1}{\gamma})^2 + (\delta + \frac{1}{\delta})^2$

6. 복소수체 $\mathbb{C}$ 안에서 다항식 $g(x) = x^3 - 3x - 1$ 의 근을 구하여라.

§ 8.2 특수한 다항식의 근

이 절에서는, 특수한 다항식의 근을 구하는 방법에 대하여 논한다.

정리 8.2.1 체 F 위의 n 차의 다항식

$$f(x) = a_n x^n + \cdots + a_1 x + a_0, \quad n \geq 1$$

에서 $f(0) = a_0 \neq 0$ 일 때, 다항식 $f(x)$ 가 F 의 적당한 확대체 K 안에서 중복을 허락하여 n 개의 근 $u_1, \cdots, u_n$ 을 가지면 $f(x)$ 의 상반다항식

$$f^*(x) = x^n f(\frac{1}{x}) = a_0 x^n + a_1 x^{n-1} + \cdots + a_{n-1} x + a_n$$

는 체 K 안에서 중복을 허락하여 n 개의 근 $u_1{}^{-1}, \cdots, u_n{}^{-1}$ 를 가진다.

증명 먼저 $u \in K$ 가 $f(x)$ 의 근이면, $f(u) = 0 \neq f(0)$ 이므로 $u \neq 0$ 이고 따라서 $u^{-1} \in F$ 이고 또 $f^*(u^{-1}) = u^{-n} f(u) = 0$ 이므로 u^{-1} 는 $f^*(x)$ 의 근이다.

또, $g(x) = f^*(x)$ 이라고 하면, $g^*(x) = f(x)$ 이므로 $v \in K$ 가 $f^*(x)$ 의 근이면, v^{-1} 는 $f(x)$ 의 근이고 이때 $u = v^{-1}$ 이라고 하면 $v = u^{-1}$ 이다. 따라서 정리가 성립한다.

위의 정리에서 $f^*(x) = \pm f(x)$ 인 경우에 u 가 $f(x)$ 의 근이면 u^{-1} 도 $f(x)$ 의 근이고, 특히 $u = u^{-1}$ 이면 $u = \pm 1$ 이다.

실수체 $\mathbb{R}$ 위의 n 차의 다항식

$$f(x) = a_n x^n + a_{n-1} x^{n-1} + \cdots + a_1 x + a_0, \quad a_0 \neq 0$$

의 상반다항식

$$f^*(x) = a_0 x^n + a_1 x^{n-1} + \cdots + a_{n-1} x + a_n$$

에 대하여 $f^*(x) = \pm f(x)$ 일 때, 복소수체 $\mathbb{C}$ 안에서 $f(x)$ 의 근을 구해 보자.

[1] $f^*(x) = f(x)$ 즉 $a_n = a_0$, $a_{n-1} = a_1$, $\cdots$ 인 경우

$$f(x) = a_n x^n + a_{n-1}x^{n-1} + \cdots + a_{n-1}x + a_n$$

(1-1) $n = 2m$ $(m \geq 1)$ 인 경우에

이 경우에 방정식 $f(x) = 0$ 즉

$$a_{2m}x^{2m} + a_{2m-1}x^{2m-1} + \cdots + a_m x^m + \cdots + a_1 x + a_0 = 0$$

의 양변을 x^m 으로 나누면 이 방정식은 다음과 같이 변형된다.

$$a_{2m}(x^m + \frac{1}{x^m}) + a_{2m-1}(x^{m-1} + \frac{1}{x^{m-1}})$$
$$+ \cdots + a_{m+1}(x + \frac{1}{x}) + a_m = 0$$

이제 $X = x + \dfrac{1}{x}$ 로 놓고 $x^2 + \dfrac{1}{x^2}$, $x^3 + \dfrac{1}{x^3}$, $\cdots$, $x^m + \dfrac{1}{x^m}$ 을 X 에 관한 식으로 나타내어 위의 방정식에 대입하면 X 에 관한 방정식을 얻으며 이 방정식의 근을 구하여 다항식 $f(x)$ 의 근을 얻는다.

(1-2) $n = 2m+1$ $(m \geq 1)$ 인 경우

이 경우에 $f(-1) = 0$ 이므로 $f(x)$ 는 다음과 같은 꼴로 변형된다.

$$f(x) = (x+1)(b_{2m}x^{2m} + b_{2m-1}x^{2m-1} + \cdots + b_1 x + b_0)$$

그런데, 방정식

$$b_{2m}x^{2m} + b_{2m-1}x^{2m-1} + \cdots + b_1 x + b_0 = 0$$

의 근은 (1-1) 에서와 마찬가지 방법으로 구할 수 있다.

[2] $f^*(x) = -f(x)$ 즉 $a_n = -a_0$, $a_{n-1} = -a_1$, $\cdots$ 인 경우

$$f(x) = a_n x^n + a_{n-1}x^{n-1} + \cdots - a_{n-1}x - a_n$$

(2-1) $n = 2m$ $(m \geq 1)$ 인 경우

이 경우에 $f(1) = f(-1) = 0$ 이므로 $f(x)$ 는

$$f(x) = (x^2 - 1)(b_{2m}x^{2m} + b_{2m-1}x^{2m-1} + \cdots + b_1 x + b_0)$$

와 같은 꼴로 변형된다.

그런데, 방정식

$$b_{2m}x^{2m} + b_{2m-1}x^{2m-1} + \cdots + b_1 x + b_0 = 0$$

의 근은 (1-1) 에서와 마찬가지 방법으로 구할 수 있다.

(2-2) $n = 2m+1$ $(m \geq 1)$ 인 경우

이 경우에 $f(1) = 0$ 이므로 $f(x)$ 는 다음과 같은 꼴로 변형된다.

$$f(x) = (x-1)(b_{2m}x^{2m} + b_{2m-1}x^{2m-1} + \cdots + b_1 x + b_0)$$

그런데, 방정식

$$b_{2m}x^{2m} + b_{2m-1}x^{2m-1} + \cdots + b_1 x + b_0 = 0$$

의 근은 (1-1) 에서와 마찬가지 방법으로 구할 수 있다.

보기 8.2.1 다항식 $f(x) = x^5 - 2x^4 - 2x + 1$ 의 근을 복소수체 $\mathbb{C}$ 안에 구해 보자.

먼저 $f^*(x) = f(x)$ 이고 $f(-1) = 0$ 이므로 $f(x)$ 는 다음과 같다.

$$f(x) = (x+1)(x^4 - 3x^3 + 3x^2 - 3x + 1).$$

한편, 방정식

$$x^4 - 3x^3 + 3x^2 - 3x + 1 = 0$$

의 양변을 x^2 으로 나누면

$$x^2 - 3x + 3 + \frac{3}{x} + \frac{1}{x^2} = 0$$

이고, $X = x + \dfrac{1}{x}$ 이라고 놓으면

$$X^2 = x^2 + \frac{1}{x^2} + 2 \quad \text{즉} \quad X^2 - 3X + 1 = 0$$

으로 변형되고. 따라서 $X = \dfrac{3 \pm \sqrt{5}}{2}$ 이다.

그러므로 두 방정식 $x + \dfrac{1}{x} = \dfrac{3+\sqrt{5}}{2}$, $x + \dfrac{1}{x} = \dfrac{3-\sqrt{5}}{2}$ 의 근을 구하면, $f(x)$ 의 근은 다음과 같다.

$$-1,\ \frac{3+\sqrt{5} \pm \sqrt{-2+6\sqrt{5}}}{4},\ \frac{3-\sqrt{5} \pm \sqrt{2+6\sqrt{5}}\ i}{4}$$

보기 8.2.2 다항식 $f(x) = x^5 - 1$ 는 복소수체 $\mathbb{C}$ 안에서 서로 다른 근

$$1,\ \zeta,\ \zeta^2,\ \zeta^3,\ \zeta^4 \qquad \left(\zeta = \cos\frac{2\pi}{5} + i\sin\frac{2\pi}{5}\right)$$

을 가지므로 $f(x)$ 는 복소수체 $\mathbb{C}$ 위에서 다음과 같이 인수분해된다.

$$f(x) = (x-1)(x-\zeta)(x-\zeta^4)(x-\zeta^2)(x-\zeta^3)$$

또, $f(x) = (x-1)(x^4+x^3+x^2+x+1)$ 이므로 $\zeta,\ \zeta^2,\ \zeta^3,\ \zeta^4$ 은 방정식

$$x^4 + x^3 + x^2 + x + 1 = 0$$

의 근이고 $\zeta^4 = \overline{\zeta},\ \zeta^3 = \overline{\zeta^2}$ 이다.

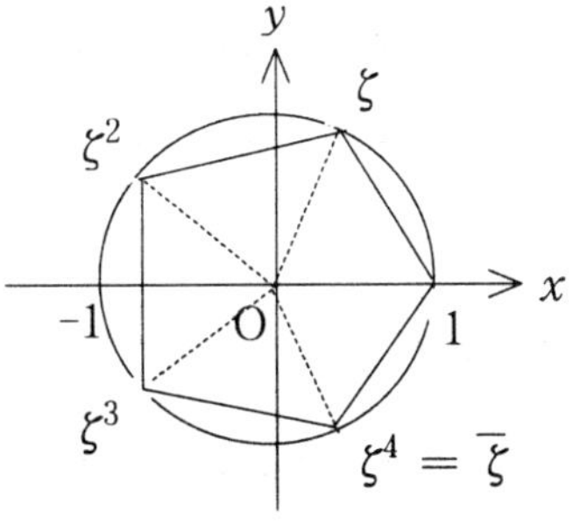

한편, 이 방정식은

$$x^2 + x + 1 + \frac{1}{x} + \frac{1}{x^2} = 0$$

으로 변형되고 $X = x + \dfrac{1}{x}$ 이라고 하면 이 방정식은 $X^2 + X - 1 = 0$ 으로 변형되므로 $X = \dfrac{-1 \pm \sqrt{5}}{2}$ 이다.

따라서 방정식

$$x + \frac{1}{x} = \frac{-1+\sqrt{5}}{2}, \qquad x + \frac{1}{x} = \frac{-1-\sqrt{5}}{2}$$

의 근을 구하면 다음 결과를 얻는다.

$$\zeta = \cos\frac{2\pi}{5} + i\sin\frac{2\pi}{5} = \frac{-1+\sqrt{5}+i\sqrt{10+2\sqrt{5}}}{4},$$

$$\zeta^4 = \overline{\zeta} = \cos\frac{2\pi}{5} - i\sin\frac{2\pi}{5} = \frac{-1+\sqrt{5}-i\sqrt{10+2\sqrt{5}}}{4},$$

$$\zeta^2 = \cos\frac{4\pi}{5} + i\sin\frac{4\pi}{5} = \frac{-1-\sqrt{5}+i\sqrt{10-2\sqrt{5}}}{4},$$

$$\zeta^3 = \overline{\zeta}^2 = \cos\frac{4\pi}{5} - i\sin\frac{4\pi}{5} = \frac{-1-\sqrt{5}-i\sqrt{10-2\sqrt{5}}}{4}$$

$$\cos\frac{2\pi}{5} = \frac{-1+\sqrt{5}}{4}, \qquad \sin\frac{2\pi}{5} = \frac{\sqrt{10+2\sqrt{5}}}{4}$$

$$\cos\frac{4\pi}{5} = \frac{-1-\sqrt{5}}{4}, \qquad \sin\frac{4\pi}{5} = \frac{\sqrt{10-2\sqrt{5}}}{4}$$

연습문제 (8.2)

1. 복소수체 $\mathbb{C}$ 안에서 다음 다항식의 근을 구하여라.

   (1) $f(x) = x^5 - 4x^4 + x^3 - x^2 + 4x - 1$

   (2) $f(x) = x^6 - x^5 + x^4 - 2x^3 + x^2 - x + 1$

2. 복소수체 $\mathbb{C}$ 안에서 다음 다항식의 근을 모두 구하여라.

   (1) $f(x) = 2x^4 - 5x^3 + x^2 - 5x + 2$

   (2) $f(x) = x^7 + x^4 + x^3 + 1$

   (3) $f(x) = 2x^6 - 3x^5 + 3x^4 - 3x^2 + 3x - 2$

3. 복소수체 $\mathbb{C}$ 안에서 다음 다항식의 근을 모두 구하여라.

   (1) $f(x) = 3x^5 - 4x^4 + 5x^3 - 5x^2 + 4x - 3$

   (2) $f(x) = x^6 - 3x^5 + 2x^4 - 6x^3 + 2x^2 - 3x + 1$

   (3) $f(x) = x^5 - 3x^4 + x^3 + x^2 - 3x + 1$

4. 체 F 위의 n 차의 다항식 $f(x)$ 와 원소 $k \in F$, $k \neq 0$ 에 대하여

$$g(x) = k^n f(k^{-1}x)$$

이라고 할 때, $f(x)$ 가 F 의 적당한 확대체 K 안에서 중복을 허락하여 n 개의 근 $u_1, \cdots, u_n$ 을 가진다면 $g(x)$ 는 K 안에서 중복을 허락하여 n 개의 근 $ku_1, \cdots, ku_n$ 을 가짐을 밝혀라.

§8.3 대수적 확대체

체 K가 체 F의 확대일 때, K를 체 F 위의 벡터공간으로 생각하는 경우에 K를 **F-벡터공간**이라고 한다(보기 5.5.5). 이 경우에 체 K의 원소 $u_1, \cdots, u_n$이 F 위에서 일차독립 [일차종속] 일 때 $u_1, \cdots, u_n$를 **F-일차독립**[**F-일차종속**] 이라고 하고, 또 $\mathscr{B} = \{u_1, \cdots, u_n\}$가 F-벡터공간 K의 기저일 때 $\mathscr{B}$를 K의 **F-기저**라고 한다(정의 5.5.7, 정의 5.5.11).

정의 8.3.1 체 F의 확대체 K를 F-벡터공간으로 생각할 때, K가 유한차원 F-벡터공간인 경우에 K를 F의 **유한 확대체**(finite extension) 또는 **유한차원 확대체**라 하고 또 $\dim_F K = n$ 일 때 이 사실을

$$[K : F] = n$$

으로 나타내고 n을 F 위에서의 K의 **차수**(degree)라고 한다.

특히, $[K : F] = 1 \Leftrightarrow K = F$ 이다.

보기 8.3.1 복소수체 $\mathbb{C}$를 실수체 $\mathbb{R}$ 위의 벡터공간으로 생각할 때 $\mathscr{B} = \{1, \sqrt{-1}\}$는 $\mathbb{C}$의 $\mathbb{R}$-기저이므로 $\mathbb{C}$는 $\mathbb{R}$의 유한 확대체이고 $[\mathbb{C} : \mathbb{R}] = 2$이다. 한편, 실수체 $\mathbb{R}$는 유리수체 $\mathbb{Q}$의 유한 확대체가 아니다(문제 5.5.1).

정리 8.3.2 체 $F \subseteq L \subseteq K$에서 L이 F의 유한 확대체이고 K가 L의 유한 확대체이면, K는 F의 유한 확대체이고 다음이 성립한다.

$$[K : F] = [K : L][L : F]$$

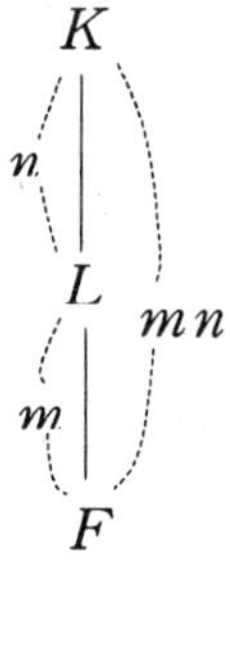

실제로, $\mathscr{B} = \{u_1, \cdots, u_m\}$가 체 L의 F-기저이고 또 $\mathscr{C} = \{v_1, \cdots, v_n\}$가 체 K의 L-기저이면,

$$\mathscr{D} = \{u_i v_j \mid 1 \le i \le m,\ 1 \le j \le n\}$$

는 K의 F-기저이다.

증명 먼저 $\mathscr{C} = \{v_1, \cdots, v_n\}$ 는 K 의 L-기저이므로 각 $\xi \in K$ 는

$$\xi = b_1 v_1 + \cdots + b_n v_n \qquad (b_1, \cdots, b_n \in L)$$

의 꼴로 나타내어진다. 그런데, $\mathscr{B} = \{u_1, \cdots, u_m\}$ 는
L 의 F-기저이므로 각 $b_j \in L$ 는 단 한 가지 방법으로

$$b_j = a_{1j} u_1 + \cdots + a_{mj} u_m \qquad (a_{1j}, \cdots, a_{mj} \in F)$$

의 꼴로 나타내어지므로 다음이 성립한다(정리 5.5.12)

$$\xi = \sum_{j=1}^{n} b_j v_j = \sum_{j=1}^{n} \left(\sum_{i=1}^{m} a_{ij} u_i \right) v_j = \sum_{i=1}^{m} \sum_{j=1}^{n} a_{ij} (u_i v_j)$$

그리고,

$$\sum_{i=1}^{m} \sum_{j=1}^{n} a_{ij} (u_i v_j) = 0 \qquad (a_{ij} \in F)$$

이라고 가정하면, $\sum_{j=1}^{n} \left(\sum_{i=1}^{m} a_{ij} u_i \right) v_j = 0$ 이며 각 j $(1 \le j \le m)$ 에 대하여

$\sum_{i=1}^{m} a_{ij} u_i \in L$ 이고 또 $\mathscr{C}$ 는 K 의 L-기저이므로

$$\sum_{i=1}^{m} a_{ij} u_i = 0 \qquad (1 \le j \le m)$$

이고 또 $\mathscr{B}$ 는 L 의 F-기저이므로 다음이 성립한다.

$$a_{ij} = 0 \qquad (1 \le i \le m,\ 1 \le j \le n)$$

그러므로 $\mathscr{D} = \{u_i v_j \mid 1 \le i \le m,\ 1 \le j \le n\}$ 는 K 의 F-기저이고 따라서 $[K : F] = mn = [K : L][L : F]$ 이다.

정의 8.3.3 체 F 의 확대체 K 에서 원소 $u \in K$ 가 적어도 하나는 0 이 아닌 원소 $a_0, a_1, \cdots, a_m \in F$ 에 대하여

$$a_0 + a_1 u + \cdots + a_m u^m = 0$$

일 때, 즉 u 가 영다항식이 아닌 다항식

$$f(x) = a_0 + a_1 x + \cdots + a_m x^m \in F[x], \quad \deg f(x) \ge 1$$

의 근일 때, u 를 F 위의 **대수적 원소**(algebraic element)라 하고 또 u 는 F 위에서 **대수적**(algebraic over F)이라고 한다.

한편, $u \in K$가 체 F 위에서 대수적이 아닐 때, 즉 영다항식이 아닌 모든 다항식 $f(x) \in F[x]$에 대하여 $f(u) \neq 0$일 때, u를 F 위의 **초월적 원소**(transcendental element)라 하고 u는 F 위에서 **초월적**이라고 한다.

특히, 복소수 $\alpha \in \mathbb{C}$가 유리수체 $\mathbb{Q}$ 위에서 대수적일 때 α를 **대수적 수**(algebraic number)라 하고, 또 $\alpha \in \mathbb{C}$가 유리수체 $\mathbb{Q}$ 위에서 초월적일 때 α를 **초월수**(transcendental number)라고 한다.

보기 8.3.2 체 F의 원소는 모두 체 F 위에서 대수적이다.
실제로, 각 원소 $a \in F$는 다항식 $f(x) = x - a \in F[x]$의 근이다.

보기 8.3.3 실수 $u = 2 + \sqrt{3}$에 대하여 다음이 성립한다.

$$u - 2 = \sqrt{3} \qquad u^2 - 4u + 4 = 3$$

$$(u-2)^2 = 3 \qquad u^2 - 4u + 1 = 0$$

따라서 $u = 2 + \sqrt{3}$는 유리수체 $\mathbb{Q}$ 위의 다항식 $f(x) = x^2 - 4x + 1$의 근이므로 대수적 수이다. 또, $2 - \sqrt{3}$은 $f(x)$의 근이므로 대수적 수이다.

보기 8.3.4 유리수는 유리수체 $\mathbb{Q}$ 위에서 대수적이므로 대수적 수이다.
한편, 원주율 π와

$$e = \sum_{i=0}^{\infty} \frac{1}{i!} = 1 + \frac{1}{1!} + \frac{1}{2!} + \cdots + \frac{1}{n!} + \cdots$$

는 유리수체 $\mathbb{Q}$ 위에서 초월적이라는 사실이 알려져 있다.

정의 8.3.4 체 K가 체 F의 확대체이고 $u \in K$일 때, K 안에서의 정역

$$F[u] = \{f(u) \mid f(x) \in F[x]\}$$

의 분수체를 $F(u)$로 나타내고 또 체 $F(u)$를 체 F에 원소 u를 **첨가하여**(by adjoining) **얻은 확대체**라고 한다.

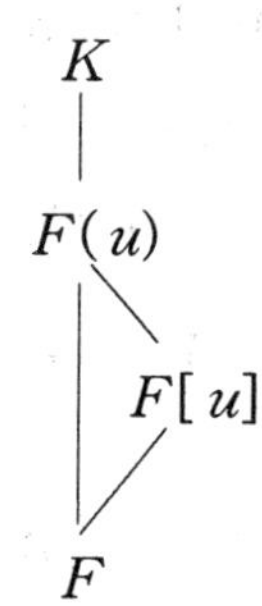

위의 정의에서 체 $F(u)$는 체 F와 u를 포함하는 K의 부분체 중에서 가장 작다. 특히 $u \in F \Leftrightarrow F(u) = F$이다.

다음 정리의 증명은 생략하기로 한다([1], 정리 8.3.8).

정리 8.3.5 체 K가 체 F의 확대체이고 $u \in K$일 때 다음이 성립한다.

I. 원소 $u \in K$가 체 F 위에서 대수적이면, 다음 세 조건을 만족시키는 다항식 $p(x) \in F[x]$ 가 단 하나 존재한다.

(i) $p(x)$ 는 모닉 다항식이고 또 $\deg p(x) \geq 1$ 이다.

(ii) $p(u) = 0$

(iii) $p(x)$ 는 체 F 위에서 기약이다.

그리고, $\deg p(x) = n$ 일 때 다음이 성립한다.

(1) 다항식 $f(x) \in F[x]$ 에 대하여 $f(u) = 0$ 이면, $p(x) \mid f(x)$ 이다.

(2) $F(u) = F[u]$, $[F(u) : F] = n = \deg p(x)$,

$$F(u) = \{a_0 + a_1 u + \cdots + a_{n-1} u^{n-1} \mid a_0, a_1, \cdots, a_{n-1} \in F\}$$

II. 원소 $u \in K$가 체 F 위에서 초월적이면, $F[u] \cong F[x]$ 이고 또 $F(u) \cong F(x)$ 이며, 체 $F(u)$ 는 체 F의 유한 확대체가 아니다.

정의 8.3.6 체 F의 확대체 K에서 원소 u가 F 위에서 대수적일 때, 정리 8.3.5의 세 조건 (i), (ii), (iii)를 만족시키는 다항식 $p(x) \in F[x]$ 를 체 F 위의 u의 **최소다항식**(minimum polynomial)이라 하고 또 $p(x)$ 를 $\mathrm{irr}\,(u, F)$ 또는 $\mathrm{min.poly.}_F\, u$ 로 나타낸다.

보기 8.3.5 정수 $m\ (\neq 1)$ 이 완전제곱수가 아닌 양의 정수이거나 또는 음의 정수일 때, $\sqrt{m}$ 은 다항식 $f(x) = x^2 - m$ 의 근이고 $f(x)$ 는 유리수체 $\mathbb{Q}$ 위에서 기약이므로 $\mathrm{irr}\,(\sqrt{m}, \mathbb{Q}) = x^2 - m$ 이고 다음이 성립한다.

$$\mathbb{Q}(\sqrt{m}) = \{a_0 + a_1\sqrt{m} \mid a_0, a_1 \in \mathbb{Q}\}, \quad [\mathbb{Q}(\sqrt{m}) : \mathbb{Q}] = 2$$

보기 8.3.6 실수 $\sqrt[3]{2}$ 은 $p(x) = x^3 - 2$ 의 근이고 $p(x)$ 는 유리수체 $\mathbb{Q}$ 위에서 기약이므로 $\mathrm{irr}\,(\sqrt[3]{2}, \mathbb{Q}) = p(x)$ 이고 다음이 성립한다(보기 6.3.3).

$$\mathbb{Q}(\sqrt[3]{2}) = \{a_0 + a_1\sqrt[3]{2} + a_2\sqrt[3]{4} \mid a_0, a_1, a_2 \in \mathbb{Q}\}, \ [\mathbb{Q}(\sqrt[3]{2}) : \mathbb{Q}] = 3$$

보기 8.3.7 실수 $u = \sqrt{2} + \sqrt{3}$ 에 대하여 다음이 성립한다.

$$\begin{array}{l|l} u - \sqrt{2} = \sqrt{3} & u^2 - 1 = 2\sqrt{2}\,u \\ (u - \sqrt{2})^2 = 3 & (u^2 - 1)^2 = 8\,u^2 \\ u^2 - 2\sqrt{2}\,u + 2 = 3 & u^4 - 10\,u^2 + 1 = 0 \end{array}$$

그러므로 u 는 다항식 $p(x) = x^4 - 10x^2 + 1$ 의 근이다. 그런데, $p(x)$ 는 유리수체 $\mathbb{Q}$ 위에서 기약이고 따라서 다음이 성립한다(문제 6.3.1).

$$\operatorname{irr}(u, \mathbb{Q}) = p(x), \qquad [\mathbb{Q}(u) : \mathbb{Q}] = 4,$$

$$\mathbb{Q}(u) = \{a_0 + a_1 u + a_2 u^2 + a_3 u^3 \mid a_0, a_1, a_2, a_3 \in \mathbb{Q}\}$$

위의 계산에 의하여 $\sqrt{2} \pm \sqrt{3}$, $-(\sqrt{2} \pm \sqrt{3})$ 가 모두 $p(x)$ 의 근임을 알 수 있고 따라서 $p(x)$ 는 이들 네 실수의 최소다항식이다.

보기 8.3.8 원주율 π 와 $e = \sum_{i=0}^{\infty} \dfrac{1}{i!}$ 는 초월수이므로

$$\mathbb{Q}[\pi] \cong \mathbb{Q}[e] \cong \mathbb{Q}[x], \qquad \mathbb{Q}(\pi) \cong \mathbb{Q}(e) \cong \mathbb{Q}(x)$$

이고 $\mathbb{Q}(\pi)$ 와 $\mathbb{Q}(e)$ 는 유리수체 $\mathbb{Q}$ 의 유한 확대체가 아니다.

$\mathbb{R}$
|
$\mathbb{Q}(\pi)$
|
$\mathbb{Q}$

다음 정리를 쉽게 증명할 수 있다.

정리 8.3.7 체 F 의 확대체 K 의 원소 $u \in K$ 가 F 위의 모닉 다항식 $p(x) \in F[x]$, $\deg p(x) \geq 1$ 의 근일 때, 다음 세 조건은 서로 동치이다.

(1) $p(x) = \operatorname{irr}(u, F)$, 즉 $p(x)$ 는 체 F 위에서 기약이다.

(2) 다항식 $f(x) \in F[x]$ 에 대하여 $f(u) = 0$ 이면, $p(x) \mid f(x)$ 이다.

(3) 영다항식이 아닌 다항식 $f(x) \in F[x]$ 에 대하여 $f(u) = 0$ 이면, $\deg p(x) \leq \deg f(x)$ 이다.

보기 8.3.9 실수 $2 + \sqrt{3}$ 은 다항식 $p(x) = x^2 - 4x + 1 \in \mathbb{Q}[x]$ 의 근이다(보기 8.3.3). 한편, $2 + \sqrt{3}$ 은 유리수가 아니므로 $p(x)$ 는 $2 + \sqrt{3}$ 을 근으로 가지는 유리수체 $\mathbb{Q}$ 위의 다항식 중에서 그 차수가 가장 작다.

따라서 $\operatorname{irr}(2+\sqrt{3}, \mathbb{Q}) = p(x)$, $[\mathbb{Q}(2+\sqrt{3}) : \mathbb{Q}] = 2$ 이다.

정의 8.3.8 체 F 의 확대체 K 의 원소 $u_1, \cdots, u_n$ 에 대하여 순차적으로 정의된 $F(u_1)$, $(F(u_1))(u_2)$, $\cdots$, $(\cdots((F(u_1))(u_2))\cdots)(u_n)$ 를 각각

$$F(u_1),\quad F(u_1, u_2),\quad \cdots,\quad F(u_1, u_2, \cdots, u_n)$$

으로 나타내고, 또 $F(u_1, \cdots, u_n)$ 을 체 F 에 $u_1, \cdots, u_n$ 을 **첨가하여 얻은 확대체**라고 한다.

그리고, 적당한 원소 $u \in K$ 에 대하여 $K = F(u)$ 일 때, 체 K 를 F 의 **단순확대체**(simple extension) 이라고 한다.

위의 정의에서 체 $F(u_1 \cdots, u_n)$ 은 체 F 와 $u_1, \cdots, u_n$ 을 포함하는 K 의 부분체 중에서 가장 작은 부분체이다. 또, 체 $F(u_1 \cdots, u_n)$ 는 $u_1, \cdots, u_n$ 의 순서에 관계없이 일정하다. 예를 들면, $F(u_1, u_2) = F(u_2, u_1)$ 이다.

보기 8.3.10 다음과 같은 유리수체 $\mathbb{Q}$ 의 확대체를 생각해 보자.

$$K = \mathbb{Q}(\sqrt{2}, \sqrt{3}) = (\mathbb{Q}(\sqrt{2}))(\sqrt{3}) = (\mathbb{Q}(\sqrt{3}))(\sqrt{2})$$

먼저 $\sqrt{2}, \sqrt{3} \in K$ 이므로 $\sqrt{6} = \sqrt{2}\sqrt{3} \in K$ 이고 따라서

$$\mathbb{Q}(\sqrt{2}) = \{a + b\sqrt{2} \mid a, b \in \mathbb{Q}\},$$
$$\mathbb{Q}(\sqrt{3}) = \{a + b\sqrt{3} \mid a, b \in \mathbb{Q}\},$$
$$\mathbb{Q}(\sqrt{6}) = \{a + b\sqrt{6} \mid a, b \in \mathbb{Q}\}$$

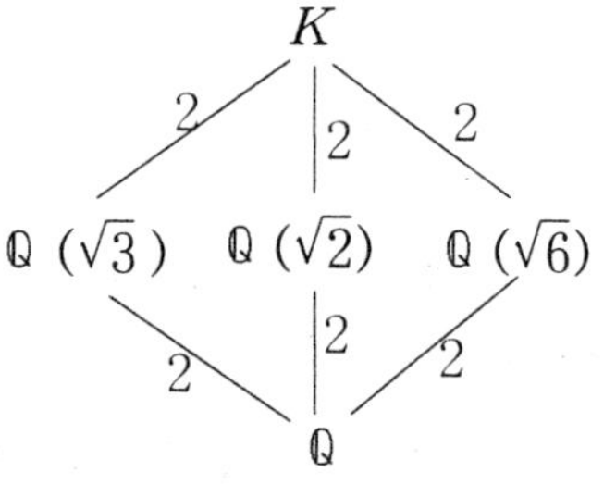

은 모두 K 의 부분체이고 다음이 성립한다.

$$\text{irr}(\sqrt{2}, \mathbb{Q}) = x^2 - 2, \quad [\mathbb{Q}(\sqrt{2}) : \mathbb{Q}] = 2,$$
$$\text{irr}(\sqrt{3}, \mathbb{Q}) = x^2 - 3, \quad [\mathbb{Q}(\sqrt{3}) : \mathbb{Q}] = 2,$$
$$\text{irr}(\sqrt{6}, \mathbb{Q}) = x^2 - 6, \quad [\mathbb{Q}(\sqrt{6}) : \mathbb{Q}] = 2$$

그리고 $\mathbb{Q} \subseteq \mathbb{Q}(\sqrt{2}) \cap \mathbb{Q}(\sqrt{3}) \subseteq \mathbb{Q}(\sqrt{2})$ 이고 $[\mathbb{Q}(\sqrt{2}) : \mathbb{Q}] = 2$ 이므로 $\mathbb{Q}(\sqrt{2}) \cap \mathbb{Q}(\sqrt{3}) = \mathbb{Q}$ 또는 $\mathbb{Q}(\sqrt{2}) = \mathbb{Q}(\sqrt{3})$ 이다.

그런데, $\sqrt{3} \in \mathbb{Q}(\sqrt{2})$ 이라 가정하고 $\sqrt{3} = a + b\sqrt{2}$ $(a, b \in \mathbb{Q})$ 이라고 놓으면 $a^2 + 2b^2 + 2ab\sqrt{2} = 3$ 이므로 $a^2 + 2b^2 = 3$, $2ab = 0$ 이지만 이와 같은 유리수 a, b 는 존재하지 않는다.

따라서 $\sqrt{3} \notin \mathbb{Q}(\sqrt{2})$ 이므로 $\mathbb{Q}(\sqrt{2}) \cap \mathbb{Q}(\sqrt{3}) = \mathbb{Q}$ 이다.

그리고, $\sqrt{3}$ 은 $\mathbb{Q}(\sqrt{2})$ 위의 다항식 x^2-3 의 근이므로, $\sqrt{3}$ 은 $\mathbb{Q}(\sqrt{2})$ 위에서 대수적이고 또 $\sqrt{3} \notin \mathbb{Q}(\sqrt{2})$ 이므로 다음이 성립한다.

$$\operatorname{irr}(\sqrt{3}, \mathbb{Q}(\sqrt{2})) = x^2-3, \quad [(\mathbb{Q}(\sqrt{2}))(\sqrt{3}) : \mathbb{Q}(\sqrt{2})] = 2$$

$$[K : \mathbb{Q}] = [(\mathbb{Q}(\sqrt{2}))(\sqrt{3}) : \mathbb{Q}(\sqrt{2})][\mathbb{Q}(\sqrt{2}) : \mathbb{Q}] = 2 \cdot 2 = 4$$

그리고, $\mathscr{B} = \{1, \sqrt{2}\}$ 는 $\mathbb{Q}(\sqrt{2})$ 의 $\mathbb{Q}$-기저이고 $\mathscr{C} = \{1, \sqrt{3}\}$ 는 K 의 $\mathbb{Q}(\sqrt{2})$-기저이므로 $\mathscr{D} = \{1, \sqrt{2}, \sqrt{3}, \sqrt{6}\}$ 는 K 의 $\mathbb{Q}$-기저이고 다음이 성립한다(정리 8.3.2).

$$K = \{a_0 + a_1\sqrt{2} + a_2\sqrt{3} + a_3\sqrt{6} \mid a_0, a_1, a_2, a_3 \in \mathbb{Q}\}$$

실제로, $K = \mathbb{Q}(\sqrt{2}, \sqrt{3}) = \mathbb{Q}(\sqrt{2}+\sqrt{3})$ 이다(보기 8.3.7 참조).

정의 8.3.9 체 F 의 확대체 K 에서 K 의 모든 원소가 F 위에서 대수적일 때, K 를 F 의 **대수적 확대체**(albegraic extension)이라고 한다.

정리 8.3.10 체 K 가 체 F 의 확대체일 때 다음이 성립한다.

(1) K 가 F 의 유한 확대체이면, K 는 F 의 대수적 확대체이다.

(2) 원소 $u \in K$ 가 F 위에서 대수적이면, $F(u)$ 는 F 의 유한 확대체이고 따라서 $F(u)$ 는 F 의 대수적 확대체이다.

증명 (1) $[K : F] = m$ 이라고 하면, 임의의 원소 $u \in K$ 에 대하여 K 의 $m+1$ 개의 원소 $1, u, \cdots, u^m$ 은 F-일차종속이므로(정리 5.5.16) 적어도 하나는 0 이 아닌 원소 $a_0, a_1, \cdots, a_m \in F$ 이 존재하여 다음이 성립한다.

$$a_0 1 + a_1 u + \cdots + a_m u^m = 0$$

이제 $f(x) = a_0 + a_1 x + \cdots + a_m x^m \in F[x]$ 이라고 하면, u 는 $f(x)$ 의 근이므로 u 는 F 위에서 대수적이다.

따라서 K 가 F 의 유한 확대체이면, K 는 F 의 대수적 확대체이다.

(2) 원소 $u \in K$ 가 F 위에서 대수적이면, $F(u)$ 는 F 의 유한 확대체이고 따라서 (1) 에 의하여 체 $F(u)$ 는 F 의 대수적 확대체이다(정리 8.3.8).

다음 정리의 증명은 생략하기로 한다([1], 정리 5.2.5).

정리 8.3.11 체 K가 체 F의 확대체일 때 다음이 성립한다.

(1) 체 K가 F의 유한 확대체이면, 체 K는 F의 대수적 확대체이고 또 적당한 원소 $u_1, \cdots, u_m \in K$에 대하여 $K = F(u_1, \cdots, u_m)$이다.

(2) 원소 $u_1, \cdots, u_n \in K$이 F 위에서 대수적이면, $F(u_1, \cdots, u_n)$은 F의 유한 확대체이다.

정리 8.3.12 체 K가 체 F의 확대체일 때 다음이 성립한다.

(1) 원소 $u, v \in K, u \neq 0$가 체 F 위에서 대수적이면, $u+v$, $u-v$와 uv, $u^{-1}v$는 모두 F 위에서 대수적이다.

(2) K의 원소 중에서 F 위의 대수적 원소 전체의 집합을 K_F라고 하면, $F \subseteq K_F$이며 K_F는 K의 부분체이고 K_F는 F의 대수적 확대체이다.

증명 (1) 원소 $u, v \in K$, $u \neq 0$가 F 위에서 대수적이라고 하자. 이 때, 정리 8.3.11에 의하여 $F(u, v)$는 F의 대수적 확대체이고 $u \pm v$, uv, $u^{-1}v$는 모두 $F(u, v)$에 속하므로 이들 원소는 F 위에서 대수적이다.

(2) 위의 (1)에 의하여 K_F는 K의 부분체이다. 또, 체 F의 원소는 F 위에서 대수적이므로(보기 8.3.2) $F \subseteq K_F$이다. 그리고, K_F의 원소는 모두 F 위에서 대수적이므로 K_F는 F 위의 대수적 확대체이다.

정의 8.3.13 체 K가 체 F의 확대체일 때, 체 K의 원소 중에서 F 위의 대수적 원소 전체로 이루어진 체 K_F를 K 안에서의 F의 **대수적 閉包**(algebraic closure)라고 한다.

특히, 복소수체 $\mathbb{C}$ 안에서의 유리수체 $\mathbb{Q}$의 대수적 폐포 $\mathbb{A}$, 즉 대수적 수 전체로 이루어진 체 $\mathbb{A}$를 **代數的 數體**(algebraic number field)라고 한다.

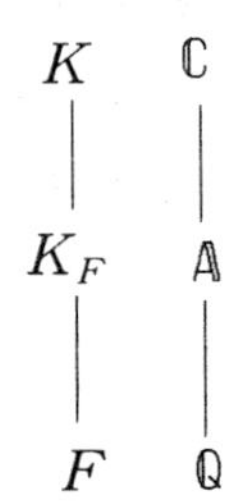

복소수 α가 대수적 수이면, α는 유리수를 계수로 가지는 n차의 다항식의 근이고 따라서 α는 정수를 계수로 가지는 n차의 다항식

$$g(x) = a_n x^n + a_{n-1} x^{n-1} + \cdots + a_1 x + a_0$$

의 근이다. 한편, 각 양의 정수 n에 대하여 정수를 계수로 가지는 n차의

다항식 전체로 이루어진 집합의 농도는 $\aleph_0$이고 또 이러한 n차의 다항식은 복소수체 $\mathbb{C}$ 안에서 중복을 허락하여 n개의 근을 가진다.

따라서 $|\mathbb{A}| = |\mathbb{Z}| = \aleph_0$ 이지만 $|\mathbb{C}| = \aleph$ 이다(보기 1.5.1, 보기 1.5.2).

유리수체 $\mathbb{Q}$는 실수체 $\mathbb{R}$의 부분체이므로 임의의 유리수 u와 무리수 v에 대하여 $u+v$, uv는 무리수이다. 마찬가지로, 임의의 대수적 수 u와 초월수 α에 대하여 $u+\alpha$, $u\alpha$는 초월수이다

보기 8.3.11 모든 유리수와 $\sqrt{2}$, $\sqrt{3}$은 모두 대수적 수이므로, 예를 들어

$$\frac{\sqrt{2}}{5},\quad \sqrt{2}\pm\sqrt{3},\quad 2\sqrt{2}\pm5\sqrt{3},\quad \sqrt{2}\sqrt{3}$$

은 모두 대수적 수이다.

한편, π는 초월수이므로 $1+\pi$, $\sqrt{2}+\pi$, 4π, $\sqrt{\pi}$는 모두 초월수이다

정의 8.3.14 체 F 위의 모든 다항식 $f(x) \in F[x]$, $\deg f(x) \geq 1$가 F 안에서 근을 가질 때, 체 F를 **대수적 閉體**(algebraically closed field)라 하고 또 체 F는 **대수적으로 닫혀 있다**(algebraically closed)고 한다.

정리 8.3.15 체 F에 대하여 다음 두 조건은 동치이다.

(1) F는 대수적 폐체이다.

(2) 임의의 다항식 $f(x) \in F[x]$, $\deg f(x) = n \geq 1$는 F 위에서

$$f(x) = a(x-u_1)\cdots(x-u_n), \qquad a \in F$$

와 같이 일차다항식의 곱으로 인수분해된다.

증명 조건 (1)이 성립할 때, 다항식 $f(x) \in F[x]$, $\deg f(x) = n \geq 1$는 근 $u_1 \in F$을 가지므로 인수 정리(정리 6.2.12)에 의하여

$$f(x) = (x-u_1)\,g(x)$$

인 다항식 $g(x) \in F[x]$가 존재한다. 또, $\deg g(x) \geq 1$이면 조건 (1)에 의하여 $g(x)$는 근 $u_2 \in F$를 가지므로 $g(x) = (x-u_2)h(x)$인 다항식 $h(x) \in F[x]$가 존재하고 이때 $f(x) = (x-u_1)(x-u_2)h(x)$이다.

이와 같은 과정을 되풀이하면, $f(x)$ 는 F 위에서

$$(*) \qquad f(x) = a(x-u_1)\cdots(x-u_n), \quad a \in F$$

와 같이 일차다항식의 곱으로 인수분해되므로 (2) 가 성립한다.

역으로, 조건 (2) 가 성립하면, 임의의 $f(x) \in F[x]$, $\deg f(x) = n \geq 1$ 는 F 위에서 (*) 와 같이 일차다항식의 곱으로 인수분해되고 이때 $f(x)$ 는 체 F 안에서 $u_1, \cdots, u_n$ 을 근으로 가지므로 (1) 이 성립한다.

보기 8.3.12 복소수체 $\mathbb{C}$ 는 대수적 폐체이다(정리 1.4.4 참조).

한편, 복소수체 $\mathbb{C}$ 는 유리수체 $\mathbb{Q}$ 위의 유한 확대체가 아니므로 유리수체 $\mathbb{Q}$ 위의 대수적 확대체도 아니다(보기 8.3.1).

연습문제 (8.3)

1. 체 K가 체 F의 확대체이고 $u \in K$일 때, 다음이 성립함을 밝혀라.

(1) 임의의 $a, b \in F$, $a \neq 0$ 에 대하여 $F(au+b) = F(u)$ 이다.

(2) $u \neq 0$ 일 때, $F(u^{-1}) = F(u)$ 이다.

2. 복소수 $\omega = \dfrac{-1+\sqrt{3}\,i}{2}$ 에 대하여 다음이 성립함을 확인하여라..

(1) $\text{irr}(\omega, \mathbb{Q}) = \text{irr}(\omega^2, \mathbb{Q}) = x^2+x+1$,

$\mathbb{Q}(\omega) = \mathbb{Q}(\sqrt{3}\,i)$, $\qquad \mathbb{Q}(\omega^2) = \mathbb{Q}(\omega)$

(2) $\text{irr}(\omega, \mathbb{R}) = x^2+x+1$, $\qquad \mathbb{R}(\omega) = \mathbb{C}$

3. 다음과 같은 u에 대하여 $\text{irr}(u, \mathbb{Q})$ 와 $\mathbb{Q}(u)$ 를 결정하여라.

(1) $u = \sqrt{1+\sqrt{3}}$ $\qquad$ (2) $u = \sqrt{3-\sqrt{6}}$ $\qquad$ (3) $u = \sqrt[4]{8}$

4. 서로 다른 두 유리수 u, v 에 대하여 $\sqrt{u}+\sqrt{v} \neq 0$ 이라고 할 때, $\mathbb{Q}(\sqrt{u}, \sqrt{v}) = \mathbb{Q}(\sqrt{u}+\sqrt{v})$ 임을 밝혀라.

§8.4 작도문제

유클리드 평면 위에 서로 다른 두 점 P, Q가 주어져 있을 때, 눈금 없는 자(straightedge)를 써서 이 두 점을 지나는 직선 $\overleftrightarrow{PQ}$ 와 선분 $\overline{PQ}$ 를 작도할 수 있고 또 컴퍼스(compass)를 이용하여 P를 중심으로 하고 $\overline{PQ}$ 를 반지름으로 가지는 원 C(P; Q)와 Q를 중심으로 하고 $\overline{QP}$ 를 반지름으로 가지는 원 C(Q; P)를 작도할 수 있다.

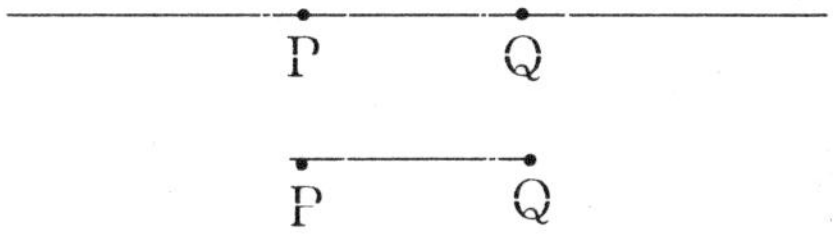

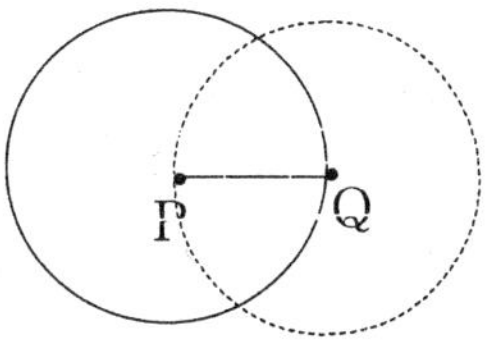

이와 같이, 유클리드 평면 위에서 눈금 없는 자와 컴퍼스를 사용하여 그릴 수 있는 도형을 **작도가능한 도형**(constructible figure)라고 한다.

작도할 때에는 다음과 같은 세 가지 기본 작도를 유한 번 시행한다.

[I] 한 점 P를 지나 주어진 직선 l에 수직인 직선 $\overleftrightarrow{PQ}$ 를 작도하기

(i) $P \notin l$인 경우

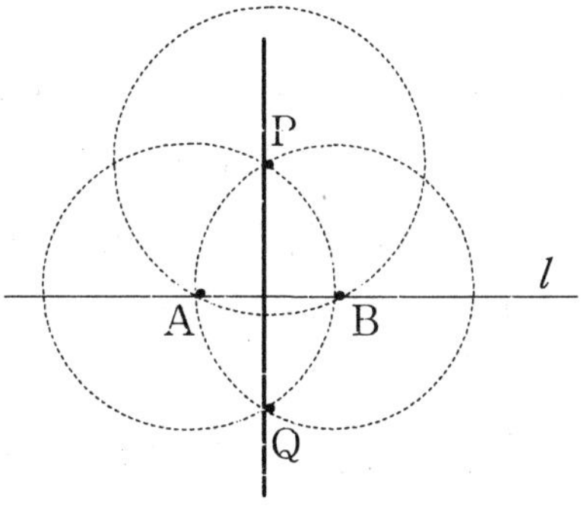

(ii) $P \in l$인 경우

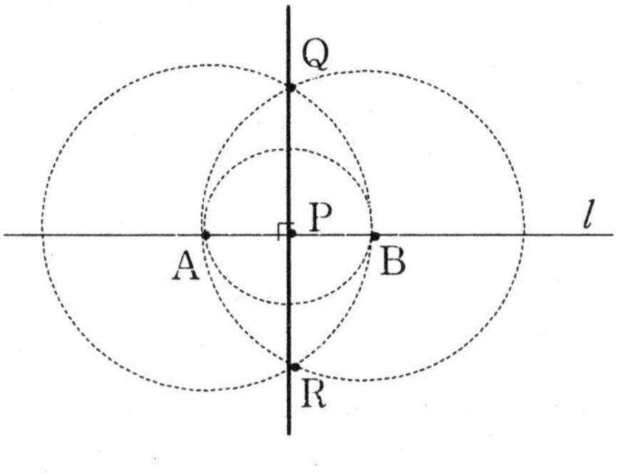

[II] 주어진 직선 l과 이 직선 위에 있지 않은 점 P에 대하여, 점 P를 지나 직선 l에 평행한 직선 m을 작도하기(작도 [I] 이용)

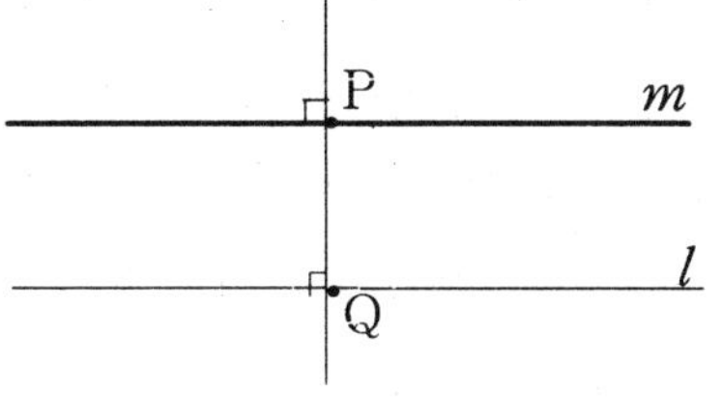

[III] 주어진 두 점 A, B 와 직선 l 에 대하여 점 P 가 직선 l 위에 있을 때 직선 l 위에서 $\overline{PQ} = \overline{AB}$ 인 점 Q 를 작도하기(기본 작도 [I] 이용)

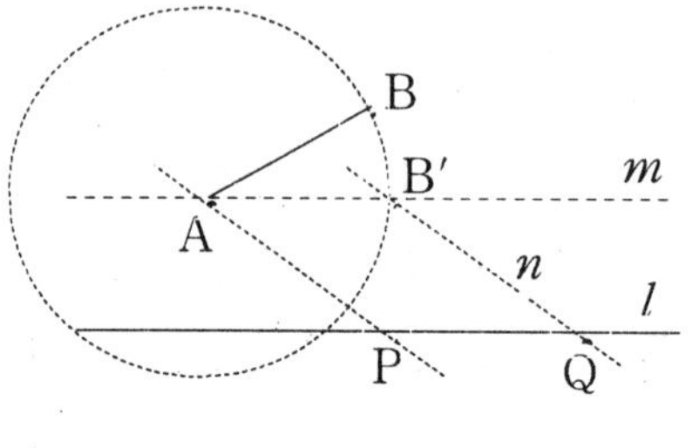

$A \in m, \quad m // l,$
$B' \in C(A; B) \cap m,$
$n // \overleftrightarrow{AP},$
$Q = n \cap l$

유클리드 평면 위에 두 점 E, E′ 이 주어져 있을 때, 세 기본 작도를 이용하면 이 평면 위에 직교좌표계를 설정할 수 있다.

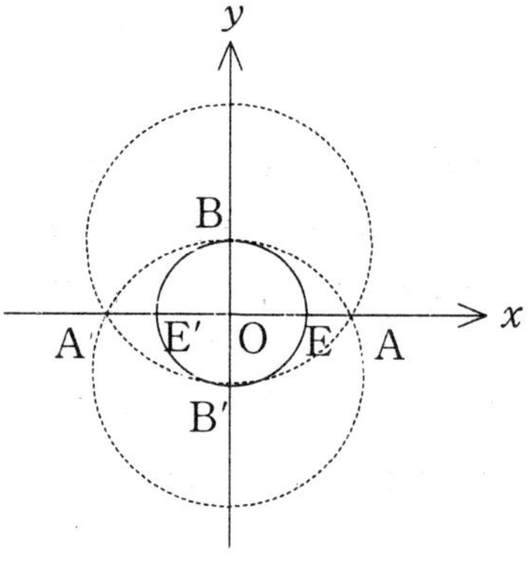

실제로, 오른쪽 그림과 같이 $\overleftrightarrow{EE'}$ 을 x축으로 택하고 또 기본 작도 [I] 를 이용하여 선분 $\overline{EE'}$의 수직이등분선을 작도하여 이것을 y축으로 택한 다음에 x축과 y축의 교점 O 를 원점으로 택하고 또 $|\overline{OE}| = 1$ 이라고 하면 직교좌표계가 정해진다. 이와 같은 직교좌표계가 도입되어 있는 좌표평면에서 O, E, E′ 의 좌표는 각각 $(0, 0)$, $(1, 0)$, $(-1, 0)$ 이고, y축과 원 $C(O; E)$ 와의 두 교점인 B, B′ 의 좌표는 각각 $(0, 1)$, $(0, -1)$ 이다. 그리고, $\overline{OB} = 1$, $\overline{BB'} = 2$ 이므로 원 $C(B; B')$ 와 원 $C(B'; B)$ 의 두 교점인 A, A′ 의 좌표는 각각 $(\sqrt{3}, 0)$, $(-\sqrt{3}, 0)$ 이다.

좌표평면에서 두 점 E, E′ 으로부터 시작하여 눈금 없는 자와 컴퍼스만을 써서 세 기본 작도 [I], [II], [III]를 유한 번 시행하여 얻게 되는 점이 작도가능한 점이다. 여기서 E, E′ 도 작도가능한 점으로 생각한다.

정리 8.4.1 좌표평면 위에서 다음이 성립한다.

(1) 점 $P(u, 0)$ 가 작도가능하면, $P'(-u, 0)$, $Q(0, u)$ 는 작도가능하다.

(2) 점 $Q(0, u)$ 가 작도가능하면, $P(u, 0)$, $Q'(0, -u)$ 는 작도가능하다.

(3) 점 $P(u, v)$ 가 작도가능할 때 그리고 이때에만 $P_1(u, 0)$, $P_2(0, v)$ 는 작도가능하다.

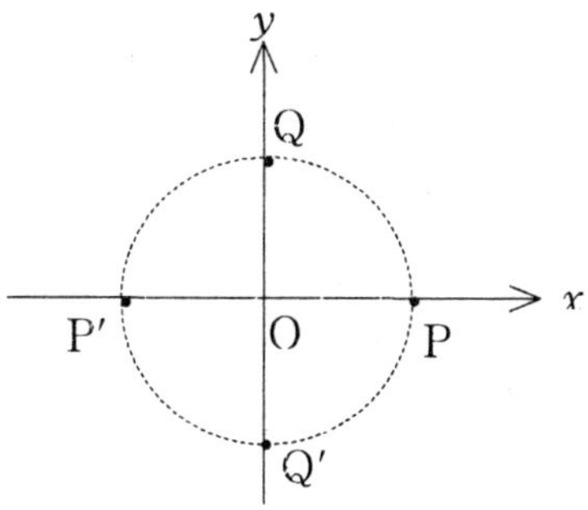

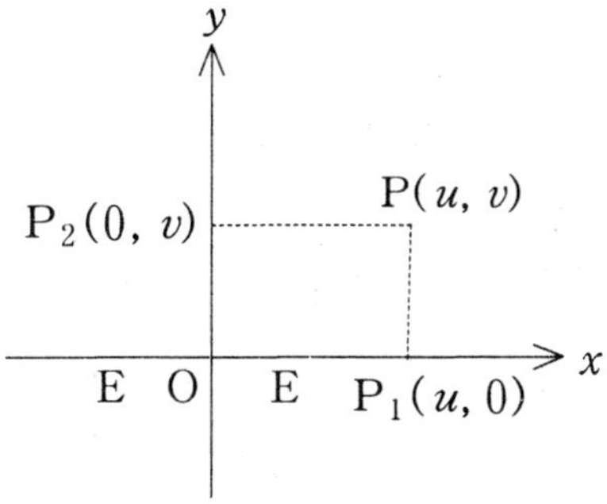

정의 8.4.2 실수 u에 대하여 좌표평면 위의 점 $P(u, 0)$가 작도가능한 점일 때, u를 **작도가능한 실수**라고 한다.

위의 정의와 정리 8.4.1 에 의하여 두 다음 정리가 성립한다.

정리 8.4.3 실수 u에 대하여 다음 세 조건은 서로 동치이다.

(1) u 는 작도가능한 실수이다.
(2) $P(u, 0)$는 작도가능한 점이다.
(3) $Q(0, u)$는 작도가능한 점이다.

정리 8.4.4 두 실수 u, v에 대하여 다음이 성립한다.

(1) u 가 작도가능하면, $-u$ 는 작도가능하다.
(2) 점 $P(u, v)$가 작도가능할 때 그리고 이때에만 u, v는 작도가능하다.

보기 8.4.1 좌표평면 위에서, 크기가 θ인 각 $\angle XOE$가 작도가능할 때,,점 $A(\cos\theta, \sin\theta)$는 작도가능하고 따라서 $\cos\theta$와 $\sin\theta$는 작도가능하고 이 각의 이등분선을 작도할 수 있으므로 $\cos\frac{\theta}{2}$, $\sin\frac{\theta}{2}$ 도 작도가능하다.

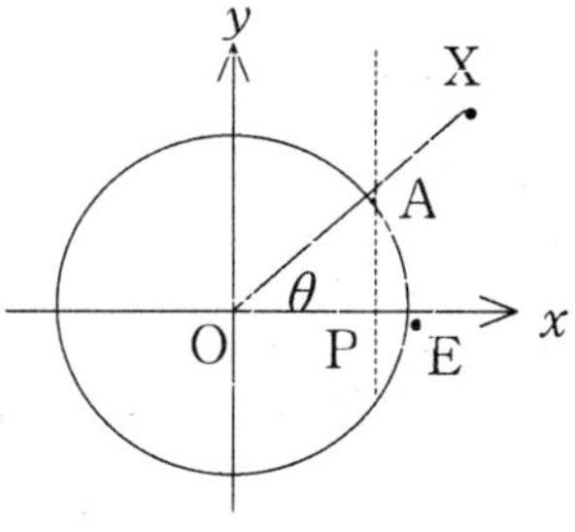

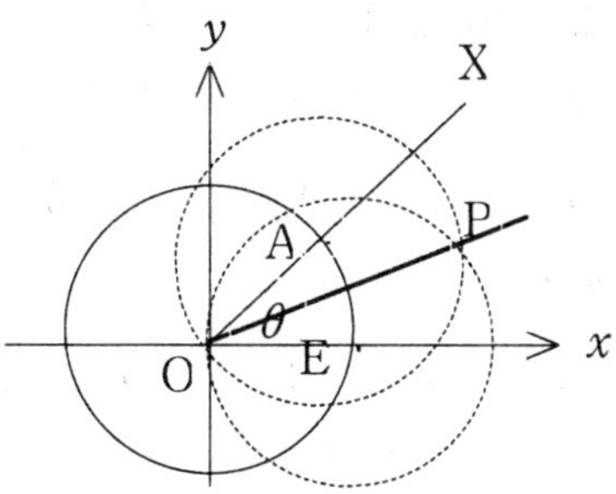

그리고, $\cos\theta$가 작도가능하면, $P(\cos\theta, 0)$과 $A(\cos\theta, \sin\theta)$는 작도가능하므로 $\sin\theta$는 작도가능하고 크기가 θ인 각도 작도가능하다.

정리 8.4.5 작도가능한 실수 전체의 집합을 K라고 하면, 다음이 성립한다.

(1) K는 실수체 $\mathbb{R}$의 부분체이고 또 $\mathbb{Q} \subseteq K \subseteq \mathbb{R}$이다.

(2) $u \in K$, $u \geq 0$이면, $\sqrt{u} \in K$이다.

증명 (1) 먼저 $u, v \in K$, $u > 0$, $v > 0$일 때, 다음이 성립함을 증명한다.

(a) 좌표평면 위에서 $B(0,1)$, $P(u,0)$를 작도하고 점 B를 지나 x축에 평행한 직선을 그어 이 직선 위에 점 $Q(v,1)$을 택하고 점 Q에서 $\overleftrightarrow{BP}$에 평행한 직선을 그으면, 이 직선은 x축과 점 $R(u+v, 0)$에서 만나므로 $u+v$는 작도가능하다.

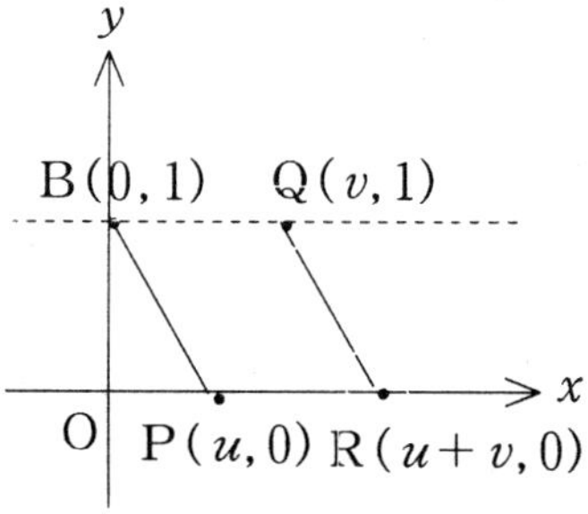

또, 점 $P'(-u,0)$는 작도가능하므로 $-u$는 작도가능하다(정리 8.4.1). 그리고, 그림에서 P를 $P'(-u,0)$으로 바꾸어 놓으면, R의 좌표는 $(-u+v, 0)$이므로 $(-u)+v$는 작도가능하며

$$-u-v = -(u+v), \qquad u-v = -(-u+v)$$

이므로 $(-u)+(-v)$와 $u+(-v)$는 작도가능하다(정리 8.4.4).

(b) 먼저 $u=1$이면, $uv = v$이므로 uv는 작도가능하다.

이제 $u \neq 1$이라고 하자. 좌표평면 위에서 $E(1,0)$, $P(u,0)$, $Q(0,v)$를 작도하고 점 P를 지나 $\overleftrightarrow{EQ}$에 평행한 직선을 그어 이 직선과 y축의 교점을 R라고 하면, $\triangle OEQ \backsim \triangle OPR$이므로 R의 좌표는 $(0, uv)$이다.

따라서 uv는 작도가능하다. 그리고,

$$(-u)v = u(-v) = -(uv),$$
$$(-u)(-v) = uv,$$

이므로 $(-u)v$, $u(-v)$, $(-u)(-v)$는 작도가능하다(정리 8.4.4).

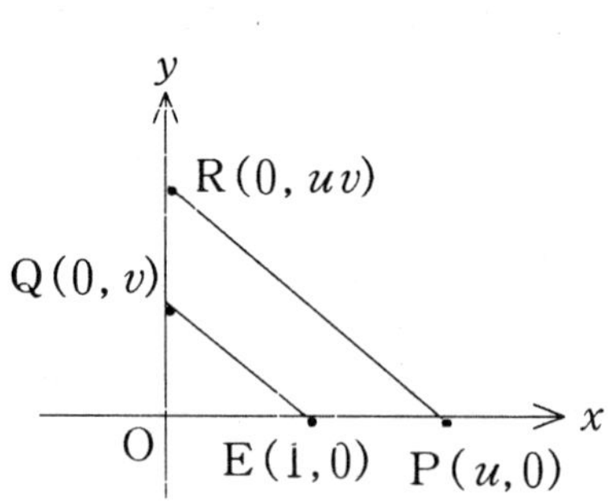

(c) 먼저 $u = 1$ 이면, $u^{-1} = 1$ 이므로 u^{-1} 는 작도가능하다.

이제 $u \neq 1$ 이라고 하자. 좌표평면 위에서 $\mathrm{E}(1,0)$, $\mathrm{P}(u,0)$, $\mathrm{B}(0,1)$ 이라 하고 점 E 를 지나 $\overleftrightarrow{\mathrm{BP}}$ 에 평행한 직선을 그어 이 직선과 y축의 교점을 Q 라고 하면, $\triangle \mathrm{OPB} \backsim \triangle \mathrm{OEQ}$ 이므로 점 Q 의 좌표는 $(0, u^{-1})$ 이고 따라서 u^{-1} 는 작도가능하다.

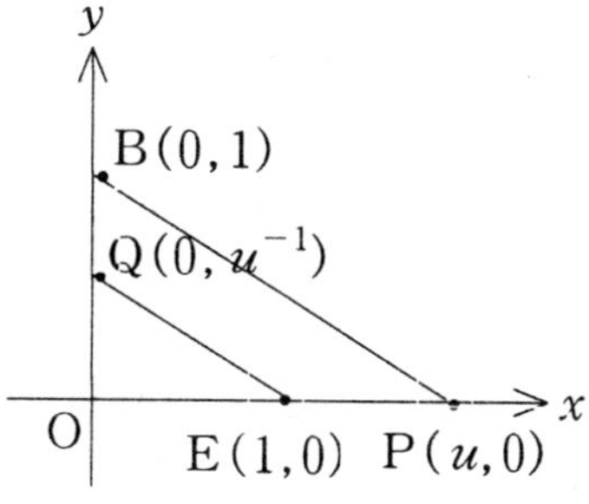

또, $(-u)^{-1} = -u^{-1}$ 이므로 $(-u)^{-1}$ 는 작도가능하다.

그리고 $u = 0$ 이면, 분명히 $u+v$, uv 는 작도가능하다. 이 사실과 앞의 (a), (b), (c) 에 증명에 의하여 임의의 $u, v \in K$ 에 대하여 $u+v$, $uv \in K$ 이고 또 임의의 $u \in K$, $u \neq 0$ 에 대하여 $u^{-1} \in K$ 이므로, K 는 실수체 $\mathbb{R}$ 의 부분체이다. 그리고, $1 \in K$ 이므로 $\mathbb{Q} \subseteq K \subseteq \mathbb{R}$ 이다.

(2) 먼저 $u = 0$ 이면, $\sqrt{u} = 0$ 이므로 $\sqrt{u}$ 는 작도가능하다.

이제 $u \in K$, $u > 0$ 이라고 하자. 좌표평면 위에서 $\mathrm{E}(1, 0)$, $\mathrm{P}(1+u, 0)$ 를 작도하고 기본 작도 [I]를 이용하여 $\overline{\mathrm{OP}}$ 의 중점 M 을 작도하여 E 에서 x축에 수직인 직선과 원 $C(\mathrm{M}; \mathrm{O})$ 를 그려 이 직선과 원의 교점을 Q 라고 하면, $\triangle \mathrm{OEQ} \backsim \triangle \mathrm{QEP}$ 이므로

$$\frac{\overline{\mathrm{OE}}}{\overline{\mathrm{EQ}}} = \frac{\overline{\mathrm{QE}}}{\overline{\mathrm{EP}}} \quad \text{즉} \quad \overline{\mathrm{EQ}}^2 = u$$

이고, 따라서 Q 의 좌표는 $(1, \sqrt{u})$ 이므로 $\sqrt{u}$ 는 작도가능하다.

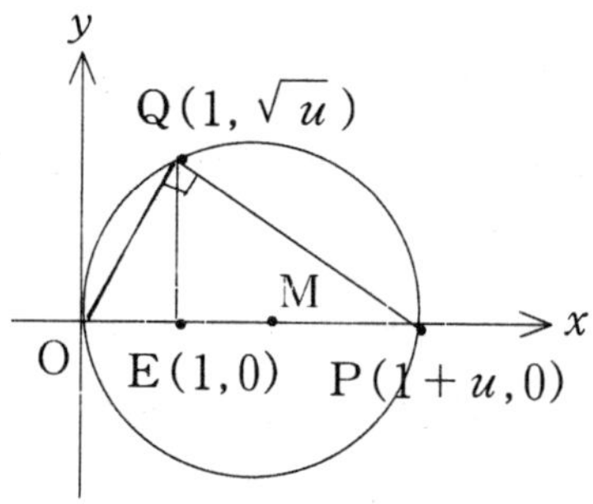

보기 8.4.2 다음 두 그림은 유리수와 무리수 $\sqrt{2}, \sqrt{3}, \sqrt{5}, \cdots$ 를 차례로 작도하는 방법을 보여준다.

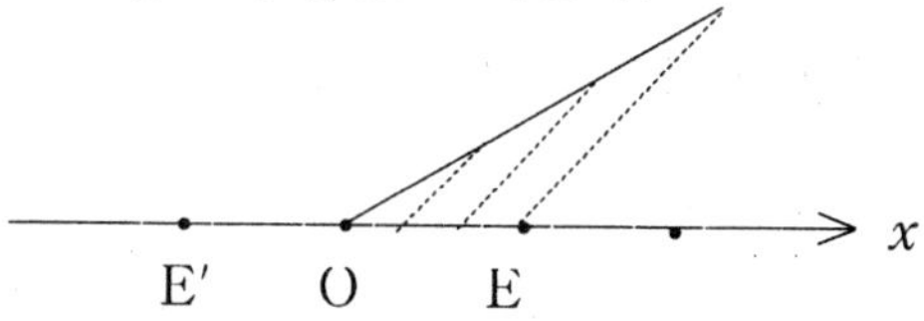

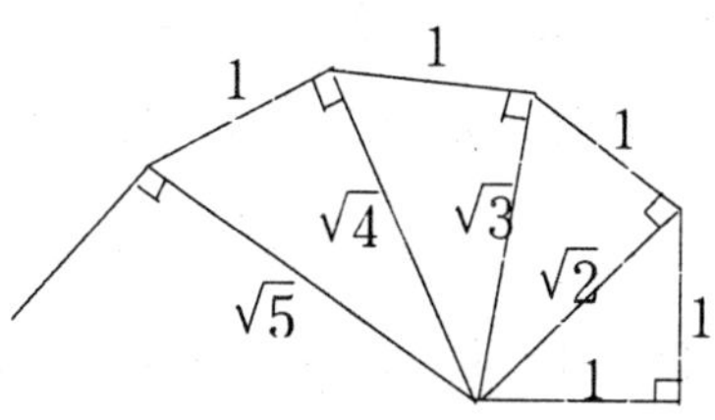

정리 8.4.6 체 F가 실수체 $\mathbb{R}$의 부분체일 때, 좌표평면 위의 점 A, B, C, D의 좌표가 모두 F에 속하는 실수이면 다음이 성립한다.

(1) 직선 $\overleftrightarrow{\mathrm{AB}}$와 원 $C(\mathrm{A};\mathrm{B})$의 방정식은 각각 다음과 같은 꼴로 나타낼 수 있다.

$$ax+by+c=0 \qquad (a,\ b,\ c\in F)$$

$$x^2+y^2+mx+ny+q=0 \qquad (m,\ n,\ q\in F)$$

(2) $\overleftrightarrow{\mathrm{AB}}\neq\overleftrightarrow{\mathrm{CD}}$ 일 때, $\mathrm{P}(u_1, u_2)\in\overleftrightarrow{\mathrm{AB}}\cap\overleftrightarrow{\mathrm{CD}}$ 이면 $u_1,\ u_2\in F$ 이다.

(3) $\mathrm{P}(u_1, u_2)\in\overleftrightarrow{\mathrm{CD}}\cap C(\mathrm{A};\mathrm{B})$ 이면, 적당한 실수 $u\in F,\ u\geq 0$에 대하여 $u_1, u_2\in F(\sqrt{u})$, $[F(\sqrt{u}):F]\leq 2$ 이다.

(4) $C(\mathrm{A};\mathrm{B})\neq C(\mathrm{C};\mathrm{D})$ 일 때, $\mathrm{P}(u_1, u_2)\in C(\mathrm{A};\mathrm{B})\cap C(\mathrm{C};\mathrm{D})$ 이면 적당한 $u\in F,\ u\geq 0$에 대하여 $u_1,\ u_2\in F(\sqrt{u})$, $[F(\sqrt{u}):F]\leq 2$ 이다.

증명 (1) 두 점 $\mathrm{A}(a_1, a_2)$, $\mathrm{B}(b_1, b_2)$에 대하여 직선 $\overleftrightarrow{\mathrm{AB}}$의 방정식은

$$\begin{vmatrix} x & y & 1 \\ a_1 & a_2 & 1 \\ b_1 & b_2 & 1 \end{vmatrix}=0$$

즉 $$(a_2-b_2)x+(b_1-a_1)y+(a_1b_2-a_2b_1)=0$$

이고, 여기서 $a=a_2-b_2,\ b=b_1-a_1,\ c=a_1b_2-a_2b_1$ 이라고 놓으면, $a, b, c\in F$이고 이 직선의 방정식은 다음과 같다.

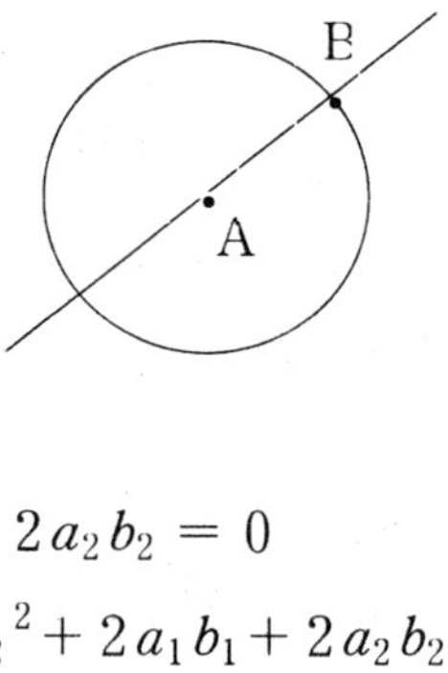

$$ax+by+c=0$$

그리고, 원 $C(\mathrm{A};\mathrm{B})$의 방정식은

$$(x-a_1)^2+(y-a_2)^2=(b_1-a_1)^2+(b_2-a_2)^2$$

즉 $$x^2+y^2-2a_1x-2a_2y-b_1{}^2-b_2{}^2+2a_1b_1+2a_2b_2=0$$

이고, 여기서 $m=-2a_1,\ n=-2a_2,\ q=-b_1{}^2-b_2{}^2+2a_1b_1+2a_2b_2$ 이라고 놓으면, $m, n, q\in F$이고 이 원의 방정식은 다음과 같다.

$$x^2+y^2+mx+ny+q=0$$

(2) 위의 (1)에 의하여 $\overleftrightarrow{\mathrm{AB}}$, $\overleftrightarrow{\mathrm{CD}}$의 방정식은 다음과 같은 꼴이다.

$$ax + by + c = 0, \qquad a'x + b'y + c' = 0$$

여기서 $\overleftrightarrow{AB} \neq \overleftrightarrow{CD}$ 일 때, $P(u_1, u_2) \in \overleftrightarrow{AB} \cap \overleftrightarrow{CD}$ 이라고 하면

$u_1 = \dfrac{bc' - cb'}{ab' - ba'}$, $u_2 = \dfrac{ca' - ac'}{ab' - ba'}$ 이고 따라서 $u_1, u_2 \in F$ 이다.

(3) 위의 (1) 에 의하여 직선 $\overleftrightarrow{CD}$ 와 원 $C(A;B)$ 의 방정식은

$$ax + by + c = 0 \qquad (a, b, c \in F)$$
$$x^2 + y^2 + mx + ny + q = 0 \qquad (m, n, q \in F)$$

와 같은 꼴이고, 이때 $P(u_1, u_2) \in \overleftrightarrow{CD} \cap C(A;B)$ 이면 다음이 성립한다.

$$au_1 + bu_2 + c = 0 \qquad ①$$
$${u_1}^2 + {u_2}^2 + mu_1 + nu_2 + q = 0 \qquad ②$$

먼저 ① 에서 $b \neq 0$ 일 때, $u_2 = -\dfrac{a}{b}u_1 - \dfrac{c}{b}$ 이고 이것을 ② 에 대입하면

$$\left(1 + \frac{a^2}{b^2}\right){u_1}^2 + \left(\frac{2ac}{b^2} + m - \frac{na}{b}\right)u_1 + \frac{c^2}{b^2} - \frac{nc}{b} + q = 0$$

을 얻으며 위의 u_1 에 관한 이차방정식의 계수는 모두 F 에 속하므로 u_1 은

$$(*) \qquad u_1 = r_1 \pm r_2\sqrt{u} \qquad (r_1, r_2 \in F,\ u \in F,\ u \geq 0)$$

와 같은 꼴이고 따라서 u_2 는 다음과 같은 꼴이다.

$$(**) \qquad u_2 = s_1 \pm s_2\sqrt{u}, \qquad (s_1, s_2 \in F,\ u \in F,\ u \geq 0)$$

한편, ① 에서 $b = 0$ 일 때, $u_1 = -\dfrac{c}{a}$

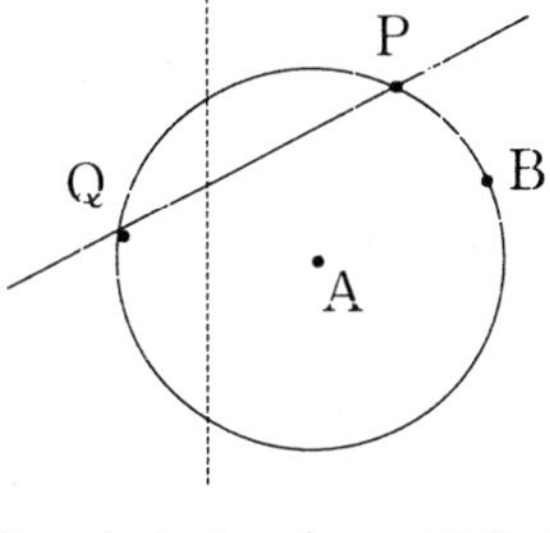

이고 이것을 ② 에 대입하면,

$${u_2}^2 + nu_2 + \frac{c^2}{a^2} - \frac{mc}{a} + q = 0$$

을 얻으며 위의 u_2 에 관한 방정식의 계수는 모두 F 에 속하므로 u_2 는 (**) 와 같은 꼴이다. 따라서 어느 경우에나 $u_1, u_2 \in F(\sqrt{u})$ 이다. 한편, $\sqrt{u} \in F$ 이면 $F(\sqrt{u}) = F$ 이고, $\sqrt{u} \notin F$ 이면 $(\sqrt{u})^2 = u \in F$ 이므로 $[F(\sqrt{u}) : F] = 2$ 이다.

(4) 앞의 (1) 에 의하여 두 원 $C(A;B)$, $C(C;D)$ 의 방정식은 각각

$$x^2 + y^2 + mx + ny + q = 0 \qquad (m, n, q \in F)$$

$$x^2 + y^2 + m'x + n'y + q' = 0 \qquad (m', n', q' \in F)$$

와 같은 꼴이고, $P(u_1, u_2) \in C(A; B) \cap C(C; D)$ 이라고 하면

$$u_1^2 + u_2^2 + mu_1 + nu_2 + q = 0,$$

$$(m - m')u_1 + (n - n')u_2 + (q - q') = 0$$

이고 $m - m', n - n', q - q' \in F$ 이다.

따라서 (3) 에 의하여 (4) 가 성립한다.

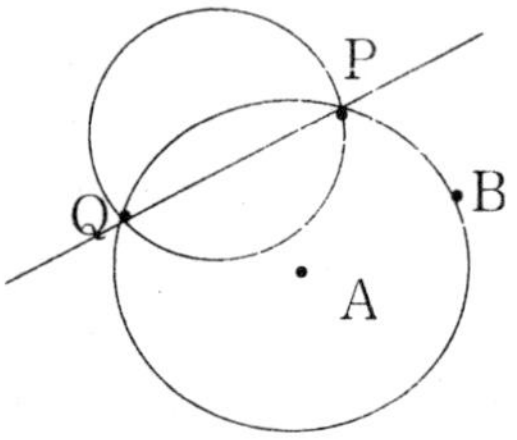

이제까지 얻은 결과를 이용하여 다음 두 정리를 증명할 수 있다.

정리 8.4.7 실수 u에 대하여 다음 두 조건은 서로 동치이다.

(1) u는 작도가능한 실수이다.

(2) 다음과 같은 음이 아닌 실수 $u_1, u_2, \cdots, u_n$ (≥ 0) 이 존재한다.

$$u_1 \in \mathbb{Q},\ u_2 \in \mathbb{Q}(\sqrt{u_1}),\ \cdots,\ u_{i+1} \in \mathbb{Q}(\sqrt{u_1}, \cdots, \sqrt{u_i}) \quad (1 \leq i \leq n-1)$$

$$u \in \mathbb{Q}(\sqrt{u_1}, \cdots, \sqrt{u_{n-1}}, \sqrt{u_n})$$

정리 8.4.8 실수 u가 작도가능하면, u는 대수적 수이고 또 적당한 정수 $m \geq 0$에 대하여 $[\mathbb{Q}(u) : \mathbb{Q}] = \deg \operatorname{irr}(u, \mathbb{Q}) = 2^m$ 이다.

이제 그리스 시대 때부터 내려온 三大 작도 不能 문제를 논해 보자.

정리 8.4.9 (Wantzel, 1837 년) 눈금 없는 자와 컴퍼스만을 사용하여 그 부피가 주어진 정육면체의 부피의 2 배인 정육면체의 한 모서리의 길이를 작도할 수 없다.

증명 주어진 정육면체의 모서리의 길이를 1 이라고 하면, 그 부피는 1 이므로 부피가 이 도형의 부피의 2 배인 정육면체의 모서리의 길이는 $\sqrt[3]{2}$ 이다. 그런데, $\operatorname{irr}(\sqrt[3]{2}, \mathbb{Q}) = x^3 - 2$ 이고 따라서 $[\mathbb{Q}(\sqrt[3]{2}) : \mathbb{Q}] = 3$ 이므로 정리 8.4.8 에 의하여 $\sqrt[3]{2}$ 은 작도불가능하다.

정리 8.4.10 (Lindemann) 눈금 없는 자와 컴퍼스만을 사용하여 주어진 원과 같은 넓이를 가진 정사각형의 한 변의 길이를 작도할 수 없다.

증명 주워진 원의 반지름의 길이를 1 이라고 하면, 이 원의 넓이는 π 이므로 작도하려는 정사각형의 한 변의 길이는 $\sqrt{\pi}$ 이다. 그런데, $\sqrt{\pi}$ 가 대수적 수이면, $\pi = (\sqrt{\pi})^2$ 도 대수적 수이어야 하나, π 는 초월수이므로 $\sqrt{\pi}$ 도 초월수이다. 따라서 정리 8.4.8 에 의하여 $\sqrt{\pi}$ 는 작도불가능하다.

정리 8.4.11 (Wantzel, 1837 년) 눈금 없는 자와 컴퍼스만을 사용하여 그 크기가 $60°$ 인 각을 삼등분할 수 없다.

증명 이제 $\theta = 20°$ 이라고 하자. 이 때, 보기 1.4.1 에 의하여

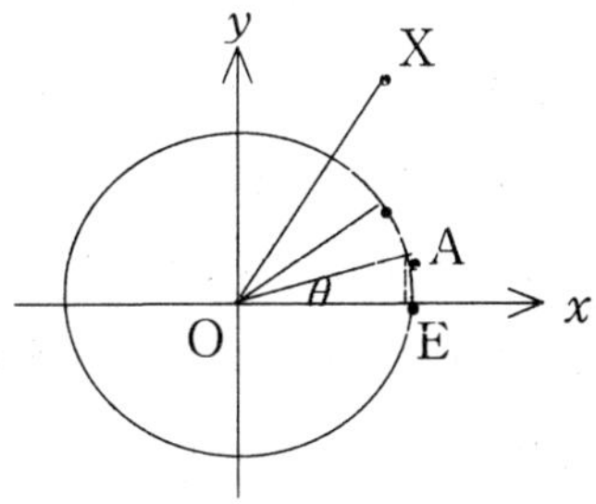

$$\frac{1}{2} = \cos 3\theta = 4\cos^3\theta - 3\cos\theta$$

$$8\cos^3\theta - 6\cos\theta - 1 = 0$$

이므로 $\cos\theta$ 는 $f(x) = 8x^3 - 6x - 1$ 의 근이다. 한편, $f(x)$ 가 유리수체 $\mathbb{Q}$ 안에서 근을 가진다면 그 근은 $\pm\frac{1}{8}$, $\pm\frac{1}{4}$, $\pm\frac{1}{2}$, ± 1 중에서 찾을 수 있으나(정리 6.2.15), 이들은 모두 $f(x)$ 의 근이 아니다

따라서 $f(x)$ 는 유리수체 $\mathbb{Q}$ 위에서 기약이다. 그러므로

$$\mathrm{irr}\,(\cos\theta, \mathbb{Q}) = x^3 - \frac{3}{4}x - \frac{1}{8}, \quad [\mathbb{Q}(\cos\theta) : \mathbb{Q}] = 3$$

이므로 정리 8.4.8 에 의하여 $\cos\theta$ 는 작도할 수 없다.

그러므로 크기가 $\theta = 20°$ 인 각을 작도할 수 없으므로, 크기가 $60°$ 인 각을 삼등분하는 작도는 불가능하다.

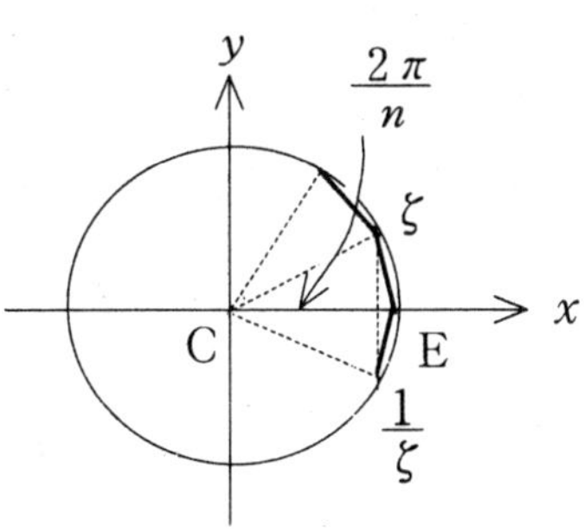

주어진 원에 내접하는 정 n 각형 $(n \geq 3)$ 을 작도하는 문제는 그 원주를 n 등분하는 문제와 같고 크기가 $\frac{2\pi}{n}$ 인 각을 작도하는 문제와 같으며 이 문제는 $\cos\frac{2\pi}{n}$ 를 작도하는 문제

와 같다(보기 8.4.1). 한편, 주어진 원을 좌표평면 위의 단위원으로 생각하고 좌표평면 위의 점 $P(u, v)$를 복소평면 위의 점 $z = u + vi$에 대응시키면,

$$1, \zeta, \cdots, \zeta^{n-1} \qquad \left(\zeta = \cos\frac{2\pi}{n} + i\sin\frac{2\pi}{n}\right)$$

는 정 n각형의 꼭지점을 나타내며 이들 복소수는 다항식 $f(x) = x^n - 1$의 근이고 또 $\zeta + \zeta^{-1} = 2\cos\frac{2\pi}{n}$ 이다.

정리 8.4.12 정 n각형에 대하여 다음이 성립한다(여기서, $n \geq 3$).

(1) 모든 정수 k $(k \geq 2)$ 에 대하여 정 2^k각형은 작도가능하다.

그리고, 정 n 각형이 작도가능하면, 모든 음이 아닌 정수 k $(k \geq 0)$에 대하여 정 $2^k n$ 각형은 작도가능하다.

(2) 정 n각형이 작도가능하면, n의 약수 d (≥ 3)에 대하여 정 d각형은 작도가능하다.

(3) 각 i $(1 \leq i \leq r)$에 대하여 정 n_i 각형이 작도가능할 때, $n_1, \cdots, n_r$가 쌍마다 서로 소이면 정 $n_1 \cdots n_r$각형은 작도가능하다.

(4) n의 표준분해가 $n = {p_1}^{e_1} \cdots {p_r}^{e_r}$인 경우에 정 n각형이 작도가능할 때 그리고 이때에만 각 i $(1 \leq i \leq r)$ 에 대하여 정 ${p_i}^{e_i}$각형이 작도가능하다.

증명 (1) 정 4 각형은 작도가능하고, 또 임의의 주어진 각의 이등분선을 작도할 수 있으므로 분명히 (1) 이 성립한다(보기 8.4.1 참조).

(2) 정 n각형이 작도가능할 때, $n = dm$이라고 하면 크기가 $\frac{2\pi}{n}$ 인 각을 작도할 수 있으므로 크기가 $\frac{2\pi}{n} \cdot m$ 즉 $\frac{2\pi}{d}$ 인 각을 작도할 수 있고 따라서 정 d각형을 작도할 수 있다.

(3) 정 m 각형과 정 n 각형이 작도가능하고 또 m과 n이 서로 소라고 하자. 이 때, 적당한 두 정수 s, t에 대하여

$$ms + nt = 1 \qquad \text{즉} \qquad \frac{2\pi}{mn} = \frac{2\pi}{n}s + \frac{2\pi}{m}t$$

이고 크기가 각각 $\frac{2\pi}{m}$, $\frac{2\pi}{n}$ 인 각을 작도할 수 있으므로, 크기가 $\frac{2\pi}{mn}$ 인 각을 작도할 수 있고 따라서 정 mn 각형을 작도할 수 있다.

이 결과를 이용하여 귀납적으로 (3)을 증명할 수 있다.

(4) 위의 (2) 와 (3) 에 의하여 (4) 가 성립한다.

실제로, p가 홀수인 素數일 때, 정수 $k\ (\geq 2)$ 에 대하여 정 p^k 각형은 작도불가능하고 또 p가 $p = 2^{2^\lambda} + 1 \quad (\lambda \geq 0)$ 와 같은 꼴의 Fermat 素數일 때 그리고 이때에만 정 p 각형은 작도가능하다(정의 2.2.15 참조).

현재까지 알려진 Fermat 素數는 3, 5, 17, 257, 65537 뿐이다.

앞의 사실과 정리 8.4.12 에 의하여 다음 정리가 성립한다.

정리 8.4.13 정수 $n\ (\geq 3)$ 이 다음 중에서 어느 하나와 같은 꼴일 때 그리고 이때에만 정 n 각형은 작도가능하다.

(1) $n = 2^m \quad (m \geq 2)$

(2) $n = 2^k p_1 \cdots p_r$ ($p_1, \cdots, p_r$ 는 서로 다른 Fermat 素數, $k \geq 0$)

보기 8.4.3 정오각형의 작도 방법을 생각해 보자(보기 8.2.2 참조).

먼저 $\zeta = \cos\dfrac{2\pi}{5} + i\sin\dfrac{2\pi}{5}$ 이라고 할 때,

$$\zeta^4 + \zeta^3 + \zeta^2 + \zeta + 1 = 0 \quad \text{즉} \quad \zeta^2 + \zeta + 1 + \frac{1}{\zeta} + \frac{1}{\zeta^2} = 0$$

이므로 $\eta = \zeta + \dfrac{1}{\zeta} = 2\cos\dfrac{2\pi}{5}$ 이라고 하면 $\eta^2 + \eta - 1 = 0,\ \ \eta > 0$

이므로 $\eta = \dfrac{-1+\sqrt{5}}{2}$ 이다.

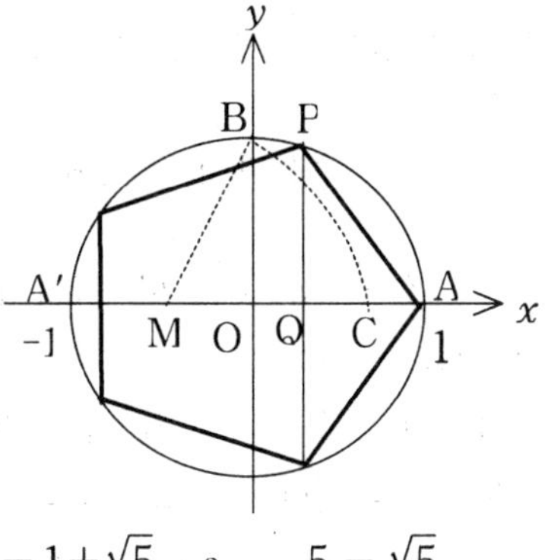

오른쪽 그림에서

$\overline{\mathrm{OM}} = \overline{\mathrm{MA}'} = \dfrac{1}{2},\ \overline{\mathrm{MC}} = \overline{\mathrm{MB}}$

이라고 할 때,

$$\overline{\mathrm{OQ}} = \cos\frac{2\pi}{5} = \frac{-1+\sqrt{5}}{4},$$

$$\overline{\mathrm{AP}}^2 = \left(1 - \frac{-1+\sqrt{5}}{4}\right)^2 + 1^2 - \left(\frac{-1+\sqrt{5}}{4}\right)^2 = \frac{5-\sqrt{5}}{2},$$

$$\overline{\mathrm{CB}}^2 = 1^2 + \left(\frac{\sqrt{5}}{2} - \frac{1}{2}\right)^2 = \frac{5-\sqrt{5}}{2}$$

이므로 $\overline{\mathrm{AP}} = \overline{\mathrm{CB}}$ 이다. 따라서 정오각형의 한 변을 다음과 같이 작도한다.

① $\overline{\mathrm{OA'}}$ 의 중점 M 을 작도한다.

② x 축 위에 $\overline{\mathrm{MC}} = \overline{\mathrm{MB}}$ 인 점 C 를 작도한다.

③ 원 위에서 $\overline{\mathrm{AP}} = \overline{\mathrm{CB}}$ 인 점 P 를 작도한다.

보기 8.4.4 정삼각형과 정오각형은 작도가능하고, 또 3 과 5 는 서로 소이므로 정 15 각형도 작도가능하다. 실제로,

$$3 \cdot 2 + 5 \cdot (-1) = 1 \quad \text{즉} \quad \frac{2\pi}{15} = \frac{2\pi}{5} \cdot 2 + \frac{2\pi}{3} \cdot (-1)$$

이므로 정 15 각형의 한 변에 대응하는 중심각의 크기는 정오각형의 두 변에 대응하는 중심각의 크기 $\frac{2\pi}{5} \cdot 2$ 에서 정삼각형의 한 변에 대응하는 중심각의 크기 $\frac{2\pi}{3}$ 를 뺀 것이다.

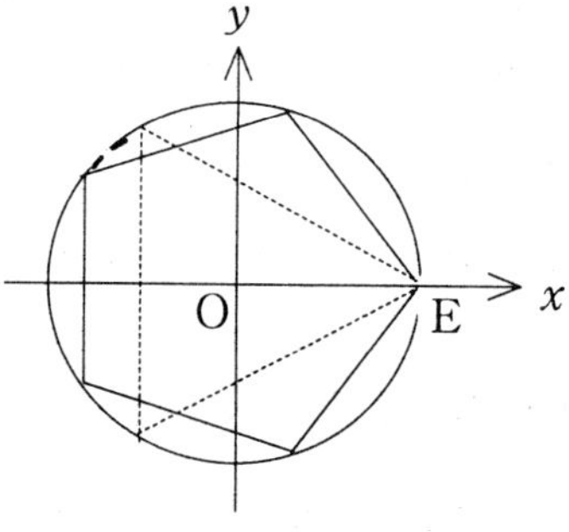

연습문제 (8.4)

1. 원에 내접하는 정육각형과 정삼각형을 작도하는 방법을 이용하여 그 크기가 $90°$ 인 각과 $45°$ 인 각을 삼등분할 수 있음을 밝혀라.

2. 정 4 각형, 정 8 각형과 정 6 각형, 정 12 각형을 작도하여라.

3. 양의 정수 n 의 값이 다음과 같을 때, 정 n 각형이 작도가능한지를 판정하여라.

(1) $n = 7$ (2) $n = 9$ (3) $n = 30$ (4) $n = 84$

(6) $n = 100$ (6) $n = 120$ (7) $n = 180$ (8) $n = 360$

4. 양의 정수 m 에 대하여 $m \equiv 0 \pmod 3$ 일 때 그리고 이때에만 크기가 $m°$ 인 각을 작도할 수 있음을 밝혀라.

제 9 장

선형사상과 선형변환

이 장에서는, 선형사상과 선형변환, 동형사상, 체 F 위의 벡터공간 V의 선형변환 다원환 $\mathrm{End}_F(V)$에 대하여 논하고, 선형변환과 행렬의 고유치와 고유벡터, 고유다항식, 최소다항식에 대하여 간단히 논한다.

이 장의 정리에 관한 상세한 증명은

김응태·박승안, 선형대수학, 제 5 판, 경문사, 2010

을 참조하기 바란다.

§9.1 선형사상과 선형변환

이 절에서는, 두 벡터공간 사이의 특수한 사상에 대하여 논한다.

정의 9.1.1 체 F 위의 벡터공간 V, W 에 대하여 사상 $T : V \longrightarrow W$ 가 벡터공간의 덧셈과 스칼라 곱셈을 보존시킬 때, 즉 임의의 $v, w \in V$ 와 $a \in F$ 에 대하여

$$T(v+w) = T(v) + T(w),$$
$$T(a\,v) = a\,T(v)$$

일 때, T 를 V 에서 W 로의 **線型사상**(linear map) 또는 **F-準同型사상**(F-homomorphism)이라고 한다.

특히, 벡터공간 V 에서 V 자신으로의 선형사상 $T : V \longrightarrow V$ 를 V 위의 **선형變換**(linear transformation) 또는 **선형작용소**(linear operator)라고 한다.

또, 선형사상 $T : V \longrightarrow W$가 일대일 대응일 때, T를 V 에서 W 위로의 (벡터공간) **동형사상**(isomorphism) 또는 **F-동형사상**(F-isomorphism)이라고 한다.

그리고, 동형사상 $T : V \longrightarrow W$ 가 존재할 때, V 와 W 는 서로 **동형**인 (isomorphic) 벡터공간이라 하고 이 사실을 $V \cong W$ 로 나타낸다.

다음 두 정리가 성립함을 쉽게 증명할 수 있다(정리 5.1.24 참조).

정리 9.1.2 체 F 위의 벡터공간 V, W, U 에 대하여 다음이 성립한다.

(1) 항등사상 $1_V : V \longrightarrow V$ 는 동형사상이다.

(2) $T : V \longrightarrow W$가 동형사상이면, $T^{-1} : W \longrightarrow V$는 동형사상이고 또 $(T^{-1})^{-1} = T$ 이다.

(3) $T : V \longrightarrow W$ 와 $S : W \longrightarrow U$가 선형사상이면, $S \circ T : V \longrightarrow U$ 는 선형사상이다. 특히, T, S가 동형사상이면, $S \circ T$는 동형사상이고 또 $(S \circ T)^{-1} = T^{-1} \circ S^{-1}$이다.

정리 9.1.3 체 F 위의 벡터공간 V, W, U에 대하여 다음이 성립한다. 즉, 체 F 위의 벡터공간의 동형관계는 동치관계이다.

(1) $V \cong V$

(2) $V \cong W$ 이면, $W \cong V$ 이다.

(3) $V \cong W$, $W \cong U$ 이면, $V \cong U$ 이다.

정리 9.1.4 체 F 위의 벡터공간 F^n 에서 $\mathscr{B} = \{e_1, e_2, \cdots, e_n\}$ 를 F^n 의 표준기저라고 할 때, 다음이 성립한다.

(1) 체 F 위의 $m \times n$ 행렬 $A = [a_{ij}]_{m \times n}$ 에 대하여 다음과 같이 정의된 사상은 선형사상이다.

$$L_A : F^n \longrightarrow F^m, \quad (y_1, \cdots, y_m) = L_A(x_1, \cdots, x_n)$$

$$\begin{bmatrix} y_1 \\ \vdots \\ y_m \end{bmatrix} = A \begin{bmatrix} x_1 \\ \vdots \\ x_n \end{bmatrix} \quad \text{즉} \quad \begin{cases} y_1 = a_{11}x_1 + \cdots + a_{1n}x_n \\ y_2 = a_{21}x_1 + \cdots + a_{2n}x_n \\ \quad \vdots \\ y_m = a_{m1}x_1 + \cdots + a_{mn}x_n \end{cases}$$

특히, $\quad L_A(e_j) = (a_{1j}, a_{2j}, \cdots, a_{nj}) \quad (1 \le j \le n)$

(2) 선형사상 $T : F^n \longrightarrow F^m$ 에 대하여

$$T(e_1) = (a_{11}, a_{21}, \cdots, a_{m1}),$$
$$T(e_2) = (a_{12}, a_{22}, \cdots, a_{m2}),$$
$$\vdots$$
$$T(e_n) = (a_{1n}, a_{2n}, \cdots, a_{mn})$$

$$A = \begin{bmatrix} a_{11} & a_{12} & \cdots & a_{1n} \\ a_{21} & a_{22} & \cdots & a_{2n} \\ \vdots & \vdots & \cdots & \vdots \\ a_{m1} & a_{m2} & \cdots & a_{mn} \end{bmatrix}$$
$$\qquad\quad \uparrow \qquad \uparrow \qquad\qquad \uparrow$$
$$\qquad T(e_1) \quad T(e_2) \qquad T(e_n)$$

일 때, $A = [a_{ij}]_{m \times n}$ 이라고 하면 $T = L_A$ 이다.

행렬 $A = [a_{ij}]_{m \times n}$ 를 선형사상 T 의 **행렬**이라고 한다.

증명 (1) 임의의 $v = (a_1, \cdots, a_n)$, $w = (b_1, \cdots, b_n) \in F^n$ 와 $a \in F$ 에 대하여 $L_A(v) = (c_1, \cdots, c_m)$, $L_A(w) = (d_1, \cdots, d_m)$ 이라고 하면,

$$A \begin{bmatrix} a_1 + b_1 \\ \vdots \\ a_n + b_n \end{bmatrix} = A \begin{bmatrix} a_1 \\ \vdots \\ a_n \end{bmatrix} + A \begin{bmatrix} b_1 \\ \vdots \\ b_n \end{bmatrix} = \begin{bmatrix} c_1 \\ \vdots \\ c_m \end{bmatrix} + \begin{bmatrix} d_1 \\ \vdots \\ d_m \end{bmatrix} = \begin{bmatrix} c_1 + d_1 \\ \vdots \\ c_m + d_m \end{bmatrix},$$

$$A \begin{bmatrix} a a_1 \\ \vdots \\ a a_n \end{bmatrix} = aA \begin{bmatrix} a_1 \\ \vdots \\ a_n \end{bmatrix} = a \begin{bmatrix} c_1 \\ \vdots \\ c_m \end{bmatrix} = \begin{bmatrix} a c_1 \\ \vdots \\ a c_m \end{bmatrix}$$

이므로 다음이 성립한다.

$$\begin{aligned} L_A(v+w) &= (c_1+d_1, \cdots, c_m+d_m) \\ &= (c_1, \cdots, c_m) + (d_1, \cdots, d_m) = L_A(v) + L_A(w), \end{aligned}$$

$$L_A(a v) = (a c_1, \cdots, a c_m) = a(c_1, \cdots, c_m) = a L_A(v)$$

따라서 L_A 는 선형사상이다.

(2) 선형사상 $T : F^n \longrightarrow F^m$ 에 대하여

$$T(e_j) = (a_{1j}, a_{2j}, \cdots, a_{mj}) \qquad (1 \le j \le n)$$

일 때, $T(x_1, \cdots, x_n) = (y_1, \cdots, y_m)$ 이라고 하자. 이 때,

$$\begin{aligned} (y_1, \cdots, y_m) &= T(x_1, \cdots, x_n) = T(x_1 e_1 + \cdots + x_n e_n) \\ &= x_1 T(e_1) + \cdots + x_n T(e_n) \\ &= \sum_{j=1}^{n} x_j T(e_j) = \sum_{j=1}^{n} x_j (a_{1j}, a_{2j}, \cdots, a_{mj}) \end{aligned}$$

이므로

$$y_i = \sum_{j=1}^{n} a_{ij} x_j \quad (1 \le i \le m) \quad \text{즉} \quad \begin{bmatrix} y_1 \\ \vdots \\ y_m \end{bmatrix} = A \begin{bmatrix} x_1 \\ \vdots \\ x_n \end{bmatrix}$$

이므로 $T = L_A$ 이다.

보기 9.1.1 다음과 같이 정의된 사상은 선형사상이다.

$$T : \mathbb{R}^3 \longrightarrow \mathbb{R}^2, \ (y_1, y_2) = T(x_1, x_2, x_3)$$

$$\begin{bmatrix} y_1 \\ y_2 \end{bmatrix} = \begin{bmatrix} 1 & 2 & 1 \\ 3 & 1 & 0 \end{bmatrix} \begin{bmatrix} x_1 \\ x_2 \\ x_3 \end{bmatrix}$$

이 때, $T(x_1, x_2, x_3) = (x_1 + 2x_2 + x_3, 3x_1 + x_2)$ 이고 다음이 성립한다.

$$T(1,0,0) = (1, 3), \ T(0,1,0) = (2, 1), \ T(0,0,1) = (1, 0)$$

보기 9.1.2 다음 사상은 벡터공간 $\mathbb{R}^2$ 위의 선형변환이다.

(1) $R_\theta : \mathbb{R}^2 \longrightarrow \mathbb{R}^2,\ (y_1, y_2) = R_\theta(x_1, x_2)$

$$\begin{bmatrix} y_1 \\ y_2 \end{bmatrix} = \begin{bmatrix} \cos\theta & -\sin\theta \\ \sin\theta & \cos\theta \end{bmatrix} \begin{bmatrix} x_1 \\ x_2 \end{bmatrix}$$

$R_\theta(1, 0) = (\cos\theta, \sin\theta)$,

$R_\theta(0, 1) = (-\sin\theta, \cos\theta)$

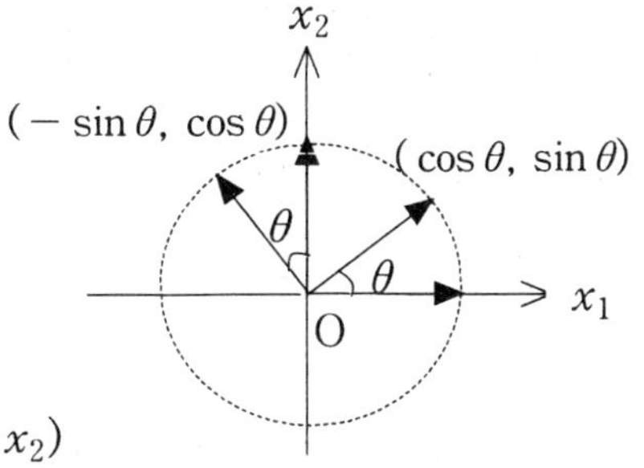

(2) $T : \mathbb{R}^2 \longrightarrow \mathbb{R}^2,\ (y_1, y_2) = T(x_1, x_2)$

$$\begin{bmatrix} y_1 \\ y_2 \end{bmatrix} = \begin{bmatrix} 1 & 0 \\ 0 & -1 \end{bmatrix} \begin{bmatrix} x_1 \\ x_2 \end{bmatrix}$$

$T(1, 0) = (1, 0)$,

$T(0, 1) = (0, -1)$

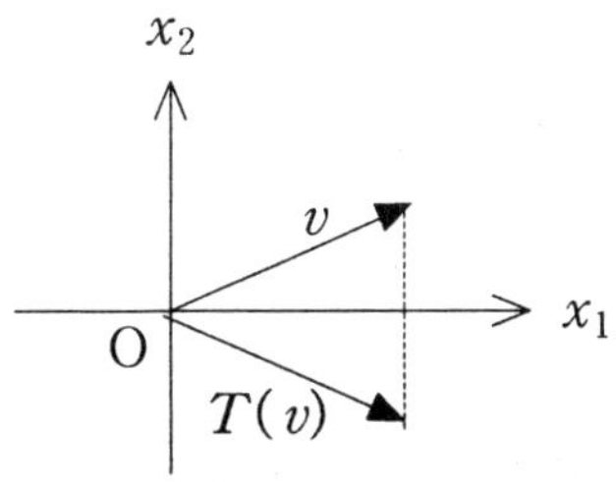

(3) $S : \mathbb{R}^2 \longrightarrow \mathbb{R}^2,\ (y_1, y_2) = S(x_1, x_2)$

$$\begin{bmatrix} y_1 \\ y_2 \end{bmatrix} = \begin{bmatrix} 0 & 1 \\ 1 & 0 \end{bmatrix} \begin{bmatrix} x_1 \\ x_2 \end{bmatrix}$$

$S(1, 0) = (0, 1)$,

$S(0, 1) = (1, 0)$

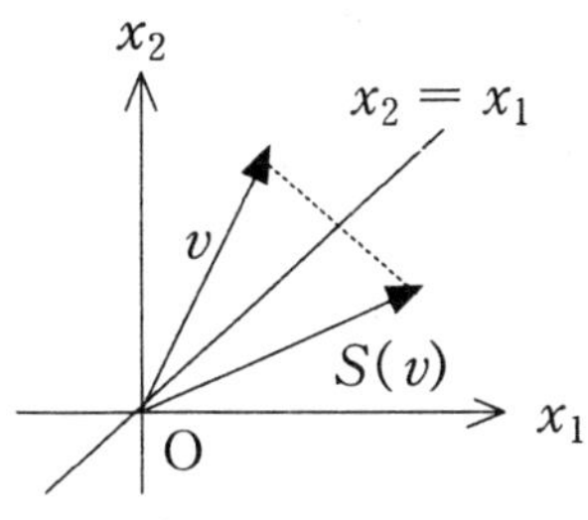

(4) $D_k : \mathbb{R}^2 \longrightarrow \mathbb{R}^2,\ (y_1, y_2) = D_k(x_1, x_2)$

$$\begin{bmatrix} y_1 \\ y_2 \end{bmatrix} = \begin{bmatrix} k & 0 \\ 0 & k \end{bmatrix} \begin{bmatrix} x_1 \\ x_2 \end{bmatrix}$$

$D_k(1,0) = (k,0)$,

$D_k(0,1) = (0,k)$

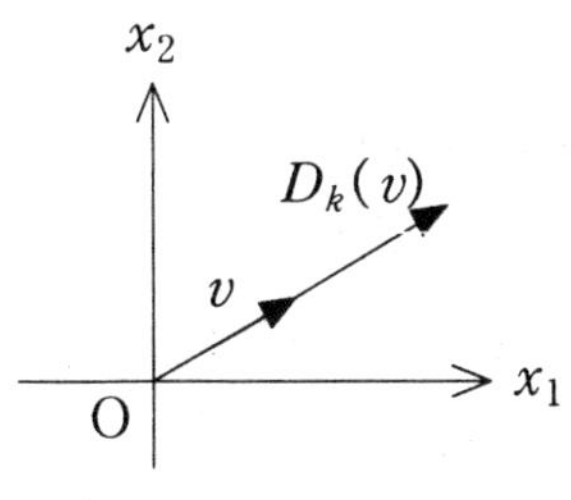

직교좌표계 O- x_1x_2 가 도입되어 있는 좌표평면에서 선형변환 (1) ~ (4) 는 각각 원점 둘레의 θ 만큼의 **회전이동**(rotation), x_1 축에 관한 **반사이동**(reflection), 직선 $x_2 = x_1$ 에 관한 **반사이동**, **확대변환**(delatation)이다.

보기 9.1.3 다음 사상은 선형사상이 아니다.

$$S : \mathbb{R}^2 \longrightarrow \mathbb{R}^2, \ S(x_1, x_2) = ({x_1}^2, \ x_1 + x_2)$$

실제로, $S(2(1, 0)) = S(2, 0) = (4, 2) \neq 2(1, 1) = S(1, 0)$ 이다.

정리 9.1.5 체 F 위의 $m \times n$ 행렬 A 와 $n \times r$ 행렬 B 에 대하여 선형사상

$$L_A : F^n \longrightarrow F^m, \ L_B : F^r \longrightarrow F^n$$

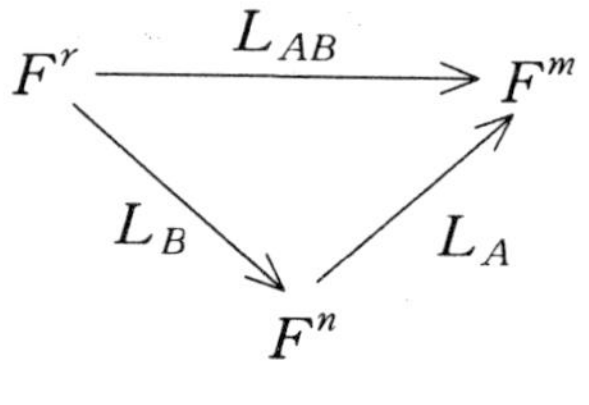

의 합성사상 $L_A \circ L_B : F^r \longrightarrow F^m$ 는 L_{AB} 와 일치한다. 즉 $L_A \circ L_B = L_{AB}$ 이다.

보기 9.1.4 두 선형사상

$$T : \mathbb{R}^2 \longrightarrow \mathbb{R}^3, \ S(x_1, x_2) = (x_1 - x_2, 2x_1 - x_2, x_1 + x_2)$$

$$S : \mathbb{R}^2 \longrightarrow \mathbb{R}^2, \ T(x_1, x_2) = (2x_1 + 5x_2, x_1 + 3x_2),$$

의 합성사상 $T \circ S : \mathbb{R}^2 \longrightarrow \mathbb{R}^3$ 는 다음과 같이 정의된 선형사상이다.

$$(T \circ S)(x_1, x_2) = (x_1 + 2x_2, 3x_1 + 7x_2, 3x_1 + 8x_2)$$

한편, T, S 의 행렬을 각각 A, B 이라고 하면 다음이 성립한다.

$$A = \begin{bmatrix} 1 & -1 \\ 2 & -1 \\ 1 & 1 \end{bmatrix}, \ B = \begin{bmatrix} 2 & 5 \\ 1 & 3 \end{bmatrix}, \quad AB = \begin{bmatrix} 1 & 2 \\ 3 & 7 \\ 3 & 8 \end{bmatrix}$$

다음 정리가 성립함을 쉽게 밝힐 수 있다(문제 3 참조).

정리 9.1.6 체 F 위의 두 벡터공간 V, W 에 대하여 사상 $T : V \longrightarrow W$ 가 선형사상일 때,

$$\text{im } T = \{ T(v) \mid v \in V \}$$

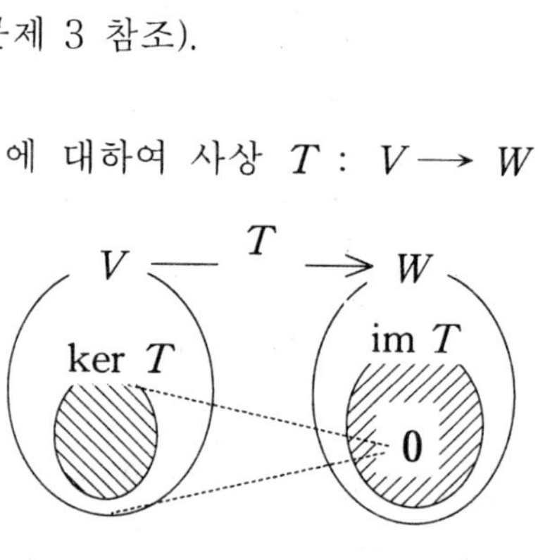

는 W 의 부분공간이고 또

$$\ker T = \{ v \in V \mid T(v) = 0 \}$$

는 V 의 부분공간이다.

여기서 im T 를 T 의 **상공간**(image space, rank)이라 하고, 또 ker T 를 T 의 **核**(kernel) 또는 **退化공간**(null space)이라고 한다.

정리 9.1.7 체 F 위의 벡터공간 V, W 에 대하여 사상 $T : V \longrightarrow W$ 가 선형사상일 때, 다음이 성립한다.

(1) $\text{im } T = W$ 일 때 그리고 이때에만 T는 위로의 사상이다.

(2) $\ker T = \{0\}$ 일 때 그리고 이때에만 T 는 일대일 사상이다.

증명 (1) 정의에 의하여 (1) 성립한다(정의 1.1.5).

(2) $\ker T = \{0\}$ 일 때, $T(v) = T(w)$ 이라고 하면

$$T(v-w) = T(v) - T(w) = 0$$

이므로 $v-w \in \ker T = \{0\}$ 이고 따라서 $v-w = 0$ 즉 $v = w$ 이다.

그러므로 $\ker T = \{0\}$ 이면, T는 일대일 사상이다(정의 1.1.5).

역으로, T 가 일대일 사상일 때, $v \in \ker T$ 이면 $T(v) = 0 = T(0)$ 이므로 $v = 0$ 이고 따라서 $\ker T = \{0\}$ 이다.

정리 9.1.8 체 F 위의 벡터공간 V, W 가 유한차원 벡터공간일 때, 다음이 성립한다.

(1) $V \cong W \Longleftrightarrow \dim_F V = \dim_F W$

(2) $\dim_F V = n \Longleftrightarrow V \cong F^n$, $\quad F^m \cong F^n \Longleftrightarrow m = n$

증명 (1) 먼저 $V \cong W$ 일 때, $T : V \longrightarrow W$를 동형사상이라 하고 또 $\mathscr{B} = \{v_1, \cdots, v_n\}$ 를 V 의 기저라고 하자.이 때, T 는 위로의 사상이므로 $W = \text{im } T = \langle T(v_1), \cdots, T(v_n) \rangle$ 이고 $T(v_1), \cdots, T(v_n)$ 은 일차독립이다(문제 4 참조). 그러므로 $\{T(v_1), \cdots, T(v_n)\}$ 는 W 의 기저이고 따라서 $\dim_F W = n = \dim_F V$ 이다.

또, $\dim_F V = \dim_F W = n$ 일 때, $\mathscr{B} = \{v_1, \cdots, v_n\}$, $\mathscr{C} = \{w_1, \cdots, w_n\}$ 를 각각 V, W 의 기저라고 하자. 이 때, 사상

$$T : V \longrightarrow W, \quad T(a_1 v_1 + \cdots + a_n v_n) = a_1 w_1 + \cdots + a_n w_n$$

는 동형사상이다.

(2) 체 F 위의 벡터공간 F^n 은 n 차원 벡터공간이므로 위의 (1) 에 의하여 (2) 가 성립한다.

연습문제 (9.1)

1. 다음 사상 중에서 선형사상인 것을 찾아라.

 (1) $T : \mathbb{R}^3 \longrightarrow \mathbb{R}^2,\ T(x_1, x_2, x_3) = (3x_1 + 2x_3,\ x_2)$

 (2) $T : \mathbb{R}^2 \longrightarrow \mathbb{R}^2,\ T(x_1, x_2) = (|x_1|,\ x_2)$

 (3) $T : \mathbb{R}^2 \longrightarrow \mathbb{R}^2,\ T(x_1, x_2) = (x_1 + 1,\ x_1 + x_2)$

2. 다음 두 선형변환에 대하여 $T \circ S$ 와 $S \circ T$ 를 정의하여라.

$$T : \mathbb{R}^2 \longrightarrow \mathbb{R}^2,\ T(x_1, x_2) = (x_1 + 2x_2,\ -x_1 + 4x_2),$$
$$S : \mathbb{R}^2 \longrightarrow \mathbb{R}^2,\ S(x_1, x_2) = (2x_1 - x_2,\ x_1 + 3x_2)$$

3. 정리 9.1.6 을 증명하여라.

4. 체 F 위의 벡터공간 V, W 에 대하여 사상 $T : V \longrightarrow W$ 가 선형사상일 때, 다음이 성립함을 밝혀라.

 (1) $V = \langle v_1, \cdots, v_n \rangle$ 이면, $\operatorname{im} T = \langle T(v_1), \cdots, T(v_n) \rangle$ 이다.

 (2) T 가 일대일 사상일 때, V 의 벡터 $v_1, \cdots, v_n$ 가 일차독립이면, 벡터 $T(v_1), \cdots, T(v_n)$ 는 일차독립이다.

5. 체 F 위의 $m \times n$ 행렬 A 에 의하여 정의된 선형사상 $L_A : F^n \longrightarrow F^m$ 에 대하여 다음이 성립함을 밝혀라.

 (1) $\operatorname{im} L_A =$ (A 의 열공간) $=$ (A^T 의 행공간),

 (2) $\ker L_A = \left\{ (x_1, \cdots, x_n) \in F^n \mid A \begin{bmatrix} x_1 \\ \vdots \\ x_n \end{bmatrix} = \begin{bmatrix} 0 \\ \vdots \\ 0 \end{bmatrix} \right\}$

6. 체 F 위의 $m \times n$ 행렬 A 에 대하여 다음 사상은 선형사상임을 밝혀라.

$$R_A : F^m \longrightarrow F^n, \quad (y_1, y_2, \cdots, y_n) = R_A(x_1, x_2, \cdots, x_m)$$
$$[y_1\ y_2\ \cdots\ y_n] = [x_1\ x_2\ \cdots\ x_m]A$$

§9.2 선형변환 다원환

이 절에서는, 선형변환에 대하여 논하기로 한다.

정리 9.2.1 체 F 위의 벡터공간 V, W 사이의 선형사상 $T : V \longrightarrow W$, $S : V \longrightarrow W$ 와 $a \in F$ 에 대하여 다음과 같이 정의된 사상은 선형사상이다.

$$T+S : V \longrightarrow W, \quad (T+S)(v) = T(v) + S(v)$$
$$aT : V \longrightarrow W, \quad (aT)(v) = aT(v)$$

증명 임의의 벡터 $v, w \in V$ 와 $k \in F$ 에 대하여 다음이 성립한다.

$$\begin{aligned}
(T+S)(v+w) &= T(v+w) + S(v+w) \\
&= T(v) + T(w) + S(v) + S(w) \\
&= T(v) + S(v) + T(w) + S(w) \\
&= (T+S)(v) + (T+S)(w) \\
(T+S)(kv) &= T(kv) + S(kv) = kT(v) + kS(v) \\
&= k\{T(v) + S(v)\} = k\{(T+S)(v)\} \\
(aT)(v+w) &= a(T(v+w)) = a(T(v) + T(w)) \\
&= aT(v) + aT(w) = (aT)(v) + (aT)(w) \\
(aT)(kv) &= a(T(kv)) = a(kT(v)) \\
&= akT(v) = k(aT(v)) = k(aT)(v)
\end{aligned}$$

따라서 $T+S$, aT 는 선형사상이다.

정리 9.2.2 체 F 위의 벡터공간 V 에서 V 위의 선형변환 전체의 집합을 $\mathrm{End}_F(V)$ 로 나타내고, 임의의 선형변환 $T, S \in \mathrm{End}_F(V)$ 와 $a \in F$ 에 대하여 선형변환 $T+S, aT, S \circ T \in \mathrm{End}_F(V)$ 를 다음과 같이 정의하자.

(i) $T+S : V \longrightarrow V, \quad (T+S)(v) = T(v) + S(v)$

(ii) $aT : V \longrightarrow V, \quad (aT)(v) = aT(v)$

(iii) $S \circ T : V \longrightarrow V, \quad (S \circ T)(v) = S(T(v))$

이 때, $\mathrm{End}_F(V)$ 는 이들 연산에 관하여 다원환을 이룬다(정의 5.5.18).

이러한 의미에서 $\mathrm{End}_F(V)$ 를 벡터공간 V 의 **선형변환 다원환**(algebra of linear transformations)이라고 한다.

증명 임의의 벡터 $v \in V$ 에 대하여 다음이 성립한다.

$$\begin{aligned}((T+S)+R)(v) &= (T+S)(v)+R(v) = T(v)+S(v)+R(v)\\ &= T(v)+(S+R)(v) = (T+(S+R))(v),\end{aligned}$$

$$(T+S)(v) = T(v)+S(v) = S(v)+T(v) = (S+T)(v),$$

$$(T+0)(v) = T(v)+0(v) = T(v)+0 = T(v),$$

$$(0+T)(v) = 0(v)+T(v) = 0+T(v) = T(v),$$

$$\begin{aligned}(a(T+S))(v) &= a((T+S)(v)) = a(T(v)+S(v))\\ &= aT(v)+aS(v) = (aT)(v)+(aS)(v)\\ &= (aT+aS)(v),\end{aligned}$$

$$\begin{aligned}((a+b)T)(v) &= (a+b)T(v) = aT(v)+bT(v)\\ &= (aT)(v)+(bT)(v) = (aT+bT)(v),\end{aligned}$$

$$\begin{aligned}((ab)T)(v) &= (ab)T(v) = a(bT(v))\\ &= a((bT)(v)) = (a(bT))(v),\end{aligned}$$

$$(1T)(v) = 1T(v) = T(v)$$

따라서

$$\begin{array}{ll}(T+S)+R = T+(S+R), & T+S = S+T,\\ T+0 = 0+T = T, & a(T+S) = aT+aS,\\ (a+b)T = aT+bT, & (ab)T = a(bT),\quad 1T = T\end{array}$$

이고, 또 선형사상 $-T = (-1)T$ 에 대하여

$$(T+(-T))(v) = 0, \qquad ((-T)+T)(v) = 0$$

이므로 $T+(-T) = (-T)+T = 0$ 이다. 그리고, 정리 1.1.4 에 의하여

$$(T\circ S)\circ R = T\circ(S\circ R), \qquad T\circ 1_V = 1_V\circ T = T$$

이고, 임의의 벡터 $v \in V$ 에 대하여 다음이 성립함을 밝힐 수 있다.

$$(T\circ(S+R))(v) = (T\circ S+T\circ R)(v),$$

$$((T+S)\circ R))(v) = (T\circ R+S\circ R)(v),$$

$$(a(T\circ S))(v) = ((aT)\circ S)(v) = (T\circ(aS))(v)$$

따라서

$$T\circ(S+R) = T\circ S + T\circ R,$$
$$(T+S)\circ R = T\circ R + S\circ R,$$
$$a(T\circ S) = (aT)\circ S = T\circ(aS)$$

이므로 $\mathrm{End}_F(V)$ 는 다원환을 이룬다.

정의 9.2.3 체 F 위의 벡터공간 V 에서 선형변환 $T: V \longrightarrow V$가 일대일 대응일 때, T를 V 위의 **정칙**(non-singular) **선형변환**이라고 한다.

앞의 정의와 정리 1.1.9 에 의하여 다음 정리가 성립한다.

정리 9.2.4 체 F 위의 벡터공간 V 위에서 다음이 성립한다.

(1) 항등 선형변환 $1_V: V\longrightarrow V$는 정칙 선형변환이고 $(1_V)^{-1} = 1_V$ 이다.

(2) $T: V\longrightarrow V$ 가 정칙 선형변환이면, $T^{-1}: V \longrightarrow V$ 는 정칙 선형변환이고 또 $(T^{-1})^{-1} = T$ 이다.

(3) $T: V\longrightarrow V$, $S: V\longrightarrow V$가 정칙 선형변환이면, $S\circ T: V\longrightarrow V$ 는 정칙 선형변환이고 또 $(S\circ T)^{-1} = T^{-1}\circ S^{-1}$ 이다.

정리 9.2.5 체 F 위의 벡터공간 F^n 에 대하여 사상

$$\Phi: \mathrm{Mat}_n(F) \longrightarrow \mathrm{End}_F(F^n), \quad \Phi(A) = L_A$$

는 벡터공간 동형사상이고, 따라서 다음이 성립한다.

$$\mathrm{End}_F(F^n) \cong \mathrm{Mat}_n(F), \qquad \dim_F \mathrm{End}_F(F^n) = n^2,$$
$$\mathrm{End}_F(F^n) = \{L_A \mid A \in \mathrm{Mat}_n(F)\}$$

실제로, 임의의 $A, B\in \mathrm{Mat}_n(F)$ 와 $a\in F$ 에 대하여 다음이 성립한다.

(1) $L_{A+B} = L_A + L_B$, $L_{aA} = aL_A$,
$L_{AB} = L_A\circ L_B$, $L_{I_n} = 1_{F^n}$

(2) Φ는 일대일 대응이다.

(3) A가 정칙행렬일 때 그리고 이때에만 L_A는 정칙 선형변환이다.

그리고, A가 정칙행렬일 때, $L_A{}^{-1} = L_{A^{-1}}$ 이다.

증명 두 행렬 $A, B \in \mathrm{Mat}_n(F)$ 과 임의의 $(x_1, \cdots, x_n) \in F^n$ 에 대하여

$$(A+B)\begin{bmatrix} x_1 \\ \vdots \\ x_n \end{bmatrix} = A\begin{bmatrix} x_1 \\ \vdots \\ x_n \end{bmatrix} + B\begin{bmatrix} x_1 \\ \vdots \\ x_n \end{bmatrix}, \quad (aA)\begin{bmatrix} x_1 \\ \vdots \\ x_n \end{bmatrix} = a(A\begin{bmatrix} x_1 \\ \vdots \\ x_n \end{bmatrix})$$

이므로

$$\begin{aligned} L_{A+B}(x_1, \cdots, x_n) &= L_A(x_1, \cdots, x_n) + L_B(x_1, \cdots, x_n) \\ &= (L_A + L_B)(x_1, \cdots, x_n), \end{aligned}$$

$$L_{aA}(x_1, \cdots, x_n) = a(L_A(x_1, \cdots, x_n)) = (aL_A)(x_1, \cdots, x_n)$$

이고 따라서 $L_{A+B} = L_A + L_B$, $L_{aA} = aL_A$ 이다.

그리고, 정리 9.1.5 에 의하여 $L_{AB} = L_A \circ L_B$ 이고 $L_{I_n} : F^n \longrightarrow F^n$ 는 항등 선형변환이다. 또, 정리 9.1.4 에 의하여 Φ 는 일대일 대응이므로 Φ 는 벡터공간 동형사상이다. 그리고, 두 행렬 $A, B \in \mathrm{Mat}_n(F)$ 에 대하여

$$\begin{aligned} AB = BA = I_n &\Leftrightarrow L_{AB} = L_{BA} = 1_{F^n} \\ &\Leftrightarrow L_A \circ L_B = L_B \circ L_A = 1_{F^n} \end{aligned}$$

이므로 A 가 정칙행렬일 때 그리고 이때에만 L_A 는 정칙 선형변환이고, 또 A 가 정칙행렬이면 $L_A{}^{-1} = L_{A^{-1}}$ 이다.

보기 9.2.1 체 F 위의 벡터공간 F^2 에서 다음 선형변환을 생각해 보자.

$$T : \ F^2 \longrightarrow F^2, \quad (y_1, y_2) = T(x_1, x_2)$$

$$\begin{bmatrix} y_1 \\ y_2 \end{bmatrix} = A\begin{bmatrix} x_1 \\ x_2 \end{bmatrix} \qquad A = \begin{bmatrix} a & b \\ c & d \end{bmatrix} \neq O_2$$

먼저 $\det A \neq 0$ 이면, A 는 정칙행렬이므로 $T = L_A$ 는 정칙 선형변환이고 따라서 $\mathrm{im}\, T = F^2$, $\ker T = \{(0,0)\}$ 이고 T^{-1} 는 다음과 같이 정의된다.

$$T^{-1} : \ F^2 \longrightarrow F^2, \quad (y_1, y_2) = T^{-1}(x_1, x_2)$$

$$\begin{bmatrix} y_1 \\ y_2 \end{bmatrix} = A^{-1}\begin{bmatrix} x_1 \\ x_2 \end{bmatrix}$$

다음에 $\det A = 0$ 일 때, 다음이 성립한다(문제 9.1.5 참조).

(1) 먼저 $A \neq O_2$ 이므로 $r(A) = r(A^T) = 1$ 이고 따라서

$$\mathrm{im}\, T = \langle\, T(1,0),\ T(0,1)\rangle = \langle (a, c),\ (b, d)\rangle, \quad \dim_F T = 1$$

이고 A 의 두 열벡터 $(a,\ c),\ (b,\ d)$ 는 일차종속이다(정리 5.5.24),

따라서 $(a, c) \neq (0,0)$ 이면 $\mathrm{im}\, T = \langle (a, c)\rangle$ 이고

$(b, d) \neq (0,0)$ 이면 $\mathrm{im}\, T = \langle (b, d)\rangle$ 이다.

(2) $\ker T$ 는 동차 연립일차방정식

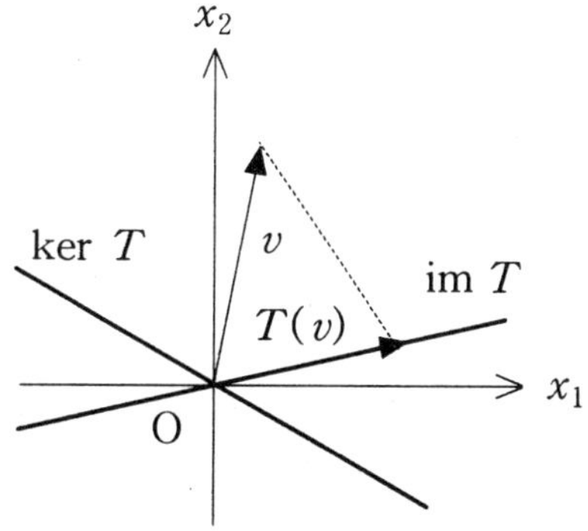

$$\begin{bmatrix} a & b \\ c & d \end{bmatrix}\begin{bmatrix} x_1 \\ x_2 \end{bmatrix} = \begin{bmatrix} 0 \\ 0 \end{bmatrix}$$

즉 $$\begin{cases} ax + bx_2 = 0 \\ cx + dx_2 = 0 \end{cases}$$

의 해공간이다. 한편, $r(A) = 1$ 이므로 A 의 두 행벡터 $(a,\ b),\ (c,\ d)$ 는 일차종속이고 따라서 $\ker T$ 는 동차일차방정식

$$ax_1 + bx_2 = 0 \qquad 또는 \qquad cx_1 + dx_2 = 0$$

의 해공간이고 $\dim_F \ker T = 1$ 이다.

보기 9.2.2 다음과 같이 정의된 선형변환을 생각해 보자.

$$T:\ \mathbb{R}^2 \longrightarrow \mathbb{R}^2,\ (y_1, y_2) = T(x_1, x_2)$$

$$\begin{bmatrix} y_1 \\ y_2 \end{bmatrix} = A\begin{bmatrix} x_1 \\ x_2 \end{bmatrix}, \qquad A = \begin{bmatrix} 1 & 2 \\ 4 & 8 \end{bmatrix}$$

이 때, $\det A = 0$ 이므로 다음 결과를 얻는다.

$$\mathrm{im}\, T = \langle (1,\ 4)\rangle, \qquad \dim_{\mathbb{R}} \mathrm{im}\, T = 1$$

$$\ker T = \{(x_1, x_2) \in \mathbb{R}^2 \mid x_1 + 2x_2 = 0\}$$

$$= \{\, t(-2,1) \mid t \in \mathbb{R}\,\} = \langle (-2,\ 1)\rangle, \quad \dim_{\mathbb{R}} \ker T = 1$$

연습문제 (9.2)

1. 벡터공간 $\mathbb{R}^2$ 위에서 다음 선형변환 T가 정칙 선형변환인지를 판정하고, 또 T가 정칙 선형변환인 경우에 T^{-1}를 정의하여라

   (1) $T: \mathbb{R}^2 \longrightarrow \mathbb{R}^2,\ T(x_1, x_2) = (\frac{1}{2}x_1 - \frac{\sqrt{3}}{2}x_2,\ \frac{\sqrt{3}}{2}x_1 + \frac{1}{2}x_2)$

   (2) $T: \mathbb{R}^2 \longrightarrow \mathbb{R}^2,\ T(x_1, x_2) = (\frac{1}{2}x_1 + \frac{\sqrt{3}}{2}x_2,\ \frac{\sqrt{3}}{2}x_1 - \frac{1}{2}x_2)$

2. 실수체 $\mathbb{R}$ 위에서 다음 세 행렬에 대하여 아래 물음에 답하여라.

$$A = \begin{bmatrix} 1 & 0 \\ 0 & -1 \end{bmatrix},\quad B = \begin{bmatrix} -1 & 0 \\ 0 & 1 \end{bmatrix},\quad C = \begin{bmatrix} -1 & 0 \\ 0 & -1 \end{bmatrix}$$

   (1) 세 행렬 A, B, C 사이의 관계식을 구하고, 또 이들 세 행렬의 역행렬을 구하여라.

   (2) 세 선형변환

   $L_A: \mathbb{R}^2 \to \mathbb{R}^2,$

   $L_B: \mathbb{R}^2 \to \mathbb{R}^2,$

   $L_C: \mathbb{R}^2 \to \mathbb{R}^2$

   를 정의하여라.

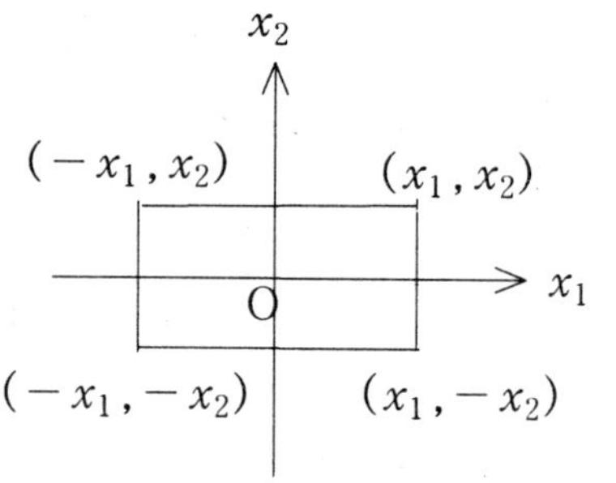

   (3) 선형변환 L_A, L_B, L_C 사이의 관계식을 구하고 또 이들 세 선형변환의 역변환을 구하여라.

3. 다음과 같이 정의된 선형변환 T에 대하여 ker T와 im T를 구하여라.

   (1) $T: \mathbb{R}^2 \longrightarrow \mathbb{R}^2,\ T(x_1, x_2) = (3x_1 + x_2,\ x_1 + 2x_2)$

   (2) $T: \mathbb{R}^2 \longrightarrow \mathbb{R}^2,\ T(x_1, x_2) = (2x_1 + 4x_2,\ 3x_1 + 6x_2)$

§9.3 고유치와 고유다항식

이 절에서는, 정사각행렬과 선형변환에 대하여 논한다.

정의 9.3.1 체 F 위의 벡터공간 V 에서의 선형변환 $T : V \longrightarrow V$ 와 $\lambda \in F$ 에 대하여

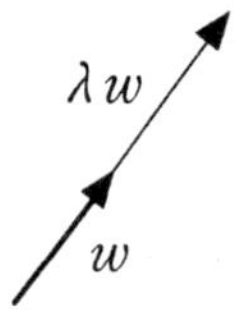

$$T(w) = \lambda w, \quad w \neq 0$$

인 벡터 $w \in V$가 존재할 때, λ 를 T 의 **고유치**(eigenvalue) 또는 **특성치**(characteristic value)라 하고 w 를 고유치 λ에 대응하는 T 의 **고유벡터**(eigenvector) 또는 **특성벡터**(characteristic vector)라고 한다.

여기서, eigen 은 '고유하다' 는 뜻의 독일어이다.

정리 9.3.2 체 F 위의 벡터공간 V 위에서의 선형변환 $T : V \longrightarrow V$ 에 대하여 $\lambda \in F$가 T 의 고유치일 때, $\mathrm{E}_\lambda = \{ w \in V \mid T(w) = \lambda w \}$ 는 V 의 부분공간이고 $\{0\} \subsetneq \mathrm{E}_\lambda$ 이다.

부분공간 E_λ 를 고유치 λ 에 대응하는 T 의 **고유공간**(eigenspace) 또는 **특성공간**(characteristic space)이라고 한다.

증명 (1) 분명히 $T(0) = 0 = \lambda 0$ 이므로 $0 \in \mathrm{E}_\lambda \neq \varnothing$ 이다.

또, 임의의 벡터 $w, u \in \mathrm{E}_\lambda$ 와 $a \in F$ 에 대하여

$$T(w+u) = T(w) + T(u) = \lambda w + \lambda u = \lambda (w+u),$$
$$T(a w) = a T(w) = a(\lambda w) = \lambda (a w)$$

이므로 $w+u,\ a w \in \mathrm{E}_\lambda$ 이고. 따라서 E_λ 는 V 의 부분공간이다.

그리고, λ 가 T 의 고유치이므로 E_λ 에는 영벡터가 아닌 벡터가 존재한다.

보기 9.3.1 체 F 위의 벡터공간 V 에서 $\lambda \in F$ 에 대하여 선형변환

$$\lambda 1_V : V \longrightarrow V, \quad (\lambda 1_V)(v) = \lambda v$$

의 고유치는 λ 뿐이고 또 $\mathrm{E}_\lambda = V$ 이다.

정의 9.3.3 체 F 위의 n 차의 행렬 $A = [a_{ij}]_{n \times n}$ 에 대하여 선형변환 $L_A : F^n \longrightarrow F^n$ 의 고유치, 고유벡터, 고유공간을 각각 행렬 A 의 **고유치, 고유벡터, 고유공간**이라고 한다.

정리 9.3.4 체 F 위의 n 차의 행렬 A 에 대하여 $\lambda \in F$ 가 A 의 [L_A 의] 고유치이기 위한 필요충분조건은 다음이 성립하는 것이다.

$$\det(\lambda I - A) = 0$$

그리고, $\lambda \in F$ 가 A 의 [L_A 의] 고유치일 때 다음이 성립한다.

(1) $A = \lambda I_n$ 이면, A 의 고유치는 λ 뿐이고 $\mathrm{E}_\lambda = F^n$ 이다.

(2) $A \neq \lambda I_n$ 이면, E_λ 는 동차 연립일차방정식

$$(\lambda I_n - A)\begin{bmatrix} x_1 \\ \vdots \\ x_n \end{bmatrix} = \begin{bmatrix} 0 \\ \vdots \\ 0 \end{bmatrix}$$

의 해공간이다

증명 원소 $\lambda \in F$ 가 A 의 고유치이기 위한 필요충분조건은 다음 등식을 만족시키는

$$w = (c_1, \cdots, c_n) \in F^n, \ w \neq (0, \cdots, 0)$$

가 존재하는 것이다.

$$(*) \qquad A\begin{bmatrix} x_1 \\ \vdots \\ x_n \end{bmatrix} = \lambda \begin{bmatrix} x_1 \\ \vdots \\ x_n \end{bmatrix} \ \text{즉} \ (\lambda I_n - A)\begin{bmatrix} x_1 \\ \vdots \\ x_n \end{bmatrix} = \begin{bmatrix} 0 \\ \vdots \\ 0 \end{bmatrix}$$

(1) 먼저 $A = \lambda I_n$ 이면, $\det(\lambda I_n - A) = \det O_n = 0$ 이고, 또 모든 $v \in F^n$ 에 대하여 $L_A(v) = \lambda v$ 이므로 A 의 고유치는 λ 뿐이고 $\mathrm{E}_\lambda = F^n$ 이다.

(2) $A \neq \lambda I_n$ 즉 $\lambda I_n - A \neq O_n$ 이라고 하자.

이 때, 정리 4.4.11 에 의하여 동차 연립일차방정식 (*) 는

$$\det(\lambda I - A) = 0$$

일 때 그리고 이때에만 $(0, \cdots, 0)$ 이외의 해를 가지므로 (2) 가 성립한다

정의 9.3.5 체 F 위의 n차의 행렬 $A = [a_{ij}]_{n\times n}$에 대하여 다항식

$$f(x) = \det(xI_n - A) = \begin{vmatrix} x-a_{11} & -a_{12} & \cdots & -a_{1n} \\ -a_{21} & x-a_{22} & \cdots & -a_{2n} \\ \vdots & \vdots & \ddots & \vdots \\ -a_{n1} & -a_{n2} & \cdots & x-a_{nn} \end{vmatrix}$$

를 A의 [L_A의] **고유다항식**(characteristic polynomial) 또는 **특성다항식**이라 하고, 방정식 $f(x) = 0$을 A의 [L_A의] **고유방정식** 또는 **특성방정식**이라고 한다.

정리 9.3.6 체 F 위의 n차의 행렬 $A = [a_{ij}]_{n\times n}$에 대하여 $f(x)$를 A의 [L_A의] 고유다항식이라고 할 때, 다음 두 조건은 동치이다.

(1) $\lambda \in F$는 A의 [L_A의] 고유치이다.

(2) $f(\lambda) = 0$, 즉 $\lambda \in F$는 고유방정식 $f(x) = 0$의 근이다.

위의 정리가 성립한다는 의미에서 고유치를 **고유근**(characteristic root)이라고도 한다.

보기 9.3.2 실수체 $\mathbb{R}$ 위에서 다음 행렬을 생각해 보자.

$$A = \begin{bmatrix} 0 & 1 \\ 1 & 0 \end{bmatrix}$$

행렬 A의 [L_A의] 고유다항식은

$$f(x) = \det(xI_2 - A) = \begin{vmatrix} x & -1 \\ -1 & x \end{vmatrix} = x^2 - 1$$

이므로 A의 [L_A의] 고유치는 $\lambda_1 = 1$, $\lambda_2 = -1$이다.

먼저 E_1을 고유치 $\lambda_1 = 1$에 대응하는 고유공간이라고 하면, E_1은 다음 동차 연립일차방정식의 해공간이다.

$$I_2 - A = \begin{bmatrix} 1 & -1 \\ -1 & 1 \end{bmatrix} \longrightarrow \begin{bmatrix} 1 & -1 \\ 0 & 0 \end{bmatrix}$$

$$\begin{bmatrix} 1 & -1 \\ -1 & 1 \end{bmatrix}\begin{bmatrix} x_1 \\ x_2 \end{bmatrix} = \begin{bmatrix} 0 \\ 0 \end{bmatrix}$$

그런데, 이 동차 연립일차방정식은 동차 일차방정식 $x_1 - x_2 = 0$ 과 동치이므로 그 해 전체는 다음과 같다(보기 9.2.1 참조).

$$\begin{bmatrix} x_1 \\ x_2 \end{bmatrix} = t\begin{bmatrix} 1 \\ 1 \end{bmatrix} \quad (t \in \mathbb{R}) \quad \text{즉} \quad (x_1, x_2) = t(1,1) \quad (t \in \mathbb{R})$$

따라서 $E_1 = \langle((1,1)\rangle$ 이다.

$$-I_2 - A = \begin{bmatrix} -1 & -1 \\ -1 & -1 \end{bmatrix} \to \begin{bmatrix} 1 & 1 \\ 0 & 0 \end{bmatrix}$$

마찬가지로, 고유치 $\lambda_2 = -1$ 에 대응하는 고유공간 , E_2 는 다음 동차 연립일차방정식의 해공간이다.

$$\begin{bmatrix} -1 & -1 \\ -1 & -1 \end{bmatrix}\begin{bmatrix} x_1 \\ x_2 \end{bmatrix} = \begin{bmatrix} 0 \\ 0 \end{bmatrix}$$

그런데, 이 동차 연립일차방정식은 동차 일차방정식 $x_1 + x_2 = 0$ 과 동치이므로 그 해 전체는 다음과 같다.

$$(x_1, x_2) = t(-1,1) \qquad (t \in \mathbb{R})$$

따라서 $E_2 = \langle(-1, 1)\rangle$ 이다.

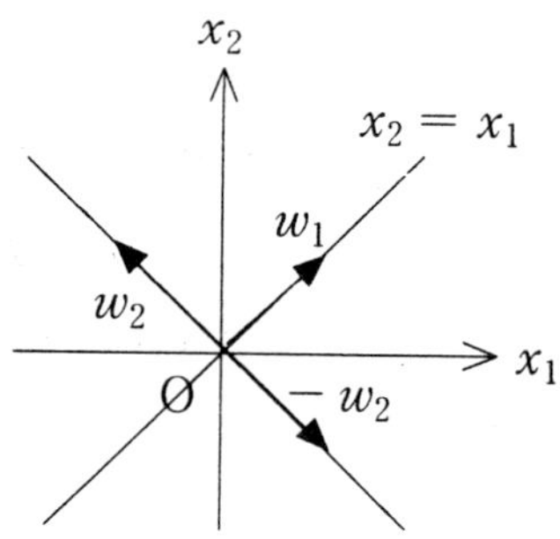

보기 9.3.3 실수체 $\mathbb{R}$ 위에서 다음 행렬을 생각해 보자.

$$A = \begin{bmatrix} 0 & 1 \\ -1 & 1 \end{bmatrix}$$

행렬 A 의 고유다항식은 $f(x) = x^2 - x + 1$ 이고, 고유방정식의 실근은 존재하지 않으므로 A 의 고유치와 고유벡터는 존재하지 않는다. 그러나, A 를 복소수체 $\mathbb{C}$ 위의 행렬로 보는 경우에는 고유치가 존재한다(문제 3 참조).

정의 9.3.7 체 F 위의 n 차의 행렬 A 와 체 F 위의 다항식

$$f(x) = a_0 + a_1 x + \cdots + a_m x^m$$

에 대하여 $f(A)$ 는 다음과 같은 행렬을 나타낸다.

$$f(A) = a_0 I_n + a_1 A + \cdots + a_m A^m$$

정리 9.3.8 체 F 위의 두 다항식 $f(x)$, $g(x)$ 에 대하여

$$h(x) = f(x) + g(x), \qquad l(x) = f(x)g(x)$$

이라고 할 때, F 위의 n 차의 행렬 A 에 대하여 다음이 성립한다.

$$h(A) = f(A) + g(A), \qquad l(A) = f(A)g(A)$$

보기 9.3.4 체 F 위의 2 차의 행렬 $A = \begin{bmatrix} a & b \\ c & d \end{bmatrix}$ 의 고유다항식은

$$f(x) = x^2 - (a+d)x + (ad-bc)$$

이고 다음이 성립한다.

$$\begin{aligned} f(A) &= A^2 - (a+d)A + (ad-bc)I_2 \\ &= \begin{bmatrix} a & b \\ c & d \end{bmatrix} - (a+d)\begin{bmatrix} a & b \\ c & d \end{bmatrix} + (ad-bc)I_2 = O_2 \end{aligned}$$

일반적으로, 다음 두 정리가 성립한다([3], 정리 8.2.6, 정리 8.3.1)

정리 9.3.9 (Cayley-Hamilton 의 정리) 체 F 위의 n 차의 행렬 A의 고유다항식이 $f(x) = x^n + a_{n-1}x^{n-1} + \cdots + a_1x + a_0$ 일 때, 다음이 성립한다.

$$f(A) = O_n \quad \text{즉} \quad A^n + a_{n-1}A^{n-1} + \cdots + a_1A + a_0I_n = O_n$$

정리 9.3.10 체 F 위의 n 차의 다항식 A 에 대하여, 다음 세 조건을 만족시키는 다항식 $p(x) \in F[x]$ 가 단 하나 존재한다.

(i) $p(x)$ 는 모닉 다항식이고 $\deg p(x) \ge 1$ 이다.

(ii) $p(A) = O_n$

(iii) 다항식 $g(x) \in F[x]$ 에 대하여 $g(A) = O_n$ 일 때 그리고 이때에만 $p(x) \mid g(x)$ 이다.

다항식 $p(x)$ 를 행렬 A 의 **최소다항식**(minimum polynomial)이라고 한다.

위의 두 정리에 의하면, 체 F 위의 n 차의 행렬 A 의 고유다항식과 최소다항식이 각각 $f(x)$, $p(x)$ 일 때, $p(x) \mid f(x)$ 이다.

보기 9.3.5 체 F 위의 2 차의 행렬 A 가 등식 $A^2 = A$ 를 만족시킬 때, $f(x)$ 와 $p(x)$ 를 각각 A 의 고유다항식, 최소대항식이라고 하자.

이 경우에, $g(x) = x^2 - x$ 이라고 하면, $g(A) = A^2 - A = O_n$ 이므로 $p(x) \mid x(x-1)$ 이고 따라서 다음 중 하나가 성립한다([3], 정리 4.5.10 참조).

(1) $p(x) = x$ 인 경우 : $A = O_2$, $f(x) = x^2$

(2) $p(x) = x-1$ 인 경우 : $A = I_2$, $f(x) = (x-1)^2$

(3) $p(x) = x^2 - x$ 인 경우 : $f(x) = x(x-1) = p(x)$,

$$A = P\begin{bmatrix} 1 & 0 \\ 0 & 1 \end{bmatrix}P^{-1} \quad (P\text{는 2 차의 정칙행렬})$$

연습문제 (9.3)

1. 실수체 $\mathbb{R}$ 위에서 다음 행렬의 고유치와 고유공간을 구하여라

(1) $A = \begin{bmatrix} 10 & 4 \\ 9 & 2 \end{bmatrix}$ (2) $A = \begin{bmatrix} 1 & -1 \\ 0 & 2 \end{bmatrix}$

2. 보기 9.3.3 에서 A 를 복소수체 위의 행렬로 생각할 때, 이 행렬의 고유치와 이에 대응하는 고유공간을 구하여라.

3. 실수체 $\mathbb{R}$ 위에서 다음 행렬의 고유치와 고유벡터를 구하여라.

$$A = \begin{bmatrix} \cos\theta & -\sin\theta \\ \sin\theta & \cos\theta \end{bmatrix} \qquad (0 \le \theta < 2\pi)$$

4. 실수체 $\mathbb{R}$ 위의 행렬 $A = \begin{bmatrix} 2 & 3 \\ 1 & 1 \end{bmatrix}$ 와 다항식 $g(x) = x^3 - 2x^2 - 3x + 2$ 에 대하여 $g(A)$ 를 구하여라.

5. 실수체 $\mathbb{R}$ 위에서 다음 행렬의 고유다항식과 최소다항식을 구하여라.

(1) $A = \begin{bmatrix} 2 & 0 \\ 0 & 2 \end{bmatrix}$ (2) $A = \begin{bmatrix} 1 & 2 \\ 3 & 2 \end{bmatrix}$

제 10 장

유클리드 공간

이 장에서는, 유클리드 공간의 직교정규기저, Gram-Schmidt 의 직교화 과정, 직교행렬, 직교변환, 유클리드 평면 위의 변환에 대하여 논하고. 이차형식, 이차곡선과 이차곡면의 분류에 대하여 논한다.

이 장의 정리에 관한 상세한 증명은

김응태·박승안, 선형대수학, 제 5 판, 경문사, 2010

을 참조하기 바란다.

§ 10.1 직교정규기저

이 절에서는, 유클리드 공간 $\mathscr{E}^n$의 특수한 기저에 대하여 논한다.

정의 10.1.1 유클리드 공간 $\mathscr{E}^n$에서 m차원 부분공간 W에 대하여 $\mathscr{C} = \{v_1, \cdots, v_m\}$가 W의 기저인 동시에 $v_1, \cdots, v_m$이 쌍마다 서로 직교할 때, $\mathscr{C}$를 W의 **직교기저**(orthogonal basis)라고 한다.

여기서, $m = 1$인 경우에는 $v_1 \neq 0$ 임을 뜻한다.

특히, $\mathscr{B} = \{w_1, \cdots, w_m\}$가 W의 직교기저인 동시에 $w_1, \cdots, w_m$이 모두 단위벡터일 때, $\mathscr{B}$를 W의 **직교정규기저**(orthonormal basis)라고 한다.

여기서, $m = 1$인 경우에는 $\|w_1\| = 1$ 임을 뜻한다.

보기 10.1.1 유클리드 공간 $\mathscr{E}^n$에서 표준기저 $\mathscr{B} = \{e_1, \cdots, e_n\}$는 직교정규기저이고 $\{-e_1, \cdots, e_n\}$, $\{e_1, \cdots, -e_n\}$도 직교정규기저이다.

보기 10.1.2 유클리드 평면 $\mathscr{E}^2$에서 각 실수 θ $(0 \leq \theta < 2\pi)$에 대하여

$$\{(\cos\theta, \sin\theta), (-\sin\theta, \cos\theta)\},$$

$$\{(\cos\theta, \sin\theta), (\sin\theta, -\cos\theta)\}$$

는 직교정규기저이고, 또 유클리드 평면 $\mathscr{E}^2$의 직교정규기저는 모두 이와 같은 꼴이다.

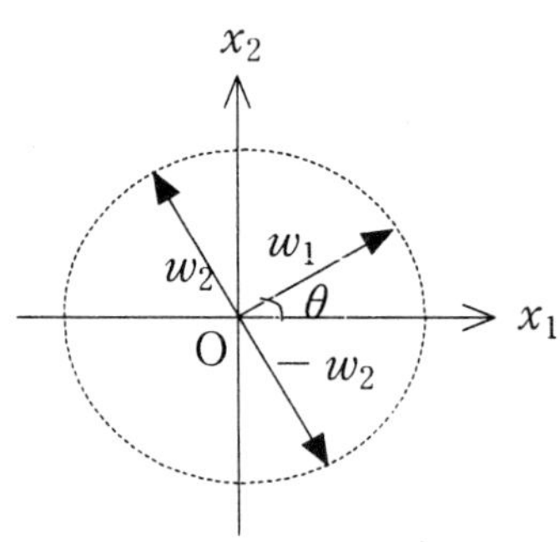

정리 10.1.2 유클리드 공간 $\mathscr{E}^n$에서 다음이 성립한다.

(1) 영벡터가 아닌 벡터 $v_1, \cdots, v_m$이 쌍마다 서로 직교하면, 이들 벡터는 일차독립이다.

(2) $W = \langle w_1, \cdots, w_m \rangle$일 때, $\mathscr{B} = \{w_1, \cdots, w_m\}$가 W의 직교정규기저이기 위한 필요충분조건은 $w_i \cdot w_j = \delta_{ij}$ $(1 \leq i, j \leq m)$인 것이다.

증명 (1) 적당한 실수 $a_1, \cdots, a_m$ 에 대하여

$$a_1 v_1 + \cdots + a_m v_m = 0$$

이라고 가정하자. 이 때, 각 i $(1 \leq i \leq m)$ 에 대하여

$$\begin{aligned} 0 &= 0 \cdot v_i = (a_1 v_1 + \cdots + a_m v_m) \cdot v_i \\ &= a_1 v_1 \cdot v_i + \cdots + a_i v_i + \cdots + a_m v_m \cdot v_i \\ &= a_i (v_i \cdot v_i), \qquad v_i \cdot v_i \neq 0 \end{aligned}$$

이므로 $a_i = 0$ 이다. 따라서 $v_1, \cdots, v_m$ 은 일차독립이다.

(2) 위의 (1) 과 정의 5.5.11 에 의하여 (2) 가 성립한다.

정리 10.1.3 유클리드 공간 $\mathscr{E}^n$ 에서 $\mathscr{C} = \{v_1, \cdots, v_n\}$ 가 직교기저일 때, 임의의 벡터 $v, w \in \mathscr{E}^n$ 에 대하여 다음이 성립한다.

(1) $v = \dfrac{v \cdot v_1}{v_1 \cdot v_1} v_1 + \cdots + \dfrac{v \cdot v_n}{v_n \cdot v_n} v_n = \displaystyle\sum_{i=1}^{n} \dfrac{v \cdot v_i}{v_i \cdot v_i} v_i$

(2) $v \cdot w = \displaystyle\sum_{i=1}^{n} \dfrac{(v \cdot v_i)(w \cdot v_i)}{v_i \cdot v_i}, \quad \| v \|^2 = \displaystyle\sum_{i=1}^{n} \dfrac{(v \cdot v_i)^2}{v_i \cdot v_i}$

증명 (1) 유클리드 공간 $\mathscr{E}^n$ 에서 $\mathscr{C} = \{v_1, \cdots, v_n\}$ 가 직교기저일 때, 각 벡터 v 는 단 한 가지 방법으로

$$v = a_1 v_1 + \cdots + a_n v_n \qquad (a_1, \cdots, a_n \in \mathbb{R})$$

과 같은 꼴로 나타내어지고 이때 각 i $(1 \leq i \leq m)$ 에 대하여

$$v \cdot v_i = a_1 (v_1 \cdot v_i) + \cdots + a_n (v_n \cdot v_i) = a_i (v_i \cdot v_i), \quad v_i \cdot v_i \neq 0$$

이므로 $a_i = \dfrac{v \cdot v_i}{v_i \cdot v_i}$ 이다. 따라서 다음이 성립한다.

$$v = \frac{v \cdot v_1}{v_1 \cdot v_1} v_1 + \cdots + \frac{v \cdot v_n}{v_n \cdot v_n} v_n = \sum_{i=1}^{n} \frac{v \cdot v_i}{v_i \cdot v_i} v_i$$

(2) 위의 (1) 에 의하여 두 벡터 v, w 에 대하여

$$v = \sum_{i=1}^{n} \frac{v \cdot v_i}{v_i \cdot v_i} v_i, \qquad w = \sum_{j=1}^{n} \frac{v \cdot v_j}{v_j \cdot v_j} v_j$$

이므로 다음이 성립한다.

$$v \cdot w = \sum_{j=1}^{n} \sum_{i=1}^{n} \frac{v \cdot v_i}{v_i \cdot v_i} \frac{w \cdot v_j}{v_j \cdot v_j} (v_i \cdot v_j)$$

$$= \sum_{i=1}^{n} \frac{v \cdot v_i}{v_i \cdot v_i} \frac{w \cdot v_i}{v_i \cdot v_i} (v_i \cdot v_i) = \sum_{i=1}^{n} \frac{(v \cdot v_i)(w \cdot v_i)}{v_i \cdot v_i}$$

$$\|v\|^2 = v \cdot v = \sum_{i=1}^{n} \frac{(v \cdot v_i)(v \cdot v_i)}{v_i \cdot v_i} = \sum_{i=1}^{n} \frac{(v \cdot v_i)^2}{v_i \cdot v_i}$$

따름정리 10.1.4 유클리드 공간 $\mathscr{E}^n$에서 $\mathscr{B} = \{w_1, \cdots, w_n\}$가 유클리드 공간 $\mathscr{E}^n$의 직교정규기저일 때, 임의의 벡터 $v, w \in \mathscr{E}^n$에 대하여 다음이 성립한다.

(1) $v = (v \cdot w_1) w_1 + \cdots + (v \cdot w_n) w_n = \sum_{i=1}^{n} (v \cdot w_i) w_i$

(2) $v \cdot w = \sum_{i=1}^{n} (v \cdot w_i)(w \cdot w_i)$ (Parseval 의 항등식)

(3) $\|v\|^2 = (v \cdot w_1)^2 + \cdots + (v \cdot w_n)^2 = \sum_{i=1}^{n} (v \cdot w_i)^2$

다음 정리는 여러 분야에서 이용되는 중요한 정리이다.

정리 10.1.5 (Gram-Schmidt 의 직교화 과정) 유클리드 공간 $\mathscr{E}^n$에서 m개의 벡터 $u_1, \cdots, u_m$이 일차독립일 때, $W = \langle u_1, \cdots, u_m \rangle$이라 하고 벡터 $v_1, \cdots, v_m$과 $w_1, \cdots, w_m$을 다음과 같이 정하자.

$$v_1 = u_1$$

$$v_{k+1} = u_{k+1} - \sum_{i=1}^{k} \frac{u_{k+1} \cdot v_i}{v_i \cdot v_i} v_i \qquad (1 \le k \le m-1)$$

$$w_i = \frac{v_i}{\|v_i\|} \qquad (1 \le i \le m)$$

이 때, $\mathscr{B} = \{v_1, \cdots, v_m\}$는 W의 직교기저이고 또 $\mathscr{C} = \{w_1, \cdots, w_m\}$는 W의 직교정규기저이다.

위의 정리에 의하여 다음 정리가 성립한다.

정리 10.1.6 유클리드 공간 $\mathscr{E}^n$의 부분공간 $W(\neq\{0\})$ 에 대하여 다음이 성립한다.

(1) W 의 직교정규기저가 존재한다.

(2) W 의 직교정규 기저 $\mathscr{C}=\{v_1, \cdots, v_m\}$ 에 적당한 벡터를 추가하여 $\mathscr{E}^n$의 직교정규 기저 $\mathscr{B}=\{v_1, \cdots, v_m, v_{m+1}, \cdots, v_n\}$ 를 얻을 수 있다.

보기 10.1.3 유클리드 공간 $\mathscr{E}^3$ 에서 세 벡터

$$u_1=(1,1,0), \quad u_2=(2,0,1), \quad u_3=(2,2,1)$$

는 기저를 이룬다. 이 사실을 이용하여 Gram-Schmidt의 직교화 과정에 따라 세 벡터 v_1, v_2, v_3 와 w_1, w_2, w_3 를 다음과 같이 정하자.

$$v_1 = u_1 = (1,1,0),$$

$$v_2 = u_2 - \frac{u_2\cdot v_1}{v_1\cdot v_1}v_1 = (2,0,1)-\frac{2}{2}(1,1,0) = (1,-1,1),$$

$$v_3 = u_3 - \frac{u_3\cdot v_1}{v_1\cdot v_1}v_1 - \frac{u_3\cdot v_2}{v_2\cdot v_2}v_2$$

$$= (2,2,1)-\frac{4}{2}(1,1,0)-\frac{1}{3}(1,-1,1) = \frac{1}{3}(-1,1,2)$$

$$w_1 = \frac{v_1}{\|v_1\|} = \frac{1}{\sqrt{2}}(1,1,0),$$

$$w_2 = \frac{v_2}{\|v_2\|} = \frac{1}{\sqrt{3}}(1,-1,1),$$

$$w_3 = \frac{v_3}{\|v_3\|} = \frac{(-1,1,2)}{\|(-1,1,2)\|} = \frac{1}{\sqrt{6}}(-1,1,2)$$

이 때, $\mathscr{B}=\{v_1, v_2, v_3\}$ 는 유클리드 공간 $\mathscr{E}^3$ 의 직교기저이고, 따라서 $\mathscr{C}=\{w_1, w_2, w_3\}$ 는 유클리드 공간 $\mathscr{E}^3$ 의 직교정규기저이다.

정리 10.1.7 유클리드 공간 $\mathscr{E}^n$ 에서 부분집합 $S(\neq\varnothing)$ 에 대하여

$$S^{\perp}=\{v\in \mathscr{E}^n \mid \text{모든 } w\in S \text{ 에 대하여 } v\cdot w=0\}$$

이라고 하면, $S^{\perp}$ 은 유클리드 공간 $\mathscr{E}^n$의 부분공간이다.

부분공간 $S^{\perp}$ 을 S의 **직교 보공간**(orthogonal complement)이라고 한다.

증명 모든 $w \in S$ 에 대하여 $0 \cdot w = 0$ 이므로 $0 \in S^{\perp} \neq \emptyset$ 이다. 또, $v, v' \in S^{\perp}$ 이라 하고 $a \in \mathbb{R}$ 이라고 하면, 임의의 벡터 $w \in S$ 에 대하여

$$(v+v') \cdot w = v \cdot w + v' \cdot w = 0 + 0 = 0,$$
$$(av) \cdot w = a(v \cdot w) = a0 = 0$$

이므로 $v+v' \in S^{\perp}$, $av \in S^{\perp}$ 이다.

따라서 $S^{\perp}$은 유클리드 공간 $\mathscr{E}^n$의 부분공간이다.

여기서, $S^{\perp}$ 을 'S perp' 이라고 읽는다.

정리 10.1.8 유클리드 공간 $\mathscr{E}^n$에서 부분공간 $W = \langle v_1, \cdots, v_m \rangle$ 에 대하여

$$v_i = (a_{i1}, a_{i2}, \cdots, a_{in}) \qquad (1 \leq i \leq m)$$

이라 하고 $A = [a_{ij}]_{m \times n}$ 이라고 하면 다음이 성립한다.

(1) $W^{\perp} = \{v_1, \cdots, v_m\}^{\perp}$

즉, $v \cdot v_1 = \cdots = v \cdot v_m = 0$ 일 때 그리고 이때에만 $v \in W^{\perp}$ 이다.

(2) $W = (A$ 의 행공간$)$, $\dim_F W = r(A)$

$$W^{\perp} = \{(x_1, \cdots, x_n) \in \mathscr{E}^n \mid A \begin{bmatrix} x_1 \\ \vdots \\ x_n \end{bmatrix} = \begin{bmatrix} 0 \\ \vdots \\ 0 \end{bmatrix}\}$$

$$\dim_{\mathbb{R}} W^{\perp} = n - \dim_{\mathbb{R}} W,$$
$$W \cap W^{\perp} = \{\mathbf{0}\}, \ (W^{\perp})^{\perp} = W$$

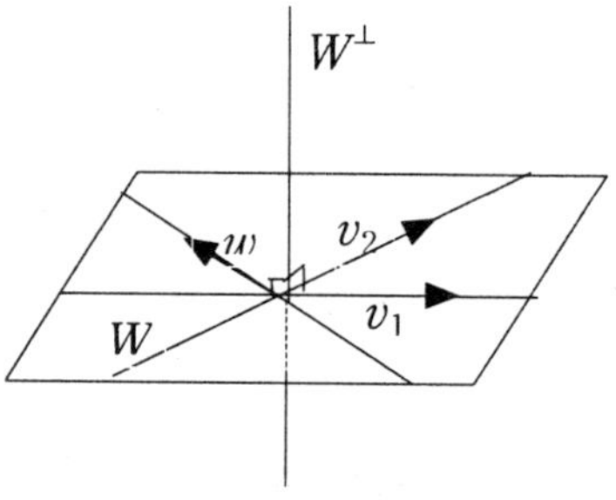

증명 (1) 분명히 $v \in W^{\perp}$ 이면, $v \cdot v_1 = \cdots = v \cdot v_m = 0$ 이다.

역으로, $v \cdot v_1 = \cdots = v \cdot v_m = 0$ 일 때, 임의의 벡터 $w \in W$ 에 대하여

$$w = a_1 v_1 + \cdots + a_m v_m \quad (a_1, \cdots, a_m \in \mathbb{R})$$

이라고 하면,

$$v \cdot w = a_1(v \cdot v_1) + \cdots + a_m(v \cdot v_m) = a_1 0 + \cdots + a_m 0 = 0$$

이므로 $v \in W^{\perp}$ 이다. 따라서 (1) 이 성립한다.

(2) $W = \langle v_1, \cdots, v_m \rangle$ 이므로

$$W = (A \text{ 의 행공간}), \quad \dim_F W = r(A)$$

이고(정리 5.5.23),. 또 $v = (x_1, \cdots, x_n) \in \mathcal{E}^n$ 에 대하여 다음이 성립한다.

$$\begin{aligned} & v \in W^{\perp} \\ \Leftrightarrow\ & v_i \cdot v = 0 \quad (1 \leq i \leq m) \\ \Leftrightarrow\ & a_{i1}x_1 + \cdots + a_{in}x_n = 0 \quad (1 \leq i \leq m) \\ \Leftrightarrow\ & A \begin{bmatrix} x_1 \\ \vdots \\ x_n \end{bmatrix} = \begin{bmatrix} 0 \\ \vdots \\ 0 \end{bmatrix} \end{aligned}$$

따라서 정리 5.5.25 에 의하여 $\dim_{\mathbb{R}} W^{\perp} = n - r(A)$ 이다. 즉,

$$\dim_{\mathbb{R}} W^{\perp} = n - \dim_F W$$

그리고, $w \in W \cap W^{\perp}$ 이라고 하면, 특히 $w \cdot w = 0$ 이므로 $w = \mathbf{0}$ 이고, 따라서 $W \cap W^{\perp} = \{\mathbf{0}\}$ 이다. 또, 위의 등식은 $W^{\perp}$ 에 대해서도 성립하므로 다음이 성립한다.

$$\dim_F (W^{\perp})^{\perp} = n - \dim_F W^{\perp} = \dim_F W$$

그런데, 모든 벡터 $w \in W$ 와 모든 벡터 $v \in W^{\perp}$ 에 대하여 $v \cdot w = 0$ 이므로 $w \cdot v = 0$ 이고 따라서 $w \in (W^{\perp})^{\perp}$ 이므로 $W \subseteq (W^{\perp})^{\perp}$ 이다.
그러므로 $(W^{\perp})^{\perp} = W$ 이다(정리 5.5.17).

보기 10.1.4 유클리드 공간 $\mathcal{E}^n$ 에서 벡터 $v = (a_1, \cdots, a_n) \neq (0, \cdots, 0)$ 에 대하여 이라고 하면 다음이 성립한다.

$$\langle v \rangle^{\perp} = \{(x_1, \cdots, x_n) \in F^n \mid a_1x_1 + \cdots + a_nx_n = 0\}$$

또, 유클리드 공간 $\mathcal{E}^3$ 에서 두 벡터 $v = (a_1, a_2, a_3)$, $w = (b_1, b_2, b_3)$ 가 일차독립일 때, $W = \langle v, w \rangle$ 이라고 하면 다음이 성립한다(보기 5.5.10).

$$W^{\perp} = \left\langle \left(\begin{vmatrix} a_2 & a_3 \\ b_2 & b_3 \end{vmatrix}, -\begin{vmatrix} a_1 & a_3 \\ b_1 & b_3 \end{vmatrix}, \begin{vmatrix} a_1 & a_2 \\ b_1 & b_2 \end{vmatrix} \right) \right\rangle = \langle v \times w \rangle$$

정리 10.1.9 유클리드 공간 $\mathscr{E}^n$ 에서 부분공간 W $(\{0\} \subsetneq W \subsetneq \mathscr{E}^n)$ 에 대하여 $\mathscr{C} = \{v_1, \cdots, v_m\}$ 가 W 의 직교기저일 때, 임의의 벡터 v 에 대하여

$$w = \sum_{i=1}^{m} \frac{v \cdot v_i}{v_i \cdot v_i} v_i, \qquad u = v - w$$

$$v' = w - v = \sum_{i=1}^{m} \frac{2v \cdot v_i}{v_i \cdot v_i} v_i - v$$

이라고 하면 다음이 성립한다.

(1) $v = w + u \qquad (w \in W,\ u \in W^{\perp})$

(2) 모든 벡터 $w' \in W$, $w' \neq w$ 에 대하여 $\| v - w \| \leq \| v - w' \|$ 이다.

(3) $\| v' \| = \| v \|$

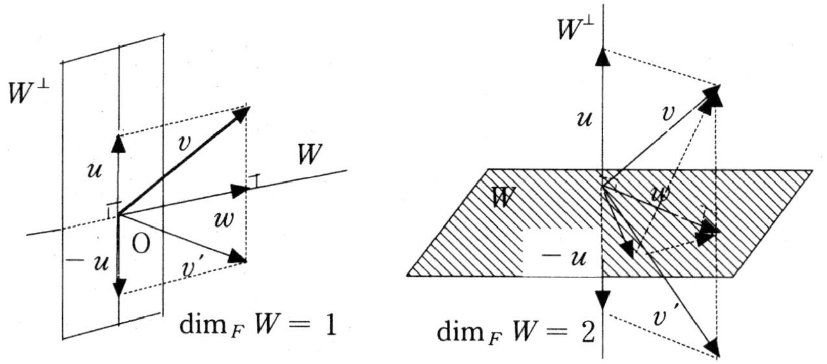

벡터 w, u 를 각각 W, $W^{\perp}$ 위로의 v 의 **直交正射影**(orthogonal projection)이라 하고, $\| u \|$ 를 벡터 v 와 부분공간 W 사이의 **거리**(distance)라고 한다.

증명 (1) 분명히 $w \in W$ 이고, 또 $u = v - w$ 이므로 $v = w + u$ 이다. 그리고, 각 정수 j $(1 \leq j \leq m)$ 에 대하여

$$u \cdot v_j = v \cdot v_j - w \cdot v_j = v \cdot v_j - \sum_{i=1}^{m} \frac{v \cdot v_i}{v_i \cdot v_i} (v_i \cdot v_j)$$

$$= v \cdot v_j - v \cdot v_j = 0$$

이고 또 $W = \langle v_1, \cdots, v_m \rangle$ 이므로 $u \in W^{\perp}$ 이다(정리 10.1.8 참조).

따라서 $v = w + u$ 이고 $w \in W$, $u \in W^{\perp}$ 이다.

(2) 이제 $w' \in W$, $w' \neq w$ 이라고 하자. 이 때,

$$v - w' = (v - w) + (w - w')$$

이고 또

$$v-w \in W^{\perp}, \qquad w-w' \in W$$

이므로 $v-w$, $w-w'$ 은 직교하고 따라서 피타고라스의 정리(정리 5.6.7)에 의하여 다음이 성립한다.

$$0 < \|v-w'\|^2 = \|v-w\|^2 + \|w-w'\|^2$$

그러므로 $\|v-w\|^2 < \|v-w'\|^2$ 이므로 $\|v-w\| < \|v-w'\|$ 이다.

(3) $v = w+u$, $v' = w-u$ 이므로 피타고라스의 정리에 의하여

$$\begin{aligned}\|v'\|^2 &= \|w-u\|^2 = \|w+(-u)\|^2 \\ &= \|w\|^2 + \|-u\|^2 = \|w\|^2 + \|u\|^2 \\ &= \|w+u\|^2 = \|v\|^2\end{aligned}$$

이고 따라서 $\|v'\| = \|v\|$ 이다.

보기 10.1.5 유클리드 평면 $\mathscr{E}^2$ 에서 $w_1 = (2,1)$ 일 때, 벡터 $v = (3,5)$ 에 대하여 다음이 성립한다.

$$w = \frac{v \cdot w_1}{w_1 \cdot w_1} w_1 = \frac{11}{5}(2,1)$$

$$u = v - w = \frac{7}{5}(-1,2),$$

$$v' = w - u = \left(\frac{29}{5}, \frac{-3}{5}\right),$$

$$\|v'\| = \|v\| = \sqrt{34}$$

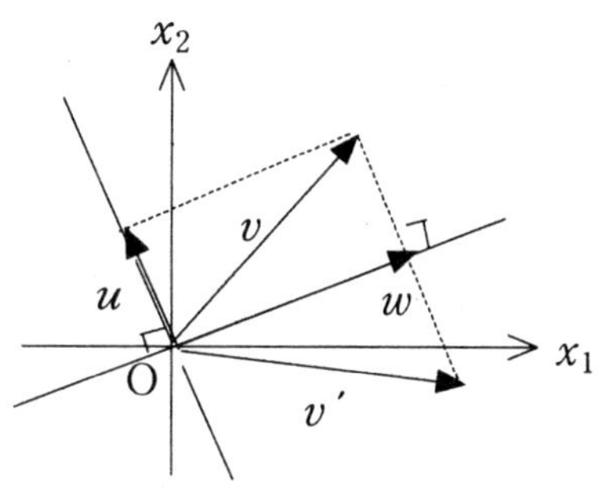

보기 10.1.6 유클리드 공간 $\mathscr{E}^3$ 에서

$$v_1 = (2,-1,0), \qquad v_2 = (1,2,-1)$$

일 때, $W = \langle v_1, v_2 \rangle$ 이라고 하면 다음이 성립한다(보기 10.1.4).

$$W = \{(x_1, x_2, x_3) \in \mathscr{E}^3 \mid x_1 + 2x_2 + 5x_3 = 0\},$$

$$W^{\perp} = \langle (1,2,5) \rangle$$

또, $\mathscr{C} = \{v_1, v_2\}$ 는 W 의 직교기저이고 임의의 $v = (x_1, x_2, x_3) \in \mathscr{E}^3$ 에 대하여 다음이 성립한다.

$$w = \frac{v \cdot v_1}{v_1 \cdot v_1} v_1 + \frac{v \cdot v_2}{v_2 \cdot v_2} v_2$$
$$= \frac{2x_1 - x_2}{5} v_1 + \frac{x_1 + 2x_2 - x_3}{6} v_2$$

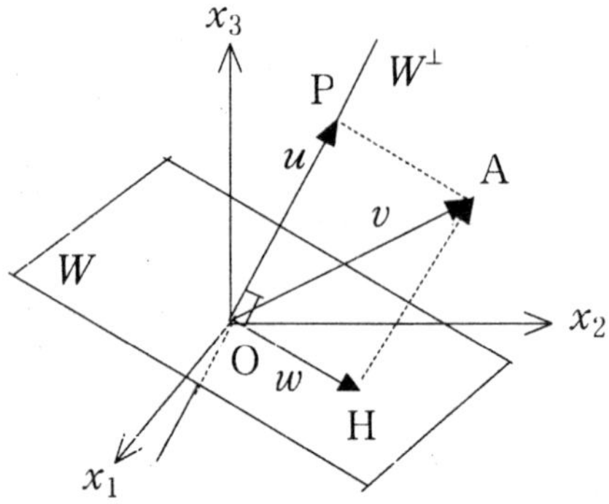

그리고, $v_3 = (1, 2, 5)$ 이라고 하면, $\mathscr{C} = \{v_1, v_2, v_3\}$ 는 유클리드 공간 $\mathscr{E}^3$ 의 직교기저이고 따라서 다음이 성립한다(정리 10.1.3 참조).

$$v = \frac{v \cdot v_1}{v_1 \cdot v_1} v_1 + \frac{v \cdot v_2}{v_2 \cdot v_2} v_2 + \frac{v \cdot v_3}{v_3 \cdot v_3} v_3 = w + u$$

$$u = v - w = \frac{v \cdot v_3}{v_3 \cdot v_3} v_3 = \frac{x_1 + 2x_2 + 5x_3}{30} v_3$$

$$\| u \| = \frac{|x_1 + 2x_2 + 5x_3|}{\sqrt{30}} = \| \overrightarrow{\mathrm{AH}} \| \quad \text{(점 A 와 평면 사이의 거리)}$$

연습문제 (10.1)

1. 클리드 공간 $\mathscr{E}^3$ 에서 Gram-Schmidt 의 직교화 과정을 이용하여 다음 부분공간 W 의 직교정규기저를 구하여라.

   (1) $W = \langle (2, 0, 0), (3, 0, 5) \rangle$ (2) $W = \langle (1, -1, 1), (2, 1, 5) \rangle$

2. 유클리드 공간 $\mathscr{E}^3$ 의 기저

$$S = \{(2, 1, -2), (0, 1, 2), (1, 1, 1)\}$$

   로부터 Gram-Schmidt 의 직교화 과정을 이용하여 직교정규기저를 구하여라.

3. 유클리드 공간 $\mathscr{E}^3$ 에서 두 벡터

$$w_1 = (\frac{2}{7}, \frac{3}{7}, \frac{6}{7}), \ w_2 = (\frac{6}{7}, \frac{2}{7}, -\frac{3}{7})$$

   에 대하여 $W = \langle w_1, w_2 \rangle$ 이라고 할 때, W 의 직교보공간 $W^{\perp}$ 을 구하고 벡터 $v = (x_1, x_2, x_3)$ 와 부분공간 W 사이의 거리를 구하여라.

§10.2 직교변환과 유클리드 변환

이 절에서는, 실수체 $\mathbb{R}$ 위의 특수한 n차의 행렬과 유클리드 공간 $\mathscr{E}^n$ 위의 특수한 변환에 대하여 논한다.

정의 10.2.1 실수체 $\mathbb{R}$ 위의 n차의 행렬 A에 대하여

$$AA^T = A^TA = I_n \quad 즉 \quad A^{-1} = A^T$$

일 때, A 를 **직교행렬**(orthogonal matrix)이라고 한다.

정리 10.2.2 실수체 $\mathbb{R}$ 위의 n 차의 $A = [a_{ij}]_{n\times n}$에 대하여

$$v_i = (a_{i1},\ a_{i2},\ \cdots,\ a_{in}) \qquad (1 \leq i \leq n)$$
$$w_j = (a_{1j},\ a_{2j},\ \cdots,\ a_{nj}) \qquad (1 \leq j \leq n)$$

이라고 할 때, 다음 세 조건은 서로 동치이다.

(1) A 는 직교행렬이다.

(2) $\mathscr{B} = \{v_1,\ \cdots,\ v_n\}$는 유클리드 공간 $\mathscr{E}^n$ 의 직교정규기저이다.

(3) $\mathscr{C} = \{w_1,\ \cdots,\ w_n\}$는 유클리드 공간 $\mathscr{E}^n$ 의 직교정구기저이다.

증명 다음이 성립한다(정리 4.4.10, 정의 10.2.1 참조)

$$AA^T = A^TA = I_n \Leftrightarrow AA^T = I_n \Leftrightarrow A^TA = I_n$$

$$AA^T = I_n \Leftrightarrow \sum_{k=1}^{n} a_{ik}a_{jk} = \delta_{ij} \text{ 즉 } v_i \cdot v_j = \delta_{ij} \quad (1 \leq i, j \leq n)$$

$$A^TA = I_n \Leftrightarrow \sum_{k=1}^{n} a_{ki}a_{kj} = \delta_{ij} \text{ 즉 } w_i \cdot w_j = \delta_{ij} \quad (1 \leq i, j \leq n)$$

따라서 정리가 성립한다.

정리 10.2.3 실수체 $\mathbb{R}$ 위의 n차의 행렬 $A = [a_{ij}]_{n\times n}$가 직교행렬이면, $\det A = \pm 1$ 이다.

증명 행렬 A 가 직교행렬이면, $AA^T = I_n$ 이므로 정리 4.4.9 에 의하여

$$1 = \det(AA^T) = (\det A)(\det A^T) = (\det A)^2$$

이고 따라서 $\det A = \pm 1$ 이다.

보기 10.2.1 유클리드 평면 $\mathscr{E}^2$ 의 직교정규 기저는 적당한 θ $(0 \le \theta < 2\pi)$ 에 대하여

$$\{(\cos\theta, \sin\theta), (-\sin\theta, \cos\theta)\}$$

또는

$$\{(\cos\theta, \sin\theta), (\sin\theta, -\cos\theta)\}$$

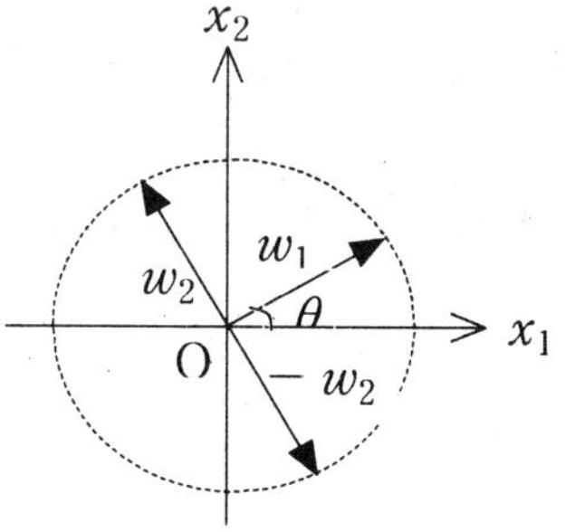

와 같은 꼴이므로 2 차의 직교행렬은 모두 다음과 같은 꼴이다 $(0 \le \theta < 2\pi)$

(1) $A_\theta = \begin{bmatrix} \cos\theta & -\sin\theta \\ \sin\theta & \cos\theta \end{bmatrix}$ (2) $B_\theta = \begin{bmatrix} \cos\theta & \sin\theta \\ \sin\theta & -\cos\theta \end{bmatrix}$

$\det A_\theta = 1$ $\det B_\theta = -1$

보기 10.2.2 다음 행렬은 직교행렬이다$(0 \le \theta < 2\pi)$.

$$\begin{bmatrix} 1 & 0 & 0 \\ 0 & \cos\theta & -\sin\theta \\ 0 & \sin\theta & \cos\theta \end{bmatrix}, \begin{bmatrix} \cos\theta & 0 & -\sin\theta \\ 0 & 1 & 0 \\ \sin\theta & 0 & \cos\theta \end{bmatrix}, \begin{bmatrix} \cos\theta & -\sin\theta & 0 \\ \sin\theta & \cos\theta & 0 \\ 0 & 0 & 1 \end{bmatrix}$$

$$\begin{bmatrix} 1 & 0 & 0 \\ 0 & \cos\theta & \sin\theta \\ 0 & \sin\theta & -\cos\theta \end{bmatrix}, \begin{bmatrix} \cos\theta & 0 & \sin\theta \\ 0 & 1 & 0 \\ \sin\theta & 0 & -\cos\theta \end{bmatrix}, \begin{bmatrix} \cos\theta & \sin\theta & 0 \\ \sin\theta & -\cos\theta & 0 \\ 0 & 0 & 1 \end{bmatrix}$$

정리 10.2.4 양의 정수 n 에 대하여 n 차의 직교행렬 전체의 집합을 $O(n)$ 이라고 하면, $O(n)$ 은 일반선형군 $\mathrm{GL}_n(\mathbb{R})$ 의 부분군이다. 그리고,

$$SO(n) = \{A \in O(n) \mid \det A = 1\}$$

이라고 하면, $SO(n)$ 은 $O(n)$ 의 부분군이다.

군 $O(n)$ 을 n 차의 **直交群**(orthogonal group) 이라 하고 군 $S(n)$ 을 n 차의 **特殊직교군**(special orthogonal group)이라고 한다.

증명. 두 행렬 A, B 가 직교행렬이면, $A^{-1} = A^T,\ B^{-1} = B^T$ 이므로

$$(AB)^{-1} = B^{-1}A^{-1} = B^T A^T = (AB)^T,$$
$$(A^{-1})^{-1} = (A^T)^{-1} = (A^{-1})^T$$

이므로 AB와 A^{-1}는 직교행렬이다(정리 4.1.10 참조).

따라서 $O(n)$ 은 일반선형군 $\mathrm{GL}_n(\mathbb{R})$ 의 부분군이다.

그리고, $A, B \in SO(n)$ 이라고 하면, $\det A = \det B = 1$ 이므로

$$\det A^{-1}B = (\det A)^{-1}(\det B) = 1 \cdot 1 = 1$$

이고 따라서 $A^{-1}B \in SO(n)$ 이므로 $SO(n)$ 은 $O(n)$ 의 부분군이다.

정의 10.2.5 선형변환 $T : \mathscr{E}^n \to \mathscr{E}^n$ 에 대하여

$$T(v) \cdot T(w) = v \cdot w \qquad (v, w \in \mathscr{E}^n)$$

가 성립할 때, T 를 **직교변환**(orthogonal transformation)이라고 한다.

정리 10.2.6 유클리드 공간 $\mathscr{E}^n$ 위의 선형변환 $T : \mathscr{E}^n \to \mathscr{E}^n$ 에 대하여 다음 세 조건은 서로 동치이다.

(1) T 는 직교변환이다. 즉, $T(v) \cdot T(w) = v \cdot w \quad (v, w \in \mathscr{E}^n)$

(2) T 는 노름을 보존시킨다. 즉, $\|T(v)\| = \|v\| \qquad (v \in \mathscr{E}^n)$

증명 (1) $\Longrightarrow$ (2) T가 직교변환이면, 임의의 벡터 v 에 대하여

$$\|T(v)\|^2 = T(v) \cdot T(v) = v \cdot v = \|v\|^2$$

이므로 $\|T(v)\| = \|v\|$ 이다.

(2) $\Longrightarrow$ (1) 모든 벡터 v에 대하여 $\|T(v)\| = \|v\|$ 이라고 하자.

이 때, 임의의 벡터 v, w 에 대하여

$$\begin{aligned}\|v+w\|^2 &= (v+w)\cdot(v+w) = v\cdot v + 2v\cdot w + w\cdot w \\ &= \|v\|^2 + 2v\cdot w + \|w\|^2,\end{aligned}$$

$$\begin{aligned}\|T(v+w)\|^2 &= (T(v)+T(w))\cdot(T(v)+T(w)) \\ &= \|T(v)\|^2 + 2T(v)\cdot T(w) + \|T(w)\|^2,\end{aligned}$$

$$\| T(v+w) \|^2 = \|v+w\|^2, \ \| T(v) \|^2 = \|v\|^2, \ \| T(w) \|^2 = \|w\|^2$$

이고 이로부터 $T(v) \cdot T(w) = v \cdot w$ 임을 알 수 있다.

그러므로 정리가 성립한다.

유클리드 공간 $\mathscr{E}^n$ 에서 $T : \mathscr{E}^n \longrightarrow \mathscr{E}^n$ 가 직교변환일 때, 두 벡터 v, w 가 이루는 각의 크기를 θ 이라고 하면 $v \cdot w = \|v\| \|w\| \cos\theta$ 이고 또

$$\| T(v) \| = \| v\|, \ \| T(w) \| = \| w\|, \ T(v) \cdot T(w) = v \cdot w$$

이므로 $T(v) \cdot T(w) = \| T(v) \| \| T(w) \| \cos\theta$ 이다. 그러므로 직교변환 T 에 의하여 벡터의 길이와 두 벡터가 이루는 각의 크기는 변하지 않는다.

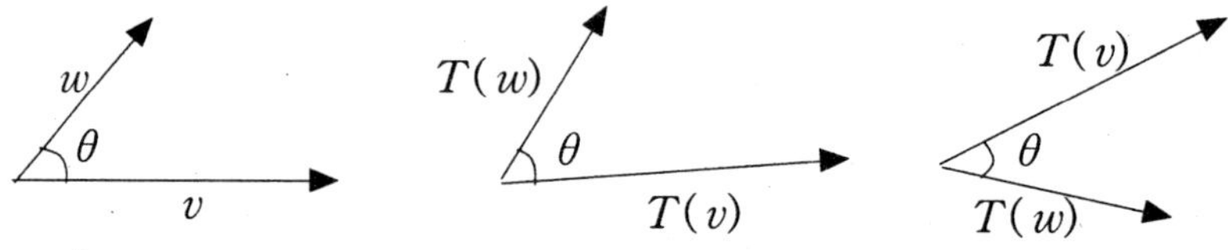

유클리드 공간 $\mathscr{E}^n$ 위의 선형변환 T 는 적당한 행렬 $A \in \text{Mat}_n(\mathbb{R})$ 에 대하여 $T = L_A$ 의 꼴로 나타내어진다(정리 9.1.4).

정리 10.2.7 실수체 $\mathbb{R}$ 위의 n 차의 행렬 A 가 직교행렬일 때 그리고 이 때에만 $L_A : \mathscr{E}^n \longrightarrow \mathscr{E}^n$ 는 유클리드 공간 $\mathscr{E}^n$ 위의 직교변환이다.

증명 벡터 $v = (x_1, \cdots, x_n)$ 에 대하여 $T(v) = (y_1, \cdots, y_n)$ 이라고 하면,

$$\begin{bmatrix} y_1 \\ \vdots \\ y_n \end{bmatrix} = A \begin{bmatrix} x_1 \\ \vdots \\ x_n \end{bmatrix}, \qquad [\, y_1 \ \cdots \ y_n \,] = [\, x_1 \ \cdots \ x_n \,] A^T$$

이므로 다음이 성립한다.

$$\begin{aligned} \| T(v) \|^2 &= {y_1}^2 + \cdots + {y_n}^2 \\ &= [\, y_1 \ \cdots \ y_n \,] \begin{bmatrix} y_1 \\ \vdots \\ y_n \end{bmatrix} = [\, x_1 \ \cdots \ x_n \,] A A^T \begin{bmatrix} x_1 \\ \vdots \\ x_n \end{bmatrix} \end{aligned}$$

먼저 A가 직교행렬이면, $AA^T = I_n$이므로 모든 벡터 v에 대하여

$$\| T(v) \|^2 = [\, x_1 \ \cdots \ x_n \,] A A^T \begin{bmatrix} x_1 \\ \vdots \\ x_n \end{bmatrix} = {x_1}^2 + \cdots + {x_n}^2 = \| v \|^2$$

이고 따라서 $\| T(v) \| = \| v \|$이므로 T는 직교변환이다.

역으로, T가 직교변환이면, 모든 벡터 $v = (x_1, \cdots, x_n) \in \mathcal{E}^n$에 대하여 $\| T(v) \|^2 = \| v \|^2$이므로 모든 실수 $x_1, \cdots, x_n \in \mathbb{R}$에 대하여

$$[\, x_1 \ \cdots \ x_n \,] A A^T \begin{bmatrix} x_1 \\ \vdots \\ x_n \end{bmatrix} = {x_1}^2 + \cdots + {x_n}^2$$

이고 따라서 $AA^T = I_n$이므로 A는 직교행렬이다.

직교행렬은 정칙행렬이므로 직교변환은 정칙 선형변환이다(정리 9.2.5).

보기 10.2.3 유클리드 평면 $\mathcal{E}^2$ 위의 직교변환은 다음과 같은 두 가지 종류로 분류된다(정리 10.2.7, 보기 10.2.1). 여기서 $0 \le \theta < 2\pi$이다.

$$R_\theta : \mathcal{E}^2 \longrightarrow \mathcal{E}^2, \ (y_1, y_2) = R_\theta(x_1, x_2)$$

$$\begin{bmatrix} y_1 \\ y_2 \end{bmatrix} = A_\theta \begin{bmatrix} x_1 \\ x_2 \end{bmatrix}, \qquad A_\theta = \begin{bmatrix} \cos\theta & -\sin\theta \\ \sin\theta & \cos\theta \end{bmatrix}$$

$$T_\theta : \mathcal{E}^2 \longrightarrow \mathcal{E}^2, \ (y_1, y_2) = T_\theta(x_1, x_2)$$

$$\begin{bmatrix} y_1 \\ y_2 \end{bmatrix} = B_\theta \begin{bmatrix} x_1 \\ x_2 \end{bmatrix}, \qquad B_\theta = \begin{bmatrix} \cos\theta & \sin\theta \\ \sin\theta & -\cos\theta \end{bmatrix}$$

그리고, 보기 4.1.4 에 의하여 ${A_\theta}^{-1} = A_{-\theta}$, ${B_\theta}^{-1} = B_\theta$이므로 R_θ와 T_θ는 정칙 선형변환이고 ${R_\theta}^{-1} = R_{-\theta}$, ${T_\theta}^{-1} = T_\theta$이다.

직교변환 R_θ는 좌표평면 위에서 원점 둘레의 θ 만큼의 회전이동이다.

한편, 직교변환 T_θ와 직교행렬 B_θ의 고유다항식은

$$f(x) = \begin{vmatrix} x - \cos\theta & \sin\theta \\ \sin\theta & x + \cos\theta \end{vmatrix} = x^2 - 1$$

이므로 그 고유치는 1과 -1 이다. 먼저 E_1 을 고유치 1 에 대응하는 T_θ 의 고유공간이라 하고 $(x_1, x_2) \in E_1$ 이라고 하면,

$$\begin{cases} (1-\cos\theta)\,x_1 - \sin\theta\, x_2 = 0 \\ -\sin\theta\, x_1 + (1+\cos\theta)\,x_2 = 0 \end{cases}$$

이고 또

$$\cos\theta = 2\cos^2\frac{\theta}{2} - 1 = 1 - 2\sin^2\frac{\theta}{2}, \ \sin\theta = 2\sin\frac{\theta}{2}\cos\frac{\theta}{2}$$

이므로 위의 동차 연립일차방정식은 다음과 같이 변형된다.

$$\begin{cases} \sin^2\frac{\theta}{2}\, x_1 - \sin\frac{\theta}{2}\cos\frac{\theta}{2}\, x_2 = 0 \\ \sin\frac{\theta}{2}\cos\frac{\theta}{2}\, x_1 - \cos^2\frac{\theta}{2}\, x_2 = 0 \end{cases}$$

한편, $\sin\frac{\theta}{2}$ 와 $\cos\frac{\theta}{2}$ 중에서 하나는 0 이 아니므로 위의 연립방정식은 동차 일차방정식 $\sin\frac{\theta}{2}\, x_1 - \cos\frac{\theta}{2}\, x_2 = 0$ 과 동치이고(보기 9.2.1), 따라서 $E_1 = \langle (\cos\frac{\theta}{2}, \sin\frac{\theta}{2}) \rangle$ 이다

마찬가지로, E_2 를 고유치 -1 에 대응하는 T_θ 의 고유공간이라고 하면, $E_2 = \langle (-\sin\frac{\theta}{2}, \cos\frac{\theta}{2}) \rangle$ 이고 또 $E_2 = E_1^{\perp}$ 이다.

따라서 좌표평면 위에서 T_θ 는 직선

$$\sin\frac{\theta}{2}\, x_1 - \cos\frac{\theta}{2}\, x_2 = 0$$

위의 점을 모두 고정시키고 또 직선

$$\cos\frac{\theta}{2}\, x_1 + \sin\frac{\theta}{2}\, x_2 = 0$$

위의 점 (x_1, x_2) 을 점 $(-x_1, -x_2)$ 로 변환시킨다.

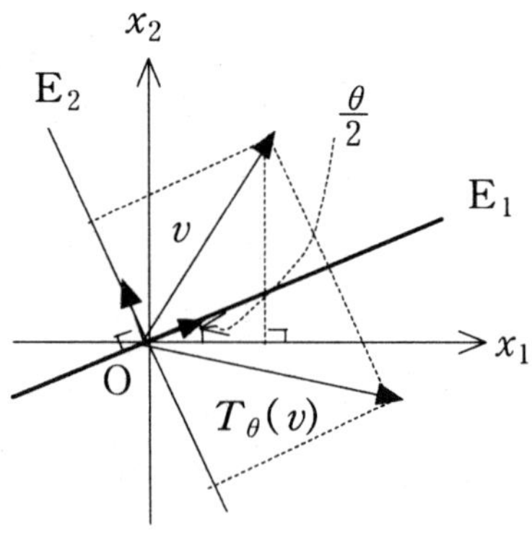

그러므로 T_θ 는 직선 $\sin\dfrac{\theta}{2}x_1 - \cos\dfrac{\theta}{2}x_2 = 0$ 을 **반사축**(axis of reflection)으로 가지는 **반사이동**(reflection) 이다.

정의 10.2.8 유클리드 평면 $\mathscr{E}^2$ 에서 정칙행렬 $A = [a_{ij}]_{2\times2} \in \mathrm{GL}_2(\mathbb{R})$ 와 $b, c \in \mathbb{R}$ 에 대하여 다음과 같이 정의된 변환을 유클리드 평면 $\mathscr{E}^2$ 위의 **아핀변환**(affine transformation)이라고 한다.

$$f : \mathscr{E}^2 \longrightarrow \mathscr{E}^2, \quad (y_1, y_2) = f(x_1, x_2)$$

$$\begin{bmatrix} y_1 \\ y_2 \end{bmatrix} = A\begin{bmatrix} x_1 \\ x_2 \end{bmatrix} + \begin{bmatrix} b \\ c \end{bmatrix} \quad \text{즉} \quad \begin{cases} y_1 = a_{11}x_1 + a_{12}x_2 + b \\ y_2 = a_{21}x_1 + a_{22}x_2 + c \end{cases}$$

정의 10.2.9 유클리드 평면 $\mathscr{E}^2$ 위의 아핀변환 중에서 모든 선분의 길이를 불변시키는 아핀변환을 **유클리드 변환**(Euclidean transformation) 또는 **等長변환**(isometry) 이라고 한다.

유클리드 평면 $\mathscr{E}^2$ 위에서 유클리드 변환은 모든 선분의 길이를 불변시키므로 모든 삼각형을 합동인 삼각형으로 변환시키고 따라서 두 선분 사이의 각의 크기를 불변시킨다. 그러므로 유클리드 변환은 유클리드 평면 $\mathscr{E}^2$ 위에서 도형의 모양과 크기를 불변시킨다.

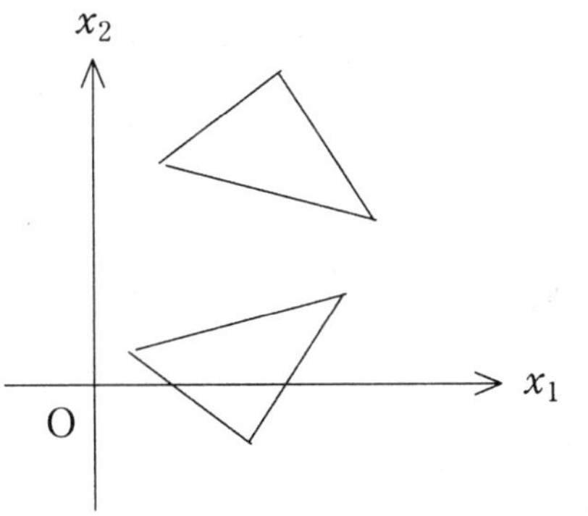

다음 정리가 성립함을 쉽게 증명할 수 있다(문제 2 참조).

정리 10.2.10 유클리드 평면 $\mathscr{E}^2$ 위의 아판변환 전체의 집합을 $\mathscr{A}$ 로 나타내고 유클리드 변환 전체의 집합을 $\mathcal{E}$ 로 나타내면, $\mathscr{A}$ 는 합성연산 $\circ$ 에 관하여 군을 이루고 $\mathcal{E}$ 는 군 $\mathscr{A}$ 의 부분군을 이룬다.

군 $\mathscr{A}$, $\mathcal{E}$ 를 각각 유클리드 평면 $\mathscr{E}^2$ 위의 **아핀변환군**, **유클리드 변환군** 이라고 한다.

정리 10.2.11 유클리드 평면 $\mathscr{E}^2$ 위의 유클리드 변환은 모두 다음과 같은 꼴로 정의된 아핀변환이다 $(0 \leq \theta < 2\pi,\ \ b, c \in \mathbb{R})$.

(1) $f_{\theta, b, c} : \mathscr{E}^2 \longrightarrow \mathscr{E}^2,\ (y_1, y_2) = f_{\theta, b, c}(x_1, x_2)$

$$\begin{bmatrix} y_1 \\ y_2 \end{bmatrix} = \begin{bmatrix} \cos\theta & -\sin\theta \\ \sin\theta & \cos\theta \end{bmatrix} \begin{bmatrix} x_1 \\ x_2 \end{bmatrix} + \begin{bmatrix} b \\ c \end{bmatrix}$$

(2) $g_{\theta, b, c} : \mathscr{E}^2 \longrightarrow \mathscr{E}^2,\ (y_1, y_2) = g_{\theta, b, c}(x_1, x_2)$

$$\begin{bmatrix} y_1 \\ y_2 \end{bmatrix} = \begin{bmatrix} \cos\theta & \sin\theta \\ \sin\theta & -\cos\theta \end{bmatrix} \begin{bmatrix} x_1 \\ x_2 \end{bmatrix} + \begin{bmatrix} b \\ c \end{bmatrix}$$

증명 유클리드 평면 위의 아핀변환은 다음과 같이 정의된다.

$$f : \mathscr{E}^2 \longrightarrow \mathscr{E}^2, \quad (y_1, y_2) = f(x_1, x_2)$$

$$\begin{bmatrix} y_1 \\ y_2 \end{bmatrix} = A \begin{bmatrix} x_1 \\ x_2 \end{bmatrix} + \begin{bmatrix} b \\ c \end{bmatrix}, \quad A \in \mathrm{GL}_2(\mathbb{R}), \quad b, c \in \mathbb{R}$$

유클리드 평면 위의 두 점 (a_1, a_2), (b_1, b_2) 에 대하여

$$f(a_1, a_2) = (c_1, c_2), \quad f(b_1, b_2) = (d_1, d_2)$$

이라고 할 때, f 가 유클리드 변환이기 위한 필요충분조건은 임의의 두 점 (a_1, a_2), (b_1, b_2) 에 대하여 등식

$$(a_1 - b_1)^2 + (a_2 - b_2)^2 = (c_1 - d_1)^2 + (c_2 - d_2)^2$$

이 성립하는 것이다. 그런데,

$$\begin{bmatrix} c_1 \\ c_2 \end{bmatrix} = A \begin{bmatrix} a_1 \\ a_2 \end{bmatrix} + \begin{bmatrix} b \\ c \end{bmatrix}, \qquad \begin{bmatrix} d_1 \\ d_2 \end{bmatrix} = A \begin{bmatrix} b_1 \\ b_2 \end{bmatrix} + \begin{bmatrix} b \\ c \end{bmatrix}$$

이므로

$$\begin{bmatrix} c_1 - d_1 \\ c_2 - d_2 \end{bmatrix} = A \left\{ \begin{bmatrix} a_1 \\ a_2 \end{bmatrix} - \begin{bmatrix} b_1 \\ b_2 \end{bmatrix} \right\} = A \begin{bmatrix} a_1 - b_1 \\ a_2 - b_2 \end{bmatrix},$$

$$[c_1 - d_1 \quad c_2 - d_2] = [a_1 - b_1 \quad a_2 - b_2] A^T$$

이고 따라서 다음 등식이 성립한다.

$$[c_1-d_1 \quad c_2-d_2]\begin{bmatrix} c_1-d_1 \\ c_2-d_2 \end{bmatrix} = [a_1-b_1 \quad a_2-b_2]\,A^TA\begin{bmatrix} a_1-b_1 \\ a_2-b_2 \end{bmatrix}$$

즉, $$(c_1-d_1)^2+(c_2-d_2)^2 = [a_1-b_1 \quad a_2-b_2]\,A^TA\begin{bmatrix} a_1-b_1 \\ a_2-b_2 \end{bmatrix}$$

따라서 f 가 유클리드 변환이기 위한 필요충분조건은 임의의 실수 a_1, a_2, b_1, b_2 에 대하여 다음 등식이 성립하는 것이다.

$$(a_1-b_1)^2+(a_2-b_2)^2 = [a_1-b_1 \quad a_2-b_2]\,A^TA\begin{bmatrix} a_1-b_1 \\ a_2-b_2 \end{bmatrix}$$

그러므로 f 가 유클리드 변환이기 위한 필요충분조건은 $A^TA=I$ 즉 A 가 직교행렬인 것이다. 따라서 정리가 성립한다(보기 10.2.1).

유클리드 평면 위의 직교변환은 $(0, 0)$ 을 고정시키는 유클리드 변환이다.

정의 10.2.12 유클리드 평면 위에서 다음과 같이 정의된 유클리드 변환을 유클리드 평면 위의 **剛體운동**(rigid motion)이라고 한다.

여기서, $0 \le \theta < 2\pi$ 이고 $b, c \in \mathbb{R}$ 이다.

$$f_{\theta,b,c} : \mathscr{E}^2 \longrightarrow \mathscr{E}^2,\ (y_1, y_2) = f_{\theta,b,c}(x_1, x_2)$$

$$\begin{bmatrix} y_1 \\ y_2 \end{bmatrix} = \begin{bmatrix} \cos\theta & -\sin\theta \\ \sin\theta & \cos\theta \end{bmatrix}\begin{bmatrix} x_1 \\ x_2 \end{bmatrix} + \begin{bmatrix} b \\ c \end{bmatrix}$$

다음과 같이 정의된 유클리드 변환은 강체운동이다.

$$h_\theta : \mathscr{E}^2 \longrightarrow \mathscr{E}^2,\ (y_1, y_2) = h_\theta(x_1, x_2)$$

$$\begin{bmatrix} y_1 \\ y_2 \end{bmatrix} = \begin{bmatrix} \cos\theta & -\sin\theta \\ \sin\theta & \cos\theta \end{bmatrix}\begin{bmatrix} x_1 \\ x_2 \end{bmatrix}$$

$$g_{b,c} : \mathscr{E}^2 \longrightarrow \mathscr{E}^2,\ g_{b,c}(x_1, x_2) = (x_1+b, x_2+c)$$

여기서, $g_{b,c}$ 를 **평행이동**(translation) 이라고 한다 앞의 강체운동 f_θ 는 회전이동 h_θ 와 평행이동 $g_{b,c}$ 의 합성사상이다. 즉, $f_{\theta,b,c} = g_{b,c} \circ h_\theta$ 이다.

연습문제 (10.2)

1. 직교군 $O(2)$ 와 특수직교군 $SO(2)$ 를 구하여라.

2. 정리 10.2.10 을 증명하여라.

3. 다음과 같이 정의된 유클리드 평면 $\mathscr{E}^2$ 위의 선형변환 $T: \mathscr{E}^2 \longrightarrow \mathscr{E}^2$ 가 직교변환임을 밝히고 이 중에서 회전이동인 것과 반사이동인 것을 찾아라. 그리고, T 가 반사이동인 경우에는 반사축의 방정식을 구하여라.

   (1) $T(x_1, x_2) = \left(\frac{1}{2}x_1 + \frac{\sqrt{3}}{2}x_2,\ \frac{\sqrt{3}}{2}x_1 - \frac{1}{2}x_2\right)$

   (2) $T(x_1, x_2) = \left(-\frac{4}{5}x_1 + \frac{3}{5}x_2,\ -\frac{3}{5}x_1 - \frac{4}{5}x_2\right)$

   (3) $T(x_1, x_2) = (x_2,\ x_1)$

4. 유클리드 공간 $\mathscr{E}^n$ 에서 사상 $T: \mathscr{E}^n \longrightarrow \mathscr{E}^n$ 에 대하여

$$\| T(v) - T(w) \| = \| v - w \| \qquad (v,\ w \in \mathscr{E}^n)$$

   이고 $T(0) = 0$ 일 때, 다음이 성립함을 증명하여라.

   (1) 모든 $v \in \mathscr{E}^n$ 에 대하여 $\| T(v) \| = \| v \|$ 이다.

   (2) 모든 $v, w \in \mathscr{E}^n$ 에 대하여 $T(v) \cdot T(w) = v \cdot w$ 이다.

   (3) T 는 선형변환이고 따라서 직교변환이다.

§10.3 이차형식

이 절에서는, 실수를 성분으로 가지는 대칭행렬의 특성과 대칭행렬에 관련된 식에 대하여 논하기로 한다.

정의 10.3.1 실수체 $\mathbb{R}$ 위의 n 차의 대칭행렬 $A = [a_{ij}]_{n \times n}$ 에 대하여 다음과 같이 정의된 사상 $q : \mathbb{R}^n \longrightarrow \mathbb{R}$ 를 대칭행렬 A 에 대응하는 **二次形式**(quadratic form)이라고 한다.

$$q(x_1, \cdots, x_n) = [x_1 \ \cdots \ x_n] A \begin{bmatrix} x_1 \\ \vdots \\ x_n \end{bmatrix}$$

$$= \sum_{i=1}^{n} \sum_{j=1}^{n} a_{ij} x_i x_j = \sum_{i=1}^{n} a_{ii} {x_i}^2 + 2 \sum_{i<j}^{n} a_{ij} x_i x_j$$

그리고, 이 경우에 A 를 이차형식 q 의 **행렬**이라고 한다.

보기 10.3.1 다음과 같이 정의된 사상 $q : \mathbb{R}^2 \longrightarrow \mathbb{R}$ 는 이차형식이다.

$$q(x_1, x_2) = [x_1 \ x_2] \begin{bmatrix} 2 & 3 \\ 3 & 4 \end{bmatrix} \begin{bmatrix} x_1 \\ x_2 \end{bmatrix}$$

$$= 2{x_1}^2 + 6x_1x_2 + 4{x_2}^2$$

보기 10.3.2 다음과 같이 정의된 사상 $q : \mathbb{R}^3 \longrightarrow \mathbb{R}$ 는 이차형식이다.

$$q(x_1, x_2, x_3) = [x_1 \ x_2 \ x_3] \begin{bmatrix} 2 & 3 & 5 \\ 3 & -9 & 4 \\ 5 & 4 & 7 \end{bmatrix} \begin{bmatrix} x_1 \\ x_2 \\ x_3 \end{bmatrix}$$

$$= 2{x_1}^2 - 9{x_2}^2 + 7{x_3}^2$$

$$+ 6x_1x_2 + 10x_1x_3 + 8x_2x_3$$

다음 두 정리의 증명은 생략하기로 한다(정의 10.1.1, 정리 10.2.1 참조).

정리 10.3.2 실수체 $\mathbb{R}$ 위의 행렬 $A = [a_{ij}]_{n \times n}$ 가 대칭행렬일 때, A 는 중복을 허락하여 n 개의 (실수인) 고유치 $\lambda_1, \cdots, \lambda_n$ 를 가지며 유클리드 공간 $\mathscr{E}^n$ 에는 A 의 고유벡터로 이루어진 직교정규기저 $\mathscr{C} = \{w_1, \cdots, w_n\}$ 가 존재한다.

정리 10.3.3 (主軸 정리, Principal axis theorem) 실수체 $\mathbb{R}$ 위의 대칭행렬 $A = [a_{ij}]_{n \times n}$ 에 대하여, 사상 $q : \mathbb{R}^n \longrightarrow \mathbb{R}$ 를 A 에 대응하는 이차형식이라고 하자. 즉,

$$q(x_1, \cdots, x_n) = [x_1 \ \cdots \ x_n] A \begin{bmatrix} x_1 \\ \vdots \\ x_n \end{bmatrix} = \sum_{i=1}^{n} \sum_{j=1}^{n} a_{ij} x_i x_j$$

그리고, $\lambda_1, \cdots, \lambda_n$ 을 A 의 (실수인) 고유치라 하고 $\mathscr{C} = \{w_1, \cdots, w_n\}$ 를 다음과 같은 A 의 고유벡터로 이루어진 유클리드 공간 $\mathscr{E}^n$ 의 직교정규기저라고 하자.

$$L_A(w_j) = \lambda_j w_j, \quad w_j = (p_{1j}, p_{2j}, \cdots, p_{nj}) \quad (1 \leq j \leq n)$$

이 때, $P = [p_{ij}]_{n \times n}$ 는 직교행렬이고

$$P^T A P = P^{-1} A P = D, \quad D = \mathrm{diag}\{\lambda_1, \cdots, \lambda_n\}$$

이며 임의의 벡터 $v = (x_1, \cdots, x_n) \in \mathscr{E}^n$ 에 대하여

$$\begin{bmatrix} x_1 \\ \vdots \\ x_n \end{bmatrix} = P \begin{bmatrix} x_1' \\ \vdots \\ x_n' \end{bmatrix}$$

이라고 하면, $q(x_1, \cdots, x_n)$ 는 다음과 같이 변형된다.

$$q(x_1, \cdots, x_n) = \lambda_1 x_1'^2 + \cdots + \lambda_n x_n'^2$$

위의 정리에서 P 는 직교행렬이므로 $\det P = \pm 1$ 이다(정리 10.2.3).

따라서 필요하다면 $w_1, \cdots, w_n$ 의 순서를 바꾸거나 또는 w_1 을 $-w_1$ 으로 바꾸어 $\det P = 1$ 이라고 가정할 수 있다.

보기 10.3.3 다음과 같이 정의된 이차형식 $q : \mathbb{R}^2 \longrightarrow \mathbb{R}$ 를 생각해 보자.

$$q(x_1, x_2) = 5x_1^{\,2} + 4x_1x_2 + 2x_2^{\,2}$$

이 이차형식의 행렬은 대칭행렬

$$A = \begin{bmatrix} 5 & 2 \\ 2 & 2 \end{bmatrix}$$

이고, A 의 고유다항식은

$$f(x) = \begin{vmatrix} x-5 & -2 \\ -2 & x-2 \end{vmatrix} = x^2 - 7x + 6 = (x-1)(x-6)$$

이므로 A 의 고유치는 1, 6 이다.

그런데, E_1 을 고유치 1 에 대응하는 고유공간이라고 하면, E_1 은

$$\begin{bmatrix} -4 & -2 \\ -2 & -1 \end{bmatrix} \begin{bmatrix} x_1 \\ x_2 \end{bmatrix} = \begin{bmatrix} 0 \\ 0 \end{bmatrix}$$

의 해공간이고 따라서 $2x_1 + x_2 = 0$ 의 해공간이므로 $\mathrm{E}_1 = \langle (1, -2) \rangle$ 이다. 마찬가지로, 6 에 대응하는 고유공간은 $\mathrm{E}_2 = \langle (2, 1) \rangle$ 이다. 이제

$$w_1 = \left(\frac{1}{\sqrt{5}}, \frac{-2}{\sqrt{5}}\right), \qquad w_2 = \left(\frac{2}{\sqrt{5}}, \frac{1}{\sqrt{5}}\right)$$

이라고 하면, $\mathrm{E}_1 = \langle w_1 \rangle$, $\mathrm{E}_2 = \langle w_2 \rangle$ 이고 또 $\mathscr{C} = \{w_1, w_2\}$ 는 유클리드 평면 $\mathscr{E}^2$ 의 직교정규기저이다.

따라서

$$P = \begin{bmatrix} \frac{1}{\sqrt{5}} & \frac{2}{\sqrt{5}} \\ \frac{-2}{\sqrt{5}} & \frac{1}{\sqrt{5}} \end{bmatrix}, \qquad D = \begin{bmatrix} 1 & 0 \\ 0 & 6 \end{bmatrix}$$

이라고 하면, P 는 $\det P = 1$ 인 직교행렬이고 $P^{-1}AP = P^TAP = D$ 이다. 그리고, 임의의 벡터 $v = (x_1, x_2)$ 에 대하여

$$\begin{bmatrix} x_1 \\ x_2 \end{bmatrix} = P \begin{bmatrix} x_1' \\ x_2' \end{bmatrix} \quad \text{즉} \quad \begin{cases} x_1 = \frac{1}{\sqrt{5}} x_1' + \frac{2}{\sqrt{5}} x_2' \\ x_2 = \frac{-2}{\sqrt{5}} x_1' + \frac{1}{\sqrt{5}} x_2' \end{cases}$$

이라고 하면, $q(x_1, x_2) = x_1'^2 + 6x_2'^2$ 이다.

보기 10.3.4 다음과 같이 정의된 이차형식 q : $\mathbb{R}^3 \longrightarrow \mathbb{R}$ 를 생각해 보자.

$$q(x_1, x_2, x_3) = {x_1}^2 + {x_3}^2 - 2x_1x_2 - 4x_1x_3 - 2x_2x_3$$

이 이차형식의 행렬은 대칭행렬

$$A = \begin{bmatrix} 1 & -1 & -2 \\ -1 & 0 & -1 \\ -2 & -1 & 1 \end{bmatrix}$$

이고, A 의 고유다항식은 다음과 같다.

$$f(x) = \det(xI_3 - A) = (x-1)(x+2)(x-3)$$

따라서 A 의 고유치는 $\lambda_1 = 1$, $\lambda_2 = -2$, $\lambda_3 = 3$ 이고, 이들 고유치에 대응하는 고유공간은 각각 다음과 같다.

$$\mathrm{E}_1 = \langle(1, -2, 1)\rangle,\ \ \mathrm{E}_2 = \langle(1, 1, 1)\rangle,\ \ \mathrm{E}_3 = \langle(-1, 0, 1)\rangle$$

이제

$$w_1 = \left(\frac{1}{\sqrt{6}}, \frac{-2}{\sqrt{6}}, \frac{1}{\sqrt{6}}\right), \quad w_2 = \left(\frac{1}{\sqrt{3}}, \frac{1}{\sqrt{3}}, \frac{1}{\sqrt{3}}\right),$$

$$w_3 = \left(\frac{-1}{\sqrt{2}}, 0, \frac{1}{\sqrt{2}}\right)$$

이라 하면, $\mathrm{E}_1 = \langle w_1\rangle$, $\mathrm{E}_2 = \langle w_2\rangle$, $\mathrm{E}_3 = \langle w_3\rangle$ 이고 $\mathscr{C} = \{w_1, w_2, w_3\}$ 는 유클리드 공간 $\mathscr{E}^3$ 의 직교정규기저이다.

따라서

$$P = \begin{bmatrix} \frac{1}{\sqrt{6}} & \frac{1}{\sqrt{3}} & \frac{-1}{\sqrt{2}} \\ \frac{-2}{\sqrt{6}} & \frac{1}{\sqrt{3}} & 0 \\ \frac{1}{\sqrt{6}} & \frac{1}{\sqrt{3}} & \frac{1}{\sqrt{2}} \end{bmatrix}, \qquad D = \begin{bmatrix} 1 & 0 & 0 \\ 0 & -2 & 0 \\ 0 & 0 & 3 \end{bmatrix}$$

이라고 하면, P 는 직교행렬이고 $P^{-1}AP = P^TAP = D$, $\det P = 1$ 이다. 그리고, 임의의 벡터 $v = (x_1, x_2, x_3)$ 에 대하여

$$\begin{bmatrix} x_1 \\ x_2 \\ x_3 \end{bmatrix} = P \begin{bmatrix} x_1' \\ x_2' \\ x_n' \end{bmatrix}$$

이라고 하면, $q(x_1, x_2, x_3) = {x_1}'^2 - 2{x_2}'^2 + 3{x_3}'^2$ 이다.

정의 10.3.4 사상 $q : \mathbb{R}^n \longrightarrow \mathbb{R}$ 를 대칭행렬 $A = [a_{ij}]_{n \times n} \in \text{Mat}_n(\mathbb{R})$ 에 대응하는 이차형식이라고 하자. 즉,

$$q(x_1, \cdots, x_n) = [x_1 \ \cdots \ x_n] A \begin{bmatrix} x_1 \\ \vdots \\ x_n \end{bmatrix} = \sum_{i=1}^{n} \sum_{j=1}^{n} a_{ij} x_i x_j$$

다음 두 조건이 성립할 때, q 를 **양의 定符號**(positive definite) **이차형식**이라 하고 A 를 **양의 정부호 대칭행렬**이라고 한다.

(i) 모든 $(x_1, \cdots, x_n) \in \mathbb{R}^n$ 에 대하여 $q(x_1, \cdots, x_n) \geq 0$ 이다.

(ii) $q(x_1, \cdots, x_n) = 0 \Longleftrightarrow (x_1, \cdots, x_n) = (0, \cdots, 0)$

즉, $q(0, \cdots, 0) = 0$ 이고 또 영벡터가 아닌 모든 $(x_1, \cdots, x_n) \in \mathbb{R}^n$ 에 대하여 $q(x_1, \cdots, x_n) > 0$ 일 때, q 는 양의 정부호 이차형식이다.

보기 10.3.5 임의의 양의 정수 $d_1, \cdots, d_n$ 에 대하여, 이차형식

$$q : \mathbb{R}^n \longrightarrow \mathbb{R}, \quad q(x_1, \cdots, x_n) = d_1 {x_1}^2 + \cdots + d_n {x_n}^2$$

는 양의 정부호 이차형식이고 따라서 대각행렬 $D = \text{diag}\{d_1, \cdots, d_n\}$ 는 양의 정부호 대칭행렬이다.

보기 10.3.6 다음과 같이 정의된 이차형식 $q : \mathbb{R}^2 \longrightarrow \mathbb{R}$ 는 양의 정부호 이차형식이 아니다.

(1) $q(x_1, x_2) = [x_1 \ x_2] \begin{bmatrix} 2 & 0 \\ 0 & -1 \end{bmatrix} \begin{bmatrix} x_1 \\ x_2 \end{bmatrix} = 2{x_1}^2 - {x_2}^2$

실제로, $q(1, 0) = 2$, $q(0, 1) = -1$, $q(\sqrt{2}, 2) = 0$ 이다.

(2) $q(x_1, x_2) = [x_1 \ x_2] \begin{bmatrix} 1 & 1 \\ 1 & 1 \end{bmatrix} \begin{bmatrix} x_1 \\ x_2 \end{bmatrix} = {x_1}^2 + 2x_1 x_2 + {x_2}^2$

실제로, 모든 $(x_1, x_2) \in \mathbb{R}^2$ 에 대하여 $q(x_1, x_2) = (x_1 + x_2)^2 \geq 0$ 이지만 모든 실수 x 에 대하여 $q(x, -x) = 0$ 이다.

정리 10.3.5 대칭행렬 $A = [a_{ij}]_{n\times n} \in \mathrm{Mat}_n(\mathbb{R})$ 에 대하여 사상

$$q : \mathbb{R}^n \longrightarrow \mathbb{R},\ q(x_1, x_2, \cdots, x_n) = \sum_{i=1}^{n}\sum_{j=1}^{n} a_{ij}x_i x_j$$

를 A 에 대응하는 이차형식이라고 할 때, 다음 두 조건은 서로 동치이다.

(1) A 는 양의 정부호 대칭행렬이다. 즉, q 는 양의 정부호 이차형식이다.

(2) A 의 n 개의 고유치는 모두 양의 실수이다.

증명 이제 $\lambda_1, \cdots, \lambda_n$ 을 A 의 (실수인) 고유치라 하고 정리 10.3.3 에서와 같이 유클리드 공간 $\mathscr{E}^n$ 의 직교정규기저 $\mathscr{C} = \{w_1, \cdots, w_n\}$ 를 정하자. 이 때, 임의의 벡터 $v = (x_1, \cdots, x_n)$ 에 대하여 $v = x_1{}'w_1 + \cdots + x_n{}'w_n$ 이라고 하면 다음이 성립한다(정리 10.3.3).

$$q(x_1, \cdots, x_n) = \lambda_1 x_1{}'^2 + \cdots + \lambda_n x_n{}'^2$$

$$(x_1, \cdots, x_n) = (0, \cdots, 0) \Longleftrightarrow (x_1{}', \cdots, x_n{}') = (0, \cdots, 0)$$

따라서 영벡터가 아닌 모든 벡터 $(x_1, \cdots, x_n) \in \mathbb{R}^n$ 에 대하여

$$q(x_1, \cdots, x_n) = \lambda_1 x_1{}'^2 + \cdots + \lambda_n x_n{}'^2 > 0$$

이기 위한 필요충분조건은 $\lambda_1 > 0,\ \lambda_2 > 0,\ \cdots,\ \lambda_n > 0$ 인 것이다.

다음 정리가 성립한다([3], 정리 5.7.6 참조).

정리 10.3.6 대칭행렬 $A = [a_{ij}]_{n\times n} \in \mathrm{Mat}_n(\mathbb{R})$ 에 대하여 A 의 처음 r 개의 행과 처음 r 개의 열을 택하여 만든 $r\times r$ 부분행렬을 A_r 라고 하자. 즉,

$$A_r = \begin{bmatrix} a_{11} & a_{12} & \cdots & a_{1r} \\ a_{21} & a_{22} & \cdots & a_{2r} \\ \vdots & \vdots & \cdots & \vdots \\ a_{r1} & a_{r2} & \cdots & a_{rr} \end{bmatrix} \qquad (1 \le r \le n)$$

이 때, 대칭행렬 A 가 양의 정부호 대칭행렬이기 위한 필요충분조건은 모든 $r\ (1 \le r \le n)$ 에 대하여 $|A_r| > 0$ 인 것이다. 즉,

$$|A_1| = a_{11} > 0,\ |A_2| = \begin{vmatrix} a_{11} & a_{12} \\ a_{21} & a_{22} \end{vmatrix} > 0,\ \cdots,\ |A| = |A_n| > 0$$

보기 10.3.7 실수체 $\mathbb{R}$ 위의 대칭행렬

$$A = \begin{bmatrix} a & b \\ b & d \end{bmatrix}, \qquad B = \begin{bmatrix} a & b & c \\ b & d & e \\ c & e & k \end{bmatrix}$$

에 대하여 다음이 성립한다.

(1) 행렬 A 는 $a > 0$, $ad - b^2 > 0$ 일 때 그리고 이때에만 양의 정부호 대칭행렬이다.

(2) 행렬 B 는 $a > 0$, $ad - b^2 > 0$, $|B| > 0$ 일 때 그리고 이때에만 양의 정부호 대칭행렬이다.

양의 정부호 이차형식에 대한 결과는 다변수 함수의 극대·극소 판정에 이용되며, 경제학과 경영학에도 이용된다.

연습문제 (10.3)

1. 다음과 같이 정의된 이차형식의 변수를 변환하여 이를

$$\lambda_1 x_1'^2 + \lambda_2 x_2'^2 \quad \text{또는} \quad \lambda_1 x_1'^2 + \lambda_2 x_2'^2 + \lambda_3 x_3'^2$$

의 꼴로 나타내어라.

(1) $q(x_1, x_2) = x_1^2 + 8x_1x_2 - 3x_2^2$

(2) $q(x_1, x_2, x_3) = 4x_1^2 + 4x_2^2 + 4x_3^2 + 4x_1x_2 + 4x_1x_3 + 4x_2x_3$

(3) $q(x_1, x_2, x_3) = 2x_1^2 + 2x_2^2 + 2x_3^2 + 2x_1x_2 + 2x_1x_3 + 2x_2x_3$

2. 다음 행렬이 양의 정부호 대칭행렬인지를 판정하여라.

(1) $A = \begin{bmatrix} 2 & -1 \\ -1 & 3 \end{bmatrix}$ (2) $A = \begin{bmatrix} 1 & 2 \\ 2 & -1 \end{bmatrix}$ (3) $A = \begin{bmatrix} 1 & 2 & 0 \\ 2 & 1 & 3 \\ 0 & 3 & -3 \end{bmatrix}$

3. 다음과 같이 정의된 이차형식 $q : \mathbb{R}^2 \longrightarrow \mathbb{R}$ 가 양의 정부호 이차형식인지를 판정하여라.

(1) $q(x_1, x_2) = x_1^2 + x_1x_2 + x_2^2$ (2) $q(x_1, x_2) = x_1^2 + 4x_1x_2 + x_2^2$

§10.4 이차곡선과 이차곡면

실수를 계수로 가지는 두 변수 x_1, x_2 에 관한 이차방정식은

$$a{x_1}^2 + 2hx_1x_2 + b{x_2}^2 + 2cx_1 + 2dx_2 + e = 0$$

과 같은 꼴로 나타낼 수 있다. 여기서

$$f(x_1, x_2) = a{x_1}^2 + 2hx_1x_2 + b{x_2}^2 + 2cx_1 + 2dx_2 + e,$$
$$q(x_1, x_2) = a{x_1}^2 + 2hx_1x_2 + b{x_2}^2,$$

$$A = \begin{bmatrix} a & h \\ h & b \end{bmatrix}, \qquad A' = \begin{bmatrix} a & b & c \\ h & b & d \\ c & d & e \end{bmatrix}$$

이라고 하면, A 와 A' 은 대칭행렬이고 다음이 성립한다.

$$q(x_1, x_2) = [x_1 \ x_2]\begin{bmatrix} a & h \\ h & b \end{bmatrix}\begin{bmatrix} x_1 \\ x_2 \end{bmatrix} = [x_1 \ x_2]\,A\begin{bmatrix} x_1 \\ x_2 \end{bmatrix},$$

$$f(x_1, x_2) = [x_1 \ \ x_2 \ \ 1\,]\,A'\begin{bmatrix} x_1 \\ x_2 \\ 1 \end{bmatrix}$$

직교좌표계 $\mathrm{O}-x_1x_2$ 가 도입되어 있는 좌표평면에서 두 변수 x_1, x_2 에 관한 이차방정식 $f(x_1, x_2) = 0$ 을 만족시키는 점 (x_1, x_2) 전체의 집합, 즉

$$\{(x_1, x_2) \mid f(x_1, x_2) = 0\}$$

을 **이차곡선**(quadratic curve) 또는 **원뿔곡선**(conic)이라 하고 이 이차곡선을 간단히 '이차곡선 $f(x_1, x_2) = 0$' 이라고 한다.

행렬 $A\ (\neq O_2)$ 는 대칭행렬이므로 실수인 고유치 λ_1, λ_2 를 가지며 유클리드 평면 $\mathscr{E}^2$ 에는 A 의 고유벡터로 이루어진 직교정규기저 $\mathscr{C} = \{w_1, w_2\}$ 가 존재한다(정리 10.3.2). 또, 다음이 성립한다고 가정하여도 좋다(보기 10.2.1).

$$\begin{aligned} L_A(w_1) &= \lambda_1 w_1, \quad & w_1 &= (\cos\theta,\ \sin\theta) \\ L_A(w_2) &= \lambda_2 w_2, \quad & w_2 &= (-\sin\theta,\ \cos\theta) \end{aligned} \qquad (0 \leq \theta \leq 2\pi)$$

이 때,

$$P = \begin{bmatrix} \cos\theta & -\sin\theta \\ \sin\theta & \cos\theta \end{bmatrix}, \qquad D = \begin{bmatrix} \lambda_1 & 0 \\ 0 & \lambda_2 \end{bmatrix}$$

이라고 하면, P는 $\det P = 1$인 직교행렬이고 $P^{-1}AP = P^TAP = D$이며 또 임의의 벡터 $v = (x_1, x_2)$에 대하여

$$\begin{bmatrix} x_1 \\ x_2 \end{bmatrix} = P \begin{bmatrix} x_1' \\ x_2' \end{bmatrix} \quad \text{즉} \quad \begin{cases} x_1 = \cos\theta\, x_1' - \sin\theta\, x_2' \\ x_2 = \sin\theta\, x_1' + \cos\theta\, x_2' \end{cases}$$

이라고 하면

$$q(x_1, x_2) = \lambda_1 x_1'^2 + \lambda_2 x_2'^2$$

이고 방정식 $f(x_1, x_2) = 0$ 은 다음과 같은 꼴로 변형된다(정리 10.3.3).

$$(*) \qquad \lambda_1 x_1'^2 + \lambda_2 x_2'^2 + 2c_1 x_1' + 2c_2 x_2' + e = 0$$

오른쪽 그림의 좌표평면에서 보는 바와 같이, 새로 도입된 직교좌표계 O-$x_1'x_2'$의 두 좌표축은 서로 직교하는 단위 벡터 w_1, w_2로 결정되고 또 새로운 좌표축은 본래의 좌표축을 원점 O 둘레로 θ 만큼 회전시킨 것이다.

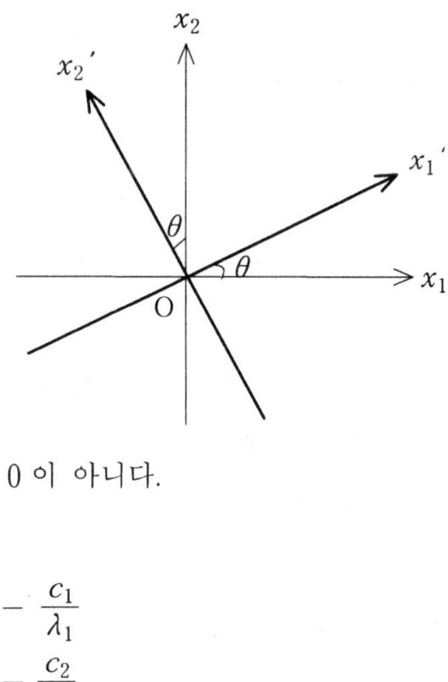

한편, $A \neq O_2$이므로 A의 고유치 λ_1, λ_2 중에서 적어도 하나는 0이 아니다.

먼저 $\lambda_1 \neq 0$, $\lambda_2 \neq 0$ 인 경우에

$$\begin{cases} x_1' = x_1'' - \dfrac{c_1}{\lambda_1} \\ x_2' = x_2'' - \dfrac{c_2}{\lambda_2} \end{cases}$$

이라고 하면, 방정식 $(*)$ 는 다음과 같은 꼴로 변형된다.

$$\lambda_1 x_1''^2 + \lambda_2 x_2''^2 + r = 0$$

직교좌표계 O- $x_1{}'x_2{}'$ 에서의 좌표가 $\left(-\frac{c_1}{\lambda_1},\ -\frac{c_2}{\lambda_2}\right)$ 인 점 O'' 이 새로운 원점이 되도록 좌표축을 평행이동시키면 새로운 직교좌표계 O- $x_1{}''x_2{}''$ 의 좌표축을 얻는다.

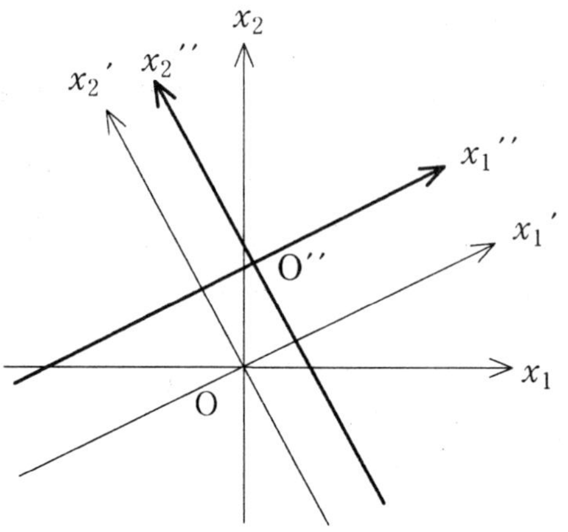

다음에 $\lambda_1 \neq 0,\ \lambda_2 = 0$ 인 경우에

$$\begin{cases} x_1{}' = x_1{}'' - \dfrac{c_1}{\lambda_1} \\ x_2{}' = x_2{}'' \end{cases}$$

로 놓으면, 방정식 (*) 는 다음과 같은 꼴로 변형된다($k = c_2$).

$$\lambda_1 x_1{}''^2 + 2kx_2{}'' + s = 0$$

그런데 $k = 0$ 인 경우에는 위의 방정식은

$$\lambda_1 x_1{}''^2 + s = 0$$

과 같으며, $k \neq 0$ 인 경우에

$$\begin{cases} x_1{}'' = y_1 \\ x_2{}'' = y_2 - \dfrac{s}{2k} \end{cases}$$

로 놓으면 위의 방정식은 다음과 같은 방정식으로 변형된다.

$$\lambda_1 y_1{}^2 + 2ky_2 = 0$$

따라서 좌표축의 회전이동(원점 둘레의) 또는 평행이동을 유한 번 시행하면, 이차곡선 $f(x_1, x_2) = 0$ 은 다음과 같은 유형으로 변형된다.

(1-1) $\lambda_1 \neq 0,\ \lambda_2 \neq 0$ 인 경우

$$\lambda_1 x_1{}^2 + \lambda_2 x_2{}^2 + r = 0$$

(1-2) $\lambda_1 \neq 0,\ \lambda_2 = 0$ 인 경우

$$\lambda_1 x_1{}^2 + s = 0 \quad \text{또는} \quad \lambda_1 x_1{}^2 + 2kx_2 = 0$$

위의 방정식은 $\lambda_1,\ \lambda_2,\ r,\ k,\ s$ 의 부호에 따라 다음과 같은 9 가지로 분류된다. 이들 방정식을 이차곡선의 방정식의 **표준형**(canonical form)이라고 한다.

[I] 有心 이차곡선

① 타원(ellipse)

$$\frac{x_1^2}{a_1^2} + \frac{x_2^2}{a_2^2} = 1$$

$(\lambda_1 \lambda_2 > 0,\ \lambda_1 r < 0)$

② 虛타원(imaginary ellipse)

$$\frac{x_1^2}{a_1^2} + \frac{x_2^2}{a_2^2} = -1$$

$(\lambda_1 \lambda_2 > 0,\ \lambda_1 r > 0)$

③ 點타원(point ellipse)

$$\frac{x_1^2}{a_1^2} + \frac{x_2^2}{a_2^2} = 0$$

$(\lambda_1 \lambda_2 > 0,\ r = 0)$

④ 쌍곡선(hyperbola)

$$\frac{x_1^2}{a_1^2} - \frac{x_2^2}{a_2^2} = \pm 1$$

$(\lambda_1 \lambda_2 < 0,\ r \neq 0)$

⑤ 만나는 두 직선

$$\frac{x_1^2}{a_1^2} - \frac{x_2^2}{a_2^2} = 0 \quad \text{즉} \quad \frac{x_1}{a_1} \pm \frac{x_2}{a_2} = 0 \quad (\lambda_1 \lambda_2 < 0,\ r = 0)$$

[II] 無心 이차곡선

① 포물선(parabola)

$$x_1^2 = 4px_2 \quad (p \neq 0)$$

$(\lambda_1 \neq 0,\ \lambda_2 = 0,\ k \neq 0)$

② 평행한 두 직선

$$x_1^2 = c^2 \quad (c \neq 0)$$

$(\lambda_1 \neq 0,\ \lambda_2 = k = 0,\ \lambda_1 s < 0)$

③ 평행한 두 虛직선

$$x_1^2 = -c^2 \quad (c \neq 0)$$

$(\lambda_1 \neq 0,\ \lambda_2 = k = 0,\ \lambda_1 s > 0)$

④ 일치하는 두 직선

$$x_1^2 = 0$$

$(\lambda_1 \neq 0,\ \lambda_2 = k = s = 0)$

행렬 P 는 직교행렬이고 $P^{-1}AP = D$ 이므로 다음이 성립한다.

$r(A) = r(D) = (\lambda_1, \lambda_2$ 중에서 0 이 아닌 것의 개수$)$

$ab - h^2 = \det A = \det D = \lambda_1 \lambda_2$

$ab-h^2$	$r(A)$	$r(A')$	이차곡선	$ab-h^2$	$r(A)$	$r(A')$	이차곡선
+	2	3	타원	0	1	3	포물선
+	2	3	허타원	0	1	2	평행한 두 직선
+	2	2	점타원	0	1	2	평행한 두 허직선
−	2	3	쌍곡선	0	1	1	일치하는 두 직선
−	2	2	만나는 두 직선				

보기 10.4.1 다음과 같은 x_1, x_2 에 관한 이차방정식을 생각해 보자.

$$5{x_1}^2 + 4x_1x_2 + 2{x_2}^2 - 6x_1 - 33 = 0$$

먼저 $q(x_1, x_2) = 5{x_1}^2 + 4x_1x_2 + 2{x_2}^2$ 이라 하고, 보기 10.3.3 의 절차에 따라

$$P = \begin{bmatrix} \frac{1}{\sqrt{5}} & \frac{2}{\sqrt{5}} \\ \frac{-2}{\sqrt{5}} & \frac{1}{\sqrt{5}} \end{bmatrix}, \qquad D = \begin{bmatrix} 1 & 0 \\ 0 & 6 \end{bmatrix}$$

이라고 하면, P 는 $\det P = 1$ 인 직교행렬이고 $P^{-1}AP = P^TAP = D$ 이다. 그리고,

$$\begin{bmatrix} x_1 \\ x_2 \end{bmatrix} = P \begin{bmatrix} x_1' \\ x_2' \end{bmatrix} \quad \text{즉} \quad \begin{cases} x_1 = \frac{1}{\sqrt{5}} x_1' + \frac{2}{\sqrt{5}} x_2' \\ x_2 = \frac{-2}{\sqrt{5}} x_1' + \frac{1}{\sqrt{5}} x_2' \end{cases}$$

이라고 놓으면, $q(x_1, x_2)$ 는

$$q(x_1, x_2) = {x_1'}^2 + 6{x_2'}^2$$

으로 변형되고 주어진 방정식은 다음과 같이 변형된다.

$${x_1'}^2 + 6{x_2'}^2 - \frac{6}{\sqrt{5}} x_1' - \frac{12}{\sqrt{5}} x_2' - 33 = 0$$

$$(x_1' - \frac{3}{\sqrt{5}})^2 + 6(x_2' - \frac{1}{\sqrt{5}})^2 = 6^2$$

따라서

$$\begin{cases} x_1'' = x_1' - \frac{3}{\sqrt{5}} \\ x_2'' = x_2' - \frac{1}{\sqrt{5}} \end{cases}$$

으로 놓으면, 위의 방정식은

$$\frac{{x_1''}^2}{6^2} + \frac{{x_2''}^2}{(\sqrt{6})^2} = 1$$

으로 변형되므로 주어진 이차방정식이 나타내는 이차곡선은 오른쪽 그림과 같은 타원이다.

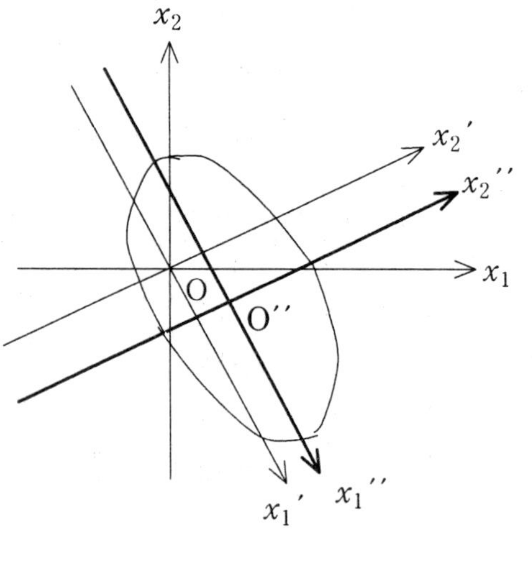

실수를 계수로 가지는 세 변수 x_1, x_2, x_3 에 관한 이차방정식은

$$a_{11}{x_1}^2 + a_{22}{x_2}^2 + a_{33}{x_3}^2 + 2a_{12}x_1x_2 + 2a_{13}x_1x_3 + 2a_{23}x_2x_3 + 2b_1x_1 + 2b_2x_2 + 2b_3x_3 + e = 0$$

과 같은 꼴로 나타낼 수 있다. 여기서

$$f(x_1, x_2, x_3) = a_{11}{x_1}^2 + a_{22}{x_2}^2 + a_{33}{x_3}^2 + 2a_{12}x_1x_2 + 2a_{13}x_1x_3 + 2a_{23}x_2x_3 + 2b_1x_1 + 2b_2x_2 + 2b_3x_3 + e$$

$$q(x_1, x_2, x_3) = a_{11}{x_1}^2 + a_{22}{x_2}^2 + a_{33}{x_3}^2 + 2a_{12}x_1x_2 + 2a_{13}x_1x_3 + 2a_{23}x_2x_3$$

이라 하고 또

$$A = \begin{bmatrix} a_{11} & a_{12} & a_{13} \\ a_{21} & a_{22} & a_{23} \\ a_{31} & a_{32} & a_{33} \end{bmatrix}, \qquad A' = \begin{bmatrix} a_{11} & a_{12} & a_{13} & b_1 \\ a_{21} & a_{22} & a_{23} & b_2 \\ a_{31} & a_{32} & a_{33} & b_3 \\ b_1 & b_2 & b_3 & e \end{bmatrix}$$

이라고 하면, A 와 A' 은 대칭행렬이고 다음이 성립한다.

$$q(x_1, x_2, x_3) = [x_1 \ \ x_2 \ \ x_3]A\begin{bmatrix} x_1 \\ x_2 \\ x_3 \end{bmatrix},$$

$$f(x_1, x_2, x_3) = [x_1 \ \ x_2 \ \ x_3 \ \ 1]A'\begin{bmatrix} x_1 \\ x_2 \\ x_3 \\ 1 \end{bmatrix}$$

직교좌표계 $\mathrm{O}\text{-}x_1x_2x_3$ 가 도입되어 있는 좌표공간에서 x_1, x_2, x_3 에 관한 이차방정식 $f(x_1, x_2, x_3) = 0$ 을 만족시키는 점 (x_1, x_2, x_3) 전체의 집합, 즉 $\{(x_1, x_2, x_3) \mid f(x_1, x_2, x_3) = 0\}$ 을 **이차곡면**(quadratic surface)이라 하고 이것을 '이차곡면 $f(x_1, x_2, x_3) = 0$' 이라고 한다.

대칭행렬 $A\ (\neq O_3)$ 는 실수인 고유치 $\lambda_1, \lambda_2, \lambda_3$ 를 가지며 유클리드 공간 $\mathscr{E}^3$ 에는 A 의 고유벡터로 이루어진 직교정규기저 $\mathscr{C} = \{w_1, w_2, w_3\}$ 가 존재하고 따라서 적당한 직교행렬 P 에 대하여 다음이 성립한다(정리 10.3.3).

$$P^{-1}AP = P^TAP = D, \qquad D = \operatorname{diag}\{\lambda_1, \lambda_2, \lambda_3\}$$

여기서, $\det P = 1$ 이라고 생각하여도 좋다.

이제 $(x_1, x_2, x_3) = x_1' w_1 + x_2' w_2 + x_3' w_3$ 이라고 하면

$$\begin{bmatrix} x_1 \\ x_2 \\ x_3 \end{bmatrix} = P \begin{bmatrix} x_1' \\ x_2' \\ x_3' \end{bmatrix},$$

$$q(x_1, x_2, x_3) = \lambda_1 x_1'^2 + \lambda_2 x_2'^2 + \lambda_3 x_3'^2$$

이고 방정식 $f(x_1, x_2, x_3) = 0$ 은 다음과 같은 꼴로 변형된다(정리 10.3.3).

$$(*) \quad \lambda_1 x_1'^2 + \lambda_2 x_2'^2 + \lambda_3 x_3'^2 + 2c_1 x_1' + 2c_2 x_2 + 2c_3 x_3' + e = 0$$

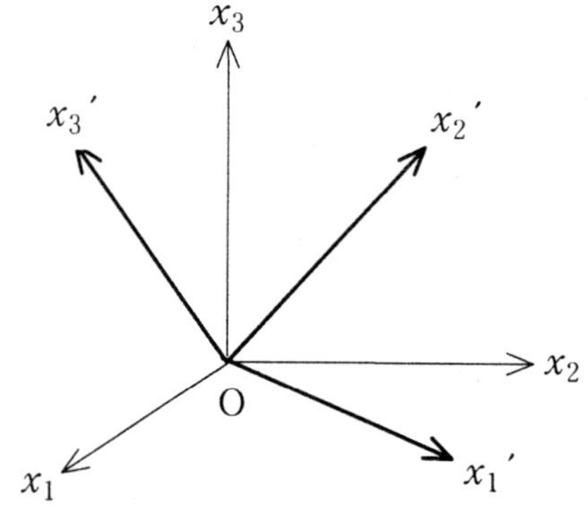

여기서 새로 도입된 직교좌표계 O-$x_1' x_2' x_3'$ 의 세 좌표축은 서로 직교하는 단위벡터 w_1, w_2, w_3 로 결정된다. 한편, $\det P = 1$ 이므로 새로운 좌표축은 본래의 좌표축을 적당한 회전축에 관하여 회전시킨 것이다. 그런데 $A \neq O_3$ 이므로 A 의 세 고유치 중에서 적어도 하나는 0 이 아니다. 따라서 다음 세 가지 경우만을 생각하기로 한다.

그런데 다음 각 경우에 좌표축의 회전이동(원점을 지나는 직선을 회전축으로 가지는) 또는 평행이동을 유한 번 시행하면, 이차곡면 $f(x_1, x_2, x_3) = 0$ 은 다음과 같은 유형으로 변형됨을 증명할 수 있다.

(2-1) $\lambda_1 \neq 0$, $\lambda_2 \neq 0$, $\lambda_3 \neq 0$ 인 경우

$$\lambda_1 x_1^2 + \lambda_2 x_2^2 + \lambda_3 x_3^2 + r = 0$$

(2-2) $\lambda_1 \neq 0$, $\lambda_2 \neq 0$, $\lambda_3 = 0$ 인 경우

$$\lambda_1 x_1^2 + \lambda_2 x_2^2 + s = 0 \quad \text{또는} \quad \lambda_1 x_1^2 + \lambda_2 x_2^2 + 2k x_3 = 0$$

(2-3) $\lambda_1 \neq 0$, $\lambda_2 = 0$, $\lambda_3 = 0$ 인 경우

$$\lambda_1 x_1^2 + t = 0 \quad \text{또는} \quad \lambda_1 x_1^2 + 2x_2 = 0$$

위의 방정식은 다음과 같은 17 가지로 분류된다. 이들 이차방정식을 이차곡면의 방정식의 **표준형**(canonical form) 이라고 한다.

[I] 有心 이차곡면

① 타원면 (ellipsoid) $\dfrac{x_1^2}{a_1^2}+\dfrac{x_2^2}{a_2^2}+\dfrac{x_3^2}{a_3^2}=1$

② 虛타원면 (imaginary ellipsoid) $\dfrac{x_1^2}{a_1^2}+\dfrac{x_2^2}{a_2^2}+\dfrac{x_3^2}{a_3^2}=-1$

③ 點타원면 (point ellipsoid) $\dfrac{x_1^2}{a_1^2}+\dfrac{x_2^2}{a_2^2}+\dfrac{x_3^2}{a_3^2}=0$

④ 一葉 쌍곡면 (hyperboloid of 1 sheet) $\dfrac{x_1^2}{a_1^2}+\dfrac{x_2^2}{a_2^2}-\dfrac{x_3^2}{a_3^2}=1$

⑤ 二葉 쌍곡면 (hyperboloid of 2 sheet) $\dfrac{x_1^2}{a_1^2}+\dfrac{x_2^2}{a_2^2}-\dfrac{x_3^2}{a_3^2}=-1$

⑥ 타원뿔면 (elliptic cone) $\dfrac{x_1^2}{a_1^2}+\dfrac{x_2^2}{a_2^2}-\dfrac{x_3^2}{a_3^2}=0$

[II] 抛物面(paraboloid)

① 타원포물면 (elliptic paraboloid) $\dfrac{x_1^2}{a_1^2}+\dfrac{x_2^2}{a_2^2}=2x_3$

② 쌍곡포물면 (hyperbolic paraboloid) $\dfrac{x_1^2}{a_1^2}-\dfrac{x_2^2}{a_2^2}=-2x_3$

[III] 기둥면(cylinder)

① 타원기둥면 (elliptic cylinder) $\dfrac{x_1^2}{a_1^2}+\dfrac{x_2^2}{a_2^2}=1$

② 虛타원기둥면 $\dfrac{x_1^2}{a_1^2}+\dfrac{x_2^2}{a_2^2}=-1$

③ 點 타원기둥면 $\dfrac{x_1^2}{a_1^2}+\dfrac{x_2^2}{a_2^2}=0$

④ 쌍곡기둥면 (hyperbolic cylinder) $\dfrac{x_1^2}{a_1^2}-\dfrac{x_2^2}{a_2^2}=1$

⑤ 서로 만나는 두 평면 $\dfrac{x_1^2}{a_1^2}-\dfrac{x_2^2}{a_2^2}=0$

⑥ 포물기둥면 $x_1^2=4px_2 \quad (p\neq 0)$

⑦ 서로 평행한 두 평면 $x_1^2=c^2 \quad (c\neq 0)$

⑧ 서로 평행한 두 虛평면 $x_1^2=-c^2 \quad (c\neq 0)$

⑨ 일치하는 두 평면 $x_1^2=0$

보기 10.4.2 다음과 같은 x_1, x_2, x_3 에 관한 이차방정식을 생각해 보자.

$$x_1{}^2 + x_3{}^2 - 2x_1x_2 - 4x_1x_3 - 2x_2x_3 - 6x_1 + 2x_2 + 12x_3 + 5 = 0$$

먼저 $q(x_1, x_2, x_3) = x_1{}^2 + x_3{}^2 - 2x_1x_2 - 4x_1x_3 - 2x_2x_3$ 이라 하고 보기 10.3.4 와 같은 절차에 따라

$$P = \begin{bmatrix} \frac{1}{\sqrt{6}} & \frac{1}{\sqrt{3}} & \frac{-1}{\sqrt{2}} \\ \frac{-2}{\sqrt{6}} & \frac{1}{\sqrt{3}} & 0 \\ \frac{1}{\sqrt{6}} & \frac{1}{\sqrt{3}} & \frac{1}{\sqrt{2}} \end{bmatrix}, \qquad P\begin{bmatrix} x_1 \\ x_2 \\ x_3 \end{bmatrix} = \begin{bmatrix} x_1{}' \\ x_2{}' \\ x_3{}' \end{bmatrix}$$

이라고 놓으면, $q(x_1, x_2, x_3) = x_1{}'^2 - 2x_2{}'^2 + 3x_3{}'^2$ 이고 주어진 방정식은 다음과 같이 변형된다.

$$x_1{}'^2 - 2x_2{}'^2 + 3x_3{}'^2 + \frac{2}{\sqrt{6}}x_1{}' + \frac{8}{\sqrt{3}}x_2{}' + \frac{18}{\sqrt{2}}x_3{}' + 5 = 0$$

$$(x_1{}' + \frac{1}{\sqrt{6}})^2 - 2(x_2{}' - \frac{2}{\sqrt{3}})^2 + 3(x_3{}' + \frac{3}{\sqrt{2}})^2 = 6$$

따라서

$$x_1{}'' = x_1{}' + \frac{1}{\sqrt{6}}, \quad x_2{}'' = x_2{}' - \frac{2}{\sqrt{3}}, \quad x_3{}'' = x_3{}' + \frac{3}{\sqrt{2}}$$

으로 놓으면, 위의 방정식은 다음과 같이 변형된다.

$$x_1{}''^2 - 2x_2{}''^2 + 3x_3{}'^2 = 6 \quad 즉 \quad \frac{x_1{}''^2}{(\sqrt{6})^2} - \frac{x_2{}''^2}{(\sqrt{3})^2} + \frac{x_3{}''^2}{(\sqrt{2})^2} = 1$$

연습문제 (10.4)

1. 다음 이차방정식의 그래프를 좌표평면 위에 그려라.

   (1) $5x_1{}^2 + 2x_1x_2 + 5x_2{}^2 - 8x_1 + 8x_2 = 16$

   (2) $2x_1{}^2 + 4x_1x_2 - x_2{}^2 - 12x_1 = 0$

   (3) $2x_1{}^2 - 4x_1x_2 + 5x_2{}^2 - 36 = 0$

2. 이차방정식 $x_1{}^2 - x_2x_3 + 2x_1 - 4x_2 + 3x_3 - 12 = 0$ 의 표준형을 구하여라.

제 11 장

선형부호

부호이론(coding theory) 은 1948 년에 Shannon 에 의하여 시작되어 1960 년대에 이르러 활발히 연구되면서 1965 년에 화성 착륙선인 Mariner 4 호가 화성의 사진을 지구로 전송하는 데 이용되었다. 부호이론은 대수학을 토대로 하여 발전하여 왔으며, 암호학과 정보이론과 관련하여 그 중요성이 증대되고 있다.

이 장에서는, 선형부호, 이진부호, 생성행렬과 홀짝검사행렬, Hamming 거리, Hamming 무게, 부호의 복호와 오류 수정, 이진 Hamming 부호에 대하여 간단히 논한다. 부호이론에 관한 상세한 설명은

박승안, 암호학과 부호이론, 제 2 판, 경문사, 2008

을 참조하기 바란다.

§11.1 선형부호와 홀짝 검사행렬

전달해야 할 통신문을 통신로를 통하여 전달할 때 이 통신문을 통신로가 인식할 수 있도록 일정한 기호(symbol)로 바꾸는 과정을 **符號化**(encoding)라고 하며 통신문을 전환하는 장치를 부호기(encoder)라고 한다. 그리고 부호화된 언어를 **符號語**(codeword)라 하고 한 전달 체계에 속하는 부호어 전체의 집합을 **符號**(code)라고 한다. 통신로를 통하여 부호어가 송신되면 이를 수신하여 이해할 수 있는 언어로 바꾸어 본래의 통신문의 내용을 알게 된다. 이 때, 수신된 내용을 이해할 수 있는 언어로 전환시키는 과정을 **復號**(decoding)라 하고 이와 같이 전환시키는 장치를 복호기(decoder)라고 한다.

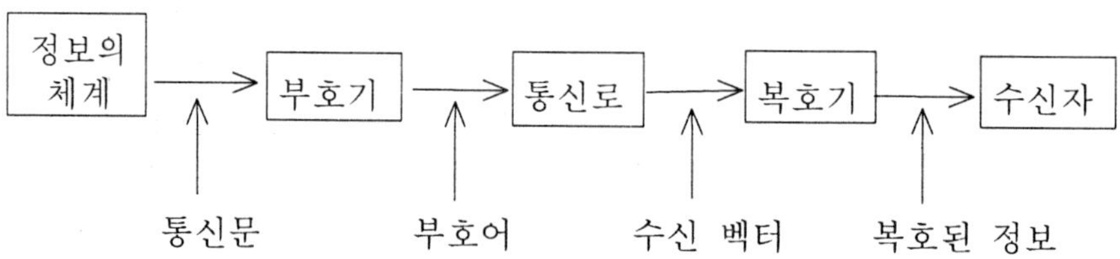

통신문이나 부호어를 만들 때에는 먼저 q 개의 기호로 이루어진 집합 F 를 생각한다. 그리고 통신문은 F 에 속하는 k $(k \geq 1)$ 개의 기호를 차례로 늘어놓아 $(a_1, a_2, \cdots, a_k)$ 또는 $a_1\, a_2 \cdots a_k$ 로 나타내고 또 부호어는 F 에 속하는 n $(n \geq k)$ 개의 기호를 늘어놓아 $(x_1, x_2, \cdots, x_n)$ 또는 $x_1\, x_2 \cdots x_n$ 으로 나타낸다. 이 때, 전달할 통신문을 조직적으로 부호화하고 복호할 수 있게 하기 위해서는 q 개의 기호로 이루어진 집합 F 로서 q 개의 원소로 이루어진 Galois 체 $\mathbb{F}_q$ 를 이용한다(정의 6.4.4 참조).

Galois 체 $\mathbb{F}_q$ 에 대하여 집합

$$\mathbb{F}_q{}^n = \{(x_1, x_2, \cdots, x_n) \mid x_1, x_2, \cdots, x_n \in \mathbb{F}_q\}, \quad |\mathbb{F}_q{}^n| = q^n$$

는 다음과 같이 정의된 연산에 관하여 체 $\mathbb{F}_q$ 위의 n 차원 벡터공간을 이룬다.

$$(a_1, a_2, \cdots, a_n) + (b_1, b_2, \cdots, b_n) = (a_1 + b_1, a_2 + b_2, \cdots, a_n + b_n)$$

$$c(a_1, a_2, \cdots, a_n) = (ca_1, ca_2, \cdots, ca_n) \qquad (c \in \mathbb{F}_q)$$

앞으로, $(x_1, x_2, \cdots, x_n)$ 를 $x_1\, x_2 \cdots x_n$ 으로 나타내기도 한다.

보기 11.1.1 체 $\mathbb{F}_2 = \{0,1\}$ 의 두 원소를 기호로 사용하여, 두 가지 정보 '예' 와 '아니오' 로 이루어진 정보 체계를 나타내어 보자.

(1) '예'를 0, '아니오' 를 1 로 나타내기로 하면, 0 과 1 은 부호어이고 이들 두 부호어로 이루어진 부호 $C = \{0, 1\}$ 는 벡터공간 $\mathbb{F}_2$ 와 동일하다.

(2) '예' 를 00, '아니오'를 11 로 나타내기로 하면, 00 과 11 은 부호어이고 이들 두 부호어로 이루어진 부호 $C = \{00, 11\}$ 는 벡터공간 $\mathbb{F}_2{}^2$ 의 1 차원 부분공간이다.

보기 11.1.2 체 $\mathbb{F}_2 = \{0,1\}$ 의 두 원소를 기호로 사용하여, 네 가지 정보 '동', '서', '남', '북' 으로 이루어진 정보 체계를 나타내어 보자.

(1) '동', '서', '남', '북'을 각각 부호어 00, 01, 10, 11 로 나타내기로 하면, 부호 $C = \{00, 01, 10, 11\}$ 는 벡터공간 $\mathbb{F}_2{}^2$ 와 동일하다.

(2) '동', '서', '남', '북'을 각각 부호어 000, 011, 101, 110 으로 나타내기로 하면, 부호 $C = \{000, 011, 101, 110\}$ 는 벡터공간 $\mathbb{F}_2{}^3$ 의 2 차원 부분공간이다.

보기 11.1.3 네 가지 통신문을 체 $\mathbb{F}_2$ 위의 2 차원 벡터공간 $\mathbb{F}_2{}^2$ 에 속해 있는 벡터로 나타내었다고 가정하자. 이 때, 체 $\mathbb{F}_2$ 위의 2×5 행렬

$$G = \begin{bmatrix} 0 & 1 & 1 & 0 & 1 \\ 1 & 0 & 1 & 1 & 0 \end{bmatrix}$$

을 이용하여 길이 2 인 통신문을 길이가 5 인 부호어로 변환시킬 수 있다.

실제로, 각 벡터 $(a_1, a_2) \in \mathbb{F}_2{}^2$ 에 대하여

$$[x_1\ x_2\ x_3\ x_4\ x_5] = [a_1\ a_2]G = [a_1\ \ a_2]\begin{bmatrix} 0 & 1 & 1 & 0 & 1 \\ 1 & 0 & 1 & 1 & 0 \end{bmatrix}$$

이라 하면,

$$(x_1, x_2, x_3, x_4, x_5) = a_1(0, 1, 1, 0, 1) + a_2(1, 0, 1, 1, 0)$$

이므로 $\mathbb{F}_2{}^2$ 에 속해 있는 통신문은 각각 다음과 같이 부호어로 변환된다.

$$(0,0) \longrightarrow (0,0,0,0,0), \quad (1,0) \longrightarrow (0,1,1,0,1),$$
$$(0,1) \longrightarrow (1,0,1,1,0), \quad (1,1) \longrightarrow (1,1,0,1,1)$$

그러므로 $\mathbb{F}_2{}^2$ 에 속해 있는 통신문 전체는 부호

$$C = \{(0,0,0,0,0), (0,1,1,0,1), (1,0,1,1,0), (1,1,0,1,1)\}$$

에 속해 있는 부호어로 변환된다. 한편,

$$C = (G\text{의 행공간}), \qquad r(G) = 2$$

이므로(정리 5.5.23), C 는 5 차원 벡터공간 $\mathbb{F}_2{}^5$ 의 2 차원 부분공간이다.

보기 11.1.4 통신문 전체를 체 $\mathbb{F}_2$ 위의 4 차원 벡터공간 $\mathbb{F}_2{}^4$ 에 속하는 2^4 개의 벡터로 나타낼 때, 체 $\mathbb{F}_2$ 위의 3×7 행렬

$$H = \begin{bmatrix} 1 & 1 & 0 & 1 & 1 & 0 & 0 \\ 1 & 1 & 1 & 0 & 0 & 1 & 0 \\ 1 & 0 & 1 & 1 & 0 & 0 & 1 \end{bmatrix}$$

를 이용하여 각 통신문 $(a_1, a_2, a_3, a_4) \in \mathbb{F}_2{}^4$ 를 다음 두 조건을 만족시키는 부호어 $(x_1, x_2, x_3, x_4, x_5, x_6, x_7) \in \mathbb{F}_2{}^7$ 로 바꾸어 보자.

(i) $x_1 = a_1$, $x_2 = a_2$, $x_3 = a_3$, $x_4 = a_4$

(ii) $H\begin{bmatrix} x_1 \\ \vdots \\ x_7 \end{bmatrix} = \begin{bmatrix} 0 \\ 0 \\ 0 \end{bmatrix}$ 즉 $\begin{cases} x_1 + x_2 \phantom{{}+x_3} + x_4 + x_5 = 0 \\ x_1 + x_2 + x_3 \phantom{{}+x_4+x_5} + x_6 = 0 \\ x_1 \phantom{{}+x_2} + x_3 + x_4 \phantom{{}+x_5+x_6} + x_7 = 0 \end{cases}$

이 때, 체 $\mathbb{F}_2$ 에서 $-1 = 1$ 이므로, 위의 동차 연립일차방정식은

$$x_5 = x_1 + x_2 + x_4$$
$$x_6 = x_1 + x_2 + x_3$$
$$x_7 = x_1 + x_3 + x_4$$

으로 고쳐 쓸 수 있고 따라서 각 통신문 $(a_1, a_2, a_3, a_4) \in \mathbb{F}_2{}^4$ 에 대하여 (i) 와 같이 놓으면, $\mathbb{F}_2{}^4$ 의 2^4 개의 원소는 2^4 개의 길이가 7 인 부호어로 변환된다. 이들 2^4 개의 부호어 전체로 이루어진 부호를 C 이라고 하면, C 는 (ii) 의 해공간이고 C 는 벡터공간 $\mathbb{F}_2{}^7$ 의 4 차원 부분공간이다.

이제까지 논한 것을 근거로 하여 부호어를 다음과 같이 새로 정의한다.

정의 11.1.1 Galois 체 $\mathbb{F}_q$ 위의 n차원 벡터공간 $\mathbb{F}_q{}^n$에서 벡터공간 $\mathbb{F}_q{}^n$의 부분공간 C를 체 $\mathbb{F}_q$ 위의 **선형부호**(linear code)라 하고 C에 속하는 각 벡터를 **블록**(block)의 **길이**가 n인 **부호어**(codeword) 라고 한다.

그리고, 부호 C가 $\mathbb{F}_q{}^n$의 k차원 부분공간일 때, C를 **선형 (n, k) 부호**라고 하며 이 경우에 $|C| = q^k$ $(1 \le k \le n)$ 이다.

특히, 체 $\mathbb{F}_2 = \{0,1\}$ 위의 부호와 부호어를 각각 **二進부호**(binary code), **이진부호어**(binary codeword) 라고 한다.

선형부호 C 는 덧셈군이기도 하므로 C를 **群부호**(group code)라고도 한다.

보기 11.1.5 체 $\mathbb{F}_2$ 위의 5차원 벡터공간 $\mathbb{F}_2{}^5$ 에서

$$C_1 = \{(0,0,0,0,0), (0,1,1,0,1), (1,0,1,1,0), (1,1,0,1,1)\}$$

은 2차원 부분공간이므로, 부호 C_1 은 이진 선형 (5, 2) 부호이다

그리고, 체 $\mathbb{F}_2$ 위의 6차원 벡터공간 $\mathbb{F}_2{}^6$ 에서

$$\begin{aligned} C_2 = \{&(0,0,0,0,0,0), (0,0,1,1,1,0), (0,1,0,1,0,1), \\ &(0,1,1,0,1,1), (1,0,0,0,1,1), (1,0,1,1,0,1), \\ &(1,1,0,1,1,0), (1,1,1,0,0,0)\} \end{aligned}$$

는 3차원 부분공간이므로, C_2 는 이진 선형 (6, 3) 부호이다.

Galois 체 $\mathbb{F}_q$ 위의 $r\times n$ 행렬 $G = [a_{ij}]_{r\times n}$에 대하여 C를 G의 행공간이라 하고 $r(G) = k$ 이라고 하자. 이 때, C는 벡터공간 $\mathbb{F}_q{}^n$의 k차원 부분공간이므로 C는 체 $\mathbb{F}_q$ 위의 선형 (n, k) 부호이고 또 $|C| = q^k$ 이다.

한편, C가 Galois 체 $\mathbb{F}_q$ 위의 선형 (n, k) 부호이면, C는 체 $\mathbb{F}_q$ 위의 적당한 $m\times n$ 행렬 G의 행공간이고 $r(G) = k$ 이다(정리 5.5.23). 특히, C의 기저 $\{v_1, \cdots, v_k\}$를 택하여 $v_1, \cdots, v_k$를 행벡터로 가지는 $k\times n$ 행렬을 G 라고 하면, C는 행렬 G의 행공간이고 $r(G) = k$ 이다.

앞으로, 체 $\mathbb{F}_q$ 위의 선형 (n, k) 부호 C를 논할 때에는 $\{0\} \subsetneq C \subsetneq \mathbb{F}_q^{\ n}$ 즉 $1 \leq k \leq n-1$ 이라고 가정하기로 한다.

정의 11.1.2 Galois 체 $\mathbb{F}_q$ 위의 선형 (n, k) 부호 C 가 체 $\mathbb{F}_q$ 위의 적당한 행렬 G에 대하여

$$C = (\,G\text{의 행공간}), \qquad r(G) = k$$

일 때, G 를 C 의 **生成행렬**(generator matrix)이라고 한다.

보기 11.1.6 체 $\mathbb{F}_3 = \{0, 1, 2\}$ 위의 2×5 행렬

$$G = \begin{bmatrix} 1 & 0 & 1 & 0 & 1 \\ 2 & 1 & 0 & 2 & 2 \end{bmatrix}$$

에 대하여 G를 생성행렬로 가지는 부호를 C 라고 하자. 이 때,

$$G = \begin{bmatrix} 1 & 0 & 1 & 0 & 1 \\ 2 & 1 & 0 & 2 & 2 \end{bmatrix} \longrightarrow G' = \begin{bmatrix} 1 & 0 & 1 & 0 & 1 \\ 0 & 1 & 1 & 2 & 0 \end{bmatrix}$$

이므로

$$C = (G'\text{의 행공간}) = \langle (1, 0, 1, 0, 1), (0, 1, 1, 2, 0) \rangle$$

이고 또 $r(G) = 2$ 이므로 C는 체 $\mathbb{F}_3$ 위의 선형 $(5, 2)$ 부호이다.

Galois 체 $\mathbb{F}_q$ 위의 n 차원 벡터공간 $\mathbb{F}_q^{\ n}$ 에서 C가 적당한 행렬 H를 계수행렬로 가지는 동차 연립일차방정식

$$H \begin{bmatrix} x_1 \\ \vdots \\ x_n \end{bmatrix} = \begin{bmatrix} 0 \\ \vdots \\ 0 \end{bmatrix}$$

의 해공간일 때, $r(H) = r$ 이면 C는 벡터공간 $\mathbb{F}_q^{\ n}$ 의 $n-r$ 차원 부분공간이므로 C 는 체 $\mathbb{F}_q$ 위의 선형 $(n, n-r)$ 부호이다(정리 5.5.25).

그리고, C가 체 $\mathbb{F}_q$ 위의 선형 (n, k) 부호일 때, C는 체 $\mathbb{F}_q$ 위의 적당한 행렬 H를 계수행렬로 가지는 동차 연립일차방정식의 해공간이다.

정의 11.1.3 Galois 체 $\mathbb{F}_q$ 위의 선형 (n, k) 부호 C 가 체 $\mathbb{F}_q$ 위의 적당한 동차 연립일차방정식

$$H\begin{bmatrix} x_1 \\ \vdots \\ x_n \end{bmatrix} = \begin{bmatrix} 0 \\ \vdots \\ 0 \end{bmatrix}$$

의 해공간일 때, 계수행렬 H를 C의 **홀짝 검사행렬**(parity-check matrix)이라고 한다. 여기서 $r(H) = n-k$ 이다.

보기 11.1.7 (반복 부호) 체 $\mathbb{F}_2 = \{0, 1\}$ 위의 선형부호 C 가 다음과 같은 체 $\mathbb{F}_2$ 위의 $(n-1)\times n$ 행렬 H를 홀짝 검사행렬로 가지는 부호라고 하자.

$$H = \begin{bmatrix} 1 & 1 & 0 & \cdots & 0 \\ 1 & 0 & 1 & \cdots & 0 \\ \vdots & \vdots & \vdots & \ddots & 0 \\ 1 & 0 & 0 & \cdots & 1 \end{bmatrix} \qquad \text{(각 행에 1이 두 개)}$$

이 때, 임의의 $(x_1, \cdots, x_n) \in \mathbb{F}_2{}^n$ 에 대하여 다음이 성립한다.

$$\begin{aligned} (x_1, \cdots, x_n) \in C &\Longleftrightarrow H\begin{bmatrix} x_1 \\ \vdots \\ x_n \end{bmatrix} = \begin{bmatrix} 0 \\ \vdots \\ 0 \end{bmatrix} \\ &\Longleftrightarrow x_1 + x_2 = 0,\ \cdots,\ x_1 + x_n = 0 \\ &\Longleftrightarrow x_2 = x_1,\ \cdots,\ x_n = x_1 \end{aligned}$$

따라서 $C = \{(0,0,\cdots,0), (1,1,\cdots,1)\}$ 이고, C는 이진 선형 $(n, 1)$ 부호이다.

보기 11.1.8 체 $\mathbb{F}_2 = \{0, 1\}$ 위의 3×4 행렬

$$H = \begin{bmatrix} 0 & 1 & 1 & 1 \\ 1 & 0 & 1 & 0 \\ 1 & 1 & 0 & 1 \end{bmatrix}$$

는 기본 행 변형에 의하여 다음과 같이 기약 행 사다리꼴 행렬로 변형된다.

$$H = \begin{bmatrix} 0 & 1 & 1 & 1 \\ 1 & 0 & 1 & 0 \\ 1 & 1 & 0 & 1 \end{bmatrix} \longrightarrow \begin{bmatrix} 1 & 0 & 1 & 0 \\ 0 & 1 & 1 & 1 \\ 1 & 1 & 0 & 1 \end{bmatrix} \longrightarrow \begin{bmatrix} 1 & 0 & 1 & 0 \\ 0 & 1 & 1 & 1 \\ 0 & 0 & 0 & 0 \end{bmatrix} = H'$$

여기서 행렬 H를 홀짝 검사행렬로 가지는 선형부호를 C라고 하면, H'도 선형부호 C의 홀짝 검사행렬이고 또 $r(H) = r(H') = 2$이므로 C는 체 $\mathbb{F}_2$ 위의 선형 $(4, 2)$ 부호이다. 실제로, C는 다음과 같다.

$$C = \{(0,0,0,0), (1,1,1,0), (0,1,0,1), (1,0,1,1)\}$$

정리 11.1.4 부호 C가 Galois 체 $\mathbb{F}_q$ 위의 선형 (n, k) 부호일 때, 체 $\mathbb{F}_q$ 위의 $r\times n$ 행렬 $G = [a_{ij}]_{r\times m}$와 $m\times n$ 행렬 H가 각각 C의 생성행렬, 홀짝 검사행렬이면 다음이 성립한다.

$$r(G) = k, \ r(H) = n-k, \quad HG^T = O_{m\times r} \text{ 즉 } GH^T = O_{r\times m}$$

증명 분명히 $r(G) = k$, $r(H) = n-k$이다.
그리고, $v_1, \cdots, v_r$를 G의 행벡터라고 하면, 가정에 의하여

$$C = \langle v_1, \cdots, v_r \rangle,$$

$$C = \{(x_1, \cdots, x_n) \in \mathbb{F}_q^{\ n} \mid H \begin{bmatrix} x_1 \\ \vdots \\ x_n \end{bmatrix} = \begin{bmatrix} 0 \\ \vdots \\ 0 \end{bmatrix}\}$$

이므로 $v_1, \cdots, v_r \in C$이고 따라서 다음이 성립한다.

$$H\begin{bmatrix} a_{11} \\ a_{12} \\ \vdots \\ a_{1n} \end{bmatrix} = \begin{bmatrix} 0 \\ \vdots \\ 0 \end{bmatrix}, \ H\begin{bmatrix} a_{21} \\ a_{22} \\ \vdots \\ a_{2n} \end{bmatrix} = \begin{bmatrix} 0 \\ \vdots \\ 0 \end{bmatrix}, \ \cdots, \ H\begin{bmatrix} a_{r1} \\ a_{r2} \\ \vdots \\ a_{rn} \end{bmatrix} = \begin{bmatrix} 0 \\ \vdots \\ 0 \end{bmatrix}$$

그러므로 $HG^T = O_{m\times r}$이고 따라서 $GH^T = (HG^T)^T = O_{r\times m}$이다.

정리 11.1.5 Galois 체 $\mathbb{F}_q$ 위의 $r\times n$ 행렬 G와 $m\times n$ 행렬 H에 대하여

$$r(G) = k, \ r(H) = n-k, \ HG^T = O_{m\times r} \text{ 즉 } GH^T = O_{r\times m}$$

일 때, G를 생성행렬로 가지는 부호를 C_1이라 하고 H를 홀짝 검사행렬로 가지는 부호를 C_2이라고 하면, $C_1 = C_2$이고 또한 이 부호는 체 $\mathbb{F}_q$ 위의 선형 (n, k) 부호이다.

증명 $G = [a_{ij}]_{r\times m}$ 이라 하고 $v_1, \cdots, v_r$ 를 G 의 행벡터라고 하면,

$$C_1 = \langle v_1, \cdots, v_r \rangle,$$

$$C_2 = \{(x_1, \cdots, x_n) \in \mathbb{F}_q^{\ n} \mid H\begin{bmatrix} x_1 \\ \vdots \\ x_n \end{bmatrix} = \begin{bmatrix} 0 \\ \vdots \\ 0 \end{bmatrix}\}$$

이고 또 $r(G) = k$, $r(H) = n-k$ 이므로 C_1, C_2 는 모두 벡터공간 $\mathbb{F}_q^{\ n}$ 의 k 차원 부분공간이다. 그리고, $HG^T = O_{m\times r}$ 이므로

$$H\begin{bmatrix} a_{11} \\ a_{12} \\ \vdots \\ a_{1n} \end{bmatrix} = \begin{bmatrix} 0 \\ \vdots \\ 0 \end{bmatrix}, \ H\begin{bmatrix} a_{21} \\ a_{22} \\ \vdots \\ a_{2n} \end{bmatrix} = \begin{bmatrix} 0 \\ \vdots \\ 0 \end{bmatrix}, \cdots, \ H\begin{bmatrix} a_{r1} \\ a_{r2} \\ \vdots \\ a_{rn} \end{bmatrix} = \begin{bmatrix} 0 \\ \vdots \\ 0 \end{bmatrix}$$

이고, 따라서 $v_1, \cdots, v_r \in C_2$ 이므로 $C_1 = \langle v_1, \cdots, v_r \rangle \subseteq C_2$ 이다.

그러므로 $C_1 = C_2$ 이고, 이 부호는 체 $\mathbb{F}_q$.위의 선형 (n, k) 부호이다.

정리 11.1.6 Galois 체 $\mathbb{F}_q$ 위의 부호 C 가 체 $\mathbb{F}_q$ 위의 $k\times n$ 행렬

$$G = [I_k \mid D] = \left[\begin{array}{cccc|cccc} 1 & 0 & \cdots & 0 & d_{11} & d_{12} & \cdots & d_{1\ n-k} \\ 0 & 1 & \cdots & 0 & d_{21} & d_{22} & \cdots & d_{2\ n-k} \\ \vdots & \vdots & \ddots & \vdots & \vdots & \vdots & \cdots & \vdots \\ 0 & 0 & \cdots & 1 & d_{k1} & d_{k2} & \cdots & d_{k\ n-k} \end{array}\right]$$

를 생성행렬로 가지는 부호이면, C 는 체 $\mathbb{F}_q$ 위의 선형 (n, k) 부호이고 또

$$H = [-D^T \mid I_{n-k}] = \left[\begin{array}{ccc|cccc} -d_{11} & \cdots & -d_{k1} & 1 & 0 & \cdots & 0 \\ -d_{12} & \cdots & -d_{k2} & 0 & 1 & \cdots & 0 \\ \vdots & \cdots & \vdots & \vdots & \vdots & \ddots & \vdots \\ -d_{1\ n-k} & \cdots & -d_{k\ n-k} & 0 & 0 & \cdots & 1 \end{array}\right]$$

는 C 의 홀짝 검사행렬이다.

그리고, Galois 체 $\mathbb{F}_q$ 위의 선형부호 C 가 체 $\mathbb{F}_q$ 위의 $(n-k)\times n$ 행렬 $H = [D \mid I_{n-k}]$ 를 홀짝 검사행렬로 가지는 부호이면, C 는 체 $\mathbb{F}_q$ 위의 선형 (n, k) 부호이고 또 $G = [I_k \mid -D^T]$ 는 C 의 생성행렬이다.

증명 행렬 G 의 k 개의 행벡터는 일차독립이므로 $r(G) = k$ 이고 따라서 C 는 체 $\mathbb{F}_q$ 위의 선형 (n, k) 부호이다. 그리고,

$$GH^T = [\,I_k \mid D\,]\begin{bmatrix} -D \\ \\ I_{n-k} \end{bmatrix}$$
$$= I_k(-D) + DI_{n-k} = -D + D = O_{k\times(n-k)}$$

이므로 정리 11.1.5 에 의하여 H 는 C 의 홀짝 검사행렬이다.

마찬가지로, 둘째 명제가 성립한다.

보기 11.1.9 체 $\mathbb{F}_2 = \{0, 1\}$ 위의 3×7 행렬

$$G = \left[\begin{array}{ccc|cccc} 1 & 0 & 0 & 1 & 1 & 0 & 1 \\ 0 & 1 & 0 & 1 & 0 & 1 & 1 \\ 0 & 0 & 1 & 0 & 1 & 1 & 1 \end{array}\right]$$

를 생성행렬로 가지는 부호를 C 라고 하자. 이 때, $r(G) = 3$ 이므로 C 는 체 $\mathbb{F}_2$ 위의 선형 $(7, 3)$ 부호이고 체 $\mathbb{F}_2$ 위의 4×7 행렬

$$H = \left[\begin{array}{ccc|cccc} 1 & 1 & 0 & 1 & 0 & 0 & 0 \\ 1 & 0 & 1 & 0 & 1 & 0 & 0 \\ 0 & 1 & 1 & 0 & 0 & 1 & 0 \\ 1 & 1 & 1 & 0 & 0 & 0 & 1 \end{array}\right]$$

는 부호 C 의 홀짝 검사행렬이다.

보기 11.1.10 체 $\mathbb{F}_3 = \{0, 1, 2\}$ 위의 4×7 행렬

$$H = \left[\begin{array}{ccc|cccc} 1 & 2 & 0 & 1 & 0 & 0 & 0 \\ 2 & 0 & 2 & 0 & 1 & 0 & 0 \\ 0 & 1 & 0 & 0 & 0 & 1 & 0 \\ 0 & 2 & 0 & 0 & 0 & 0 & 1 \end{array}\right]$$

에 대하여 C 가 H 를 홀짝 검사행렬로 가지는 부호이라고 하자.

이 때, C 는 체 $\mathbb{F}_3$ 위의 선형 $(7, 3)$ 부호이고, 체 $\mathbb{F}_3$ 위의 3×7 행렬

$$G = \left[\begin{array}{ccc|cccc} 1 & 0 & 0 & -1 & -2 & 0 & 0 \\ 0 & 1 & 0 & -2 & 0 & -1 & -2 \\ 0 & 0 & 1 & 0 & -2 & 0 & 0 \end{array}\right] = \left[\begin{array}{ccc|cccc} 1 & 0 & 0 & 2 & 1 & 0 & 0 \\ 0 & 1 & 0 & 1 & 0 & 2 & 1 \\ 0 & 0 & 1 & 0 & 1 & 0 & 0 \end{array}\right]$$

는 C 의 생성행렬이다.

연습문제 (11.1)

1. 보기 11.1.4 에서 통신문

$$0\,0\,0\,0,\quad 0\,0\,0\,1,\quad 0\,0\,1\,0,\quad 0\,0\,1\,1,$$
$$0\,1\,0\,0,\quad 0\,1\,0\,1,\quad 0\,1\,1\,0,\quad 0\,1\,1\,1$$

에 대응하는 부호어를 구하여라.

2. 체 $\mathbb{F}_2 = \{0, 1\}$ 위의 2×5 행렬

$$G = \begin{bmatrix} 1 & 0 & 1 & 0 & 1 \\ 0 & 1 & 1 & 1 & 0 \end{bmatrix}$$

를 생성행렬로 가지는 부호를 C라고 할 때, C에 속해 있는 부호어를 모두 구하고, C는 어떤 유형의 선형부호인지 말하여라.
그리고, C의 한 홀짝 검사행렬을 구하여라.

3. 체 $\mathbb{F}_3 = \{0, 1, 2\}$ 위의 3×5 행렬

$$H = \begin{bmatrix} 0 & 1 & 1 & 0 & 0 \\ 2 & 1 & 0 & 1 & 0 \\ 2 & 0 & 0 & 0 & 1 \end{bmatrix}$$

를 홀짝 검사행렬로 가지는 부호를 C 라고 할 때, C는 어떤 유형의 선형부호인지 말하고 또 C의 한 생성행렬을 구하여라.

4. 체 $\mathbb{F}_3 = \{0, 1, 2\}$ 위의 4×7 행렬

$$H = \begin{bmatrix} 1 & 2 & 0 & 1 & 0 & 0 & 0 \\ 2 & 0 & 2 & 0 & 1 & 0 & 0 \\ 0 & 1 & 0 & 0 & 0 & 1 & 0 \\ 0 & 2 & 0 & 0 & 0 & 0 & 1 \end{bmatrix}$$

를 홀짝 검사행렬로 가지는 부호를 C 라고 할 때, C는 어떤 유형의 선형부호인지를 말하고 또 C의 한 생성행렬을 구하여라.

§ 11.2 Hamming 거리와 Hamming 무게

이 절에서는, Galois 체 $\mathbb{F}_q$ 위의 벡터공간 $\mathbb{F}_q{}^n$ 에 대하여 논한다.

정의 11.2.1 Galois 체 $\mathbb{F}_q$ 위의 벡터공간 $\mathbb{F}_q{}^n$ 에서, 벡터

$$v = (a_1, \cdots, a_n), \qquad w = (b_1, \cdots, b_n)$$

에서 서로 다른 성분의 개수를 v, w 의 **Hamming 거리** 또는 간단히 **거리**(distance)라 하고 이것을 $d(v, w)$ 로 나타낸다. 즉,

$$d(v, w) = |\{ i \mid a_i \neq b_i, \ 1 \leq i \leq n \}|$$

특히, 영벡터 $0 = (0, \cdots, 0)$ 와 v 의 거리 즉 벡터 v 의 성분 중에서 0 이 아닌 성분의 개수를 v 의 **Hamming 무게** 또는 간단히 **무게**(weight)라 하고 이것을 $wt(v)$ 또는 $w(v)$ 로 나타낸다. 즉,

$$wt(v) = d(0, v) = |\{ i \mid a_i \neq 0, \ 1 \leq i \leq n \}|$$

위에서 정의한 Hamming 거리와 Hamming 무게에 대해서는 유클리드 공간 $\mathscr{E}^n$ 에 관한 정리와 유사한 정리가 성립한다(정리 5.6.5).

정리 11.2.2 Galois 체 $\mathbb{F}_q$ 위의 벡터공간 $\mathbb{F}_q{}^n$ 에서 세 벡터 v, w, u 에 대하여 다음이 성립한다.

D.1 : $0 \leq d(v, w) \leq n$ 이고, 또 $d(v, w) = 0 \Longleftrightarrow v = w$ 이다.

D.2 : $d(v, w) = d(w, v)$

D.3 : $d(v, w) \leq d(v, u) + d(u, w)$

N0 : $wt(v) = d(0, v)$,

$\qquad d(v, w) = d(0, w - v) = wt(w - v)$

N.1 : $0 \leq wt(v) \leq n$ 이고, 특히 $wt(v) = 0 \Longleftrightarrow v = 0$ 이다.

N.2 : $wt(v) = wt(-v)$

N.3 : $wt(v + w) \leq wt(v) + wt(w)$

증명 D.1, D.2, D.3 : 정의에 의하여 분명히 D.1, D.2 가 성립한다.

또, $v = (a_1, \cdots, a_n)$, $w = (b_1, \cdots, b_n)$, $u = (c_1, \cdots, c_n)$ 이라고 할 때,

$a_i = b_i$ 이면 $c_i = a_i = b_i$ 또는 $c_i \neq a_i$, $c_i \neq b_i$

이고, $a_i \neq b_i$ 이면 $c_i \neq b_i$ 또는 $c_i \neq a_i$ 이므로

$d(v, u) \le d(v, w) + d(w, u)$ 이다.

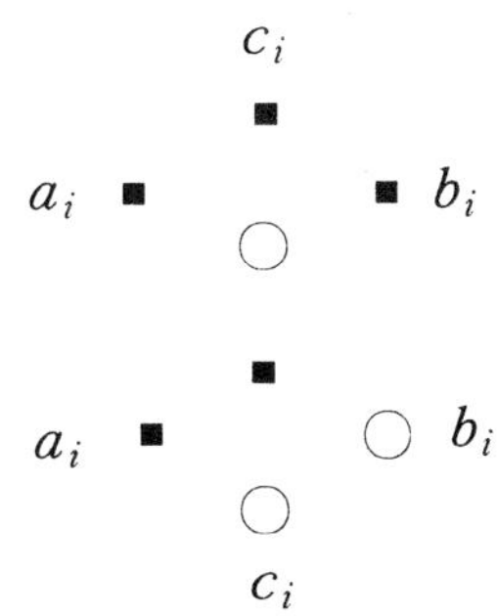

N.0 ~ N.3 : 정의에 의하여 N.0 이 성립하고,
또 D.1, D.2 에 의하여 N.1 과 N.2 가 성립한다.

그리고, D.3 와 N.0 에 의하여 다음이 성립한다.

$$\begin{aligned} wt(v+w) &= d(0, v+w) \le d(\ , v) + d(v, v+w) \\ &= d(0, v) + d(0, w) = wt(v) + wt(w) \end{aligned}$$

정의 11.2.3 Galois 체 $\mathbb{F}_q$ 위의 선형 (n, k) 부호 C 에 대하여

$$d(C) = \min\{d(v, w) \mid v, w \in C, v \neq w\}$$

를 C 의 **최소거리**(minimum distance)라 하고, 또

$$wt(C) = \min\{wt(v) \mid v \in C, v \neq 0\}$$

를 C 의 **최소무게**(minimum weight)라고 한다.

앞으로, 선형부호 C 를 논할 때에는 $\{0\} \subsetneq C \subsetneq \mathbb{F}_q{}^n$ 이라고 가정한다.

정리 11.2.4 Galois 체 $\mathbb{F}_q$ 위의 선형 (n, k) 부호 C 의 최소거리와 최소무게는 일치한다. 즉, $d(C) = wt(C)$ 이고 또 $1 \le d(C) \le n$ 이다.

증명 먼저 $0 \in C$ 이고 또 모든 $v \in C$, $v \neq 0$ 에 대하여

$$d(C) \le d(0, v) = wt(v)$$

이므로 $d(C) \le wt(C)$ 이다. 그리고, C 는 벡터공간 $\mathbb{F}_q{}^n$ 의 부분공간이므로 임의의 $v, w \in C$, $v \neq w$ 에 대하여 $v - w \in C$, $v - w \neq 0$ 이고 따라서 $wt(C) \le wt(v-w) = d(v, w)$ 이므로 $wt(C) \le d(C)$ 이다.

따라서 $d(C) = wt(C)$ 이다. 또, 서로 다른 두 부호어 $v, w \in C$ 에 대하여 $1 \le d(v, w) \le n$ 이므로 $1 \le d(C) \le n$ 이다(정리 11.2.2 의 D.1 참조).

정의 11.2.5 Galois 체 $\mathbb{F}_q$ 위의 선형 $(n,\ k)$ 부호 C 에서 $d(C) = d$ 일 때 부호 C를 체 $\mathbb{F}_q$ 위의 **선형 (n, k, d) 부호**라고 한다.

보기 11.2.1 다음 집합은 체 $\mathbb{F}_2 = \{0,1\}$ 위의 선형 (6, 3) 부호이다.

$$C = \{(0,0,0,0,0,0),\ (0,1,1,0,1,1),\ (1,1,0,1,1,0),\ (0,0,1,1,1,0),\ (1,0,1,1,0,1),\ (0,1,0,1,0,1),\ (1,1,1,0,0,0),\ (1,0,0,0,1,1)\}$$

한편, C에 속하는 부호어의 Hamming 무게는 각각 0, 4, 4, 3, 4, 3, 3, 3 이므로 $d(C) = 3$ 이고, 따라서 C는 체 $\mathbb{F}_2$ 위의 선형 (6, 3, 3) 부호이다.

정의 11.2.6 Galois 체 $\mathbb{F}_q$ 위의 n 차원 벡터공간 $\mathbb{F}_q{}^n$ 에서 벡터 v 와 정수 $r\ (\geq 0)$ 에 대하여

$$S_r(v) = \{w \in \mathbb{F}_q{}^n \mid d(v,\ w) \leq r\}$$

를 중심이 v 이고 반지름의 길이가 r 인 **구**(sphere)라고 한다.

정리 11.2.7 Galois체 $\mathbb{F}_q$ 위의 벡터공간 $\mathbb{F}_q{}^n$ 에서 벡터 $v \in \mathbb{F}_q{}^n$ 와 정수 $r\ (\geq 0)$ 에 대하여 다음이 성립한다.

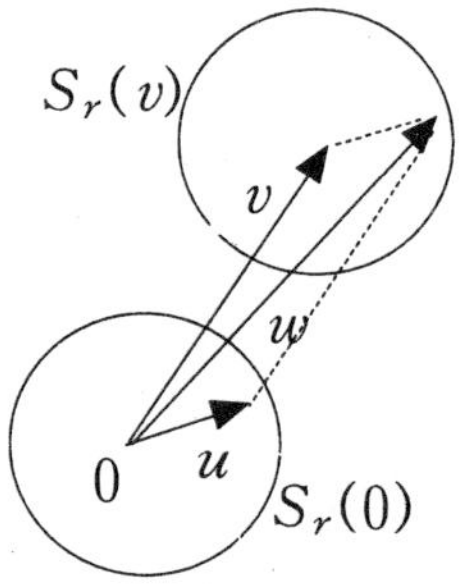

(1) $S_0(v) = \{v\}$

(2) $r \geq n$ 이면, $S_r(v) = S_n(v)$ 이다.

(3) $S_r(0) = \{w \in \mathbb{F}_q{}^n \mid 0 \leq wt(w) \leq r\}$

(4) $S_r(v) = \{v + u \mid u \in S_r(0)\}$

증명 정리 11.2.2 에 의하여 (1), (2), (3) 이 성립한다.

이제 임의의 $w \in S_r(v)$ 에 대하여 $u = w - v$ 이라고 하면,

$$w = v + (w - v) = v + u$$

이고 정리 11.2.2 에 의하여 $d(0, u) = d(v, w) \leq r$ 이므로 $u \in S_r(\mathbf{0})$ 이다.

또, 임의의 $u \in S_r(\mathbf{0})$ 에 대하여 $d(v,\ v+u) = d(\mathbf{0},\ u) = wt(u) \leq r$ 이므로 $v + u \in S_r(v)$ 이다(정리 11.2.2). 따라서 (4) 가 성립한다.

정리 11.2.8 벡터공간 $\mathbb{F}_q{}^n$ 에서 벡터 $v \in \mathbb{F}_q{}^n$ 와 정수 r $(1 \le r \le n)$ 에 대하여 $|S_r(v)| = |S_r(0)|$ 이고 또 Hamming 무게가 r 이하인 벡터의 개수는 $|S_r(0)| = 1 + \binom{n}{1}(q-1) + \cdots + \binom{n}{r}(q-1)^r$ 이다.

증명 먼저 정리 11.2.7 의 (4) 에 의하여 $|S_r(v)| = |S_r(0)|$ 이고, 따라서 Hamming 무게가 r 이하인 벡터의 개수는 $|S_r(0)|$ 과 같다. 한편, 벡터공간 $\mathbb{F}_q{}^n$ 에 속하는 벡터 중에서 Hamming 무게가 0 인 벡터는 영벡터 0 하나뿐이고, Hamming 무게가 1 인 벡터는 영이 아닌 $c_1, c_2, \cdots, c_n \in \mathbb{F}_q$ 에 대하여

$$(c_1, 0, \cdots, 0, 0),\quad (0, c_2, \cdots, 0, 0),\quad \cdots,\quad (0, 0, \cdots, 0, c_n)$$

와 같은 꼴의 $\binom{n}{1}(q-1)$ 개의 벡터뿐이다.

마찬가지로, 각 정수 m $(1 \le m \le r)$ 에 대하여 $\mathbb{F}_q{}^n$ 에 속해 있는 벡터 중에서 Hamming 무게가 m 인 벡터의 개수는 $\binom{n}{m}(q-1)^m$ 이다.

따라서 $|S_r(0)|$ 은 정리에서와 같다.

보기 11.2.2 체 $\mathbb{F}_2 = \{0, 1\}$ 위의 벡터공간 $\mathbb{F}_2{}^4$ 에 속하는 벡터 중에서 Hamming 무게가 2 인 벡터는 다음과 같은 $\binom{4}{2}$ 개의 벡터뿐이다.

$$(1,1,0,0),\ (1,0,1,0),\ (1,0,0,1),\ (0,1,1,0),\ (0,1,0,1),\ (0,0,1,1)$$

정리 11.2.9 Galois 체 $\mathbb{F}_q$ 위의 선형 (n, k, d) 부호 C 에서 $t = \left[\frac{d-1}{2}\right]$, $t \ge 1$ 일 때, 다음이 성립한다.

(1) 서로 다른 부호어 $v, v' \in C$ 에 대하여 $S_t(v) \cap S_t(v') = \varnothing$ 이다.
특히, 각 $v \in C$ 에 대하여 $S_t(v)$ 에 속해 있는 부호어는 v 뿐이다.

(2) (Hamming 의 上界)

$$q^k \left\{ 1 + \binom{n}{1}(q-1) + \cdots + \binom{n}{t}(q-1)^t \right\} \le q^n$$

또, $\mathbb{F}_q{}^n = \bigcup \{ S_t(v) \mid v \in C \}$ 일 때 그리고 이때에만 등호가 성립한다.

증명 분명히 $t \le \dfrac{d-1}{2}$ 이므로 $2t+1 \le d$ 이다(정의 2.1.4).

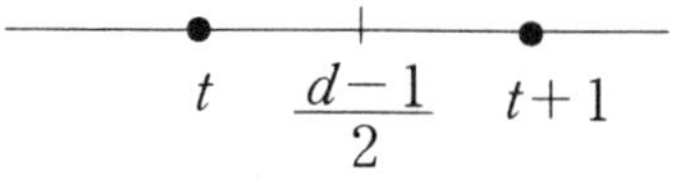

(1) 서로 다른 두 부호어 $v, v' \in C$ 에 대하여 $w \in S_t(v) \cap S_t(v')$ 인 w 가 존재한다고 가정하자. 이 때,

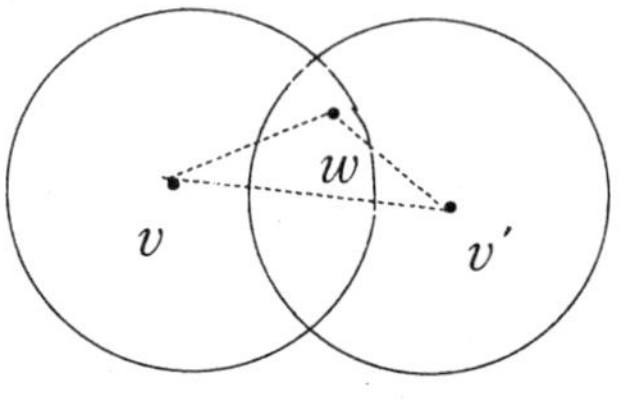

$$d(v, w) \le t, \ d(v', w) \le t$$

이므로

$$\begin{aligned} 2t+1 \le d = d(C) &\le d(v, v') \\ &\le d(v, w) + d(v', w) \le t + t = 2t \end{aligned}$$

으로 되어 모순이 생긴다. 따라서 $S_t(v) \cap S_t(v') = \varnothing$ 이다.

(2) 서로 다른 두 부호어 $v, v' \in C$ 에 대하여 $S_t(v) \cap S_t(v') = \varnothing$ 이고, 또 $|C| = q^k$ 이므로 $\bigcup \{S_t(v) \mid v \in C\}$ 에 속해 있는 벡터의 개수는 다음과 같다(정리 11.2.8).

$$q^k \, |S_t(v)| = q^k \left\{ 1 + \binom{n}{1}(q-1) + \cdots + \binom{n}{t}(q-1)^t \right\}$$

그런데,

$$\bigcup \{S_t(v) \mid v \in C\} \subseteq \mathbb{F}_q{}^n, \qquad |\mathbb{F}_q{}^n| = q^n$$

이므로

$$q^k \left\{ 1 + \binom{n}{1}(q-1) + \cdots + \binom{n}{t}(q-1)^t \right\} \le q^n$$

이며, $\bigcup \{S_t(v) \mid v \in C\} = \mathbb{F}_q{}^n$ 일 때 그리고 이때에만 등호가 성립한다.

정의 11.2.10 Galois 체 $\mathbb{F}_q$ 위의 선형 (n, k, d) 부호 C 에서 $t = \left[\dfrac{d-1}{2}\right]$, $t \ge 1$ 이라고 하자. 부호 C 에 대하여

$$q^k \left\{ 1 + \binom{n}{1}(q-1) + \cdots + \binom{n}{t}(q-1)^t \right\} = q^n$$

일 때, 즉 $\bigcup \{S_t(v) \mid v \in C\} = \mathbb{F}_q{}^n$ 일 때, C 를 **완전부호**(perfect code)라고 한다.

보기 11.2.3 체 $\mathbb{F}_2 = \{0, 1\}$ 위의 선형 $(6, 3, 3)$ 부호

$$C = \{(0,0,0,0,0,0),\ (0,1,1,0,1,1),\ (1,1,0,1,1,0),\ (0,0,1,1,1,0),\ (1,0,1,1,0,1),\ (0,1,0,1,0,1),\ (1,1,1,0,0,0),\ (1,0,0,0,1,1)\}$$

에서 $n = 6,\ k = 3,\ d = 3,\ t = \left[\frac{d-1}{2}\right] = 1$ 이므로 다음이 성립한다.

$$2^3 \times \left\{1 + \binom{6}{1}(2-1)\right\} = 56 < 2^6 = 64$$

따라서 이진부호 C 는 완전부호가 아니다.

보기 11.2.4 체 $\mathbb{F}_2 = \{0, 1\}$ 위의 선형 $(5, 1, 5)$ 부호

$$C = \{(0,0,0,0,0),\ (1,1,1,1,1)\}$$

에서 $n = 5,\ k = 1,\ d = 5,\ t = \left[\frac{d-1}{2}\right] = 2$ 이므로 다음이 성립한다.

$$2^1 \times \left\{1 + \binom{5}{1}(2-1) + \binom{5}{2}(2-1)^2\right\} = 2^5$$

따라서 이진부호 C 는 완전부호이다.

Galois 체 $\mathbb{F}_q$ 위의 선형 (n, k, d) 부호 C에 속해 있는 부호어 $v \in \mathbb{F}_q{}^n$ 가 통신로를 통하여 $w \in \mathbb{F}_q{}^n$ 으로 수신될 때, 여러 가지 이유로 오류가 발생하여 $w \neq v$ 일 수 있다. 이러한 경우에 w 를 수신된 벡터라 하고

$$e = w - v \in \mathbb{F}_q{}^n$$

를 **오류벡터**(error vector)라고 하자. 이러한 경우에 부호 C 의 특성을 이용하여 수신된 벡터 w 로부터 오류벡터 e 를 구한 후에 w 의 오류를 수정하여 본래의 부호어 v 로 **복호**하여야 한다(decode).

수신된 벡터 w 로부터 본래의 부호어로 복호하는 방법 중에서 가장 좋은 방법은, w 와 모든 부호어 $v \in C$ 와 Hamming 거리 $d(w, v)$ 를 비교하여 이러한 Hamming 거리 중에서 그 값이 가장 작은 부호어 v 가 단 하나 존재하면 w 를 부호어 v 로 복호하는 방법이다. 그런데, 모든 부호어 $v \in C$ 에 대하여 $d(w, v) = wt(w-v)$ 이므로, 이 복호방법은 모든 부호어 $v \in C$ 에

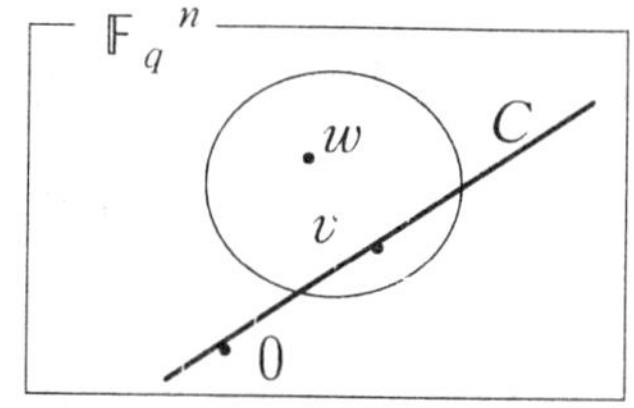

대하여 $e = w - v$ 의 Hamming 무게 $wt(e)$를 비교하여 그 값이 가장 작은 e를 구하고 이로부터 w를 부호어 $v = w - e \in C$ 로 복호하는 것이다.

이와 같은 방법을 **최근방 복호법**(nearest neighbor decoding)이라고 한다.

보기 11.2.5 다음과 같은 체 $\mathbb{F}_2$ 위의 선형 $(5, 2)$ 부호를 생각해 보자.

$$C = \{(0,0,0,0,0),\ (0,1,1,0,1),\ (1,0,1,1,0),\ (1,1,0,1,1)\}$$

먼저 $(0,0,0,0,0)$을 제외한 부호어의 Hamming 무게는 3, 3, 4 이므로 $d(C) = 3$ 이고 따라서 이진부호 C는 체 $\mathbb{F}_2$ 위의 선형 $(5, 2, 3)$ 부호이다.

그러므로 $n = 5,\ k = 2,\ t = \left[\frac{3-1}{2}\right] = 1$ 이므로

$$2^2 \times \left\{1 + \binom{5}{1}\right\} = 24 < 32 = 2^5$$

이고, 따라서 C는 완전부호가 아니다.

이제 C에 속하는 한 부호어가 통신로를 통하여 전송되었다고 하자.

이 때, 수신된 벡터가 $w = (1,0,1,1,1)$ 이면, C에 속하는 부호어와 w와의 Hamming 거리는 각각 4, 3, 1, 2 이므로 w와 Hamming 거리가 가장 작은 부호어는 $v = (1,0,1,1,0)$ 이다. 그러므로 네 부호어 중에서 전송되었을 확률이 가장 큰 부호어는 $v = (1,0,1,1,0)$ 이므로 수신된 벡터 w에서 한 개의 오류를 수정하여 부호어 $v = (1,0,1,1,0)$로 복호한다. 이 경우에 오류 벡터는 $e = w - v = (0,0,0,0,1)$ 이고 $v = w - e$ 이다.

한편, 수신된 벡터가 $u = (1,1,0,0,0)$ 이면, C에 속하는 부호어와 u와의 Hamming 거리는 2, 3, 3, 2 이므로 $(0,0,0,0,0)$, $(1,1,0,1,1)$ 이 전송되었을 확률이 같고, 따라서 u를 부호어로 복호할 수 없다.

정의 11.2.11 Galois 체 $\mathbb{F}_q$ 위의 선형 (n, k, d) 부호 C에 속하는 부호어가 송신될 때, 수신된 벡터 w에 대하여 t개 또는 그 이하의 성분만이 w의 성분과 다른 부호어 $v \in C$가 단 하나 뿐일 때, 최근방 복호법에 따라 w의 t개 또는 그 이하의 성분을 수정하여 부호어 v로 복호할 수 있다.

이와 같이, 수신된 벡터 w 에 대하여

$$d(v,\ w) \le t \quad \text{즉} \quad v \in S_t(w)$$

인 부호어 $v \in C$ 가 단 하나 존재하는 경우에 부호 C 는 수신된 벡터의 성분 중에서 **t 개까지의 오류를 수정할 수 있다**고 한다.

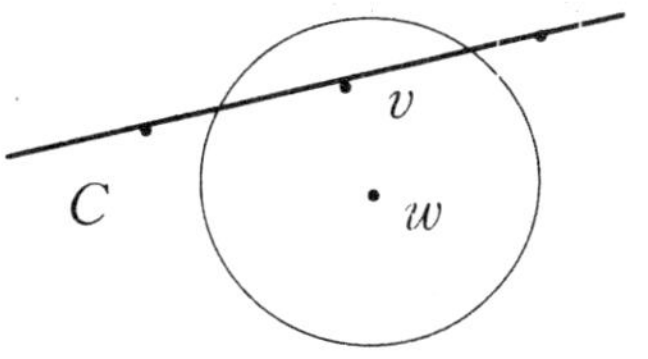

정리 11.2.12 Galois 체 $\mathbb{F}_q$ 위의 선형 (n, k, d) 부호 C 가 완전부호일 때, $t = \left[\dfrac{d-1}{2}\right]$ 이면 선형부호 C 는 모든 수신된 벡터의 성분 중에서 t 개까지의 오류를 수정할 수 있다.

증명 부호 C 가 완전부호이면, $\cup\{S_t(v) \mid v \in C\} = \mathbb{F}_q{}^n$ 이므로 임의의 수신된 벡터 w 에 대하여 $d(v,\ w) \le t$ 인 부호어 v 가 적어도 하나 존재한다. 이제 서로 다른 두 부호어 $v,\ v' \in C$ 에 대하여

$$d(v,\ w) \le t, \qquad d(v',\ w) \le t$$

이라고 가정하면,

$$\begin{aligned} d(v,\ v') &\le d(v,\ w) + d(v',\ w) \\ &\le t + t = 2t \end{aligned}$$

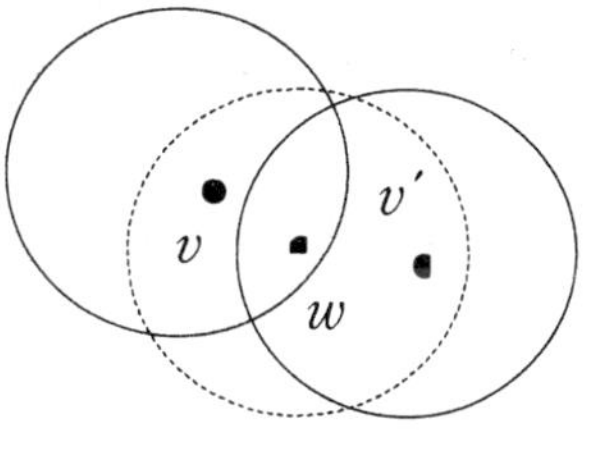

이고 이것은 $d(v,\ v') \ge d(C) = d \ge 2t+1$ 이라는 사실에 모순된다.

그러므로 $d(v,\ w) \le t$ 인 부호어 $v \in C$ 가 단 하나 존재하고, 따라서 C 는 t 개까지의 오류를 수정할 수 있다.

정의 11.2.13 Galois 체 $\mathbb{F}_q$ 위의 선형부호 C 에 대하여 $\mathbb{F}_q$ 위의 $m \times n$ 행렬 H 가 C 의 홀짝 검사행렬일 때, 벡터 $v = (x_1,\ \cdots,\ x_n) \in \mathbb{F}_q{}^n$ 에 대하여

$$S(v) = H \begin{bmatrix} x_1 \\ \vdots \\ x_n \end{bmatrix}$$

를 벡터 v 의 **신드롬**(syndrome)이라고 한다.

정리 11.2.14 Galois 체 $\mathbb{F}_q$ 위의 선형부호 C 에 대하여 $\mathbb{F}_q$ 위의 $m \times n$ 행렬 H 가 C 의 홀짝 검사행렬일 때, $v, w \in \mathbb{F}_q{}^n$ 에 대하여 다음이 성립한다.

(1) $S(v+w) = S(v) + S(w), \quad S(v-w) = S(v) - S(w)$

(2) $v \in C \Leftrightarrow S(v) = \begin{bmatrix} 0 \\ \vdots \\ 0 \end{bmatrix}$

(3) $S(v) = S(w) \Leftrightarrow v - w \in C$

증명 이제 $v = (a_1, \cdots, a_n)$, $w = (b_1, \cdots, b_n)$ 일 때, 다음이 성립한다.

$$S(v \pm w) = H \begin{bmatrix} a_1 \pm b_1 \\ \vdots \\ a_n \pm b_n \end{bmatrix} = H \begin{bmatrix} a_1 \\ \vdots \\ a_n \end{bmatrix} \pm H \begin{bmatrix} b_1 \\ \vdots \\ b_n \end{bmatrix} = S(v) \pm S(w),$$

$$v \in C \Leftrightarrow H \begin{bmatrix} a_1 \\ \vdots \\ a_n \end{bmatrix} = \begin{bmatrix} 0 \\ \vdots \\ 0 \end{bmatrix} \Leftrightarrow S(v) = \begin{bmatrix} 0 \\ \vdots \\ 0 \end{bmatrix}$$

그리고, 위의 결과에 의하여 다음이 성립한다.

$$S(v) = S(w) \Leftrightarrow S(v) - S(w) = \begin{bmatrix} 0 \\ \vdots \\ 0 \end{bmatrix}$$

$$\Leftrightarrow S(v-w) = \begin{bmatrix} 0 \\ \vdots \\ 0 \end{bmatrix} \Leftrightarrow v - w \in C$$

여기서 $e_1 = (1, 0, 0, \cdots, 0), \cdots, e_n = (0, 0, \cdots, 0, 1)$ 이라고 할 때, e_i 의 신드롬 $S(e_i)$ 는 H 의 제 i 열을 나타낸다.

보기 11.2.6 체 $\mathbb{F}_2$ 위의 4×7 행렬

$$G = \begin{bmatrix} 1 & 0 & 0 & 0 & 1 & 0 & 1 \\ 0 & 1 & 0 & 0 & 1 & 1 & 1 \\ 0 & 0 & 1 & 0 & 1 & 1 & 0 \\ 0 & 0 & 0 & 1 & 0 & 1 & 1 \end{bmatrix}$$

를 생성행렬로 가지는 부호 C 는 완전 $(7, 4, 3)$ 부호이다(문제 2).

따라서 모든 수신된 벡터에 대하여 1 개까지의 오류를 수정할 수 있다.

그리고, 정리 11.1.6 에 의하여 체 $\mathbb{F}_2$ 위의 3×7 행렬

$$H = \begin{bmatrix} 1 & 1 & 1 & 0 & 1 & 0 & 0 \\ 0 & 1 & 1 & 1 & 0 & 1 & 0 \\ 1 & 1 & 0 & 1 & 0 & 0 & 1 \end{bmatrix}$$

는 C의 홀짝 검사행렬이다. 한편, 수신된 벡터가 $w = 1111000$이면

$$S(w) = \begin{bmatrix} 1 \\ 1 \\ 1 \end{bmatrix} = S(e_2)$$

이므로 w는 다음과 같은 부호어 $v = w - e_2$로 복호된다.

$$v = w - e_2 = 1111000 - 0100000 = 1011000$$

연습문제 (11.2)

1. 체 $\mathbb{F}_2$ 위의 선형 $(n, 1, n)$ 부호 $C = \{(0,0,\cdots,0,0), (1,1,\cdots,1,1)\}$ 에서 $n = 2t+1$ 일 때, C가 완전부호임을 증명하여라.

2. 보기 11.2.6에서 부호 C에 속하는 부호어를 모두 구하여라.
   그리고, $d(C)$를 하고, C가 체 $\mathbb{F}_2$ 위의 완전부호임을 밝혀라.

3. 체 $\mathbb{F}_3 = \{0,1,2\}$ 위의 2×4 행렬

$$G = \begin{bmatrix} 1 & 0 & 1 & 1 \\ 0 & 1 & 1 & 2 \end{bmatrix}$$

   를 생성행렬로 가지는 부호를 C라고 할 때, $d(C)$를 구하여라.
   그리고, C가 체 $\mathbb{F}_3$ 위의 완전부호인지를 판정하여라.

4. 체 $\mathbb{F}_5 = \{0,1,2,3,4\}$ 위의 2×6 행렬

$$H = \begin{bmatrix} 0 & 1 & 1 & 1 & 1 & 1 \\ 1 & 0 & 1 & 2 & 3 & 4 \end{bmatrix}$$

   를 홀짝 검사행렬로 가지는 선형부호를 C라고 할 때, C는 완전부호임을 밝혀라. 또, 수신된 벡터가 $w = 203031$일 때, w를 부호어로 복호하여라.

§ 11.3 이진 Hamming 부호

오늘날 여러 가지 유형의 부호가 개발되어 있다([4] 참조).
이 절에서는, 특수한 이진 선형부호에 대하여 논한다.

정의 11.3.1 정수 m (≥ 2) 에 대하여 체 $\mathbb{F}_2 = \{0, 1\}$ 위의 m 차원 벡터 공간 $\mathbb{F}_2{}^m$ 의 원소 중에서 $(0, \cdots, 0)$ 을 제외한 $n = 2^m - 1$ 개의 원소를 적당한 순서로 열에 늘어놓아 만든 $m \times n$ 행렬을 H 라고 할 때, H 를 홀짝 검사행렬로 가지는 $\mathbb{F}_2$ 위의 선형부호를 **이진 Hamming 부호**(binary Hamming code)라 하고 이 부호를 Ham $(m, 2)$ 로 나타낸다. 즉, Ham $(m, 2)$ 는 체 $\mathbb{F}_2$ 위의 다음과 같은 동차 연립일차방정식의 해공간이다.

$$H \begin{bmatrix} x_1 \\ \vdots \\ x_n \end{bmatrix} = \begin{bmatrix} 0 \\ \vdots \\ 0 \end{bmatrix}$$

위의 정의에서 $\mathbb{F}_2{}^m$ 에 속하는 영벡터가 아닌 $2^m - 1$ 개의 벡터를 열벡터로 가지는 $m \times (2^m - 1)$ 행렬은 여러 개 있으나 이들 행렬을 홀짝 검사행렬로 가지는 부호는 본질적으로 동일하다.

보기 11.3.1 체 $\mathbb{F}_2 = \{0, 1\}$ 위의 3×7 행렬

$$H = \begin{bmatrix} 0 & 0 & 0 & 1 & 1 & 1 & 1 \\ 0 & 1 & 1 & 0 & 0 & 1 & 1 \\ 1 & 0 & 1 & 0 & 1 & 0 & 1 \end{bmatrix}, \quad H' = \left[\begin{array}{cccc:ccc} 1 & 1 & 0 & 1 & 1 & 0 & 0 \\ 1 & 1 & 1 & 0 & 0 & 1 & 0 \\ 1 & 0 & 1 & 1 & 0 & 0 & 1 \end{array}\right]$$

를 홀짝 검사행렬로 가지는 이진 선형부호은 본질적으로 동일하다.

행렬 H' 을 홀짝 검사행렬로 택하면, 체 $\mathbb{F}_2$ 위의 4×7 행렬

$$G' = \left[\begin{array}{cccc:ccc} 1 & 0 & 0 & 0 & 1 & 1 & 1 \\ 0 & 1 & 0 & 0 & 1 & 1 & 0 \\ 0 & 0 & 1 & 0 & 0 & 1 & 1 \\ 0 & 0 & 0 & 1 & 1 & 0 & 1 \end{array}\right]$$

은 Ham $(3, 2)$ 의 생성행렬이다(정리 11.1.6).

다음 행렬은 $\mathbb{F}_2{}^m$ 의 영벡터가 아닌 벡터를 사전식으로 배열한 행렬이다.

$$H = \begin{bmatrix} 0 & 0 & 0 & 0 & \cdots & \cdots & 1 \\ \vdots & \vdots & \vdots & \vdots & \cdots & \cdots & \vdots \\ 0 & 0 & 0 & 1 & \cdots & \cdots & 1 \\ 0 & 1 & 1 & 0 & \cdots & \cdots & 1 \\ 1 & 0 & 1 & 0 & \cdots & \cdots & 1 \end{bmatrix}$$

이 행렬은 정수 $1, 2, 3, \cdots, 2^m-1$ 을 이진법으로 나타냈을 때(앞 부분에 0 을 허용하여) 생기는 0 과 1 을 차례대로 세로로 늘어놓아 만든 행렬이다. 다음 정리가 성립함을 밝힐 수 있다.

정리 11.3.2 정수 m (≥ 2) 에 대하여 이진 Hamming 부호 Ham$(m, 2)$ 는 체 $\mathbb{F}_2$ 위의 선형 $(2^m-1, 2^m-1-m, 3)$ 부호이고 또 완전부호이다.

위의 정리와 정리 11.2.12 에 의하여 Ham$(m, 2)$ 는 모든 수신된 벡터에 대하여 1 개까지의 오류를 수정하여 부호어로 복호할 수 있다.

보기 11.3.1 체 $\mathbb{F}_2 = \{0, 1\}$ 위의 3×7 행렬

$$H = \begin{bmatrix} 0 & 0 & 0 & 1 & 1 & 1 & 1 \\ 0 & 1 & 1 & 0 & 0 & 1 & 1 \\ 1 & 0 & 1 & 0 & 1 & 0 & 1 \end{bmatrix}$$

를 Ham$(3, 2)$ 의 홀짝 검사행렬로 택하자.

이 때, 한 부호어가 송신되어 $w = (1,1,1,0,1,0,0)$ 로 수신되었다면,

$$S(w) = \begin{bmatrix} 1 \\ 0 \\ 1 \end{bmatrix} = S(e_5) \quad \text{즉} \quad S(w-e_5) = \begin{bmatrix} 0 \\ 0 \\ 0 \end{bmatrix}$$

이므로 w 는 다음과 같은 부호어 $v = w - e_5$ 로 복호된다.

$$v = w - e_5 = 1110100 - 0000100 = 1110000$$

여기서, H 의 열벡터는 사전식으로 배열되어 있고 또 $101_{(2)} = 5$ 이므로 w 의 제 5 성분에 오류가 있음을 기계적으로 알 수 있다.

연습문제 (11.3)

1. 이진 Hamming 부호 Ham (4, 2) 의 홀짝 검사행렬을 하나만 구하여라.

2. Hamming 부호 Ham (2, 2) 의 홀짝 검사행렬로서 체 $\mathbb{F}_2$ 위의 행렬

$$H = \begin{bmatrix} 0 & 1 & 1 \\ 1 & 0 & 1 \end{bmatrix}$$

를 택한 경우에 Ham (2, 2) 에 속하는 부호어를 모두 구하여라.

3. 체 $\mathbb{F}_2 = \{0, 1\}$ 위의 3×7 행렬

$$H = \begin{bmatrix} 1 & 1 & 0 & 1 & 1 & 0 & 0 \\ 1 & 1 & 1 & 0 & 0 & 1 & 0 \\ 1 & 0 & 1 & 1 & 0 & 0 & 1 \end{bmatrix}$$

를 부호 Ham (3, 2) 의 홀짝검사행렬로 택할 때, 다음 물음에 답하여라.

(1) 수신된 벡터가 $w = 1111000$ 일 때, w 를 부호어로 복호하여라.

(2) 수신된 벡터가 $w = 1101111$ 일 때, w 를 부호어로 복호하여라.

4. 체 $\mathbb{F}_2 = \{0, 1\}$ 위의 부호 C 에 대하여 체 $\mathbb{F}_2$ 위의 행렬

$$G = \begin{bmatrix} 1 & 0 & 0 & 1 & 0 & 1 \\ 0 & 1 & 0 & 1 & 1 & 1 \\ 0 & 0 & 1 & 0 & 1 & 1 \end{bmatrix}$$

가 C 의 생성행렬일 때, C 의 표준 홀짝 검사행렬 H 를 구하여라. 그리고, 수신된 벡터가 $w = (1, 0, 1, 0, 1, 0)$ 일 때, w 를 부호어로 복호하여라.

제 12 장

아핀평면과 사영평면

이 장에서는, 아핀평면, 사영평면, 체 위의 아핀평면, 체 위의 사영평면, 아핀평면과 사영평면과의 관계에 대하여 논하고 타원곡선과 관련되어 정의되는 덧셈군의 성질과 이에 관한 보기를 논한다.

아핀평면과 사영평면 그리고 디자인에 대해서는

박승안, 사영평면과 디자인, 제 2 판, 경문사, 2008

을 참조하기 바란다.

§ 12.1 아핀평면

이 절에서, 집합 $\mathscr{P}$ 는 공집합이 아닌 집합을 나타낸다.

정의 12.1.1 집합 $\mathscr{P}$ $(\neq \varnothing)$와 $\mathscr{P}$ 의 공집합이 아닌 부분집합으로 이루어진 集合族 $\mathscr{L}$ $(\neq \varnothing)$ 에 대하여 $\mathscr{P}$ 의 원소와 $\mathscr{L}$ 의 원소 사이의 포함 관계 $\in$ 를 논하는 경우에 $\sigma = (\mathscr{P}, \mathscr{L}, \in)$ 를 **결합구조**(incidence structure) 라고 한다.

여기서 $\mathscr{P}$ 의 각 원소 $a, b, c, \cdots$ 를 σ 의 **점**(point) 또는 **꼭지점**(vertex) 이라 하고 $\mathscr{L}$ 의 각 원소 $L, M, N, \cdots$ 을 σ 의 **직선**(line) 또는 **블록**(block) 이라고 한다. 그리고, 점 a 와 직선 L 에 대하여 $a \in L$ 일 때

'점 a 는 직선 L 위에 있다.',

'직선 L 은 점 a를 지난다.'

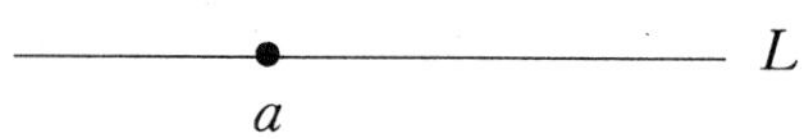

고 하고 a 와 L 사이에 **결합관계**(incidence relation)가 있다고 한다.

또한, 유한 개의 점과 유한 개의 직선으로 이루어진 결합구조를 **유한 결합구조**(finite incidence structure)라고 한다.

앞으로, 결합구조 $\sigma = (\mathscr{P}, \mathscr{L}, \in)$ 를 간단히 $\sigma = (\mathscr{P}, \mathscr{L})$ 로 나타낸다.

결합구조 $\sigma = (\mathscr{P}, \mathscr{L})$ 에서 서로 다른 두 점 a, b 에 대하여 이들 두 점을 지나는 직선이 단 하나 존재할 때, 이 직선을 $a \vee b$ 로 나타내고 두 점 a, b 는 직선 $a \vee b$ 를 **결정한다**고 한다. 또, 서로 다른 두 직선 L, M 에 대하여 $L \cap M \neq \varnothing$ 일 때, L 과 M 은 서로 **만난다**(meet)고 한다. 특히, $L \cap M = \{a\}$ 일 때, L 과 M 은 한 점 a 에서 만난다고 하며 a 를 이들 두 직선의 **교점**(intersection) 이라 하고 $L \wedge M = a$ 로 나타낸다. 여기서, $\vee$ 와 $\wedge$ 를 각각 join, meet 라고 읽는다.

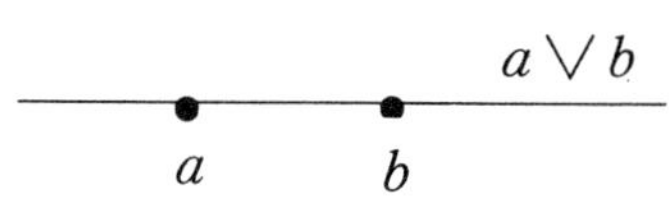

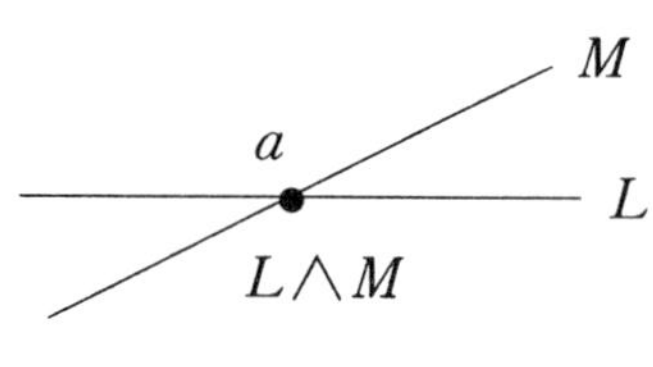

결합구조 $\sigma = (\mathscr{P}, \mathscr{L})$ 에서 두 직선 L, M 이 일치하거나 서로 만나지 않을 때, 즉 $L = M$ 또는 $L \cap M = \varnothing$ 일 때,

두 직선 L, M 은 서로 **평행하다**(parallel)고 하고 이 사실을 $L \,//\, M$ 으로 나타낸다.

정의 12.1.2 결합구조 $\alpha = (\mathscr{P}, \mathscr{L})$가 다음 세 조건을 만족시킬 때, α 를 **아핀평면**(affine plane)이라고 한다.

A.1 : 임의의 서로 다른 두 점 a, b에 대하여, 두 점 a, b를 지나는 직선이 단 하나 존재한다.

A.2 : 점 a가 직선 L 위에 있지 않을 때, 점 a를 지나 직선 L에 평행한 직선이 단 하나 존재한다.

A : α 에는 한 직선 위에 있지 않은 세 점이 존재한다.

특히, 유한 개의 점과 유한 개의 직선으로 이루어진 아핀평면을 **유한 아핀평면**(finite affine plane)이라고 한다.

위의 정의에서 A.1, A.2, A 전체를 아핀평면의 **공리계**라고 하며, 특히 A.2 를 **평행선 공리**라고 한다('해설 102' 참조).

아핀평면을 **擬似평면**(pseudo plane)이라고도 한다.

보기 12.1.1 다음과 같은 결합구조 $\alpha = (\mathscr{P}, \mathscr{L})$는 유한 아핀평면이다.

$$\mathscr{P} = \{p_1, p_2, p_3, p_4\}, \quad \mathscr{L} = \{L_1, L_2, L_3, L_4, L_5, L_6\}$$

$$L_1 = \{p_1, p_2\}, \quad L_2 = \{p_2, p_3\}, \quad L_3 = \{p_3, p_4\},$$

$$L_4 = \{p_4, p_1\}, \quad L_5 = \{p_1, p_3\}, \quad L_6 = \{p_2, p_4\}$$

아핀평면 α는 아래 두 그림과 같이 나타낼 수 있다.

이 아핀평면은 4 개의 점과 6 개의 직선으로 이루어진 유한 아핀평면이다.

이 아핀평면의 각 직선 위에는 꼭 2 개의 점이 존재하고 또 각 점을 지나는 직선은 꼭 3 개 존재한다.

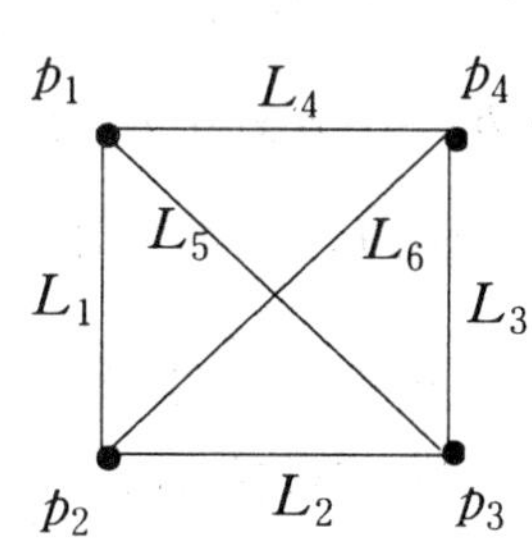

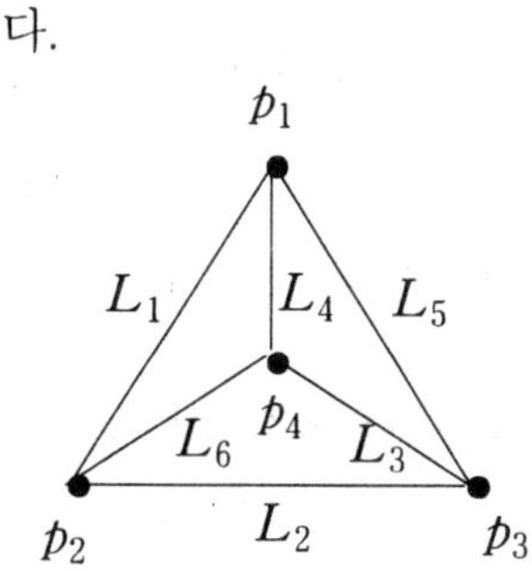

그리고, $L_1 \,//\, L_3$, $L_2 \,//\, L_4$, $L_5 \,//\, L_6$ 이다.

체 F 에 대하여 $F^2 = \{(x, y) \mid x, y \in F\}$ 에 속하는 원소 (x, y) 를 '점' 이라 하고, 또 체 F 위의 일차방정식

$$ax + by + c = 0 \qquad (a \neq 0 \text{ 또는 } b \neq 0)$$

을 만족시키는 점 (x, y) 전체의 집합을 '직선' 이라 하고, 이 직선을 $L_{a,b,c}$ 로 나타낸다. 즉,

$$L_{a,b,c} = \{(x, y) \in F^2 \mid ax + by + c = 0\}$$

그리고, $ax + by + c = 0$ 을 직선 $L_{a,b,c}$ 의 **방정식**이라 하고, 이 직선을 '직선 $ax + by + c = 0$' 이라고 한다. 즉,

정리 12.1.3 체 F 에 대하여 다음과 같이 정의된 결합구조 $\alpha = (\mathscr{P}, \mathscr{L})$ 는 아핀평면이다.

$$\mathscr{P} = F^2 = \{(x, y) \mid x, y \in F\},$$
$$\mathscr{L} = \{L_{a,b,c} \mid a, b, c \in F,\ a \neq 0 \text{ 또는 } b \neq 0\}$$
$$(x, y) \in L_{a,b,c} \Longleftrightarrow ax + by + c = 0$$

실제로, 다음이 성립한다.

(1) 서로 다른 두 점 (a_1, b_1), (a_2, b_2) 에 대하여 이들 두 점을 지나는 직선은 단 하나 존재하고 또 그 방정식은 다음과 같다.

$$(b_1 - b_2)x + (a_2 - a_1)y + (a_1 b_2 - a_2 b_1) = 0$$

(2) 두 직선 $L_{a,b,c}$, $L_{a',b',c'}$ 은 단 한 점에서 만나거나 서로 평행하다.

(3) 점 (x_0, y_0) 가 직선 $L_{a,b,c}$ 위에 있지 않을 때, 점 (x_0, y_0) 를 지나 $L_{a,b,c}$ 에 평행한 직선은 단 하나 존재하고 그 방정식은 다음과 같다.

$$ax + by - (ax_0 + by_0) = 0$$

(4) 세 점 $(0, 0)$, $(1, 0)$, $(0, 1)$ 은 한 직선 위에 있지 않다.

증명 (1) 보기 10.1.2 와 같은 방법으로 (1) 을 증명한다.

(2) 두 직선 $L_{a,b,c}$, $L_{a',b',c'}$ 에 대하여 다음 연립일차방정식을 생각해보자.

$$\begin{cases} ax + by + c = 0 \\ a'x + b'y + c' = 0 \end{cases} \quad \text{즉} \quad \begin{cases} ax + by = -c \\ a'x + b'y = -c' \end{cases}$$

먼저 $\dfrac{a}{a'} \neq \dfrac{b}{b'}$ 즉 $ab' \neq a'b$ 이면, 이 연립일차방정식은 단 한 개의 해

$$x_0 = \frac{\begin{vmatrix} -c & b \\ -c' & b' \end{vmatrix}}{\begin{vmatrix} a & b \\ a' & b' \end{vmatrix}} = \frac{bc' - cb'}{ab' - ba'}, \quad y_0 = \frac{\begin{vmatrix} a & -c \\ a' & -c' \end{vmatrix}}{\begin{vmatrix} a & b \\ a' & b' \end{vmatrix}} = \frac{ca' - ac'}{ab' - ba'}$$

를 가지므로 $L_{a,b,c} \cap L_{a',b',c'} = \{(x_0, y_0)\}$ 이다(정리 4.4.17 참조).

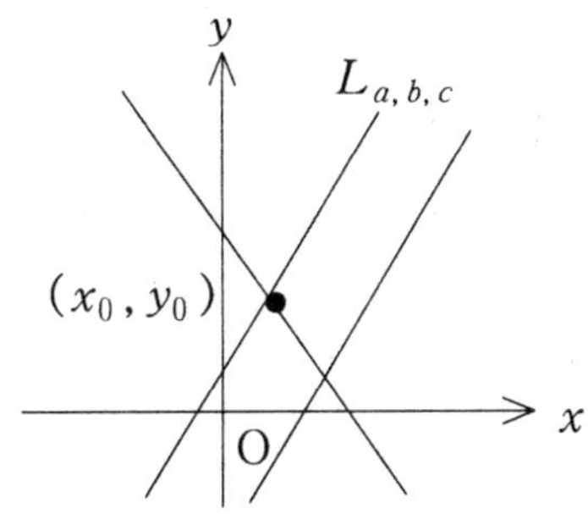

다음에 $\dfrac{a}{a'} = \dfrac{b}{b'} \neq \dfrac{c}{c'}$ 이면, 위의 연립일차방정식의 해는 존재하지 않고 따라서 $L_{a,b,c} \cap L_{a',b',c'} = \varnothing$ 이다.

그리고, $\dfrac{a}{a'} = \dfrac{b}{b'} = \dfrac{c}{c'}$ 일 때, 즉 적당한 원소 $k \in F - \{0\}$ 에 대하여

$$a' = ak, \; b' = bk, \; c' = ck$$

일 때, 방정식 $a'x + b'y + c' = 0$ 은 $kax + kby + kc = 0$ 으로 변형되므로 $L_{a,b,c} = L_{a',b',c'}$ 이다. 그러므로 다음이 성립한다.

$$L_{a,b,c} \,//\, L_{a',b',c'} \Leftrightarrow \frac{a}{a'} = \frac{b}{b'} \text{ 즉 } ab' = a'b$$

$$L_{a,b,c} = L_{a',b',c'} \Leftrightarrow \frac{a}{a'} = \frac{b}{b'} = \frac{c}{c'}$$

(3) 점 (x_0, y_0) 가 직선 $L_{a,b,c}$ 위에 있지 않을 때, $ax_0 + by_0 + c \neq 0$ 즉 $c \neq -(ax_0 + by_0)$ 이고 또 점 (x_0, y_0) 는 일차방정식

$$ax + by - (ax_0 + by_0) = 0$$

을 만족시키므로 위의 일차방정식이 나타내는 직선은 $L_{a,b,c}$ 와 평행하다.

역으로, 점 (x_0, y_0) 를 지나 직선 $L_{a,b,c}$ 에 평행한 직선의 방정식을

$$a'x + b'y + c' = 0$$

이라고 하면, 위의 (2) 에 의하여 $ab' = ba'$ 즉 적당한 원소 $k \in F - \{0\}$ 에 대하여 $a' = ka$, $b' = kb$ 이므로

$$c' = -a'x_0 - b'y_0 = -k(ax_0 + by_0)$$

이고 따라서 방정식 $a'x + b'y + c' = 0$ 은 다음과 같이 변형된다.

$$kax + kby - k(ax_0 + by_0) = 0 \text{ 즉 } ax + by - (ax_0 + by_0) = 0$$

그러므로 점 (x_0, y_0) 를 지나 $L_{a,b,c}$ 에 평행한 직선은 단 하나 존재하고 그 방정식은 $ax + by - (ax_0 + by_0) = 0$ 이다.

(4) 세 점 $(0, 0)$, $(1, 0)$, $(0, 1)$ 이 한 직선 $ax + by + c = 0$ 위에 있다고 가정하면, $c = 0$, $a + c = 0$, $b + c = 0$ 이므로 $a = b = 0$ 으로 되어 모순이 생긴다.

정의 12.1.4 정리 12.1.3 에서 정의한 아핀평면 $\mathfrak{a} = (\mathscr{P}, \mathscr{L})$ 를 체 F 위의 **아핀평면**(affine plane over F) 이라 하고, 이것을 $\mathrm{AG}(2, F)$ 로 나타낸다.

특히, 실수체 $\mathbb{R}$ 위의 아핀평면 $\mathrm{AG}(2, \mathbb{R})$ 를 **實 아핀평면**(real affine plane) 또는 **유클리드 평면**(Euclidean plane)이라고 한다.

또, 복소수체 $\mathbb{C}$ 위의 아핀평면 $\mathrm{AG}(2, \mathbb{C})$ 를 **복소 아핀평면**(complex affine plane)이라고 한다.

임의의 素數 p 와 양의 정수 m 에 대하여 $q = p^n$ 이라고 할 때, Galois 체 $\mathbb{F}_q$ 위의 아핀평면 $\mathrm{AG}(2, \mathbb{F}_q)$ 가 정의된다(정의 6.4.4)

정리 12.1.5 Galois 체 $\mathbb{F}_q$ 위의 아핀평면 $\mathrm{AG}(2, \mathbb{F}_q) = (\mathscr{P}, \mathscr{L})$ 에 대하여 다음이 성립한다.

(1) 임의의 직선에 대하여 이 직선 위에는 꼭 q 개의 점이 있다.

(2) 임의의 점에 대하여 이 점을 지나는 직선은 꼭 $q + 1$ 개 존재한다.

(3) $\mathrm{AG}(2, \mathbb{F}_q)$ 에는 꼭 q^2 개의 점과 꼭 $q^2 + q$ 개의 직선이 있다.

증명 직선 $L_{a,b,c}$ 의 방정식 $ax + by + c = 0$ 은 단 한 가지 방법으로 다음과 같은 꼴로 나타내어진다.

(i) $y = mx + n$ $(m, n \in \mathbb{F}_q)$ 또는 (ii) $x = k$ $(k \in \mathbb{F}_q)$

(1) 직선 L 의 방정식이 $y = mx + n$ 과 같은 꼴이면, 이 직선 위의 점은 모두 $(x_0, mx_0 + n)$, $x_0 \in \mathbb{F}_q$ 과 같은 꼴이다. 한편, 직선 L 의 방정식이 $x = k$ 와 같은 꼴이면, 이 직선 위의 점은 모두 (k, y_0), $y_0 \in \mathbb{F}_q$ 와 같은 꼴로 나타내어진다. 따라서 직선 L 위에는 꼭 q 개의 점이 존재한다.

(2) 직선 L 이 점 (x_0, y_0) 를 지나는 직선이라고 하자.

직선 L 의 방정식이 $y = mx + n$ 과 같은 꼴이면, $y_0 = mx_0 + n$ 이므로 $n = y_0 - mx_0$ 이고 따라서 n 의 값은 q 개의 $m \in \mathbb{F}_q$에 의하여 결정된다.

한편, 직선 L 의 방정식이 $x = k$ 의 꼴이면, $k = x_0$ 이다.

따라서 점 (x_0, y_0) 을 지나는 직선은 꼭 $q+1$ 개 존재한다.

(3) 분명히 $|\mathscr{P}| = |\mathbb{F}_q{}^2| = q^2$ 이다.

그리고, 모든 직선의 방정식은 단 한 가지 방법으로

$$y = mx + n \quad (m, n \in \mathbb{F}_q) \qquad \text{또는} \qquad x = k \quad (k \in \mathbb{F}_q)$$

와 같은 꼴로 나타내어지므로 $|\mathscr{L}| = q^2 + q$ 이다.

보기 12.1.2 Galois 체 $\mathbb{F}_2 = \{0, 1\}$ 위의 아핀평면 $\mathrm{AG}(2, \mathbb{F}_2) = (\mathscr{P}, \mathscr{L})$는 보기 12.1.1 의 아핀평면과 동일이다.

$$\mathscr{P} = \mathbb{F}_2{}^2 = \{(0, 0), (0, 1), (1, 0), (1, 1)\}$$
$$\mathscr{L} = \{L_{1,0,0}, L_{1,0,1}, L_{0,1,0}, L_{0,1,1}, L_{1,1,0}, L_{1,1,1}\}$$

$$L_{1,0,0} = \{(0, 0), (0, 1)\},$$
$$L_{1,0,1} = \{(1, 0), (1, 1)\},$$
$$L_{0,1,0} = \{(0, 0), (1, 0)\},$$
$$L_{0,1,1} = \{(0, 1), (1, 1)\},$$
$$L_{1,1,0} = \{(0, 0), (1, 1)\},$$
$$L_{1,1,1} = \{(0, 1), (1, 0)\}$$

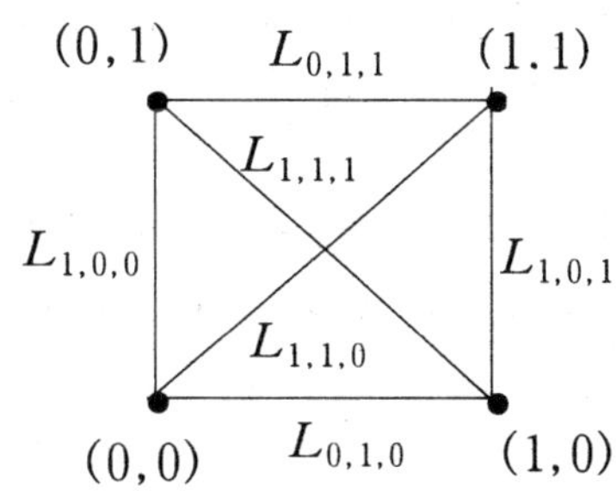

이 아핀평면은 2^2 개의 점과 2^2+2 개의 직선으로 이루어져 있다.

보기 12.1.3 체 $\mathbb{F}_3 = \{0, 1, 2\}$ 위의 아핀평면 $\mathrm{AG}(2, \mathbb{F}_3) = (\mathscr{P}, \mathscr{L})$ 를 생각해 보자.

$$\mathscr{P} = \mathbb{F}_3{}^2 = \{(0,0), (0,1), (0,2), (1,0), (1,1), (1,2), (2,0), (2,1), (2,2)\}$$
$$\mathscr{L} = \{L_{1,0,0}, L_{1,0,1}, L_{1,0,2}, L_{0,1,0}, L_{0,1,1}, L_{0,1,2},$$
$$L_{1,1,0}, L_{1,1,1}, L_{1,1,2}, L_{1,2,0}, L_{1,2,1}, L_{1,2,2}\}$$
$$(x_1, x_2) = (2x_1, 2x_2), \quad L_{a,b,c} = L_{2a,2b,2c}$$

$L_{1,0,0} = \{(0,0), (0,1), (0,2)\}$,
$L_{1,0,1} = \{(2,0), (2,1), (2,2)\}$,
$L_{1,0,2} = \{(1,0), (1,1), (1,2)\}$,
$L_{0,1,0} = \{(0,0), (1,0), (2,0)\}$,
$L_{0,1,1} = \{(0,2), (1,2), (2,2)\}$,
$L_{0,1,2} = \{(0,1), (1,1), (2,1)\}$,
$L_{1,1,0} = \{(0,0), (1,2), (2,1)\}$,
$L_{1,1,1} = \{(0,2), (1,1), (2,0)\}$,
$L_{1,1,2} = \{(0,1), (1,0), (2,2)\}$, $L_{1,2,0} = \{(0,0), (1,1), (2,2)\}$,
$L_{1,2,1} = \{(0,1), (1,2), (2,0)\}$, $L_{1,2,2} = \{(0,2), (1,0), (2,1)\}$

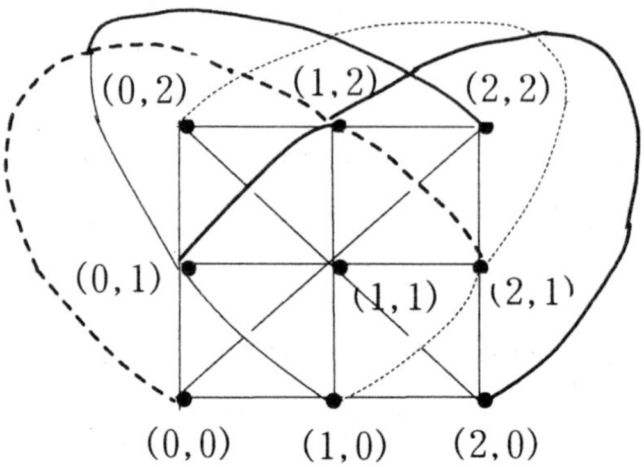

이 아핀평면은 3^2 개의 점과 3^2+3 개의 직선으로 이루어져 있다.

연습문제 (12.1)

1. 체 F 위의 아핀평면 $AG(2,F)$ 에서 점 (x_0, y_0) 를 지나는 직선의 방정식을 모두 구하여라.

2. 체 $\mathbb{F}_2 = \{0,1\}$ 위의 아핀평면 $AG(2, \mathbb{F}_2)$ 에 대하여 다음 물음에 답하여라.
   (1) 점 $(1,1)$ 을 지나는 직선과 그 방정식을 모두 구하여라.
   (2) 직선 $x+y+1=0$ 위에 있는 점을 모두 구하여라.

3. 체 $\mathbb{F}_3$ 위의 아핀평면 $AG(2, \mathbb{F}_3)$ 에 대하여 다음 물음에 답하여라.
   (1) 점 $(1,1)$ 를 지나는 직선과 그 방정식을 모두 구하여라.
   (2) 두 점 $(1,2)$, $(2,1)$ 을 지나는 직선의 방정식을 구하여라.
   (3) 두 직선 $2x+y+1=0$, $x+y+1=0$ 의 교점을 구하여라.

4. 체 F 의 표수가 2 일 때, $G = \{(x,y) \in F^2 \mid x^2+y^2=1\}$ 이라고 하면 $G = \{(x, x+1) \mid x \in F\}$ 임을 밝혀라.

§12.2 사영평면

결합구조 $\sigma = (\mathscr{P}, \mathscr{L})$ 에서

두 개 이상의 점이 한 직선 위에 있을 때, 이들 점을 **共線點**(collinear points) 라고 한다.

그리고 공선점이 아닌 점들을 **非 공선점**이라고 한다.

서로 다른 네 점 p_1, p_2, p_3, p_4 에 대하여, 이들 중에서 어느 세 점을 택하더라도 이들 세 점이 非 공선점일 때, $\{p_1, p_2, p_3, p_4\}$ 를 **四點도형**(four-point)이라고 한다.

두 개 이상의 직선이 한 점을 지날 때, 이들 직선을 **共點線**(concurrent lines) 라고 한다.

그리고 공점선이 아닌 직선들을 **非 공점선**이라고 한다.

서로 다른 네 직선 L_1, L_2, L_3, L_4 에 대하여, 이들 중에서 어느 세 직선을 택하더라도 이들 세 직선이 非 공점선일 때, $\{L_1, L_2, L_3, L_4\}$ 를 **四線도형**(four-line)이라고 한다.

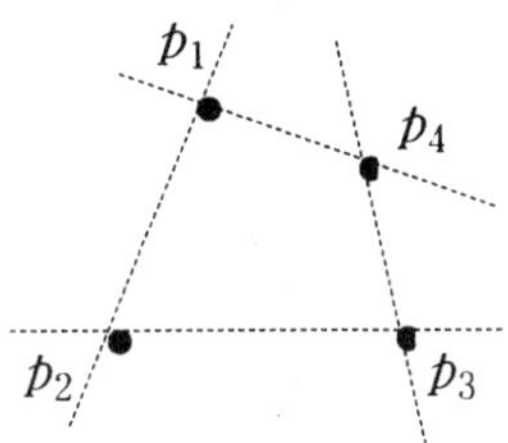

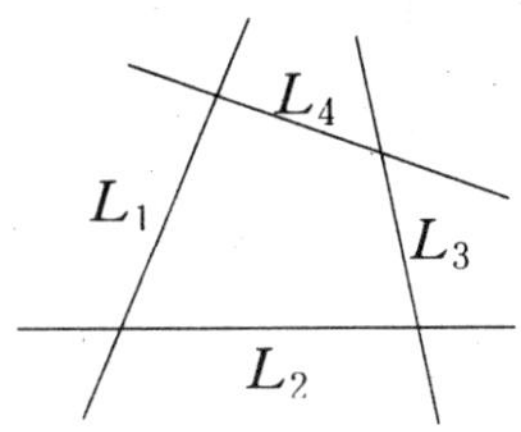

정의 12.2.1 결합구조 $\pi = (\mathscr{P}, \mathscr{L})$ 가 다음 세 조건을 만족시킬 때, π 를 **射影평면**(projective plane)이라고 한다.

P.1 : 임의의 서로 다른 두 점 a, b 에 대하여 두 점 a, b를 지나는 직선이 단 하나 존재한다.

P.2 : 임의의 서로 다른 두 직선 L, M에 대하여 두 직선 L, M은 단 한 점에서 만난다.

P : π 에는 사점도형이 적어도 하나 존재한다.

특히, 유한 개의 점과 유한 개의 직선으로 이루어진 사영평면은 **유한 사영평면**(finite projective plane) 이라고 한다.

위의 정의에서 P.1, P.2, P 전체를 사영평면의 **공리계**라고 한다.

보기 12.2.1 다음과 같은 유한 결합구조 $\pi = (\mathscr{P}, \mathscr{L})$ 는 사영평면이다.

$$\mathscr{P} = \{p_1, p_2, p_3, p_4, p_5, p_6, p_7\},$$
$$\mathscr{L} = \{L_1, L_2, L_3, L_4, L_5, L_6, L_7\}$$

$$L_1 = \{p_1, p_2, p_4\},\quad L_2 = \{p_2, p_3, p_5\},\quad L_3 = \{p_1, p_3, p_6\},$$
$$L_4 = \{p_1, p_5, p_7\},\quad L_5 = \{p_2, p_6, p_7\},\quad L_6 = \{p_3, p_4, p_7\},$$
$$L_7 = \{p_4, p_5, p_6\}$$

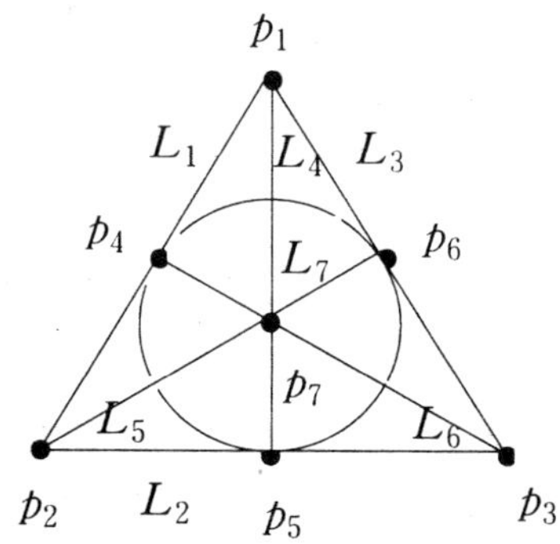

이 사영평면을 흔히 **Fano 의 평면**이라고 한다. 이 사영평면은 7 개의 점과 7 개의 직선으로 이루어져 있으며, 각 직선 위에는 꼭 3 개의 점이 있고 각 점을 지나는 직선은 꼭 3 개 있다. 또, 서로 다른 두 직선은 꼭 한 점에서 만난다.

체 F 위의 3 차원 벡터공간 $F^3 = \{(x_1, x_2, x_3) \mid x_1, x_2, x_3 \in F\}$ 에서 영벡터가 아닌 벡터 $(a_1, a_2, a_3) \in F^3$ 에 대하여

$$\langle (a_1, a_2, a_3) \rangle = \{k(a_1, a_2, a_3) \mid k \in F\}$$

는 벡터공간 F^3 의 1 차원 부분공간이고 또 F^3 의 1 차원 부분공간은 모두 이와 같은 꼴로 나타내어진다. 이제 벡터공간 F^3 에서 영벡터가 아닌 벡터 (a_1, a_2, a_3) 에 대하여 동차 일차방정식

$$a_1x_1 + a_2x_2 + a_3x_3 = 0$$

의 해공간을 $[(a_1, a_2, a_3)]$ 으로 나타내면, $[(a_1, a_2, a_3)]$ 는 벡터공간 F^3 의 2 차원 부분공간이고 또 F^3 의 2 차원 부분공간은 모두 이와 같은 꼴로 나타내어진다(정리 5.5.26). 그리고, F^3 의 영벡터가 아닌 벡터 (a_1, a_2, a_3), (b_1, b_2, b_3) 에 대하여 다음이 성립한다.

$$\langle (a_1, a_2, a_3) \rangle = \langle (b_1, b_2, b_3) \rangle$$
$$\Longleftrightarrow \text{ 적당한 } k \in F - \{0\} \text{ 에 대하여 } (b_1, b_2, b_3) = k(a_1, a_2, a_3)$$
$$\Longleftrightarrow [(a_1, a_2, a_3)] = [(b_1, b_2, b_3)]$$

정리 12.2.2 체 F 위의 3차원 벡터공간 F^3에서 다음이 성립한다.

(1) 서로 다른 두 1차원 부분공간 $\langle (a_1, a_2, a_3) \rangle$, $\langle (b_1, b_2, b_3) \rangle$에 대하여 2차원 부분공간 $W = \langle (a_1, a_2, a_3), (b_1, b_2, b_3) \rangle$는 다음과 같다.

$$W = [(\begin{vmatrix} a_2 & a_3 \\ b_2 & b_3 \end{vmatrix}, -\begin{vmatrix} a_1 & a_3 \\ b_1 & b_3 \end{vmatrix}, \begin{vmatrix} a_1 & a_2 \\ b_1 & b_2 \end{vmatrix})]$$

(2) 서로 다른 두 2차원 부분공간 $[(a_1, a_2, a_3)]$, $[(b_1, b_2, b_3)]$에 대하여 $U = [(a_1, a_2, a_3)] \cap [(b_1, b_2, b_3)]$이라고 하면, U는 벡터공간 F^3의 다음과 같은 1차원 부분공간이다.

$$U = \langle (\begin{vmatrix} a_2 & a_3 \\ b_2 & b_3 \end{vmatrix}, -\begin{vmatrix} a_1 & a_3 \\ b_1 & b_3 \end{vmatrix}, \begin{vmatrix} a_1 & a_2 \\ b_1 & b_2 \end{vmatrix}) \rangle$$

(3) 네 부분공간 $\langle (1,0,0) \rangle$, $\langle (0,1,0) \rangle$, $\langle (0,0,1) \rangle$, $\langle (1,1,1) \rangle$ 중에서 어느 세 개를 택하더라도 이들은 동일한 2차원 부분공간에 포함되지 않는다.

증명 (1) 두 1차원 부분공간 $\langle (a_1, a_2, a_3) \rangle$, $\langle (b_1, b_2, b_3) \rangle$가 다를 때, $(a_1, a_2, a_3) \notin \langle (b_1, b_2, b_3) \rangle$이므로 벡터 (a_1, a_2, a_3), (b_1, b_2, b_3)는 일차독립이고(정리 5.5.10) 따라서 $\{(a_1, a_2, a_3), (b_1, b_2, b_3)\}$는 W의 기저이므로 W는 다음 동차 일차방정식의 해공간이므로 (1)이 성립한다(정리 5.5.26).

$$\begin{vmatrix} x_1 & x_2 & x_3 \\ a_1 & a_2 & a_3 \\ b_1 & b_2 & b_3 \end{vmatrix} = 0$$

즉,
$$\begin{vmatrix} a_2 & a_3 \\ b_2 & b_3 \end{vmatrix} x_1 - \begin{vmatrix} a_1 & a_3 \\ b_1 & b_3 \end{vmatrix} x_2 + \begin{vmatrix} a_1 & a_2 \\ b_1 & b_2 \end{vmatrix} x_3 = 0$$

(2) U는 동차 연립일차방정식

$$\begin{cases} a_1x_1 + a_2x_2 + a_3x_3 = 0 \\ b_1x_1 + b_2x_2 + b_3x_3 = 0 \end{cases}$$

의 해공간이므로 보기 5.5.10에 의하여 (2)가 성립한다.

(3) 네 벡터 (1,0,0), (0,1,0), (0,0,1), (1,1,1) 에 대하여

$$\begin{vmatrix} 1 & 0 & 0 \\ 0 & 1 & 0 \\ 0 & 0 & 1 \end{vmatrix} \neq 0, \quad \begin{vmatrix} 1 & 0 & 0 \\ 0 & 1 & 0 \\ 1 & 1 & 1 \end{vmatrix} \neq 0, \quad \begin{vmatrix} 1 & 0 & 0 \\ 0 & 0 & 1 \\ 1 & 1 & 1 \end{vmatrix} \neq 0, \quad \begin{vmatrix} 0 & 1 & 0 \\ 0 & 0 & 1 \\ 1 & 1 & 1 \end{vmatrix} \neq 0$$

이므로, 위의 네 벡터 중에서 어느 세 벡터를 택하더라도 이 세 벡터는 일차독립이다(정리 5.5.20). 따라서 (3) 이 성립한다.

체 F 위의 3 차원 벡터공간 F^3 의 각 1 차원 부분공간 $\langle(x_1, x_2, x_3)\rangle$ 를 새로이 '점' 이라 하고 이것을 $\langle x_1, x_2, x_3\rangle$ 로 나타내고, 또 벡터공간 F^3 의 각 2 차원 부분공간 $[(a_1, a_2, a_3)]$ 에 대하여

$$[a_1, a_2, a_3] = \{\langle x_1, x_2, x_3\rangle \mid a_1x_1 + a_2x_2 + a_3x_3 = 0\}$$

를 새로이 '직선' 이라 하고 동차 일차방정식 $a_1x_1 + a_2x_2 + a_3x_3 = 0$ 을 직선 $[a_1, a_2, a_3]$ 의 **방정식**이라고 하자. 이 때,

$$\langle a_1, a_2, a_3\rangle = \langle b_1, b_2, b_3\rangle$$

$\Longleftrightarrow$ 적당한 $k \in F - \{0\}$ 에 대하여 $(b_1, b_2, b_3) = k(a_1, a_2, a_3)$

$\Longleftrightarrow$ $[a_1, a_2, a_3] = [b_1, b_2, b_3]$

이고, 정리 12.2.2 에 의하여 다음 정리가 성립한다.

정리 12.2.3 체 F 에 대하여 다음과 같이 정의된 결합구조 $\pi = (\mathscr{P}, \mathscr{L})$ 는 사영평면이다.

$$\mathscr{P} = \{\langle x_1, x_2, x_3\rangle \mid (x_1, x_2, x_3) \in F^3 - \{(0,0,0)\}\},$$

$$\mathscr{L} = \{[a_1, a_2, a_3] \mid (a_1, a_2, a_3) \in F^3 - \{(0,0,0)\}\}$$

$$\langle x_1, x_2, x_3\rangle \in [a_1, a_2, a_3] \Longleftrightarrow a_1x_1 + a_2x_2 + a_3x_3 = 0$$

실제로, 다음이 성립한다.

(1) 서로 다른 두 점 $\langle a_1, a_2, a_3\rangle$, $\langle b_1, b_2, b_3\rangle$ 에 대하여 이 두 점을 지나는 직선은 단 하나 존재하고 이 직선은 다음과 같다.

$$\left[\begin{vmatrix} a_2 & a_3 \\ b_2 & b_3 \end{vmatrix}, -\begin{vmatrix} a_1 & a_3 \\ b_1 & b_3 \end{vmatrix}, \begin{vmatrix} a_1 & a_2 \\ b_1 & b_2 \end{vmatrix}\right]$$

(2) 서로 다른 두 직선 $[a_1, a_2, a_3]$, $[b_1, b_2, b_3]$에 대하여 이 두 직선은 단 한 점에서 만나고 그 교점은 다음과 같다.

$$\left\langle \begin{vmatrix} a_2 & a_3 \\ b_2 & b_3 \end{vmatrix}, -\begin{vmatrix} a_1 & a_3 \\ b_1 & b_3 \end{vmatrix}, \begin{vmatrix} a_1 & a_2 \\ b_1 & b_2 \end{vmatrix} \right\rangle$$

(3) $\{\langle 1,0,0\rangle, \langle 0,1,0\rangle, \langle 0,0,1\rangle, \langle 1,1,1\rangle\}$ 은 사점도형이다.

정의 12.2.4 정리 12.2.3 에서와 같이 정한 사영평면 $\pi = (\mathscr{P}, \mathscr{L})$를 체 F 위의 **사영평면**(projective plane over F) 이라 하고 이 사영평면을 PG$(2, F)$로 나타낸다.

특히, 실수체 $\mathbb{R}$ 위의 사영평면 PG$(2, \mathbb{R})$를 **實 사영평면**(real projective plane)이라 하고, 또 복소수체 $\mathbb{C}$ 위의 사영평면 PG$(2, \mathbb{C})$를 **복소 사영평면**(complex projective plane)이라고 한다.

보기 12.2.2 사영평면 PG$(2,\mathbb{R})$ 에서 다음이 성립한다.

(1) 등식 $3\cdot 2 + 4\cdot(-2) + 2\cdot 1 = 0$ 은 다음이 성립함을 뜻한다.

$$\langle 3,4,2\rangle \in [2,-2,1], \quad \langle 2,-2,1\rangle \in [3,4,2]$$

(2) 서로 다른 두 점 $\langle 5,2,-3\rangle$, $\langle 2,1,1\rangle$ 을 지나는 직선의 방정식은

$$\begin{vmatrix} x_1 & x_2 & x_3 \\ 5 & 2 & -3 \\ 2 & 1 & 1 \end{vmatrix} = 0 \quad 즉 \quad 5x_1 - 11x_2 + x_3 = 0$$

이고, 따라서 이들 두 점을 지나는 직선은 $[5,-11,1]$ 이다.

또, 서로 다른 두 직선 $[5,2,-3]$, $[2,1,1]$ 의 교점은 $\langle 5,-11,1\rangle$ 이다.

체 F 위의 사영평면 PG$(2, F) = (\mathscr{P}, \mathscr{L})$ 에서 각 점 $\langle x_1, x_2, x_3\rangle \in \mathscr{P}$ 는 다음과 같이 나타낼 수 있다.

$$\langle x_1, x_2, x_3\rangle = \begin{cases} \left\langle \dfrac{x_1}{x_3}, \dfrac{x_2}{x_3}, 1\right\rangle & (x_3 \neq 0 \text{ 인 경우}) \\ \left\langle \dfrac{x_1}{x_2}, 1, 0\right\rangle & (x_3 = 0,\ x_2 \neq 0 \text{ 인 경우}) \\ \langle 1, 0, 0\rangle & (x_3 = x_2 = 0,\ x_1 \neq 0 \text{ 인 경우}) \end{cases}$$

따라서 PG(2, F) = ($\mathscr{P}$, $\mathscr{L}$) 에서

$$\mathscr{P} = \{\langle x, y, 1\rangle \mid x, y \in F\}$$
$$\cup \{\langle x, 1, 0\rangle \mid x \in F\}$$
$$\cup \{\langle 1, 0, 0\rangle\}$$

이고 마찬가지로 다음이 성립한다.

$$\mathscr{L} = \{[a, 1, c] \mid a, c \in \mathbb{F}_q\}$$
$$\cup \{[1, 0, c] \mid c \in \mathbb{F}_q\}$$
$$\cup \{[0, 0, 1]\}$$

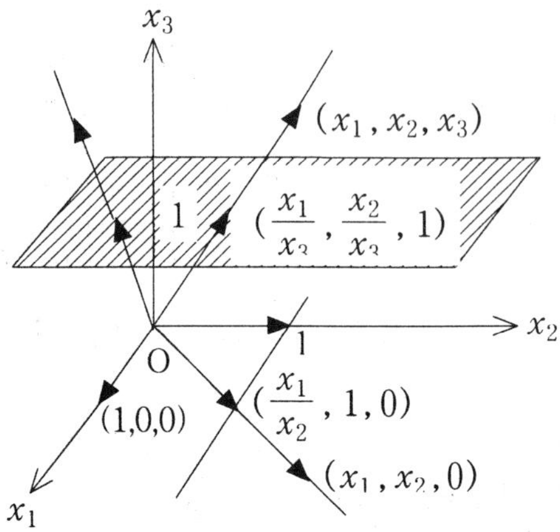

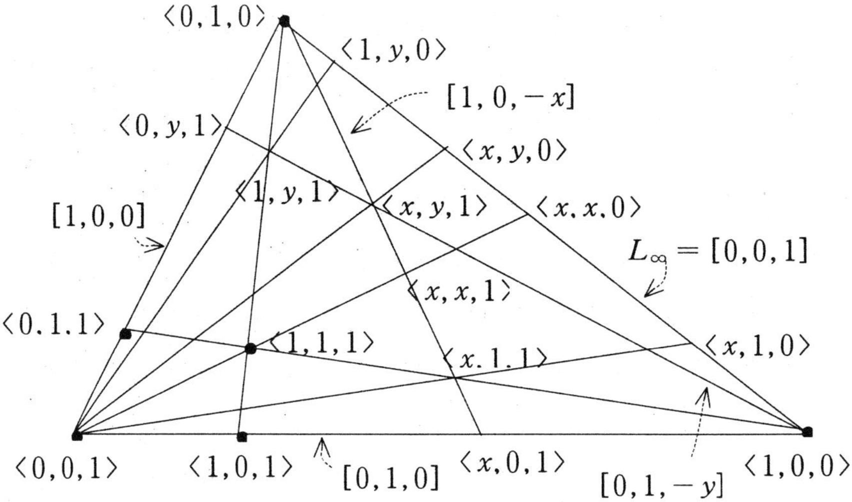

임의의 素數 p 와 양의 정수 m 에 대하여 $q = p^n$ 이라고 할 때, Galois 체 $\mathbb{F}_q$ 위의 사영평면 PG(2, $\mathbb{F}_q$) 가 정의된다(정의 6.4.4)

정리 12.2.5 Galois 체 $\mathbb{F}_q$ 위의 사영평면 PG(2, $\mathbb{F}_q$) = ($\mathscr{P}$, $\mathscr{L}$) 에 대하여 다음이 성립한다.

(1) 임의의 직선 L 에 대하여, L 위에는 꼭 $q+1$ 개의 점이 존재한다.

(2) 임의의 점에 대하여 이 점을 지나는 직선은 꼭 $q+1$ 개 존재한다.

(3) PG(2, $\mathbb{F}_q$) 에는 꼭 q^2+q+1 개의 점과 꼭 q^2+q+1 개의 직선이 있다. 즉, $|\mathscr{P}| = q^2+q+1$, $|\mathscr{L}| = q^2+q+1$ 이다.

증명 직선 L 은 단 한 가지 방법으로 다음과 같은 꼴로 나타내어진다.

$$[a,1,c], \quad [1,0,c], \quad [0,0,1] \qquad (a, c \in \mathbb{F}_q)$$

먼저 $L = [a, 1, c]$ 이라 하고 $\langle x_1, x_2, x_3 \rangle \in L$ 이라고 하자.

이 때, $ax_1 + x_2 + cx_3 = 0$ 이므로 $x_3 \neq 0$ 이면 $a\dfrac{x_1}{x_3} + \dfrac{x_2}{x_3} + c = 0$

이고 따라서 $\langle x_1, x_2, x_3 \rangle = \langle \dfrac{x_1}{x_3}, \dfrac{x_2}{x_3}, 1 \rangle = \langle x, -ax-c, 1 \rangle$ 이다.

한편, $x_3 = 0$ 이면, $ax_1 + x_2 = 0$ 이므로 적당한 $t \in \mathbb{F}_q - \{0\}$ 에 대하여 $\langle x_1, x_2, x_3 \rangle = \langle t, -at, 0 \rangle = \langle 1, -a, 0 \rangle$ 이다.

따라서 다음 결과를 얻는다.

$$\begin{aligned}[a,1,c] &= \{\langle x_1, x_2, x_3 \rangle \in \mathscr{P} \mid ax_1 + x_2 + cx_3 = 0\} \\ &= \{\langle x, -ax-c, 1 \rangle \mid x \in \mathbb{F}_q\} \cup \{\langle 1, -a, 0 \rangle\}\end{aligned}$$

마찬가지로, 다음 결과를 얻는다.

$$\begin{aligned}[1,0,c] &= \{\langle x_1, x_2, x_3 \rangle \in \mathscr{P} \mid x_1 + cx_3 = 0\} \\ &= \{\langle -c, x, 1 \rangle \mid x \in \mathbb{F}_q\} \cup \{\langle 0,1,0 \rangle\}\end{aligned}$$

$$\begin{aligned}[0,0,1] &= \{\langle x_1, x_2, x_3 \rangle \in \mathscr{P} \mid x_3 = 0\} \\ &= \{\langle x,1,0 \rangle \mid x \in \mathbb{F}_q\} \cup \{\langle 1,0,0 \rangle\}\end{aligned}$$

그러므로 어느 경우에나 $|L| = |\mathbb{F}_q| + 1 = q + 1$ 이다.

마찬가지로, 임의의 점을 지나는 직선은 꼭 $q+1$ 개 존재한다.

그리고, 사영평면 $PG(2, \mathbb{F}_q)$ 에서 점 전체의 집합과 직선 전체의 집합은

$$\begin{aligned}\mathscr{P} &= \{\langle x, y, 1 \rangle \mid x, y \in \mathbb{F}_q\} \\ &\quad \cup \{\langle x,1,0 \rangle \mid x \in \mathbb{F}_q\} \cup \{\langle 1,0,0 \rangle\} \\ \mathscr{L} &= \{[a,1,c] \mid a, c \in \mathbb{F}_q\} \\ &\quad \cup \{[1,0,c] \mid c \in \mathbb{F}_q\} \cup \{[0,0,1]\}\end{aligned}$$

이므로 다음 결과를 얻는다.

$$\begin{aligned}|\mathscr{P}| &= |\mathbb{F}_q|^2 + |\mathbb{F}_q| + 1 = q^2 + q + 1, \\ |\mathscr{L}| &= |\mathbb{F}_q|^2 + |\mathbb{F}_q| + 1 = q^2 + q + 1\end{aligned}$$

보기 12.2.3 체 $\mathbb{F}_2 = \{0, 1\}$ 위의 사영평면 $\mathrm{PG}(2, \mathbb{F}_2) = (\mathscr{P}, \mathscr{L})$는 다음과 같다.

$$\mathscr{P} = \{\langle 0,0,1\rangle, \langle 0,1,1\rangle, \langle 1,0,1\rangle, \langle 1,1,1\rangle, \langle 0,1,0\rangle, \langle 1,0,0\rangle, \langle 1,1,0\rangle\}$$

$$\mathscr{L} = \{[1,0,0], [1,1,0], [1,1,0], [0,1,0], [0,1,1], [1,1,1], [0,0,1]\}$$

$[1,0,0] = \{\langle 0,0,1\rangle, \langle 0,1,1\rangle, \langle 0,1,0\rangle\}$,
$[1,1,0] = \{\langle 0,0,1\rangle, \langle 1,1,1\rangle, \langle 1,1,0\rangle\}$,
$[1,0,1] = \{\langle 1,0,1\rangle, \langle 1,1,1\rangle, \langle 0,1,0\rangle\}$,
$[0,1,0] = \{\langle 0,0,1\rangle, \langle 1,0,1\rangle, \langle 1,0,0\rangle\}$,
$[0,1,1] = \{\langle 0,1,1\rangle, \langle 1,1,1\rangle, \langle 1,0,0\rangle\}$,
$[1,1,1] = \{\langle 1,0,1\rangle, \langle 0,1,1\rangle, \langle 1,1,0\rangle\}$,
$[0,0,1] = \{\langle 0,1,0\rangle, \langle 1,0,0\rangle, \langle 1,1,0\rangle\}$,

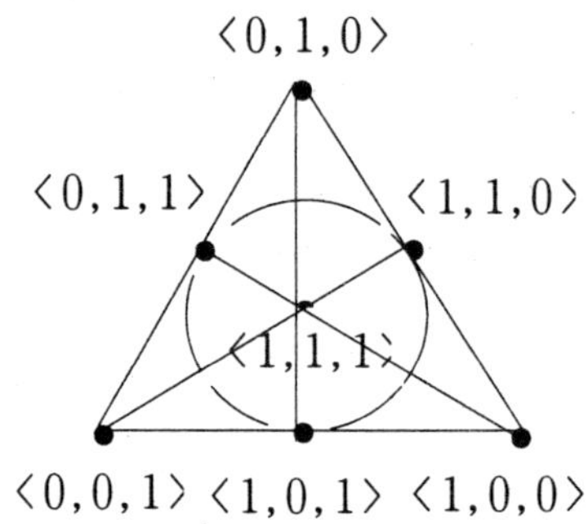

이 사영평면은 보기 12.2.1 에서 논한 사영평면과 본질적으로 동일하다.

보기 12.2.4 체 $\mathbb{F}_3$ 위의 사영평면 $\mathrm{PG}(2, \mathbb{F}_3) = (\mathscr{P}, \mathscr{L})$는 다음과 같이 3^2+3+1개의 점과 3^2+3+1 개의 직선으로 이루어져 있다.

$$\mathscr{P} = \{\langle 0,0,1\rangle, \langle 0,1,1\rangle, \langle 0,2,1\rangle, \langle 1,0,1\rangle, \langle 1,1,1\rangle, \langle 1,2,1\rangle, \langle 2,0,1\rangle, \langle 2,1,1\rangle, \langle 2,2,1\rangle, \langle 0,1,0\rangle, \langle 1,1,0\rangle, \langle 2,1,0\rangle, \langle 1,0,0\rangle\}$$

$$\mathscr{L} = \{[0,0,1], [0,1,1], [0,2,1], [1,0,1], [1,1,1], [1,2,1], [2,0,1], [2,1,1], [2,2,1], [0,1,0], [1,1,0], [2,1,0], [1,0,0]\}$$

$$\langle x_1, x_2, x_3\rangle = \langle 2x_1, 2x_2, 2x_3\rangle, \quad [a_1, a_2, a_3] = [2a_1, 2a_2, 2a_3]$$

$\langle 0,0,1\rangle = \langle 0,0,2\rangle$, $\quad\langle 0,2,1\rangle = \langle 0,1,2\rangle$,
$\langle 1,0,1\rangle = \langle 2,0,2\rangle$, $\quad\langle 1,1,1\rangle = \langle 2,2,2\rangle$,
$[1,0,0] = [2,0,0] = \{\langle 0,0,1\rangle, \langle 0,1,1\rangle, \langle 0,2,1\rangle, \langle 0,1,0\rangle\}$,
$[1,1,1] = [2,2,2] = \{\langle 2,0,1\rangle, \langle 1,1,1\rangle, \langle 0,2,1\rangle, \langle 2,1,0\rangle\}$

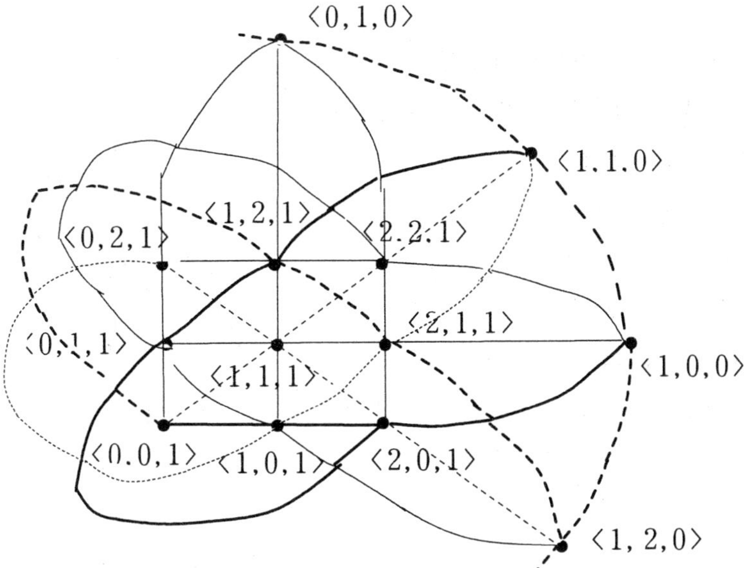

아핀평면 $\alpha = (\mathscr{P}, \mathscr{L})$ 에서 각 직선 L 에 대하여 새로운 점 ∞_L 을 도입하여 새로운 직선 $L' = L \cup \{\infty_L\}$ 을 생각하되 $L \mathbin{/\!/} M \Longleftrightarrow \infty_L = \infty_M$ 이 되도록 하여 평행한 직선은 모두 새로운 점에서 만나도록 하고 이들 새로운 점 전체로 이루어진 직선 $L_\infty = \{\infty_L \mid L \in \mathscr{L}\}$ 을 도입하여

$$\mathscr{P}' = \mathscr{P} \cup \{\infty_L \mid L \in \mathscr{L}\},$$

$$\mathscr{L}' = \{L' \mid L \in \mathscr{L}\} \cup \{L_\infty\}$$

이라고 하면, 결합구조 $\pi = (\mathscr{P}', \mathscr{L}')$ 는 사영평면이다([5], 정리 2.5.2).

이러한 사영평면 π 를 아핀평면 $\boldsymbol{\alpha}$ 에 대응하는 사영평면이라고 하며, 새로 도입된 점을 **무한遠點**(point at infinity) 또는 **理想점**(ideal point) 이라 하고 직선 L_∞ 를 **무한遠線**(line at infinity) 또는 **理想직선**(ideal line)이라고 한다.

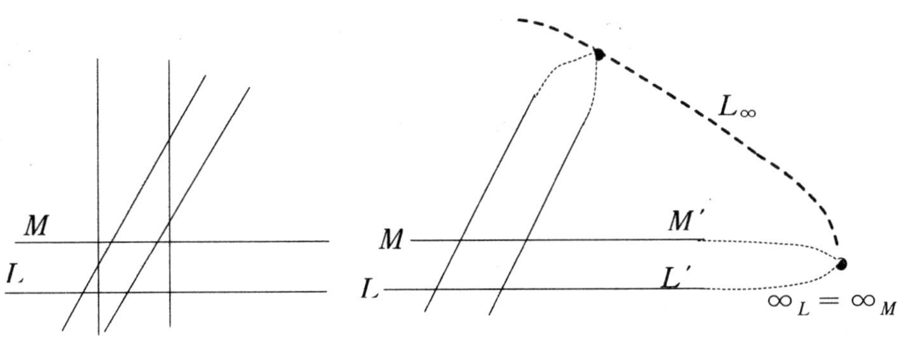

특히, 체 F 위의 아핀평면 $\mathrm{AG}(2,F)$ 에 대응하는 사영평면은 본질적으로 사영평면 $\mathrm{PG}(2,F)$ 와 동일하다([5], §3.6 참조).

아핀평면 $\mathrm{AG}(2, \mathbb{F}_q)$ 는 q^2 개의 점과 q^2+q 개의 직선으로 이루어져 있는데 여기에 $q+1$ 개의 새로운 점과 1 개의 새로운 직선이 추가하면 사영평면 $\mathrm{PG}(2, \mathbb{F}_q)$ 를 얻게 된다(보기 12.1.2 과 보기 12.2.3, 보기 12.1.3 과 보기 12.2.4).

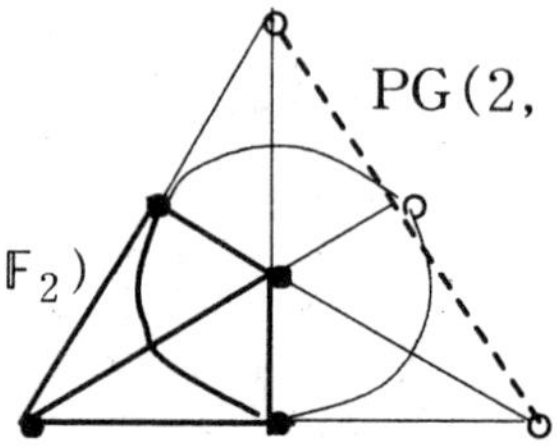

디자인에 대해서는 '해설 1203' 을 참조하기 바란다.

연습문제 (12.2)

1. 체 $\mathbb{F}_3$ 위의 사영평면 $\mathrm{PG}(2, \mathbb{F}_3)$ 에 대하여 다음 물음에 답하여라.
   (1) 점 $\langle 1,2,1 \rangle$ 을 지나는 직선을 모두 구하여라.
   그리고, 직선 $[1,2,1]$ 위에 있는 점을 모두 구하여라.
   (2) 두 점 $\langle 1,2,1 \rangle$, $\langle 2,1,1 \rangle$ 을 지나는 직선을 구하여라.
   그리고, 두 직선 $[1,2,1]$, $[2,1,1]$ 의 교점을 구하여라.

2. 체 $\mathbb{F}_5$ 위의 사영평면 $\mathrm{PG}(2, \mathbb{F}_5)$ 에서 두 점 $\langle 1,4,1 \rangle$, $\langle 2,3,0 \rangle$ 을 지나는 직선을 구하고 두 직선 $[1,4,1]$, $[2,3,0]$ 의 교점을 구하여라.

3. Galois 체 $\mathbb{F}_4$ 위의 사영평면 $\mathrm{PG}(2, \mathbb{F}_4) = (\mathscr{P}, \mathscr{L})$ 에서 점 전체의 개수와 직선 전체의 개수를 말하여라.

§12.3 타원곡선

체 F 위의 아핀평면 AG(2, F) 에서 Weierstrass 의 방정식

$$E: \quad y^2 + dxy + ey = x^3 + ax^2 + bx + c$$

를 만족시키는 점 $(x, y) \in F^2$ 전체로 이루어진 집합

$$(*) \qquad \{(x, y) \in F^2 \mid y^2 + dxy + ey = x^3 + ax^2 + bx + c\}$$

를 체 F 위에서의 **타원곡선**(elliptic curve) 이라고 한다.

이제 아핀평면 AG(2, F) 에 무한遠點과 무한遠線을 도입하면 사영평면 PG(2, F) 를 얻게 된다(§12.2 의 마지막 부분). 특히, 아핀평면 AG(2, F) 의 모든 직선

$$x = k \qquad (k \in F)$$

가 무한원점 O 를 지난다고 생각하고, 위의 집합 (*) 에 무한원점 O 를 추가한 집합을 $G(E, F)$ 로 나타내자. 즉,

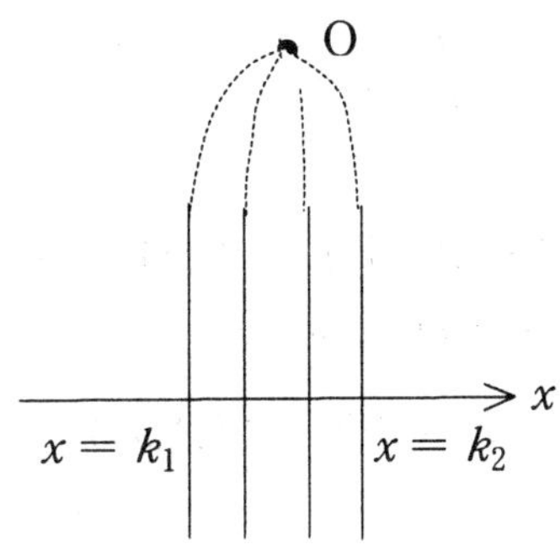

$$G(E, F) = \{(x, y) \in F^2 \mid y^2 + dxy + ey = x^3 + ax^2 + bx + c\} \cup \{O\}$$

체 F 의 표수가 0 인 경우에 체 F 위에서 타원곡선

$$E: \qquad y^2 = x^3 + ax^2 + bx + c$$

에 대하여 다항식 $f(x) = x^3 + ax^2 + bx + c$ 의 판별식

$$D = -27c^2 - 4a^3c - 4b^3 + a^2b^2 + 18abc$$

를 타원곡선 E 의 **판별식**이라고 한다(정리 8.1.4 참조).

특히, $F = \mathbb{R}$ 인 경우에 삼차방정식 $x^3 + ax^2 + bx + c = 0$ 은 $D = 0$ 이면 중근을 갖고, $D \neq 0$ 이면 서로 다른 세 실근을 갖거나 또는 한 실근과 두 허근을 가진다(정리 8.1.5). 그리고, $D > 0$ 일 때와 $D < 0$ 일 때의 두 곡선 $y = x^3 + ax^2 + bx + c$, $y^2 = x^3 + ax^2 + bx + c$ 의 그래프는 다음과 같다.

$D > 0$ 인 경우

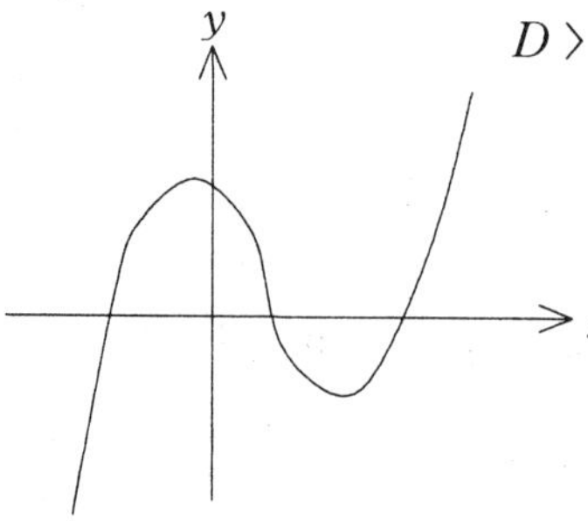

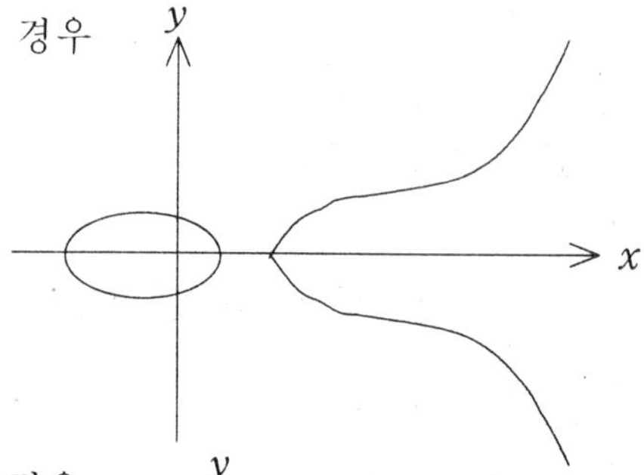

$D < 0$ 인 경우

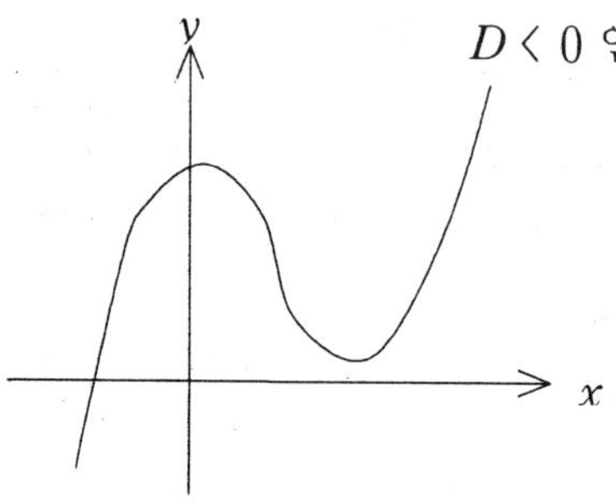

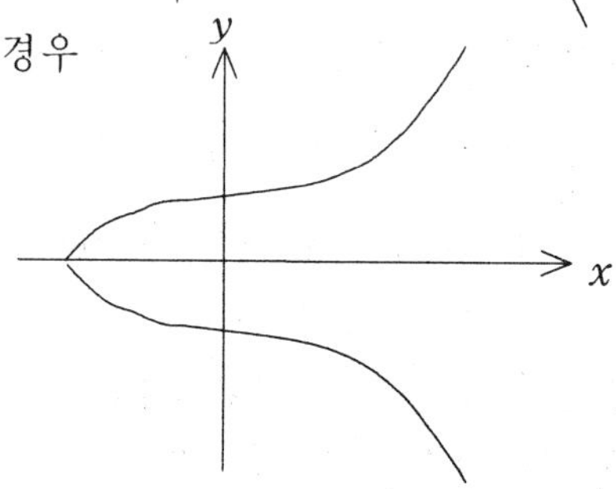

타원곡선 위의 서로 다른 두 점 $\mathrm{P} = (x_1, y_1)$, $\mathrm{Q} = (x_2, y_2)$ 에 대하여 다음과 같이 정의하자.

$\phi(\mathrm{O}, \mathrm{P}) = \phi(\mathrm{P}, \mathrm{O}) =$ (사영평면 안에서 O, P 를 지나는 직선이 타원곡선과 새로 만나는 점)

$\phi(\mathrm{P}, \mathrm{Q}) = \phi(\mathrm{Q}, \mathrm{P}) =$ (사영평면 안에서 P, Q 를 지나는 직선이 타원곡선과 새로 만나는 점)

점 $\mathrm{P} = (x_1, y_1)$ 가 타원곡선 E 위의 점일 때, 이 점을 지나는 직선의 방정식 $x = x_1$ 을 방정식 $y^2 = x^3 + ax^2 + bx + c$ 에 대입하면

$$y^2 = x_1{}^3 + ax_1{}^2 + bx_1 + c = y_1{}^2$$

이므로 $y = y_1$ 또는 $y = -y_1$ 이다. 따라서 직선 $x = x_1$ 과 타원곡선 E 와의 교점은

$$\mathrm{P} = (x_1, y_1),\ \mathrm{P}' = (x_1, -y_1)$$

뿐이고, 또 다음이 성립한다.

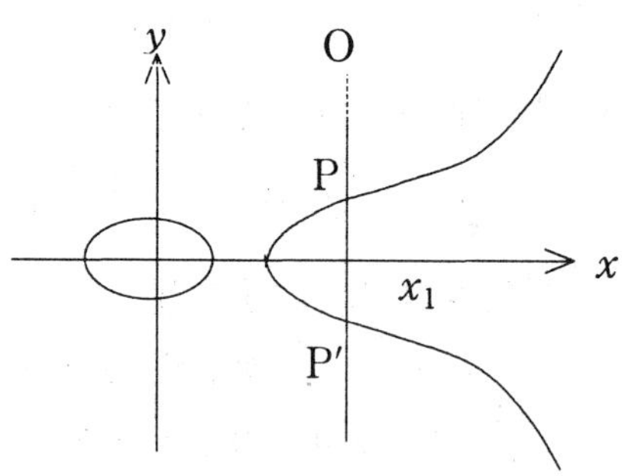

(1) $\phi(\mathrm{O}, \mathrm{P}) = \phi(\mathrm{P}, \mathrm{O}) = \mathrm{P}'$, $\quad \phi(\mathrm{O}, \mathrm{P}') = \phi(\mathrm{P}', \mathrm{O}) = \mathrm{P}$

$\mathrm{P} \neq \mathrm{P}'$ 이면, $\phi(\mathrm{P}, \mathrm{P}') = \phi(\mathrm{P}', \mathrm{P}) = \mathrm{O}$ 이다.

다음에 타원곡선 위의 서로 다른 두 점

$$P = (x_1, y_1), \quad Q = (x_2, y_2), \qquad x_2 \neq x_1$$

에 대하여 $R = \phi(P, Q)$, $R' = \phi(O, R) = (x_3, y_3)$ 이라고 하자.

이 때, (1) 에 의하여

$$R = (x_3, -y_3)$$

이고, 또 직선 PQ 의 기울기는

$k = \dfrac{y_2 - y_1}{x_2 - x_1}$ 이므로 이 직선의

방정식은 $y = k(x - x_1) + y_1$ 이다.

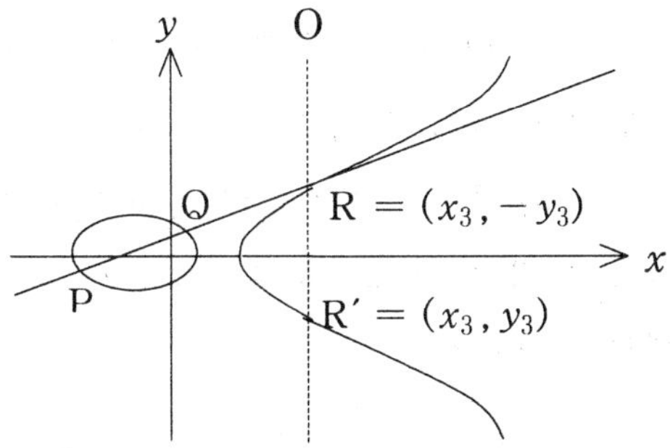

이제 방정식 $y = k(x - x_1) + y_1$ 을 $y^2 = x^3 + ax^2 + bx + c$ 에 대입하여 정리하면, 삼차방정식

$$x^3 + (a - k^2)x^2 + (b + 2k^2x_1 - 2ky_1)x$$
$$+ c - k^2{x_1}^2 + kx_1y_1 - {y_1}^2 = 0$$

을 얻고 x_1, x_2, x_3 는 이 방정식의 근이므로 $x_1 + x_2 + x_3 = -(a - k^2)$ 이고

$k = \dfrac{y_1 - (-y_3)}{x_1 - x_3} = \dfrac{y_1 + y_3}{x_1 - x_3}$ 이므로 다음 결과를 얻는다.

$$(2) \quad k = \frac{y_2 - y_1}{x_2 - x_1}, \quad x_3 = k^2 - a - (x_1 + x_2), \quad y_3 = k(x_1 - x_3) - y_1$$

타원곡선 위의 점 $P = (x_1, y_1)$ 에 대하여, 타원곡선 위의 점

$$Q = (x_2, y_2), \qquad x_2 \neq x_1, \ y_2 \neq -y_1$$

를 택하여 Q 가 타원곡선을 따라 P 에 한없이 접근할 때 직선 PQ 가 한없이 접근하는 직선을 점 P 에서의 **접선**이라 하고 또 다음과 같이 정의하자.

$\phi(P, P) =$ (사영평면 $PG(2, F)$ 안에서 P 에서의 접선이 타원곡선과 새로 만나는 점)

이 때, 직선 PQ 의 기울기를 m 이라고 하면, $m(x_2 - x_1) = y_2 - y_1$ 이고 이 직선의 방정식은 $y = m(x - x_1) + y_1$ 이다. 그런데,

$$m(x_2 - x_1)(y_2 + y_1) = {y_2}^2 - {y_1}^2, \qquad y_2 + y_1 \neq 0$$

$$y_2{}^2 - y_1{}^2 = x_2{}^3 - x_1{}^3 + a(x_2{}^2 - x_1{}^2) + b(x_2 - x_1)$$
$$= (x_2 - x_1)\{(x_2{}^2 + x_1x_2 + x_1{}^2) + a(x_2 + x_1) + b\}$$

이므로 다음이 성립한다.

(3) $\quad m(y_1 + y_2) = x_2{}^2 + x_1x_2 + x_1{}^2 + a(x_2 + x_1) + b$

먼저 $y_1 \neq 0$ 인 경우를 생각해 보자.

이 경우에 점 Q 가 타원곡선을 따라 점 P 에 한없이 접근할 때의 m 의 값을 k 라고 하면, (3) 에서 x_2, y_2 는 각각 x_1, y_1 에 한없이 접근하므로 다음 결과를 얻는다.

(4) $\quad 2y_1 k = 3x_1{}^2 + 2ax_1 + b, \quad k = \dfrac{3x_1{}^2 + 2ax_1 + b}{2y_1}$

그러므로 $y_1 \neq 0$ 일 때,

$R = \phi(P, P)$,

$R' = \phi(O, R) = (x_3, y_3)$

이라고 하면, (1) 에 의하여

$R = (x_3, -y_3)$

이고 (2) 에 의하여 다음이 성립한다.

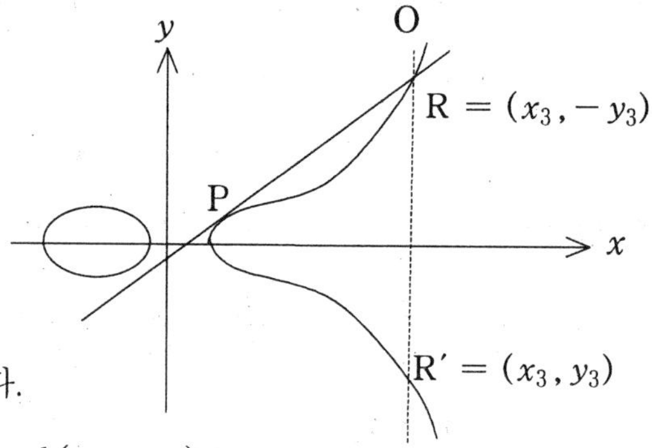

(5) $\quad x_3 = k^2 - a - 2x_1, \quad y_3 = k(x_1 - x_3) - y_1$

다음에 $y_1 = 0$ 인 경우를 생각해 보자.

이 경우에, $3x_1{}^2 + 2ax_1 + b \neq 0$ 이다. 실제로, $3x_1{}^2 + 2ax_1 + b = 0$ 이라고 가정하면, $x_1{}^3 + ax_1{}^2 + bx_1 + c = 0$ 이므로

$$x^3 + ax^2 + bx + c = (x - x_1)\{x^2 + (x_1 + a)x + x_1{}^2 + ax_1 + b\}$$
$$= (x - x_1)^2(x + 2x_1 + a)$$

이고, 이것은 삼차방정식 $x^3 + ax^2 + bx + c = 0$ 이 중근 $x = x_1$ 을 가진다는 것을 뜻하므로 $D \neq 0$ 에 모순된다.

그러므로 점 Q 가 타원곡선을 따라 점 P 에 한없이 접근할 때, 등식

$$m(y_1 + y_2) = x_2{}^2 + x_1x_2 + x_1{}^2 + a(x_2 + x_1) + b$$

에서 좌변은 0 에 접근하고 우변은 에 접근하므로 이 경우에 m 의 값은 정해지지 않는다. 따라서 이 경우에 점 P 에서의 접선의 방정식은 $x = x_1$ 이고, 이 접선은 타원곡선과 점 P 에서만 만나므로, 점 P 에서의 접선이 타원곡선과 새로 만나는 점은 O 이다. 즉, $\mathrm{P} = (x_1, 0)$ 일 때, $\phi(\mathrm{P}, \mathrm{P}) = \mathrm{O}$ 이다.

이제 타원곡선 위의 두 점 P, Q 와 무한원점 O 에 대하여

$$\mathrm{O} + \mathrm{O} = \mathrm{O}, \qquad \mathrm{O} + \mathrm{P} = \phi(\mathrm{O}, \phi(\mathrm{O}, \mathrm{P})),$$

$$\mathrm{P} + \mathrm{O} = \phi(\mathrm{O}, \phi(\mathrm{P}, \mathrm{O})), \qquad \mathrm{P} + \mathrm{Q} = \phi(\mathrm{O}, \phi(\mathrm{P}, \mathrm{Q}))$$

이라고 정의하면, 앞에서 얻은 결과로부터 다음 정리가 성립함을 알 수 있다.

정리 12.3.1 체 F 의 표수가 0 일 때, 체 F 위에서의 타원곡선

$$E: \quad y^2 = x^3 + ax^2 + bx + c$$

에 대하여 $D = -27c^2 - 4a^3c - 4b^3 + a^2b^2 + 18abc$ 이라고 하자.

이 때, $D \neq 0$ 인 경우에 집합

$$G(E, F) = \{(x, y) \in F^2 \mid y^2 = x^3 + ax^2 + bx + c\} \cup \{\mathrm{O}\}$$

의 원소 O 와 $\mathrm{P} = (x_1, y_1)$, $\mathrm{Q} = (x_2, y_2)$ 에 대하여 다음과 같이 정의하면 이와 같이 정의된 덧셈에 관하여 $G(E, F)$ 는 덧셈군을 이룬다.

(1) $\mathrm{O} + \mathrm{O} = \mathrm{O}, \quad \mathrm{O} + \mathrm{P} = \mathrm{P} + \mathrm{O} = \mathrm{P}$

(2) $x_2 = x_1$, $y_2 = -y_1$ 이면, $\mathrm{P} + \mathrm{Q} = \mathrm{Q} + \mathrm{P} = \mathrm{O}$ 이다.

즉, $\mathrm{P} = (x_1, y_1)$ 에 대하여 $-\mathrm{P} = (x_1, -y_1)$ 이다.

(3) $x_2 \neq x_1$ 일 때, $\mathrm{P} + \mathrm{Q} = \mathrm{Q} + \mathrm{P} = (x_3, y_3)$ 이다. 여기서

$$k = \frac{y_2 - y_1}{x_2 - x_1},$$

$$x_3 = k^2 - a - (x_1 + x_2), \quad y_3 = k(x_1 - x_3) - y_1$$

(4) $y_1 \neq 0$ 일 때, $\mathrm{P} + \mathrm{P} = (x_3, y_3)$ 이다. 여기서

$$k = \frac{3{x_1}^2 + 2ax_1 + b}{2y_1},$$

$$x_3 = k^2 - a - 2x_1, \ y_3 = k(x_1 - x_3) - y_1$$

보기 12.3.1 실수체 $\mathbb{R}$ 에서 다음과 같은 타원곡선을 생각해 보자.

$$E : \quad y^2 = x^3 + 1$$

먼저 $D = -27 \neq 0$ 이고 또 덧셈군 $G(E, \mathbb{R})$ 에서 다음이 성립한다.

(1) $\mathrm{P} = (-1, 0)$ 일 때, 다음이 성립한다.

$$\mathrm{P} + \mathrm{P} = \mathrm{O} \quad 즉 \quad -\mathrm{P} = \mathrm{P} = (-1, 0)$$

(2) 타원곡선 E 위의 두 점

$$\mathrm{P} = (x_1, y_1) = (-1, 0), \qquad \mathrm{Q} = (x_2, y_2) = (0, 1)$$

에 대하여 직선 PQ 의 방정식은 $y = x + 1$ 이고, 또 이 직선이 E 와 새로 만나는 점은 $\mathrm{R} = (2, 3)$ 이므로 $\mathrm{P} + \mathrm{Q} = (2, -3)$ 이다.

실제로,

$$\mathrm{P} + \mathrm{Q} = (x_3, y_3)$$

이라고 할 때, 다음이 성립한다.

$$k = \frac{y_2 - y_1}{x_2 - x_1} = \frac{1-0}{0+1} = 1,$$

$$x_3 = k^2 - a - (x_1 + x_2)$$
$$= 1 - 0 - (-1 + 0) = 2,$$

$$y_3 = k(x_1 - x_3) - y_1$$
$$= (-1-2) - 0 = -3$$

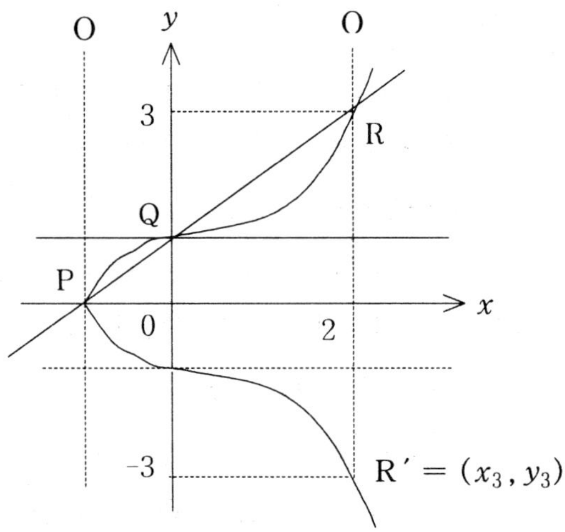

(3) 타원곡선 위의 점 $\mathrm{Q} = (0, 1)$ 에서의 접선의 기울기는 $k = \dfrac{3{x_1}^2}{2y_1} = 0$ 이므로 접선의 방정식은 $y = 1$ 이다. 또, $y = 1$ 을 $y^2 = x^3 + 1$ 에 대입하여 얻은 방정식 $x^3 = 0$ 은 삼중근 $x = 0$ 을 가지므로 접선과 타원곡선과의 교점은 $\mathrm{Q} = (0, 1)$ 이고, 따라서 $2\mathrm{Q} = \mathrm{Q} + \mathrm{Q} = (0, -1)$ 이다.

홀수인 素數 p 와 양의 정수 m 에 대하여 $q = p^m$ 이라고 할 때, 정리 12.3.1 은 F 가 Galois 체 $\mathbb{F}_q$ 인 경우에도 성립한다. 실제로, $F = \mathbb{F}_q$ 인 경우에 $G(E, \mathbb{F}_q)$ 는 유한 덧셈군이고 또 q 에 따라 판별식 D 는 다음과 같다.

$q = 3^m$ 일 때, $D = 2a^3c + 2b^3 + a^2b^2$

$q = 5^m$ 일 때, $D = 3c^2 + a^3c + b^3 + a^2b^2 + 3abc$

$q = 7^m$ 일 때, $D = c^2 + 3a^3c + 3b^3 + a^2b^2 + 4abc$

보기 12.3.2 체 $\mathbb{F}_5 = \{0, 1, 2, 3, 4\}$ 위에서의 타원곡선

$$E : \quad y^2 = x^3 + 1$$

에 대하여

$$D = 3c^2 + a^3c + b^3 + a^2b^2 + 3abc = 3 \neq 0$$

이고, 체 $\mathbb{F}_5$ 에서

$$0^2 = 0, \quad (\pm 1)^2 = 1, \quad (\pm 2)^2 = 4$$

이므로 (x, y) 가 이 타원곡선 위의 점일 때 다음이 성립한다.

$x = 0$ 인 경우에 $y^2 = 0^3 + 1 = 1$ 이므로 $y = 1$, $y = -1 = 4$ 이다.

$x = 1$ 인 경우에 $y^2 = 1^3 + 1 = 2$ 이고 이러한 y 는 존재하지 않는다.

$x = 2$ 인 경우에 $y^2 = 2^3 + 1 = 4$ 이므로 $y = 2$, $y = -2 = 3$ 이다.

$x = 3$ 인 경우에 $y^2 = 3^3 + 1 = 3$ 이고 이러한 y 는 존재하지 않는다.

$x = 4 = -1$ 인 경우에 $y^2 = (-1)^3 + 1 = 0$ 이므로 $y = 0$ 이다.

따라서 $G(E, \mathbb{F}_5)$ 는 다음과 같은 위수 6 인 덧셈군이다.

$$G(E, \mathbb{F}_5) = \{(0, 1), (0, 4), (2, 2), (2, 3), (4, 0), \mathrm{O}\}$$

그리고, 다음이 성립한다.

(1) $\mathrm{P} = (4, 0)$ 이면, $-\mathrm{P} = \mathrm{P}$ 이다.

(2) $\mathrm{P} = (2, 3)$, $\mathrm{Q} = (4, 0)$ 일 때, $\mathrm{P} + \mathrm{Q} = (x_3, y_3)$ 이라고 하면,

$$k = \frac{y_2 - y_1}{x_2 - x_1} = \frac{-3}{2} = 2 \cdot 2^{-1} = 2 \cdot 3 = 1$$

$$x_3 = k^2 - (x_1 + x_2) = 1^2 - (2 + 4) = 1 - 1 = 0,$$

$$y_3 = k(x_1 - x_3) - y_1 = 2 - 3 = -1 = 4$$

이므로 $\mathrm{P} + \mathrm{Q} = (0, 4)$ 이다.

(3) $\mathrm{P} = (2,3)$ 일 때, $2\mathrm{P} = \mathrm{P}+\mathrm{P} = (x_3, y_3)$ 이라고 하면

$$k = \frac{3{x_1}^2}{2y_1} = \frac{3\cdot 2^2}{2\cdot 3} = \frac{2}{1} = 2,$$

$$x_3 = k^2 - 2x_1 = 0,$$

$$y_3 = k(x_1 - x_3) - y_1 = 1$$

이므로 $2\mathrm{P} = (0, 1)$ 이다. 마찬가지로, 다음이 성립한다.

$$3\mathrm{P} = 2\mathrm{P} + \mathrm{P} = (4, 0), \quad 4\mathrm{P} = 3\mathrm{P} + \mathrm{P} = (0, 4),$$

$$5\mathrm{P} = 4\mathrm{P} + \mathrm{P} = (2, 2), \quad 6\mathrm{P} = 5\mathrm{P} + \mathrm{P} = \mathrm{O}$$

따라서 덧셈군 $G(E, \mathbb{F}_5)$ 는 P 를 생성원으로 가지는 순환군이다. 즉,

$$G(E, \mathbb{F}_5) = \langle \mathrm{P} \rangle = \{\mathrm{O},\ \mathrm{P},\ 2\mathrm{P},\ 3\mathrm{P},\ 4\mathrm{P},\ 5\mathrm{P}\}, \quad 6\mathrm{P} = \mathrm{O}$$

보기 12.3.3 체 $\mathbb{F}_7 = \{0,1,2,3,4,5,6\}$ 위에서의 타원곡선

$$E: \quad y^2 = x^3 + 3$$

에 대하여 $D = c^2 + 3a^3c + 3b^3 + a^2b^2 + 4abc = 3^2 = 2 \neq 0$ 이다.

그리고, $G(E, \mathbb{F}_7)$ 은 다음과 같은 13 개의 원소로 이루어진 덧셈군이다.

$$G(E, \mathbb{F}_7) = \{(1, 2), (1, 5), (2, 2), (2, 5), (3, 3), (3, 4), (4, 2), (4, 5), (5, 3), (5, 4), (6, 3), (6, 4), \mathrm{O}\}$$

예를 들어, $\mathrm{P} = (1, 2)$ 일 때,

$$k = \frac{3{x_1}^2}{2y_1} = \frac{3}{2\cdot 2} = 3\cdot 4^{-1} = 3\cdot 2 = 6 = -1,$$

$$x_3 = k^2 - 2x_1 = (-1)^2 - 2\cdot 1 = 1 - 2 = -1 = 6,$$

$$y_3 = k(x_1 - x_3) - y_1 = (-1)\cdot 2 - 2 = -4 = 3$$

이므로 $2\mathrm{P} = \mathrm{P}+\mathrm{P} = (6, 3)$ 이고, 또 $3\mathrm{P} = (2, 2)$ 이다.

실제로, $G(E, \mathbb{F}_7)$ 는 위수 13 인 순환군이고 또 임의의 원소 $\mathrm{P} \neq \mathrm{O}$ 에 대하여 다음이 성립한다.

$$G(E, \mathbb{F}_7) = \langle \mathrm{P} \rangle = \{\mathrm{O},\ \mathrm{P},\ 2\mathrm{P},\ 3\mathrm{P},\ \cdots,\ 12\mathrm{P}\}, \quad 13\mathrm{P} = \mathrm{O}$$

정리 12.3.1 에서 $F = \mathbb{F}_q$, $q = 3^m$ 인 경우에 $D = 2a^3c + 2b^3 + a^2b^2$ 이므로

$$b = 0,\ a^3c \neq 0 \quad \text{또는} \quad a = 0,\ b \neq 0$$

인 경우에 $D \neq 0$ 이고 (4) 의 등식

$$k = \frac{3{x_1}^2 + 2ax_1 + b}{2y_1}, \quad x_3 = k^2 - a - 2x_1, \quad y_3 = k(x_1 - x_3) - y_1$$

에서 $3{x_1}^2$, $2ax_1$, $2y_1$, $-2x_1$ 은 각각 0, $-ax_1$, $-y_1$, x_1 과 같으므로 이들 세 등식은 각각 다음과 같이 고쳐 쓸 수 있다.

$$k = \frac{ax_1 - b}{y_1}, \quad x_3 = k^2 - a + x_1, \quad y_3 = k(x_1 - x_3) - y_1$$

따라서 다음 따름정리가 성립한다.

따름정리 12.3.2 Galois 체 $\mathbb{F}_{3^m}$ 위에서의 타원곡선

$$E: \quad y^2 = x^3 + ax^2 + bx + c$$

에 대하여 $b = 0$, $a^3c \neq 0$ 또는 $a = 0$, $b \neq 0$ 이라고 하자. 이 때, 집합

$$G(E, \mathbb{F}_{3^m}) = \{(x, y) \in {\mathbb{F}_{3^m}}^2 \mid y^2 = x^3 + ax^2 + bx + c\} \cup \{\mathrm{O}\}$$

의 원소 O 와 $\mathrm{P} = (x_1, y_1)$, $\mathrm{Q} = (x_2, y_2)$ 에 대하여 다음과 같이 정의하면 이와 같이 정의한 덧셈에 관하여 $G(E, \mathbb{F}_{3^m})$ 은 유한 덧셈군을 이룬다.

(1) $\mathrm{O} + \mathrm{O} = \mathrm{O}$, $\mathrm{O} + \mathrm{P} = \mathrm{P} + \mathrm{O} = \mathrm{P}$

(2) $x_2 = x_1$, $y_2 = -y_1$ 이면, $\mathrm{P} + \mathrm{Q} = \mathrm{Q} + \mathrm{P} = \mathrm{O}$ 이다.

즉, $\mathrm{P} = (x_1, y_1)$ 에 대하여 $-\mathrm{P} = (x_1, -y_1)$ 이다.

(3) $x_2 \neq x_1$ 일 때, $\mathrm{P} + \mathrm{Q} = \mathrm{Q} + \mathrm{P} = (x_3, y_3)$ 이다. 여기서

$$k = \frac{y_2 - y_1}{x_2 - x_1}, \quad x_3 = k^2 - a - (x_1 + x_2), \quad y_3 = k(x_1 - x_3) - y_1$$

(4) $y_1 \neq 0$ 일 때, $\mathrm{P} + \mathrm{P} = (x_3, y_3)$ 이다. 여기서

$$k = \frac{ax_1 - b}{y_1}, \quad x_3 = k^2 - a + x_1, \quad y_3 = k(x_1 - x_3) - y_1$$

Galois 체 $\mathbb{F}_{2^m}$ 의 표수는 2 이므로 임의의 원소 $x_1, x_2 \in \mathbb{F}_{2^m}$ 에 대하여 $x_1 + x_1 = 0$, $-x_1 = x_1$, $(x_1 + x_2)^2 = x_1 + x_2$ 이다(정리 6.4.3).

이제 Galois 체 $\mathbb{F}_{2^m}$ 위에서 다음과 같은 타원곡선을 생각해 보자.

$$E_1 : \quad y^2 + xy = x^3 + ax^2 + c \qquad (c \neq 0)$$

점 $\mathrm{P} = (x_1, y_1)$ 가 이 타원곡선 위의 점이라고 할 때, $x = x_1$ 을 E_1 에에 대입하여 정리하면 다음 결과를 얻는다.

$$y^2 + x_1 y = {x_1}^3 + a{x_1}^2 + c = {y_1}^2 + x_1 y_1,$$

$$y^2 + {y_1}^2 = x_1 y + x_1 y_1 \ \text{ 즉 } \ (y + y_1)^2 + x_1(y + y_1) = 0,$$

$$(y + y_1)(y + y_1 + x_1) = 0,$$

따라서 $y = y_1$ 또는 $y = y_1 + x_1$ 이므로 직선 $x = x_1$ 과 타원곡선 E_1 의 교점은 $\mathrm{P} = (x_1, y_1)$, $\mathrm{P}' = (x_1, y_1 + x_1)$ 뿐이다. 이러한 사실을 이용하면, 정리 12.3.1 의 증명과 마찬가지 방법으로 다음이 성립함을 증명할 수 있다.

정리 12.3.3 Galois 체 $\mathbb{F}_{2^m}$ 위에서의 타원곡선

$$E_1 : \quad y^2 + xy = x^3 + ax^2 + c \qquad (c \neq 0)$$

에 대하여 $G(E_1, \mathbb{F}_{2^m})$ 는 다음과 같이 정의된 덧셈에 관하여 유한 덧셈군을 이룬다. 여기서 $\mathrm{P} = (x_1, y_1)$, $\mathrm{Q} = (x_2, y_2)$ 이다.

(1) $\mathrm{O} + \mathrm{O} = \mathrm{O}$, $\mathrm{O} + \mathrm{P} = \mathrm{P} + \mathrm{O} = \mathrm{P}$

(2) $x_2 = x_1$, $y_2 = x_1 + y_1$ 이면, $\mathrm{P} + \mathrm{Q} = \mathrm{Q} + \mathrm{P} = \mathrm{O}$ 이다.

즉, $\mathrm{P} = (x_1, y_1)$ 에 대하여 $-\mathrm{P} = (x_1, y_1 + x_1)$ 이다.

(3) $x_1 \neq x_2$ 이면, $\mathrm{P} + \mathrm{Q} = \mathrm{Q} + \mathrm{P} = (x_3, y_3)$ 이다. 여기서

$$k = \frac{y_1 + y_2}{x_1 + x_2}, \ x_3 = k^2 + k + a + (x_1 + x_2), \ y_3 = k(x_1 + x_3) + y_1 + x_3$$

(4) $x_1 \neq 0$ 이면, $\mathrm{P} + \mathrm{P} = (x_3, y_3)$ 이다. 여기서

$$x_3 = {x_1}^2 + \frac{c}{{x_1}^2}, \quad y_3 = {x_1}^2 + \left(x_1 + \frac{y_1}{x_1}\right) x_3 + x_3$$

Galois 체 $\mathbb{F}_{2^m}$ 위에서 다음과 같은 타원곡선을 생각해 보자.

$$E_2: \quad y^2 + ey = x^3 + bx + c \qquad (c \neq 0,\ e \neq 0)$$

점 $\mathrm{P} = (x_1, y_1)$가 이 타원곡선 위의 점이라고 할 때, $x = x_1$을 방정식 $y^2 + ey = x^3 + bx + c$에 대입하여 정리하면 다음 결과를 얻는다.

$$y^2 + ey = x_1{}^3 + bx_1 + c = y_1{}^2 + ey_1,$$
$$y^2 + y_1{}^2 = e(y + y_1) \quad 즉 \quad (y + y_1)^2 = e(y + y_1),$$
$$(y + y_1)(y + y_1 + e) = 0$$

따라서 $y = y_1$ 또는 $y = y_1 + e$이므로 직선 $x = x_1$과 타원곡선 E_2와의 교점은 $\mathrm{P} = (x_1, y_1)$, $\mathrm{P}' = (x_1, y_1 + e)$ 뿐이다.

이 사실을 이용하면, 정리 12.3.1의 증명과 마찬가지 방법으로 다음 정리가 성립함을 밝힐 수 있다.

정리 12.3.4 Galois 체 $\mathbb{F}_{2^m}$ 위에서의 타원곡선

$$E_2: \quad y^2 + ey = x^3 + bx + c \qquad (c \neq 0,\ e \neq 0)$$

에 대하여 $G(E_2, \mathbb{F}_{2^m})$는 다음과 같이 정의된 덧셈에 관하여 유한 덧셈군을 이룬다. 여기서 $\mathrm{P} = (x_1, y_1)$, $\mathrm{Q} = (x_2, y_2)$이다.

(1) $\mathrm{O} + \mathrm{O} = \mathrm{O}, \quad \mathrm{O} + \mathrm{P} = \mathrm{P} + \mathrm{O} = \mathrm{P}$

(2) $x_2 = x_1,\ \ y_2 = e + y_1$일 때, $\mathrm{P} + \mathrm{Q} = \mathrm{Q} + \mathrm{P} = \mathrm{O}$이다.
즉 $\mathrm{P} = (x_1, y_1)$에 대하여 $-\mathrm{P} = (x_1, e + y_1)$ 이다.

(3) $x_2 \neq x_1$일 때, $\mathrm{P} + \mathrm{Q} = (x_3, y_3 + e)$ 이다. 여기서

$$k = \frac{y_1 + y_2}{x_1 + x_2},$$
$$x_3 = k^2 + (x_1 + x_2), \qquad y_3 = k(x_1 + x_3) + y_1 + e$$

(4) $\mathrm{P} + \mathrm{P} = (x_3, y_3)$ 여기서

$$k = \frac{x_1{}^2 + b}{e},$$
$$x_3 = k^2, \qquad y_3 = k(x_1 + x_3) + y_1 + e$$

이제까지 논한 덧셈군 $G(E, \mathbb{F}_q)$, $G(E_1, \mathbb{F}_{2^m})$, $G(E_2, \mathbb{F}_{2^m})$의 位數에 관한 연구와 덧셈을 계산하는 알고리즘의 고속화 문제가 연구되고 있다.

타원곡선에 대한 이론은 오래 전부터 광범위하게 연구되어 왔으나, 최근에 이르러 타원곡선을 이용한 정수의 인수분해 알고리즘과 타원곡선을 이용한 암호체계에 대한 연구가 활발히 진행되고 있다. 이에 대해서는 '해설 1203'과 '[4]의 § 4.5'를 참조하기 바란다.

연습문제 (12.3)

1. 실수체 $\mathbb{R}$ 위에서 타원곡선

$$E:\ y^2 = x^3 - x^2 - 4x + 8$$

위의 세 점 $\mathrm{P} = (1, 2)$, $\mathrm{Q} = (-2, 2)$, $\mathrm{R} = (2, 2)$에 대하여

$$\mathrm{P} + \mathrm{Q} = (2, -2), \qquad 2\mathrm{R} = (-2, 2) = \mathrm{Q}$$

임을 밝혀라.

2. 실수체 $\mathbb{R}$ 위에서 타원곡선

$$E:\ y^2 = x^3 + x^2 + 2x$$

위의 두 점 $\mathrm{P} = (0, 0)$, $\mathrm{Q} = (1, 2)$에 대하여 $2\mathrm{P}$, $\mathrm{P} + \mathrm{Q}$를 구하여라.

3. Galois 체 $\mathbb{F}_{11} = \{0, 1, \cdots, 9, 10\}$ 위에서의 타원곡선

$$E:\ y^2 = x^3 + x + 6$$

에 대하여

$$G(E, \mathbb{F}_{11}) = \{(2,4), (2,7), (3,5), (3,6), (5,2), (5,9), (7,2), (7,9), (8,3), (8,8), (10,2), (10,9), \mathrm{O}\}$$

임을 확인하고, 또 $\mathrm{P} = (2, 4)$일 때

$$2\mathrm{P} = (5, 9), \quad 3\mathrm{P} = (8, 8), \quad 6\mathrm{P} = (7, 2)$$

임을 밝혀라.

제 13 장

그 래 프

이 장에서는, 단순그래프와 다중 그래프에 대한 용어와 여러 가지 유형의 그래프에 대하여 설명하고, 그래프의 인접행렬, 경로, 회로, 연결그래프, Euler 회로, Hamilton 순환로, 수형도, 평면그래프와 정다면체, 색칠하기에 대하여 논한다.

유향 그래프, 가중 그래프와 최단 거리에 대해서는

박승안, 이산수학, 제 2 판, 경문사, 2008

을 참조하기 바란다.

§ 13.1 그래프와 인접행렬

쾨니히스버그(Königsberg)는 18 세기 당시 동부 프러시아의 수도이었다. 이 도시를 지나는 프레겔(Pregel) 강은 그 가운데에 있는 섬을 주위로 하여 두 지류로 나뉘어져 흐르고 도시는 네 구역으로 구획되어 있다. 그런데 이 도시는 세계 제 2차 대전 동안에 완전히 파괴되었으며 현재 칼린그라드(Kaliningrad)라고 부르는 러시아의 서부 도시이다.

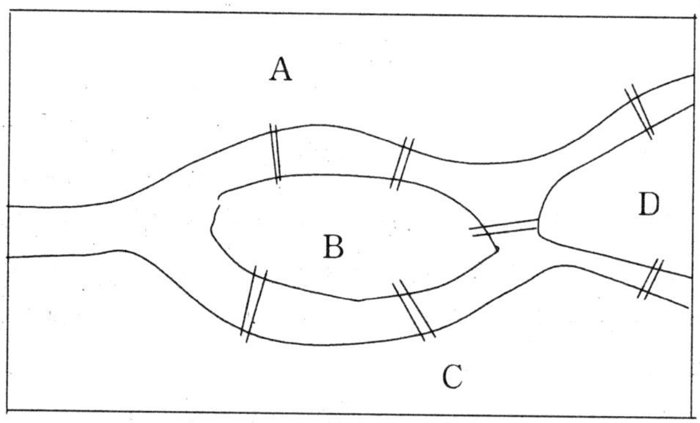

이 도시에 7 개의 다리가 설치되어 강을 건너 네 구역 A, B, C, D를 왕래할 수 있었다. 그 당시 사람들은 한 구역에서 출발하여 7 개의 다리를 꼭 한번씩 건너 다시 출발점으로 되돌아 올 수 있는지 알고 싶어했다.

오일러(Leonhard Euler, 1707~1783)는 이 문제를 해결하기 위하여 아래 그림과 같이 핵심적인 부분만을 살려 네 구역은 점으로 나타내고 7 개의 다리는 선(직선 또는 곡선)으로 나타내고 강은 무시하였다.

이와 같이 점과 선으로 이루어진 것을 그래프라고 한다면, 이 문제는 오른쪽 그림이 나타내는 그래프에서 적당한 한 점을 택하여 이 점으로부터 출발하여 7 개의 선을 한 번씩 모두 거쳐 출발점으로 되돌아 올 수 있는지를 묻는 문제로 바뀐다.

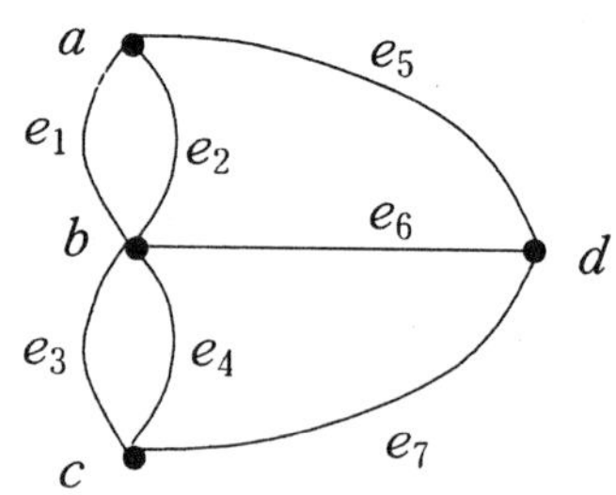

정의 13.1.1 두 집합 V, E 에 대하여 다음이 성립할 때, $G=(V, E)$ 를 **그래프**(graph, undirected graph)라고 한다.

(i) V 는 공집합이 아닌 유한집합이다.

(ii) E 는 $\{v, w\}$ $(v, w \in V)$ 들로 이루어진 유한집합이다.

여기서 $\{v, w\} = \{w, v\}$ 이다.

그리고, V 의 원소를 **꼭지점**(vertex) 또는 **마디**(node)라 하고, E 의 원소 $\{v, w\}$ 를 **모서리**(edge) 또는 **선분**(line) 또는 **가지**(branch)라고 한다.

그리고, 모서리 $\{v, w\}$ 를 두 꼭지점 v, w 를 **이은 모서리**라 하고 v, w 를 이 모서리의 **끝점**(terminal vertex, end vertex)이라 하고

모서리 $\{v, w\}$ 에서 $v = w$ 일 수도 있으며 이러한 모서리를 **고리**(loop)이라고 한다. 또, 모서리 $\{v, w\}$ 가 두 개 이상 존재할 수 있으며 이러한 경우에 이 모서리를 **다중 모서리**(multiple edges)라고 한다.

보기 13.1.1 다음과 같이 정의된 $G=(V, E)$ 는 그래프이다.

$$V = \{v_1, v_2, v_3, v_4\}, \qquad E = \{e_1, e_2, e_3, e_4\},$$

$$e_1 = \{v_1, v_2\}, \quad e_2 = \{v_1, v_3\},$$

$$e_3 = \{v_1, v_3\}, \quad e_4 = \{v_3, v_3\}$$

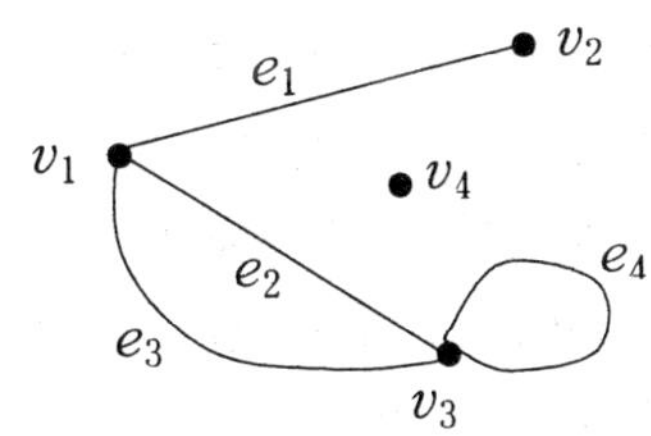

여기서 e_2 와 e_3 는 v_1, v_3 를 이은 모서리이고 e_4 는 v_3 를 끝점으로 가지는 고리이다.

정의 13.1.2 그래프 $G=(V, E)$ 에서 고리도 없고 다중 모서리도 없는 경우에 이 그래프를 **단순그래프**(simple graph)라고 한다.

한편, 그래프에 고리 그리고(또는) 다중 모서리가 있는 경우에 이 그래프를 **다중 그래프**(multigraph, pseudograph)라고 한다.

보기 13.1.2 오른쪽 그림이 나타내는 그래프 $G=(V, E)$ 는 단순그래프이다.

$$V = \{v_1, v_2, v_3, v_4, v_5\},$$

$$E = \{e_1, e_2, e_3, e_4\},$$

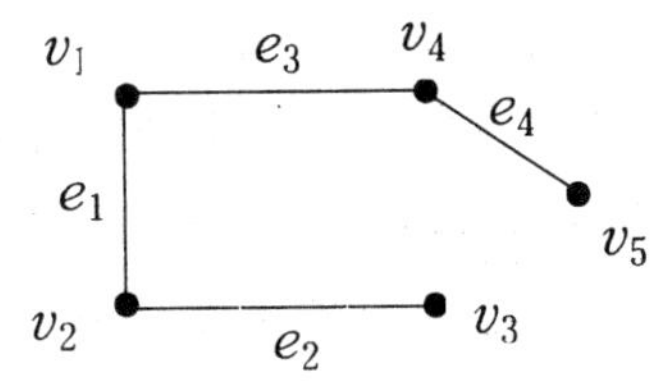

정의 13.1.3 그래프 $G=(V, E)$에 대하여, 다음과 같이 정의된 그래프 $G'=(V', E')$를 G의 **부분그래프**(subgraph)라고 한다.

(i) $\emptyset \neq V' \subseteq V, \quad \emptyset \neq E' \subseteq E$

(ii) E'에 속하는 모서리의 끝점은 모두 V'에 속한다.

보기 13.1.3 오른쪽 그림이 나타내는 그래프를 $G=(V, E)$라고 할 때, 아래의 세 그림이 나타내는 그래프는 모두 G의 부분그래프이다.

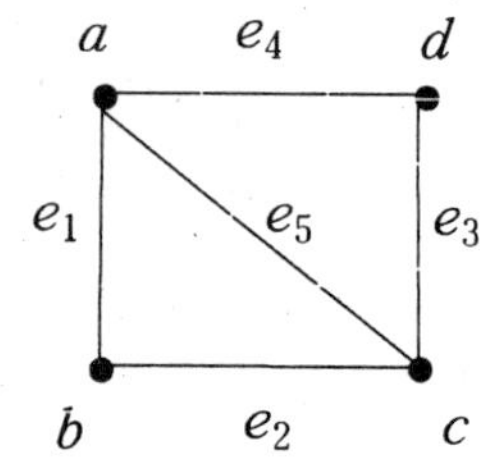

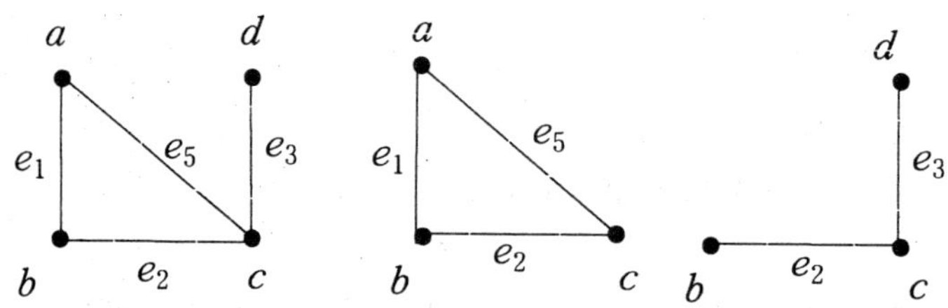

그래프 $G=(V, E)$는 G 자신의 부분그래프이다. 또, 위의 보기에서 보는 바와 같이, 그래프 G에서 몇 개의 모서리를 제거하면 부분그래프를 얻고, 또 G에서 몇 개의 꼭지점을 제거하고 이들 꼭지점을 끝점으로 가지는 모서리도 제거하면 부분그래프를 얻는다.

그리고 그래프 $G=(V, E)$에서 V'이 V의 공집합이 아닌 부분집합일 때, V'에 속해 있는 꼭지점을 이은 모서리 전체의 집합을 E'이라고 하면 $G'=(V', E')$은 G의 부분그래프이다. 이 부분그래프를 V'에 의하여 **유도된**(induced) 부분그래프라고 한다.

정의 13.1.4 그래프 $G=(V, E)$에서 두 꼭지점 v, w를 이은 모서리 $\{v, w\} \in E$가 존재할 때 v, w를 서로 **인접한**(adjacent) 또는 **이웃한** 꼭지점이라고 한다.

또, 꼭지점 $v \in V$에 대하여 v를 끝점으로 가지는 모서리의 개수를 v의 **차수**(degree)라 하고 이것을 $\deg v$로 나타낸다.

이 때, 모서리가 고리인 경우에는 이 모서리를 2회 세기로 한다.

보기 13.1.4 오른쪽 그림이 나타내는 다중 그래프 $G=(V, E)$에 대하여 다음 표를 얻는다. 여기서, $\deg v_3$를 계산할 때 고리 e_4는 2개의 모서리로 세고, e_4의 끝점은 2개로 센다.

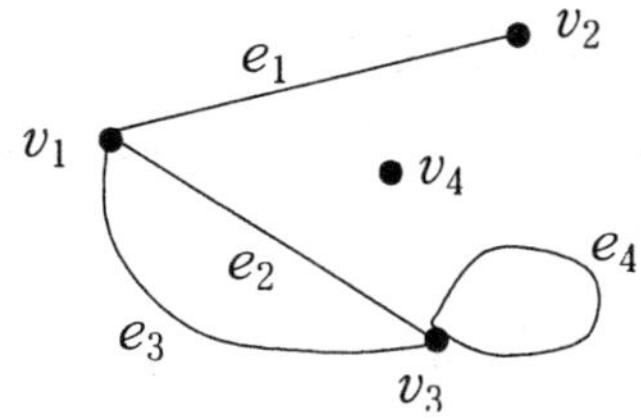

꼭지점	차수	인접한 꼭지점
v_1	3	v_2, v_3
v_2	1	v_1
v_3	4	v_1, v_3
v_4	0	

모서리	끝점의 개수	끝점
e_1	2	v_1, v_2
e_2	2	v_1, v_3
e_3	2	v_1, v_3
e_4	2	v_3, v_3

다음에는 특수한 단순그래프의 명칭에 대하여 알아보기로 한다.

정의 13.1.5 단순그래프 $G=(V, E)$에서 $n=|V|\geq 1$이고 서로 다른 두 꼭지점에 대하여 이 두 꼭지점을 이은 모서리가 꼭 한 개씩 존재할 때, G를 **완전그래프**(complete graph)라 하고 이 그래프를 K_n으로 나타낸다.

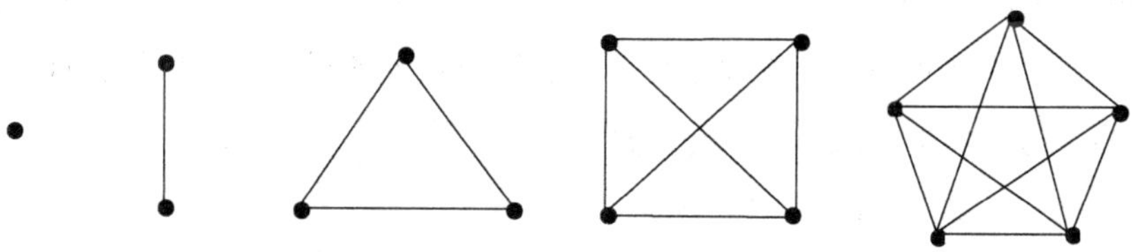

K_1 K_2 K_3 K_4 K_5

정의 13.1.6 단순그래프 $G=(V, E)$에서 $n=|V|\geq 1$이고 또 특정한 한 꼭지점의 차수는 $n-1$이고 그 밖의 나머지 꼭지점의 차수가 모두 1일 때, G를 **별그래프**(star graph)라 하고 이 그래프를 S_n으로 나타낸다.

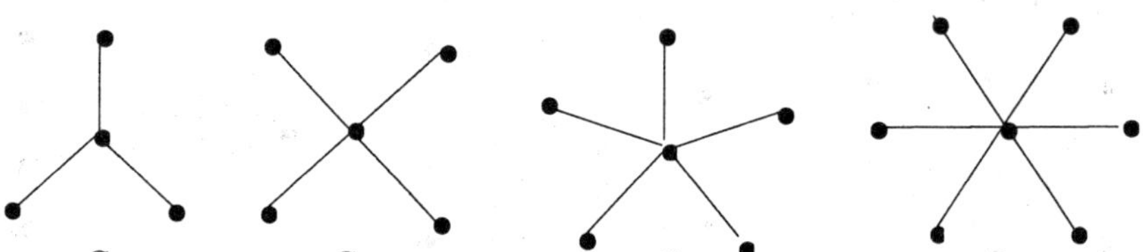

S_4 S_5 S_6 S_7

정의 13.1.7 단순그래프 $G=(V, E)$ 에서 $n=|V| \geq 3$ 이고 또 모든 꼭지점의 차수가 2 일 때, 그래프 G 를 **순환그래프**(cycle graph) 라 하고 이 그래프를 C_n 으로 나타낸다.

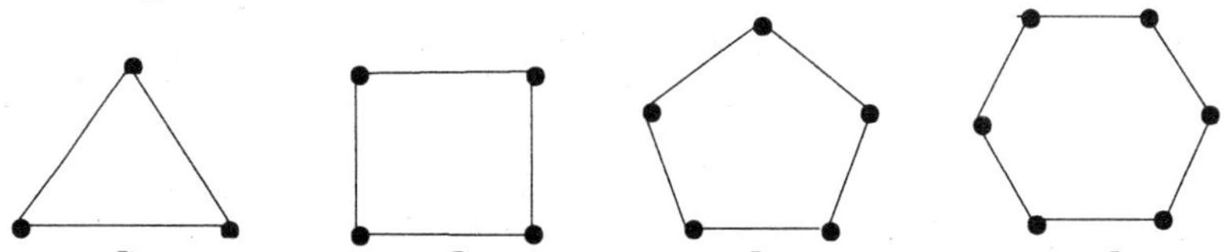

C_3 C_4 C_5 C_6

정의 13.1.8 단순그래프 $G=(V, E)$ 에서 $n=|V| \geq 4$ 이고 한 꼭지점의 차수는 $n-1$ 이고 그 밖의 나머지 꼭지점의 차수가 모두 3 일 때 그래프 G 를 **바퀴그래프**(wheel graph) 라 하고 이 그래프를 W_n 으로 나타낸다.

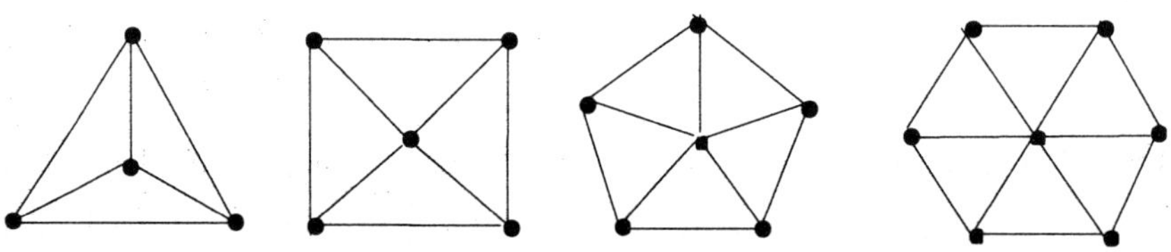

W_4 W_5 W_6 W_7

정의 13.1.9 단순그래프 $G=(V, E)$ 에서 집합 V 가 다음 두 조건을 만족시키는 공집합이 아닌 부분집합 V_1, V_2 의 합집합으로 분할될 때, 그래프 G 를 **二分그래프**(bipartite graph) 라고 한다.

(i) $V=V_1 \cup V_2$, $V_1 \cap V_2=\varnothing$

(ii) 모든 모서리의 한 끝점은 V_1 에 속하고 다른 한 끝점은 V_2 에 속한다.

더욱이, 임의의 꼭지점 $v_1 \in V_1$, $v_2 \in V_2$ 에 대하여 v_1, v_2 를 끝점으로 가지는 모서리 $\{v_1, v_2\}$ 가 꼭 한 개씩 존재할 때 G 를 **완전 이분그래프** (complete bipartite graph)라 하고, 특히 $|V_1|=m$, $|V_2|=n$ 일 때 이 완전 이분그래프를 $K_{m,n}$ 또는 $K_{n,m}$ 으로 나타낸다.

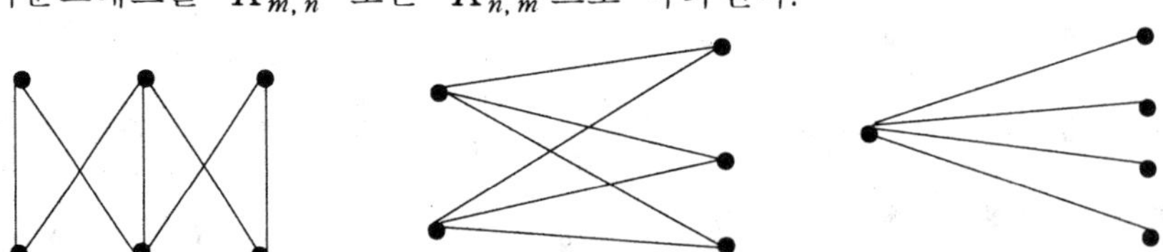

$K_{2,3}$ $K_{1,4}$

보기 13.1.5 오른쪽 그림이 나타내는 그래프 $G = (V, E)$ 에서 V를 두 부분집합

$$V_1 = \{a, b, c\}, \quad V_2 = \{d, e\}$$

의 합집합으로 분할하면, G의 모든 모서리는

$$\{v_1, v_2\} \qquad (v_1 \in V_1, \ v_2 \in V_2)$$

의 꼴이므로 G는 이분그래프이다.

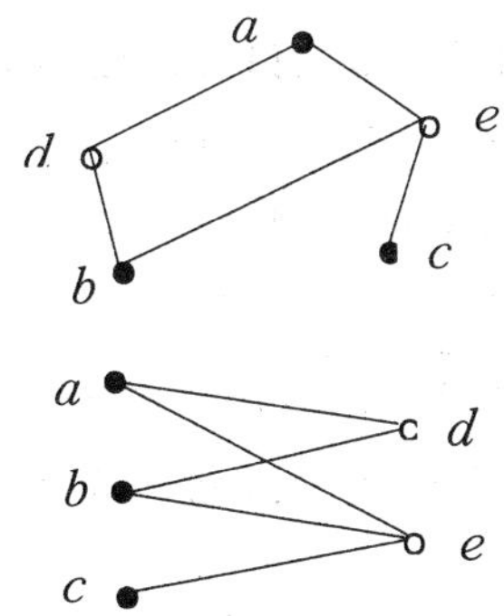

보기 13.1.6 아래의 왼쪽 그림이 나타내는 그래프에서 꼭지점 1, 3, 5, 7 에 검은 색을 칠하고 나머지 꼭지점 2, 4, 6, 8 에 흰색을 칠하면, 이 그래프가 이분그래프임을 알 수 있다. 이 그래프는 완전 이분그래프는 아니다.

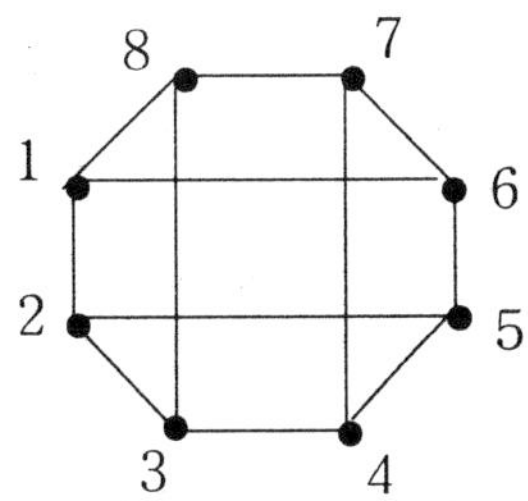

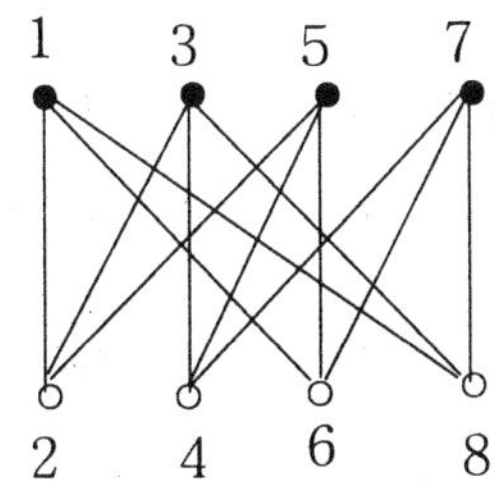

정의 13.1.10 집합 $\mathbb{B} = \{0, 1\}$ 와 양의 정수 n에 대하여

$$\mathbb{B}^n = \{(b_1, \cdots, b_n) \mid b_1, \cdots, b_n \in \mathbb{B}\}$$

이라 하고, 집합 $\mathbb{B}^n$ 의 원소 $(b_1, \cdots, b_n)$를 $b_1 \cdots b_n$ 으로 나타내자.

이 때, $\mathbb{B}^n$ 의 모든 원소를 꼭지점으로 하고, 또 서로 다른 두 꼭지점의 성분 중에서 단 한 개의 성분만이 다를 때에만 이들 두 꼭지점을 한 개의 모서리로 이은 단순그래프를 ***n* 차원 정육면체**(n-dimentional cube)라 하고 이 그래프를 H_n 으로 나타낸다.

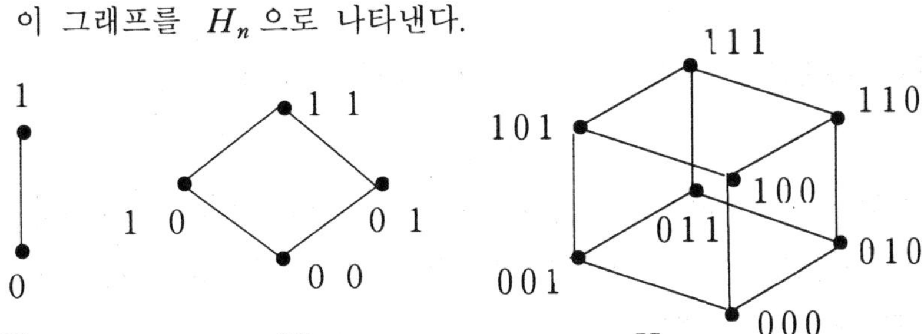

H_1 H_2 H_3

정의 13.1.11 그래프 $G=(V, E)$ 에서 꼭지점 v 의 차수 deg v 가 짝수일 때 v 를 **짝수점**(even vertex)이라 하고 deg v 가 홀수일 때 v 를 **홀수점**(odd vertex)라고 한다.

그리고 그래프 G 의 모든 꼭지점의 차수가 같을 때, G 를 **정칙 그래프**(regular graph)라 하고, 특히, 모든 꼭지점의 차수가 r 일 때 이 그래프를 **r 차의 정칙그래프**라고 한다.

보기 13.1.7 완전그래프 K_n 은 $n-1$ 차의 정칙 그래프이고 순환그래프 C_n 은 2 차의 정칙 그래프이다(정의 13.1.5, 정의 13.1.7).

그리고, 완전 이분그래프 $K_{n,n}$ 은 n 차의 정칙 그래프이다(정의 13.1.9).

정리 13.1.12 (Euler) 그래프 $G=(V, E)$ 에서 모든 꼭지점에 대한 차수 전체의 합은 모서리의 개수의 두 배이다. 즉,

$$\sum_{v \in V} \deg v = 2|E|$$

증명 다음 집합의 원소의 개수를 두 가지 방법으로 계산한다.

$$S = \{(v, e) \in V \times E \mid v \in e\}$$

먼저 각 꼭지점 $v \in V$ 에 대하여 v 를 끝점으로 가지는 모서리의 개수는 deg v 이므로 다음이 성립한다.

$$|S| = \sum_{v \in V} \deg v$$

한편, 각 모서리 $e \in E$ 에 대하여 e 의 끝점인 꼭지점의 개수는 2이므로 $|S| = 2|E|$ 이다. 따라서 정리의 등식이 성립한다.

따름정리 13.1.13 그래프 $G=(V, E)$ 에서 홀수점은 짝수개 존재한다 (0 을 포함하여).

증명 홀수점 전체로 이루어진 집합과 짝수점 전체로 이루어진 집합을 각각 V_1, V_2 라고 하면, $V = V_1 \cup V_2$, $V_1 \cap V_2 = \varnothing$ 이므로 정리 13.1.12 에 의하여 $\sum_{v \in V_1} \deg v + \sum_{w \in V_2} \deg w = 2|E|$ 이다.

한편, 모든 $w \in V_2$ 에 대하여 $\deg w$ 는 짝수이므로 $\sum_{w \in V_2} \deg w$ 는 짝수이고 따라서 위의 등식에 의하여 $\sum_{v \in V_1} \deg v$ 는 짝수이다.

그런데, 모든 $v \in V_1$ 에 대하여 $\deg v$ 는 홀수이므로 $|V_1|$ 은 짝수이어야 하고 따라서 홀수점의 개수는 짝수이다.

보기 13.1.8 어떤 모임에 참가하게 되면 마주치는 사람과 악수를 하거나 또는 그냥 스쳐 지나가거나 한다. 이러한 모임에서 홀수 번 악수한 사람의 수는 반드시 짝수이다(0 을 포함하여).

실제로, 사람을 꼭지점이라 생각하고 두 사람이 악수하는 것을 모서리라고 생각하면, 따름정리 13.1.13 에 의하여 이 결과를 얻는다.

정의 13.1.14 그래프 $G = (V, E)$ 에서 $V = \{v_1, v_2, \cdots, v_n\}$, $|V| = n$ 일 때, 다음과 같이 정의된 n차의 행렬 $A = [a_{ij}]_{n \times n}$ 를 G 의 **인접행렬** (adjacency matrix)이라고 한다.

$$A = \begin{bmatrix} a_{11} & a_{12} & \cdots & a_{1n} \\ a_{21} & a_{22} & \cdots & a_{2n} \\ \vdots & \vdots & \cdots & \vdots \\ a_{n1} & a_{n2} & \cdots & a_{nn} \end{bmatrix}$$

$$a_{ij} = (\, v_i,\ v_j \text{ 를 이은 모서리의 개수})$$

그래프의 인접행렬은 그 꼭지점의 순서를 정하는 방법에 따라 달라진다.

위의 정의에서 G가 단순그래프인 경우에는

$$a_{ij} = \begin{cases} 1 & (\{v_i, v_j\} \in E \text{ 인 경우}) \\ 0 & (\text{그밖의 경우}) \end{cases}$$

이고 고리가 없으므로 $a_{ii} = 0$ $(1 \leq i \leq n)$ 이다. 한편, G에 고리가 있는 경우에는 한 꼭지점을 끝점으로 가지는 고리는 두 개로 센다(정의 13.1.4).

그래프 G 의 인접행렬 $A = [a_{ij}]_{n \times n}$ 는 대칭행렬이고 다음이 성립한다.

$$a_{i1} + a_{i2} + \cdots + a_{in} = \deg v_i \qquad (1 \leq i \leq n)$$

보기 13.1.9 완전 이분그래프 $K_{2,3}$ 의 인접행렬는 다음과 같다..

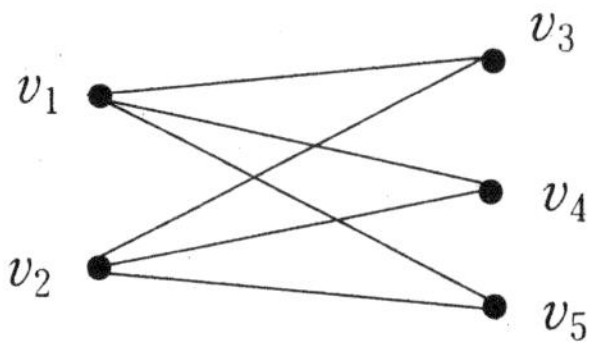

$$A = \begin{bmatrix} 0 & 0 & 1 & 1 & 1 \\ 0 & 0 & 1 & 1 & 1 \\ 1 & 1 & 0 & 0 & 0 \\ 1 & 1 & 0 & 0 & 0 \\ 1 & 1 & 0 & 0 & 0 \end{bmatrix}$$

그리고, 아래 그림이 나타내는 그래프의 인접행렬은 다음과 같다.

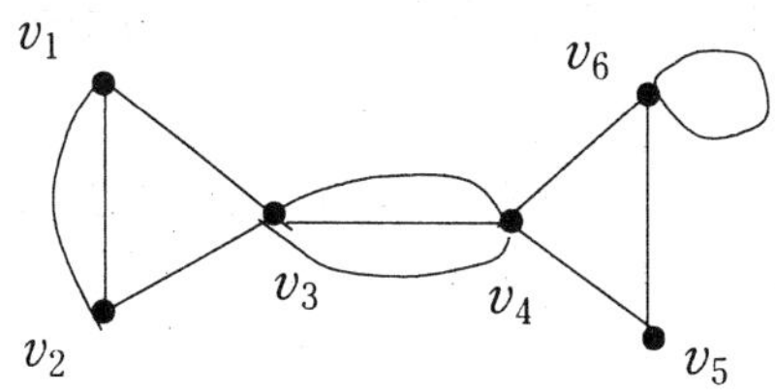

$$A = \begin{bmatrix} 0 & 2 & 1 & 0 & 0 & 0 \\ 2 & 0 & 1 & 0 & 0 & 0 \\ 1 & 1 & 0 & 3 & 0 & 0 \\ 0 & 0 & 3 & 0 & 1 & 1 \\ 0 & 0 & 0 & 1 & 0 & 1 \\ 0 & 0 & 0 & 1 & 1 & 2 \end{bmatrix}$$

정리 13.1.15 단순그래프 $G = (V, E)$ 에서

$$V = \{v_1, v_2, \cdots, v_n\}, \quad |V| = n$$

일 때, $A = [a_{ij}]_{n \times n}$ 를 G 의 인접행렬이라고 하면 모든 양의 정수 k 에 대하여 행렬 A^m 의 (i, j) 성분은 꼭지점 v_i 에서 꼭지점 v_j 까지의 길이가 m 인 서로 다른 길 전체의 개수와 일치한다.

증명 행렬 $A = [a_{ij}]_{n \times n}$ 는 단순그래프의 인접행렬이므로, A 는 대칭행렬이고 $a_{ij} = 0$ 또는 $a_{ij} = 1$ 이며 $a_{ij} = 1 \Leftrightarrow \{v_i, v_j\} \in E$ 이다.

따라서 a_{ij} 는 v_i 에서 v_j 까지의 길이가 1 인 서로 다른 길 전체의 개수와 일치하므로, $m = 1$ 일 때 정리가 성립한다.

이제 행렬 A^2 의 (i, j) 성분을 c_{ij} 이라고 하자. 이 때,

$$c_{ij} = a_{i1}a_{1j} + a_{i2}a_{2j} + \cdots + a_{in}a_{nj} \qquad (1 \le i, j \le n)$$

이고, 각 k $(1 \le k \le n)$ 에 대하여 다음이 성립한다.

$$a_{ik}a_{kj} \neq 0 \Leftrightarrow a_{ik} = a_{kj} = 1 \Leftrightarrow a_{ik}a_{kj} = 1$$

한편, $a_{ik} = a_{kj} = 1$ 이면, $\{v_i, v_k\}$, $\{v_k, v_j\}$ 는 모서리이고 또 $v_i\ v_k\ v_j$ 는 v_i 에서 v_j 까지의 길이가 2 인 길이다.

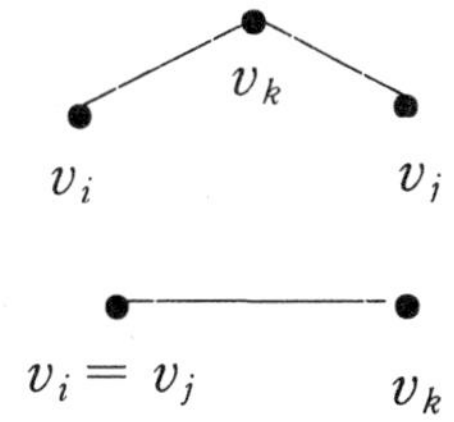

따라서 c_{ij} 는 v_i 에서 v_j 까지의 길이가 2 인 길 전체의 개수와 일치하고, 특히 다음이 성립한다.

$$\begin{aligned} c_{ii} &= a_{i1}a_{1i} + a_{i2}a_{2i} + \cdots + a_{in}a_{ni} \\ &= a_{i1}^{\ 2} + a_{i2}^{\ 2} + \cdots + a_{in}^{\ 2} \\ &= a_{i1} + a_{i2} + \cdots + a_{in} = \deg v_i \end{aligned}$$

그리고, 앞의 결과와 수학적 귀납법을 이용하여 A^m 에 대하여 정리가 성립함을 증명할 수 있다.

보기 13.1.10 아래 그림이 나타내는 그래프 $G = (V, E)$ 의 인접행렬 A 는 다음과 같다.

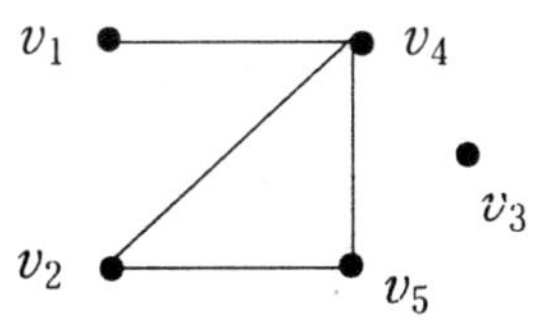

$$A = \begin{bmatrix} 0 & 0 & 0 & 1 & 0 \\ 0 & 0 & 0 & 1 & 1 \\ 0 & 0 & 0 & 0 & 0 \\ 1 & 1 & 0 & 0 & 1 \\ 0 & 1 & 0 & 1 & 0 \end{bmatrix}$$

먼저 행렬 A^2 의 (2, 4) 성분은

$$0 \cdot 1 + 0 \cdot 1 + 0 \cdot 0 + 1 \cdot 0 + 1 \cdot 1 = 1$$

이므로 v_2 에서 v_4 까지의 길이가 2 인 길은 $v_2\ v_5\ v_4$ 뿐이다.

그리고, 행렬 A^2 의 (5,5) 성분은

$$0 \cdot 0 + 1 \cdot 1 + 0 \cdot 0 + 1 \cdot 1 + 0 \cdot 0 = 2$$

이므로 $\deg v_5 = 2$ 이다.

$$A^2 = \begin{bmatrix} 1 & 1 & 0 & 0 & 1 \\ 1 & 2 & 0 & 1 & 1 \\ 0 & 0 & 0 & 0 & 0 \\ 0 & 1 & 0 & 3 & 1 \\ 1 & 1 & 0 & 1 & 2 \end{bmatrix}$$

그리고, 행렬 $A^3 = A^2 A$ 의 (2, 5) 성분은

$$1 \cdot 0 + 2 \cdot 1 + 0 \cdot 0 + 1 \cdot 1 + 1 \cdot 0 = 3$$

이므로 v_2 에서 v_5 까지의 길이가 3 인 길은 다음과 같은 3 가지뿐이다.

(1) $v_2\ v_4\ v_2\ v_5$

(2) $v_2\ v_5\ v_2\ v_5$

(3) $v_2\ v_5\ v_4\ v_5$

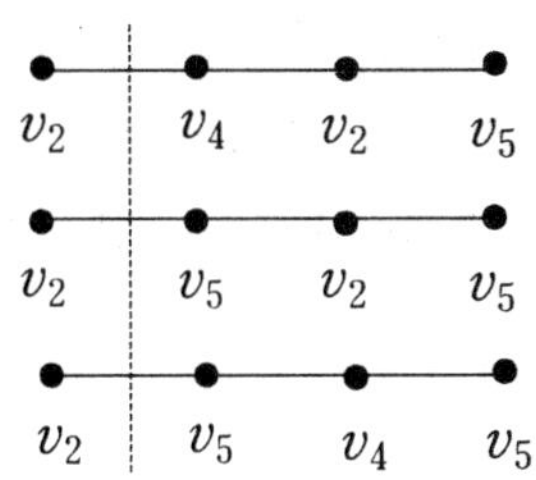

연습문제 (13.1)

1. 다음 명제가 참인지 거짓인지를 판정하여라.

 (1) 완전그래프 K_n 은 n 개의 꼭지점과 $\binom{n}{2}$ 개의 모서리로 이루어져 있다.

 (2) 순환그래프 C_n 은 n 개의 꼭지점과 n 개의 모서리로 이루어져 있다.

 (3) 그래프 W_n 은 n 개의 꼭지점과 $2(n-1)$ 개의 모서리로 이루어져 있다.

 (4) 별그래프 S_n 은 n 개의 꼭지점과 $n-1$ 개의 모서리로 이루어져 있다.

 (5) $K_{m,n}$ 은 $m+n$ 개의 꼭지점과 mn 개의 모서리로 이루어져 있다.

2. 그래프 $H_n = (\mathbb{B}^n, E)$ 에서 꼭지점 전체의 개수는 2^n 이고 모서리 전체의 개수는 $|E| = 2^{n-1}n$ 이고 각 꼭지점 v 의 차수가 n 임을 밝혀라.

3. 단순그래프 $G = (V, E)$ 에서 $|V| = mn$ 일 때, 오른쪽 그림과 같이 mn 개의 꼭지점이 m 개의 행과 n 개의 열로 배열되어 있고 모서리가 격자 모양으로 되어 있는 경우에 G 를 $G_{m,n}$ 으로 나타낸다.

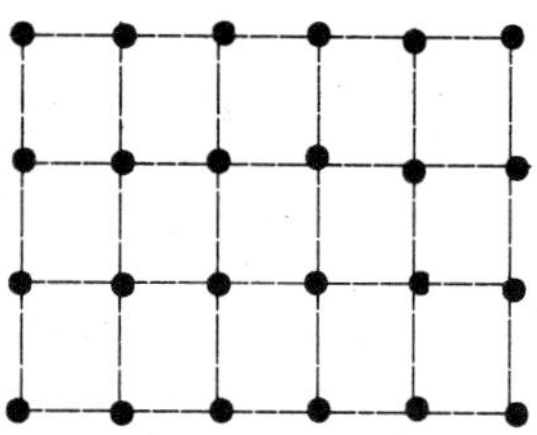

 그래프 $G_{m,n}$ 의 모서리 전체의 개수를 구하여라. 그리고, $G_{4,6}$ 은 이분그래프이지만 정칙그래프는 아님을 밝혀라.

4. 완전 이분그래프 $K_{2,3}$ 의 꼭지점을 그림과 같이 정할 때, 다음 물음에 답하여라.

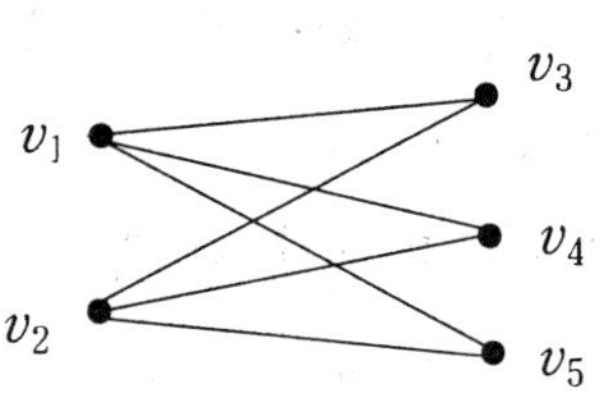

 (1) 인접행렬 A 와 A^2, A^3 를 구하여라.

 (2) v_1 에서 v_2 까지의 길이가 2 인 길을 모두 구하여라.

 (3) v_1 에서 v_4 까지의 길이가 3 인 길을 모두 구하여라.

§13.2 Euler 회로와 Hamilton 순환로

이 절에서는, 회로와 순환로에 대하여 생각해 보기로 한다.

정의 13.2.1 그래프 $G = (V, E)$ 에서

$$(*) \qquad \{v_0, v_1\},\ \{v_1, v_2\},\ \{v_2, v_3\},\ \cdots,\ \{v_{k-1}, v_k\} \qquad (k \geq 1)$$

와 같이 k 개의 연이은 모서리로 이루어진 열을 길이 k 인 **길**(walk)이라 하고 이때 v_0 와 v_k 를 이 길의 **끝점**이라고 한다.

(1) 길 $(*)$ 에서 꼭지점 $v_0, v_1, \cdots, v_k$ 가 모두 서로 다를 때, 이 길을 v_0 에서 v_k 까지의 **경로**(path) 라고 한다.

(2) 길 $(*)$ 에서 $v_0 = v_k$ 일 때, 이 길은 **닫혀 있다**(closed)고 한다.

(3) 길 $(*)$ 에서 모서리가 모두 서로 다르고 $v_0 = v_k$ 일 때, 이것을 **회로**(circuit)라 하고 v_0 를 이 회로의 끝점이라고 한다.

(4) 길 $(*)$ 가 회로인 동시에 $v_0, v_1, \cdots, v_{k-1}$ 이 모두 서로 다를 때, 이것을 **순환로**(cycle)라 하고 v_0 를 이 순환로의 **끝점**이라고 한다.

보기 13.2.1 아래 그림이 나타내는 그래프에서,

$$e_1 = \{v_1, v_2\},\ e_3 = \{v_2, v_3\}$$

와 $e_2 = \{v_1, v_3\}$ 는 v_1 에서 v_3 까지의 경로이고,

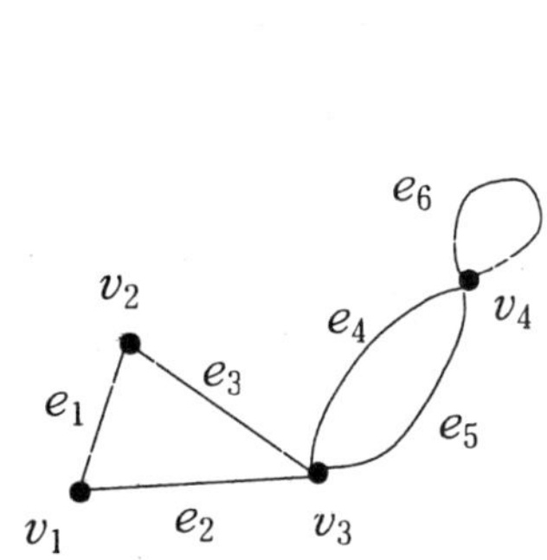

$$e_1,\ e_3,\ e_2$$

는 끝점이 v_1 인 회로인 동시에 순환로이다. 또,

$$e_1,\ e_3,\ e_4,\ e_5,\ e_2$$

는 끝점이 v_1 인 회로이지만 순환로는 아니다.

한편,

$$e_4 = \{v_3, v_4\}, \quad e_5 = \{v_4, v_3\}$$

는 끝점이 v_3 인 순환로이고, 고리 $e_6 = \{v_4, v_4\}$ 는 끝점이 v_4 인 순환로이다.

정의 13.2.2 그래프 $G=(V, E)$ 가 단순그래프이거나 또는 다중 모서리가 없는 경우에, 두 꼭지점을 이은 모서리는 유일하게 결정되므로 길

$$\{v_0, v_1\},\ \{v_1, v_2\},\ \{v_2, v_3\},\ \cdots,\ \{v_{k-1}, v_k\}$$

을 간단히 $v_0\ v_1\ v_2\ \cdots\ v_k$ 로 나타낸다.

보기 13.2.2 아래 그림이 나타내는 그래프에서 다음이 성립한다.

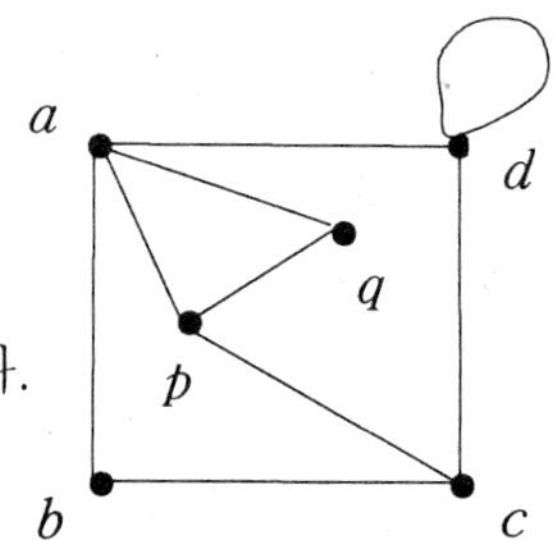

(1) $a\ b\ c\ d$는 a 에서 d 까지의 경로이다.

(2) $a\ b\ c\ p\ a\ d$ 는 경로가 아니다.

(3) $a\ p\ q\ a\ b$는 경로가 아니고 회로도 아니다.

(4) $a\ b\ c\ d\ a\ p\ q\ a$는 회로이지만 순환로는 아니다.

(5) $a\ p\ q\ a$와 $a\ b\ c\ d\ a$ 는 순환로이다.

(6) $d\ d$는 길이 1 인 회로인 동시에 순환로이다.

정의 13.2.3 그래프 $G=(V, E)$ 에서 서로 다른 두 꼭지점 $v, w \in V$ 에 대하여 v 에서 w 까지의 경로

$$v\ v_1\ v_2\ \cdots\ v_{k-1}\ w$$

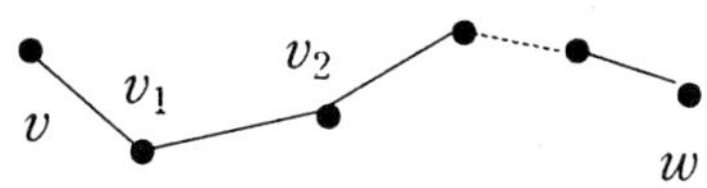

가 존재할 때 v 와 w 는 **연결되어 있다**(connected)고 한다. 여기서 $v, v_1, v_2, \cdots, v_{k-1}, w$ 는 모두 서로 다르다.

또,, 그래프 G에서 $|V|=1$ 이거나 또는 임의의 서로 다른 두 꼭지점가 연결되어 있을 때 G를 **연결그래프**(connected graph)라고 한다.

위의 정의에 의하여 $G=(V, E)$ 가 연결그래프일 때, $|V| \geq 2$ 이면 각 꼭지점 $v \in V$ 에 대하여 $\deg v \geq 1$ 이다.

보기 13.2.3 오른쪽 그림이 나타내는 단순그래프는 연결그래프이다. 그리고,

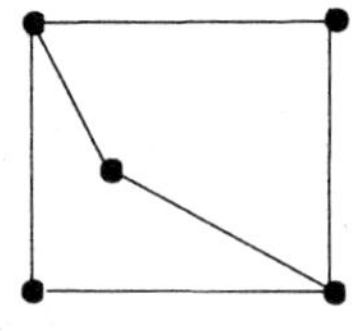

완전그래프 K_n, 순환그래프 C_n, 바퀴그래프 W_n,

이분그래프, 완전 이분그래프 $K_{m,n}$

은 모두 연결그래프이다(정의 13.1.5 ~ 정의 13.1.9)

정의 13.2.4 그래프 $G=(V, E)$ 에서 모든 모서리를 한 번씩만 포함하는 길이 존재할 때 이 길을 **Euler 길**(Euler walk)이라고 한다.

특히, 모든 모서리를 한 번씩만 포함하는 회로

$$v_0 \ v_1 \ v_2 \ \cdots \ v_{k-1} \ v_k \qquad\qquad (v_0 = v_k)$$

가 존재할 때, 이 회로를 **Euler 회로**(Euler circuit)이라고 한다.

여기서, Euler 길과 Euler 회로는 한 꼭지점을 여러 번 포함하여도 좋다.

보기 13.2.4 오른쪽 그림이 나타내는 그래프에서, $a\ b\ c\ a\ d\ c$ 는 a 에서 c 까지의 Euler 길이지만 Euler 회로는 아니다. 한편, $a\ b\ c\ d\ a$ 는 끝점이 a 인 회로이지만 Euler 회로는 아니다.

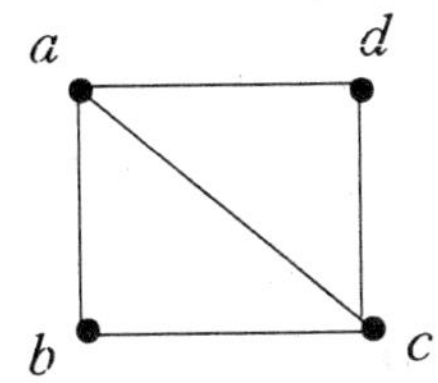

아래 그림이 나타내는 연결그래프에는 Euler 회로가 존재하지 않는다.

실제로, a 를 출발한 회로는 모서리 $\{a, b\}$ 를 다시 거치지 않고 a 로 되돌아 올 수 없으며, a 가 아닌 다른 꼭지점을 출발점으로 한 회로가 모든 모서리를 포함하려면 결국 꼭지점 b 를 지나 모서리 $\{b, a\}$ 를 거쳐 a 로 간 다음에 다시 $\{a, b\}$ 를 지나지 않고서는 출발점으로 되돌아 올 수가 없다.

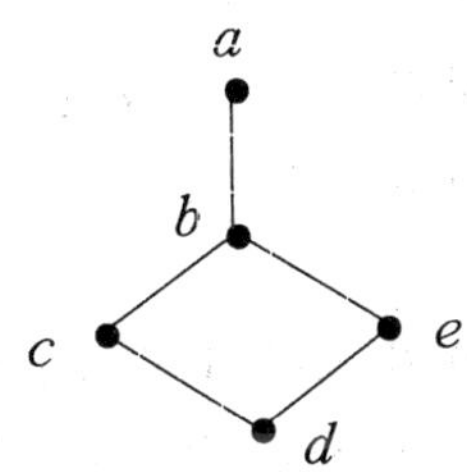

연결그래프 $G=(V, E)$ 에 Euler 회로가 존재한다고 하자. 이 때, 각 꼭지점에서는 고리를 거쳐 제자리에 돌아오거나 또는 고리가 아닌 모서리를 거쳐 다른 꼭지점으로 간 다음에 그 꼭지점을 끝점으로 가지는 모서리를 지나 다시 그 꼭지점으로 되돌아오게 되므로 각 꼭지점의 차수는 짝수이고 따라서 각 꼭지점은 짝수점이다(정의 13.1.11).

일반적으로, 다음 정리가 성립한다.

정리 13.2.5 연결그래프 $G=(V, E)$ 에서 다음이 성립한다.

(1) G 에 Euler 회로가 존재하기 위한 필요충분조건은 G 의 모든 꼭지점이 짝수점인 것이다.

(2) G 의 서로 다른 두 꼭지점 v, w 에 대하여 v 에서 w 까지의 Euler 길이 존재하기 위한 필요충분조건은 v 와 w 는 홀수점이고 나머지 꼭지점은 모두 짝수점인 것이다.

보기 13.2.5 오른쪽 그림이 나타내는 그래프를 G라고 할 때, G는 연결 그래프이고 꼭지점은 모두 짝수점이다.

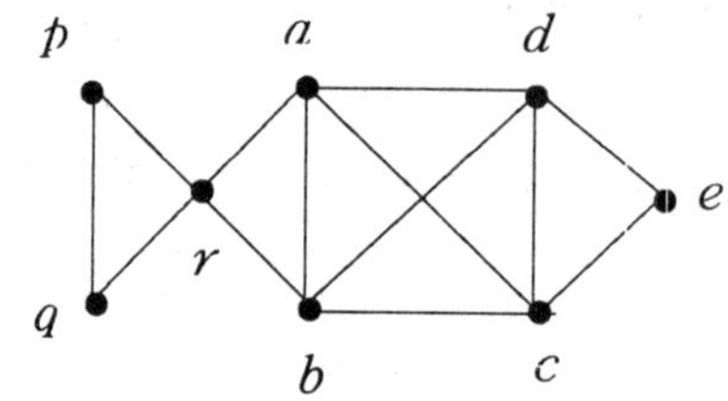

먼저 a를 출발점으로 한 회로

$$a\ d\ e\ c\ b\ r\ a$$

를 생각하고, 이 회로의 모든 모서리와 꼭지점 e를 제외시키면 오른쪽 그림이 나타내는 그래프를 얻으며 $r\ q\ p\ r$는 이 그래프의 회로이다.

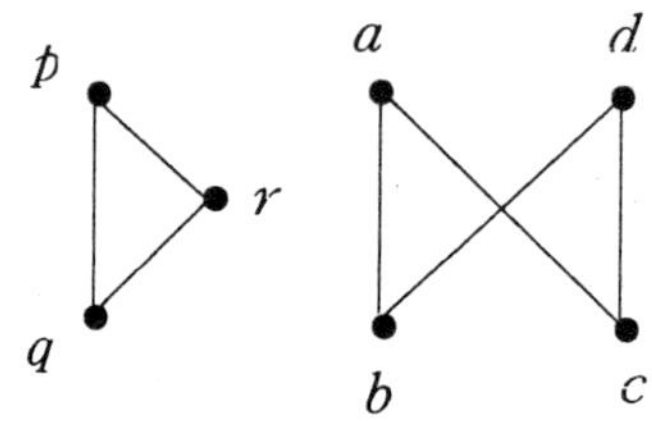

이제 꼭지점 a를 출발점으로 하여 $a\ d\ e\ c\ b\ r$를 거쳐 r까지 간 다음에 이어서 다시 $r\ q\ p\ r\ a$를 거치면 회로 $a\ d\ e\ c\ b\ r\ q\ p\ r\ a$를 얻고 여기에 $a\ c\ d\ b\ a$를 연결하면 Euler 회로 $a\ d\ e\ c\ b\ r\ q\ p\ r\ a\ c\ d\ b\ a$를 얻는다.

한편, $a\ d\ e\ c\ b\ r\ q\ p\ r\ a$는 끝점이 a인 회로이고 모든 꼭지점을 포함하지만, Euler 회로는 아니다.

보기 13.2.6 Königsberg의 다리에 관한 문제는 오른쪽 그림이 나타내는 그래프에 Euler 회로가 존재하는지를 판정하는 문제이다. 그런데, 네 꼭지점은 모두 홀수점이므로, 이 그래프에는 Euler 회로는 존재하지 않는다.

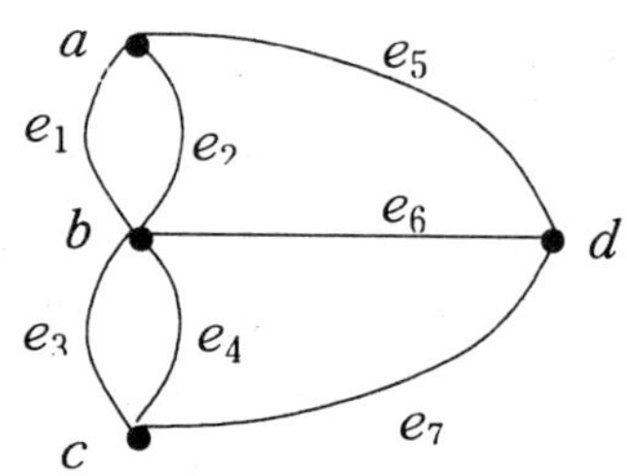

보기 13.2.7 오른쪽 그림이 나타내는 그래프는 연결그래프이다. 그런데, 두 꼭지점 v, w는 홀수점이지만 그 밖의 꼭지점은 모두 짝수점이다.

따라서 이 그래프에는 Euler 회로가 존재하지 않는다. 한편,

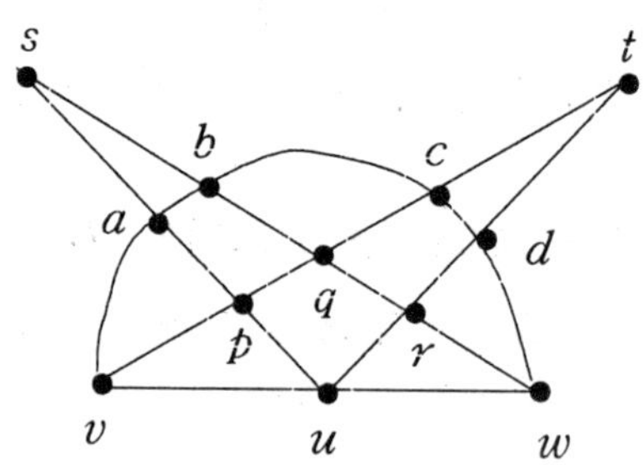

$$v\ a\ b\ q\ p\ a\ s\ b\ c\ q\ r\ d\ c\ t\ d\ w\ u\ v\ p\ u\ r\ w$$

는 v에서 w까지의 Euler 길이다.

보기 13.2.8 완전그래프 K_n 에서 모든 꼭지점의 차수는 $n-1$ 이다. 따라서 $n \geq 3$ 일 때, n 이 홀수이면 K_n 에는 Euler 회로가 존재하고 n 이 짝수이면 K_n 에는 Euler 회로가 존재하지 않는다.

정의 13.2.6 그래프 $G=(V, E)$ 에서 모든 꼭지점을 포함하는 순환로

$$v_0 \; v_1 \; v_2 \; \cdots \; v_{n-1} \; v_0 \qquad (n = |V|)$$

가 존재할 때, 이 순환로를 **Hamilton** 순환로(Hamilton cycle)라고 한다.

그래프 $G=(V, E)$ 에 Hamilton 순환로가 존재하는 경우에 이 순환로에 포함되는 모서리는 모두 서로 다르고 이 순환로에 포함되는 꼭지점도 모두 서로 다르며 $|V| \geq 3$ 이다(정의 13.2.1 참조).

정 12 면체의 한 면을 제거시킨 후에 이때 생긴 구멍 주위로 입체도형을 늘려서 찌그러뜨려 평면에 펼쳐 놓으면, 아래 오른쪽 그림이 나타내는 그래프를 얻는다.

아래의 오른쪽 그림에서 검은 선은 한 Hamiton 순환로를 보여 준다.

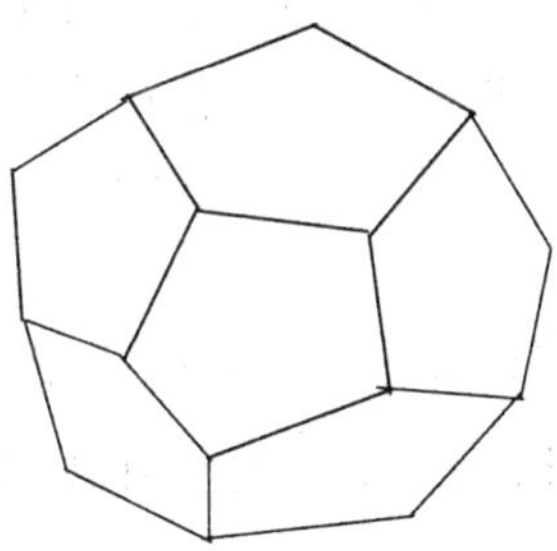

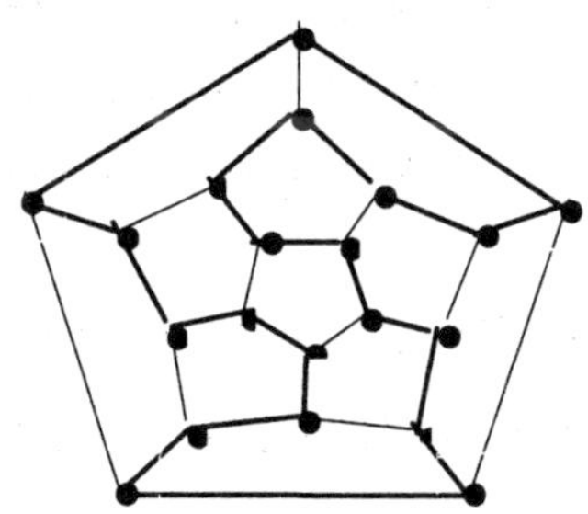

보기 13.2.9 $n \geq 3$ 일 때, 완전그래프 K_n 에는 Hamilton 순환로가 존재한다. 아래 그림에서 검은 선은 한 Hamiton 순환로를 보여 준다.

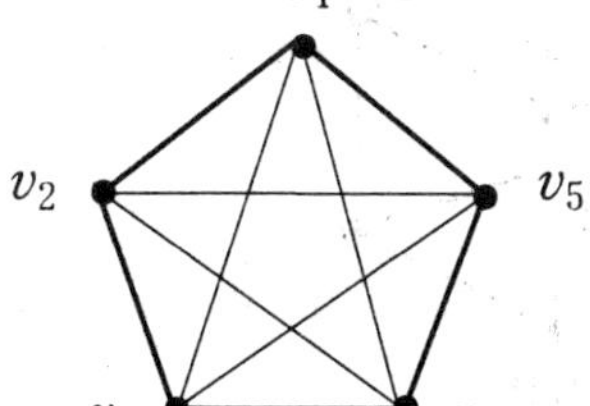

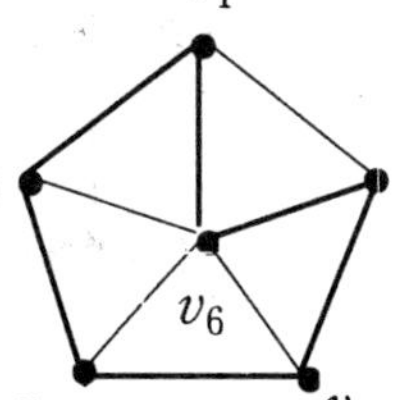

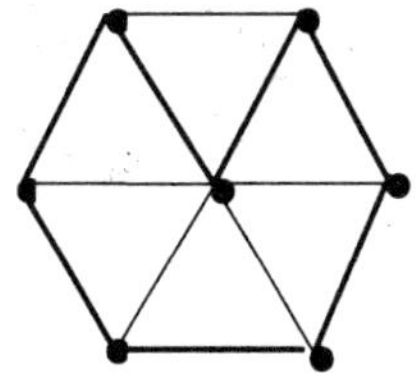

실제로, K_n의 꼭지점 전체의 집합이 $V = \{v_1, v_2, \cdots, v_n\}$일 때,

$$v_1 \ v_2 \ \cdots \ v_{n-1} \ v_n, \ \ v_1$$

는 K_n의 Hamilton 순환로이다.

보기 13.2.10 순환그래프 C_n과 바퀴그래프 W_n에는 Hamilton 순환로가 존재하고, $n \geq 2$일 때, 완전 이분그래프 $K_{n,n}$에는 Hamilton 순환로가 존재한다(정의 13.1.5 ~ 정의 13.1.9).

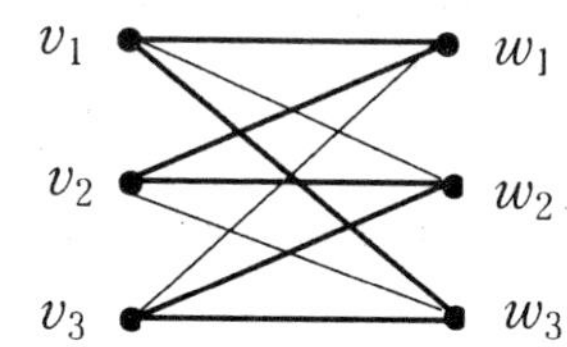

보기 13.2.11 오른쪽 그림이 나타내는 그래프에 Hamilton 순환로가 존재한다고 가정하자.

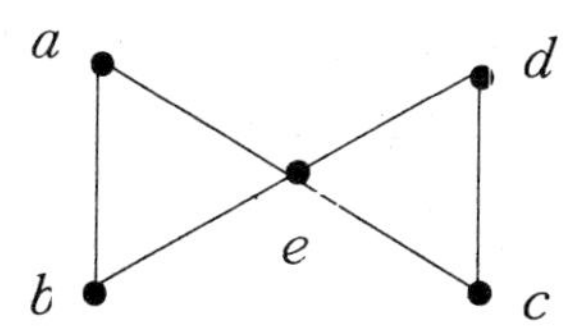

이 때, 이 순환로는 a를 포함하고 $\deg a = 2$이므로 a를 끝점으로 가지는 모서리는 $\{a, b\}$와 $\{a, e\}$뿐이고 따라서 이 두 모서리도 이 순환로에 포함된다.

마찬가지로 $\{b, e\}$, $\{c, e\}$, $\{d, e\}$는 모두 이 순환로에 포함된다. 그러나, Hamilton 순환로에는 출발점을 제외한 모든 꼭지점을 한 번씩 포함하므로 e를 끝점으로 가지는 모서리는 두 개만이 이 순환로에 포함되어야 한다.

따라서 이 그래프에는 Hamilton 순환로가 존재하지 않는다.

보기 13.2.12 $n \geq 2$일 때, 그래프 H_n에는 Hamilton 순환로가 존재한다. 특히, H_2에서 0 0, 0 1, 1 1, 1 0, 0 0은 Hamilton 순환로이고 H_3에서

000, 010, 011, 111, 110, 100, 101, 001, 000

은 Hamilton 순환로이다(정의 13.1.10 참조).

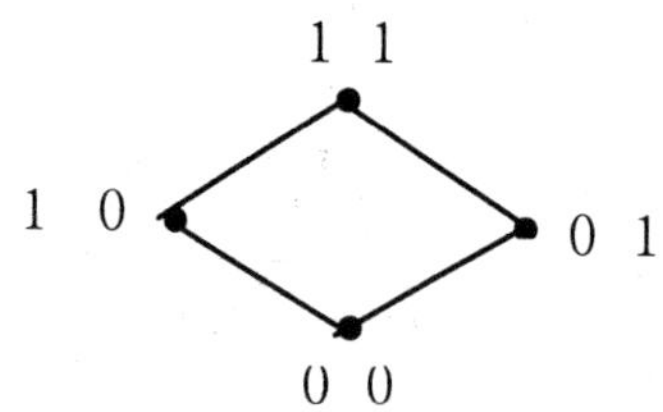

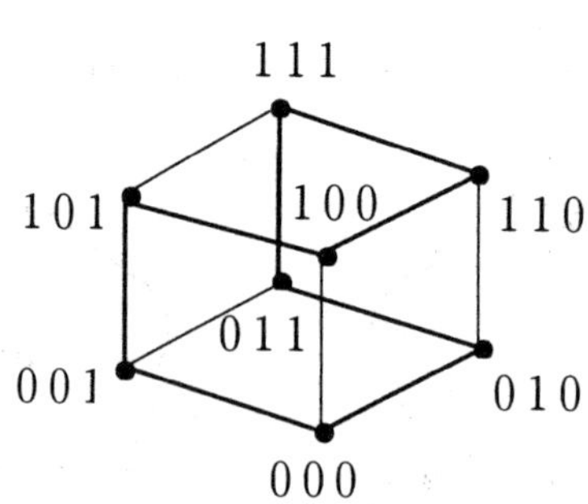

연습문제 (13.2)

1. 다음 그림이 나타내는 그래프에 Euler 회로가 존재하는지 판정하여라.

(1)

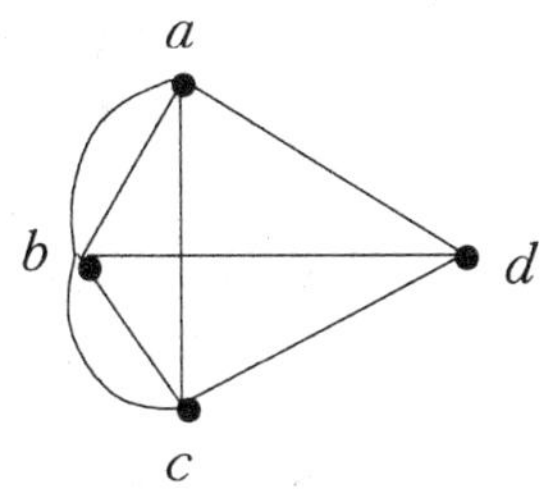

(2)

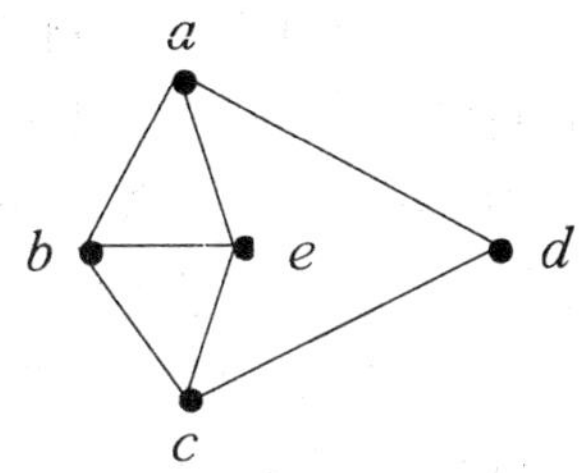

2. 완전 이분그래프 $K_{2,3}$ 에는 Hamilton 순환로가 존재하지 않음을 밝혀라.

3. 다음 그림이 나타내는 그래프에 Euler 회로가 존재하는 이유를 말하여라.

(1)

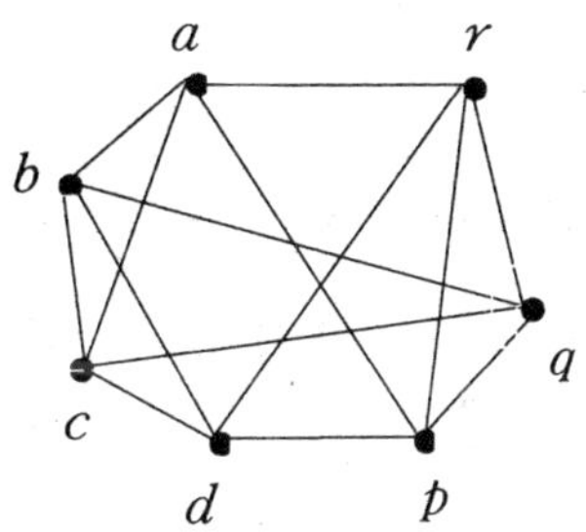

(2)

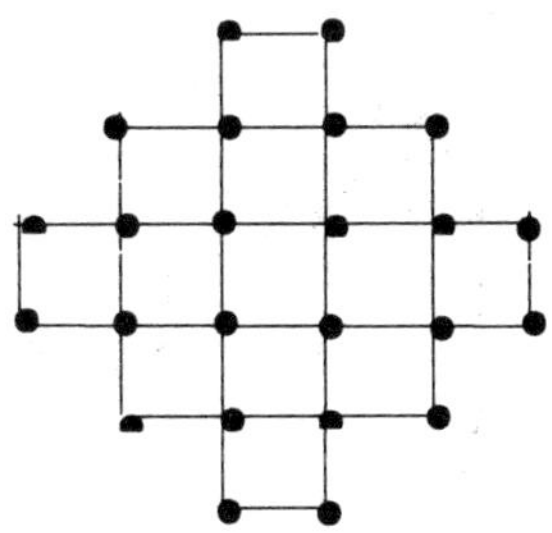

4. 오른쪽 그림이 나타내는 그래프에서 꼭지점 a 로부터 출발하여 모든 꼭지점을 꼭 한 번씩만 지나는 방법을 말하여라.

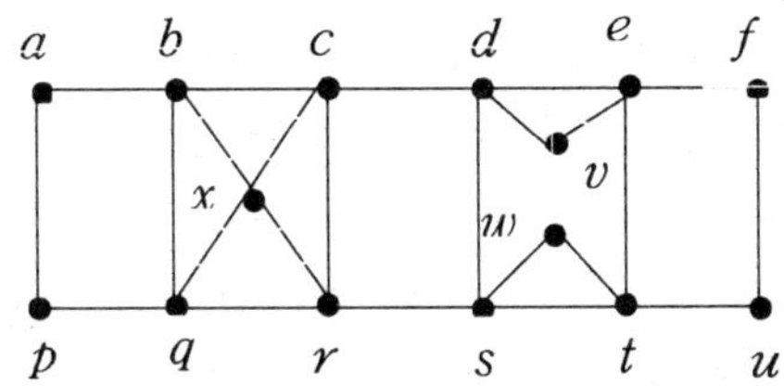

5. 오른쪽 그림은 단층 건물의 여러 방과 방 사이의 출입구를 그린 평면도이다. 이 건물 밖에서 출발하여 건물 안으로 들어와 모든 방을 한 번씩 둘러 본 후에 건물 밖으로 나갈 수 있는지 판정하여라.

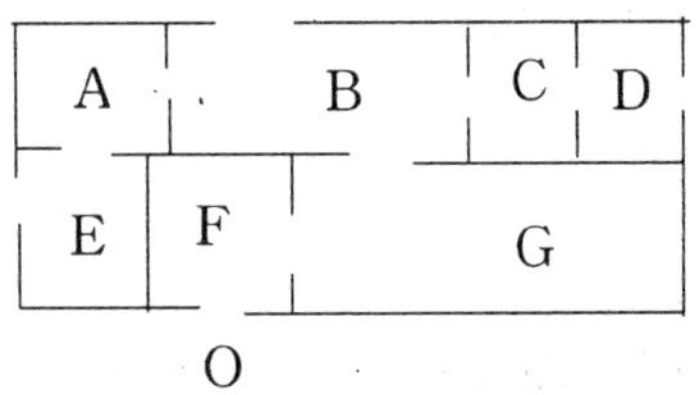

6. 보기 13.2.12 에서 밝힌 H_3 의 Hamilton 순환로를 이용하여 그래프 H_4 의 Hamilton 순환로를 구하여라.

§ 13.3 수 형 도

오른쪽 그림이 나타내는 그래프에서 꼭지점은 지역을 나타내고 또 모서리는 도로를 나타낸다고 할 때, 외판매원이 A 지역을 출발하여 모든 지역을 한 번씩만 방문한 다음에 다시 A 지역으로 되돌아올 수 있는 방법은 모두 4 가지가 있음을 다음 그림으로부터 알 수 있다.

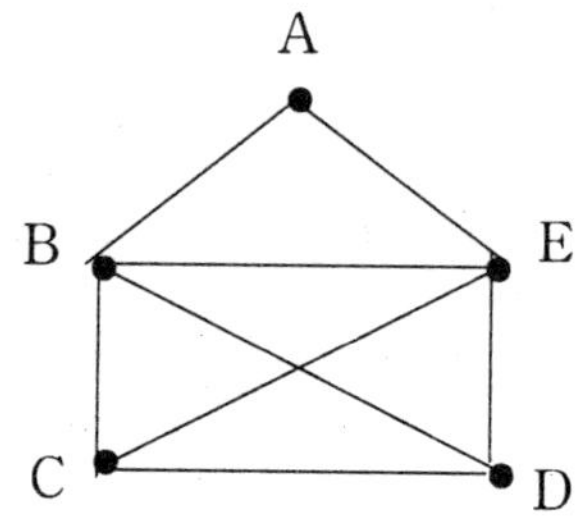

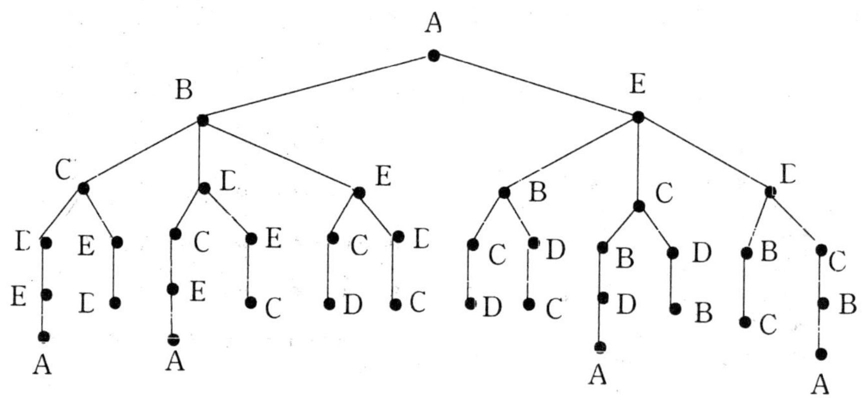

오른쪽 그림은 A, B 두 사람이 바둑을 두기 시작하여 먼저 연이어 두 판을 이기거나 또는 3 판을 이기는 사람을 승자로 정할 때, 일어날 수 있는 결과를 나타낸다.

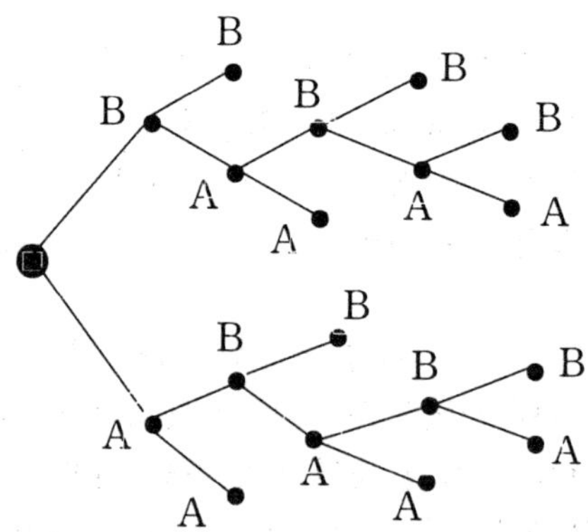

정의 13.3.1 연결그래프 G에 순환로가 없을 때, 이 그래프를 **樹型圖**(tree)라고 한다.

위의 두 그림이 나타내는 그래프는 모두 수형도이다.

수형도에는 순환로가 없으므로, 수형도는 단순그래프이다.

보기 13.3.1 별그래프 S_n은 n개의 꼭지점과 $n-1$개의 모서리로 이루어진 수형도이다(정의 13.1.6). 그리고, 완전 이분그래프 $K_{1,n}$은 $n+1$개의 꼭지점과 n개의 모서리로 이루어진 수형도이다(정의 13.1.9)

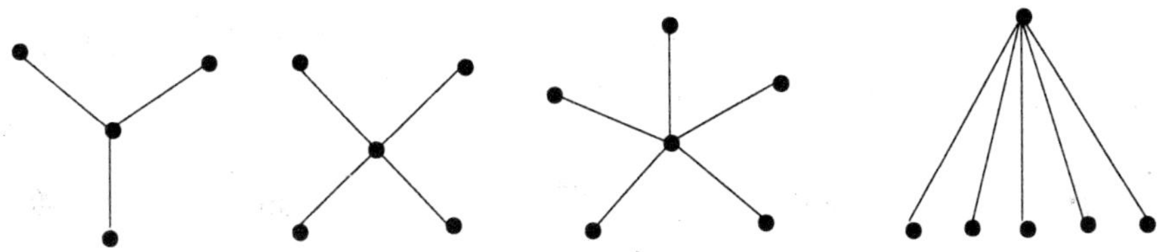

정리 13.3.2 단순그래프 G에 대하여 다음 두 조건은 서로 동치이다.

(1) G는 수형도이다.

(2) 임의의 서로 다른 두 꼭지점 v, w에 대하여 v에서 w까지의 경로가 하나 그리고 단 하나 존재한다.

증명 (1) ⟹ (2) 단순그래프 G가 수형도라 하고 v, w를 서로 다른 두 꼭지점이라고 하자. 이 때, G는 연결그래프이므로 v에서 w까지의 경로가 존재한다. 그리고, v에서 w까지의 경로가 2개 존재한다면, G에 순환로가 존재하게 되어 G가 수형도라는 사실에 모순된다.

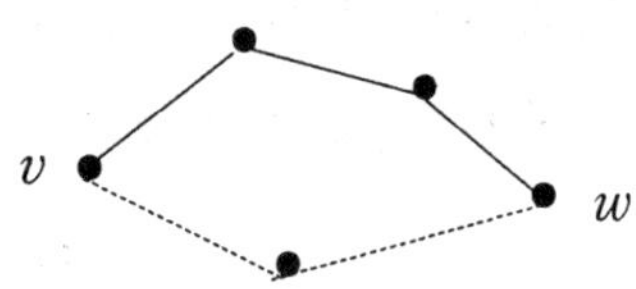

따라서 v에서 w까지의 경로는 단 하나 존재한다.

(2) ⟹ (1) 조건 (2) 가 성립한다고 하자.

가정에 의하여 G는 연결그래프이고 G에는 다중모서리와 고리가 없다. 따라서 G에 순환로가 존재한다면, 이 순환로에는 적어도 3개의 꼭지점 u, v, w가 존재하고 이때 예를 들어 u에서 w까지의 경로는 2개가 있게 되어 모순이 생긴다. 그러므로 G는 수형도이다.

정의 13.3.3 수형도에서 특정한 한 꼭지점 v_0를 지정하여 논하는 경우에 이 수형도를 **뿌리**(root) $\boldsymbol{v_0}$**를 가진 수형도**(rooted tree)라고 한다.

보기 13.3.2 꼭지점에 문자 붙이지 않은 경우에 5 개의 꼭지점을 가진 수형도는 다음 그림이 나타내는 3 개의 수형도뿐이다

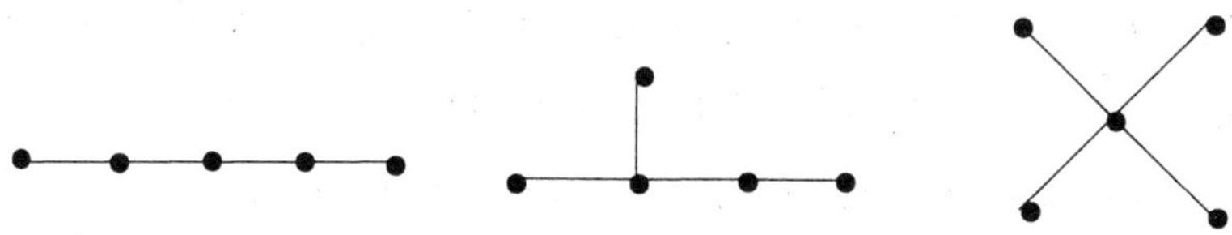

한편, 5 개의 꼭지점을 가지면서 특정한 꼭지점이 뿌리인 수형도는 다음 그림이 나타내는 9 개의 수형도뿐이다.

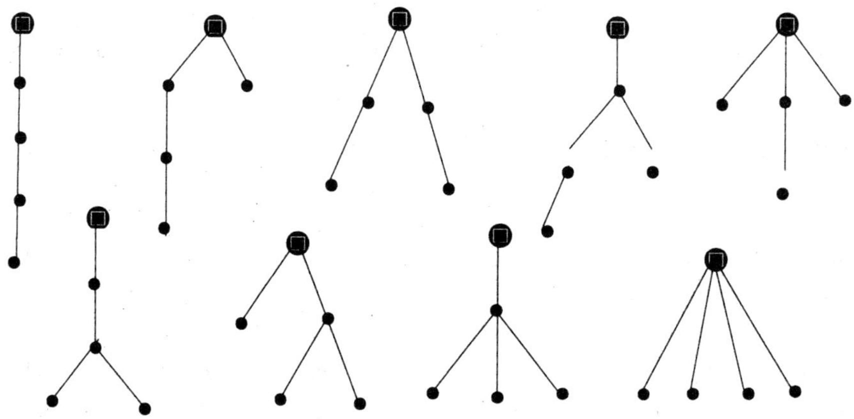

정의 13.3.4 그래프 G 가 뿌리 v_0 를 가진 수형도일 때, v 가 v_0 와 다른 꼭지점이면 v_0 에서 v 까지의 경로

$$v_0\ v_1\ v_2\ \cdots\ v_{k-1}\ v \qquad\qquad (k \geq 1)$$

가 단 하나 존재한다(정리 13.3.2).

이 경로의 길이 k 를 v 의 **깊이**(depth) 또는 **수준**(level)이라고 한다.

보기 13.3.3 오른쪽 그림이 나타내는 수형도에서 꼭지점 v_0 를 뿌리로 택할 때, 꼭지점 v_0 에서 꼭지점 v 까지의 경로는

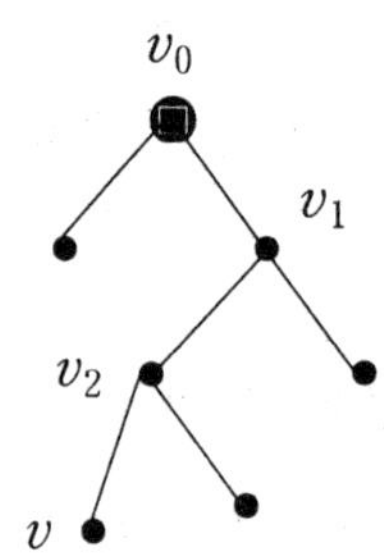

$$v_0\ \ v_1\ \ v_2\ \ v$$

뿐이고 따라서 v 의 깊이는 3 이다.

정리 13.3.5 단순 연결그래프 $G = (V, E)$ 에 대하여 다음 두 조건은 서로 동치이다.

(1) G는 수형도이다.

(2) $|E| = |V| - 1$

증명 (1) G가 수형도라 하고 한 꼭지점 v_0를 뿌리로 택하면, v_0가 아닌 꼭지점 v에 대하여 v의 깊이가 결정된다(정의 13.3.4). 그리고, G에는 고리가 없으므로 각 모서리의 끝점은 2 개 있다.

이제 각 모서리 $e \in E$에 대하여 이 모서리 의 두 끝점 중에서 그 깊이가 큰 꼭지점을 대응시키면, 이 대응은 집합 E에서 집합 $V - \{v_0\}$ 로의 일대일 대응이다. 따라서 $|E| = |V| - 1$ 이다.

(2) $|E| = |V| - 1$ 일 때, G에 순환로가 존재한다고 가정하고,

$$v_1\ v_2\ \cdots\ v_k\ v_1$$

를 G의 한 순환로라고 하자.

이 때, G 에는 고리도 없고 다중 모서리도 없으므로 $k \geq 3$ 이다. 또한, $e = \{v_1, v_2\}$ 이라 하고 또 $E_1 = E - \{e\}$ 이라고 하면, G의 부분그래프 $G_1 = (V, E_1)$ 은 연결그래프이고 위의 순환로를 포함하지 않는다.

실제로, v, w를 서로 다른 두 꼭지점일 때, G는 연결그래프이므로 G에는 v에서 w까지의 경로가 존재한다.

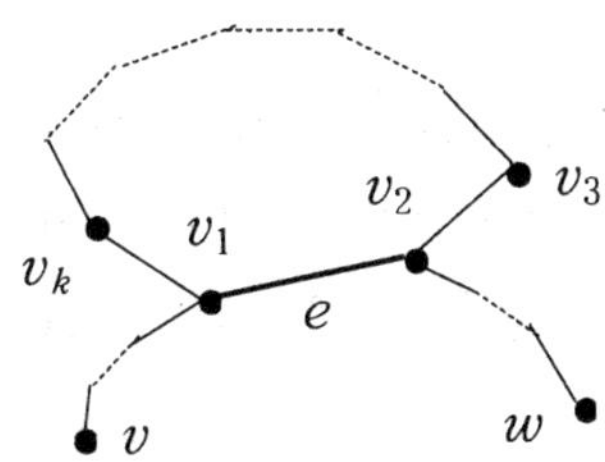

이 경로가 e를 포함하지 않으면, 이 경로는 G_1 에서의 경로이다.

한편, 이 경로가 e를 포함하면 e를

$$v_1\ v_k\ v_{k-1}\ \cdots\ v_3\ v_2$$

로 바꾸어 놓아 만든 경로는 G_1 에서의 v에서 w까지의 경로이다.

따라서 G_1 은 연결그래프이다. 또, $|E_1| = |E| - 1 = |V| - 2$ 이다.

이와 같이 G에서 꼭지점은 그대로 둔 채 순환로의 모서리를 모두 제거하여 얻은 부분그래프를 $G' = (V, E')$ 이라고 하면, G' 은 연결그래프이므로 G' 은 수형도이고 또 $|E'| < |V| - 1$ 로 되어 모순이 생긴다.

따라서 G에는 순환로가 없으므로 G는 수형도이다.

따름정리 13.3.6 수형도 $G=(V, E)$ 에서 인접하지 않은 두 꼭지점을 한 모서리로 이으면 순환로가 생긴다.

증명 수형도 G 에서 인접하지 않은 두 꼭지점 v, w 에 한 모서리 e 를 추가하여 $E' = E \cup \{e\}$ 라고 하면, $G' = (V, E')$ 은 단순 연결그래프이다. 한편, 정리 13.3.5 에 의하여

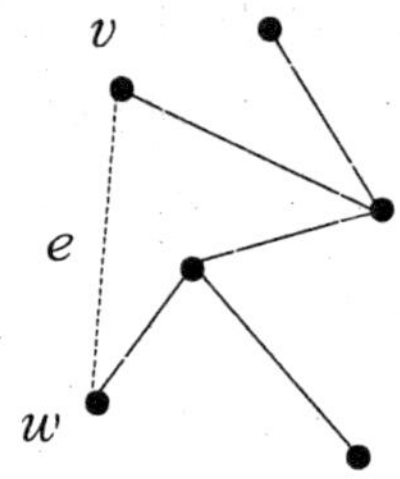

$|E| = |V| - 1$ 이므로

$$|E'| = |E| + 1 = |V|$$

이고, 따라서 G' 은 수형도가 아니므로 G' 에는 순환로가 존재한다.

수형도가 그래프 중에서도 중요하다는 것을 인식하게 한 사람은 영국의 수학자이자 법률가인 Arthur Cayley(1821 ~ 1895) 이다.

화합물 C_kH_{2k+2} 를 파라핀(paraffin)이라고 한다. 한 분자 C_kH_{2k+2} 에는 k 개의 탄소 원자와 $2k+2$ 개의 수소 원자가 들어 있으며, 각 탄소 원자는 4 개의 수소와 결합하거나 또는 1 개의 탄소 원자와 3 개의 수소 원자와 결합한다.

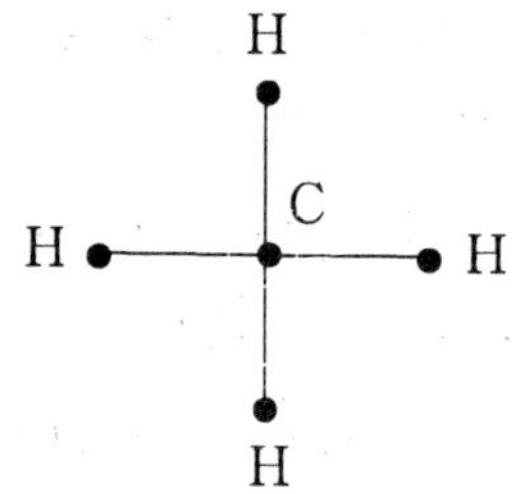

분자 C_kH_{2k+2} 에 들어 있는 k 개의 탄소 원자와 $2k+2$ 개의 수소 원자를 꼭지점으로 생각하고 또 이들 원자의 결합 관계를 모서리로 나타낼 때, C_kH_{2k+2} 에 대응하는 그래프를 $G=(V, E)$ 이라고 하면

$$|V| = k + 2k + 2 = 3k + 2$$

이고 k 개의 탄소 원자에 대응하는 꼭지점의 차수가 4 이고 $2k+2$ 개의 수소 원자에 대응하는 꼭지점의 차수는 1 이다.

그리고 G 는 단순 그래프이고 연결그래프이며, 정리 13.1.12 에 의하여

$$2|E| = \sum_{v \in V} \deg v = 4k + 2k + 2 = 6k + 2$$

이므로 $|E| = 3k + 1 = |V| - 1$ 이다.

따라서 정리 13.3.5 에 의하여 G 는 수형도이다.

특히, $k = 1, 2, 3$ 인 경우에 이것을 각각 메탄(methane), 에탄(ethane), 포로판(propane)이라고 하는데, 이에 대응하는 수형도는 각각 다음과 같은 단 한 가지뿐이다.

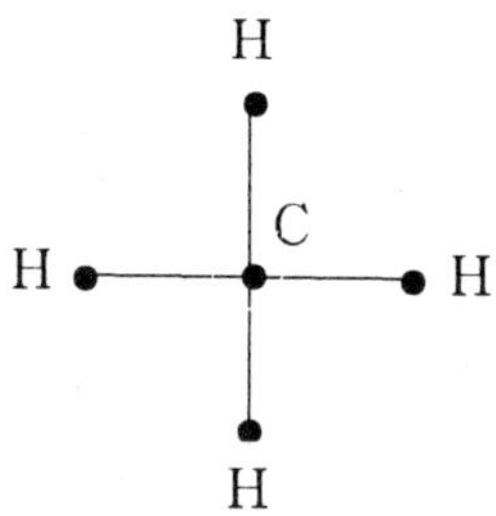

CH_4

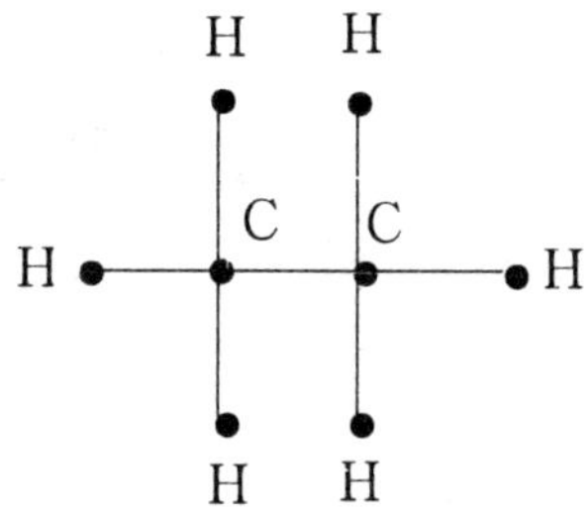

C_2H_6

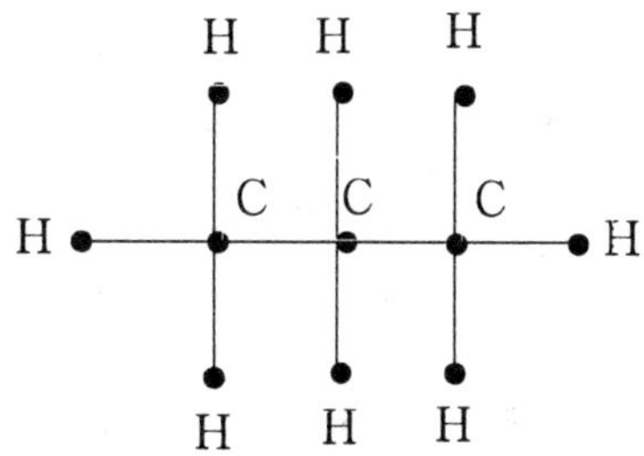

C_3H_8

한편, $k \geq 4$ 인 경우에는 여러 가지 異性體(isomer)가 존재한다.

예를 들면, $k = 4$ 인 경우에 부탄(butane) C_4H_{10} 에는 다음과 같은 두 가지 이성체가 존재한다

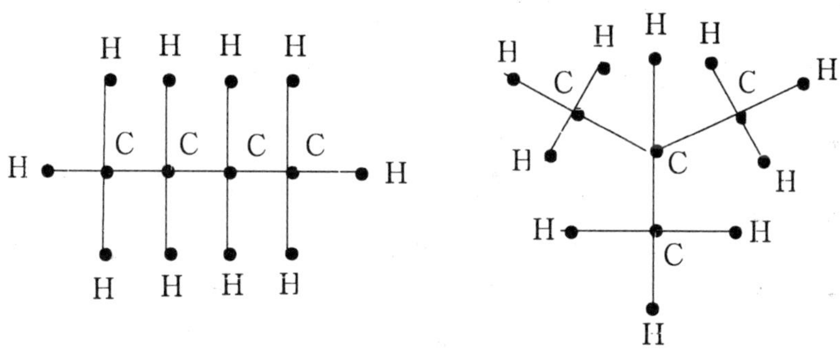

C_4H_{10}

연습문제 (13.3)

1. 다음 그림이 나타내는 그래프 중에서 수형도인 것을 찾아라.

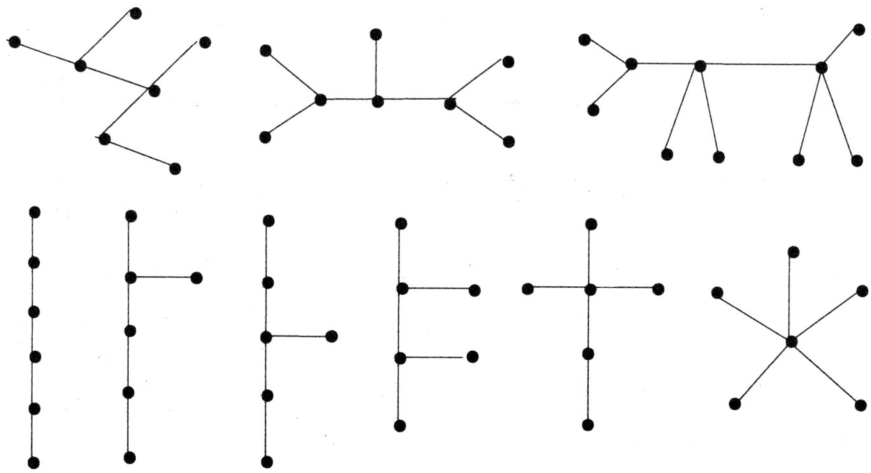

2. 다음 세 그림이 나타내는 수형도의 인접행렬을 구하여라..

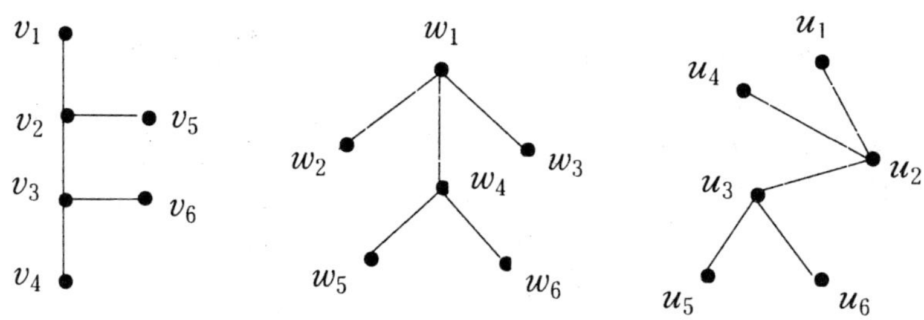

3. 다섯 사람의 성이 각각 김, 이, 박, 최, 정일 때, 이들 중에서 세 사람을 뽑아 소위원회를 구성하는 방법은 모두 몇 가지가 있는가 ?
그리고, 이와 같이 소위원회를 구성하는 방법 전체를 수형도로 나타내어라.

4. 수형도 $G = (V, E)$ 에서 $|V| \geq 2$ 일 때, G 에는 차수가 1 인 꼭지점이 2 개 이상 존재함을 증명하여라.

5. 완전 이분그래프 $K_{m,n}$ 이 수형도이면, $m = 1$ 또는 $n = 1$ 임을 밝혀라.

§ 13.4 평면그래프와 정다면체

이 절에서는 특수한 그래프에 대하여 논한다.

정의 13.4.1 그래프 $G=(V, E)$를 평면 위에 어느 두 모서리도 꼭지점이 아닌 점에서 교차하지 않도록 그릴 수 있을 때, G를 **평면그래프**(planar graph)라고 한다.

보기 13.4.1 완전 그래프 K_2, K_3, K_4 와 순환그래프 C_n, 바퀴그래프 W_n, 별그래프 S_n은 모두 평면그래프이다(정의 13.1.5 ~ 정의 13.1.8).

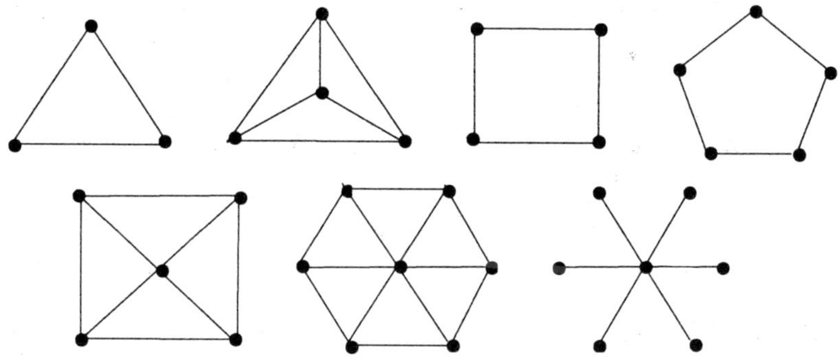

오른쪽 그림이 나타내는 그래프는 평면그래프이다. 실제로, 이 그래프는 다음과 같이 평면 위에 어느 두 모서리도 꼭지점이 아닌 점에서 교차하지 않도록 선으로 그릴 수 있다.

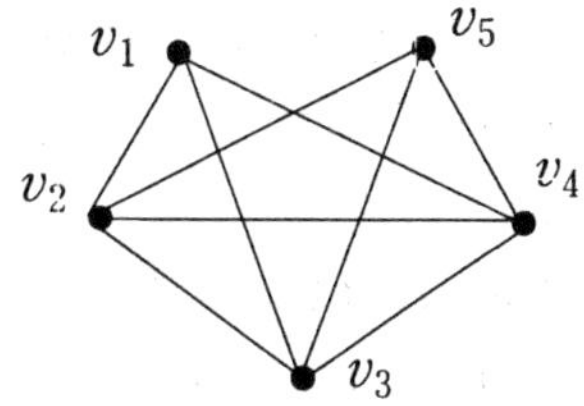

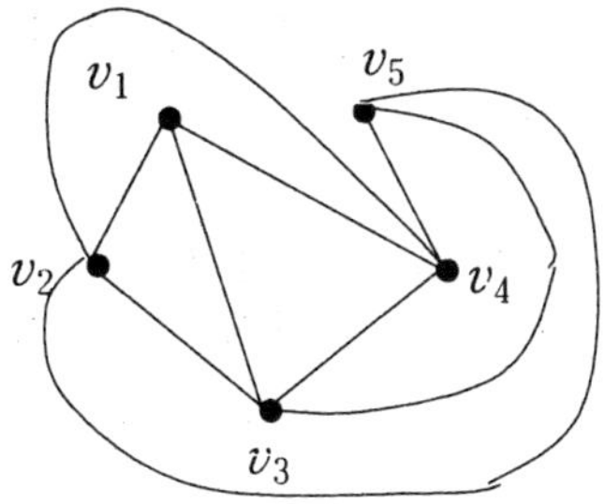

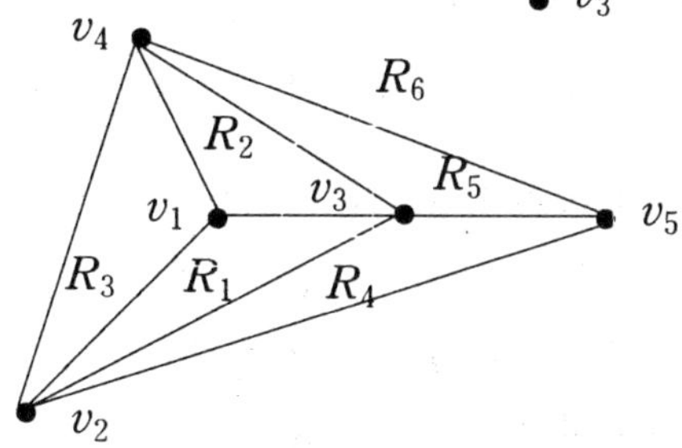

일반적으로, 평면그래프를 이와 같이 평면 위에 그리면, 평면은 모서리를 경계(boundary)로 하여 여러 개의 **내부 영역**(interior region) 과 한 개의 **외부 영역**(exterior region)으로 분할된다. 예를 들면, 위의 그림에서 평면은 6 개의 영역으로 분할되며 여기서 R_1, R_2, R_3, R_4, R_5 는 내부 영역이고 R_6 는 외부영역이다.

세 모서리 $\{v_1, v_2\}$, $\{v_2, v_3\}$, $\{v_3, v_1\}$ 은 내부 영역 R_1 의 경계를 이루며 세 모서리 $\{v_4, v_2\}$, $\{v_2, v_5\}$, $\{v_5, v_4\}$ 는 외부 영역 R_6 의 경계를 이룬다. 그리고, 각 모서리는 반드시 어느 한 영역의 경계의 일부이다.

보기 13.4.2 아래의 첫째 그림이 나타내는 그래프에서 모서리 e 는 내부 영역 R 의 경계의 일부이다. 한편, 아래의 둘째 그림이 나타내는 그래프에서 모서리 e 는 외부 영역의 경계의 일부이다.

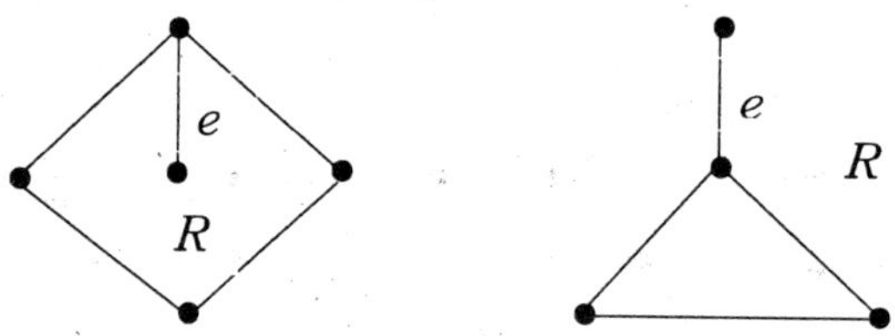

보기 13.4.3 수형도는 평면그래프이다('문제 6 참조).
그리고, 수형도의 영역은 외부 영역 하나뿐이고 또 모든 모서리는 이 외부 영역의 경계를 이룬다.

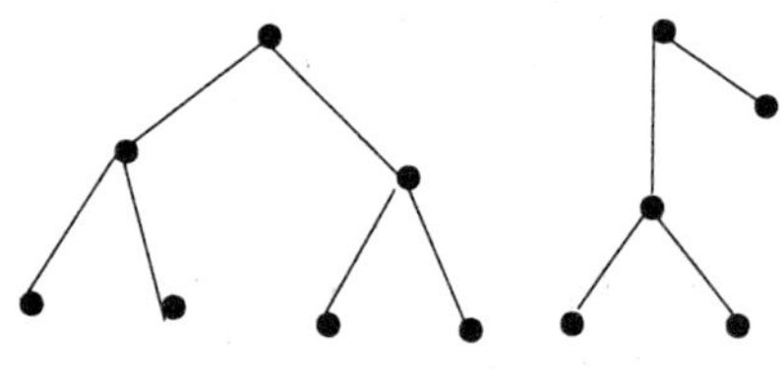

정리 13.4.2 (Euler) 그래프 $G = (V, E)$ 가 평면그래프일 때, 이 그래프를 평면 위에 어느 두 모서리도 서로 교차하지 않도록 그렸을 때 생기는 면의 개수를 f 라고 하면 $|V| - |E| + f = 2$ 이다.

증명 이 정리를 모서리의 개수 $|E|$ 에 관한 귀납법으로 증명한다.
먼저 $|E| = 1$ 이면, $|V| = 2$, $f = 1$ 이므로 $|V| - |E| + f = 2$ 이다.
이제 $G = (V, E)$ 가 정리의 조건을 만족시키는 평면그래프라 하고, 단순 연결그래프이면서 평면그래프인 그래프 중에서 모서리의 개수가 $|E| - 1$ 인

그래프에 대하여 정리의 등식이 성립한다고 가정하자.

먼저 G에 순환로가 존재하지 않으면, G는 수형도이므로 정리 13.3.5에 의하여 $|E| = |V| - 1$이고 면의 개수는 1이므로 다음 등식이 성립한다.

$$|V| - |E| + f = |V| - |V| + 1 + 1 = 2$$

이제 G에 순환로 $v_1\ v_2\ \cdots\ v_k\ v_1$이 존재한다고 하자.

이 때, $e = \{v_1, v_2\}$이라 하고 $e' = E - \{e\}$이라고 하면, 정리 13.3.5 (2)의 증명에 의하여 부분그래프 $G' = (V, E')$는 단순 연결그래프이고 $|E'| = |E| - 1$이다. 또, G'의 면의 개수는 $f - 1$이므로 가정에 의하여

$$|V| - |E'| + f - 1 = 2$$

이고, 따라서 $|V| - |E| + 1 + f - 1 = 2$ 즉 $|V| - |E| + f = 2$이다.

다면체(polyhedron)는 꼭지점, 모서리와 면으로 이루어진 입체도형이며, 다면체 중에서 그 면이 모두 합동인 정다각형인 것을 **정다면체**라고 한다.

정다면체에서 면은 모두 서로 합동이므로 각 면을 둘러싸고 있는 모서리의 개수는 같다. 또, 정다면체에서 한 면을 제거시킨 후에 이때 생긴 구멍 주위를 늘려서 찌그러뜨려 평면에 펼쳐 놓으면 평면그래프를 얻는데, 이때 남아 있는 면은 그래프의 내부 영역에 대응하고 또 제거된 면은 이 그래프의 외부 영역에 대응하며 각 꼭지점의 차수는 일정하다.

정리 13.4.3 정다면체는 다음과 같은 다섯 가지 종류가 있다.

정다면체	v	e	f	꼭지점의 차수	면의 모양
정사면체	4	6	4	3	삼각형
정육면체	8	12	6	3	사각형
정팔면체	6	12	8	4	사각형
정십이면체	20	30	12	3	오각형
정이십면체	12	30	20	5	삼각형

흔히 정다면체를 **Platon**의 **입체**(Platonic solid)라고 한다.

증명 정다면체의 꼭지점의 개수, 모서리의 개수, 면의 개수가 각각 v, e, f일 때, $v - e + f = 2$임을 이용하여 정리를 증명한다(정리 13.4.2).

이제 각 꼭지점의 차수를 d 라고 하면 정리 13.1.12 에 의하여 $vd = 2e$ 즉 $v = \dfrac{2e}{d}$ 이고, 각 면을 정 b각형이라고 하면 다음이 성립한다.

$$f \cdot b = 2e \quad \text{즉} \quad f = \frac{2e}{b}$$

그런데, $f = e - v + 2$ 이므로 다음이 성립한다.

$$\frac{2e}{b} = e - \frac{2e}{d} - 2 \text{ 즉} \quad \frac{1}{b} + \frac{1}{d} = \frac{1}{2} + \frac{1}{e}$$

한편, $b \geq 3$, $d \geq 3$ 이어야 하고, 또 b와 d가 상당히 크면 위의 등식의 좌변은 $\dfrac{1}{2}$ 이하가 되어 등식이 성립하지 않는다. 그런데 $b = d = 4$ 일 때에도 등식이 성립하지 않으므로 다음 결과를 얻는다.

$b = 3$ 인 경우 : $d = 3,\ e = 6,\ v = 4,\ f = 4$

$d = 4,\ e = 12,\ v = 6,\ f = 8$

$d = 5,\ e = 30,\ v = 12,\ f = 20$

$b = 4$ 인 경우 : $d = 3,\ e = 12,\ v = 8,\ f = 6$

$b = 5$ 인 경우 : $d = 3,\ e = 30,\ v = 20,\ f = 12$

따라서 정리가 성립한다.

정사면체

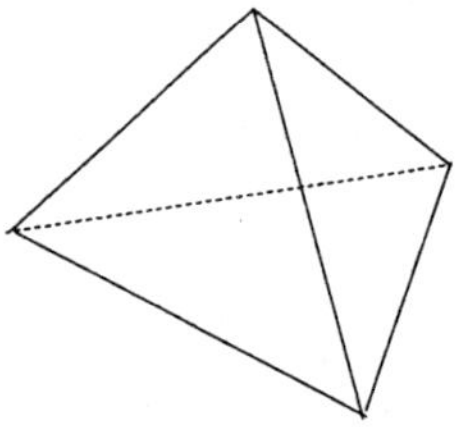

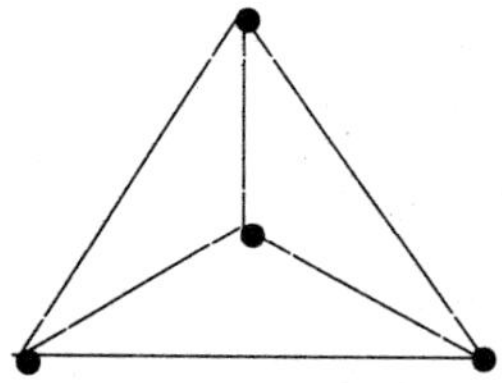

정육면체

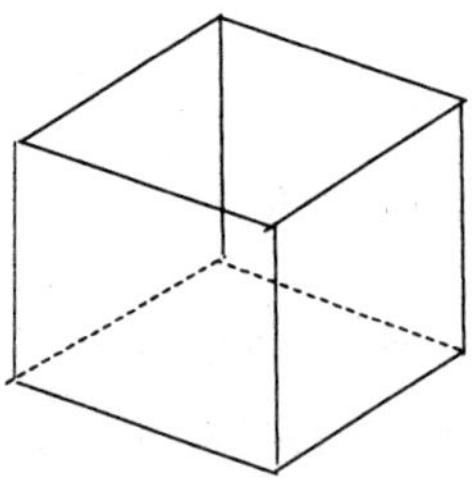

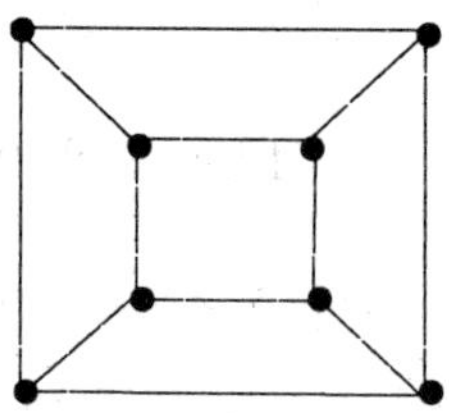

정팔면체

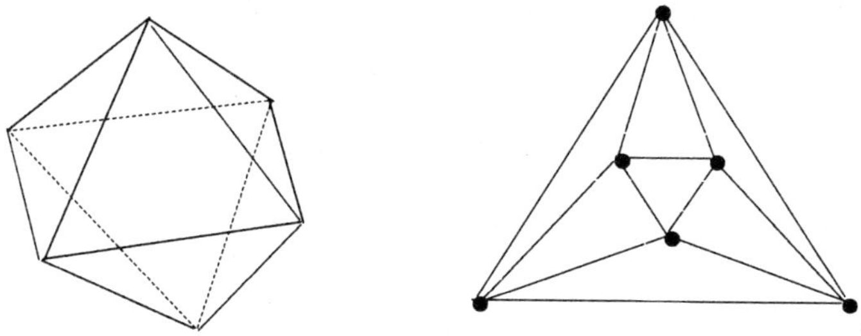

정십이면체

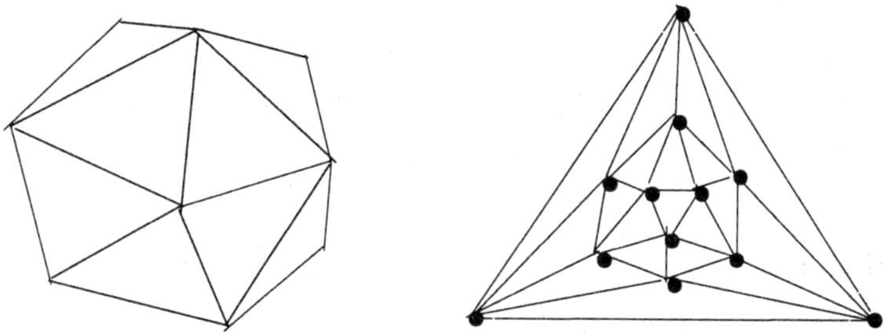

정이십면체

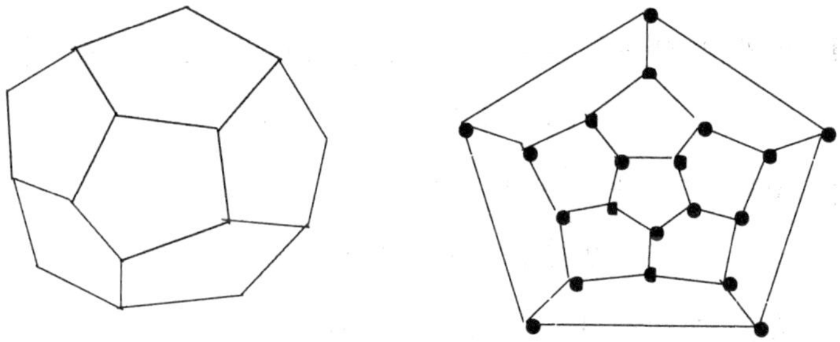

정리 13.4.4 완전 이분그래프 $K_{3,3}$ 는 평면그래프가 아니다.

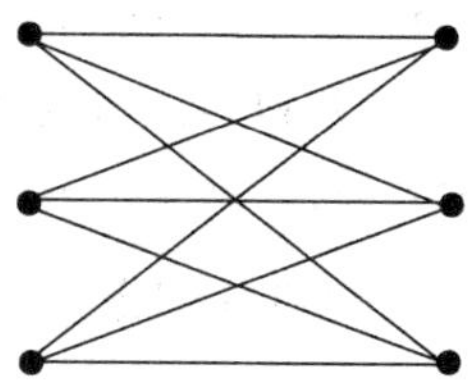

증 명 그래프 $K_{3,3}$ 은 6 개의 모서리와 9 개의 모서리로 이루어진 단순 연결그래프이다.

이제 $K_{3,3}$ 가 평면그래프라고 가정하고, 또 이 그래프를 평면 위에 어느 두 모서리도 서로 교차하지 않도록 그렸을 때 생기는 면의 개수를 f 라고 하면, 정리 13.4.2 에 의하여 $6-9+f=2$ 이므로 $f=5$ 이다. 또, 경계를 이루는 모서리 전체의 개수를 m 이라고 하면, 각 모서리는 2 번 이상 중복되지 않으므로

$$m \leq 2 \cdot 9 = 18$$

이고, $K_{3,3}$ 는 이분그래프이므로 그 부분그래프 중에는 K_3 와 동형인 것이 없으므로 각 영역의 경계는 4 개 이상의 모서리로 이루어져 있고 따라서

$$m \geq 4f \geq 4 \cdot 5 = 20$$

이므로 모순이 생긴다. 그러므로 $K_{3,3}$ 는 평면그래프가 아니다.

보기 13.4.4 세 가정집이 오른쪽 그림과 같이 일렬로 늘어 서 있을 때 이 세 집에 수도, 전기, 전화를 모두 가설하는 경우에 수도관, 전선, 전화선을 서로 교차하지 않도록 가설할 수 없다(정리 13.4.4).

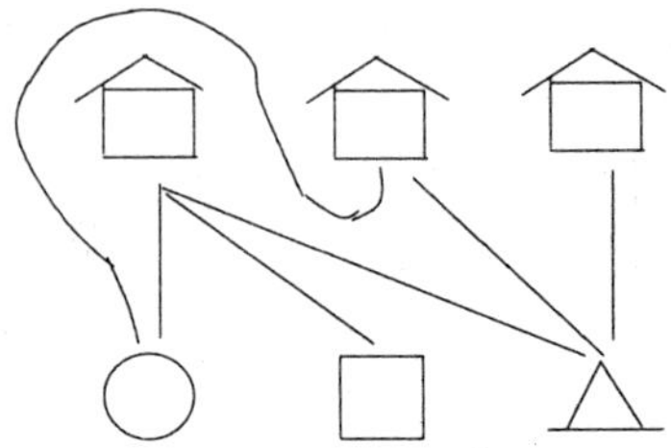

정리 13.4.5 단순 연결그래프 $G = (V, E)$ 가 평면그래프일 때, $|V| \geq 3$ 이면 $|E| \leq 3|V| - 6$ 이다.

증명 먼저 $|V| = 3$ 이면, 분명히 $|E| \leq 3$ 이므로 다음이 성립한다.

$$|E| \leq 3 = 3|V| - 6$$

이제 $|V| \geq 3$ 이라고 하자. 이 때,

$$3|V| - 6 \geq 3 \cdot 3 - 6 = 3$$

이므로 $|E| \leq 2$ 이면 $|E| \leq 3|V| - 6$ 이다.

다음에 $|E| \geq 3$ 인 경우에 이 그래프를 평면 위에 어느 두 모서리도 서로 교차하지 않도록 그렸을 때 생기는 면의 개수를 f 라 하고, 경계를 이루는 모서리 전체의 개수를 m 이라고 하자. 각 모서리는 1 개 또는 2 개의 면의 경계에 속하므로 $m \leq 2|E|$ 이다. 그런데, 각 경계는 적어도 3 개의 모서리로 이루어져 있으므로 $m \geq 3f$ 이고 따라서 $3f \leq m \leq 2|E|$ 이다.

한편, 정리 13.4.2 에 의하여 $|V| - |E| + f = 2$ 이므로

$$\begin{aligned} 6 &= 3|V| - 3|E| + 3f \\ &\leq 3|V| - 3|E| + 2|E| = 3|V| - |E| \end{aligned}$$

이고, 따라서 $|E| \leq 3|V| - 6$ 이다.

따름정리 13.4.6 완전그래프 K_5 는 평면그래프가 아니다.

증명 그래프 K_5 는 5 개의 꼭지점과 10 개의 모서리로 이루어져 있는 단순 연결그래프이고 또

$$3|V| - 6 = 3 \cdot 5 - 6 = 9 < 10 = |E|$$

이므로, K_5 는 평면그래프가 아니다(정리 13.4.5).

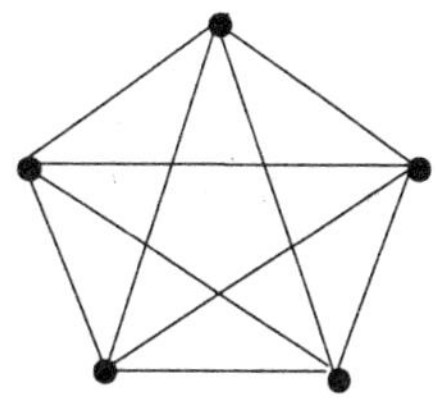

연습문제 (13.4)

1. 아래 그림이 나타내는 그래프는 평면그래프임을 밝혀라.

(1)

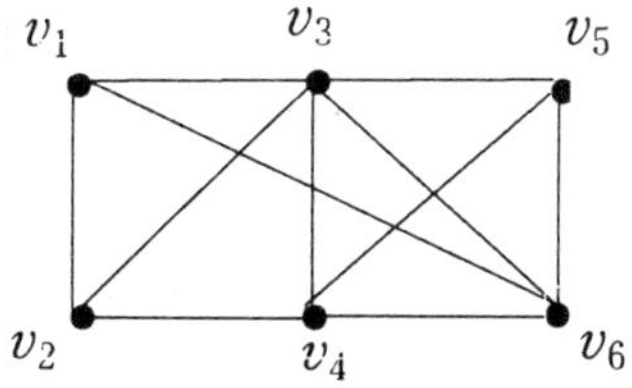

(2)

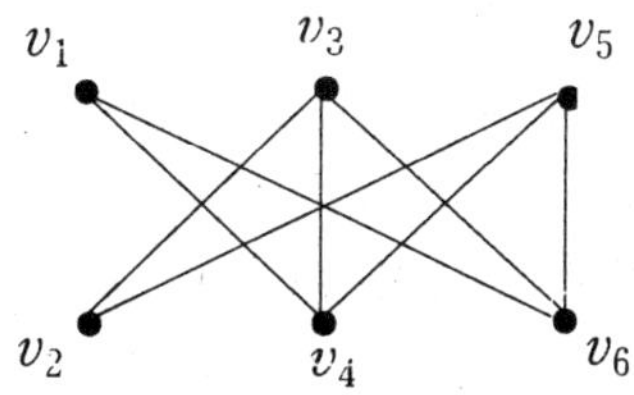

2. 그래프 $K_{2,2}$ 와 H_3 가 평면그래프임을 밝혀라(정의 13.1.10 참조).

3. 오른쪽 그림이 나타내는 그래프 $G = (V, E)$ 에서 모든 면의 경계를 이루는 모서리 전체의 개수를 m 이라고 할 때,

$$m < 2|E|, \ |E| < 3|V| - 6$$

임을 밝혀라.

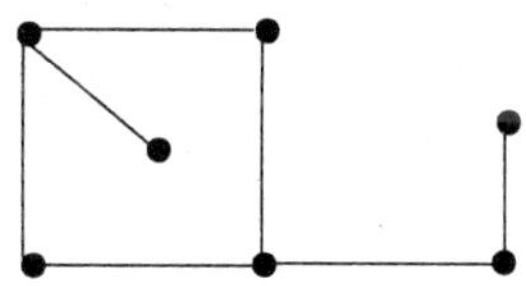

4. 단순 연결그래프 $G = (V, E)$ 가 평면그래프이고 또 $|V| \geq 3$ 인 경우에 이 그래프를 평면 위에 어느 두 모서리도 서로 교차하지 않도록 그렸을 때 생기는 면의 개수를 f 라고 하면 $f \leq 2|V| - 4$ 임을 밝혀라.

5. 완전그래프 K_n 은 $n = 1, 2, 3, 4$ 일 때 그리고 이때에만 평면그래프임을 밝혀라.

6. 수형도는 평면그래프임을 밝혀라.

§13.5 색칠하기

지도를 네 가지 색만을 써서 색칠하되 국경을 공유하는 나라는 다른 색을 칠하여 구별할 수 있는지를 생각해 보자. 이 四色 문제(Four-Color problem)는 1852 년에 영국의 Francis Guthrie 가 제기한 이래 100 여년이 지난 후에 Kenneth Appel 과 Wolfgang Haken이 Koch 의 도움을 받아 IBM 360 전자계산기를 1200시간 이상 써서 2000 여 가지의 도형을 조사하여 1976 년에 이 문제에 대한 긍정적인 해답을 얻었다. 그 후 1996 년에 Robertson, Sanders, Seymour, Thomas 는 전자계산기를 써서 633 가지의 도형을 조사하여 이 문제를 해결할 수 있음을 밝혔다. 그러나, 이 문제를 전자계산기를 사용하지 않고 이론적으로 해결한 수학자는 없다.

어떠한 모양의 지도에 대해서도 이 지도의 나라(또는 지역)은 꼭지점으로 나타내고 국경(또는 경계선)을 공유하는 나라(또는 지역)에 대응하는 꼭지점은 모서리로 이어 그래프를 만들면, 지도에 대응하는 평면그래프를 얻는다.이 이와 같이 지도에 평면그래프를 대응시키면, 지도의 모든 나라에 색칠하되 국경을 공유하는 나라는 다른 색을 칠하는 문제는 결국 그래프의 모든 꼭지점에 색칠하되 서로 이웃하는 꼭지점은 다른 색을 칠하는 문제와 마찬가지이다.

아래 그림은 가상적인 지도와 이에 대응하는 평면그래프를 그린 것이다.

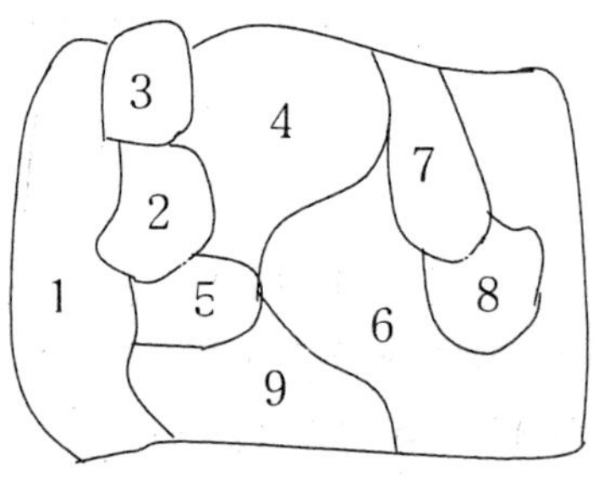

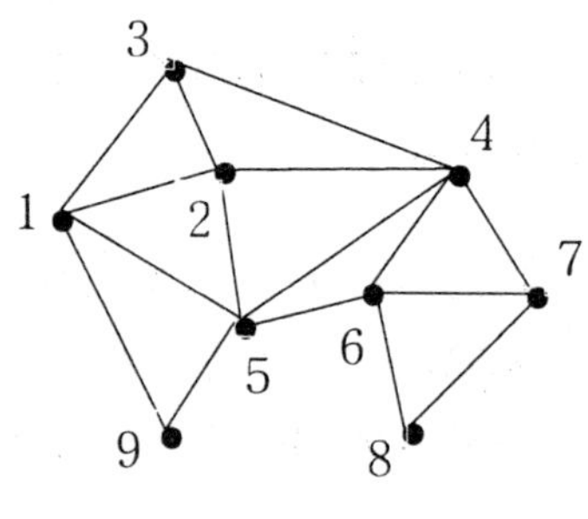

이 지도(또는 그래프)에 다음과 같이 네 가지 색을 써서 나라(또는 꼭지점)에 색을 칠하면, 국경을 공유하는 나라는 서로 다른 색으로 구별된다.

1 : 빨강, 2 : 파랑, 3 : 초록,
4 : 빨강, 5 : 초록, 6 : 파랑,
7 : 초록, 8 : 빨강, 9 : 노랑

정의 13.5.1 그래프 $G = (V, E)$ 에서 각 꼭지점마다 색을 지정하되 서로 이웃하는 꼭지점에 다른 색이 지정되도록 하는 것을 **색칠하기**(coloring)라고 한다. 그리고, 그래프 G 의 색칠하기에 사용되는 색의 최소 개수를 G 의 **색의 개수**(chromatic number)라 하고, 이것을 $\chi(G)$ 로 나타낸다.

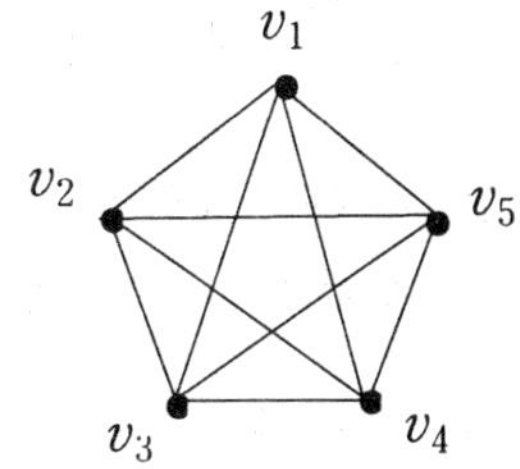

보기 13.5.1 완전 그래프 K_n 에서 n 개의 서로 다른 꼭지점은 모두 서로 이웃하므로 n 개의 꼭지점에 서로 다른 색을 지정해야 한다. 따라서 $\chi(K_n) = n$ 이다.

그리고, 순환그래프 C_n 에 대하여

$$\chi(C_n) = \begin{cases} 2 & (n \text{ 이 짝수일 때}) \\ 3 & (n \text{ 이 홀수일 때}) \end{cases}$$

임을 알 수 있다.

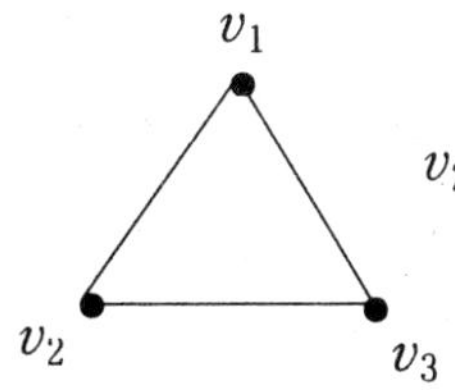

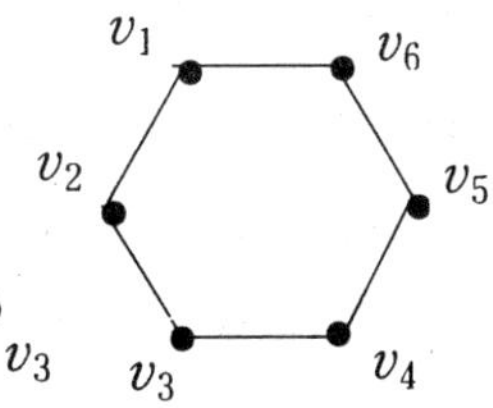

보기 13.5.2 오른쪽 그림이 나타내는 그래프 G 를 생각해 보자.

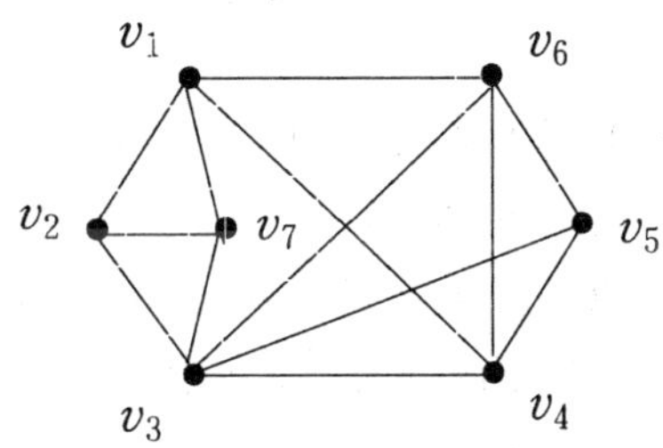

이 그래프의 네 꼭지점 v_3, v_4, v_5, v_6 에 의하여 결정되는 부분그래프는 완전그래프 K_4 이고 또 $\chi(K_4) = 4$ 이므로 $\chi(G) \geq 4$ 이다.

한편, 예를 들어 각 꼭지점에 오른쪽 표와 같이 네 가지 색을 지정하면, 서로 이웃하는 꼭지점에 다른 색이 지정된다. 따라서 $\chi(G) = 4$ 이다.

v_1 빨강, v_2 파랑,
v_3 빨강, v_4 노랑,
v_5 빨강, v_6 파랑,
v_7 노랑

보기 13.5.3 오른쪽 그림이 나타내는 그래프 G 를 생각해 보자.

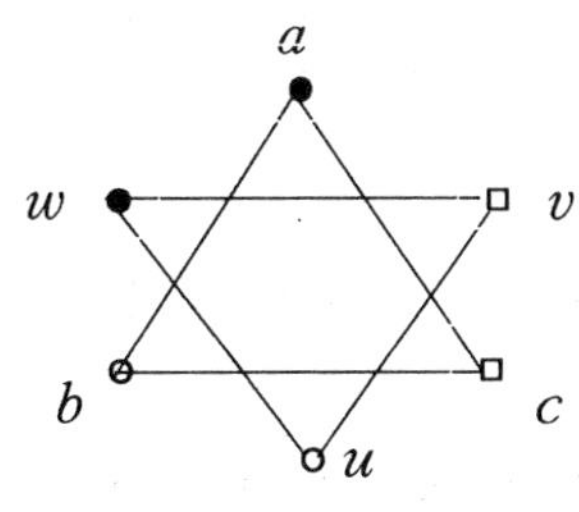

먼저 G 의 세 꼭지점 a, b, c 에 의하여 결정되는 부분그래프는 완전그래프 K_3 이고 또 $\chi(K_3) = 3$ 이므로 $\chi(G) \geq 3$ 이다.

한편, 나머지 세 꼭지점 u, v, w에 대해서는 a, b, c에 지정한 색을 사용해도 좋으므로, $\chi(G) = 3$이다.

정리 13.5.2 그래프 $G = (V, E)$가 이분그래프이면, $\chi(G) = 2$이다. 특히, 완전 이분그래프 $K_{m,n}$에 대하여 $\chi(K_{m,n}) = 2$이다.

증명 가정에 의하여 V에는 다음과 같은 두 조건을 만족시키는 공집합이 아닌 두 부분집합 V_1, V_2가 존재한다.

(i) $V = V_1 \cup V_2$, $V_1 \cap V_2 = \varnothing$

(ii) 모든 모서리의 한 끝점은 V_1에 속하고 다른 한 끝점은 V_2에 속한다.

이 때, V_1에 속하는 모든 꼭지점에 한 색을 지정하고 V_2에 속하는 모든 꼭지점에 다른 한 색을 지정하면 되므로 $\chi(G) \le 2$이다.

한편, 한 모서리의 두 끝점이 각각 $v \in V_1$, $w \in V_2$이면, 이 두 끝점에 서로 다른 색을 지정해야 하므로 $\chi(G) = 2$이다.

보기 13.5.4 오른쪽 그림이 나타내는 그래프 G를 생각해 보자.

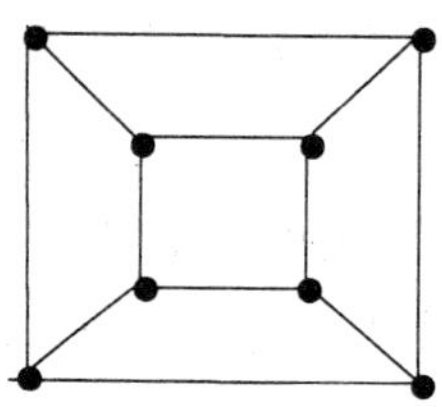

이 그래프의 꼭지점을 아래 그림과 같이 두 가지로 구분하면 G가 이분그래프임을 알 수 있고, 따라서 $\chi(G) = 2$이다(정리 13.5.2).

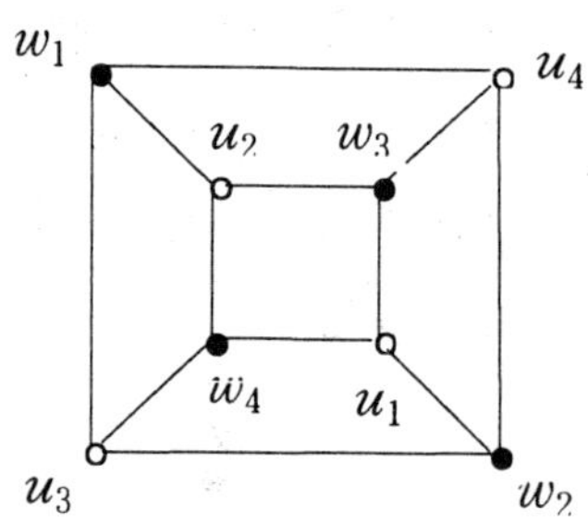

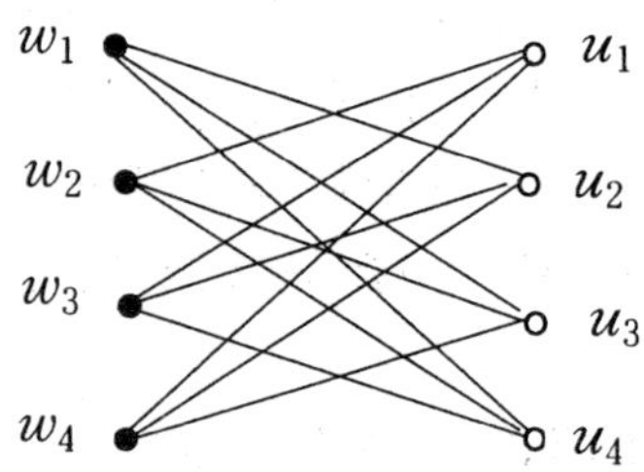

앞에서 논한 사색 문제는 다음 정리로 표현할 수 있다.

정리 13.5.3 임의의 평면그래프 G에 대하여 $\chi(G) \le 4$이다.

보기 13.5.5 어느 대학교 신입생이 다음과 같은 계열에 따라 수강하고 있다고 하자.

(1) 국 어, 수 학, 물리학, 화 학
(2) 국 어, 수 학, 전산학, 영 어
(3) 국 어, 전산학, 심리학, 국 사
(4) 물리학, 생물학, 영 어, 심리학
(5) 물리학, 전산학, 국 사, 프랑스어
(6) 물리학, 화 학, 심리학, 프랑스어
(7) 생물학, 심리학, 영 어, 국 사

이들 10 개 과목의 시험 날자를 어떻게 배정하여야 같은 시일에 두 과목 이상이 겹치지 않도록 하면서 최단시간 안에 시험을 마칠 수 있는지를 알아보자.

먼저 모든 과목을 꼭지점으로 나타내고 같은 날자에 배정하지 말아야 할 과목을 모서리로 이으면, 오른쪽 그림을 얻는다.

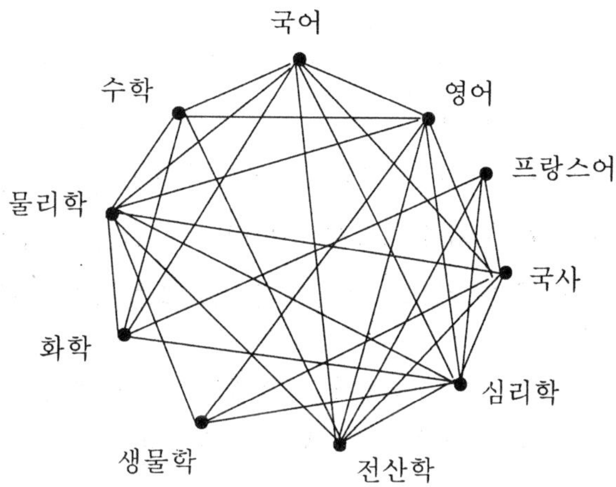

위의 그림이 나타내는 그래프를 G 라고 하면, 최단 시험기간은 $\chi(G)$ 와 같다. 그런데, 이 그래프에서

'국어', '수학', '물리학', '전산학', '영어'

로 결정되는 부분그래프는 K_5 이고 $\chi(K_5) = 5$ 이다(보기 13.5.1).

한편, '심리학' 과 '국사' 는 서로 이웃하는 꼭지점이고 이 두 꼭지점은 모두

'국어', '물리학', '전산학', '영어'

와도 서로 이웃하므로 $\chi(G) = 6$ 이다. 따라서 최단 시험기간은 6 일이며, 오른쪽 표는 시험 시간표 중의 한 예이다.

제 1 일 :	수학, 심리학
제 2 일 :	국어, 프랑스어
제 3 일 :	물리학
제 4 일 :	화학, 영어
제 5 일 :	생물학, 전산학
제 6 일 :	국사

연습문제 (13.5)

1. 오른쪽 지도에 대응하는 그래프를 G라고 할 때, G를 그림으로 나타내고 이 지도를 그리는 데 몇 가지 색깔이 필요한지 말하여라.
그리고, G의 $\chi(G)$를 구하여라.

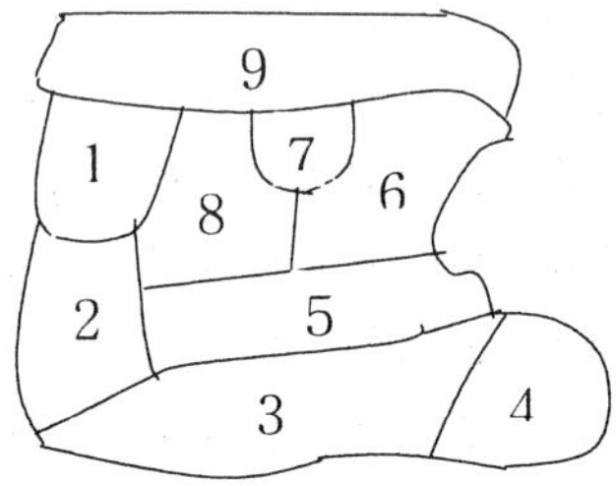

2. 그래프 G에 대한 다음 명제 중에서 참인 것을 찾아라.
(1) G가 완전 그래프 K_3이면, $\chi(G) = 3$이다.
(2) G가 K_3를 부분그래프로 포함하면, $\chi(G) \geq 3$이다.
(3) G가 순환그래프 C_5이면, $\chi(G) = 3$이다.
(4) G가 C_5를 부분그래프로 포함하면, $\chi(G) \geq 3$이다.

3. 아래 그림이 나타내는 그래프 G에 대하여 $\chi(G)$를 구하여라.
그리고, $\chi(G)$개의 색으로 색칠하는 방법을 말하여라.

(1)

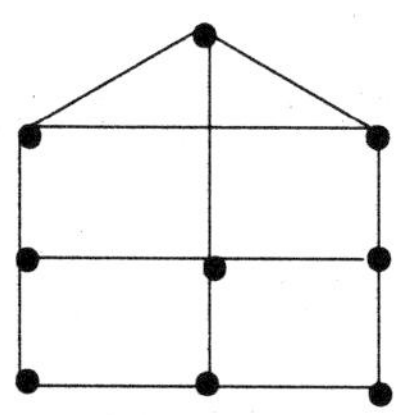

(2)

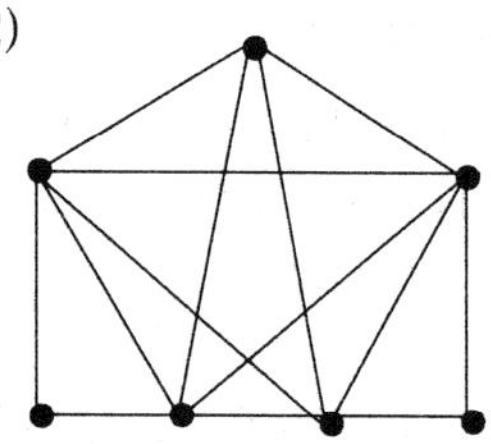

4. 그래프 $G = (V, E)$에서 $\Delta(G) = \max\{\deg v \mid v \in V\}$이라고 할 때, 다음이 성립함을 밝혀라.
(1) $\chi(K_n) = n = 1 + \Delta(K_n)$
(2) n이 홀수이면 $\chi(C_n) = 1 + \Delta(C_n)$이고, 또 n이 짝수이면 $\chi(C_n) < 1 + \Delta(C_n)$이다.

참고 문헌

1. 김응태 · 박승안, 현대대수학, 제 8 판, 경문사, 2011

2. 김응태 · 박승안, 정수론, 제 7 판, 경문사, 2007

3. 김응태 · 박승안, 선형대수학, 제 5 판, 경문사, 2010

4. 박승안, 암호학과 부호이론, 제 2 판, 경문사, 2008

5. 박승안, 사영평면과 디자인, 제 2 판, 2008

6. 박승안, 이산수학, 제 2 판, 경문사, 2008

7. 이효구 · 박승안, 경제 · 경영 수학, 제 4 판, 박영사, 2003

8. Boyer Carl B. and U.C. Merzbach, 수학의 역사 상· 하, 경문사, 2000, 양영오· 조윤동 (번역)

9. Feferman, Solomon, Number systems, foundations of algebra and analysis, Addision-Wesley, Reading, Mass, 1963

10. Hrbacek Karl and Thomas Jech, Introduction to set theory, Taylor & Francis, New York, 1999

11. Ivanov, Oleg A. Easy as π? : an introduction to higher mathematics, Springer-Verlag, New York, 1999

12. Lidl, R. and H. Niederreiter, Finite fields, Encyclopedia of Mathematics and its applications, Vol. 20, Addison-Wesley, Reading, Mass., 1983

13. Lidl, R. and G. Pilz, Applied abstract algebra, 2nd ed. Springer Verlag, New York, 1998

14. van der Wärden, A history of algebra, Springer-Verlag, New York, 1985

찾아보기

(ㅈ)

(ㅊ)

(ㅎ)

박 승 안

서울대학교 사범대학 수학과 졸업, 이학사
서울대학교 대학원 수학과 졸업, 이학석사
University of Illinois at Urbana-Champaign 대학원 수학과
이학석사, 이학박사
University of Illinois at Urbana-Champaign 수학과 객원교수

서강대학교 이과대학 수학과 교수

현재 : 서강대학교 명예교수

저서 : 현대대수학 제 8 판(공저), 정수론 제 7 판(공저),
선형대수학 제 5 판(공저), 유한군의 표현론,
대수학과 암호학, 사영평면과 디자인 제 2 판,
암호학과 부호이론 제 2 판, 이산수학 제 2 판,
수학교사와 대수학

이 책에 대한 연습문제의 풀이와 해설은
www.freechal.com/parksahn
에서 찾아 볼 수 있습니다.

수학교사와 대수학

지은이 박승안
펴낸이 박문규
펴낸곳 KM 경문사
펴낸날 2011년 8월 10일 1판 1쇄
등 록 1979년 11월 9일 제 9-9호
주 소 121-818, 서울특별시 마포구 와우산로 174
전 화 (02)332-2004 팩스 (02)336-5193
이메일 kyungmoon@kyungmoon.com

값 30,000원

ISBN 978-89-6105-398-3